기계구조 강도설계

진인태 · 한규택 공저

기계의 고전적 정의가 일정한 강도를 가지고 한정된 운동을 하며 사람에게 유용한 일을 제공하는 장치를 의미하는 것이라면 이 기계는 **안정성**과 **편리성 및 효율성**을 만족하도록 설계되어져야하고 생산되어져야 한다.
따라서 본 교재는 기계구조를 구성하고 있는 기계요소에 세 가지의 하중인 **인장압축하중**과 **비틀림하중**, 그리고 **굽힘하중**을 받을 때 각 요소에 가해지는 인장응력과 비틀림전단응력, 그리고 굽힘응력에 대한 계산과정을 역학적인 배경을 바탕으로 수식과 그림을 통하여 이해하도록 하여 기계구조가 일정한 강도를 유지할 수 있도록 **하중과 응력**의 종류에 따라 각 단원을 배치하였다.

東明社

저자약력

진인태

현 부경대학교 기계공학과 교수
현 부산대학교 기계공학과 공학박사
전 동경대학교 객원연구원 역임
현 한국소성가공학회 종신회원

한규택

1996–현재 부경대학교 기계공학과 교수
2001–2002 미국 아이오와대학교 교환교수
1995 기술사(산업기계)자격 취득
1988–1996 부산공업대학교 금형공학과 교수

기계구조강도설계

초판 인쇄 2011년 12월 26일
초판 6쇄 발행 2020년 2월 21일

지은이 진인태, 한규택
펴낸이 최국주
펴낸곳 동명사
출판등록 1950년 11월 1일(제1–76호)
주소 (우 10881) 경기도 파주시 회동길 50(문발동)
전화 031–955–7200(대표)~2, 7203(편집부), 7204(물류)
팩스 031–955–7205
전자우편 webmaster@dmsbook.com
홈페이지 www.dmsbook.com

東明社

ISBN 978–89–411–0247–2 93550
값 23,000원

머리말

기계의 고전적 정의가 일정한 강도를 가지고 한정된 운동을 하며 사람에게 유용한 일을 제공하는 장치를 의미하는 것이라면 이 기계는 안정성과 편리성 및 효율성을 만족하도록 설계되어져야하고 생산되어져야 한다. 따라서 기계공학도라고하면 이 세 가지 기능과 역할을 만족하도록 관련된 교과목을 이수하도록 되어 있다.

그 중에서도 기계의 안정성을 확보하기위하여 기계요소로 구성되어있는 기계구조의 안정성에 대한 검토가 우선적으로 요구되어 진다. 따라서 이 안정성을 확보하기 위하여 우수한 항복강도와 인장강도를 가지고 있는 기계재료를 선택하고 이 선택된 기계재료에 가해지는 하중에 따라 발생할 수 있는 기계요소의 응력을 계산하고 이 계산된 응력의 크기와 재료가 견딜 수 있는 항복강도와 인장강도를 기준으로 한 허용응력의 범위 내에서 설계되어지고 가공되어져야 안정성이 확보되어 진다.

따라서 본 교재는 기계구조를 구성하고 있는 기계요소에 세 가지의 하중인 인장압축하중과 비틀림하중, 그리고 굽힘하중을 받을 때 각 요소에 가해지는 인장응력과 비틀림전단응력, 그리고 굽힘응력에 대한 계산과정을 역학적인 배경을 바탕으로 수식과 그림을 통하여 이해하도록 하여 기계구조가 일정한 강도를 유지할 수 있도록 하중과 응력의 종류에 따라 각 단원을 배치하였다. 이와 같이 기계구조를 구성하는 기계요소에 대한 하중에 따른 변형특성을 기초로 부재내의 응력계산의 이해를 돕고자 예제문제를 다양하게 구성하여 각장마다 배치하였다.

본 교재는 기계공학과를 입문하는 학생에게 기계의 안정성에 대한 개념과 구체적인 계산법을 제공하기위해 집필되었을 뿐 아니라, 산업현장에 종사하는 엔지니어 등에게 잊혀질 수 있는 기초적인 계산법을 상기시키고 복잡한 계산을 위한 컴퓨터를 활용하는 데 역학적인 이해와 수치적인 계산결과에 대한 기계의 안정성 분석에 도움이 되고자 하였다.

본 교재를 집필함에 있어서 동명사의 관계자에게 심심한 감사의 말씀과 수송기계 안전편의 융합부품소재 인재양성센터(BEST)의 집필지원에 감사드린다.

2011. 11

저 자 씀

차 례
Contents

Chapter 01 응력과 변형률

Chapter 02 인장, 압축, 전단

Chapter 03 조합응력과 Mohr응력원

Chapter 04 평면도형의 기하학적 성질

차 례
Contents

차 례
Contents

Chapter 01

응력과 변형률

Stress and Strain

Section 01 하중 및 응력과 변형률

Section 02 훅(Hooke)의 법칙과 탄성계수

Section 03 허용응력과 안전율

Section 01

하중 및 응력과 변형률

1 하중(Load)

물체에 작용하는 외력(external force)을 공학상 하중(load)이라 한다. 하중에는 한 점으로 볼 수 있는 미소한 범위에 집중하여 작용하는 집중하중(concentrated load)과 넓은 범위에 분포하여 작용하는 분포하중(distributed load)이 있다.

(1) 축하중(axial load)

집중하중으로서는 작용선이 축선에 일치하고, 분포하중으로서는 그 합력의 작용선이 축선에 일치하는 하중

① **인장하중**(tensile load) : 재료를 축방향으로 잡아 당겨 늘어나도록 작용하는 하중

② **압축하중**(compressive load) : 재료를 축방향으로 눌러 수축하도록 작용하는 하중

(2) 전단하중(shearing load)

물체면에 평행으로 전단작용을 하는 하중

(3) 비틀림하중(twisting load)

축심으로부터 떨어져 축의 주위에 모멘트(moment)를 일으키면서 재료의 양단에 상반된 작용으로 비틀림 현상을 일으키는 하중

(4) 굽힘하중(bending load)

재료의 축에 대하여 어떤 각도를 이루며 작용하면서 굽힘현상을 일으키는 하중

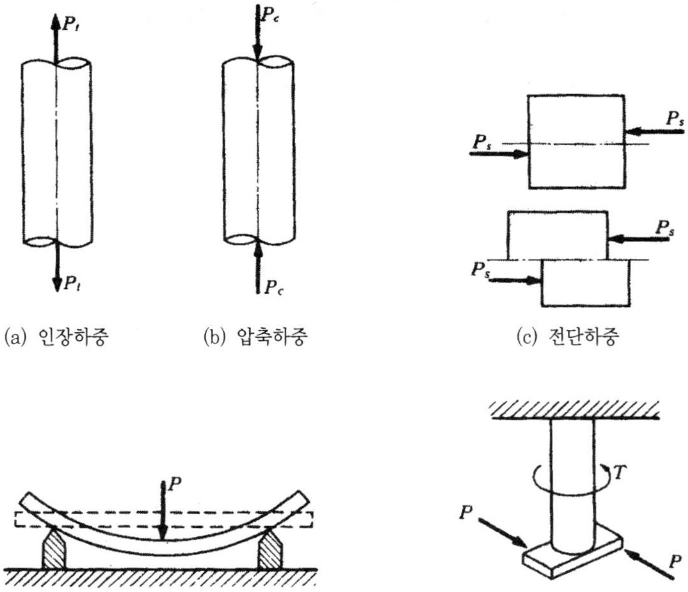

(a) 인장하중 (b) 압축하중 (c) 전단하중

(d) 굽힘하중 (e) 비틀림 하중

그림 1-1 각종 하중

2 응력(Stress)

물체에 외력(external force)이 가해지면 변형(deformation)을 일으키는 동시에 저항력(resistance force)이 생겨 외력과 평형을 이룬다. 이 저항력을 내력(internal force)이라 하며, 단위면적당의 내력의 크기를 응력(stress)이라 부른다.

(1) 외력에 따른 응력의 종류

① **수직응력**(normal stress) : 물체에 작용하는 응력이 단면에 직각방향으로 작용할 때를 말하며 법선응력 또는 축력이라고도 한다.

㉠ **인장응력**(tensile stress) : σ_1

$$\sigma_t = \frac{P_t}{A}\,(\text{kg/cm}^2,\ \text{N/m}^2) \quad \cdots\cdots (1.1)$$

여기서 A : 단면적, P_t : 인장하중

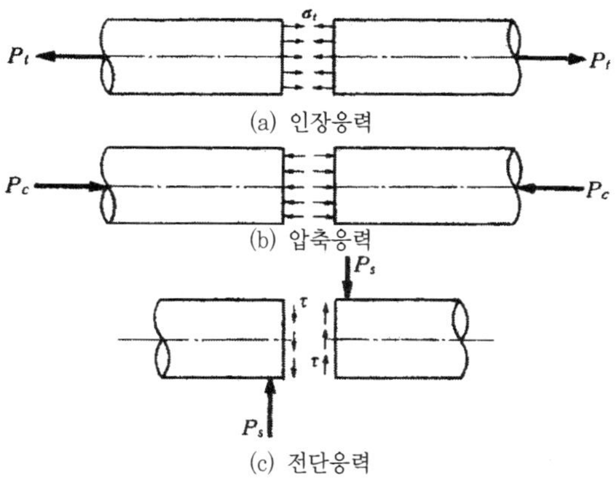

그림 1-2 각종 응력

㉡ **압축응력**(compressive stress) : σ_c

$$\sigma_c = \frac{P_c}{A}(\text{kg/cm}^2,\ \text{N/m}^2) \quad \cdots\cdots (1.2)$$

여기서 P_c : 압축하중

㉢ **수직응력에 대한 부호규약** : 인장응력은 양(+)으로 하고, 압축응력은 음(−)으로 하는 것이 일반적인 예이다(그림 1-3 참조).

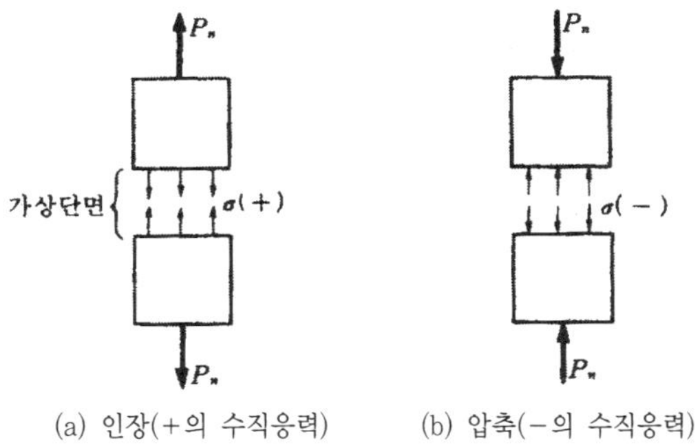

그림 1-3 수직응력에 대한 부호규약

② **접선응력**(tangential stress) : 물체단면에 전단하려고 하는 방향으로 작용하는 외력을 전단하중이라 하며, 이에 대하여 평행하게 작용하는 응력을 전단응력 또는 접선응력이라고 한다.

㉠ **전단응력**(shear stress) : τ

$$\tau = \frac{P_s}{A}(\text{kg/cm}^2,\ \text{N/m}^2) \quad \cdots\cdots (1.3)$$

여기서 P_s : 전단하중

재료내부에 있어서 어떤 복잡한 응력상태일지라도 분해하면 모두 이들 세가지 응력에 속하며, 이들을 단순응력(simple stress)이라 한다.

㉡ **전단응력에 대한 부호규약** : 그림에서와 같이 절단한 부분이 시계방향으로 회전하는 τ가 작용할 때 (+)의 전단응력으로 하고, 반시계 방향으로 τ가 작용할 때 (−)의 전단응력으로 한다.

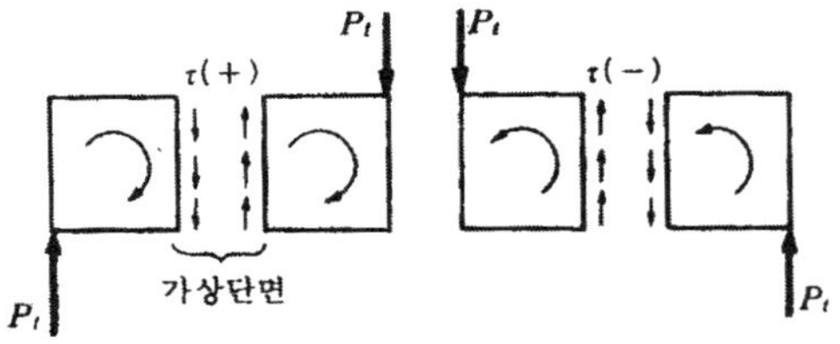

(a) +의 전단　　(b) −의 전단

그림 1-4 단순전단응력에 대한 부호규약

(2) 기타응력

① **조합응력**(combined stress) : 단순응력이 두 가지 이상 동시에 작용할 때의 응력

② **굽힘응력**(bending stress) : 만곡(굽힘)하중에 의하여 재료횡단면에 발생하는 응력

③ **비틀림응력**(torsional stress) : 비틀림하중에 의하여 재료의 횡단면에 발생하는 응력을 말하며, 이것은 곧 전단응력과 같으며, 단면에는 균일하게 분포하지 않는다.

④ **원래응력**(primarily stress) : 외력을 받지 않고 물체 내부에 자신이 보유한 응력

⑤ **잔류응력**(residual stress) : 처음에 무응력이었던 물체에 하중을 가하고, 다시 제거한 후 물체내부에 잔재하는 응력

3 변형률(Strain)

물체에 하중이 작용하면 그 내부에는 응력이 발생함과 동시에 형태나 크기, 즉 변형(deformation)을 일으킨다. 이 때 변화량을 원래의 길이로 나눈 것, 즉 원래 물체의 단위길이당의 변형량을 변형률(strain) 또는 변형도라고 하며, 이 변형도는 길이에 대한 비율이므로 차원은 없다.

(1) **종변형률**(longitudinal strain)

① **인장변형률**(tension strain) : ε_t

길이 l이 δ만큼 신장(elougaion)하여 l'가 되었을 경우

$$\varepsilon_t = \frac{l' - l}{l} = \frac{\delta}{l} \quad \cdots\cdots (1.4)$$

② **압축변형률**(compressive strain) : ε_c

만약, 재료가 압축을 받았다면 δ만큼 −의 값을 가진다.

$$\varepsilon_c = \frac{l - l'}{l} = \frac{-(l' - l)}{l} = -\frac{\delta}{l} \quad \cdots\cdots (1.5)$$

(2) **횡변형률**(laternal strain) : ε'

원래의 지름 d가 d'로 되어 λ만큼 변화하였다면

$$\varepsilon' = \frac{d' - d}{d} = \frac{-(d - d')}{d} = \mp \frac{\lambda}{d} \quad \cdots\cdots (1.6)$$

(3) **전단변형률**(shearing strain) : ε_s

그림 1−5(c)에서 전단응력 τ를 받는 길이 l의 꼭지부분에 가로로 δ만큼 미끄러져 최초에 직각이던 $\angle$BAC가 각 γ라디안(radian)만큼 변화하여 $\angle$BAC′로 되었을 경우, 전단변형도 ε_s는

$$\varepsilon_s = \frac{\mathrm{CC'}}{\mathrm{AC}} = \frac{\delta}{1} = \tan\gamma = \gamma(\mathrm{rad}) \quad \cdots\cdots (1.7)$$

여기서 δ : 전단길이(m), l : 두평면 사이의 길이(m), γ : 전단각(radian)($\angle$CAC′ $=\gamma$)

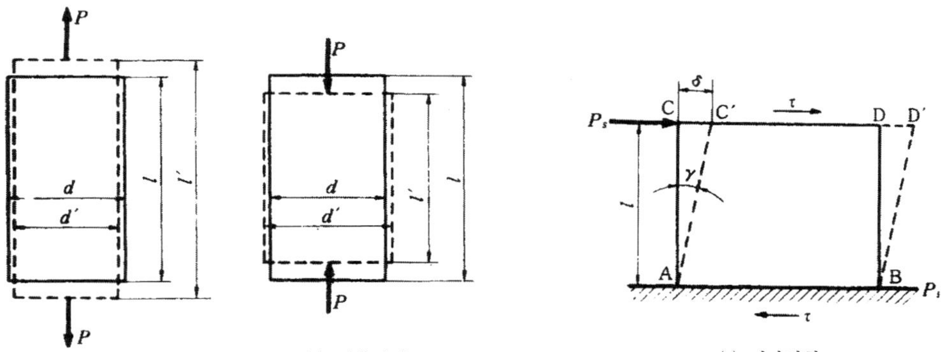

(a) 인장변형 (b) 압축변형 (c) 전단변형

그림 1−5 각종 변형

4 응력-변형률 선도(Stress-strain diagram)

그림 1-6은 구조용에 널리 사용되고 있는 연강(mild steel)의 인장시험결과 얻어진 선도이다. 원점 O에서 점 A까지는 직선이고, 응력과 변형률 사이에는 정비례법칙, 즉 Hooke의 법칙이 성립한다.

① **A점 : 비례한도**(proportional limit)

이 점 부근에서 재차 응력을 증가시킬 경으 하중을 제거한다해도 변형은 완전히 원래 위치로 되돌아 가지 않고 변형(deformation)이 남는다. 이것을 잔류변형(residual strain) 또는 영구변형(permanent strain)이라 한다.

② **B점 : 탄성한도**(elastic limit)

잔류변형이 존재하지 않는 상한응력을 탄성한도라고 말한다. 이 점의 허용한도는 0.003%의 영구변형을 의미하므로 탄성한도는 신장량 측정기의 감도(感度) 또는 정밀도에 의하여 좌우되나 이 재료에서는 비례한고 보다 약간 위에 있든가 거의 일치하게 된다. 따라서 탄성한도와 비례한도를 같은 말로 사용하는 경우도 있다.

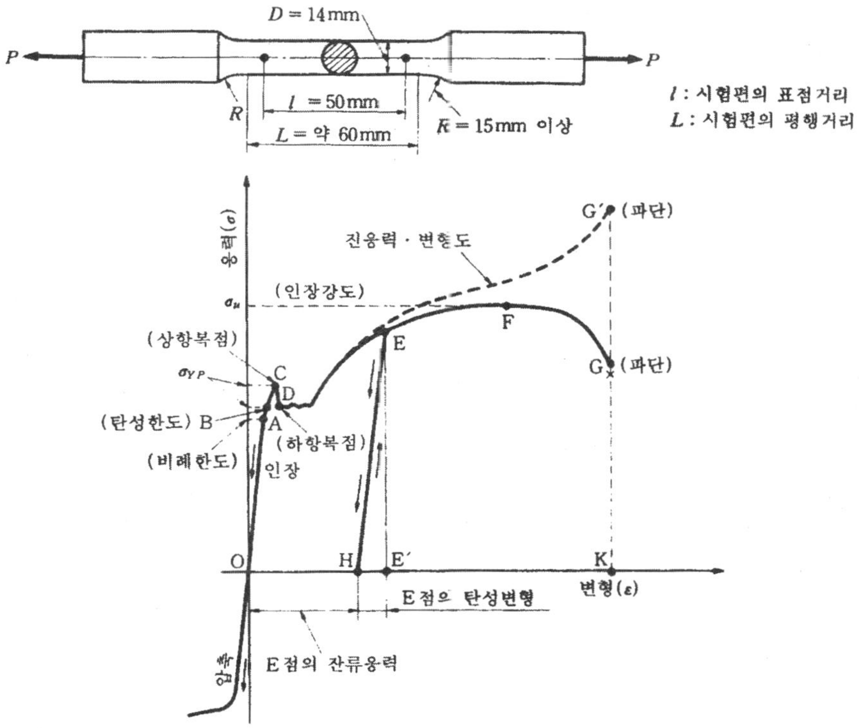

그림 1-6 응력과 변형률 선도

③ **C점 : 상항복점**(upper yield point)

이 점에 도달하면 어떤 부분에서 가장 저항력이 약한 방향으로 급격한 미끄럼 현상을 일으키면서 신장(elongaiont)이 증가하므로 응력(stress)은 불연속적으로 D점까지 강하한다. 이 현상은 연강이나 연철에서 볼 수 있는 특유한 성질로 최대전단응력이 45°경사면을 따라서 미끄럼을 일으키는 소성변형을 한 것이다.

④ **D점 : 하항복점**(lower yield point)

점 D를 하항복점이라 말하고, 미끄럼이 점차로 다른 부분에 옮겨져서 시험편 평행부의 전체부분에 미칠때까지 신장이 발생하더라도 응력은 거의 변화하지 않는다.

상항복점을 보통재료의 항복점(yield point)이라 말하고 있지만 이 점은 불안정 상태이므로 하중속도 등에 따라서 달라질 수 있기 때문에 보다 안정되고 일정한 값을 가지는 하항복점을 항복점이라 하는 편이 의의가 있다고 생각되며 이것은 극한설계의 기초가 되는 응력이 된다. 항복에 의한 미끄럼이 생기며 재료에 최초 광택이 표면에 미소한 요철이 생기게 되어 점차 광택이 없어진다. 즉 변형에 의한 발열(發熱)을 하고 있는 것이다.

⑤ **변형경화**(strain hardning)**현상** : 미끄럼변형이 전체에 걸쳐 일어나면 한번 미끄러진 면은 미끄럼에 대한 저항이 증가하기 때문에 다시금 변형이 증가하면 응력도 증가되어 간다. 이것을 변형경화(strain hardning)현상이라 한다. 이와 같이 변형할 때 점 E에서 하중을 제거하면 OA에 평행한 직선상의 점 H에 돌아와 OH가 잔류변형으로 남는다. 이 상태에서 다시 하중을 가하면 H→E와 같은 먼저의 직선으로 되돌아가 점 E 이후는 앞에 설명하는 바와 같은 과정을 밟는다. 즉 점 H를 최초의 출발점으로 보면 원점 O의 상태에서 출발한 것과 비교할 때 항복점(yield point)이 높아져서 상하항복점의 구별이 확실히 나타나지 않으면서 절단까지의 신장량이 감소하게 된다. 이것은 상온에서 변형가공한 경우와 같은 현상으로 이른바 가공경화현상이라 한다.

⑥ **F점 : 극한강도**(ultimate strength)

응력과 변형률 선도의 최고점에서 응력을 극한강도라 하고 인장일때를 인장강도(tensile strength)라 한다. 점 F에서 곡선이 내려가는 것은 일부분에 네킹(necking)이 생겨 단면이 가늘어지기 때문이다. 이때 응력은 최초의 단면적으로 하중(荷重)을 나눈값을 말하며 이것을 공칭응력(nominal stress)이라 한다.

만약 축소된 실제의 단면으로 하중(荷重)을 나누면 이 값을 진응력(actual stress)이라고 부르며, 점선으로 표시한 것이다. 이 응력은 단면적이 시시각각으로 변화하기 때문에 측정하기가 곤란하여 실제응력을 구하기가 어렵지만 작도법에서 구할 수 있다.

⑦ **G점 : 파단강도**(breaking strength)

단면수축은 점차로 급격히 일어나 G점에서 파단된다. G점에서의 공칭응력은 인장강도 보다 작기 때문에 F점의 인장강도를 파단응력(breaking stress)이라고 하는 경우가 많다.

⑧ **단면수축률과 신장률**

시험편의 최초단면적을 A, 표점거리(gage length)를 l, 파단했을 때의 단면적 A', 표점거리를 l'라고 한다면

$$\text{단면수축률(reduction percentage)} : \psi = \frac{A - A'}{A} \times 100(\%) \quad \cdots\cdots(1.8)$$

$$\text{신장률(percentage of elongation)} : \delta = \frac{l' - l}{l} \times 100(\%) \quad \cdots\cdots(1.9)$$

단면수축율과 신장율이 큰 재료를 연성재료(ductile material)라 하고, 적은 재료를 취성재료(brittle material)라 한다. 신장률이 큰 것은 파단되기까지의 변형에너지의 흡수가 크고, 충격하중에 대해서 안전하다.

예제문제

01 인장하중 3,000kg을 받는 연강봉이 있다. 이 대 발생하는 응력을 1,000kg/cm² 정도로 하려면 지름은 몇 mm로 하면 되겠는가?

해설 $\sigma = \frac{P}{A}$ 에서 $\frac{\pi}{4}d^2 = \frac{P}{\sigma}$, $d = \sqrt{\frac{4P}{\pi\sigma}}$ 이므로 여기에 $P = 3{,}000\text{kg}$, $\sigma = 1{,}000\text{kg/cm}^2$를 대입하면

$$\therefore\ d = \sqrt{\frac{4P}{\pi\sigma}} = \sqrt{\frac{4 \times 3{,}000}{\pi \times 1{,}000}} \fallingdotseq 1.954\text{cm} = 19.54\text{mm}$$

02 바깥지름 40mm, 안지름 30mm 인 강에 2.8ton의 인장력이 작용할 때, 강관에 생기는 응력은 몇 kg/cm²가 되겠는가?

해설 $\sigma = \frac{P}{A} = \frac{P}{\frac{\pi}{4}(d_2{}^2 - d_1{}^2)} = \frac{2{,}800 \times 4}{\pi(4^2 - 3^2)} = 509.55\text{kg/cm}^2$ (강관에 생기는 응력)

03 그림에서와 같이 900kg의 전단력이 지름 20mm의 볼트(bolt)에 작용하고 있다. 이 때 볼트에 작용하는 전단응력은 얼마인가?

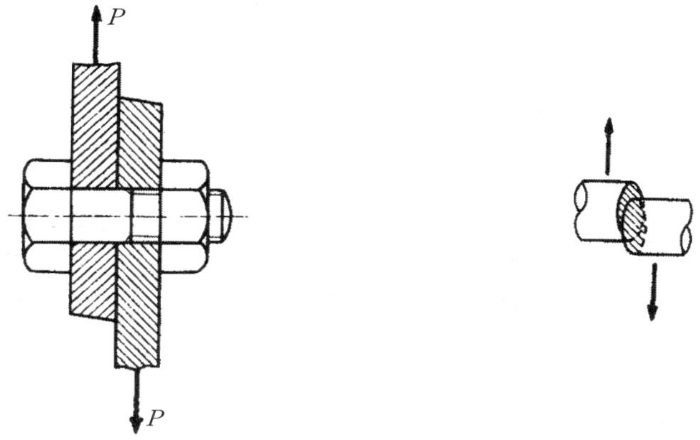

(a) (b)

해설 전단응력은 전단하중을 단면적으로 나누면 된다. 한편 전단응력을 받는 면은 그림 (b)와 같이 사선부분이다. 즉 볼트에 작용하는 전단응력 τ는

$$\tau = \frac{P}{A} = \frac{4P}{\pi d^2} = \frac{4\times 900}{\pi \times 4} = 286\text{kg/cm}^2$$

04 안지름 400mm, 내압 80kg/cm²인 고압가스의 용기 뚜껑을 8개의 볼트(bolt)로 체결하였을 때, 볼트의 크기는 얼마로 하면 되겠는가? (단, 볼트 재료의 허용인장응력은 450 kg/cm²로 한다.)

해설 •뚜껑에 작용하는 전압력 : $P = 80\times\frac{\pi}{4}\times 40^2 = 100{,}530\text{kg}$ or $100{,}500\text{kg}$

•하나의 볼트에 가한 인장하중 : $P_t = \frac{100{,}530}{8} = 12{,}566\text{kg}$ or $12{,}600\text{kg}$

볼트의 지름 d(cm), 허용인장응력 σ_a로 한다면 볼트를 안전하게 지지할 수 있는 하중은

$$P_t = \frac{\pi}{4}d^2\sigma_a, \quad 12{,}600 = \frac{\pi}{4}d^2\times 450$$

$$\therefore\ d = \sqrt{\frac{12{,}600\times 4}{\pi\times 450}} = 5.97\text{cm} \cong 60\text{mm}\text{(볼트의 지름)}$$

05 그림에서와 같이 핀이음(pin joint)에 인장하중 1,400kg이 작용하고 있다. 이 때 핀지름 d_1 및 봉지름 d_2를 구하라. (단, 핀에 생기는 전단응력을 400kg/cm², 봉에 생기는 인장응력을 700kg/cm²로 한다.)

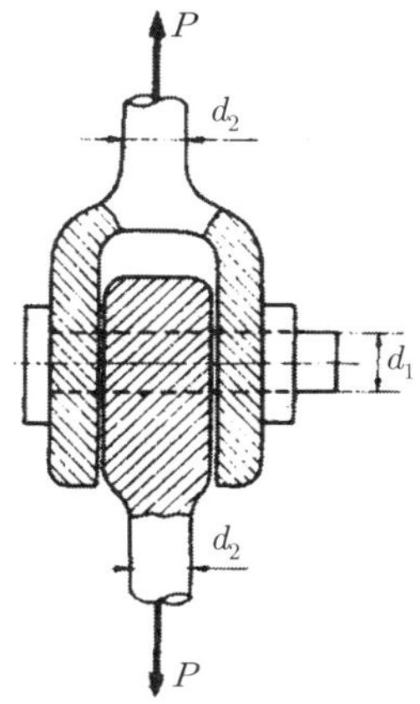

해설 ① 핀지름 계산 : d_1

핀(pin)의 단면적을 A라 하면, 전단면의 면적은 전단면이

2개소이므로 $2A$로 한다.

$$\tau = \frac{P}{2A} = \frac{P}{2\times\frac{\pi}{4}d_1^2} = \frac{2P}{\pi d_1^2} \qquad \therefore\ d_1 = \sqrt{\frac{2P}{\pi\tau}} = \sqrt{\frac{2\times 1{,}400}{\pi\times 400}} = 1.49\text{cm}$$

② 봉(棒)의 지름 : d_2

$$\sigma = \frac{P}{A} = \frac{P}{\frac{\pi}{4}d_2^2} \qquad \therefore\ d_2 = \sqrt{\frac{4P}{\pi\sigma}} = \sqrt{\frac{4\times 1{,}400}{\pi\times 700}} = 1.596\text{cm}$$

06 그림에서와 같이 리벳(rivet)이음에서 리벳사이의 거리 e당 인장하중 $P = 500$kg이 작용할 때, 강판의 리벳사이에 생기는 인장응력 및 리벳에 생기는 전단응력을 구하라. (단, 리벳의 지름 $d = 10$mm, 강판의 두께 $t = 4$mm, 또한 리벳사이의 거리 $e = 25$ mm로 한다.)

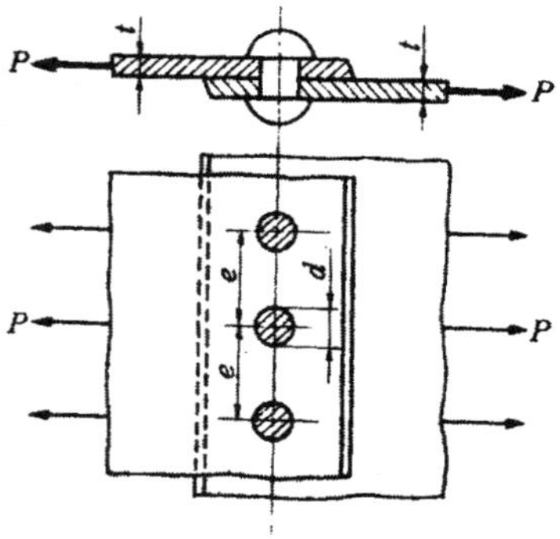

해설 강판의 리벳사이에 생기는 인장응력을 σ로 한다면 인장하중 P에 작용한 면적은 리벳 사이에서 $(e-d)t$이므로

$$\therefore\ \sigma = \frac{P}{(e-d)t} = \frac{500}{(25-10)\times 4} = \frac{500}{60} = 8.33\text{kg/mm}^2$$

또한 1개의 리벳에 대한 전단응력 τ는 다음과 같다.

$$\therefore\ \tau = \frac{P}{\frac{\pi}{4}d^2} = \frac{500}{\frac{\pi}{4}\times 10^2} = \frac{20}{\pi} = 6.37\text{kg/mm}^2$$

07 지름 12mm, 표점거리 200mm의 연강시험편을 인장시험한 결과 표점거리가 250mm가 되었다. 이 때 연강재료의 변형률 및 신장률은 얼마인가?

해설
- 재료의 변형률 : $\varepsilon = \frac{l'-l}{l} = \frac{250-200}{200} = \frac{50}{200} = 0.25$
- 신장률 혹은 신연률 : $\delta = \frac{l'-l}{l}\times 100(\%) = \varepsilon\times 100(\%) = 0.25\times 100 = 25(\%)$

08 길이 $l = 150$mm, 지름 $d = 20$mm의 연강봉에 인장하중 $P = 4{,}000$kg이 작용해서 길이가 0.091mm 늘어났다. 가했던 인장응력 및 인장변형률을 구하라.

해설
- 인장응력 : $\sigma = \frac{P}{\frac{\pi}{4}d^2} = \frac{4{,}000}{\frac{\pi}{4}\times 20^2} = \frac{40}{\pi} = 12.73\text{kg/mm}^2$
- 인장변형률 : $\varepsilon = \frac{\Delta l}{l} = \frac{0.091}{150} = 0.00061$

09 그림에서와 같이 200kg의 힘을 주는 벨트플리(belt pully)가 축경 50mm의 축에 키(key) (15×10×16)로써 고정되어 있다. 이 때 키에 생기는 전단응력과 압축응력을 구하라.

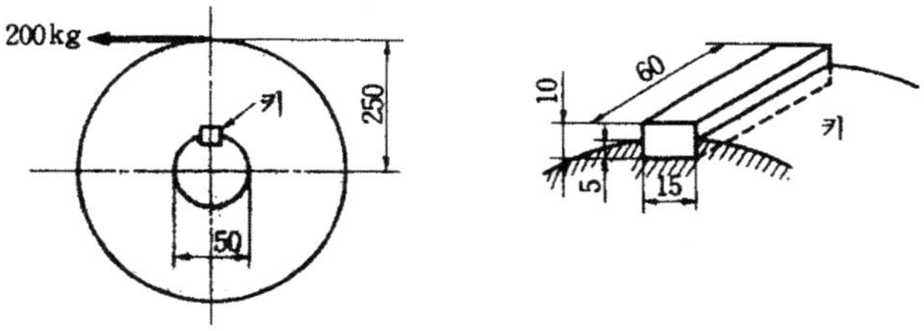

해설 먼저 키에 작용하는 하중을 구한 다음 벨트플리에 의한 토크를 축으로부터 전달하므로 $P \times 2.5 = 200 \times 25$의 관계가 된다. 하중 P로부터 전단응력은 키의 접선방향 단면(1.5×6)에, 압축응력은 하중에 대하여 수직방향 단면(0.5×6)에 생긴다. 먼저 키에 작용하는 하중 P는

$$P \times 2.5 = 200 \times 2.5 \qquad \therefore\ P = \frac{200 \times 25}{2.5} = 2{,}000\text{kg}$$

전단응력 τ는 $P = 2{,}000\text{kg}$, $A = 1.5 \times 6(\text{cm}^2)$이므로

$$\therefore\ \tau = \frac{P}{A} = \frac{2{,}000}{1.5 \times 6} = 222\text{kg/cm}^2$$

압축응력 σ_c는 $P = 2{,}000\text{kg}$, $A = 0.5 \times 6 \times (\text{cm}^2)$이므로

$$\therefore\ \sigma_c = \frac{P}{A} = \frac{2{,}000}{0.5 \times 6} = 667\text{kg/cm}^2$$

10 그림에서와 같이 볼트(bolt)에 7ton의 하중이 가하여졌다. 이때 이 볼트가 하중에 견디려면 볼트의 지름과 머리의 높이를 얼마로 하면 좋은가? (단, 이 볼트에 생기는 응력의 한도를 전단응력 700kg/cm², 인장응력을 1,000kg/cm²까지로 한다.)

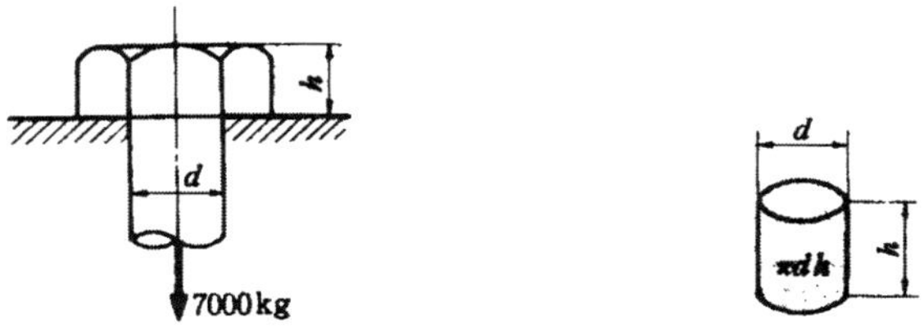

(a) (b)

해설 볼트지름에 있어서는

$$\sigma = \frac{P}{A}, \qquad \therefore\ d = \sqrt{\frac{4P}{\pi\sigma}}$$

또한 전단응력 τ는 그림과 같이 원통면(πdh)에 발생하므로 이 원통면을 A로 하여 $\tau = \dfrac{P}{A}$에 대입하면, 머리의 높이 h가 구해진다.

볼트의 지름 d는

$$\sigma = \frac{P}{A} = \frac{P}{\frac{\pi}{4}d^2} = \frac{4P}{\pi d^2}$$

여기에서 $d=\sqrt{\dfrac{4P}{\pi\sigma}}$ 에 $P=7{,}000\text{kg}$, $\sigma=1{,}000\text{kg/cm}^2$를 대입하면

$$d=\sqrt{\frac{4\times 7{,}000}{\pi\times 1{,}000}}=2.99\text{cm}$$

볼트의 머리높이 h는 $\tau=\dfrac{P}{A}$ 또는 $A=\pi dh$이므로

$$\tau=\frac{P}{A}=\frac{P}{\pi dh} \qquad \therefore\ h=\frac{P}{\pi d\tau}$$

여기에 $P=7{,}000\text{kg}$, $\tau=700\text{kg/cm}^2$, $d=2.99\text{cm}$를 대입하면

$$h=\frac{7{,}000}{\pi\times 2.99\times 700}=1.065\text{cm}$$

11 그림에서와 같이 $Q=3{,}000\text{kg}$, $P=1{,}500\text{kg}$이 작용할 경우 W는 몇 kg이 되겠는가?

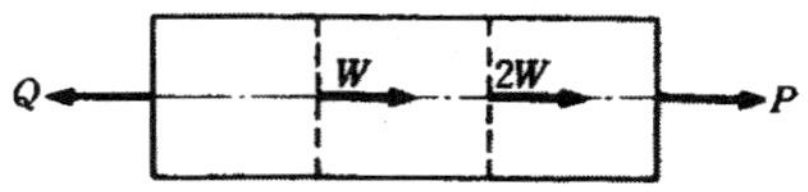

㉮ 200kg ㉯ 300kg
㉰ 400kg ㉱ 500kg

해설 길이방향의 평형에서 식 $Q-P-W-2W=O$에서 $Q=3{,}000\text{kg}$, $P=1{,}500\text{kg}$을 대입하면

$$3{,}000=1{,}500-3W=0 \qquad \therefore\ W=500\text{kg}$$

12 다음 그림과 같이 두께 $t=10\text{mm}$인 연강판게 지름 $d=30\text{mm}$인 구멍을 펀치(punch)로 뚫고자 한다. 이때 판의 전단파괴응력을 $3{,}000\text{kg/cm}^2$라고 할 때 펀칭(punching) 하중은 얼마이면 되겠는가?

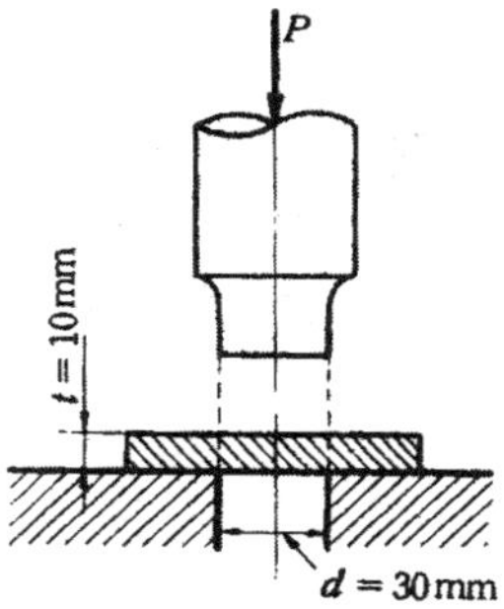

㉮ 18.3ton ㉯ 28.3ton
㉰ 39.2ton ㉱ 42.8ton

해설 구멍의 지름을 d, 두께를 t라고 한다면 전단저항 면적은 πdt이므로, 펀칭하중 P는

$$P=\pi dt\tau=\pi\times 30\times 10\times 30=28{,}260\text{kg} \fallingdotseq 28.3\text{ton}$$

13 오른쪽 그림과 같이 두 부분으로 이루어진 단붙임 환봉에 인장하중 P가 작용할 때, Aqn 및 B부에 생기는 응력의 비 σ_A/σ_B의 값은 얼마인가?

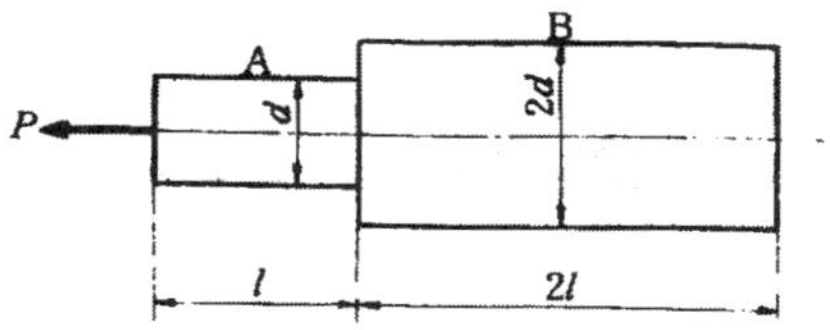

㉮ 3 ㉯ 4
㉰ 5 ㉱ 6

해설 단붙임 부분에서 절단하여 보면 각각 아래의 그림과 같다.

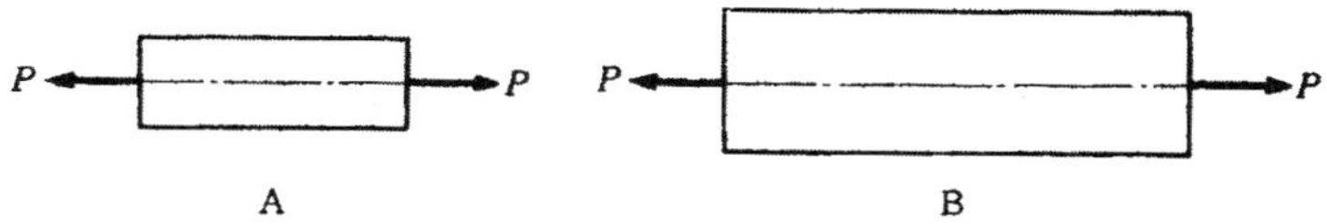

따라서

$$\sigma_A = \frac{P}{\frac{\pi}{4}d^2}, \quad \sigma_B = \frac{P}{\frac{\pi}{4}(2d)^2} = \frac{P}{4\times\frac{\pi}{4}d^2}$$

그러므로

$$\frac{\sigma_A}{\sigma_B} = \frac{P/\left(\frac{\pi}{4}d^2\right)}{P/\left(4\times\frac{\pi}{4}d^2\right)} = 4$$

14 그림과 같은 구조물에 점 B 하단에서 100kg의 물체를 끌어 올리려고 한다. 이 때 AB에 작용하는 힘은 몇 kg이 걸리는가?

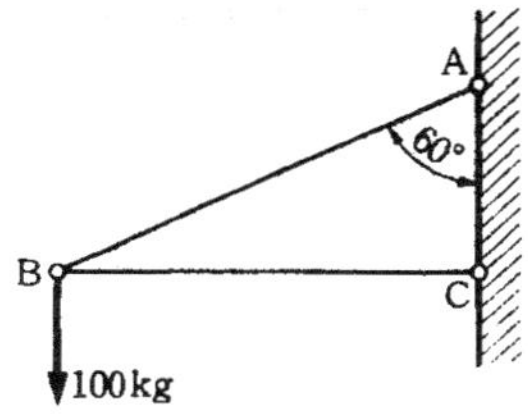

㉮ 100kg ㉯ 200kg
㉰ 300kg ㉱ 400kg

해설 AB의 장력은 AB sin 30° = 100이므로

$$\therefore \ AB = \frac{100}{\sin 30°} = 200\text{kg}$$

15 그림에서와 같이 강성 로프(rope)로 AC 및 BC에 연결되어 있고, 여기에 1,000kg의 하중이 가하여 질 때, 이 로프에 생기는 최대응력은 얼마인가? (단, 로프의 지름은 2 cm이다.)

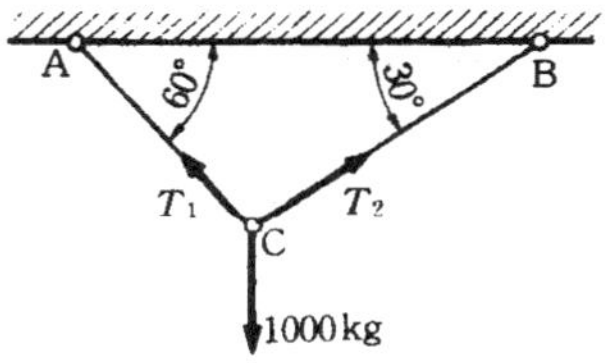

㉮ 373.40kg/cm²
㉯ 481.03kg/cm²
㉰ 551.59kg/cm²
㉱ 635.20kg/cm²

해설 Lami's theory(혹은 sin 법칙)은 다음과 같다.

$$\frac{P_1}{\sin(180-\alpha)} = \frac{P_2}{\sin(180-\beta)} = \frac{P}{\sin(180-\gamma)}$$

$$\therefore \ \frac{P_1}{\sin\alpha} = \frac{P_2}{\sin\beta} = \frac{P}{\sin\gamma}$$

문제에서 AC와 BC의 장력을 $T_1 T_2$라고 한다면 1,000kg, T_1, T_2의 3 힘은 평형이므로 sin 법칙에 의하면

$$\frac{1{,}000}{\sin 90°} = \frac{T_1}{\sin 120°} = \frac{T_2}{\sin 150°}$$

$$T_1 = \frac{\sin 120°}{\sin 90°} \times 1{,}000 = \frac{\frac{\sqrt{3}}{2}}{1} \times 1{,}000 \fallingdotseq 866\text{kg}$$

$$\therefore \ \sigma_1 = \frac{T_1}{A} = \frac{866}{\frac{\pi}{4} \times 2^2} = \frac{866}{\pi} = 275.66\text{kg/cm}^2$$

또한 장력 T_2는

$$T_2 = \frac{\sin 150°}{\sin 90°} \times 1{,}000 = \frac{0.5}{1} \times 1{,}000 = 500\text{kg}$$

$$\therefore \ \sigma_2 = \frac{T_2}{A} = \frac{500}{\frac{\pi}{4} \times 2^2} = 159.2\text{kg/cm}^2$$

따라서 로프에 생기는 최대응력은 $\sigma_1 = 275.66\text{kg/cm}^2$이다.

Section 02 훅(Hooke)의 법칙과 탄성계수

재료에 하중을 가하면 변형되고 동시에 재료 내에 응력(stress)이 일어난다. 한편, 하중을 제거하면 응력과 변형(deformation)이 모두 소실되어 원래 형태로 되돌아가게 된다. 이러한 성질을 탄성(elasticity)이라고 하며, 변형이 완전하게 소멸되는 경우는 완전탄성(perfect elasticity)이라 한다. 하중이 어느 한도를 넘으면 연구변형이 남게 되는데 이러한 성질을 소성(plasticity)이라 한다. 또한 탄성을 갖는 물체를 탄성체(elastic body)라 부른다. 탄성체는 다음과 같은 성질을 갖고 있다. 즉, "탄성한도(elastic limit) 내에서 응력(stress)과 변형률(strain)은 정비례한다."
이 관계는 1678년 Robert Hooke가 실험에 의해서 확인한 것으로 이를 Hooke's law이라 한다. 이는 재료역학에서 탄성이론의 기초가 되는 것이다.

1 훅의 법칙(Hooke's law)

Robert Hooke는 탄성한도 내에서 신장량 δ는 힘 P와 길이 l에 비례하고, 단면적 A에 반비례한다는 것을 실험에 의하여 증명하였다.
이 관계를 식으로 표시하면 다음과 같다.

(1) 탄성한도 내에서 신장량 : δ

$$\delta \propto \frac{Pl}{A} \qquad \cdots\cdots (1.8)$$

$$\therefore \ \delta = \frac{1}{E} \cdot \frac{Pl}{A} = \frac{Pl}{AE} \qquad \cdots\cdots (1.9)$$

이것을 Hooke's law 또는 정비례의 법칙이라 한다.

(2) 탄성계수 : E

$\sigma_t = \dfrac{P_t}{A}$와 $\varepsilon_t = \dfrac{l'-l}{l} = \dfrac{\delta}{l}$에서

$$\sigma \propto \varepsilon \qquad \cdots\cdots (1.10)$$

$$\sigma = E\varepsilon, \ \ \varepsilon = \frac{\sigma}{E} \qquad \cdots\cdots (1.11)$$

$$\therefore\ E = \frac{\sigma}{\varepsilon} = \frac{P/A}{\delta/l} = \frac{Pl}{A\delta}\,(\text{kg/cm}^2) \quad \cdots\cdots (1.12)$$

여기서, $\lambda(\delta)$: 신장량, ε : 변형률, l : 재료의 원래길이, A : 단면적

즉, $\dfrac{\text{응력}(\sigma)}{\text{변형률}(\varepsilon)}$ = 정수(constant)

이 정수를 탄성계수(modulus of elasticity, E)라 하고 단위는 kg/cm^2, lb/in^2가 된다.

2 탄성계수의 종류

모든 재료에 있어서는 탄성에 관련하여 다음과 같은 그 재료의 특유한 상수를 가지고 있다.

(1) 종탄성계수

수직응력(normal stress)과 변형률 사이의 탄성계수(modulus of elasticity)는

$$\sigma = E\varepsilon, \quad E = \frac{\sigma}{\varepsilon}, \quad \delta = \frac{Pl}{AE} = \frac{\sigma l}{E}, \quad P = \frac{AE\delta}{l} \quad \cdots\cdots (1.13)$$

여기서, σ : 수직응력, ε : 변형률,

E : 종탄성계수(modulus of longitudinal elasticity) 또는 영계수(Young's modulus)

변형률 ε은 차원이 없으므로 Young's 계수 E는 σ와 같은 단위를 갖는다. 연강에 대하여 $E = 2.1 \times 10^6 \text{kg/cm}^2$이다.

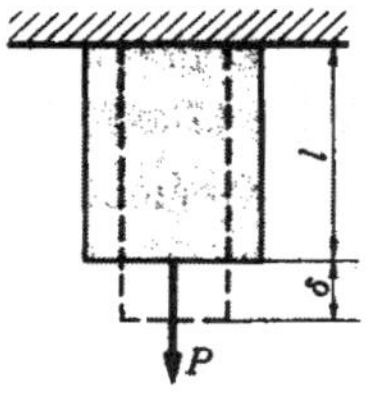

그림 1-7 세로변형

(2) 횡탄성계수

탄성한도 내에서는 전단응력 τ와 그에 따른 전간탄성변형률 γ와의 비(ratio)는 동일재료에 대하여 일정하고, 이 상수를 횡탄성계수(modulus of transverse elasticity) 또는 전단탄성계수(modulus of shearing elasticity, modulus of rigidity) G로서 다음과 같이 표시되며 그 크기는 대략 E의 2/5 정도이다.

① **전단탄성계수**(modulus of shearing elasticity) : G

$$\tau = G\gamma \qquad \therefore\ G = \frac{\tau}{\gamma} \quad \cdots\cdots (1.14)$$

그림 1-8에서 높이 l, 단면적 A인 재료에 전단하중 P를 가하면, δ_s의 변형량과 전단각 ϕ와의 관계는 다음 식과 같다.

$$\tau = \frac{P}{A}, \quad \gamma = \frac{\delta_s}{l} = \phi$$

㉠ **전단탄성계수** : $G=\frac{\tau}{\gamma}=\frac{Pl}{A\delta_s}=\frac{P}{A\phi}$ (kg/cm²)

㉡ **변형량** : $\delta_s=\frac{Pl}{AG}=\frac{\tau l}{G}$ (mm/cm)

㉢ **전단각** : $\phi=\frac{P}{AG}$ (rad)

㉣ **하중** : $P=AG\gamma$ (kg) ······(1.15)

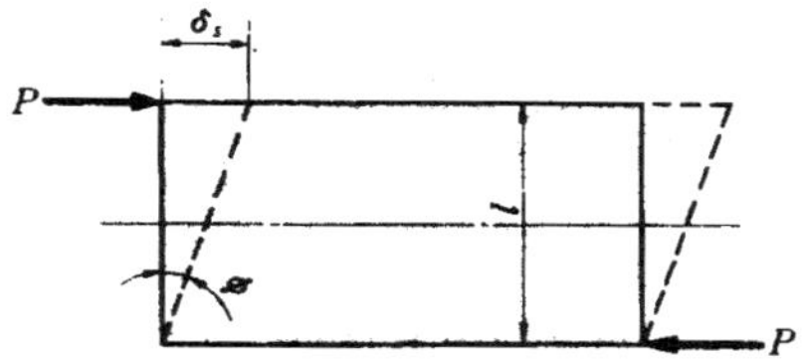

그림 1-8 전단변형률

3 푸아송 비(Poisson's ratio)

탄성한도(elastic limit) 내에서 축방향으로 인장 또는 압축하중이 작용하면 축방향으로 신축하는 동시에 가로방향에 수축 또는 신장이 일어난다.

(1) **푸아송의 비**(poisson's ratio) : $\mu\left(\text{혹은 }\frac{1}{m}\right)$

$$\mu=\frac{1}{m}=\frac{\varepsilon'}{\varepsilon}=\frac{\lambda/d}{\delta/l}=\frac{\lambda l}{\delta d} \quad \cdots\cdots(1.16)$$

여기서, ε : 세로변형률 또는 종변형률, ε' : 가로변형률 또는 횡변형률

$\mu\left(\text{혹은 }\frac{1}{m}\right)$: 푸아송의 비, m : 푸아송수(Poisson's number)

δ : 축방향 변형량, λ : 가로방향 변형량

표 1-1 재료의 기계적 성질

재 료	비 중 (g/cm³)	파괴응력(kg/cm²)			탄성계수(kg/cm²)		탄성한계 (kg/cm²)
		인 장	압 축	전 단	E	G	
주 철	7.5	1,800	7,500	2,000	1×10^6	3.8×10^5	–
연 강	7.85	4,000	4,000	3,500	2.1×10^6	8.1×10^5	2,000
경 강	7.84	4,500	4,500	4,000	2.2×10^6	8.5×10^5	2,500
주 강	7.9	5,300	5,300	–	2.15×10^6	8.5×10^5	2,000
스프링강	7.85	10,000	10,000	–	2.2×10^6	8.7×10^5	5,000
스프링강 (담금질)	7.85	17,000	17,000	–	2.2×10^6	8.8×10^5	7,500
니켈강	7.8	6,200	6,200	–	2.1×10^6	8.5×10^5	3,400
구 리	8.6	2,200	3,200	–	1×10^6	4.2×10^5	–
포 금	8.7	2,400	2,400	–	8.5×10^5	4×10^4	–
황 동	8.5	1,300	780	1,400	8.5×10^5	4×10^4	–
알루미늄청동	7.6	4,500	–	2,800	1.2×10^6	–	–
인청동	8.6	3,500	–	2,800	1×10^6	3.7×10^4	–
낙엽송	0.39	950	350	60	7×10^4	–	–
육 송	0.53	1,000	450	78	8.8×10^4	–	–
전나무	0.47	900	420	70	9×10^4	–	–
박달나무	1.0	1,200	600	120	7×10^4	5,800	–
화강암	2.6	46	1,300	–	1.4×10^5	–	–
콘크리트	2.3	18	200	28	1.4×10^5	–	–

또한 그림 1-10에서와 같이 인장하중에 의한 인장응력 σ와 지름 d가 d'로 된 재료에 세로 변형률 ε, 가로변형률 ε', 세로탄성계수 E와 푸아송의 비 $\frac{1}{m}$와의 관계는 다음과 같다.

$$\varepsilon = \frac{\sigma}{E}, \quad \varepsilon' = \frac{d-d'}{d}, \quad \varepsilon' = \frac{\varepsilon}{m} = \frac{\sigma}{mE} = \frac{d-d'}{d}$$

$$\left.\begin{aligned} &\therefore\ d-d' = \frac{d\sigma}{mE}, \quad \frac{1}{m} = \frac{(d-d')E}{d\sigma} \\ &d' = \left(1-\frac{\sigma}{mE}\right)d \end{aligned}\right\} \quad \cdots\cdots (1.17)$$

푸아송의 비 μ는 $\frac{1}{2}(=0.5)$보다 작은 수이므로, 푸아송수 m은 2보다 큰 값을 가진다.

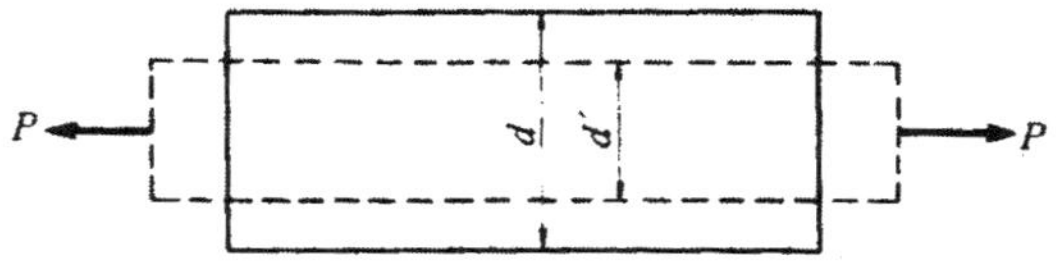

그림 1-10 세로방향과 가로방향의 변형

표 1-2 푸아송수와 푸아송비

재 료	m	$1/m$	재 료	m	$1/m$
유 리	4.1	0.244	구 리	3.0	0.333
주 철	3.7	0.270	셀룰로이드	2.5	0.400
연 철	3.6	0.278	납	2.32	0.430
연 강	3.3	0.303	고 무	2.00	0.500
황 동	3.0	0.333			

(2) 인장을 받는 봉의 체적변화도 계산

$$\frac{V'}{V} = \frac{a(1+\varepsilon)b(1-\mu\varepsilon)c(1-\mu\varepsilon)}{abc} = \frac{(1+\varepsilon)(1-\mu\varepsilon)^2}{1} \fallingdotseq 1+\varepsilon-2\mu\varepsilon$$

$$\Delta V = V' - V = 1+\varepsilon-2\mu\varepsilon-1$$
$$= \varepsilon(1-2\mu)$$

만약 $\Delta V \geqq 0$이라면

$$\varepsilon(1-2\mu) \geqq 0, \quad \mu \leqq \frac{1}{2} \quad \cdots\cdots\cdots\cdots(1.18)$$

어떤 재료가 인장을 받았을 때 체적이 줄어들 수 없으므로 μ는 0.5보다 작아야 함을 알 수 있다.

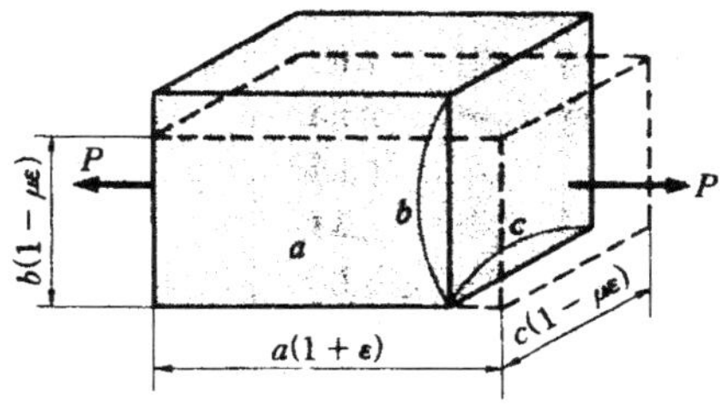

그림 1-11 직육방체의 변형

예제문제

01 단면적 4cm², 길이 1m인 막대에 하중이 작용하여 탄성적으로 0.12mm만큼 늘어났다면, 이때 인장응력(tensile stress)은 얼마인가? (단, 이 재료의 $E = 2.1\times10^6$kg/cm²이다.)

해설 $\sigma = \frac{P}{A}$, $E = \frac{\sigma}{\varepsilon}$로부터 하중 P는

$$P = \sigma A = \varepsilon EA = \frac{\delta}{l}EA = \frac{0.012\times2.1\times10^6\times4}{100} = 1{,}008\text{kg}$$

이므로 응력 σ는 다음과 같다.

$$\sigma = \frac{P}{A} = \frac{1,008}{4} = 252\text{kg/cm}^2$$

02 길이 50cm, 단면적 5cm²인 연강봉에 6,000kg의 하중을 가하였더니 0.0286cm 늘어났다. 이 때의 응력, 세로변형률 및 Young's 계수를 구하라.

해설 하중과 단면적이 주어져 있으므로, 이것으로부터 응력(stress)을 먼저 구한다. 또한 길이와 신장으로부터 세로변형률을 구하고, 이미 구한 응력과 세로변형으로부터 Young's 계수를 구한다.

$$\sigma = \frac{P}{A} = \frac{6,000}{5} = 1,200\text{kg/cm}^2, \quad \varepsilon = \frac{\Delta l}{l} = \frac{0.0286}{50} = 5.72 \times 10^{-4}$$

$$E = \frac{\sigma}{\varepsilon} = \frac{1,200}{5.72 \times 10^{-4}} = \frac{12}{5.72} \times 10^6 = 2.1 \times 10^6\text{kg/cm}^2$$

03 길이 4m, 지름 32mm인 연강봉에 9,600kg의 하중을 가하면 신장은 얼마인가? (단, $E = 2 \times 10^6$kg/cm²이다.)

해설 신장(수축)은 하중과 길이에 비례하고 단면적과 Young's 계수는 반비례한다. 이 경우 하중, 길이, 단면적, Young's 계수(탄성계수)가 주어져 있으므로 다음 식을 사용하면 좋다.

$$\Delta l = \frac{Pl}{AE}, \quad P = 9,600\text{kg}, \quad A = \frac{\pi}{4}d^2 = \frac{\pi}{4} \times 3.2^2 = 8.04\text{cm}^2, \quad l = 400\text{cm},$$

$E = 2 \times 10^6\text{kg/cm}^2$이므로

$$\Delta l = \frac{Pl}{AE} = \frac{9,600 \times 400}{8.04 \times 2 \times 10^6} = \frac{9.6 \times 4 \times 10^5}{8.04 \times 2 \times 10^6} = \frac{9.6 \times 2}{8.04} \times 10^{-1} = 0.239\text{cm}$$

04 지름 3cm, 길이 1m인 연강봉에 인장하중을 가하여서 신장이 0.0005cm 늘어나고, 동시에 지름이 0.005cm로 수축되었다. 이 때 푸아송비와 푸아송수를 구하라. (단, $d = 3$cm, $\lambda = 0.005$cm, $l = 1$cm, $\delta = 0.0005$cm이다.)

해설 먼저 세로변형률과 가로변형률을 생각하고, 푸아송비는 ε'와 ε의 비이므로 푸아송수는 푸아송비의 역수이다.

푸아송비 μ는

$$\mu = \frac{1}{m} = \frac{\varepsilon'}{\varepsilon} = \frac{\Delta d/d}{\Delta l/l}$$

$$= \frac{(100) \cdot (3 - 0.005)}{(3) \cdot (0.0005)} = \frac{299.5}{0.0015} = 2.0 \times 10^5$$

$$\therefore \mu = 2.0 \times 10^5$$

05 지름 3.2cm인 재료가 3,000kg의 전단하중을 받아서 0.00075rad의 전단변형률을 발생하였다. 이 때 이 재료의 가로탄성계수 G를 구하라.

해설

$$\tau = \frac{P_s}{A} = \frac{4 \times 3,000}{\pi \times (3.2)^2} = 373.25\text{kg/cm}^2 \qquad \therefore G = \frac{\tau}{\gamma} = \frac{373.25}{0.00075} \fallingdotseq 4.97 \times 10^5\text{kg/cm}^2$$

06 단면적이 10cm²인 재료에 5,000kg의 전단하중(shearing load)이 작용하고 있다. 이 때 전단변형률(shearing stain) γ를 구하라. (단, 가로탄성계수 $G = 0.81 \times 10^6$kg/cm²로 한다.)

해설 응력과 변형률은 정비례한다. 이 때 비례상수를 탄성계수라고 한다면 $\tau = G\gamma$를 변형하여 이용하면 된다. 여기에 $A = 10\text{cm}^2$, $P = 5{,}000\text{kg}$, $G = 0.81 \times 10^6\text{kg/cm}^2$이므로

$$\gamma = \frac{\tau}{G} = \frac{P}{AG} = \frac{5{,}000}{10 \times 0.81 \times 10^6} = \frac{50}{10 \times 0.81} \times 10^{-4} = 6.17 \times 10^{-4}$$

07 두께 10cm, 폭 35cm의 직육면체 단면에서 길이가 40cm인 주철제 봉이 있다. 한편 245 ton의 압축력을 받아서 길이가 0.28mm만큼 축소될 때 압축응력과 단면의 폭은 얼마만큼 늘어나는가? (단, 이 재료의 푸아송의 비는 0.27이다.)

해설 압축응력 σ_c는

$$\sigma_c = \frac{P}{A} = \frac{245{,}000}{350} = 700\text{kg/cm}^2$$

다음에 단면의 폭의 신장량을 Δbcm라고 한다면

$$\mu = \left|\frac{\varepsilon'}{\varepsilon}\right| = 0.27$$

따라서

$$|\varepsilon'| = \frac{\Delta b}{35}, \quad |\varepsilon| = \frac{0.028}{40}$$

$$\therefore \frac{\Delta b/35}{0.028/40} = 0.27 \qquad \therefore \Delta b = 0.0067\text{cm}$$

08 길이 3m인 연강제환봉에 20ton의 하중을 매달았다. 이 때 환봉의 지름은 얼마로 하면 좋겠는가? 또한 그때 생기는 신장을 구하라. (단, 허용응력을 800kg/cm², 세로탄성계수를 2.15×10^6kg/cm²로 한다.)

해설 환봉의 지름을 $d$cm라 한다면 단면적 A는 $\pi d^2/4\text{cm}^2$이므로

$$\frac{P}{A} = \sigma\text{에서 } \frac{20{,}000}{\pi d^2/4} = 800 \qquad \therefore d = \frac{10}{\sqrt{\pi}} \approx 5.64\text{cm}$$

•신장량 : $\lambda = \frac{\sigma l}{E} = 800 \times \frac{300}{2.15 \times 10^6} = 0.11\text{cm}$

09 길이 1m인 연강봉이 인장응력 1,000kg/cm²을 받고 있을 때의 신장량을 구하라. (단, 세로탄성계수 $E = 2 \times 10^6$kg/cm²이다.)

㉮ 0.05cm ㉯ 0.005cm ㉰ 0.05mm ㉱ 0.005mm

해설 Hooke's law에서 유도되는 신장량(률)의 식 $\delta = \frac{pl}{AE}$에서 $\sigma = \frac{P}{A}$이므로 $\delta = \frac{\sigma l}{E}$로 표시된다.

따라서 주어진 값을 윗식에 대입하면

$$\delta = \frac{\sigma l}{E} = \frac{1{,}000 \times 100}{2 \times 10^6} = \frac{1}{2 \times 10} = \frac{1}{20} = 0.05\text{cm}$$

10 직경이 4mm인 철사를 인장시험기에 부착하고 100kg의 하중을 걸었더니 길이 300mm가 300.12mm로 늘어났다. 이 때 철사의 탄성계수는 얼마이겠는가?

㉮ 1.8×10^4kg/mm² ㉯ 2.0×10^4kg/mm²
㉰ 2.2×10^4kg/mm² ㉱ 2.4×10^4kg/mm²

해설 세로탄성계수는 $E=\frac{\sigma}{\varepsilon}$로 구할 수 있다. 그러므로 먼저

•변형률 : $\varepsilon=\frac{l'-l}{l}=\frac{300.12-300}{300}=\frac{0.12}{300}$

•인장응력 : $\sigma=\frac{P}{A}=\frac{4P}{\pi d^2}=\frac{4\times100}{\pi\times4^2}=\frac{100}{4\pi}$ kg/mm²

따라서

$$\therefore\ E=\frac{\sigma}{\varepsilon}=\frac{100}{4\pi}\times\frac{300}{0.12}=\frac{3\times10^4}{0.48\times3.14}=2\times10^4\text{kg/mm}^2$$

11 단면적이 5cm²인 재료에 그 단면에 따라 400kg의 전단력을 가했더니 1/1,000rad인 전단변형률이 일어났다. 이 때 이 재료의 가로탄성계수는 얼마인가?

㉮ 0.8×10^5kg/cm² ㉯ 8×10^5kg/cm²
㉰ 0.8×10^4kg/cm² ㉱ 8×10^4kg/cm²

해설 가로탄성계수는 $G=\frac{\tau}{\gamma}=\frac{P_s}{A\gamma}$에서 A는 단면적, P_s는 그 단면에 따라 작용한 전단하중, γ는 발생한 전단변형률이다. 그러므로 가로탄성계수 G는

$$G=\frac{P_s}{A\gamma}=\frac{400}{5\times\frac{1}{1,000}}=\frac{40\times10^4}{5}=8\times10^4\text{kg/cm}^2$$

12 지름이 1in인 강봉에 신장률이 0.7×10^{-3}이 발생했을 때, 이 봉에 작용한 인장하중은 얼마인가?

㉮ $P=12,000$lb ㉯ $P=14,250$lb
㉰ $P=16,500$lb ㉱ $P=18,500$lb

해설 Hooke's law에 의하면

$$E=\frac{\sigma}{\varepsilon}\qquad\therefore\ \sigma=E\varepsilon$$

문제에서 $\varepsilon=0.7\times10^{-3}$가 주어졌으나 탄성계수 E는 주어지지 않았다. 강에 대한 E의 평균값으로는 $E=30\times10^6$lb/in²를 사용한다. 그러므로 발생하고 있는 응력 σ는

$$\sigma=30\times10^6\times0.7\times10^{-3}=21\times10^3\text{lb/in}^2$$

이고, 이때 작용한 인장하중 P는

$$P=A\sigma=\frac{\pi}{4}\times1^2\times21\times10^3\fallingdotseq16,500\text{lb}$$

17 단면적 2cm², 길이 20cm인 연강이 인장하중에 의하여 0.1mm만큼 신장되었다. 이때 봉에 생기고 있는 인장응력은 얼마인가? (단, 세로탄성계수는 $E=2\times10^6$kg/cm²이다.)

㉮ 10kg/cm² ㉯ 100kg/cm²
㉰ 1,000kg/cm² ㉱ 10,000kg/cm²

해설 먼저 인장하중을 구하면, $\delta=\dfrac{Pl}{AE}$에서

$$P=\frac{AE\delta}{l}=\frac{2\times2\times10^6\times0.01}{20}=2{,}000\text{kg}$$

이고, 이때 인장응력 σ는

$$\sigma=\frac{P}{A}=\frac{2{,}000}{2}=1{,}000\text{kg/cm}^2=10\text{kg/mm}^2$$

또는 $\delta=\dfrac{Pl}{AE}=\sigma\dfrac{l}{E}$에서

$$\therefore\ \sigma=\frac{E\delta}{l}=\frac{2\times10^6\times0.01}{20}=1{,}000(\text{kg/cm}^2)$$

18 지름 2cm, 길이 20cm인 연강봉이 있다. 인장하중에 의하여 0.016cm만큼 늘어나고, 동시에 지름이 0.0005cm만큼 줄었다고 한다면, 이 재료의 푸아송비(Poisson's ratio) μ는 얼마인가?

㉮ $\mu=\dfrac{1}{2.2}$ ㉯ $\mu=\dfrac{1}{3.2}$ ㉰ $\mu=\dfrac{1}{4.2}$ ㉱ $\mu=\dfrac{1}{5.2}$

해설 푸아송비 $\mu=\dfrac{1}{m}=\dfrac{\varepsilon'}{\varepsilon}$

- 가로변형률(횡변형률) : $\varepsilon'=\dfrac{d-d'}{d}=\dfrac{0.0005}{2}=\dfrac{5\times10^{-4}}{2}$
- 세로변형률(종변형률) : $\varepsilon=\dfrac{l'-l}{l}=\dfrac{0.016}{20}=\dfrac{0.0016}{2}=\dfrac{16\times10^{-4}}{2}$

$$\therefore\ \mu=\frac{5\times10^{-4}}{2}\times\frac{2}{16\times10^{-4}}=\frac{5}{16}=\frac{1}{3.2}$$

19 지름 10cm인 환봉이 있다. 이 봉에 축방향 인장력 P를 작용시켰더니 지름이 0.0025cm만큼 축소되었다. 이때 $E=2\times10^6$kg/cm², $1/m=0.3$으로 하고 인장력 P의 값을 구하라.

㉮ $P=108{,}800$kg ㉯ $P=110{,}200$kg
㉰ $P=120{,}400$kg ㉱ $P=130{,}800$kg

해설 인장력 P에 의한 응력 σ_t는

$$\sigma_t=\frac{P}{A}\ (A:\text{봉의 단면적})$$

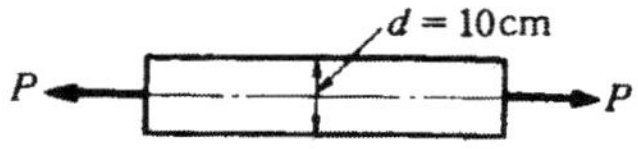

이것에 의해 생기는 축방향의 변형률(strain)은

$\varepsilon = \sigma_t / E = P/AE$ .... ①

이것에 대한 가로변형률을 ε_1이라 한다면

$\dfrac{\varepsilon_1}{\varepsilon} = \dfrac{1}{m}$ $\quad \therefore \ \varepsilon_1 = \varepsilon / m$ .... ②

식 ①을 식 ②에 대입하면

$\varepsilon_1 = P/AmE_1 \qquad \therefore \ P = mEA\varepsilon_1$

각각의 값을 대입하면

$$P = \frac{0.0025 \times 25\pi \times 2 \times 10^6}{0.3 \times 10} = 130,800\,\text{kg}$$

20 길이 90mm, 두께 18mm인 강판의 세로방향(종방향)에 5,000kg의 전단력이 작용할 경우 가로탄성계수를 0.8×10^6kg/cm²이라 할 때, 전단변형률 γ는 얼마인가?

㉮ $\gamma = 1.8 \times 10^{-4}$
㉯ $\gamma = 2.7 \times 10^{-4}$
㉰ $\gamma = 3.8 \times 10^{-4}$
㉱ $\gamma = 4.5 \times 10^{-4}$

해설 $P = 5{,}000\text{kg}$, $A = 9 \times 1.8\text{cm}^2$, $G = 0.8 \times 10^6 \text{kg/cm}^2$를 $\gamma = \dfrac{P}{AG}$에서

$$\gamma = \frac{5{,}000}{9 \times 1.8 \times 0.8 \times 10^6} \fallingdotseq 3.8 \times 10^{-4}$$

21 지름 2.2cm의 재료가 2,500kg의 인장하중을 받아서 0.00075rad의 전단변형률이 생겼다. 이 재료의 가로탄성계수(횡탄성계수) G는 얼마이겠는가?

㉮ $G = 4.51 \times 10^5 \text{kg/cm}^2$
㉯ $G = 5.31 \times 10^5 \text{kg/cm}^2$
㉰ $G = 7.22 \times 10^5 \text{kg/cm}^2$
㉱ $G = 8.77 \times 10^5 \text{kg/cm}^2$

해설 G는 τ와 γ를 알면 $G = \dfrac{\tau}{\gamma}$에서 구할 수가 있다. 즉

$$\tau = \frac{P_s}{A} = \frac{P_s}{\frac{\pi}{4}d^2} = \frac{2{,}500}{\frac{\pi}{4} \times 2.2^2} = \frac{10{,}000}{4.8\pi} = 658\text{kg/cm}^2$$

$$\therefore \ G = \frac{\tau}{\gamma} = \frac{658}{0.00075} = 8.77 \times 10^5 \text{kg/cm}^2$$

Section

03 허용응력과 안전율

구조물이나 기계부분에 작용하는 최대응력은 언제나 탄성한도 이하의 값이어야 한다. 그래야만 하중을 가하고 난 다음 제거했을 때 영구변형이 생기지 않는다.

1 허용응력(Allowable stress) : σ_a

(1) 허용응력의 개요

① **사용응력**(working stress) : 기계의 운전이나 구조물의 작용이 실체적으로 안전한 범위 내에서 작용하고 있는 응력을 말한다.

② **허용응력**(allowable stress) : 재료를 사용하는 데 허용할 수 있는 최대응력을 말한다.

③ **최대응력**(maximum stress) : 실제로 사용응력과 허용응력은 같은 의미로 사용되며, 재료가 실제 사용하는 데 필요한 안전한 최대값을 최대응력이라 한다.

④ 사용응력은 항상 허용응력보다 작아야 한다.

$$\sigma_w \leqq \sigma_a$$

σ_a → 허용응력(allowable stress)

σ_w → 사용응력(working stress)

즉, 사용응력 ≦ 허용응력 < 탄성한도

(2) 허용응력의 결정

일반적으로 재료시험의 결과를 기초로 하고, 다음의 여러조건을 고려하여 허용응력을 결정한다. 즉,

① 재료의 성질 및 신뢰도

② 하중 및 응력의 종류와 성질

③ 하중과 응력계산의 정확도

④ 공작방법 및 그 정밀도

⑤ 부재의 형상 및 사용상태(즉 온도, 마멸, 부식 등의 영향)

등의 여러 가지 항목에 대하여 고찰하여야 한다.

표 1-3 철강재료의 허용응력(kgf/mm²)

하 중		허용응력	연 강	중경강	주 강	주 철
인 장	Ⅰ	σ_w	9.0~15.0	12.0~18.0	6.0~12.0	3.0
	Ⅱ		6.0~10.0	8.0~12.0	4.0~8.0	2.0
	Ⅲ		3.0~5.0	4.0~6.0	2.0~4.0	1.0
압 축	Ⅰ	σ_w	9.0~15.0	12.0~18.0	9.0~15.0	9.0
	Ⅱ		6.0~10.0	8.0~12.0	6.0~10.0	6.0
굽 힘	Ⅰ	σ_w	9.0~15.0	12.0~18.0	7.5~12.0	–
	Ⅱ		6.0~10.0	8.0~12.0	5.0~8.0	–
	Ⅲ		3.0~ 5.0	4.0~6.0	2.5~4.0	–
전 단	Ⅰ	τ_w	7.2~12.0	9.6~14.4	4.8~9.6	3.0
	Ⅱ		4.8~8.0	6.4~9.6	3.2~6.4	2.0
	Ⅲ		2.4~4.0	3.2~4.8	1.6~3.2	1.0
비틀림	Ⅰ	τ_w	6.0~12.0	9.0~14.4	4.8~9.6	–
	Ⅱ		4.0~8.0	6.0~9.6	3.2~6.4	–
	Ⅲ		2.0~4.0	3.0~4.8	1.6~3.2	–

* Ⅰ : 정하중, Ⅱ : 동하중, Ⅲ : 반복하중

2 안전율(Safety factor) : S

안전율은 응력계산 및 재료의 불균질 등에 대한 부정확을 보충하고 각 부분의 충분한 안전율과 더불어 경제적인 치수결정에 대단히 중요한 것이다.

(1) 안전율의 정의

① **안전율** : S

$$S = \frac{\text{극한강도}(\sigma_u)}{\text{허용응력}(\sigma_a)} \quad \cdots\cdots (1.19)$$

또는

$$\sigma_a = \frac{\sigma_u}{S}$$

② **사용응력의 안전율** : S_w

$$S_w = \frac{\text{극한강도}(\sigma_u)}{\text{사용응력}(\sigma_w)} \quad \cdots\cdots (1.20)$$

또는

$$\sigma_w = \frac{\sigma_u}{S_w}$$

③ **항복점에 대한 안전율** : S_{yp}

$$S_{yp} = \frac{\text{항복점}(\sigma_{yp})}{\text{허용응력}(\sigma_a)} \quad \cdots\cdots (1.21)$$

또는

$$\sigma_a = \frac{\sigma_{yp}}{S_{yp}}$$

연성재료에서는 항복응력을 취성재료인 경우에는 최대응력을 기준으로 하고 있다. 고온에서는 크리프(creep)한도, 반복하중일 때는 내구한도를 취하는 것이 합리적이다.

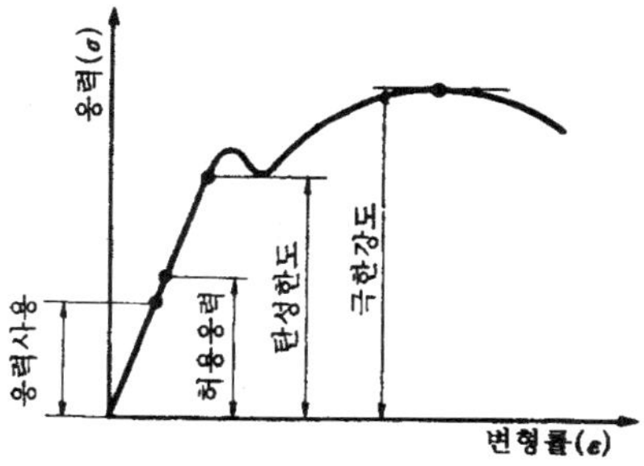

그림 1-14 응력과 변형률선도

표 1-4 안전율 $S = \frac{\sigma_u}{\sigma_a}$

재 료	정하중	동하중		충격하중
		반복하중	교번하중	
주철, 취약한 금속	4	6	10	15
연강, 단강	3	5	8	12
주 강	3	5	8	15
구리, 연금속	5	6	9	15
목 재	7	10	15	20
석 재	20	20	–	–

(2) 안전율의 결정

안전율은 다음과 같은 조건에서는 알맞은 크기를 선택하여야 한다.

① 재질 및 형상이 불균일하고 강도상의 신뢰성이 적을 때

② 재질이 부식, 마멸 또는 변질의 위험이 있을 때

③ 커다란 동하중, 충격하중이 작용할 염려가 있을 때

④ 각종 동하중이 장기간 작용하고 피로파괴의 염려가 있을 때

⑤ 구조가 불연속적이고 응력집중이 있을 때

⑥ 고온의 조건하에서 강도가 저하되고 크리프(creep)변형이 일으킬 때

⑦ 저온의 조건하에서 강도가 저하되고 충격에 약하게 될 때
⑧ 가늘고 긴재료에 압축력이 작용하고 좌굴파괴의 염려가 있을 때
⑨ 구조가 복잡하고 응력을 계산해도 정확히 구해지지 않을 때
⑩ 하중의 성질 및 크기가 분명하지 않을 때

예제문제

01 단면 6cm × 10cm의 목재가 4,000kg의 압축하중을 받고 있다. 이 때 안전율을 7로 하면 실제 사용응력은 허용응력의 몇 %가 되는가? 또한 목재에 가할 수 있는 안전한 최대하중은 얼마인가? (단, 목재의 압축강도를 500kg/cm²이다.)

해설 목재에 대한

$A=6\text{cm}\times 10\text{cm}=60\text{cm}^2$, $P=4{,}000\text{kg}$, $\sigma_u=500\text{kg/cm}^2$, $S=7$이라면

•허용응력 : $\sigma_a=\dfrac{\sigma_u}{S}=\dfrac{500}{7}\fallingdotseq 71.4\text{kg/cm}^2$

•사용응력 : $\sigma_w=\dfrac{P}{A}=\dfrac{4{,}000}{60}\fallingdotseq 66.7\text{kg/cm}^2$

$\therefore\ \dfrac{\sigma_w}{\sigma_a}=\dfrac{66.7}{71.4}=0.934\fallingdotseq 93\%$ (사용응력은 허용응력의 93%이다.)

즉, 실제 사용응력(σ_w)은 허용응력(σ_a)의 93%이다. 또한

•안전하중 : $P=7.14\times 60=4{,}284\text{kg}$ 혹은 $P=\dfrac{4{,}000}{0.934}=4{,}282.7\text{kg}$

02 길이 2m인 강봉이 인장하중을 받아서 1mm 정드 신장이 있다면, 이 때 안전율은 얼마인가? (단, 강봉의 극한강도 $\sigma_u=5{,}000$kg/cm², 영계수(Young's 계수) $E=2.1\times 10^6$kg/cm²로 한다.)

해설 δ=강봉의 신장, S=안전율로 한다면

$$\delta=\varepsilon l,\quad \varepsilon=\frac{\sigma}{E},\quad \sigma=\varepsilon E=\frac{\delta}{l}E$$

에 대해서 $\delta=0.1\text{cm}$, $l=200\text{cm}$, $E=2.1\times 10^6\text{kg/cm}^2$를 대입하여

$$\sigma=2.1\times 10^6\times\frac{0.1}{200}=1{,}050\text{kg/cm}^2\qquad \therefore\ S=\frac{\sigma_u}{\sigma}=\frac{5{,}000}{1{,}050}=4.7(\text{안전율})$$

03 항복점의 강도 2,700kg/cm²인 기계구조용 연강재가 있다. 이 재료에 인장의 정하중이 작용할 경우 허용응력을 구하라.

해설 보통 연강에 있어서 정하중의 안전율은 3이므로 허용응력(σ_a)는

$$\sigma_a=\frac{\sigma_y}{3}=\frac{2{,}700}{3}=900\text{kg/cm}^2$$

04 두께 1cm, 폭 5cm인 연강재의 판에 $P=1{,}040$kg의 인장력이 작용할 때, 판의 중심부에 원형구멍을 뚫을 경우 구멍의 지름을 구하라.

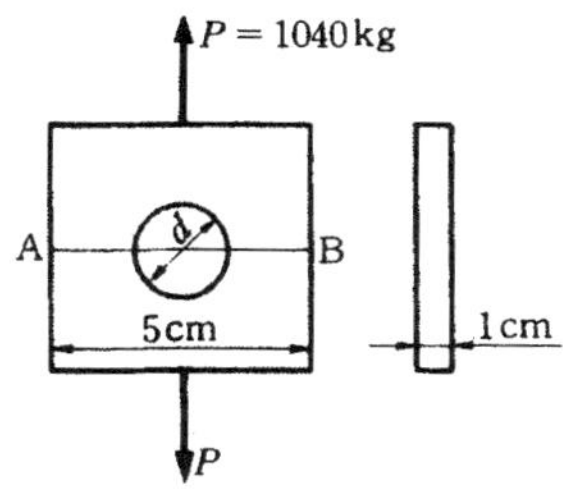

해설 구멍의 지름을 $d$cm로 한다면 판의 하중축에 대한 최소횡단면은 AB이므로

$$\sigma_{aw}=\frac{1{,}040}{(5-d)\times 1}$$

그런데 형상계수 $\alpha_k=\frac{\sigma_{max}}{\sigma_{max}}=3$, 연강의 극한강도 $\sigma_u=3{,}900\text{kg/cm}^2$로 한다면

$$\sigma_{av}=\frac{3{,}120}{(5-d)}=\frac{3{,}900}{5} \qquad \therefore\ d=1\text{cm}$$

05 연강의 인장강도가 $4{,}500$kg/cm²일 때, 이것을 안전율 5로 사용하면 허용응력은 얼마인가?

㉮ $\sigma_a=300\text{kg/cm}^2$ ㉯ $\sigma_a=500\text{kg/cm}^2$
㉰ $\sigma_a=700\text{kg/cm}^2$ ㉱ $\sigma_a=900\text{kg/cm}^2$

해설 인장강도란 인장시험때의 극한강도를 말하므로, 이때의 허용응력은

$$(\text{인장강도})\div(\text{안전율})=\frac{4{,}500}{5}=900\text{kg/cm}^2$$

06 200kg의 인장하중을 받는 연강봉을 안전하게 사용하기 위한 지름은 얼마인가? (단, 봉의 인장강도는 36kg/mm², 안전계수는 4로 한다.)

㉮ $d=3.21\text{mm}$ ㉯ $d=5.64\text{mm}$
㉰ $d=7.28\text{mm}$ ㉱ $d=9.17\text{mm}$

해설 안전한 지름은 인장하중에 대한 응력이 허용응력 이내가 되는 지름이다.

• 허용응력 : $\sigma_a=\frac{\sigma_t}{S}=\frac{36}{4}=9\text{kg/mm}^2$

• 필요한 단면적 : $A=\frac{P}{\sigma_a}=\frac{200}{9}\text{mm}^2$

따라서

$$A=\frac{\pi}{4}d^2\geq\frac{200}{9} \qquad \therefore\ d\geqq\sqrt{\frac{4\times200}{9\pi}}\fallingdotseq5.64\text{mm}$$

07 수직으로 강철 로프(steel rope)에 달린 승강기(elevator)가 있다. 부하상태에서 4,500kg이고, 최대상승가속도가 1.8m/sec²이며, 또한 로프의 파괴강도가 60kg/mm²이다. 한편 안전계수를 3.5로 하였을 때 이 로프의 단면적은 몇 mm²가 되겠는가?

㉮ $A=11\text{mm}^2$ ㉯ $A=111\text{mm}^2$
㉰ $A=211\text{mm}^2$ ㉱ $A=311\text{mm}^2$

해설 $W=\dfrac{F}{g}\cdot\alpha=\dfrac{4,500}{9.8}\times 1.8=827\text{kg}$, $P=F+W$이므로

$$A=\frac{S\times P}{\sigma}=\frac{3.5(4,500+827)}{60}=311\text{mm}^2$$

08 길이 2m의 강봉이 인장하중으로 1mm 신장되었을 때 강봉의 극한강도 $\sigma_u=5,000$ kg/cm², 탄성계수 $E=2.1\times10^6$kg/cm²이면 안전계수(S)는 얼마인가?

㉮ $S=2.76$ ㉯ $S=3.76$ ㉰ $S=4.76$ ㉱ $S=5.76$

해설 $\sigma=\varepsilon\cdot E=\dfrac{\delta}{l}E=2.1\times10^6\times\dfrac{0.1}{200}=1,050\text{kg/cm}^2$

$$\therefore\ S=\frac{\sigma_u}{\sigma}=\frac{5,000}{1,050}=4.76$$

09 탄성계수 $E=2.1\times10^6$kg/cm², 극한강도 $\sigma_u=4,500$kg/cm²인 재료에서 신장이 1 mm이고, 길이가 3m인 봉에서 안전계수(S)는 얼마가 되겠는가?

㉮ $S=4.8$ ㉯ $S=6.4$ ㉰ $S=7.5$ ㉱ $S=8.2$

해설 $S=\dfrac{\sigma_u}{\sigma}=\dfrac{\sigma_u}{\varepsilon\cdot E}=\dfrac{4,500\times3,000}{2.1\times10^6\times1}=6.4$

Chapter

02

인장, 압축, 전단

Tensile, Compressive and Shear

Section 01 인장 및 압축을 받는 부정정구조물

1 정정 트러스

(1) 강체 벽 사이의 트러스(truss)

그림 2-1과 같이 양단이 자유롭게 회전할 수 있도록 결합한 길이와 단면적이 2개인 연강환봉으로 된 구조물을 고려해 보자.

B점에서 하중 P를 AC에 직각방향으로 가할 때 AB, BC봉에 작용하는 인장하중은 같다. 이것을 Q라 하고, AB, BC를 B점에서 자유체선도를 그리면 그림 (b)와 같이 힘이 작용하였다고 할 수 있다.

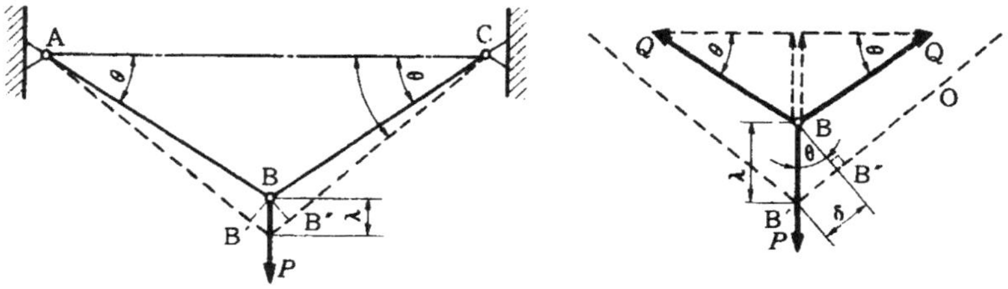

(a) 트러스 (b) 자유체 선도

그림 2-1 트러스와 힘의 평형도

① **환봉에 작용하고 있는 힘** : Q

$$P = 2Q\sin\theta, \qquad \therefore\ Q = \frac{P}{2\sin\theta} \quad \cdots\cdots (2.1)$$

② **봉에 생기는 응력** : σ

$$\sigma = \frac{Q}{A} = \frac{P}{2A\sin\theta} \quad \cdots\cdots (2.2)$$

③ **봉에 생기는 신장량** : δ

$$\delta = \frac{\sigma}{E}l = \frac{Pl}{2AE\sin\theta} \quad \cdots\cdots (2.3)$$

④ **변위** : λ

$\delta \fallingdotseq B'B''$, $\quad Q \fallingdotseq Q'$

라고 할 때, B′ 점의 변위는 $\lambda\sin\theta = \delta$이므로

$$\therefore \ \lambda = \frac{Pl}{2AE\sin^2\theta} \fallingdotseq \frac{\sigma l}{E\sin\theta} \quad \cdots\cdots (2.4)$$

(2) 강체벽에 직각으로 고정한 트러스(truss)

그림 2-2(a)와 같이 수직된 강체벽에 자유롭게 회전하도록 2개의 연강봉 AC, BC를 고정한 경우를 고려해 보자. BC는 벽면에 직각으로 고정할 경우 C점에서 하중 P를 수직으로 가하면 봉 AC, BC는 인장하중과 압축하중을 받게 된다.

① **봉에 작용하는 하중** : Q

C점에서 작용하는 힘의 평형을 고려하면

$$Q_1\cos\theta = Q_2, \qquad Q_1\sin\theta = P$$

$$\therefore \ Q_1 = \frac{P}{\sin\theta}, \qquad Q_2 = P\cot\theta \quad \cdots\cdots (2.5)$$

여기서, Q_1 : 봉 AC의 하중, Q_2 : 봉 BC의 하중이다.

② **봉의 신장량** : δ

$$\left.\begin{aligned} \delta_1 &= \frac{Q_1}{AE}\left(\frac{l}{\cos\theta}\right) = \frac{P}{AE}\left(\frac{l}{\sin\theta\cos\theta}\right) \\ \delta_2 &= \frac{Q_2 l}{AE} = \frac{Pl}{AE}\cot\theta \end{aligned}\right\} \quad \cdots\cdots (2.6)$$

여기서, δ_1 : 봉 AC의 신장량(인장), δ_2 : 봉 BC의 신장량(축소)

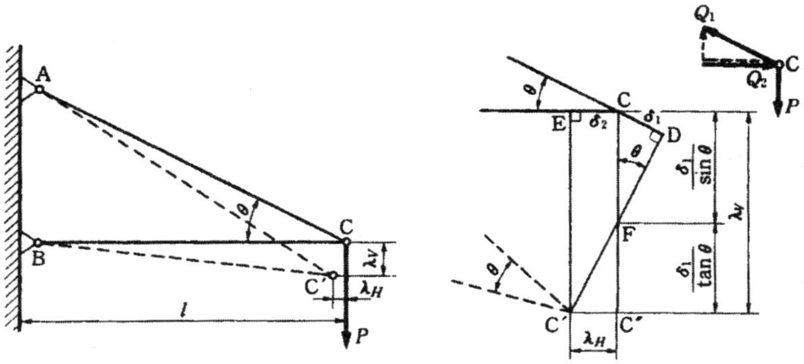

(a) 벽에 직각으로 고정한 트러스 (b) 자유체 선도

그림 2-2 직각 고정트러스와 힘의 평형도

③ **변위** : λ

그림 2-2(b)에서 C점이 C′점으로 위치이동을 하게 된다. 이때 탄성변형으로 δ_1, δ_2의 양이 매우 적기 때문에 C′점에서 각봉을 수직으로 당기면

$$\delta_1 \fallingdotseq CD, \qquad \delta_2 \fallingdotseq CE$$

로서 근사값이 된다. 그리고 각 θ는 변화하지 않으므로 C점에서 수평 및 수직방향의 변위는 다음과 같다.

C점에서 수평방향의 변위 : $\lambda_H = \delta_2 = \dfrac{Pl}{AE}\cot\theta$ ··························(2.7)

C점에서 수직방향의 변위 : $\lambda_V = CC'' = CF + FC'' = \dfrac{\delta_1}{\sin\theta} + \dfrac{\delta_2}{\tan\theta}$

$$= \frac{Pl}{AE}\left(\frac{1+\cos^3\theta}{\sin^2\theta\cos\theta}\right) \quad \cdots\cdots(2.8)$$

④ **봉의 응력** : σ

봉 AC의 인장응력 σ_1은

$$\sigma_1 = \frac{Q_1}{A} = \frac{P}{A\sin\theta} \quad \cdots\cdots(2.9)$$

봉 BC의 압축응력 σ_2은

$$\sigma_2 = \frac{Q_2}{A} = \frac{P\cot\theta}{A} \quad \cdots\cdots(2.10)$$

2 부정정 트러스(truss)

단면적이 A인 3개의 연강봉을 그림 2-3(a)와 같이 연결하고 점 C에서 하중 P를 가할 때 경사봉 AC, BC의 길이가 같고 수직봉 CD의 길이가 l일 때 각봉의 응력과 변형은 다음과 같다.

① **봉에 작용하는 인장력** : Q_1, Q_2

㉠ C점에서 힘의 평형조건은
$P = 2Q_1\cos\theta + Q_2$로서 미지수 Q_1, Q_2의 2개의 부정정문제이다.

㉡ 따라서 C점에서 기하학적 관계식은
$\delta_1 = \delta_2\cos\theta$ 이고,

㉢ C점에서의 δ_1과 δ_2의 크기는
$\delta_1 = \dfrac{Q_1 l_1}{AE}$, $\delta_2 = \dfrac{Q_2 l_2}{AE}$이므로

㉣ C점에서의 트러스의 길이의 관계식은
$l_2 = l_1\cos\theta$를 적용하면

㉤ $Q_1 = Q_2\cos^2\theta$의 관계식이 유도 되므로 상기 ㉠의 부정정문제에 있어서 미지수 Q_1과 Q_2는 다음과 같이 구할 수 있다.

$$Q_2 = \frac{P}{1+2\cos^3\theta}, \qquad Q_1 = \frac{P\cos^2\theta}{1+2\cos^3\theta} \quad \cdots\cdots (2.11)$$

여기서, Q_1 : AC, BC에 작용하는 인장력, Q_2 : DC에 작용하는 인장력,

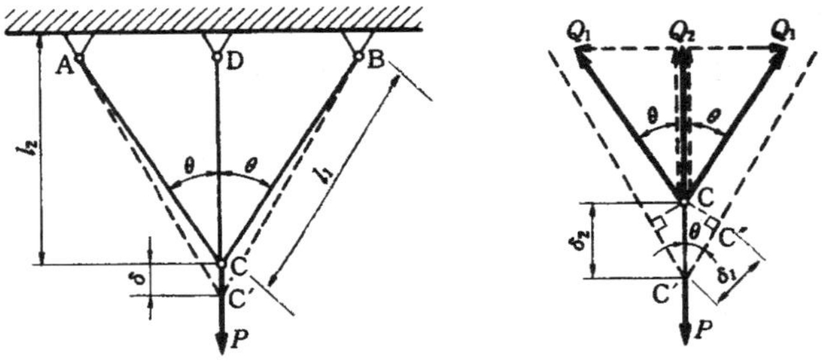

(a) (b)

그림 2-3 부정정 트러스의 하중점에서 변위

② **봉의 신장량** : λ

㉠ **봉 AC의 신장량** : λ_1

$\lambda_2 = \delta$이고, C점에서 BC′에 수직선 CC″를 그으면 $\angle CC'C'' \fallingdotseq \theta$일 때

$$\lambda_1 \fallingdotseq C'C'' = \delta\cos\theta = \lambda_2\cos\theta \quad \cdots\cdots (2.12)$$

㉡ **봉 DC의 신장량** : $\lambda_2 = \dfrac{Q_2 l}{AE}$ $\cdots\cdots$ (2.13)

㉢ 봉 BC의 신장량 : $\lambda_1 = \dfrac{Q_1 l}{AE\cos\theta}$

③ **봉의 응력** : σ

㉠ **봉 AC 및 BC에 작용하는 응력** : $\sigma_1 = \dfrac{P}{A}\left(\dfrac{\cos^2\theta}{1+2\cos^3\theta}\right)$ $\cdots\cdots$ (2.14)

㉡ **봉 BC에 작용하는 응력** : $\sigma_2 = \dfrac{P}{A}\left(\dfrac{1}{1+2\cos^3\theta}\right)$ $\cdots\cdots$ (2.15)

④ **C점에서 수직봉의 변위** : $\lambda_2 = \delta$

$$\delta = \lambda_2 = \frac{Pl}{AE(1+2\cos^3\theta)} \quad \cdots\cdots (2.16)$$

식 (2.11)에서 θ가 0에 가까워지면 $\cos\theta$는 1에 가까워지고 수직봉이 받은 힘은 $Q_2 = P/3$가 된다. 또한 θ가 90°에 가까워지면 경사봉들은 수평이 되므로 전하중은 수직봉이 받게 되어 $Q_2 = P$가 된다.

3 부정정 양단고정봉

그림 2-4(a)와 같이 가로단면적 A인 봉의 양단을 강체벽에 고정하고, 단면 B에 외력 P를 축방향으로 가했을 경우를 생각해 보자.

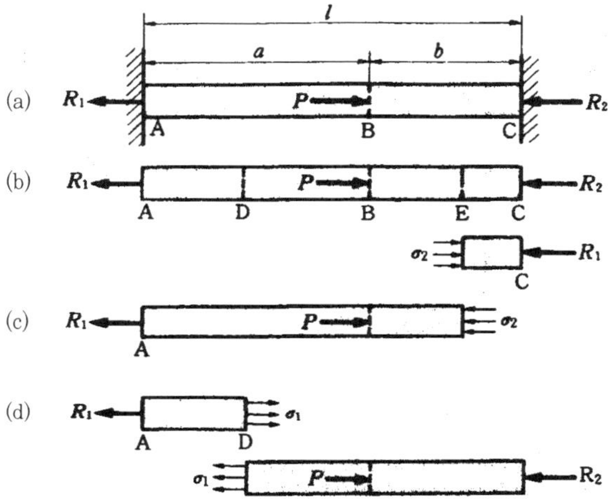

그림 2-4 봉의 부정정 문제

① **힘의 평형조건에서**

$\sum F_x = R_1 + P - R_2 = 0$이다.

$\therefore\ R_1 + R_2 = P$ ·· (2.17)

② 기하학적 관계식에 의한 반력 R_1, R_2는

$$\delta_1 = \frac{R_1 a}{AE} = \frac{R_2 b}{AE} = \delta_2 \quad \cdots\cdots (2.18)$$

에서 $\therefore R_2 = R_1 \frac{a}{b}$이다.

따라서 $R_1 + R_1 \frac{a}{b} = P$이고

$\therefore R_1 \frac{(b+a)}{b} = P \qquad \therefore R_1 = \frac{b}{l}P$이고 $R_2 = \frac{a}{l}P$이다.

③ **단면에 생기는 인장응력** : σ_1

봉 AD에 작용한 힘은 $R_1 = \frac{b}{l}P$

이므로 단면 D에 생기는 인장응력 σ_1은

$$\therefore\ \sigma_1 = \frac{R_1}{A} = \frac{b}{Al}P \quad \cdots\cdots (2.19)$$

④ **단면에 생기는 압축응력** : σ_2

봉 EC에 작용하는 힘은 $R_2 = \frac{a}{l}P$

이므로 단면 E에 생기는 압축응렵 σ_2

$$\therefore \sigma_2 = \frac{R_2}{A} = \frac{a}{Al}P$$

⑤ **봉의 신장량** : δ

㉠ **AC 사이의 신장량** : $\delta_1 = \frac{\sigma_1 a}{E} = \frac{R_1 a}{AE}$ ············(2.20)

㉡ **BC 사이의 신장량** : $\delta_2 = \frac{\sigma_2 b}{E} = \frac{b(R_1 - P)}{AE}$ ············(2.21)

㉢ **AC 사이의 신장량** : $\delta_1 + \delta_2$

$\delta_1 + \delta_2 = 0$ ············(2.22)

⑥ **봉에 생기는 응력** : σ

$\sigma_1 = \frac{b}{l} \cdot \frac{P}{A}, \quad \sigma_2 = \frac{a}{l} \cdot \frac{P}{A}$ ············(2.25)

4 조합된 부정 원통봉

그림 2-5와 같이 길이의 봉 A와 원통 B를 동식으로 놓고 양단끝을 두꺼운 판 C로 견고하게 결합한 봉을 만들어 거기에 압축하중 P를 가했을 경우를 살펴보자.

① **조합봉에 대한 힘의 평형조건**

$$P = P_1 + P_2$$

② **봉 또는 원통의 수축** : δ

A봉에서 $\delta_1 = \frac{P_1 l}{A_1 E_1}$, B봉에서 $\therefore \frac{P_2 l}{A_2 E_2}$이다.

③ 기하학적 관계식에 의한 P_1과 P_2는

$\delta_1 = \delta_2$ 이기 때문에 $\dfrac{P_1}{A_1E_1} = \dfrac{P_2}{A_2E_2}$가 되므로,

A봉에서

$$\therefore\ P_1 = \frac{A_1E_1}{A_1E_1 + A_2E_2}P$$

B봉에서

$$\therefore\ P_2 = \frac{A_2E_2}{A_1E_1 + A_2E_2}P$$

④ **조합된 봉의 응력** : σ

A봉에서

$$\therefore\ \sigma_1 = \frac{E_1P}{A_1E_1 + A_2E_2} = \frac{kP}{kA_1 + A_2}$$

B봉에서

$$\therefore\ \sigma_2 = \frac{E_2P}{A_1E_1 + A_2E_2} = \frac{P}{kA_1 + A_2} \qquad \cdots\cdots(2.26)$$

여기서, $k = \dfrac{E_1}{E_2}$의 비이다.

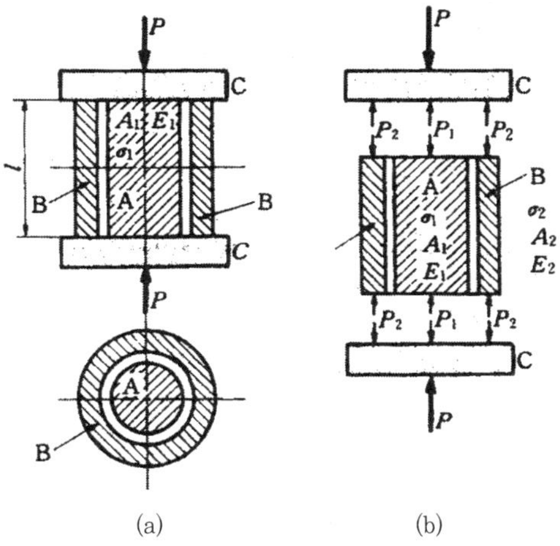

그림 2-5 원주와 원통의 압축

⑤ **수축량** : δ

$$\delta = \frac{\sigma_1 l}{E_1} = \frac{\sigma_2 l}{E_2} = \frac{Pl}{A_1E_1 + A_2E_2} \quad \cdots\cdots (2.27)$$

연강의 압축강도는 4,200kg/cm², 탄성계수는 2.1×10^6kg/cm²이고, 콘크리트(concrete)인 경우 압축강도가 240kg/cm², 탄성계수는 1.4×10^5kg/cm²이다. 철근과 콘크리트의 탄성계수비 $E_2/E_1 = 15/1$가 보통이므로 응력의 비도 15가 됨을 알 수 있다. 건축에서는 $\sigma_1 < 70$kg/cm²로 규정되어 있다. 이에 따르면 $\sigma_2 < 1{,}050$kg/cm²가 되어 콘크리트가 안전할 때 철근도 안전하게 된다.

실제 콘크리트의 기둥에는 4개 이상의 철근을 사용하며 그 총단면적은 콘크리트 단면적의 1/80 이상, 즉 철근비를 1.25 이상으로 한다.

예제문제

01 그림과 같이 중공원통 B의 양단을 강성판 C로 밀착시키고 관통볼트(bolt) A 및 너트(nut) D로 체결한다. 너트의 하면이 양단면에 접한 후, 너트를 반회전 만큼 회전시켰다고 한다면 볼트 및 원통에 발생하는 본래응력 σ_1과 σ_2를 구하라. (단, 볼트 및 원통의 단면적은 $A_1 = 6$cm², $A_2 = 15$cm², 탄성계수를 $E_1 = 2.1\times10^6$kg/cm², $E_2 = 1.2\times10^6$kg/cm², 볼트의 피치(pitch)는 $p = 2$mm 원통과 볼트의 유효길이 $l = 1.2$m이다.)

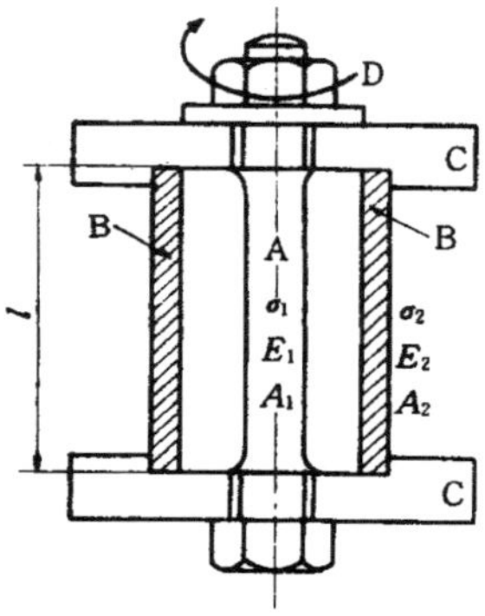

해설 축방향의 평형조건에서

$$\sigma_1 A_1 = \sigma_2 A_2 \quad \cdots\cdots ①$$

볼트의 신장과 원통의 수축의 합이 볼트의 체결량 $P/2$가 되어야 하므로

$$\frac{\sigma_1}{E_1}l + \frac{\sigma_2}{E_2}l = \frac{P}{2} \quad \cdots\cdots ②$$

식 ①과 ②에서

$$\sigma_1 = \frac{E_1E_2A_2}{E_1A_1 + E_2A_2}\cdot\frac{P}{2l} = \frac{E_1A_2}{kA_1 + A_2}\cdot\frac{P}{2l} = \frac{2.1\times10^6\times15\times0.2}{1.75\times6 + 15\times2\times120} = 1{,}029\text{kg/cm}^2(\text{인장})$$

$$\sigma_2 = \frac{E_1E_2A_1}{E_1A_1 + E_2A_2}\cdot\frac{P}{2l} = \frac{A_1}{A_2}\sigma_1 = \frac{6}{15}\times1{,}029 = 412\text{kg/cm}^2(\text{압축})$$

02 그림 (a)에서와 같이 균일단면의 연직봉의 상단을 핀(pin)으로 구속하고, 그 하단을 고정지지하며, 외적하중 P_1과 P_2를 봉의 중간점에 작용하였을 때, 고정지지로부터 전달되는 반력 R을 결정하라. (단, $P_1 = 1,500$kg, $P_2 = 3,000$kg, $a = 10$m, $b = 20$m, $c = 30$이다.)

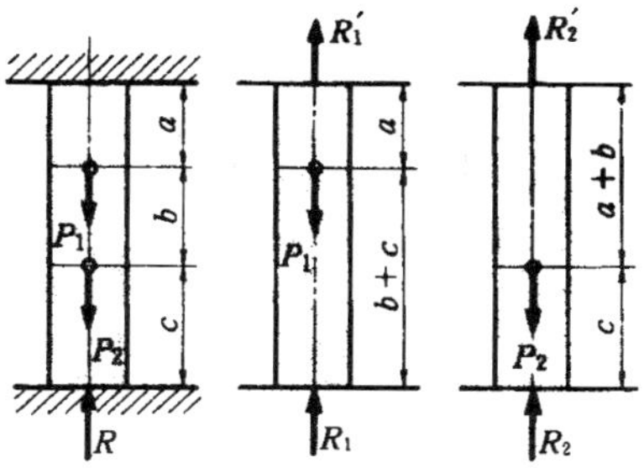

(a) (b) (c)

해설 자유물체도는 그림 (b)와 (c)이며, 그림 (a)는 P_1에 의하여 a부분은 늘어나고 $(b+c)$부분은 줄어든다.

그림 (b)에서 $P_1 = R_1 + R_1'$, $\dfrac{R_1'a}{AE} = \dfrac{R_1(b+c)}{AE}$, $R' = \dfrac{b+c}{a}R_1$

$$P_1 = R_1 + \frac{b+c}{a}R_1 = R_1\left(1+\frac{b+c}{a}\right)\text{에서}\quad R_1 = \frac{P_1}{1+\dfrac{b+c}{a}} = \frac{1,500}{1+\dfrac{20+30}{10}} = 250\text{kg}$$

그림 (c)에서 $P_2 = R_2 + R_2'$

$$\frac{R_2'(a+b)}{AE} = \frac{R_2c}{AE}\text{에서}\quad R_2' = \frac{c}{a+b}R_2$$

$$P_2 = R_2 + R_2\frac{c}{a+b} = R_2\left(1+\frac{c}{a+b}\right)\text{에서}\quad R_2 = \frac{P_2}{1+\dfrac{c}{a+b}} = \frac{3,000}{1+\dfrac{30}{10+20}} = 1,500\text{kg}$$

따라서 고정지지로부터 반력 R은 $R = R_1 + R_2 = 250 + 1,500 = 1,750\text{kg}$

03 높이가 20cm이고 단면이 10cm × 10cm인 정사각 콘크리트(concrete) 기초대 속에 그림과 같이 지름 $d = 1$cm의 원형 단면을 가진 강봉을 4개 넣어 보강하였다. 강철과 콘크리트에 대한 허용응력을 각각 $\sigma_s = 1,200$kg/cm², $\sigma_c = 120$kg/cm²이고, 탄성계수를 $E_s = 2.1\times10^6$kg/cm², $E_c = 0.84\times10^5$kg/cm²라고 하면 이 기초대가 안전하게 받을 수 있는 압축하중 P는 얼마이겠는가?

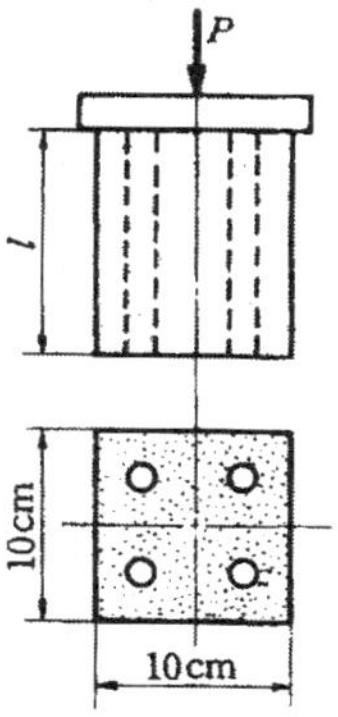

해설 힘의 평형조건은 다음과 같다.

$$P = P_s + P_c,\quad \delta_s = \frac{P_sl}{A_sE_s},\quad \delta_c = \frac{P_cl}{A_cE_c}(\because\ \delta_s = \delta_c)$$

따라서 콘크리트의 하중 P_c는

$$P_c = \sigma_c \times A_c = 120\left(100 - \frac{\pi}{4}\times1^2\times4\right) = 11,623\text{ton}$$

한편, 강철의 하중 P_s는 $\dfrac{P_sl}{A_sE_s} = \dfrac{P_cl}{A_cE_c}$에서

$$P_s = \frac{P_cA_sE_s}{A_cE_c} = \frac{11,623\times\pi\times2.1\times10^6}{\left(100-\dfrac{\pi}{4}\times1^2\times4\right)\times0.84\times10^5} = 9.11\text{ton}$$

그러므로 기초대가 안전하게 받을 수 있는 압축하중 P는

$P = 11,623 + 9.11 = 20.71\text{ton}$

04 그림에서와 같이 AC 및 BC 부분의 단면적 및 세로탄성계수가 각각 A_1, A_2 및 E_1, E_2일 때 이 양단고정봉에 생기는 반력 및 점 C의 변위를 구하라.

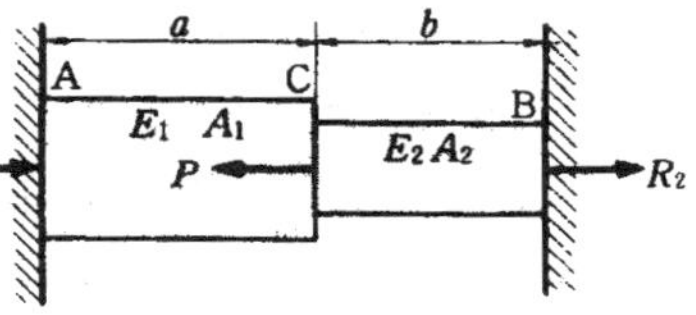

해설 점 C에 작용하는 하중 P와 반력 R_1, R_2와의 사이에는

$$P = R_1 + R_2 \quad \cdots\cdots ①$$

AC 사이의 수축과 BC 사이의 신장은 같으므로

$$\frac{R_1}{E_1 A_1} a = \frac{R_2}{E_2 A_2} b \quad \cdots\cdots ②$$

식 ①과 ②에서

$$R_1 = \frac{P}{1 + \frac{E_2 A_2}{E_1 A_1}\frac{a}{b}}, \quad R_2 = \frac{P}{1 + \frac{E_1 A_1}{E_2 A_2}\frac{b}{a}}$$

따라서 AC 사이의 수축 δ_c는

$$\delta_c = \frac{R_1}{E_1 A_1} a = \frac{P}{\frac{E_1 A_1}{a} + \frac{E_2 A_2}{b}}$$

즉 C점의 변위 $\delta_c = \frac{R_1}{E_1 A_1} a$가 된다.

05 그림과 같이 서로 다른 단면봉의 최하단 단면적 A_c 및 점 K의 변위(신장)를 구하라. (단, $A_a = 2A_c$, $A_b = 1.5A_c$, $P = 48$ton, $E = 2.1 \times 10^6$kg/cm², $\sigma_a = 1{,}600$kg/cm²로 한다.)

㉮ $A_c = 10\text{cm}^2$, $\lambda_k = 0.01851\text{cm}$

㉯ $A_c = 20\text{cm}^2$, $\lambda_k = 0.02000\text{cm}$

㉰ $A_c = 30\text{cm}^2$, $\lambda_k = 0.0229\text{cm}$

㉱ $A_c = 40\text{cm}^2$, $\lambda_k = 0.0339\text{cm}$

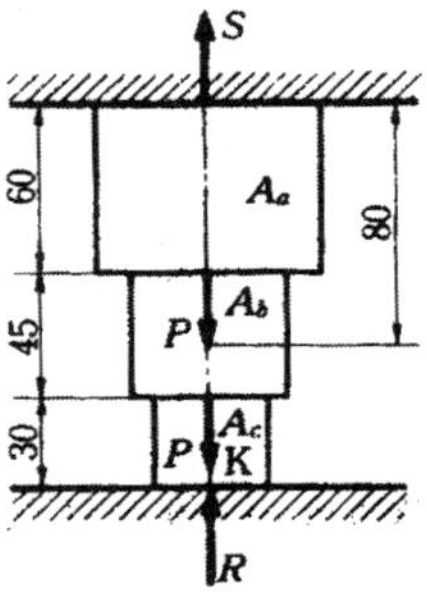

해설 힘의 평형조건에서

$$S + R = 2P \quad \cdots\cdots ①$$

$$\frac{S_a}{A_a E} + \frac{(S-P)b}{A_b E} - \frac{R_c}{A_c E} = 0 \quad \cdots\cdots ②$$

윗 식으로부터 다음과 같으므로

$$S = R = P, \quad \frac{R}{A_c} = 1{,}600 \qquad \therefore A_c = \frac{48{,}000}{1{,}600} = 30\text{cm}^2$$

또한 점 K의 변위는

$$\frac{(S-P)b}{A_b E} = \frac{(P-P)b}{A_b E} = 0 \qquad \therefore \frac{S_a}{A_a E} = \frac{R_c}{A_c E} = \frac{48{,}000 \times 60}{60 \times 2.1 \times 10^6} = 0.0229\text{cm}$$

Section 02 봉의 자중에 의한 응력과 변형률

봉의 자중은 하중에 비해 일반적으로 적기 때문에 인장과 압축응력의 계산에는 생략할 수 있지만 단면이 크고 긴 봉의 응력계산에서는 자중의 영향이 크게 미치므로 이를 고찰해 보기로 하자.

1 균일단면봉(Uniform bar)

단위체적당의 무게가 일정한 단면봉에 인장하중이 작용할 때, 봉에 일어나는 응력은 그림 2-6과 같이 위쪽 끝이 고정되고, 아래쪽 끝이 자유인 봉의 경우에서는 위쪽 끝에서 최대이고, 아래쪽 끝에서 최소가 된다.

(1) **응력** : σ

단면에서의 응력(stress)은

$$\sigma = \frac{P+w}{A} = \frac{P+A\gamma x}{A} \quad \cdots\cdots (2.28)$$

여기서, γ : 봉의 단위체적당의 중량, P : 외력, $w = A\gamma x$: 단면 mn의 아랫부분의 중량

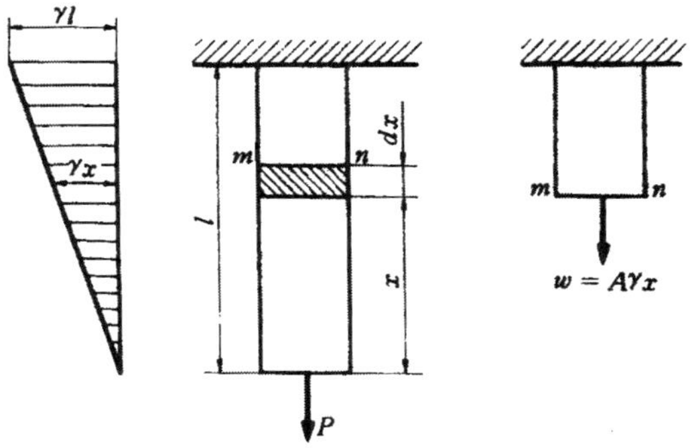

그림 2-6 자중을 받는 봉

(2) 최대응력 : σ_{max}

σ_{max}은 $x=l$인 상단에서 발생하므로

$$\sigma_{max} = \frac{P+A\gamma l}{A} = \frac{P}{A} + \gamma l \quad \cdots\cdots (2.29)$$

여기서 γl은 봉의 자중으로 인한 응력이다.

위의 결과에서 안전단면적을 산출하기 위하여 σ_{max} 대신에 사용응력 σ_w를 대입하면

$$\sigma_w = \frac{P}{A} + \gamma l \quad \text{또는} \quad \frac{P}{A} = \sigma_w - \gamma l \quad \cdots\cdots (2.30)$$

(3) 단면적 : A

식 (2.30)에 의하면

$$A = \frac{P}{\sigma_w - \gamma l} \quad \cdots\cdots (2.31)$$

(4) 신 장

축하중과 봉의 자중으로 인하여 봉에 생기는 전신장을 계산하기 위해 두 이웃단면 사이(그림 2-6 참조)에 있는 dx인 요소(element)의 신장을 먼저 고려해야 한다.

① **미소길이 dx 사이에서의 신장** : $d\delta$

극히 짧은 길이 dx 사이에서는 인장응력은 일정하며 그 크기는 다음과 같다.

$$\sigma = \frac{P+A\gamma x}{A} \qquad \therefore \; d\delta = \frac{\sigma}{E}dx = \frac{P+A\gamma x}{AE}dx \quad \cdots\cdots (2.32)$$

② **전신장** : δ

$$\delta = \int d\delta = \int_0^l \frac{P+A\gamma x}{AE}dx = \frac{l}{AE}\left(P + \frac{1}{2}A\gamma l\right) \quad \cdots\cdots (2.33)$$

윗 식에서 봉의 자중을 고려했을 때의 신장은 하중과 자중의 1/2에 상당한 하중이 더 가해진 경우와 같음을 알 수 있다.

③ **자중을 고려하지 않은 경우의 신장** : δ_1

$$\delta_1 = \frac{\sigma_1}{E}l = \frac{P}{AE}l \quad \cdots\cdots (2.34)$$

④ **자중에 의해서 생기는 신장** : δ'

$$\delta' = \delta - \delta_1 = \frac{l}{AE}\left(P + \frac{1}{2}A\gamma l\right) - \frac{P}{AE}l = \frac{1A\gamma l}{2AE}l = \frac{\gamma l^2}{2E} \quad \cdots\cdots (2.35)$$

2 균일강도의 봉

봉에 인장력 또는 압축력이 작용하고 자중을 무시하지 못할 때, 각 가로단면에 발생하는 수직응력의 크기를 모두 균일하게 하려면, 그림 2-7과 같이 단면에 따라 단면적이 변화되는 형으로 하여야 한다. 이와같은 봉을 균일강도의 봉(bar of uniform strength)이라고 한다.

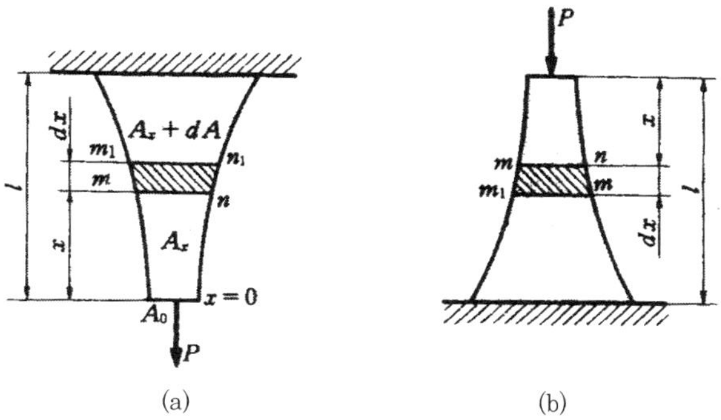

그림 2-7 균일강도의 봉

여기서, A_0 : 자유단의 단면적, A_x : 단면 mn의 단면적

$A_x + dA_x$: 단면 m_1n_1의 단면적, γ : 단위체적의 중량

$\sigma(A_x + dA_x)$: 단면 m_1n_1에서 상향의 힘

σA_x : 단면 mn에서 하향의 힘

$\frac{1}{2}(2A_x + dA_x)\gamma dx$: dx 부분에 작용하는 하향의 중량

(1) 힘의 평형조건식

즉, 단면 m_1n_1에서 다음과 같은 식이 된다.

$$\sigma(A_x + dA_x) = \sigma A_x + \frac{1}{2}(2A_x + dA_x)\gamma dx \qquad (2.36)$$

(2) 봉의 단면적 : A

① 봉의 자유단의 단면적 : A_0

식 (2.36)에서 2차 미소항 $\frac{\gamma dA_x dx}{2}$를 생략하면 다음과 같이 된다.

$$\sigma dA_x = \gamma A_x dx$$

양변을 $A_x\sigma$로 나누고 적분하면

$$\frac{dA_x}{A_x} = \frac{\gamma}{\sigma}dx, \qquad \int \frac{dA_x}{A_x} = \int \frac{\gamma}{\sigma}dx$$

$$\log e^{Ax} = \frac{\gamma}{\sigma}\int dx \qquad \therefore \ \log A_x = \frac{\gamma x}{\sigma} + C_1, \qquad C = e^{c_1}$$

$$\log e^{Ax/c} = \frac{\gamma_x}{\sigma}[C_1 = \log C], \qquad \frac{A_x}{C} = e\frac{\gamma_x}{\sigma}$$

$$\therefore \ A_x = Ce^{\frac{\gamma}{\sigma}x} \quad \cdots\cdots (2.37)$$

여기서, 적분상수 $C = e^{c_1}$이다.

따라서, $x = 0$에서 이 식은 봉의 자유단의 단면적이므로 다음과 같다.

$$(A_x)_{x=0} = A_0 = C = \frac{P}{\sigma} \quad \cdots\cdots (2.38)$$

한편 식 (2.37)은 다음과 같이 된다.

$$A_x = \frac{P}{\sigma}e^{\frac{\gamma}{\sigma}x} = A_0 e^{\frac{\gamma}{\sigma}x} \quad \cdots\cdots (2.39)$$

② **봉의 고정단의 단면적** : $A_{\max}$

$x = l$을 식 (2.39)에 대입하면 $A_{\max}$을 얻을 수 있다.

$$A_{\max} = \frac{P}{\sigma}e^{\frac{\gamma}{\sigma}l} = A_0 e^{\frac{\gamma}{\sigma}l} \quad \cdots\cdots (2.40)$$

안전한 단면적을 구하려면 σ 대신에 사용응력 σ_w를 대입하면 된다.

한편 식 (2.39)로부터 각 단면적을 계산할 때는 다음과 같이도 사용할 수 있다. 즉

$$A_x = A_0 e^{\frac{\gamma}{\sigma}x}, \qquad \log e\frac{Ax}{A_0} = \frac{\gamma}{\sigma}x(\text{자연대수})$$

상용대수로 표시하면 $\log_{10} e = 0.4343$이므로

$$A_x = A_0 \times 10^{0.4343\frac{\lambda}{\sigma}x} \quad \cdots\cdots (2.41)$$

또한, $x = l$에서 단면적이 최대가 될 것이므로

$$A_{\max} = A_0 \times 10^{0.4343\frac{\gamma}{\sigma}l} \quad \cdots\cdots (2.42)$$

(3) 봉의 전신장량 : δ

σ가 일정하므로 다음과 같이 된다.

$$\delta = \frac{\sigma}{E}l \quad \cdots\cdots (2.43)$$

3 단면적이 변하는 봉

(1) 단붙임(fillet) 봉의 인장

길이 l, 지름 $2d$인 부분과 길이 $2l$, 지름 d인 부분으로 그림 2-8과 같이 단붙임 봉에 인장하중 P가 작용할 때, 전길이의 신장량은 AB 및 BC 구간에서 생긴다.

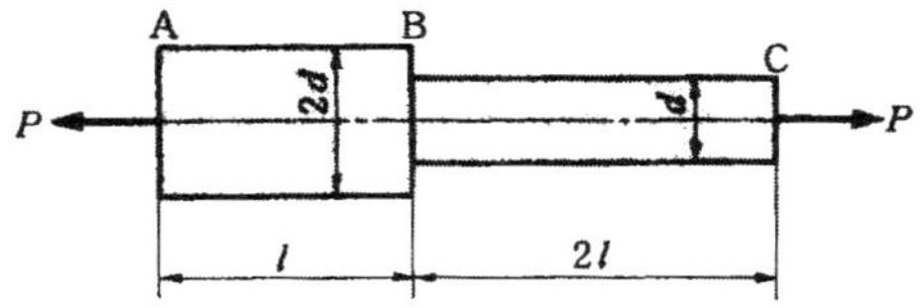

그림 2-8 단붙임봉(fillet bar)

① **응력** : σ

AB 구간에서 $\sigma_1 = \dfrac{P}{4A}$, BC 구간에서 $\sigma_2 = \dfrac{P}{A}$

② **변형률** : ε

AB 구간에서 $\varepsilon_1 = \dfrac{\sigma_1}{E} = \dfrac{P}{4AE}$, BC 구간에서 $\varepsilon_2 = \dfrac{P}{AE}$

③ **가로단면적** : A

AB 구간에서 $A = \pi d^2$, BC 구간에서 $A = \dfrac{\pi}{4}d^2$

④ **신장량** : δ

AB 구간에서 $\delta_1 = \varepsilon_1 l = \dfrac{Pl}{4AE}$, BC 구간에서 $\delta_2 = \varepsilon_2 \cdot 2l = \dfrac{2Pl}{AE}$

⑤ **전체길이의 신장량** : δ

$$\delta = \delta_1 + \delta_2 = \frac{Pl}{4AE} + \frac{2Pl}{AE} = \frac{9Pl}{4AE} \qquad \cdots\cdots (2.44)$$

(2) 폭이 변하는 판의 인장

그림 2-8에서와 같이 폭이 b_1에서 b_2로 변화하는 두께 h, 길이 l인 연강판에 인장하중 P가 작용할 때, 전길이의 신장량은 양변의 연장선의 교점 O를 원점으로 하고 원점에서 x거리의 미소길이를 dx, 그 때의 폭을 b, 가로단면적을 A라고 할 경우

① **폭 및 단면적**

$$b = b_2\frac{x}{l_2}, \qquad A = bh = \frac{hb_2}{l_2}x$$

② **응력** : σ

미소길이 dx 부분에 생기는 응력은

$$\sigma = \frac{P}{A} = \frac{Pl_2}{hb_2} \cdot \frac{1}{x}$$

③ **변형률** : ε

미소길이 dx 부분에서의 변형률은

$$\varepsilon = \frac{\sigma}{E} = \frac{Pl_2}{Ehb_2} \cdot \frac{1}{x}$$

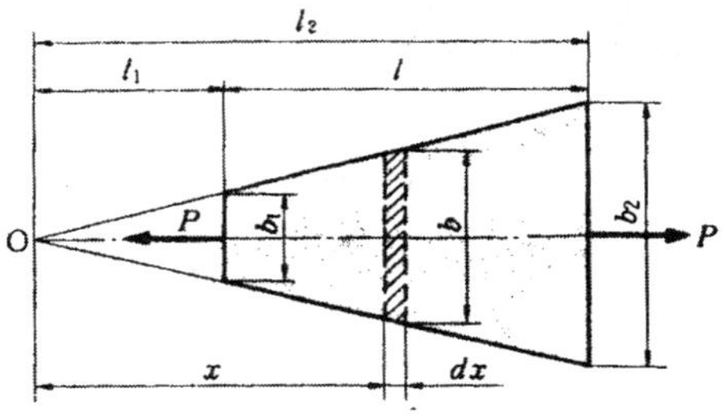

그림 2-9 사다리형판

④ **신장량** : δ

미소길이 dx 부분에서의 신장량 $d\delta$는

$$d\delta = \varepsilon dx = \frac{Pl_2}{Ehb_2} \cdot \frac{dx}{x} \quad \cdots\cdots (2.45)$$

⑤ **전길이의 신장량** : δ

$$\delta = \int d\delta = \frac{Pl_2}{Ehb_2}\int_{l_1}^{l_2}\frac{1}{x}dx = \frac{Pl_2}{Ehb_2}[\log x]_{l_1}^{l_2}$$

$$= \frac{Pl_2}{Ehb_2}(\log l_2 - \log l_1) = \frac{Pl_2}{Ehb_2}\log\frac{l_2}{l_1}$$

여기서,

$$\frac{l_2}{l_1} = \frac{b_2}{b_1}, \qquad \frac{l_2}{b_2} = \frac{l}{b_2 - b_1}$$

을 윗식에 대입하면

$$\delta = \frac{Pl}{Eh(b_2 - b_1)}\log\frac{b_2}{b_1} \quad \cdots\cdots (2.46)$$

예제문제

01 길이 40m인 균일단면둥근봉의 하단에 50kg의 하중이 작용할 때, 봉의 자중을 무시할 경우와 고려했을 경우에 대해서 봉의 단면적 및 변형량(신장량)을 구하라. (단, 비중량 $\gamma = 7.8 \times 10^{-6}$kg/mm³이고, 허용응력 $\sigma_a = 20$kg/mm², 세로탄성계수 $E = 2.1 \times 10^4$ kg/mm²로 한다.)

해설 ① 봉의 자중을 고려할 때 A, δ

$$A = \frac{P}{\sigma_a - \gamma l} = \frac{50}{20 - 7.8 \times 10^{-6} \times 40{,}000} = 2.54\text{mm}^2$$

$$\delta = \frac{l}{AE}\left(P+\frac{1}{2}A\gamma l\right)$$
$$= \frac{40,000}{2.54\times 2.1\times 10^4}\left(50+\frac{1}{2}\times 2.54\times 7.8\times 10^{-6}\times 40,000\right)$$
$$= 37.79\text{mm}$$

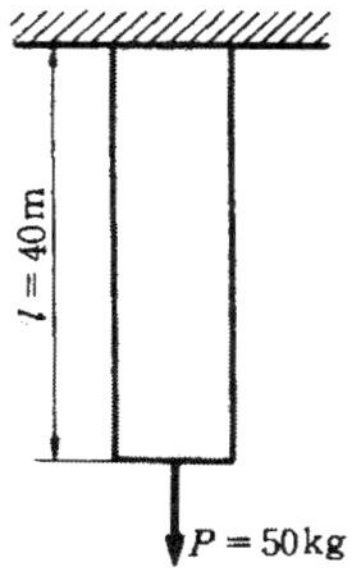

② 자중을 무시할 경우에는

$$A = \frac{P}{\sigma_a} = \frac{50}{20} = 2.50\text{mm}^2$$

$$\delta = \frac{Pl}{AE} = \frac{\sigma_a}{E}l = \frac{20\times 40,000}{2.1\times 10^4} = 38.1\text{mm}$$

이와 같이 자중을 무시할 경우, 봉의 단면적은 거의 변함이 없지만 신장은 1/2 가까이 됨을 알 수 있다.

02 다음 그림과 같이 길이 l, 단면적 A인 균일 단면봉의 자중에 의해 전신장량 δ를 구하라.

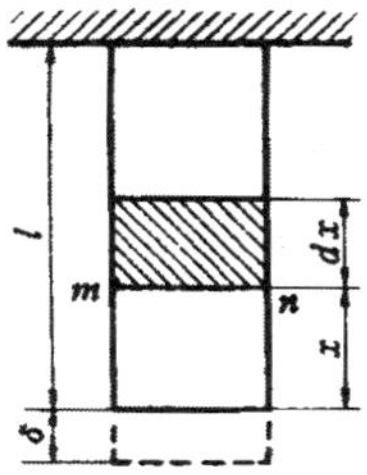

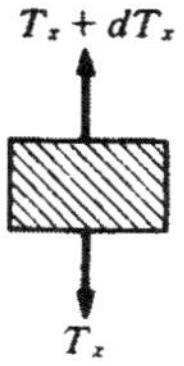

해설 x만큼 떨어진 mn단면의 인장력은

$$T_x = A\gamma x$$

의 인장력으로 인한 dx의 요소인 미소신장 $d\delta$는

$$d\delta = \frac{T_x}{AE}dx$$

이 미소신장량을 전길이에 걸쳐 적분하면

$$\delta = \int_0^1 \frac{T_x}{AE}dx = \int_0^1 \frac{A\gamma x}{AE}dx = \frac{\gamma}{E}\int_0^l xdx = \frac{\gamma l^2}{2E}$$

봉의 전중량은 $P = A\gamma l$이므로, 윗식에 대입하면 $\delta = \frac{Pl}{2EA}$로 된다. 이것은 자중을 무시했을 때의 봉의 전신장의 1/2이 됨을 알 수 있다.

별해 봉의 하단에서 x의 위치인 단면에 생기는 응력을 σ_x라고 한다면

$$\sigma_x = \frac{P_x}{A_x} = \frac{A_x\gamma x}{A_x} = \gamma x$$

dx에서 봉의 신장을 $d\delta$라 하면

$$\varepsilon_x = \frac{d\delta}{dx} = \frac{\sigma_x}{E} = \frac{\gamma x}{E}, \quad d\delta = \frac{\gamma}{E}xdx$$

$$\therefore\ \delta = \int_0^l \frac{\gamma}{E}xdx = \frac{\gamma}{E}\left[\frac{x^2}{2}\right]_0^l = \frac{\gamma l^2}{2E} = \frac{Pl}{2EA}(\because\ P = Alx)$$

03 그림에서와 같이 높이 l, 고정단의 지름이 d인 원추형봉의 정점을 하단으로 할 때 자중에 의해서 생기는 신장을 구하라. (단, 재료의 비중량을 γ, 세로탄성계수는 E로 한다.)

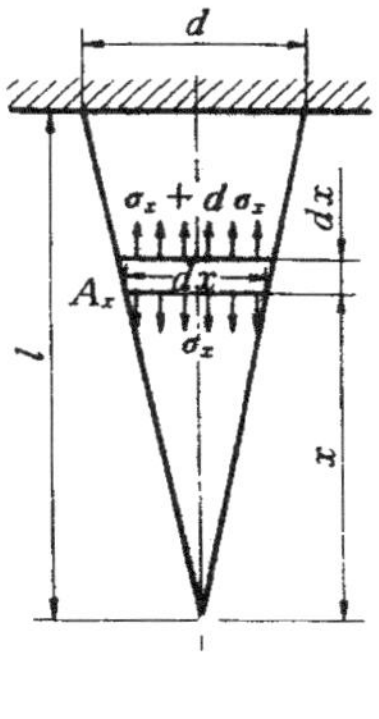

해설 봉의 하단정점에서 x의 거리인 단면적 A_x는

$$A_x = \frac{\pi d_x^2}{4} = \frac{\pi d^2}{4}\left(\frac{x}{l}\right)^2$$

x위치까지의 원추봉의 중량 W_x는

$$W_x = \int_0^l \gamma A_x dx = \gamma \frac{\pi d^2}{4} \int_0^x \left(\frac{x}{l}\right)^2 dx = \gamma \frac{\pi d^2}{4} \frac{x^3}{3l^2}$$

따라서, x의 위치인 응력 σ_x는

$$\sigma_x = \frac{W_x}{A_x} = \frac{\gamma x}{3}$$

가 되므로, dx 부분의 신장 $d\delta$는

$$d\delta = \frac{\sigma_x}{E} dx = \frac{\gamma x}{3E} dx$$

이고, 자중에 의해서 생긴 봉전체의 신장 δ는 다음과 같다.

$$\delta = \int_0^l d\delta = \int_0^l \frac{\gamma x}{3E} dx = \frac{\gamma l^2}{6E}$$

04 다음 그림에서와 같이 길이가 동일한 2개의 석주의 상단에 중심 압축하중 $P = 600,000$lb가 작용하고 있다. 이 기둥의 높이를 120 ft, 비중량을 100lb/ft³이라 하면, 이 기둥의 상하단 부분에 생기는 응력$(\sigma_c)_{max}$을 150lb/in²이 될 때 이 석주의 체적은 얼마인가? 또한 동일조건으로 설계된 단일단면의 크기인 기둥의 체적과 비교하라.

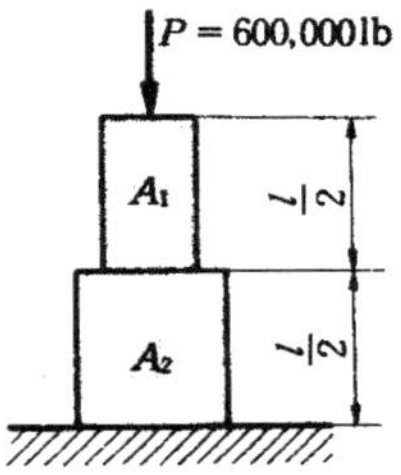

해설 150lb/in² $= 12^2 \times 150$lb/ft², 2개의 석주 A_1, A_2의 체적을 각각 V_1, V_2라고 하면

A_1의 자중 $= 100 V_1$lb, A_2의 자중 $= 100 V_2$lb

가 된다. 또한 A_1, A_2의 면적은 각각 $l = 120$ft이므로

$$A_1 = \frac{V_1}{l/2} = \frac{V_1}{60}, \quad A_2 = \frac{V_2}{60}$$

따라서 A_1에 관해서

$$(\sigma_c)_{max} = \frac{P + 100 V_1}{V_1/60} \qquad \therefore\ 12^2 \times 150 \times \frac{V_1}{60} = 600,000 + 100 V_1$$

$$360 V_1 = 600,000 + 100 V_1, \quad 260 V_1 = 600,000 \qquad \therefore\ V_1 = 2,307.3 \fallingdotseq 2,307\text{ft}^3$$

한편 A_2에 있어서

$$12^2 \times 150 \times \frac{V_2}{60} = 600,000 + 100 \times 2,307 + 100 V_2 \qquad \therefore\ V_2 = 3,195\text{ft}^3$$

그러므로

$\therefore\ V_1 + V_2 = 2,307 + 3,195 = 5502$ft³(2개의 석주의 체적)

다음에 단일석주인 경우는 그 체적을 V로 하면

$$12^2 \times 150 \times \frac{1}{120} V = 600,000 + 100 V \qquad \therefore\ V = 7,500\text{ft}^3$$

05 재료의 비중량 γ가 1,730kg/m³이고 높이가 10m인 균일강도의 벽돌로 쌓은 압축기둥이 있다. 이 기둥의 정상에 100ton의 축압축하중을 작용시켰을 때 10kg/cm²의 균등압축응력이 생기는 것으로 한다. 이 때 기둥의 총중량은 얼마이겠는가?

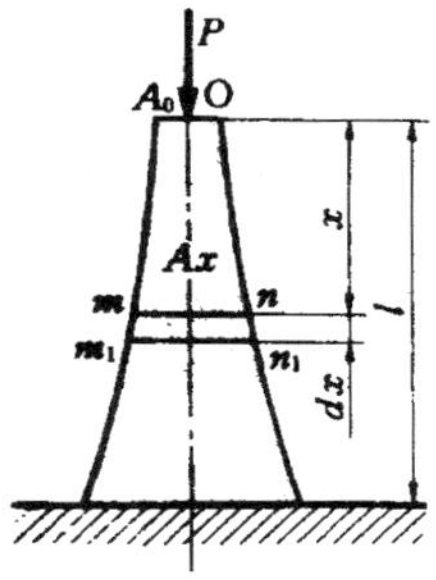

해설 상단으로부터 x인 위치의 가로단면적을 A_x라고 한다면 체적 V_x는

$$V_x = \int_0^x A_x dx$$

가 되고, 중량 W_x는

$$W_x = \int_0^x \gamma A_x dx (\gamma\text{는 단위체적당의 중량})$$

이 기둥에 생기는 압축응력을 σ_c라 한다면 문제에서

$$\sigma_c A_x = P + W_x = P + \gamma\int_0^x A_x dx$$

윗 식을 미분하면

$$\frac{\sigma dA_x}{dx} = \gamma A_x \qquad \therefore\ \sigma = \frac{dA_x}{A_x} = \gamma dx$$

다시 윗 식을 적분시키면 $\sigma \log A_x = \gamma x + C$

상단의 면적을 A_0로 한다면 $x = 0$에서 $A_x = A_0$ $\therefore\ C = \sigma \log A_0$

가 된다. 따라서 윗 식을

$$\sigma \log \frac{A_x}{A_0} = \gamma x \qquad \therefore\ A_x = A_0 e^{\frac{\gamma x}{\sigma}} = \frac{P}{\sigma} e^{\frac{\gamma x}{\sigma}}$$

이며, 기둥의 총중량 W는

$$W = \gamma\int_0^l A_x dx = \gamma\int_0^l \frac{P}{\sigma} e^{\frac{\gamma x}{\sigma}} dx = \frac{\gamma P}{\sigma}\frac{\sigma}{\gamma}(e^{\frac{\gamma l}{\sigma}} - 1) = P(e^{\frac{\gamma l}{\sigma}} - 1)$$

윗 식에 수치를 대입하면

$$\therefore\ W = 10^5 (e^{\frac{1,730 \times 10^{-6} \times 10^3}{10}} - 1)\text{kg} = 10^5 (e^{0.173} - 1)\text{kg} = 10^5 (1.19 - 1)\text{kg} = 19,000\text{kg}$$

06 다음 그림과 같이 균일단면 강봉의 허용응력 $\sigma_a = 600$kg/cm², 길이 $l = 3.5$m, 세로 탄성계수 $E = 2.1 \times 10^6$kg/cm²일 때, 봉의 전신장량 δ는 몇 cm인가?

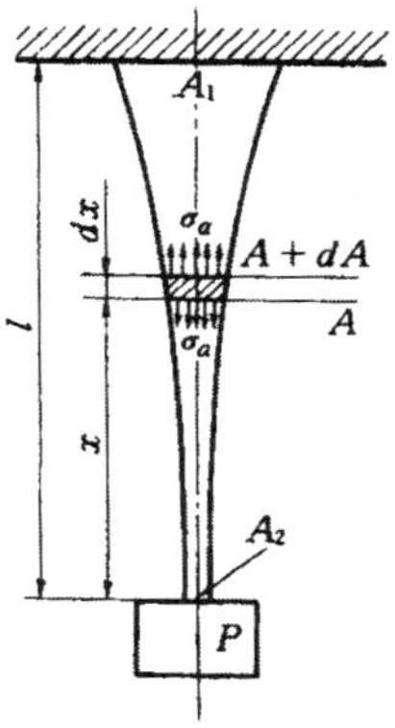

㉮ $\delta = 0.10$cm ㉯ $\delta = 0.20$cm

㉰ $\delta = 0.30$cm ㉱ $\delta = 0.40$cm

해설 $\delta = \varepsilon l = \frac{\sigma_a}{E} l$에서

$$\delta = \frac{600}{2.1 \times 10^6} \times 350 = 0.10\text{cm}$$

Section 03 열응력에 의한 부정정 문제

물체를 가열 또는 냉각하면 수축하게 되는데 그 팽창 또는 수축이 자유로이 되지 못할 경우에는 거기에 대응하는 응력이 발생된다. 이것을 열응력(thermal stress)이라고 한다. 예를 들면 열응력은 보일러(boiler)와 열기관(heat engine)에서 파괴의 한 원인이 되며, 또한 가열 끼워맞춤(shrinkage fiting)에도 이용된다.

- **선팽창계수** : 온도 1℃의 변화에 따라서 생기는 재료의 신축량이 처음길이에 대한 비를 그 재료의 선팽창계수(coefficient of linear expansion)라고 한다.

표 2-1 공업용 재료의 선팽창계수(cm/℃ · cm)

재료	α	재료	α
아 연	2.97×10^{-5}	듀랄류민	2.26×10^{-5}
납	2.93×10^{-5}	황 동	1.84×10^{-5}
주 석	2.70×10^{-5}	포 금	1.83×10^{-5}
알루미늄	2.39×10^{-5}	순 철	1.17×10^{-5}
구 리	1.65×10^{-5}	연강(C<0.2%)	1.12×10^{-5}
니 켈	1.33×10^{-5}	경강(C=0.4~0.5%)	1.07×10^{-5}
백 금	0.89×10^{-5}	유 리	0.90×10^{-5}
텅스텐	0.43×10^{-5}	도자기	0.30×10^{-5}

1 신축에 의한 열응력

그림 2-10과 같이 양단이 고정된 봉을 가열하면 열팽창은 양단의 반력에 의하여 저지되므로 봉에는 압축응력이 생기게 된다.

(1) 자유단에서의 신장량 : δ

만약, 양단고정보에서 일단을 자유로 하면 온도 t_1℃에서 l이었던 것이 온도 t_2℃에서 l'로 되어 신장 δ는 다음과 같이 된다.

$$\delta = l' - l = \alpha(t_2 - t_1)l = \alpha \Delta t l \quad \cdots\cdots (2.47)$$

여기서, α : 선팽창계수

$$\therefore\ l' = l + \delta \equiv l + \alpha(t_2 - t_1)l = l\{1 + \alpha(t_2 - t_1)\}$$

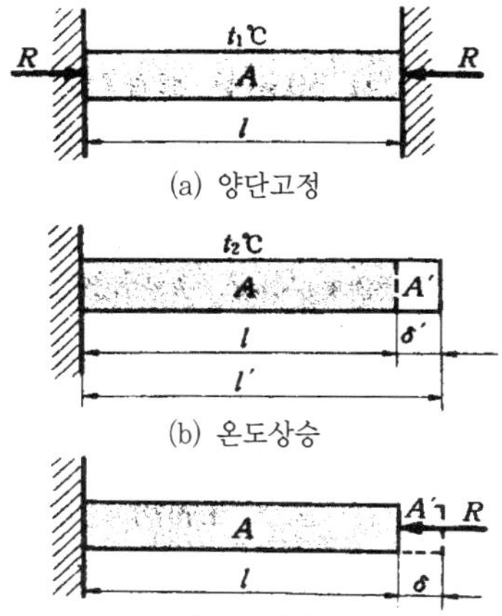

(a) 양단고정 (b) 온도상승 (c) 온도강하

그림 2-10 열응력의 발생

⑵ **고정단의 반력** : R

$$R = EA\alpha\Delta t = EA\alpha(t_2 - t_1) \quad \cdots\cdots(2.48)$$

⑶ **변형률** : ε

$$\epsilon = \frac{\delta}{l} = \frac{\alpha(t_2 - t_1)l}{l} = \alpha(t_2 - t_1) \quad \cdots\cdots(2.49)$$

⑷ **재료에 생기는 열응력** : σ

$$\left.\begin{aligned} \sigma &= E\varepsilon = E\alpha(t_2 - t_1) \\ \sigma &= \frac{R}{A} = E\alpha\Delta t = E\alpha(t_2 - t_1) \end{aligned}\right\} \quad \cdots\cdots(2.50)$$

여기서, σ : 응력, R : 반력(reaction force), E : 탄성계수

⑸ **압축응력** : σ_c

$$\sigma_c = E\varepsilon = E\alpha(t_2 - t_1) = E\alpha\Delta t$$

⑹ **하중(힘)** : P

$$P = \sigma A = AE\alpha(t_2 - t_1) = AE\alpha\Delta t(\text{kg}) \quad \cdots\cdots(2.51)$$

재료가 가열되는 경우($t_1 < t_2$)에는 압축응력이 생기고 냉각되는 경우($t_1 > t_2$)에는 인장응력이 일어난다. 윗식들 중 열응력과 변형률은 길이와 단면적에 무관함을 알 수 있다.

2 후프응력(Hoops stress)

그림 2-11과 같이 안지름 d_1에 비해서 두께가 매우 얇은 테(ring)를 바깥지름 d_2(단, $d_2 > d_1$)의 봉 B에 가열끼움(shrinkage fiting)을 하면, 테의 처음 안지름 d_1이 봉의 지름 d_2까지 팽창하여 벌어진 결과가 된다.

⑴ **변형률** : ε

$$\delta = \pi(d_2 - d_1)$$

여기서, δ : 테(ring)의 원둘레의 변형

$$\therefore \ \varepsilon = \frac{\delta}{\pi d_1} = \frac{d_2 - d_1}{d_1} \quad \cdots\cdots(2.52)$$

(2) **테(ring)에 발생하는 후프응력**(Hoops stress) : σ_h

$$\sigma_h = E\varepsilon = E\frac{(d_2 - d_1)}{d_1} \text{kg/cm}^2 \quad \cdots\cdots(2.53)$$

일반적으로 윗식에서 $\frac{d_2 - d_1}{d_1}$ 을 가열끼움의 죔새(allowance)라 한다. 이 응력은 테(ring)의 원주의 접선방향에 작용하는 인장응력으로서 후프응력(Hoops stress) 또는 원주응력이라고 한다.

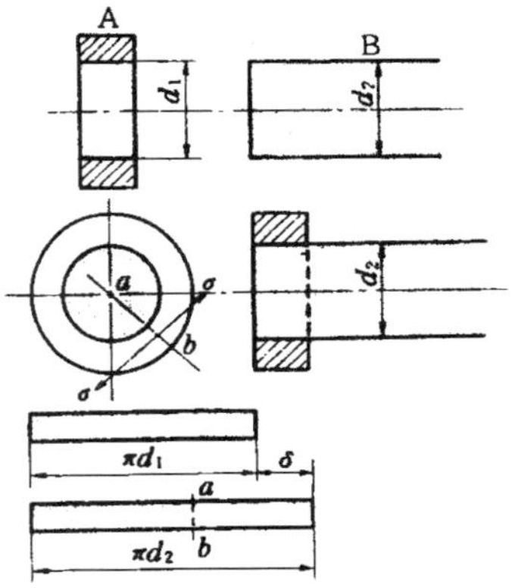

그림 2-11 가열 끼워맞춤

예제문제

01 지름 2.5cm의 연강봉을 상온에서 30℃로 가열시킨 후, 양단을 강성벽에 고정하고 이것을 상온까지 냉각할 때, 봉에 생기는 응력 및 벽에 미치는 항력을 구하라. (단, 선팽창계수 $\alpha = 0.000012$, 탄성계수 $E = 2.1 \times 10^6$kg/cm²이다.)

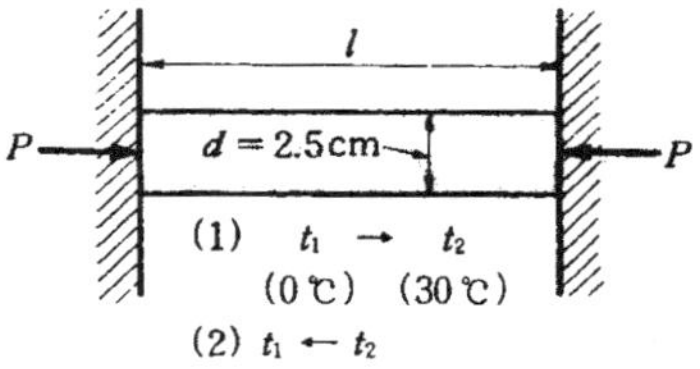

해설 봉에 생기는 응력 σkg/cm², 벽에 미치는 힘을 Pkg이라고 하면

$$\therefore \ \sigma = E\alpha(t_2 - t_1) = 2.1 \times 10^6 \times 0.000012 \times 30 = 756\text{kg/cm}^2$$

$$\therefore \ P = \sigma A = 756 \times \frac{\pi}{4} \times (2.5)^2 = 3,720\text{kg}$$

02 그림에서와 같이 같은 종류와 같은 형태인 3거의 둥근봉이 설치되어 있다. 만약 중앙에 있는 봉을 가열시켜서 초기온도 t_0에서 t로 상승하였다면 각 봉에 생기는 응력은 얼마이겠는가?

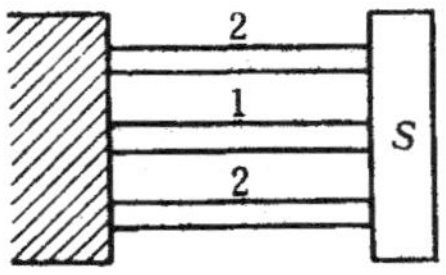

해설 재료1 및 재료2에 생기는 변형률을 ε_1, ε_2로 하고 또한 응력을 σ_1, σ_2로 한다면

- 재료1 : $\varepsilon_1 = \frac{\sigma_1}{E} + \alpha(t - t_0)$
- 재료2 : $\varepsilon_2 = \frac{\sigma_2}{E}$

여기서

$\varepsilon_1 = \varepsilon_2 (\because\ l_1 = l_2)$이고, 한편 $\sigma_1 A + 2\sigma_2 A = 0$이므로
이상의 식으로부터

$$\sigma_1 = \frac{2}{3}E\alpha(t-t_0), \quad \sigma_2 = \frac{1}{3}E\alpha(t-t_0)$$

03 그림에서 표시된 것처럼 서로 다른 단면과 서로 다른 재료를 조합시킨 봉이 양단강성벽에 고정되어 있다. 만약 온도를 t_1에서 t_2로 상승시킬 경우 각봉에 생기는 열응력을 구하라.

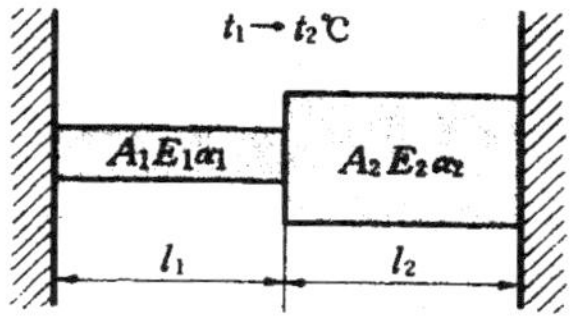

해설 재료1 및 재료2에 생기는 열응력(thermal stress)을 σ_1, σ_2로 하면

$$\sigma_1 A_1 = \sigma_2 A_2 \quad \cdots\cdots ①$$

또한, 신장량을 δ_1, δ_2라 하면

$$\delta_1 = \varepsilon_1 l_1 = \frac{\sigma_1}{E_1} l_1, \quad \delta_2 = \varepsilon_2 l_2 = \frac{\sigma_2}{E_2} l_2 \qquad \therefore\ \delta_1 + \delta_2 = \frac{\sigma_1}{E_1} l_1 + \frac{\sigma_2}{E_2} l_2 \quad \cdots\cdots ②$$

한편, 열에 의한 자유팽창량 Δl은

$$\Delta l = \alpha_1 (t_2 - t_1) l_1 + \alpha_2 (t_2 - t_1) l_2 \quad \cdots\cdots ③$$

식 ①과 ②는 절대값이 같아야 하므로

$$\frac{\sigma_1}{E_1} l_1 + \frac{\sigma_2}{E_2} l_2 = \{(\alpha_1 l_1 + \alpha_2 l_2)(t_2 - t_1)\} \quad \cdots\cdots ④$$

식 ①과 ④를 연립해서 풀면

$$\sigma_1 = \frac{(\alpha_1 l_1 + \alpha_2 l_2)(t_2 - t_1)}{l_1/E_1 + A_2 l_2/A_2 E_2}, \quad \sigma_2 = \frac{(\alpha_1 l_1 + l_2 \alpha_2)(t_2 - t_1)}{l_2/E_2 + A_2 l_1/A_1 E_1}$$

04 양단을 고정한 강의 나사봉(screw bar)을 기온 27℃일 때에 240kg/cm²의 인장응력을 발생시켜 놓고, 기온이 7℃로 하강하였을 경우의 응력을 구하면 얼마이겠는가? (단, 강에 대한 탄성계수 $E = 2.1 \times 10^6$kg/cm², 선팽창계수는 $\alpha = 11.3 \times 10^{-6}$이다.)

㉮ $\sigma = 550$kg/cm²　　㉯ $\sigma = 680$kg/cm²
㉰ $\sigma = 714$kg/cm²　　㉱ $\sigma = 820$kg/cm²

해설 최초의 응력 σ_0, 온도하강시에 발생하는 인장응력을 σ_1이라 하면

$$\sigma_1 = E\alpha(t_2 - t_1) = 2.1 \times 10^6 \times 11.3 \times 10^{-6}(27-7) = 474.6\text{kg/cm}^2$$

$$\therefore\ \sigma = \sigma_0 + \sigma_1 = 240 + 474 = 714\text{kg/cm}^2$$

05 지름이 40mm, 길이가 90cm인 원형단면봉의 양단을 벽에 고정시켜 온도를 70℃로 상승시키면, 벽을 미는 힘은 얼마나 되겠는가? (단, 이 봉은 100℃로 상승시키면 1.1mm의 신장을 하고, 탄성계수 $E = 2.1 \times 10^6$kg/cm²가 된다.)

㉮ $P \fallingdotseq 15.4$ton　　㉯ $P \fallingdotseq 22.6$ton
㉰ $P \fallingdotseq 30.7$ton　　㉱ $P \fallingdotseq 35.2$ton

해설 $\Delta t = t_2 - t_1$의 온도차와 90cm의 길이를 가진 재료가 100℃ 올라가는데 따라서 1.1mm의 신장을 가졌다면, 선팽창계수 α는

$$\alpha = \frac{1.1}{900 \times 100} = 1.22 \times 10^{-5}, \quad \sigma = E\alpha(t_2 - t_1) = E\alpha\Delta t$$

$$\therefore\ P = \sigma A = AE\alpha(t_2 - t_1) = \frac{\pi}{4} \times 4^2 \times 2.1 \times 10^6 \times 1.22 \times 10^{-5} \times 70$$

$$= 22{,}566\text{kg} \fallingdotseq 22.6\text{ton}$$

06 단면적이 10cm²인 봉을 30℃에서 수직으로 매달고 0℃로 냉각하였을 때, 원래의 길이를 유지하려면 봉의 하단에 몇 kg의 추를 달면 되겠는가? (단, 세로탄성계수 $E = 2 \times 10^6$ kg/cm², 선팽창계수 $\alpha = 11 \times 10^{-6}$이고 자중에 의한 신장량은 무시하는 것으로 한다.)

㉮ $P = 3{,}300\text{kg}$ ㉯ $P = 4{,}400\text{kg}$
㉰ $P = 5{,}500\text{kg}$ ㉱ $P = 6{,}600\text{kg}$

해설 온도의 강하로 줄어드는 길이 δ는

$$\delta = \alpha l \Delta t = 11 \times 10^{-6} \times l \times 30$$

또한, 하단에 하중이 작용하여 늘어난 길이를 δ'라 하면

$$\delta' = \frac{Pl}{AE} = \frac{P \times l}{10 \times 2 \times 10^6}$$

식에서 $\delta = \delta'$가 되어야 하므로

$$11 \times 10^{-6} \times l \times 30 = \frac{Pl}{10 \times 2 \times 10^6} \qquad \therefore\ P = 6{,}600\text{kg}$$

07 그림에서와 같이 길이 $l = 100$cm인 봉을 1mm 간극을 두고 기온을 0℃에서 고정시켰다. 온도가 100℃로 상승되었다면 이 봉에 생기는 압축응력은 얼마이겠는가? (단, 세로탄성계수 $E = 2.1 \times 10^6$ kg/cm², 선팽창계수 $\alpha = 1.15 \times 10^{-5}$cm/℃·cm이다.)

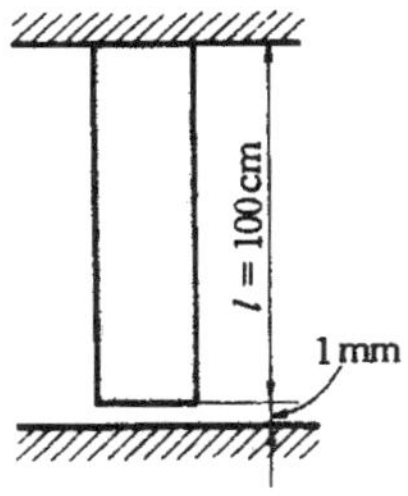

㉮ $\sigma = 283\text{kg/cm}^2$ ㉯ $\sigma = 314\text{kg/cm}^2$
㉰ $\sigma = 412\text{kg/cm}^2$ ㉱ $\sigma = 503\text{kg/cm}^2$

해설 1mm 간극이 팽창하는 데 해당되는 온도는

$$\delta = \alpha l(t_2 - t_1) \qquad \therefore\ \Delta t = t_2 - t_1 = \frac{\delta}{\alpha l} = \frac{0.1}{1.15 \times 10^{-5} \times 100} = 87℃$$

이 온도에서 100℃까지 열응력(thermal stress)이 발생되므로

$$\sigma = \alpha E(t_2 - t_1) = 1.15 \times 10^{-5} \times 2.1 \times 10^6 \times (87 - 100) = -314\text{kg/cm}^2$$

즉, 압축열응력 314kg/cm²가 생긴다.

Section 04 압력을 받는 원환 및 원통

보일러의 드럼(drum), 송유관, 압축공기의 탱크(tank), 가스 파이프(gas pipe) 등 그 내부에 압력을 가진 공기나 액체가 들어가면 원통이나 파이프는 내부압력에 저항하기 위하여 재료내부에 응력(stress)이 생기며, 만약 그 한도를 넘어서면 재료는 파괴하게 된다. 또한 회전운동을 하는 물체에 원심력이 작용하여 물체를 외부로 밀어내려는 힘이 작용하므로, 마치 내압이 작용한 것과 같이 생각할 수 있다.

1 내압을 받는 얇은 원통

얇은 원통의 안지름과 바깥지름의 비가 1에 가까운 중공원통을 얇은 원통이라 한다. 그림 2-12에 표시한 것처럼 평균반지름 r, 두께 t에 대한 충분한 길이인 얇은 원통에 내압 p가 작용할 경우, 원주방향에 원주응력(circumferential stress) 또는 후프응력(hoop stress) σ_θ와 반지름방향에는 반경응력(radial stress) σ_r가 발생한다. 이 σ_r는 내면으로부터 외면에 걸쳐 p에서 0까지 변화하지만 두께가 극히 얇은 원통인 경우에는 σ_θ에 비해서 매우 작기 때문에 무시하며, 또한 σ_θ는 두께방향으로 균일하게 분포하면 취급이 간단하게 된다.

(1) 원주방향의 응력과 변형률

그림 2-12(b)는 원통으로부터 축방향에 단위길이의 원륜을 고려시켜 zx면에 반분한 것이지만, 여기서 y방향의 힘의 평형을 고려하면

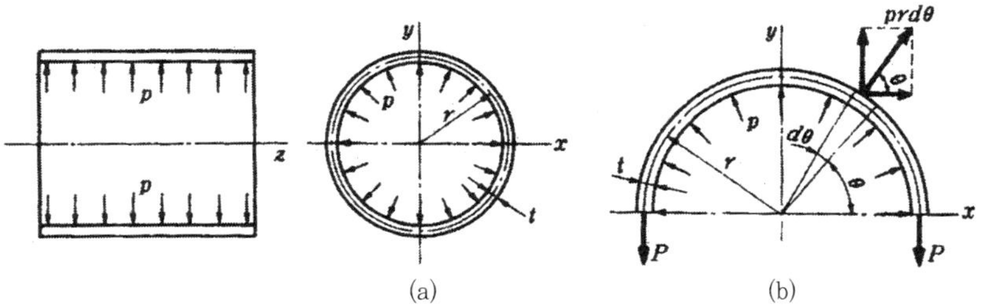

그림 2-12 내압을 받는 얇은 원통

$$2\int_0^{\frac{\pi}{2}} pr\sin\theta\, d\theta = 2P \qquad \therefore\ pr = P \quad \cdots\cdots (2.54)$$

한편 단면에 작용하는 인장력 P는

$$P = \sigma_\theta t \qquad \therefore\ \sigma_\theta = \frac{pr}{t} = \frac{p\left(\frac{d}{2}\right)}{t} = \frac{pd}{2t} \quad \cdots\cdots (2.55)$$

$$\left(단,\ t = \frac{pr}{\sigma_\theta} = \frac{pd}{2\sigma_\theta}\right)$$

여기서, d는 원통의 지름이다.

또한, 원주방향의 변형률 ε_θ는

$$\varepsilon_\theta = \frac{pr}{Et} = \frac{pd}{2Et} \quad \cdots\cdots (2.56)$$

여기서, E는 탄성계수이다.

(2) 축의 응력과 변형률

원통의 양단이 닫혀 있을 때는 축방향에 축응력(axial stress) σ_z가 발생한다. 축방향의 힘의 평형을 고려하면 양단의 단판의 형상에 걸리는 내압 p에 의한 축방향의 인장력은 $\pi r^2 p$이므로

$$2\pi r t\sigma_z = \pi r^2 p \qquad \therefore\ \sigma_z = \frac{pr}{2t} = \frac{pd}{4t}\left(단,\ t = \frac{pr}{2\sigma_z} = \frac{pd}{4\sigma_z}\right) \quad \cdots\cdots (2.57)$$

또는

$$\sigma_z = \frac{\sigma_\theta}{2} \quad \cdots\cdots (2.58)$$

의 관계가 있다.

다음에는 원주방향의 변형률 ε_θ와 축방향의 변형률 ε_z는

$$\left.\begin{aligned} \varepsilon_\theta &= \frac{1}{E}(\sigma_\theta - \mu\sigma_z) = \frac{pr}{Et}\left(1 - \frac{\mu}{2}\right) \\ \varepsilon_z &= \frac{1}{E}(\sigma_z - \mu\sigma_\theta) = \frac{pr}{2Et}(1 - 2u) \end{aligned}\right\} \quad \cdots\cdots (2.59)$$

여기서, μ는 푸아송비(Poisson's ratio)이다.

또한 반지름의 증가를 δ_r라 한다면 변형후의 원주의 길이는

$$2\pi(r + \delta_r) = 2\pi r(1 + \varepsilon_\theta) \quad \cdots\cdots (2.60)$$

$$\frac{\delta_r}{r} = \varepsilon_\theta$$

$$\therefore \ \delta_r = \frac{pr^2}{Et}\left(1 - \frac{\mu}{2}\right) = \frac{pd^2}{4Et}\left(1 - \frac{\mu}{2}\right) \quad \cdots\cdots (2.61)$$

여기서, d : 원통의 지름, E : 세로탄성계수가 된다.

이상 서술했던 계산은 길고 얇은 원통에서 양단으로부터 충분히 떨어진 부분에 대한 것이다. 양단에 가까운 부분에서의 응력상태는 대단히 복잡하기 때문에 위의 결과를 적용할 수가 없다.

실제 얇은 원통으로 취급될 때의 한계는

$$\frac{t}{d} \leqq \frac{1}{10} \quad \cdots\cdots (2.62)$$

의 범위이다.

2 외압을 받는 얇은 원통

길이가 길고 얇은 원통에 외압(external pressure)이 작용하는 경우의 응력도 내압(internal pressure)이 작용하는 경우와 같은 방법이므로, 원주방향은 다음과 같다.

원주 방향의 응력 σ_θ는

$$\sigma_\theta = -\frac{pr}{t} = -\frac{pd}{2t} \quad \cdots\cdots (2.63)$$

$$t = -\frac{pr}{\sigma_\theta} = -\frac{pd}{2\sigma_\theta}$$

그러나 외압이 크고 충분한 길이인 원통이라면 그림 2-20에서와 같이 좌굴을 일으킨다. 이 때 외압 p_{cr}는 다음과 같다.

$$p_{cr} = \frac{E}{4(1-\mu^2)}\left(\frac{t}{r}\right)^3 \quad \cdots\cdots (2.64)$$

이 때 원주응력(σ_θ)는

$$(\sigma_\theta)_{cr} = -\frac{E}{4(1-\mu^2)}\left(\frac{t}{r}\right)^2 \quad \cdots\cdots (2.65)$$

이다.

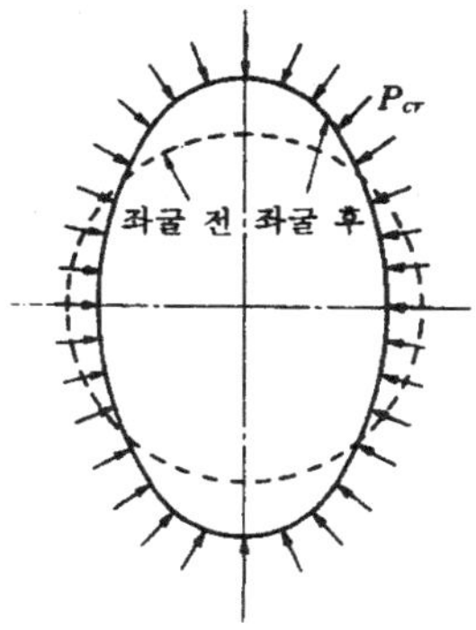

그림 2-13 외압을 받는 얇은 원통

3 내압을 받는 얇은 구

지름에 비교해서 두께가 극히 얇은 구가 내압을 받을 경우에도 반경응력 σ_r는 무시할 수 있으며, 살의 두께 내면에서 어느 방향으로도 동일한 인장원주응력 σ_θ만이 작용하는 평면응력상태로 고려하면 좋다.

(1) 내압을 받는 얇은 구의 원주응력과 변형률

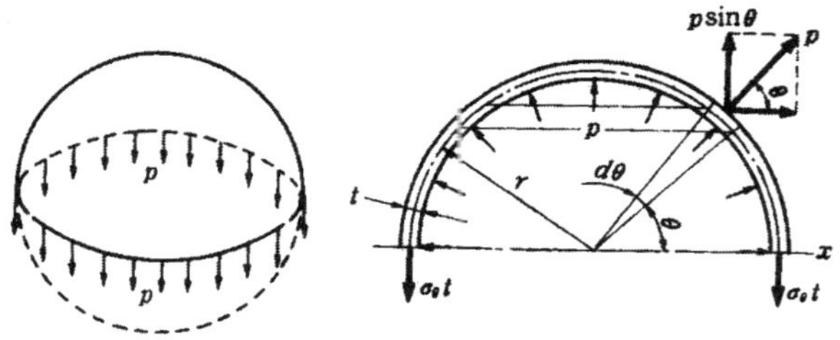

그림 2-14 내압을 받는 얇은 구

그림 2-14에서처럼 얇은 구의 반지름을 r, 두께를 t, 작용하는 내압을 p로 한다. 지름단면에서 2등분하고 그 단면에 수직방향의 힘의 평형을 고려한다면 원주방향의 응력 σ_θ는 다음과 같다.

$$\int_0^\pi (p\sin\theta)2\pi(r\cos\theta)rd\theta = \sigma_\theta \times 2\tau rt$$

$$\therefore\ p\pi r^2 = \sigma_\theta \times 2\pi rt$$

$$\therefore\ \sigma_\theta = \frac{pr}{2t} = \frac{pd}{4t} \qquad \cdots\cdots (2.66)$$

$$t = \frac{pr}{2\sigma_\theta} = \frac{pd}{4\sigma_\theta}$$

여기서, d는 구의 지름이다.

따라서, 원주방향의 변형률 σ_θ는

$$\varepsilon_\theta = \frac{1}{E}(\sigma_\theta - \mu\sigma_\theta) = \frac{pr}{2Et}(1-\mu) \qquad \cdots\cdots (2.67)$$

또한, 반지름의 증가 δ_r는 변형후의 원주길이

$$2\pi(r+\delta_r) = 2\pi r(1+\varepsilon_\theta)$$

에서

$$\delta_r = r\varepsilon_\theta = \frac{pr^2}{2Et}(1-\mu) = \frac{pd^2}{8Et}(1-\mu) \qquad \cdots\cdots (2.68)$$

4 외압을 받는 얇은 구

일정한 외압이 얇은 구에 작용한다면 내압의 경우와는 반대로 두께 내면에는 균일한 압축의 원주응력 $\sigma_\theta = -pr/2t$가 생긴다. 그러나 외압이 크다면 압축을 받는 구의 평형이 불안정하게 되어 좌굴이 발생한다. 이때 외압 p_{cr}는 고전적인 이론에 의한다면 t/r값이 작은 얇은 구인 경우

$$p_{cr} = \frac{2E}{\sqrt{3(1-\mu^2)}}\left(\frac{t}{r}\right)^2 \quad \cdots\cdots (2.69)$$

또한 이때의 좌굴응력$(\sigma_\theta)_{cr}$는

$$(\sigma_\theta)_{cr} = -\frac{E}{\sqrt{3(1-\mu^2)}}\frac{t}{r} \quad \cdots\cdots (2.70)$$

로 주어진다.

예제문제

01 안지름이 30cm, 두께 6mm인 얇은 원통에 내압이 10kg/cm²가 작용할 때, 원주방향의 후프응력과 축방향의 응력을 구하라.

해설 원주방향의 원주응력(hoop stress)은 $\sigma_\theta = \frac{pd}{2t}$이므로,

$$\therefore \sigma_\theta = \frac{10\times30}{2\times0.6} = 250\text{kg/cm}^2$$

한편 축방향의 응력 σ_z는

$$\therefore \sigma_z = \frac{pd}{4t} = \frac{10\times30}{4\times0.6} = 125\text{kg/cm}^2$$

02 안지름이 20cm인 원통에 외압 $p_2 = 100$kg/cm²을 받고 있을 때, 원통의 두께는 얼마가 되겠는가? (단, 허용응력 $\sigma_a = 300$kg/cm²로 한다.)

해설 두꺼운 원통에 외압 p_2 작용하는 경우 원주응력과 반경응력은 식 (2.117)에 의해서

$$\sigma_r = \frac{p_2 r_2^2}{r_2^2 - r_1^2}\left(1 - \frac{r_1^2}{r^2}\right) \quad \cdots\cdots ①$$

$$\sigma_\theta = \frac{p_2 r_2^2}{r_2^2 - r_1^2}\left(1 + \frac{r_1^2}{r^2}\right) \quad \cdots\cdots ②$$

식 ②에서 $r = r_1$일 때 σ_θ가 최대가 되므로, 즉

$$(\sigma_\theta)_{\max} = \frac{2p_2 r_2^2}{r_2^2 - r_1^2}, \quad -300 = \frac{2\times100\times r_2^2}{(r_2^2 - 10^2)}, \quad 3(r_2^2 - 10^2) = 2r_2^2$$

$$\therefore r_2^2 = 3\times10^2 \qquad \therefore r_2 = 17.32\text{cm}$$

$\therefore t = 17.32 - 10 = 7.32$cm(즉 외압을 받고 있는 두꺼운 원통의 두께이다.)

03 두께 1.2mm인 연강판으로 30kg/cm²의 내압이 걸리는 원통을 만들고자 한다. 이 때 사용응력을 $\sigma_w = 900$kg/cm²라고 하면 안지름 d는 몇 cm가 되겠는가?

해설 $\sigma_a = \dfrac{pd}{2t}$에서 $900 = \dfrac{30 \times d}{2 \times 1.2}$ $\quad \therefore d = 72$cm(안지름)

04 안지름이 300mm이며 두께가 10mm인 가스통에 얼마만한 압력으로 가스를 넣을 수 있겠는가? (단, 허용응력 $\sigma_a = 300$kg/cm²로 한다.)

해설 $\sigma_a = \dfrac{pd}{2t}$에서 $p = \dfrac{2\sigma_a t}{d} = \dfrac{2 \times 300 \times 1}{30} = 20$kg/cm²

05 그림과 같은 얇은 원환이 그 중심축 O 둘레를 각속도 ωrad/sec로 회전하고 있다. 이 원환의 사용응력을 5kg/mm²라 할 경우, 이 원환의 원주각속도 끝은 몇 rad/sec이겠는가? (단, 재료의 비중량 $\gamma = 7.8 \times 10^{-3}$kg/cm³, 중력 가속도 $g = 980$cm/sec²이고 원환의 반지름은 $r = 30$cm로 한다.)

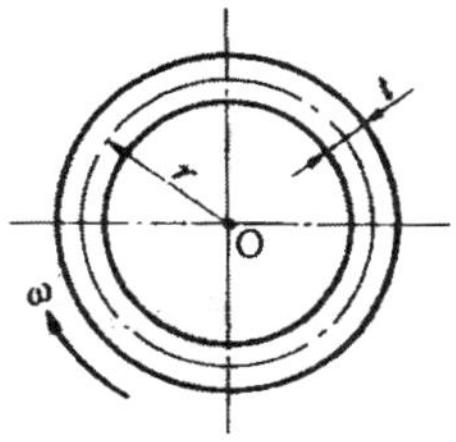

해설 $\sigma_\theta = \dfrac{\gamma}{g} r^2 \omega^2$에서 원환의 원주각속도 ω는 다음과 같다.

$$500 = \frac{7.8 \times 10^{-3}}{980} \times 30^2 \times \omega^2 \quad \therefore \omega = 264.2\text{rad/sec}$$

06 두께 8mm인 강판으로 내압이 20kg/cm²까지 걸리는 압력용기를 만들려고 한다. 이 때 사용응력 $\sigma_w = 800$kg/cm²라고 한다면 안지름 d는 최대로 몇 cm까지 될 수 있겠는가?

㉮ $d = 34$cm ㉯ $d = 44$cm ㉰ $d = 54$cm ㉱ $d = 64$cm

해설 $\sigma = \dfrac{pr}{t}$에서 $800 = \dfrac{20 \times r}{0.8}$, $\quad r = 32$cm $\quad \therefore d = 2r = 2 \times 32 = 64$cm

07 지름이 200cm, 보일러의 두께 20mm, 증기압력은 15kg/cm²일 때, 강판의 극한강도 4,500kg/cm², 이음효율 70%일 경우 이 보일러의 강판에 대한 안전계수 또는 안전율(safety factor)은 얼마가 되겠는가?

㉮ $S = 3.2$ ㉯ $S = 4.2$ ㉰ $S = 5.2$ ㉱ $S = 6.2$

해설 $\sigma_a = \dfrac{pr}{t\eta} = \dfrac{15 \times 100}{2 \times 0.7} = 1,071$kg/cm², $\quad S$(safety factor) $= \dfrac{\sigma_u}{\sigma_a} = \dfrac{4,500}{1,071} = 4.2$

08 두께 10mm인 연강판으로 안지름이 800mm의 보일러(boiler)를 제작하려고 한다. 이 때 허용응력 $\sigma_a = 10\text{kg/mm}^2$, 이음효율 80%이면 몇 kg/cm²의 내압까지 사용하겠는가? (단, 안전계수 $S = 4$이다.)

㉮ $p_1 = 5\text{kg/cm}^2$　　㉯ $p_1 = 10\text{kg/cm}^2$

㉰ $p_1 = 15\text{kg/cm}^2$　　㉱ $p_1 = 20\text{kg/cm}^2$

해설 $\sigma = \dfrac{pr}{t\eta}$에서 $p = \dfrac{\sigma t\eta}{r} = \dfrac{1{,}000 \times 1 \times 0.8}{40} = 20\text{kg/cm}^2$　　$\therefore p_1 = \dfrac{p}{S} = \dfrac{20}{4} = 5\text{kg/cm}^2$(내압)

09 오른쪽 그림에서와 같이 두께가 얇은 원통에 압력 p가 내부에서 균일하게 작용하고 있다. 이 때 반지름을 r, 두께를 t라고 하면 후프응력(Hoop stress)을 나타내는 식은 다음 중 어느 것인가?

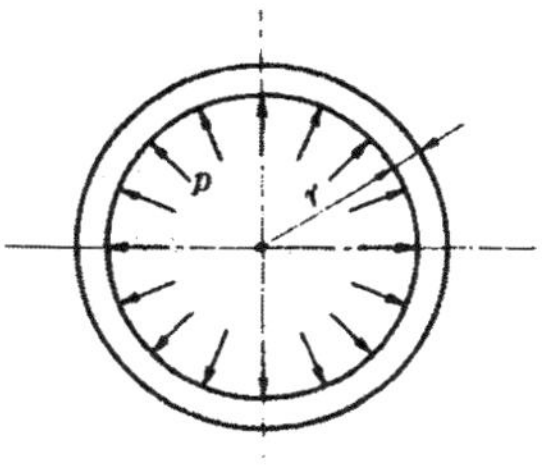

㉮ $\sigma = \dfrac{t}{pr}$　　㉯ $\sigma = \dfrac{r}{pt}$

㉰ $\sigma = \dfrac{p}{rt}$　　㉱ $\sigma = \dfrac{pr}{t}$

해설 원통을 반으로 잘라서 생각하면 반원을 위로 밀치는 힘은

$Q = 2r \times l \times p$

가 될 것이고, 이 힘 Q에 대응하는 힘 Q'는

$Q' = 2t \times l \times \sigma$

가 될 것이다. $Q = Q'$가 되어야 하므로

$2r \times l \times p = 2t \times l \times \sigma$　　$\therefore \sigma = \dfrac{pr}{t}$

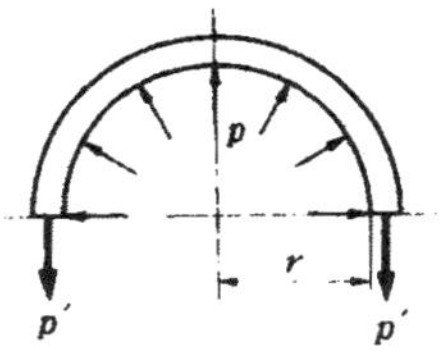

10 오른쪽 그림과 같이 원통형 탱크에 내압 p가 균일하게 작용하고 있을 때, 축방향의 응력을 나타낸 식은 다음 중 어느 것인가?

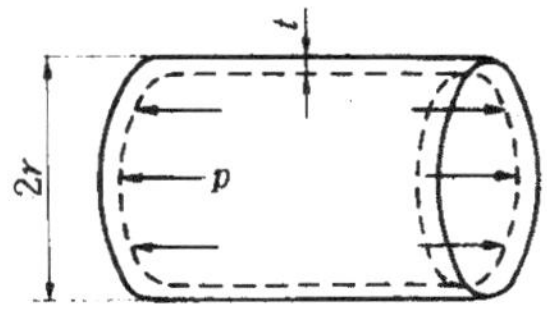

㉮ $\sigma = \dfrac{2t}{pr}$　　㉯ $\sigma = \dfrac{t}{pr}$

㉰ $\sigma = \dfrac{pr}{t}$　　㉱ $\sigma = \dfrac{pr}{2t}$

해설 내압 p가 축방향으로 가하는 힘 : $Q = \pi r^2 \times p$

힘 Q에 대응하는 힘 : $Q' = 2\pi r \times t \times \sigma$

따라서 $Q = Q'$이므로

$\pi r^2 \times p = 2\pi r \times t \times \sigma$　　$\therefore \sigma = \dfrac{pr}{2t}$

Chapter 03

조합응력과 Mohr응력원

Combined Stress and Mohr's Circle

Section

01 인장 또는 압축봉의 경사단면에서의 발생하는 응력변화

1 경사단면상에서 법선응력과 전단응력

균일단면봉에 축인장력 또는 축압축력 P가 작용하면 그림 3-1과 같이 수직횡단면 mn상의 응력 $\sigma_x = P/A$가 발생한다. 가로단면 mn과 임의의 경사각 ϕ를 가진 경사단면 $m'n'$ 상의 응력상태는 ϕ값에 따라 변화하므로 다음과 같이 생각할 수 있다.

최초에 단면 $m'n'$의 좌측에 있는 봉의 부분에서 작용을 그림 3-1(b)에 표시한 바와 같이 응력의 합을 P'라고 한다면 평형조건에서 이 내력 P'는 외력 P와 작용선이 일치하며, 방향은 반대로서 크기가 같아야 한다. 힘 P'를 평면 $m'n'$의 법선방향과 접선방향의 성분 N과 Q에 각각 분해해서 표시하면 다음과 같다.

$$N = P\cos\phi, \qquad Q = P\sin\phi, \qquad A' = \frac{A}{\cos\phi} \ (\because \ A = A'\cos\phi)$$

여기서 A'는 경사단면 $m'n'$의 면적이다.

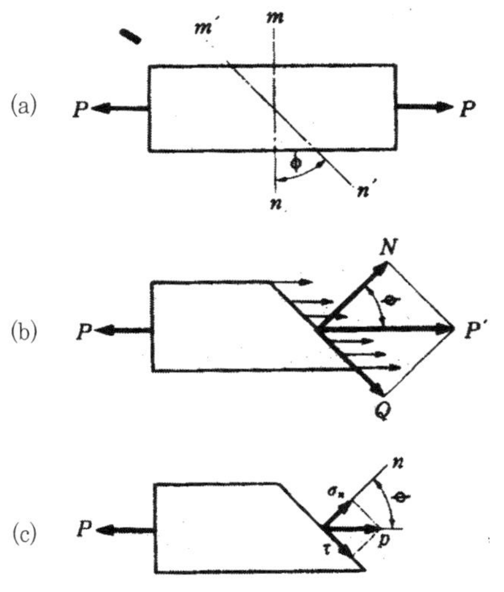

그림 3-1 경사단면상의 응력

(1) 경사단면상의 법선응력과 전단응력

① **법선응력**(normal stress)

$$\sigma_n = \frac{N}{A'} = \frac{P\cos\phi}{A/\cos\phi} = \frac{P}{A}\cos^2\phi = \sigma_x\cos^2\phi \quad \cdots\cdots (3.1)$$

② **전단응력**(shearing stress)

$$\tau = \frac{Q}{A'} = \frac{P\sin\phi}{A/\cos\phi} = \frac{P}{A}\sin\phi\cos\phi = \frac{1}{2}\sigma_x\sin 2\phi \quad \cdots\cdots (3.2)$$

(2) 최대법선응력과 최대전단응력

① $\phi = 0$인 경우

$$(\sigma_n)_{\max} = (\sigma_n)_{\phi=0} = \frac{P}{A}\cos^2 0 = \sigma_x \quad \cdots\cdots (3.3)$$

$$(\tau)_{\min} = (\tau)_{\phi=0} = \frac{1}{2}\sigma_x \sin 2\times 0 = 0 \quad \cdots\cdots (3.4)$$

② $\phi = 45°$인 경우

$$(\tau)_{\max} = \frac{1}{2}\sigma_x\sin 2\phi = \frac{1}{2}\sigma_x \sin 2\times 45° = \frac{1}{2}\sigma_x \quad \cdots\cdots (3.5)$$

$$(\sigma_n)_{\min} = \sigma_x \sin^2 45° = 0 \quad \cdots\cdots (3.6)$$

따라서, ϕ가 증가하면 법선응력은 감소하므로 $\phi = 90°$에서 $\sigma_n = 0$이 되고, 전단응력은 ϕ의 증가에 따라 $\tau = 0$에서 증가하고, $\phi = 45°$에서 최대값이 되었다가 감소하기 시작하지만, $\phi = 90°$에서는 다시 $\tau = 0$이 된다.

(3) 공액응력과 공액전단응력

그림 3-2(a)에서 축인장을 받는 봉에 단면 pq와 직교하는 경사단면 $p'q'$ 위에 작용하는 응력을 σ_n'와 τ'로 나타내고, ϕ 대신에 $90° + \phi$를 대입하면

$$\sigma_n' = \sigma_x\cos^2(90° + \phi) = \sigma_x \sin^2\phi \quad \cdots\cdots (3.7)$$

$$\tau' = \frac{1}{2}\sigma_x\sin(180° + 2\phi) = -\frac{1}{2}\sigma_x \sin 2\phi \quad \cdots (3.8)$$

σ_n', τ'의 분포는 그림(b)와 같으면

$$\sigma_n + \sigma_n' = \sigma_x\cos^2\phi + \sigma_x\sin^2\phi$$

$$= \sigma_x(\sin^2\phi + \cos^2\phi) = \sigma_x \quad \cdots\cdots (3.9)$$

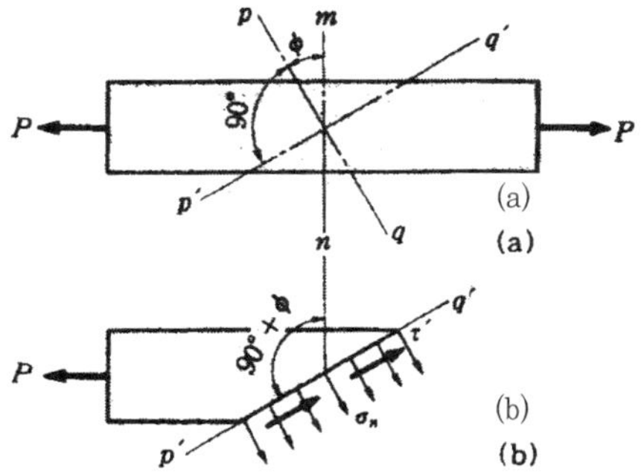

그림 3-2 직교경사면 위의 응력

$$\tau + \tau' = \frac{1}{2}\sigma_x \sin 2\phi - \frac{1}{2}\sigma_x \sin 2\phi = 0$$

$$\therefore \ \tau = -\tau' \quad \cdots\cdots (3.10)$$

이것은 축인장을 받는 봉의 두 직교단면 위에 작용하는 법선응력 σ_n과 σ_n'의 합이 항상 일정하여, 수직단면 mn 위에 작용하는 σ_x와 같다. 이들 σ_n과 σ_n'의 관계를 공액응력(complementary stress)이라고 한다. 마찬가지로 τ와 τ'를 공액 전단응력(complementary shear stress)이라고 하고, 이것들은 항상 같은 크기와 반대부호를 가진다.

2 경사단면에서의 법선응력과 전단응력의 모어원(Mohr's Cicle)

단순인장 부재에 인장하중이 가해지면 단면에는 응력이 발생한다. 단면에 작용하는 하중의 방향이 x방향으로 가해지고 하중이 가해지는 단면에서의 수직응력을 σ_x라고 할 때 그 부재의 내면에 걸리는 응력은 방향에 따라 다르게 되는 데 그 방향은 그 단면에 평행하는 축을 기준으로 반 시계방향의 각도 ϕ로 주어지고 그림 3-3에서의 ∠OAB에 해당된다. 그 단면에서의 응력은 크기와 종류에 따라 2개가 발생되는 데 법선응력 σ와 전단응력 τ로 나타낼 수 있다. 따라서 일정한 단순인장하중을 받고 있는 부재의 임의단면에서의 응력은 기울어진 각도에 따라 2개의 응력의 크기가 달라지는 데 이 크기를 살펴보면 다음과 같이 정리될 수 있다.

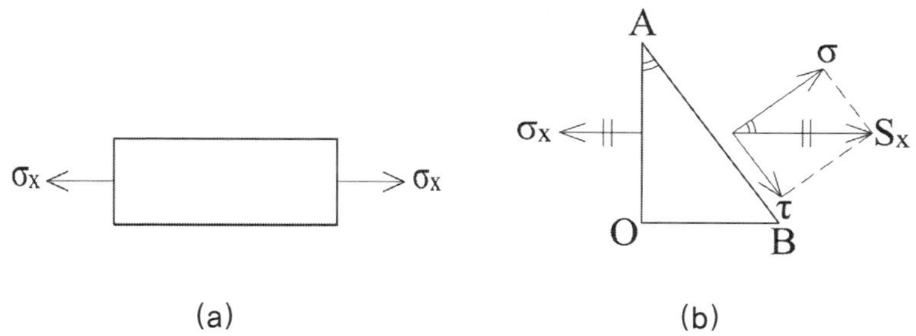

그림 3-3 단순 인장하중 상태와 경사진 단면에서의 법선응력과 전단응력

상기 그림 3-3을 보면 단순인장하중을 받고 있는 부재의 그림 (a)과 부재내의 임의 경사단면상에 걸리는 법선응력과 전단응력의 방향과 종류를 나타내는 그림 (b)가 있다. 이때 경사면상에 걸리는 두 종류의 응력을 구하기 위해 경사면 AB상에 작용하는 S_x의 크기를 먼저 구한 다음 이 응력을 두 개의 법선방향과 경사면 평행방향으로 응력의 분해에 의해서 다음과 같이 구하게 된다. 먼저 S_x의 크기를 구하기 위해 x-방향으로의 힘의 평형방정식을 정리해 보면 다음과 같다. 상기의 3-3(b) 삼각형그림의 두께를 1로 두게 되면 삼각형 OAB의 각 모서리 선분의 길이가 단면적에 해당되고 응력과 선분을 곱하면 힘이 되기 때문에 평형방정식

이 다음의 식으로 정리된다.

$$\sum F_x = 0\ ;\ \sigma_x \cdot \overline{OA} = S_x \cdot \overline{AB}$$

$$\rightarrow S_x = \frac{\overline{OA}}{\overline{AB}} \cdot \sigma_x = \sigma_x \cdot \cos\phi \quad \cdots\cdots (3.11)$$

$$\sigma = S_x \cdot \cos\phi = \sigma_x \cdot \cos^2\phi = \sigma_x \cdot \frac{1+\cos 2\phi}{2} = \frac{1}{2}\sigma_x + \frac{1}{2}\sigma_x \cos 2\phi \quad \cdots\cdots (3.12)$$

$$\tau = S_x \cdot \sin\phi = \sigma_x \cdot \sin\phi \cdot \cos\phi = \frac{1}{2}\sigma_x \sin 2\phi \quad \cdots\cdots (3.13)$$

즉 상기의 식을 살펴보면 법선응력과 전단응력의 크기는 단면의 기울어진 각도에 따라 변하고 있음을 알 수 있으며 기울어진 각도에 따라 법선응력과 전단응력을 미분하여 최대 및 최소값을 구할 수 있게 되어 인장부재내의 응력을 방향에 따라 살펴볼 수 있는 식임을 알게 된다. 그런데 이 법선응력과 전단응력의 크기가 독자적인 값을 갖지 못하고 서로 상관적인 값을 가지게 됨을 Mohr가 발견하게 되고 그 상관관계를 다음과 같은 과정으로 유도하였다. 상기 식 (3.11)에서 $\frac{1}{2}\sigma_x$을 좌변으로 이항한 후 식 (3.11)과 식 (3.12)를 제곱하여 정리하게 되면 다음과 같다.

$$\text{식 (3.12)으로부터} \rightarrow [\sigma_x - \frac{1}{2}\sigma_x]^2 = [\frac{1}{2}\sigma_x \cdot \cos 2\phi]^2$$

$$\text{식 (3.13)으로부터} \rightarrow + \qquad [\tau]^2 = [\frac{1}{2}\sigma_x \cdot \sin 2\phi]^2$$

상기 두 식을 합하게 되면 아래와 같이 각도 phi가 소거되고 법선응력과 전단응력은 원의 방정식으로 표현되어 진다.

$$[\sigma - \frac{1}{2}\sigma_x]^2 + \tau^2 = [\frac{1}{2}\sigma_x]^2 \cdot (\cos^2 2\phi + \sin^2 2\phi)$$

$$\Rightarrow (\sigma - A)^2 + \tau^2 = R^2 \quad \begin{cases} A = \frac{1}{2}\sigma_x \\ R = \frac{1}{2}\sigma_x \end{cases}$$

상기 식을 살펴보면 법선응력과 전단응력의 크기는 원의 방정식으로 상관관계를 가지고 변하게 됨을 알 수 있기 때문에 그래표에서 가로축을 법선응력 세로축을 전단응력으로 놓으면 원을 그리면서 변하게 된다. 따라서 경사진 단면에서의 법선응력과 전단응력은 그래프 상에서의 가로축과 세로축의 원점에서의 떨어진 거리를 알게 되면 임의의 경사진 단면에서의 법선응력과 전단응력을 구할 수 있는 그림이 완성되는 데 이 원의 그림을 Mohr의 응력원이라고 한다. 상기 유도된 식을 살펴보면 원의 중심좌표가 $(\frac{1}{2}\sigma_x,\ 0)$이고 반지름이 $\frac{1}{2}\sigma_x$인 원의 그림임을 알 수 있는 데 다음과 같이 작도하게 되면 그림 3-4와 같다.

그림 3-4의 모어원을 살펴보면 법선응력과 전단응력의 크기를 눈으로 확인할 수 있는 데 법

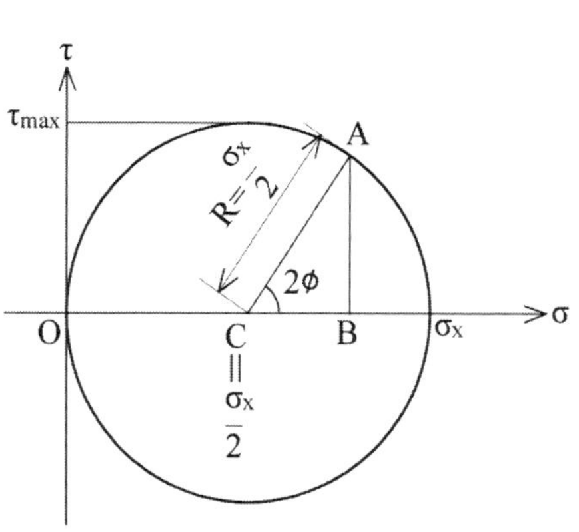

그림 3-4 단순인장응력 상태에서 모어원

선응력 σ의 최대값은 그림에서 보듯이 σ_x가 되는 데 이 최대값을 주응력(Principal stress)이라고 하고 경사면에서의 법선응력이 최대가 되는 값이다. 이때의 경사면의 각도는 2ϕ가 0이 되므로 하중이 작용하는 축인 x축에 법선인 단면에 해당되는 면에서 최대가 됨을 말하며 단순인장인 경우 인장하중에 의한 법선응력 그 자체가 최대 주응력이 되는 것을 의미한다. 또한 최대주응력이 걸리는 단면에서는 전단응력이 0이 되는 가로축상에 놓이게 되므로 항상 0이 되는 값을 가지게 되며 주응력의 물리적 의미는 전단응력이 0이 되는 단면에서의 법선응력의 의미를 가지고 있다.

또한 전단응력이 최대가 되는 τ_{max} 값은 2ϕ가 90° 즉 ϕ가 45° 되는 방향에서 최대가 되는 것을 볼 수 있는 데 그 때의 최대값은 모어원의 반경에 해당되는 $\frac{1}{2}\sigma_x$ 값이 된다. 즉 주응력인 $\sigma_1=\sigma_x$의 절반 값에 해당하므로 단순인장상태에서는 최대전단응력값은 주응력의 절반값을 가짐을 알 수 있다.

상기 모어응력원을 살펴보면 여러 가지 유용한 식을 유도할 수 있는 데 임의의 경사면에서의 법선응력과 전단응력은 다음과 같은 기하학적 관계식에서 간단히 유도되어 질 수 있다.

즉 법선응력은 상기 그림 3-4에서 보면 $\overline{OB}$에 해당되는 데 그 길이는 원점에서 중심의 거리와 중심에서 B까지의 선분인 CB의 거리를 합한 양과 같으므로 다음과 같이 나타낼 수 있다.

$$\begin{aligned}\sigma &= \overline{OC} + \overline{CB} \\ &= \frac{\sigma_x}{2} + R \cdot \cos 2\phi \\ &= \frac{1}{2}\sigma_x + \frac{1}{2}\sigma_x \cdot \cos 2\phi \\ &= \sigma_x \cdot \left(\frac{1+\cos 2\phi}{2}\right) = \sigma_x \cdot \cos^2\phi \quad \cdots\cdots (3.14)\end{aligned}$$

또한 전단응력은 상기그림 3-4에서 살펴보면 $\overline{AB}$에 해당되므로 삼각형 ABC에서의 삼각함수로 표시 되는 데 $\overline{AB}$는 반지름 AC의 $\sin 2\phi$에 해당되므로 다음과 같이 나타낼 수 있다.

$$\begin{aligned}\tau &= \overline{AB} = R \cdot \sin 2\phi \\ &= \frac{\sigma_x}{2}(2\sin\phi \cdot \cos\phi) \\ &= \sigma_x \cdot \sin\phi \cdot \cos\phi \quad \cdots\cdots (3.15)\end{aligned}$$

위와 같이 모어응력원에서 기하학적으로 구한 법선응력과 전단응력의 크기가 상기 평형방정식에서 구한 식 (3.12)와 식 (3.13)과 같음을 알 수 있어 모어원을 그린다음 그림에서 법선응력의 식과 전단응력의 식을 바로 유도할 수 있는 장점을 가지고 있기 때문에 별도로 암기하지 않아도 경사면에서의 법선응력인 σ와 전단응력 τ를 구하기 쉬운 장점이 있다.

모어원을 그리는 방법은 간단한 데 그림 3-4를 살펴보면 우선 단순인장하중에 해당하는 응력값을 응력좌표계에 그리면 법선응력이 σ_x이고 전단응력이 영이므로 주응력에 해당하는 점이 그려진다. 이어서 원점과 이 점을 연결하는 직경을 기준으로 원을 그리게 되면 모어응력원은 완성된다. 이와 같이 그려진 원의 중심은 자동적으로 $\frac{1}{2}\sigma_x$가 되고 반지름도 $\frac{1}{2}\sigma_x$가 되어 모어원의 작도가 가능해진다.

이와 같이 작도된 모어응력원을 참고하여 유용한 식들과 관련된 관계를 쉽게 파악할 수 있는 장점을 가지고 있는 것이 모어원의 특징이다.

예제문제

01 단면적이 5cm²인 균일단면봉에 축압축력이 5,000kg을 받고 있다. 이 때 봉의 축에 $\phi = 45°$ 경사진 평면에서 σ_n과 τ의 값을 구하라.

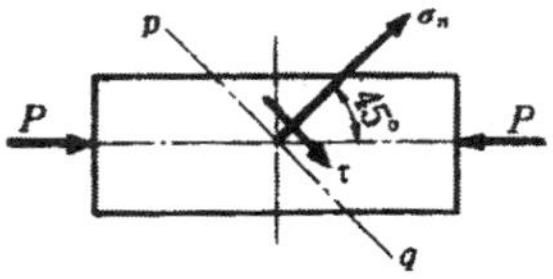

해설 $\sigma_n = -\sigma_x \cos^2\phi = \frac{-P}{A}\cos^2 45° = \frac{-5,000}{5} \times \frac{1}{2} = -500$ kg/cm²

$\tau = \frac{-1}{2} \times \frac{P}{A}\sin 2\phi = \frac{-5,000}{2 \times 5}\sin 90° = -500\text{kg/cm}^2$

$\sigma_n = \pm\tau = -500\text{kg/cm}^2$

02 지름이 $d = 4$cm인 둥근봉이 인장하중을 받으며 가로단면과 경사각 $\phi = 30°$에서 300 kg/cm²의 전단응력을 발생시키고 있다. 이 때 가로단면 및 경사단면의 인장하중(법선력)을 구하라.

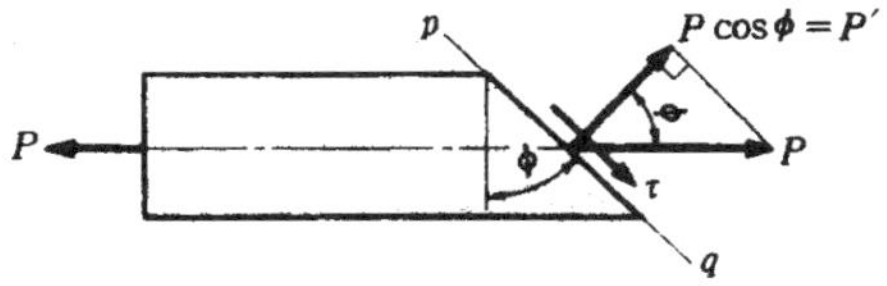

해설 $\tau = \frac{1}{2}\sigma_x \sin 2\phi = \frac{1}{2}\sigma_x \sin 60° = 300$ kg/cm²

$\therefore\ \sigma_x = \frac{2 \times 300}{\sin 60°} = 692.8\text{kg/cm}^2$

• 가로단면의 인장하중 :

$P = \sigma_x A = 692.8 \times \frac{\pi}{4} \times 4^2 = 8,701.82\text{kg}$

• 경사면의 법선력 : $P' = P\cos\phi = P\cos 30° = 8,701.82 \times \cos 30° = 7,536\text{kg}$

03 다음 그림에서 축인장응력 σ_x를 받고 있는 봉을 한 경사평면 pq로 절단하였더니 그 단면에 작용하는 법선응력과

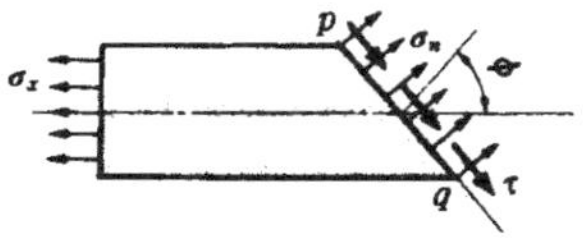

전단응력이 각각 $\sigma_n = 840$kg/cm², $\tau = 280$kg/cm²임을 알았다. 이 때 응력 σ_x의 값과 단면 pq의 경사각 ϕ의 크기를 구하라.

해설 $\sigma_n = \sigma_x \cos^2\phi = 840\text{kg/cm}^2$, $\quad \tau = \frac{1}{2}\sigma_x \sin 2\phi = 280\text{kg/cm}^2 = \sigma_x \sin\phi\cos\phi$

$$\tan\phi = \frac{2}{\sigma_n} = \frac{\sin\phi}{\cos\phi} = \frac{280}{840} = \frac{1}{3}$$

$$\therefore\ \phi = \tan^{-1}\frac{1}{3} = \tan^{-1}0.3333 = 18.43°(\text{경사각})$$

$$\sigma_x = \frac{840}{\cos^2 18.43°} = \frac{840}{0.9487^2} = 933\text{kg/cm}^2(\text{축인장응력})$$

04 그림과 같이 축하중을 받아 축인장응력 σ_x가 발생하고 있을 때, 임의의 경사각 ϕ에서 법선응력이 900 kg/cm², 전단응력이 300kg이 작용하고 있을 경우 σ_x와 경사각 ϕ의 크기를 구하라.

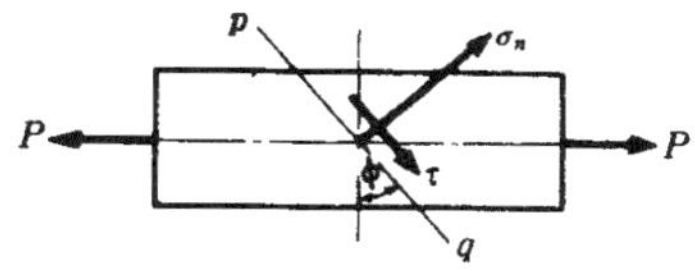

해설 $\sigma_n = \sigma_x \cos^2\phi$, $\quad \tau = \frac{1}{2}\sigma_x \sin 2\phi$이므로

$$\frac{\tau}{\sigma_n} = \frac{\frac{1}{2}\sigma_x \sin 2\phi}{\sigma_x \cos^2\phi} = \frac{\sin\phi\cos\phi}{\cos^2\phi} = \frac{\sin\phi}{\cos\phi} = \tan\phi \qquad \therefore\ \tan\phi = \frac{300}{900} = \frac{1}{3}$$

$$\therefore\ \phi = \tan^{-1}\frac{1}{3} = 18.43° = 18°26'(\text{경사각})$$

$$\therefore\ \sigma_x = \frac{\sigma_n}{\cos^2\phi} = \frac{900}{\cos^2 18.43} = 1{,}000\text{kg/cm}^2(\text{축인장응력})$$

05 지름이 4cm인 원형단면봉이 축하중 3,500kg을 받고 있다. 이 때 최대전단응력의 크기와 경사각은 얼마인가? 또한, 경사각에서의 법선응력을 구하면 얼마가 되겠는가?

해설 최대전단응력 $\tau_{\max}$의 위치는 $\phi = 45°$에서 발생되므로 $\tau = \frac{1}{2}\sigma_x \sin 2\phi$에서

$$\tau_{\max} = \frac{1}{2}\sigma_x$$

$$\sigma_x = \frac{P}{A} = \frac{3{,}500}{\frac{\pi}{4}\times 4^2} = 278.66\text{kg/cm}^2$$

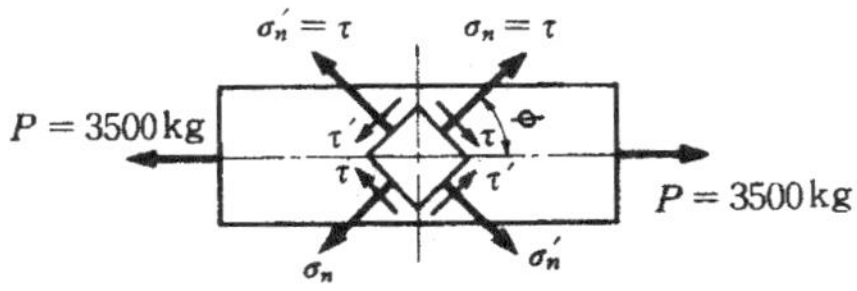

$$\therefore\ \tau_{\max} = \frac{1}{2}\times 278.66 = 139.33\text{kg/cm}^2$$

$$\sigma_n = \sigma_x \cos^2\phi = \sigma_x \cos^2 45° = \frac{1}{2}\sigma_x = \tau_{\max} = 139.33\text{kg/cm}^2$$

06 그림에서와 같이 한변이 4cm인 정사각형의 단면을 갖는 2개의 목재를 접착하여 인장하중을 작용시키고자 한다. 이 때 접착부의 허용응력 $\sigma_a = 80$kg/cm², $\tau_a = 50$kg/cm²라고

한다면 접착면의 경사각 ϕ를 얼마로 하면 되겠는가? 또 이때 목재에 가해야 될 인장하중 P는 몇 kg이겠는가?

해설 접착부의 허용응력 $\sigma_a = 80\text{kg/cm}^2$, 전단응력 $\tau_a = 50\text{kg/cm}^2$이므로

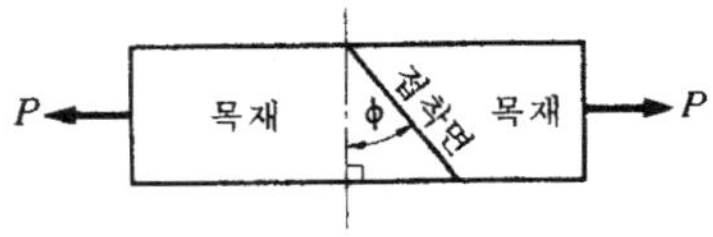

$$\sigma_n = \sigma_x \cos^2\phi = \frac{P}{A}\cos^2\phi,$$

$$\tau = \frac{1}{2}\sigma_x \sin 2\phi = \frac{1}{2}\times\frac{P}{A}\sin 2\phi = \frac{P}{A}\sin\phi\cos\phi$$

$$\therefore\ \frac{\tau}{\sigma_n} = \frac{\frac{P}{A}\sin\phi\cos\phi}{\frac{P}{A}\cos^2\phi} = \frac{\sin\phi}{\cos\phi} = \tan\phi = \frac{50}{80}$$

$$\therefore\ \phi = \tan^{-1}\frac{5}{8} = \tan^{-1}0.625 = 32°\text{(접착면의 경사각)}$$

$$\therefore\ P = \frac{A\sigma_a}{\cos^2\phi} = \frac{16\times 80}{\cos^2 32°} \fallingdotseq 1{,}780\text{kg(목재에 가하여야 될 인장하중)}$$

Section 02

2축응력과 Mohr원

1 2축응력에 대한 법선응력과 전단응력

내압을 받는 용기 또는 회전체 및 빔(beam) 등의 한 요소에 작용하는 응력은 직각방향에 인장력 또는 압축력이 동시에 작용하므로, 이에 대응하는 인장응력 또는 압축응력이 같은 면 위에 동시에 작용한다. 이와같이 여러 단순응력이 합성된 응력을 조합응력(combined stress)이라 한다.

두축 방향으로 작용하는 응력은 2축응력(biaxial stress)이라 하고, 3축방향으로 작용하는 것은 3축응력(triaxial stress)이라고 한다. 응력이 모두 평면상에 놓이게 되면 평면응력(plane stress)이라 한다.

임의점 또는 임의면에 작용하는 응력은 일반적으로 수직응력과 접선응력으로 이루어져 있으며, 그 점을 지나는 무수한 면에 대한 응력의 크기는 각각 다른 값을 가지고 있고, 그 중에서도 수직응력만이 작용하고 접선응력이 전혀 작용하지 않는 면이 있다. 이와같은 면을 주면(principla plane)이라 하고 주면에 작용하는 응력을 주응력(principal plane)이라고 한다.

한편 두 직각방향의 응력의 합성에 대하여 고려해 보자.

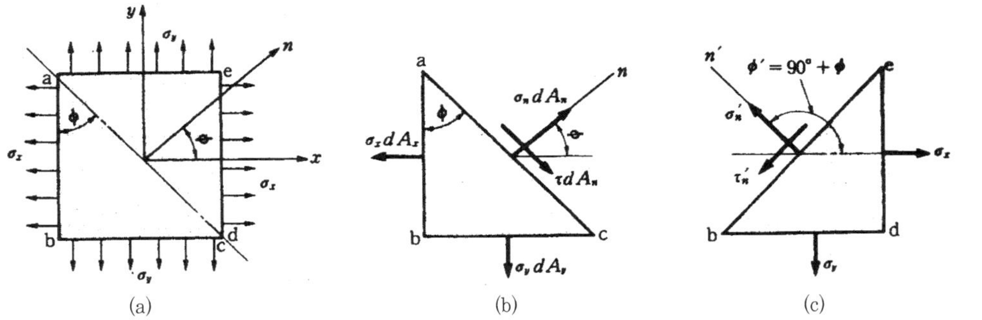

그림 3-5 2축응력상태의 요소

그림 3-5와 같이 재료의 한 요소에 두 직각방향으로 인장응력 σ_x와 σ_y가 작용한다고 할 경우 이 때 σ_z는 무시하여 $\sigma_x > \sigma_y$라고 가정한다.

경사면 ac, 즉 법선 n이 x축과 ϕ를 이루는 평면상의 응력을 고찰하기 위하여 그림 (b)와 같이 삼각형 abc를 분리하고, 표면 ab, bc 및 ac의 면적을 각각 dA_x, dA_y, dA_n이라 하면

ab, bc 표면상에는 $\sigma_x dA_x$, $\sigma_y dA_y$인 응력의 합성이 작용하게 되고, ac표면상에는 $\sigma_n = \sigma_x \cos^2\phi$와 $\tau = \frac{1}{2}\sigma_x \sin 2\phi$에 의하여 법선응력 σ_n과 전단응력 τ가 발생하며, 응력의 합력은 $\sigma_n dA_n$ 및 τdA_n이 된다. 경사면에 수직한 n축방향의 모든 힘의 평형조건에서 다음과 같은 관계가 성립된다.

(1) 경사면의 법선응력 : σ_n

$$\begin{aligned}\sigma_n dA_n &= \sigma_x dA_x \cos\phi + \sigma_y dA_y \sin\phi \\ &= \sigma_x d(A_n \cos\phi)\cos\phi + \sigma_y d(A_n \sin\phi)\sin\phi\end{aligned}$$

$$\begin{aligned}\therefore\ \sigma_n &= \sigma_x \cos^2\phi + \sigma_y \sin^2\phi = \sigma_x\left(\frac{1+\cos 2\phi}{2}\right) + \sigma_y\left(\frac{1-\cos 2\phi}{2}\right) \\ &= \frac{1}{2}(\sigma_x + \sigma_y) + \frac{1}{2}(\sigma_x - \sigma_y)\cos 2\phi \qquad (3.16)\end{aligned}$$

(2) 경사면의 전단응력 : τ

$$\begin{aligned}\tau dA_n &= \sigma_x dA_x \sin\phi - \sigma_y dA_y \cos\phi \\ &= \sigma_x d(A_n \cos\phi)\sin\phi - \sigma_y d(A_n \sin\phi)\cos\phi\end{aligned}$$

$$\begin{aligned}\therefore\ \tau &= \sigma_x \cos\phi \sin\phi - \sigma_y \cos\phi \sin\phi = (\sigma_x - \sigma_y)\sin\phi\cos\phi \\ &= \frac{1}{2}(\sigma_x - \sigma_y)\sin 2\phi \qquad (3.17)\end{aligned}$$

식 (3.16)과 식 (3.17)은 x축과 각 ϕ를 이루는 임의 경사면에 작용하는 법선응력 σ_n과 전단응력 τ의 크기를 결정하는 식이다.

(3) 2축응력에 대한 공액응력과 공액전단응력

경사평면 ac와 직교하는 평면 be 상에 작용하는 법선응력 σ_n'와 전단응력 τ'는 그림 3-5(c)에서 $\phi' = 90° + \phi$이므로 식 (3.16)과 (3.17)에 ϕ 대신 ϕ'를 대입하면 다음과 같이 된다.

① **공액응력**(complementary stress) : σ_n'

$$\begin{aligned}\sigma_n' &= \sigma_x \cos(90° + \phi) + \sigma_y \sin(90° + \phi) = \sigma_x \sin^2\phi + \sigma_y \cos^2\phi \\ &= \sigma_x\left\{\frac{1}{2}(1 - \cos 2\phi)\right\} + \sigma_y\left\{\frac{1}{2}(1 + \cos 2\phi)\right\} \\ &= \frac{1}{2}(\sigma_x + \sigma_y) - \frac{1}{2}(\sigma_x - \sigma_y)\cos 2\phi \qquad (3.18)\end{aligned}$$

② **공액전단응력**(complementary shear stress) : τ'

$$\begin{aligned}\tau' &= (\sigma_x - \sigma_y)\sin(90° + \phi)\cos(90° + \phi) = -(\sigma_x - \sigma_y)\cos\phi\sin\phi \\ &= -\frac{1}{2}(\sigma_x - \sigma_y)\sin 2\phi \qquad (3.19)\end{aligned}$$

③ **법선응력(σ_n)과 공액응력($\sigma_n{}'$)의 관계**

$$\sigma_n + \sigma_n{}' = \sigma_x(\cos^2\phi + \sin^2\phi) + \sigma_y(\sin^2\phi + \cos^2\phi) = \sigma_x + \sigma_y \quad \cdots\cdots (3.20)$$

④ **전단응력(τ)과 공액 전단응력(τ')의 관계**

$$\tau + \tau' = \frac{1}{2}(\sigma_x - \sigma_y)\sin 2\phi - \frac{1}{2}(\sigma_x - \sigma_y)\sin 2\phi = 0$$

$$\therefore\ \tau = -\tau' \quad \cdots\cdots (3.21)$$

(4) 2축응력에 대한 최대 및 최소응력

① **법선응력의 최대값과 최소값** : σ_n의 최대값과 최소값은 $\phi = 0°$ 및 $\phi = 90°$의 면에서 발생한다. 즉,

$\phi = 0°$일 때

$$(\sigma_n)_{max} = \frac{1}{2}(\sigma_x + \sigma_y) + \frac{1}{2}(\sigma_x - \sigma_y) = \sigma_x \quad \cdots\cdots (3.22)$$

$\phi = \frac{\pi}{2}(90°)$일 때

$$(\sigma_n)_{min} = \frac{1}{2}(\sigma_x + \sigma_y) - \frac{1}{2}(\sigma_x - \sigma_y) = \sigma_y$$

이들의 σ_x와 σ_y는 각각 최대, 최소의 법선응력임을 알 수 있고, $\phi = 0°$ 및 $\phi = 90°$인 직교평면을 주면(principal stress)이라 하며 수직응력의 최대, 최소값 σ_x, σ_y를 주응력(principla stress)이라 한다. 이들 면상에는 식 (3.17), (3.19)에 의하여 $\tau = 0$, $\tau' = 0$이므로 주면상에는 전단응력이 없다.

② **전단응력의 최대값과 최소값** : τ의 최대값과 최소값은 $\phi = 45°$ 및 $\phi = 45° + 90°$인 면에서 발생한다. 즉,

$\phi = \frac{\pi}{4}(45°)$일 때

$$(\tau)_{max} = \frac{1}{2}(\sigma_x - \sigma_y)\sin 2\phi$$

$$= \frac{1}{2}(\sigma_x - \sigma_y)\sin(2 \times 45°) = \frac{1}{2}(\sigma_x - \sigma_y) \quad \cdots\cdots (3.23)$$

$\phi = \frac{\pi}{4} + \frac{\pi}{2}(45° + 90°)$일 때

$$(\tau)_{min} = \frac{1}{2}(\sigma_x - \sigma_y)\sin(2 \times 135°) = -\frac{1}{2}(\sigma_x - \sigma_y) \quad \cdots\cdots (3.24)$$

이들은 두 주응력의 차의 1/2과 같다는 것을 보여주고 있다. 따라서 두 주응력의 크기가 서로 같을 경우에는

$$\tau_{max} = \tau_{min} = 0$$

가 되고, 그림 3-5의 ac 경사면이 어떤 각도를 이루어도 전단응력은 작용하지 않는다. 또한 $\sigma_x = -\sigma_y$인 경우에는 $\sigma_n = \sigma_n' = 0$이 되고, $\tau_{max} = \sigma_x = -\sigma_y$가 되어 순수전단을 뜻한다.

2 직각방향의 2축응력에 대한 Mohr원

그림 3-6(a)와 같이 직각응력이 작용하는 경우, 임의의 각 ϕ인 경사면에 일어나는 응력상태를 Mohr원으로 표시하면 그림 3-6(b)와 같이 된다.

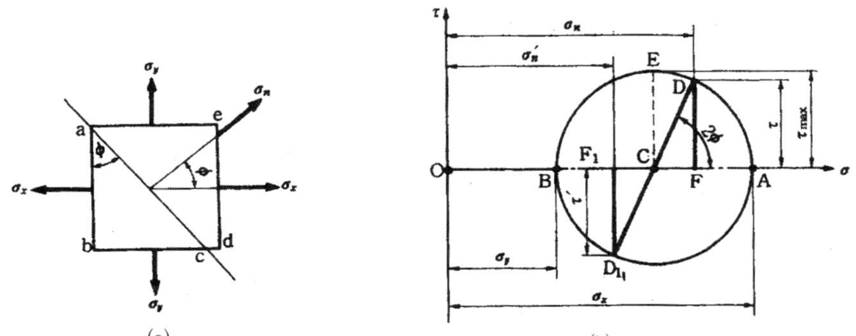

그림 3-6 2축응력에 대한 Mohr원

$\sigma_x = \overline{OA}$, $\sigma_y = \overline{OB}$로써 표시할 수 있으면, 이것은 주응력이 된다. $\overline{AB}$를 지름으로 점 C를 중심으로 하여 원(circle)을 그리면, 이 원주상의 임의의 점은 경사면에 따른 경사면 위의 법선응력 σ_n 및 전단응력 τ의 변화를 나타낸다.

그림 3-6(b)의 σ축과 반시계방향으로 2ϕ가 되는 반지름 $\overline{CD}$를 그어 원둘레와 만나는 점을 D라 하고, 점 D에서 σ축에 수선을 그어 만나는 점을 F라 한다.

이 때에 $\overline{OF}$는 법선응력 σ_n, $\overline{DF}$는 전단응력 τ가 되는 것이다.

(1) 법선응력 : σ_n

$$\sigma_n = \overline{OF} = \overline{OC} + \overline{CF} = \frac{1}{2}(\overline{OA} + \overline{OB}) + \frac{1}{2}(\overline{OA} - \overline{OB})\cos 2\phi$$
$$= \frac{1}{2}(\sigma_x + \sigma_y) + \frac{1}{2}(\sigma_x - \sigma_y)\cos 2\phi$$
$$= \sigma_x \cos^2\phi + \sigma_y \sin^2\phi \quad \cdots\cdots (3.25)$$

(2) **전단응력 : τ**

$$\tau = \overline{\mathrm{DF}} = \overline{\mathrm{CD}}\sin 2\phi$$

$$= \frac{1}{2}(\sigma_x - \sigma_y)\sin 2\phi \quad \cdots\cdots (3.26)$$

(3) **응력의 최대값과 최소값**

그림 3-6(b)에서 점 D도 ϕ의 변화에 따라 응력성분 σ_n과 τ가 변화하면서 반시계 방향으로 이동된다.

$\phi = 0°$일 때(점 A로 표시됨)

$$(\sigma_n)_{\max} = \sigma_x, \quad \tau = 0$$

따라서, σ_x는 주응력임을 말해 주고 있다.

$\phi = \frac{\pi}{4}\left(2\phi = \frac{\pi}{2}\right)$일 때, 점 D는 점 E에 일치함으로써 최대 전단응력을 나타낸다. 즉

$$\tau_{\max} = \overline{\mathrm{CE}} = \frac{1}{2}(\sigma_x - \sigma_y) = R$$

또, 원의 방정식 형태로 고쳐 중심위치와 반지름 R을 구할 수도 있다.

식 (3.25)를 변경시키면

$$\sigma_n - \frac{1}{2}(\sigma_x + \sigma_y) = \frac{1}{2}(\sigma_x - \sigma_y)\cos 2\phi \quad \cdots\cdots (3.27)$$

식 (3.27)과 식 (3.26)을 제곱하여 합하면

$$\left\{\sigma_n - \frac{1}{2}(\sigma_x + \sigma_y)\right\}^2 + 2^2 = \left(\frac{\sigma_x - \sigma_y}{2}\right)^2 \quad \cdots\cdots (3.28)$$

식 (3.28)은 원의 방정식이다. 여기에서 중심위치는 $\frac{1}{2}(\sigma_x + \sigma_y)$이며 반지름 $R = \frac{1}{2}(\sigma_x - \sigma_y)$가 된다.

(4) **법선응력**(전단응력)**과 공액응력**(공액전단응력)**의 관계**

두 직교평면은 법선 n과 n'가 x축과 이루는 각 ϕ 및 $\phi + 90°$일 때 이므로, 이들에 대응되는 응력성분들은 그림 (b)의 점 D와 점 $\mathrm{D_1}$의 좌표에 의하여 표시된다.

$$\overline{\mathrm{OF_1}} + \overline{\mathrm{OF}} = 2\overline{\mathrm{OC}}$$

$$\sigma_n + \sigma_n{}' = \sigma_x + \sigma_y$$

$$\overline{\mathrm{D_1F_1}} = -\overline{\mathrm{DF}}$$

$$\therefore \tau' = -\tau$$

3 2축응력상태에 있어서 주변형률(principle strain)

그림 3-5(a)와 같은 요소가 주축 x와 y방향의 주응력 σ_x와 σ_y를 받을 때, 임의에 의한 주축방향의 변형률은 그 방향의 응력과 그와 직고하는 방향의 응력의 영향을 푸아송비 만큼 받아서 변화한다. 즉, 탄성한도 내에서의 x방향의 전변형률은 x방향의 인장응력 σ_x로 인한 (+)의 변형률 $\varepsilon_x = \sigma_x / E$와 y방향의 인장응력 σ_y로 인한 가로수축에서 오는 (−)의 변형률 $\varepsilon_x = \frac{m\sigma_y}{E}$의 대수합과 같다.

(1) 얇은판이 축인장응력을 받을 경우

① x축 방향의 변형률

$$\varepsilon_x = \frac{\sigma_x}{E} = -\frac{\mu\sigma_y}{E} \qquad (3.29)$$

② y축 방향의 변형률

$$\varepsilon_y = \frac{\sigma_y}{E} = -\frac{\mu\sigma_x}{E} \qquad (3.30)$$

여기서, E : 탄성계수, μ : 푸아송비(poisson ratio)

두 판의 평면에 수직한 z방향으로는 푸아송비의 효과 때문에 주응력 σ_x와 σ_y로 인한 가로수축이 일어난다. 즉,

③ z축 방향의 변형률

$$\varepsilon_z = -\frac{\mu}{E}(\sigma_x + \sigma_y) \qquad (3.31)$$

σ_x와 σ_y를 변형률 ε_x와 ε_y의 함수로 표시할 경우

$$\left.\begin{aligned} \sigma_x &= \frac{E}{1-\mu^2}(\varepsilon_x + \mu\varepsilon_y) \\ \sigma_y &= \frac{E}{1-\mu^2}(\varepsilon_y + \mu\varepsilon_x) \end{aligned}\right\} \qquad (3.32)$$

실제길이의 변형을 계측할 수 있는 스트레인 게이지(strain gage)를 사용하여 그 방향의 변형을 계측하면, 그에 대응되는 응력 σ_x와 σ_y를 구할 수 있다.

(2) x와 y방향의 주응력 σ_x와 σ_y가 같을 경우

$$\varepsilon_x = \varepsilon_y = \frac{\sigma}{E} - \frac{\mu\sigma}{E} = \frac{\sigma}{E}(1-\mu), \qquad \varepsilon_z = -\frac{2\mu\sigma}{E} = -2\mu E$$

두 주축의 압축을 받을 때에는 식 (3.29)에서 식 (3.32)에 이르기까지 σ 또는 ε에 −를 붙인다.

예제문제

01 2축응력에 있어서 $\sigma_x = 1,000$kg/cm²의 인장응력과 $\sigma_y = -500$kg/cm²의 압축응력이 작용할 때, 그림과 같은 요소에서 경사각 $\phi = 30°$인 단면에서 법선응력(σ_n)과 전단응력(τ) 및 공액응력(σ_n'), 공액 전단응력(τ')을 각각 구하라.

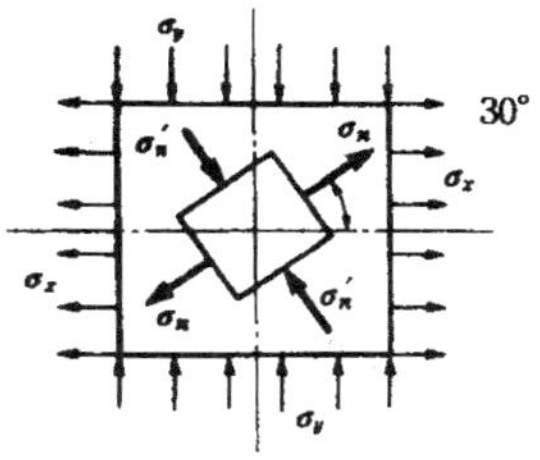

해설

$$\sigma_n = \frac{1}{2}(\sigma_x + \sigma_y) + \frac{1}{2}(\sigma_x - \sigma_y)\cos 2\phi$$

$$= \frac{1}{2}(1,000 - 500) + \frac{1}{2}(1,000 + 500)\cos 60° = 250 + 750 \times \frac{1}{2} = 625\text{kg/cm}^2$$

$$\sigma_n' = \frac{1}{2}(\sigma_x + \sigma_y) - \frac{1}{2}(\sigma_x - \sigma_y)\cos 2\phi = \frac{1}{2}(1,000 - 500) - \frac{1}{2}(1,000 + 500)\cos 60°$$

$$= 250 - 375 = -125\text{kg/cm}^2$$

$$\tau = \frac{1}{2}(\sigma_x - \sigma_y)\sin 2\phi = \frac{1}{2}(1,000 + 500)\sin 60° = 750 \times \frac{\sqrt{3}}{2} = 650\text{kg/cm}^2$$

$$\tau' = -\frac{1}{2}(\sigma_x - \sigma_y)\sin 2\phi = -\frac{1}{2}(1,000 + 500)\sin 60° = -750 \times \frac{\sqrt{3}}{2} = -650\text{kg/cm}^2$$

02 2축응력에서 $\sigma_x = -\sigma_y = 1,400$kg/cm²일 때, 순수전단 상태에서의 전단변형률을 구하라. (단, 이 재료의 가로탄성계수는 $G = 0.84 \times 10^6$kg/cm²이다.)

해설 순수전단상태이므로 $\phi = 45°$일 때

$$\tau_{max} = \frac{1}{2}(\sigma_x - \sigma_y) = 1,400\text{kg/cm}^2$$

전단변형률 : $r = \frac{\tau}{G} = \frac{1,400\text{kg/cm}^2}{0.84 \times 10^6\text{kg/cm}^2} = 1.67 \times 10^{-3}$

03 어느 재료에 서로 직각인 두 인장응력 $\sigma_x = 400$kg/cm² 및 $\sigma_y = 200$kg/cm²가 작용할 때, 그 재료 내부에 생기는 최대인장응력은 ϕ가 얼마일때이며 그 값은 얼마인가? 또한 최대전단응력은 ϕ가 얼마이며 그 때의 값은 얼마인가?

해설 경사면의 최대 법선응력 σ_n은

$$(\sigma_n)_{max} = \frac{1}{2}(\sigma_x + \sigma_y) + \frac{1}{2}(\sigma_x - \sigma_y)\cos 2\phi$$

에서 최대가 되는 ϕ는 0°일 때 최대값이 되므로

$$(\sigma_n)_{max} = \frac{1}{2}(400 + 200) + \frac{1}{2}(400 - 200)$$

$$= 400\text{kg/cm}^2$$

한편 경사면의 전단응력 τ는

$\tau = \frac{1}{2}(\sigma_x - \sigma_y)\sin 2\phi$에서

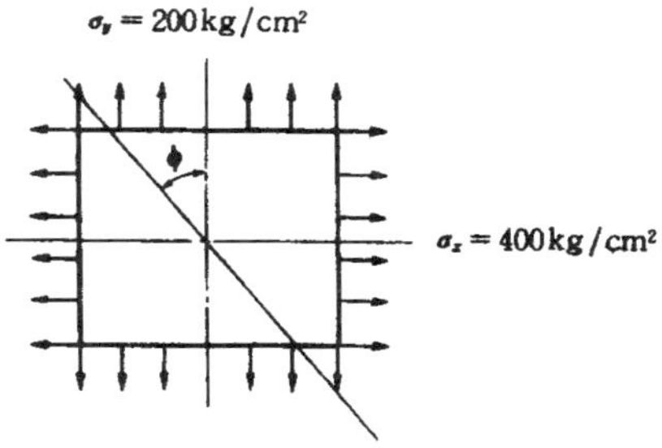

ϕ는 $\frac{\pi}{4}$일 때 최대 전단응력은 τ_{max}이 되며

$$\tau_{max} = \frac{1}{2}(\sigma_x - \sigma_y) = \frac{1}{2}(400 - 200) = 100\text{kg/cm}^2$$

04 판의 y방향에 800kg/cm², x방향에 1,500kg/cm²의 인장응력이 작용할 경우에 발생되는 최대인장 변형률과 같은 변형률을 주는데는 얼마정도의 단순인장응력을 필요로 하겠는가? (단, 재료의 푸아송수 $m = 3.5$로 한다.)

해설 판의 x, y방향에 작용하는 인장응력 σ_x, σ_y로 한다면 $\sigma_x > \sigma_y$에 의해서 일어나는 최대인장변형률은 y방향에서 발생되므로, 이것을 ε_x로 나타내면

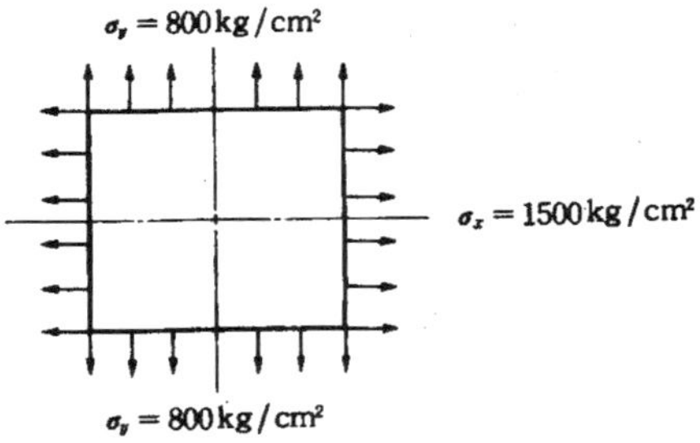

$$\varepsilon_x = \frac{1}{E}\left(\sigma_x - \frac{\sigma_y}{m}\right) = \frac{1}{E}\left(1,500 - \frac{800}{3.5}\right)$$

또한 x방향의 변형률 ε_y는

$$\varepsilon_y = \frac{1}{E}\left(\sigma_y - \frac{\sigma_x}{m}\right) = \frac{1}{E}\left(800 - \frac{1,500}{3.5}\right)$$

의하여 ε_x가 생겨야 할 단순인장응력을 σ로 한다면

$$\sigma = E \cdot \varepsilon_x = E \cdot \frac{1}{E}\left(1,500 - \frac{800}{3.5}\right) = 1,271.43\text{kg/cm}^2$$

05 그림(a)와 같이 σ_x가 인장이고, σ_y가 압축인 2축응력에 대한 모어원(Mohr's circle)을 그려라. (단, $|\sigma_y| = 2|\sigma_x|$로 가정한다.)

해설 $\sigma_{av} = \frac{1}{2}(\sigma_x + \sigma_y)$에서

$\sigma_{av} = \frac{1}{2}(\sigma_x - 2\sigma_x) = -\frac{1}{2}\sigma_x$이고,

$\tau_{max} = \frac{1}{2}(\sigma_x - \sigma_y)$에서

$\tau_{max} = \frac{1}{2}(\sigma_x + 2\sigma_x) = \frac{3}{2}\sigma_x$이므로,

모어원(Mohr's circle)은 반지름의 크기를 $1.5\sigma_x$로 하여 그리면 된다.

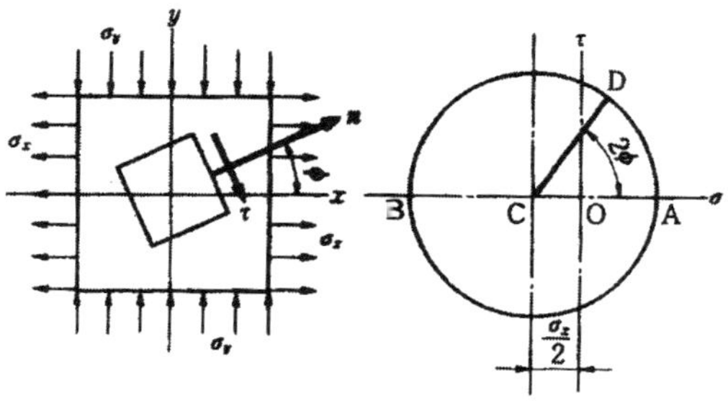

06 그림과 같은 요소에서 $\sigma_x = -500$kg/cm², $\sigma_y = -1,000$kg/cm², $\phi = 30°$일 때 법선응력(σ_n), 공액응력(σ_n'), 전단응력(τ) 및 공액전단응력(τ')를 구하라.

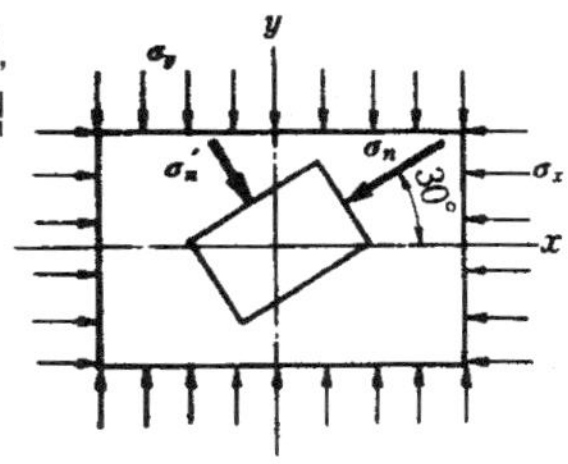

해설 $\sigma_x = -500\text{kg/cm}^2$, $\sigma_y = -1,000\text{kg/cm}^2$, $\phi = 30°$일 때

$$\sigma_n = \frac{1}{2}(\sigma_x + \sigma_y) + \frac{1}{2}(\sigma_x - \sigma_y)\cos 2\phi$$

$$= \frac{1}{2}(-500 - 1,000) + \frac{1}{2}(-500 + 1,000)\cos 60° = -625\text{kg/cm}^2$$

$$\sigma_n' = \frac{1}{2}(\sigma_x + \sigma_y) - \frac{1}{2}(\sigma_x - \sigma_y)\cos 2\phi$$

$$= \frac{1}{2}(-500 - 100) - \frac{1}{2}(-500 + 100)\cos 2 \times 30° = -875\text{kg/cm}^2$$

$$\tau = -\tau' = \frac{1}{2}(\sigma_x - \sigma_y)\sin 2\phi = \frac{1}{2}(-500 + 1,000)\sin 60° = 216.5\text{kg/cm}^2$$

07 그림 (a)와 같은 얇은 판이 $\sigma_y = -\sigma_x$인 2축응력을 받고 있을 때, 이 응력상태를 모어원(Mohr's circle)으로 그려라.

해설 $\sigma_{av} = \frac{1}{2}(\sigma_x + \sigma_{y)}$에서 $\sigma_y = -\sigma_x$이므로 $\sigma_{av} = \frac{1}{2}(\sigma_x - \sigma_x) = 0$

그러므로 모어 원의 중심 C는 원점에 오고 $\tau_{\max} = \frac{1}{2}(\sigma_x - \sigma_y)$에서 $\tau_{\max} = \frac{1}{2}(\sigma_x + \sigma_x) = \sigma_x$이므로, 모어원은 σ_x를 반지름으로 하는 원이다.

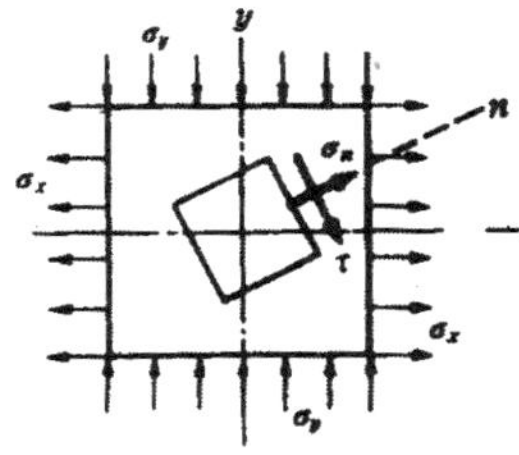

(a)

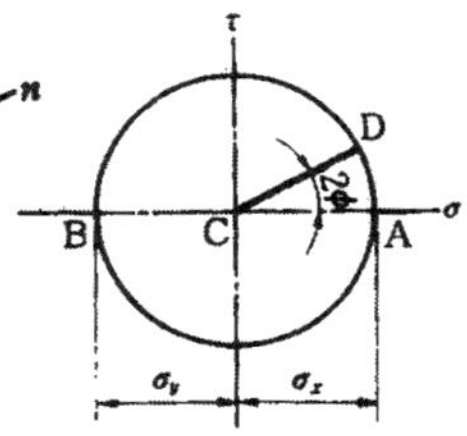

(b)

Section 03 평면응력의 해석과 Mohr응력원

1 두 직각방향의 법선응력과 전단응력이 작용하는 평면응력해석

평면응력 부재에 인장하중과 전단하중이 가해지면 의의의 경사단면에는 법선응력과 전단응력이 발생한다. 평면의 외부에 작용하는 법선하중의 방향이 x와 y방향으로 가해지고 법선하중이 가해지는 x-단면에서의 법선응력을 σ_x라 하며 법선하중이 가해지는 y-단면에서의 수직응력을 σ_y라고 한다. 또한 평면외부에 작용하는 전단하중의 방향이 x-면에서 y-방향으로 작용하는 전단응력을 τ_{xy}라고 하고 평면외부에 작용하는 전단하중의 방향이 y-면에서 x-방향으로 작용하는 전단응력을 τ_{yx}라고 하여 평면응력을 구성하게 된다.

이와 같은 평면응력 내면에 걸리는 응력은 경사면방향에 따라 다르게 되는 데 그 방향은 그 x-단면에 평행하는 y-방향축을 기준으로 반 시계방향의 각도 ϕ로 주어지고 그림 3-7에서의 ∠OAB에 해당된다. 그리고 그 경사형 단면에서의 응력은 크기와 종류에 따라 2개가 발생되는 데 법선응력 σ와 전단응력 τ로 나타낼 수 있다. 따라서 일정한 평면응력을 받고 있는 부재의 임의단면에서의 응력은 기울어진 각도 ϕ에 따라 2개의 응력의 크기가 달라지는데 이 크기를 살펴보면 다음과 같이 정리될 수 있다.

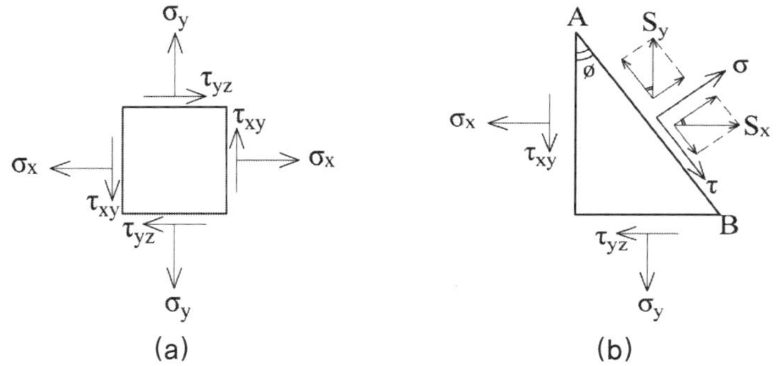

그림 3-7 평면응력상태와 임의의 경사면에서의 법선응력과 전단응력

상기 그림 3-7을 보면 평면응력을 받고 있는 부재의 그림 (a)과 부재내의 임의 경사단면상에 걸리는 법선응력과 전단응력의 방향과 종류를 나타내는 그림 (b)가 있다. 이때 경사면상에 걸리는 두 종류의 응력을 구하기 위해 경사면 AB상에 작용하는 S_X의 크기와 S_Y의 크기

를 먼저 구한 다음 이 두 개의 응력을 두 개의 법선방향과 경사면 평행방향으로 응력의 분해에 의해서 다음과 같이 구하게 된다. 먼저 S_X의 크기를 구하기 위해 x-방향으로의 힘의 평형방정식을 정리해보면 다음과 같다. 상기의 3-7(b) 삼각형그림의 두께를 1로 두게 되면 삼각형 OAB의 각모서리 선분의 길이가 단면적에 해당되고 응력과 선분을 곱하면 힘이 되기 때문에 x-방향으로의 힘의 평형방정식이 다음의 식으로 정리된다.

$$\sum F_x = 0; \quad \sigma_x \cdot \overline{OA} + \tau_{yx}\overline{OB} = S_x \cdot \overline{AB}$$

$$S_x = \frac{\overline{OA}}{\overline{AB}} \cdot \sigma_x + \frac{\overline{OA}}{\overline{AB}} \cdot \tau_{yz} = \sigma_x \cdot \cos\phi + \tau_{yz} \cdot \sin\phi \quad \cdots\cdots(3.33)$$

다음 S_Y의 크기를 구하기 위해 y-방향으로의 힘의 평형방정식을 정리해보면 다음과 같다. 상기의 3-7(b) 삼각형그림의 두께를 1로 두게 되면 삼각형 OAB의 각모서리 선분의 길이가 단면적에 해당되고 응력과 선분을 곱하면 힘이 되기 때문에 y-방향으로의 힘의 평형방정식이 다음의 식으로 정리된다.

$$\sum F_y = 0; \ \sigma_y \cdot \overline{OB} + \tau_{xy}\overline{OA} = S_y \cdot \overline{AB}$$

$$S_y = \frac{\overline{OB}}{\overline{AB}} \cdot \sigma_y + \frac{\overline{OA}}{\overline{AB}} \cdot \tau_{xy} = \sigma_y \cdot \sin\phi + \tau_{xy} \cdot \cos\phi \quad \cdots\cdots(3.34)$$

즉 삼각형 OAB의 경사진 단면인 $\overline{AB}$면에 작용하는 두 개의 응력인 Sx 와 Sy 는 경사면에 법선도 아니고 평행하지도 않기 때문에 법선응력의 기호인 σ 와 전단응력의 기호인 τ를 사용할 수 없고 일반적인 응력인 S의 기호로 표시한 것이 특징이다. 그리고 이 두 개의 Sx, Sy는 경사면의 법선방향과 평행방향으로 응력을 각각 분해하여 법선방향과 평행방향으로 각각 따로 합하게 되면 다음의 식으로 유도 될 수 있다.

$$\begin{aligned}
\sigma &= S_x \cdot \cos\phi + S_y \cdot \sin\phi \\
&= (\sigma_x \cdot \cos^2\phi + \tau_{yz} \cdot \sin\phi \cdot \cos\phi) + (\sigma_y \cdot \sin^2\phi + \tau_{xy} \cdot \sin\phi \cdot \cos\phi) \\
&= \sigma_x\left(\frac{1+\cos 2\phi}{2}\right) + \sigma_y\left(\frac{1-\cos 2\phi}{2}\right) + \tau_{xy} \cdot \sin 2\phi \\
&= \frac{1}{2}(\sigma_x + \sigma_y) + \frac{1}{2}(\sigma_x - \sigma_y)\cos 2\phi + \tau_{xy} \cdot \sin 2\phi \quad \cdots\cdots(3.35)
\end{aligned}$$

$$\begin{aligned}
\tau &= S_x \cdot \sin\phi + S_y \cdot \cos\phi \\
&= (\sigma_x \cdot \sin\phi \cdot \cos\phi + \tau_{yx} \cdot \sin^2\phi) - (\sigma_y \cdot \sin\phi \cdot \cos\phi + \tau_{xy} \cdot \cos^2\phi) \\
&= \frac{1}{2}\sigma_x \cdot \sin 2\phi - \frac{1}{2}\sigma_y \sin 2\phi - \tau_{xy} \cdot \cos 2\phi \\
&= \frac{1}{2}(\sigma_x - \sigma_y)\sin 2\phi - \tau_{xy} \cdot \cos 2\phi \quad \cdots\cdots(3.36)
\end{aligned}$$

2 평면응력부재의 경사면에 작용하는 법선응력과 전단응력에 대한 Mohr원

힘의 평형방정식으로부터 유도된 법선응력 σ과 전단응력 τ의 크기는 단면의 기울어진 각도에 따라 변하고 있음을 알 수 있으며 기울어진 각도에 따라 법선응력과 전단응력을 구하여 미분하여 최대주응력 및 최대전단응력값을 구할 수 있게 되어 평면응력 부재내의 응력의 크기와 방향을 살펴볼 수 있는 식임을 알게 된다. 그런데 이 법선응력과 전단응력의 크기가 독자적인 값을 갖지 못하고 서로 상관적인 값을 가지게 됨을 Mohr가 발견하게 되고 그 상관관계를 다음과 같은 과정으로 유도하였다.

상기 식 (3.35)에서 $\frac{1}{2}(\sigma_x+\sigma_y)$을 좌변으로 이항한 후 식 (3.35)와 식 (3.36)을 제곱하여 두 식을 더하게 되면 다음과 같이 정리될 수 있다.

$$\text{식 (3.35)} \rightarrow \left[\sigma_x-\frac{1}{2}(\sigma_x+\sigma_y)\right]^2=\left[\frac{1}{2}(\sigma_x-\sigma_y)\cdot\cos2\phi+\tau_{xy}\sin2\phi\right]^2$$

$$\text{식 (3.36)} \rightarrow + \qquad [\tau]^2=\left[\frac{1}{2}(\sigma_x-\sigma_y)\cdot\sin2\phi-\tau_{xy}\cos2\phi\right]^2$$

$$\left[\sigma-\frac{1}{2}(\sigma_x+\sigma_y)\right]^2+\tau^2=\left[\frac{1}{2}(\sigma_x-\sigma_y)\right]^2+\tau_{xy}{}^2$$

$$\Rightarrow(\sigma-A)^2+\tau^2=R^2$$

$$\text{중심 } A=\frac{1}{2}(\sigma_x+\sigma_y),\ \text{반지름 } R=\sqrt{\left[\frac{1}{2}(\sigma_x-\sigma_y)\right]^2+\tau_{xy}{}^2}$$

상기 식을 살펴보면 법선응력과 전단응력의 크기는 원의 방정식의 상관관계를 가지고 변하게 됨을 알 수 있기 때문에 응력 그래표에서 가로축을 법선응력으로 놓고 세로축을 전단응력으로 놓으면 원을 그리면서 변하게 된다. 따라서 경사진 단면에서의 법선응력과 전단응력은 응력 그래프상에서의 가로축과 세로축 각각에서의 떨어진 거리를 알게 되면 임의의 경사진 단면에서의 법선응력과 전단응력을 구할 수 있는 그림이 완성되는 데 이 원의 그림을 Mohr의 응력원이라고 한다.

상기 유도된 식을 살펴보면 원의 중심좌표가 $\{\frac{1}{2}(\sigma_x+\sigma_y),\ 0\}$이고 반지름이 $\sqrt{\left[\frac{1}{2}(\sigma_x-\sigma_y)\right]^2+\tau_{xy}{}^2}$인 원의 그림임을 알 수 있는 데 아래와 같이 작도하게 되면 그림 3-8과 같다.

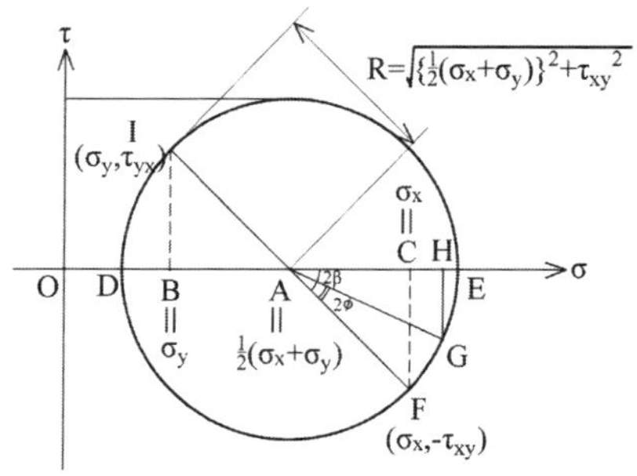

그림 3-8 법선응력과 전단응력이 동시에 작용하는 평면응력상태에서의 모어원

상기 모어원을 살펴보면 법선응력과 전단응력의 크기를 눈으로 확인할 수 있는 데 법선응력 σ의 최대값은 그림에서 보듯이 $\overline{OE}$가 되는 데 이 최대값을 주응력(Principal stress)이라고 하고 경사면에서의

법선응력이 최대가 되는 값이다. 최대주응력이 걸리는 단면에서는 전단응력이 0이 되는 가로축 상에 놓이게 되므로 항상 0이 되는 값을 가지게 되며 주응력의 물리적 의미는 전단응력이 0이 되는 단면에서의 법선응력의 의미를 가지고 있다.
또한 전단응력이 최대가 되는 τ_{max}값은 2ϕ가 $2\beta+90°$ 방향에서 최대가 되는 것을 볼 수 있는 데 그 때의 최대값은 모어원의 반경에 해당되는 $\sqrt{\left[\frac{1}{2}(\sigma_x-\sigma_y)\right]^2+\tau_{xy}{}^2}$ 값이 된다.
상기 모어응력원을 살펴보면 여러 가지 유용한 식을 유도할 수 있는 데 임의의 경사면에서의 법선응력과 전단응력은 다음과 같은 기하학적 관계식에서 간단히 유도되어 질 수 있다.
즉 임의의 각도 ϕ에 있는 경사면에서의 법선응력은 상기 그림 3-8에서 보면 F점에서 출발하여 G점에 도달할 때의 법선응력을 나타내는 데 그림에서의 $\overline{OH}$에 해당된다. 그 길이의 크기는 원점에서 A점까지의 중심의 거리인 $\overline{OA}$와 중심 A에서 H까지의 $\overline{AH}$의 거리를 합한 양과 같으므로 다음과 같이 나타낼 수 있다.

$$\begin{aligned}\sigma &= \overline{OA}+\overline{AH}\\ &= \frac{1}{2}(\sigma_x+\sigma_y)+\overline{AG}\cdot\cos(2\beta-2\phi)\end{aligned}$$

여기서 $\overline{AG}$와 $\overline{AF}$는 같은 반지름이므로 다음과 같이 사용할 수 있고 cos 2배각 공식에 의해 풀어쓰게 되면 다음과 같다.

$$\sigma = \frac{1}{2}(\sigma_x+\sigma_y)+\overline{AF}\cdot\cos2\beta\cdot\cos2\phi+\overline{AF}\cdot\sin2\beta\cdot\sin2\phi$$

직각삼각형 AFC를 보면 $\overline{AF}\cdot\cos2\beta$는 $\frac{1}{2}(\sigma_x-\sigma_y)$에 해당하고 $\overline{AF}\cdot\sin2\beta$는 τ_{xy}에 해당됨으로 다음과 같이 사용할 수 있다.

$$\sigma = \frac{1}{2}(\sigma_x+\sigma_y)+\frac{1}{2}(\sigma_x-\sigma_y)\cos2\phi+\tau_{xy}\sin2\phi \quad \cdots\cdots ①$$

또한 전단응력은 상기 그림 3-8에서 살펴보면 $\overline{GH}$에 해당되므로 삼각형 AGH에서의 삼각함수로 표시 되는 데 $\overline{HG}$는 반지름 AG의 $\sin(2\beta-2\phi)$에 해당되므로 다음과 같이 나타낼 수 있다. 그림 상에서 보면 전단응력의 크기는 음수의 값을 가지므로 크기에다 - 부호를 붙이게 되면 다음과 같다.

$$\begin{aligned}-\tau &= -\overline{HG} = -\overline{AG}\cdot\sin(2\beta-2\phi)\\ &= -\overline{AF}\cdot\sin2\beta\cdot\cos2\phi+\overline{AF}\cdot\cos2\beta\cdot\sin2\phi\\ &= -\tau_{xy}\cdot\cos2\phi+\frac{1}{2}(\sigma_x-\sigma_y)\cdot\sin2\phi\\ &= \frac{1}{2}(\sigma_x-\sigma_y)\cdot\sin2\phi-\tau_{xy}\cdot\cos2\phi \quad \cdots\cdots ②\end{aligned}$$

그리고 최대 주응력의 크기는 그림 3-8의 모어원에서 $\overline{OE}$에 해당하는 크기인데 그 크기는 중심의 거리인 $\overline{OA}$의 거리에서 원의 반지름을 더한 값으로 되어 있는 것을 볼 수 있다. 최대주응력은 좌표의 원점에서 중심까지의 거리에서 반지름을 더한 값으로 표시되어 다음의 식으로 간단히 구할 수 있다.

$$\sigma_1 = \overline{OE} = \overline{OA} + R$$

$$= \frac{1}{2}(\sigma_x + \sigma_y) + \sqrt{\left[\frac{1}{2}(\sigma_x - \sigma_y)\right]^2 + \tau_{xy}^2} \quad \cdots\cdots ③$$

그리고 최소주응력의 크기는 그림 3-8의 모어원에서 $\overline{OD}$에 해당하는 크기인데 그 크기는 중심의 거리인 $\overline{OA}$에서 원의 반지름을 뺀 값으로 되어 있는 것을 볼 수 있다. 최소주응력은 좌표의 원점에서 중심까지의 거리에서 반지름을 뺀 갑으로 표시되어 다음의 식으로 간단히 구할 수 있다.

$$\sigma_2 = \overline{OD} = \overline{OA} - R$$

$$= \frac{1}{2}(\sigma_x + \sigma_y) - \sqrt{\left[\frac{1}{2}(\sigma_x - \sigma_y)\right]^2 + \tau_{xy}^2} \quad \cdots\cdots ④$$

최대주응력이 걸리는 경사면의 방향을 살펴보면 경사면의 각도가 0이 되는 점 F에서 출발하여 점 E에 도달할 때까지의 각도로 표시되는 데 각 2β의 크기에 해당된다. 따라서 직각삼각형 ACF을 보게 되면 밑변이 AC이고 높이가 CF인 직각삼각형의 TAN값을 가지게 됨으로 다음의 식으로 나타낼 수 있게 된다.

$$2\phi_1 = 2\beta = \tan^{-1}\left[\frac{\tau_{xy}}{\frac{1}{2}(\sigma_x - \sigma_y)}\right] \quad \cdots\cdots ⑤$$

최소주응력이 걸리는 방향을 보면 각 2β에다가 π를 더하면 되기 때문에 다음의 식과 같이 된다.

$$2\phi_2 = 2\beta + \pi \quad \cdots\cdots ⑥$$

최대전단응력은 그림 3-8의 모어원에서 보면 모어원의 반경을 초과할 수 없기 때문에 당연히 최대전단응력은 모어원의 반지름에 해당되는 것을 알 수 있으며 최대전단응력은 양수의 값을 가지게 된다.

$$\tau_{\max} = R = \sqrt{\left[\frac{1}{2}(\sigma_x - \sigma_y)\right]^2 + \tau_{xy}^2} \quad \cdots\cdots ⑦$$

최소전단응력은 그림 3-8의 모어원에서 보면 모어원의 반경을 초과할 수 없기 때문에 당연히 최대전단응력은

모어원의 반지름에 해당되는 것을 알 수 있으며 최소전단응력은 음수의 값을 가지게 된다.

$$\tau_{max} = -R = -\sqrt{\left[\frac{1}{2}(\sigma_x - \sigma_y)\right]^2 + \tau_{xy}^2} \quad \cdots⑧$$

최대전단응력이 걸리는 경사면의 방향을 살펴보면 경사면의 각도가 0이 되는 점 F에서 출발하여 점 J에 도달할 때까지의 각도로 표시되는 데 각 2β의 크기에 $\frac{\pi}{2}$을 더한 값에 해당된다. 따라서 다음의 식으로 표시된다.

$$2\phi_{max1} = 2\beta + 90° = \tan^{-1}\left[\frac{\tau_{xy}}{\frac{1}{2}(\sigma_x - \sigma_y)}\right] + 90° \quad \cdots⑨$$

최소전단응력이 걸리는 경사면의 방향을 살펴보면 경사면의 각도가 0이 되는 점 F에서 출발하여 점 K에 도달할 때까지의 각도로 표시되는 데 각 2β의 크기에 $\frac{3\pi}{2}$을 더한 값에 해당된다. 따라서 다음의 식으로 표시된다.

$$2\phi_{max2} = 2\beta + 270° = \tan^{-1}\left[\frac{\tau_{xy}}{\frac{1}{2}(\sigma_x - \sigma_y)}\right] + 270° \quad \cdots⑩$$

위와 같이 모어응력원에서 기하학적으로 구한 법선응력과 전단응력의 크기가 상기 평형방정식에서 구한 식 (3.35)와 식 (3.36)과 같음을 알 수 있어 모어원을 그린다음 그림에서 법선응력의 식과 전단응력의 식을 바로 유도할 수 있는 장점을 가지고 있기 때문에 힘의 평형방정식을 사용하지 않아도 모어응력원을 그릴 줄 알게 되면 경사면에서의 법선응력인 σ와 전단응력 τ를 그림에서 쉽게 유도할 수 있다.

모어원을 그리는 방법은 간단한 데 그림 3-8를 살펴보면 우선 x-면에 해당하는 응력값을 응력좌표계에 그리면 법선응력이 σ_x이고 전단응력이 τ_{xy}이므로 점 F에 해당하는 점이 그려진다. 이어서 y-면에 해당하는 응력값을 응력좌표계에 그리면 법선응력이 σ_y이고 전단응력이 τ_{yx}이므로 점 Y에 해당하는 점이 그려진다. 이 두 점을 연결하는 직경을 기준으로 원을 그리게 되면 모어응력원이 완성된다.

이와 같이 그려진 원의 중심은 자동적으로 $\frac{1}{2}(\sigma_x + \sigma_y)$가 되고 반지름도 $\sqrt{\left[\frac{1}{2}(\sigma_x - \sigma_y)\right]^2 + \tau_{xy}^2}$가 되어 모어원의 작도가 가능해진다.

이와 같이 작도된 모어응력원을 참고하게 되면 유용한 식들과 관련된 관계를 쉽게 파악할 수 있는 장점을 가지게 되는 것이 모어원의 특징이다.

상기 10가지의 식을 참고하여 그림 3-7(a)의 평면응력그림과 다른 방향의 평면응력이 주어질 때는 상기 유도된 식에 방향이 바뀐 부분만 부호를 바꾸어 대입하게 되면 상기 유용한 식 10가지의 값을 구할 수 있으므로 평면응력의 상태가 그림 3-7(a)와 다르게 주어질 때에도 별도로 모어원을 그리지 말고 부호만 바꾸고 대입하면 경사면에서의 응력에 대한 원하는 해를 구할 수 있게 된다. 또한 그림 3-7(a)의 평면응력그림과 다른 평면응력이 주어지지 않을 때는 상기 유도된 식에 응력이 주어지지않는 부분만 영을 대입하게 되면 임의의 경사면에서의 법선응력과 전단응력을 구할 수 있게 된다.

예제문제

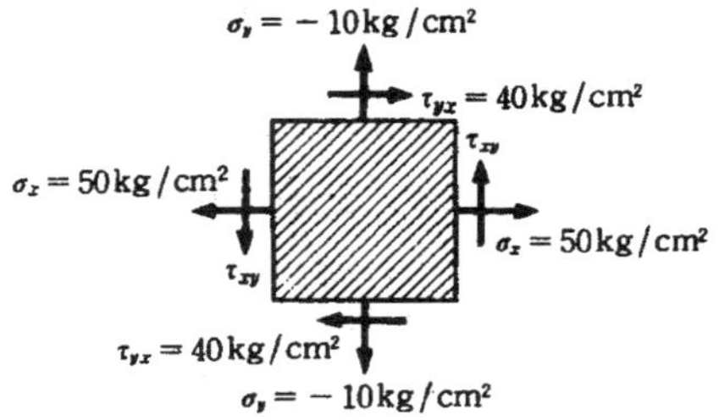

01 다음 그림과 같은 평면응력상태에서
① 주면 또는 주응력면
② 주응력(최대주응력과 최소주응력)
③ 최대전단응력을 구하여라.

해설 (1) 주면 또는 주응력면

$\sigma_x = 50\text{kg/cm}^2, \quad \sigma_y = -10\text{kg/cm}^2,$

$\tau_{xy} = \tau_{yx} = 40\text{kg/cm}^2$

$$\tan 2\phi = \frac{2\tau_{xy}}{\sigma_x - \sigma_y} = \frac{2\times 40}{50-(-10)} = \frac{80}{60}, \quad 2\phi = 53.1° \qquad \therefore \phi = 26.6°(\text{주면})$$

(2) 주응력

① 최대주응력(maximum principal stress) : $(\sigma_n)_{max}$

$$(\sigma_n)_{max} = \frac{\sigma_x + \sigma_y}{2} + \sqrt{\left(\frac{\sigma_x - \sigma_y}{2}\right)^2 + \tau_{xy}^2}$$
$$= 20 + \sqrt{(30)^2 + (40)^2} = 70\text{kg/cm}^2$$

② 최소주응력(minimum principal stress) : $(\sigma_n)_{min}$

$$(\sigma_n)_{min} = \frac{\sigma_x + \sigma_y}{2} + \sqrt{\left(\frac{\sigma_x - \sigma_y}{2}\right)^2 + \tau_{xy}^2}$$
$$= 20 - \sqrt{(30)^2 + (40)^2} = -30\text{kg/cm}^2$$

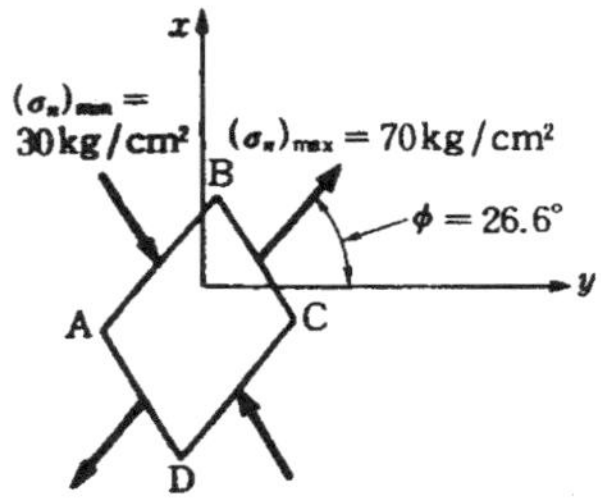

혹은 식 (3.35)로부터

$$\sigma_n{}' = \frac{1}{2}(\sigma_x + \sigma_y) - \frac{1}{2}(\sigma_x - \sigma_y)\cos 2\phi + \tau_{xy}\sin 2\phi$$
$$= \frac{1}{2}(50-10) - \frac{1}{2}(50+10)\cos 53.1° + 40\sin 53.1°$$
$$= 20 + 30\cos 53.1° + 40\sin 53.1° = 70\text{kg/cm}^2 = (\sigma_n)_{max}$$

(3) 최대전단응력(maximum shear stress) : τ_{max}

$$\tau_{max} = \sqrt{\left(\frac{\sigma_x - \sigma_y}{2}\right)^2 + \tau_{xy}^2} = \sqrt{(30)^2 + (40)^2} = 50\text{kg/cm}^2$$

혹은 $\tau_{max} = \dfrac{(\sigma_n)_{max} - (\sigma_n)_{min}}{2} = \dfrac{70+30}{2} = 50\text{kg/cm}^2$

02 오른쪽 그림에서와 같이 평면응력상태에 있을 때, 최대 및 최소 주응력은 몇 kg/cm²가 되겠는가? (단, $\sigma_x = 1{,}750$ kg/cm², $\sigma_y = 350$kg/cm², $\tau_{xy} = 600$kg/cm²이다.)

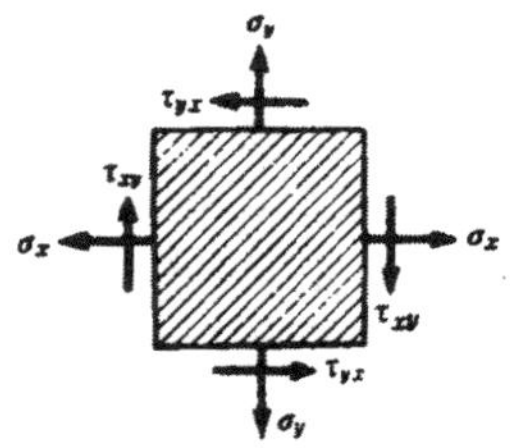

해설 •최대주응력 : $(\sigma_n)_{max}$

$$(\sigma_n)_{\max} = \frac{1}{2}(\sigma_x + \sigma_y) + \sqrt{\left(\frac{\sigma_x - \sigma_y}{2}\right)^2 + \tau_{xy}^{\ 2}}$$

$$= \frac{1}{2}(1,750 + 350) + \sqrt{\left(\frac{1,750 - 350}{2}\right)^2 + 600^2} = 1,972\text{kg/cm}^2$$

• 최소주응력 : $(\sigma_n)_{\min}$

$$(\sigma_n)_{\min} = \frac{1}{2}(\sigma_x - \sigma_y) + \sqrt{\left(\frac{\sigma_x - \sigma_y}{2}\right)^2 + \tau_{xy}^{\ 2}}$$

$$= \frac{1}{2}(1,750 - 350) - \sqrt{\left(\frac{1,750 - 350}{2}\right)^2 + 600^2} = 128\text{kg/cm}^2$$

03 그림에서와 같은 구형단면에 $\sigma_x = -\sigma_y = 2,000\text{kg/cm}^2$, $\tau_{xy} = 0$ 일 때 그 응력상태에 대한 Mohr's circle 을 그리고 최대전단응력 $\tau_{\max}$의 크기를 구하라.

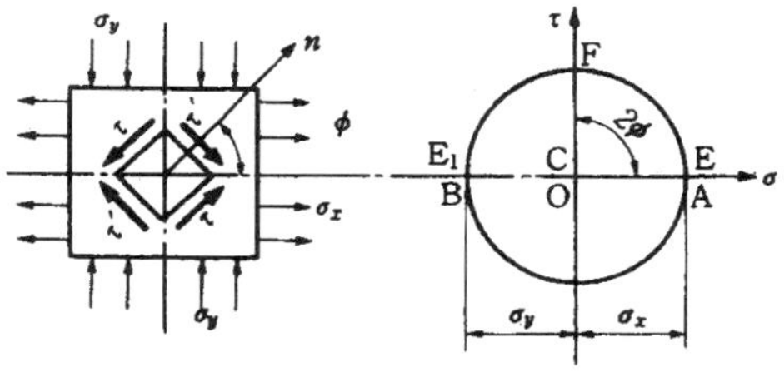

해설 $\sigma_{av} = \dfrac{\sigma_x + \sigma_y}{2} = \dfrac{2,000 - 2,000}{2} = 0$, 이 때 최대전단응력 $\tau_{\max}$은

$$\tau_{\max} = \frac{\sigma_x - \sigma_y}{2} = \frac{2,000 + 2,000}{2} = 2,000\text{kg/cm}^2$$

최대전단응력이 작용하는 평면의 경사각 ϕ는

$$\cot 2\phi = \frac{2\tau_{xy}}{\sigma_x - \sigma_y} = \frac{2 \times 0}{2,000 + 2,000} = 0 \qquad \therefore 2\phi = 90°, \qquad \therefore \phi = 45°$$

경사면에 작용하는 전단응력 τ는

$$\tau = \tau_{xy}\cos 2\phi + \frac{1}{2}(\sigma_x - \sigma_y)\sin 2\phi = 0 \times \cos 90° + \frac{1}{2}(2,000 + 2,000)\sin 90° = 2,000\text{kg/cm}^2$$

04 그림에서와 같은 구형요소에 $\sigma_x = \sigma_y = 0$, $\tau_{xy} = 1,000\text{kg/cm}^2$ 일 때 그 요소에 대한 Mohr's circle 을 그리고 두 주응력의 크기와 방향 을 구하라.

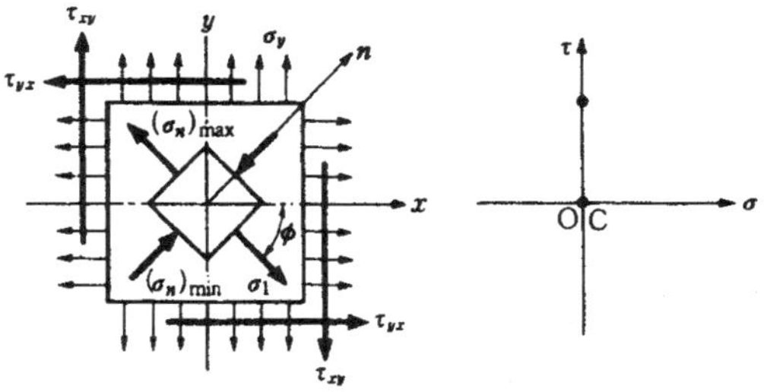

해설 주면의 경사각 ϕ는

$$\tan 2\phi = \frac{-2\tau_{xy}}{\sigma_x - \sigma_y} = \frac{-2 \times 1,000}{0} = -\infty \qquad \therefore 2\phi = -90°, \qquad \phi = -45°$$

• 최대주응력 : $(\sigma_n)_{\max}$

$$(\sigma_n)_{\max} = \frac{\sigma_x + \sigma_y}{2} + \sqrt{\left(\frac{\sigma_x - \sigma_y}{2}\right)^2 + \tau_{xy}^{\ 2}} = \frac{0+0}{2} + \sqrt{\left(\frac{0-0}{2}\right)^2 + 1,000^2} = 1,000\text{kg/cm}^2$$

• 최소주응력 : $(\sigma_n)_{\min}$

$$(\sigma_n)_{\min} = \frac{\sigma_x + \sigma_y}{2} + \sqrt{\left(\frac{\sigma_x - \sigma_y}{2}\right)^2 + \tau_{xy}^{\ 2}} = \frac{0+0}{2} - \sqrt{\left(\frac{0-0}{2}\right)^2 + 1,000^2} = -1,000\text{kg/cm}^2$$

• 경사면에 작용하는 전단응력 : τ

$$\tau = \tau_{xy}\cos 2\phi + \frac{1}{2}(\sigma_x - \sigma_y)\sin 2\phi = 1{,}000\cos 90° + \frac{1}{2}(0-0)\sin 90° = 0$$

05 수직응력 $\sigma_x = -50$kg/cm², $\sigma_y = 150$kg/cm², 전단응력 $\tau_{xy} = 100$kg/cm²일 때, 그림과 같은 모어원(Mohr's circle)의 σ_1과 σ_2는 몇 kg/cm²가 되겠는가?

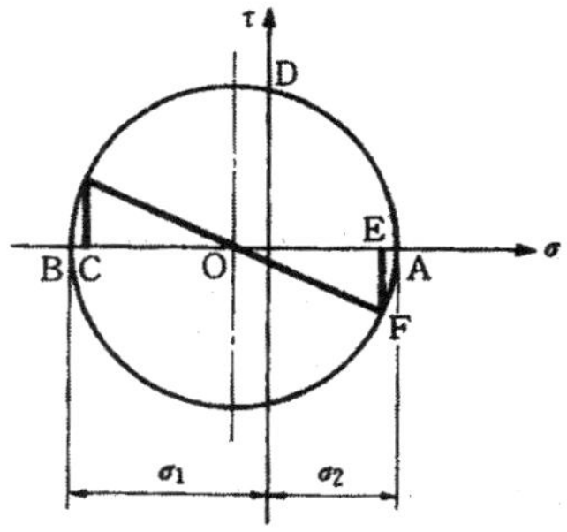

㉮ $\sigma_1 = 191$kg/cm², $\sigma_2 = -91$kg/cm²

㉯ $\sigma_1 = 181$kg/cm², $\sigma_2 = -81$kg/cm²

㉰ $\sigma_1 = 171$kg/cm², $\sigma_2 = -71$kg/cm²

㉱ $\sigma_1 = 161$kg/cm², $\sigma_2 = -61$kg/cm²

해설 $\sigma_{av} = \frac{1}{2}(\sigma_x + \sigma_y) = \frac{1}{2}(-50+150) = 50$kg/cm²

모어원의 반지름을 R이라고 한다면

$$R = \sqrt{\frac{(-50-150)^2}{2} + 100^2} \fallingdotseq 141\text{kg/cm}^2$$

그러므로

$$\sigma_1 = \sigma_{av} + R = 50+141 = 191\text{kg/cm}^2, \quad \sigma_2 = \sigma_{av} - R = 50-141 = -91\text{kg/cm}^2$$

06 수직응력 $\sigma_x = 400$kg/cm², $\sigma_y = -200$kg/cm², $\tau_{xy} = 100$kg/cm²의 응력상태일 때, 주응력 σ_1과 σ_2의 크기와 방향을 모어원(Mohr's circle)을 통하여 구하라.

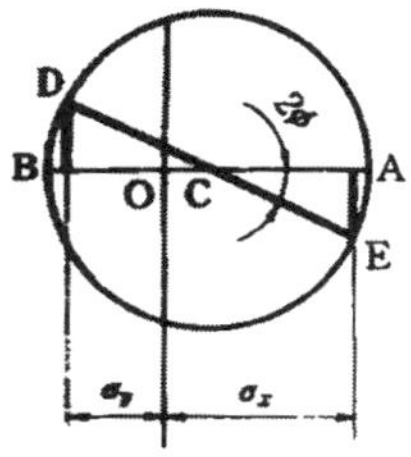

㉮ $\sigma_1 = 216$kg/cm², $\sigma_2 = -96$kg/cm², $\phi = 5°13'$

㉯ $\sigma_1 = 316$kg/cm², $\sigma_2 = -116$kg/cm², $\phi = 7°13'$

㉰ $\sigma_1 = 416$kg/cm², $\sigma_2 = -216$kg/cm², $\phi = 9°13'$

㉱ $\sigma_1 = 516$kg/cm², $\sigma_2 = -316$kg/cm², $\phi = 13°13'$

해설 $\sigma_{av} = \frac{1}{2}(\sigma_x + \sigma_y) = \frac{1}{2}(400-200) = 100$kg/cm²

모어원의 반지름을 CD라 하면

$$\text{CD} = \sqrt{\left(\frac{\sigma_x - \sigma_y}{2}\right)^2 + \tau_{xy}^2} = \sqrt{\left(\frac{400+200}{2}\right)^2 + 100^2} \fallingdotseq 316\text{kg/cm}^2$$

그러므로

$$\sigma_1 = \sigma_{av} + \overline{\text{CD}} = 100+316 = 416\text{kg/cm}^2, \quad \sigma_2 = \sigma_{av} - \overline{\text{CD}} = 100-316 = -216\text{kg/cm}^2$$

$$\tan 2\phi = \frac{-2\tau_{xy}}{\sigma_x - \sigma_y} = \frac{-2\times100}{400-(-200)} = \frac{1}{3}, \quad 2\phi = \tan^{-1}\frac{1}{3} = 18°26' \quad \therefore \phi = 9°13'$$

Section 04 순수전단

2축응력상태의 예로서 $\sigma_x = -\sigma_y$인 경우 그림 3-9(a)와 같이 최대전단응력은 두 주응력과 같고, 이 주응력의 45° 경사진 요소 $abcd$의 측면에는 전단응력만이 작용한다. 이와같은 응력상태를 순수전단(pure shear)이라고 한다.

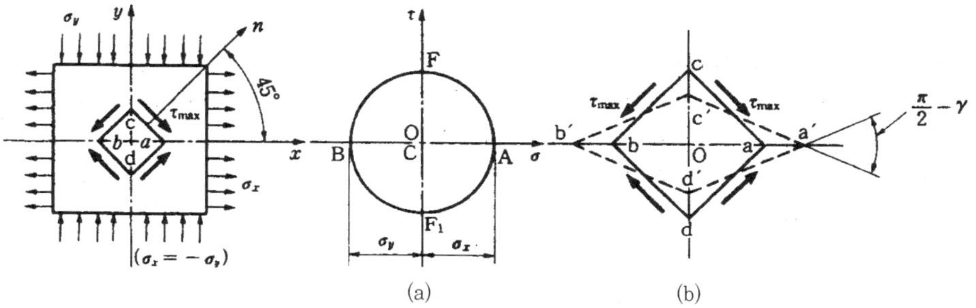

그림 3-9 순수전단을 받고 있는 모어원과 요소

그림 3-9에서 면적요소가 σ_x, $\sigma_y = -\sigma_x$만을 받을 때 모어원(Mohr's circle)의 응력원을 그리면 그림 (a)와 같이 된다. $\phi = 45°$ 회전을 고려하면 모어의 응력원에서는 2ϕ의 회전이 되므로, 이 때에 수직응력은 σ_x로부터 반시계방향으로 지름을 90° 회전하였을 때 원주와 τ축이 일치하므로 0이며, 전단응력은 원의 반지름, 즉 σ_x와 같다. 즉 $\sigma_n = 0$, $\sigma_n' = 0$, $\tau = \sigma_x$, $\tau' = -\sigma_x$이다. 그림 (b)는 $\phi = 45°$의 단면의 순수전단을 받고 있는 상태이다.

2축응력상태의 특별한 예로서 우선 $\sigma_n = -\sigma_y = \sigma$의 경우 τ의 값이 σ와 같음을 증명하면 다음과 같다. $\sigma_n = \frac{1}{2}(\sigma_x + \sigma_y) + \frac{1}{2}(\sigma_x - \sigma_y)\cos 2\phi$의 식에서 $\phi = 45°$ 및 $\sigma_x = -\sigma_y$를 대입하면

$$\sigma_n = \frac{1}{2}(-\sigma_y + \sigma_y) + \frac{1}{2}(-\sigma_y - \sigma_y)\cos 90° = 0 \quad \cdots\cdots (3.37)$$

같은 방법으로

$$\sigma_n' = \frac{1}{2}(\sigma_x + \sigma_y) - \frac{1}{2}(\sigma_x - \sigma_y)\cos 2\phi$$

$$= \frac{1}{2}(-\sigma_y + \sigma_y) - \frac{1}{2}(-\sigma_y - \sigma_y)\cos 90° = 0 \quad \cdots\cdots (3.38)$$

그리고 $\tau=-\tau'=\frac{1}{2}(\sigma_x-\sigma_y)\sin 2\phi$의 식에서 $\phi=45°$ 및 $\sigma_x=-\sigma_y$를 대입하면 τ의 크기는 σ의 크기와 같음을 알 수 있다.

(1) 전단변형률 : γ

순수전단의 정사각형 요소 abcd의 변형상태를 고찰하면, 그림 3-9(b)에서 사각형 a′b′c′d′로 되어 $\overline{ab}$는 늘어나서 각의 변화가 $\frac{\pi}{4}-\gamma$로 감소하고 $\overline{cd}$는 줄어들어서 각의 변화가 $\frac{\pi}{2}+\gamma$로 증가한다. 이와같은 응력상태를 쉽게 볼 수 있게 하기 위하여 요소 abcd를 45° 돌리고 측면 b′d′를 bd에 겹쳐 놓으면 그림 3-10과 같은 상태를 얻게 된다. 이 그림에서 각 abc′는 γ를 전단변형률(sheard strain)이라 하고 그 값은

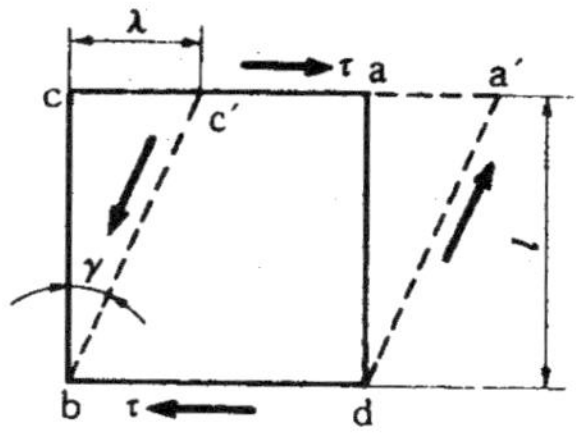

그림 3-10

$$\gamma=\frac{cc'}{bc}=\frac{\lambda}{l} \quad \cdots\cdots (3.39)$$

여기서, λ : 요소의 아랫면에 대한 윗면의 가로변위량

l : 2면 사이의 거리

재료의 탄성한도에서는 전단변형률 γ가 전단응력 τ에 비례한다고 생각하는 것이 합리적이므로, 순수전단 아래에서의 실험결과 다음과 같은 관계로 표시한다.

$$\gamma=\frac{\tau}{G}, \quad \tau=G\gamma \quad \cdots\cdots (3.40)$$

여기서, G는 전단탄성계수(modulus of elasticity in shear or shear modulus)이다.

(2) 순수전단이 변형이 일어나는 미소요소의 체적변화

그림 3-9(a)로부터 그림 3-11과 같은 그림을 나타낸다면

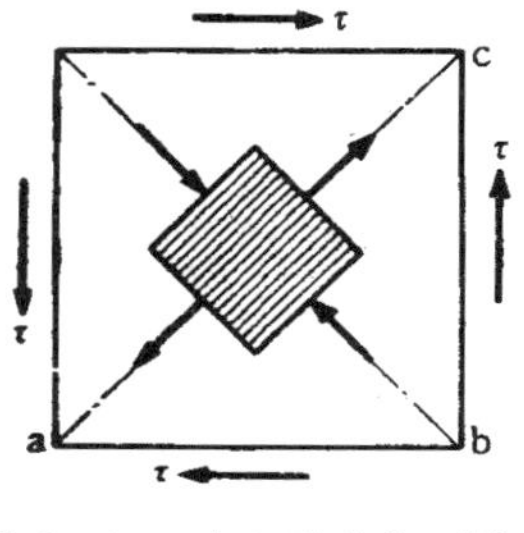

그림 3-11 순수전단에 의한 요소내부에서의 수직응력분포

$$\varepsilon_x=\frac{1}{2}\gamma=-\varepsilon_y=\frac{\tau}{2G}$$

여기서, x방향의 변형률 : $\varepsilon_x=\frac{\sigma_x}{E}-\frac{\sigma_y}{mE}$

y방향의 변형률 : $\varepsilon_y=\frac{\sigma_y}{E}-\frac{\sigma_x}{mE}$

로부터 $\sigma_x=-\sigma_y=\tau$이므로

$$\varepsilon_x=\frac{\sigma_x}{E}\left(1+\frac{1}{m}\right)=\frac{\sigma_x}{E}(1+\mu) \quad \cdots\cdots (3.41)$$

$$\varepsilon_y=\frac{\sigma_y}{E}\left(1+\frac{1}{m}\right)=\frac{\sigma_y}{E}(1+\mu) \quad \cdots\cdots (3.42)$$

또는

$$\varepsilon_x = \frac{\tau}{E}(1+\mu), \quad \varepsilon_y = -\frac{\tau}{E}(1+\mu), \quad \varepsilon_z = 0 \quad \cdots\cdots (3.43)$$

같은 방법으로 순수전단의 경우 미소요소의 체적변형률(ε_v)의 상태를 고찰해 보면

$$\varepsilon_v = \varepsilon_x + \varepsilon_y + \varepsilon_z = \frac{\Delta V}{V}$$

에서 $\varepsilon_z = 0$이고, $\varepsilon_x + \varepsilon_y = 0$임을 앞에서 증명할 수 있으므로

$$\therefore \ \varepsilon_v = \frac{\Delta V}{V} = 0 \quad \cdots\cdots (3.44)$$

즉, 체적변화율 ε_v는 0이므로 없다는 것을 의미한다.

(3) 전단탄성계수(G)와 인장탄성계수(E) 및 푸아송의 비(μ)의 관계식

그림 3-9(b)에서

$$\left.\begin{aligned} 0a' &= 0a + aa' = 0a(1+\varepsilon_x) = 0a\left\{1+\frac{\sigma}{E}(1+\mu)\right\} = 0a\left\{1+\frac{\tau}{E}(1+\mu)\right\} \\ 0c' &= 0c - cc' = 0c(1-\varepsilon_y) = 0c\left\{1-\frac{\tau}{E}(1+\mu)\right\} \end{aligned}\right\} \quad \cdots (3.45)$$

$\Delta c'0a'$의 기하학적 관계를 이용하여 $0a = 0c$이므로

$$\tan 0a'c' = \tan\left(\frac{\pi}{4} - \frac{\gamma}{2}\right) = \frac{0c'}{0a'} = \frac{0c(1-\varepsilon_y)}{0a(1+\varepsilon_x)} = \frac{1-\frac{\tau}{E}(1+\mu)}{1+1\frac{\tau}{E}(1+\mu)} \quad \cdots\cdots (3.46)$$

$$\tan\left(\frac{\pi}{4} - \frac{\gamma}{2}\right) = \frac{\tan\frac{\pi}{4} - \tan\frac{\gamma}{2}}{1+\tan\frac{\pi}{4}\cdot\tan\frac{\gamma}{2}} \fallingdotseq \frac{1-\frac{\gamma}{2}}{1+\frac{\gamma}{2}} \quad \cdots\cdots (3.47)$$

식 (3.46)과 (3.47)을 비교하면

$$\frac{1-\frac{\gamma}{2}}{1+\frac{\gamma}{2}} = \frac{1-\frac{\tau}{E}(1+\mu)}{1+\frac{\tau}{E}(1+\mu)}, \quad \frac{\tau}{E}(1+\mu) = \frac{\gamma}{2} \quad \cdots\cdots (3.48)$$

$$\gamma = \frac{\tau}{G}, \quad \frac{\gamma}{2} = \frac{\tau}{2G} = \frac{\tau}{E}(1+\mu) \quad \cdots\cdots (3.49)$$

$$\therefore \ G = \frac{E}{2(1+\mu)} \ \text{또는} \ G = \frac{mE}{2(m+1)} \quad \cdots\cdots (3.50)$$

여기서, m은 푸아송 수이다.

Section 05 응력과 변형률의 관계

직교좌표축 x, y, z축에 관한 각 변형률성분과 응력성분 사이에 다음과 같은 관계가 있다.

(1) 3축응력

$$\left.\begin{aligned}
\varepsilon_x &= \frac{1}{E}\{\sigma_x - \mu(\sigma_y + \sigma_z)\}, \quad & \gamma_{xy} &= \frac{\tau_{xy}}{G} \\
\varepsilon_y &= \frac{1}{E}(\sigma_y - \mu(\sigma_z + \sigma_x)\}, \quad & \gamma_{yz} &= \frac{\tau_{yz}}{G} \\
\varepsilon_z &= \frac{1}{E}(\sigma_z - \mu(\sigma_x + \sigma_y)\}, \quad & \gamma_{zx} &= \frac{\tau_{zx}}{G}
\end{aligned}\right\} \quad \cdots\cdots (3.51)$$

$$\left.\begin{aligned}
\sigma_x &= \frac{E}{(1+\mu)(1-2\mu)}\{(1-\mu)\varepsilon_x + \mu(\varepsilon_y + \varepsilon_z)\}, \quad & \tau_{xy} &= G\gamma_{xy} \\
\sigma_y &= \frac{E}{(1+\mu)(1-2\mu)}\{(1-\mu)\varepsilon_y + \mu(\varepsilon_z + \varepsilon_x)\}, \quad & \tau_{yz} &= G\gamma_{yz} \\
\sigma_z &= \frac{E}{(1+\mu)(1-2\mu)}\{(1-\mu)\varepsilon_z + \mu(\varepsilon_x + \varepsilon_y)\}, \quad & \tau_{zx} &= G\gamma_{zx}
\end{aligned}\right\} \quad \cdots\cdots (3.52)$$

(2) 평면응력

xy평면에 관해서는 $\sigma_z = \tau_{zx} = \tau_{zy} = 0$이므로, 식 (3.51)에서

$$\left.\begin{aligned}
\varepsilon_x &= \frac{1}{E}(\sigma_x - \mu\sigma_y), \quad & \gamma_{xy} &= \frac{\tau_{xy}}{G} \\
\varepsilon_y &= \frac{1}{E}(\sigma_y - \mu\sigma_x), \quad & \gamma_{zx} &= \gamma_{zy} = 0 \\
\varepsilon_z &= -\frac{\mu}{E}(\sigma_x + \sigma_y) & &
\end{aligned}\right\} \quad \cdots\cdots (3.53)$$

평면응력에서는 $\sigma_z = 0$이지만 z축방향에 변형률이 생긴다. 이때 응력성분은 식 (3.53)로부터

$$\left.\begin{aligned}
\sigma_x &= \frac{E}{1-\mu^2}(\varepsilon_x + \mu\varepsilon_y), \quad & \tau_{xy} &= G\gamma_{xy} \\
\sigma_y &= \frac{E}{1-\mu^2}(\varepsilon_y + \mu\varepsilon_x) & &
\end{aligned}\right\} \quad \cdots\cdots (3.54)$$

(3) 평면변형률

$\varepsilon_z = \gamma_{zx} = \gamma_{zy} = 0$이므로

$$\left.\begin{aligned} \varepsilon_x &= \frac{1}{E}\{\sigma_x - \mu(\sigma_x + \sigma_y)\} \\ \varepsilon_y &= \frac{1}{E}\{\sigma_y - \mu(\sigma_z + \sigma_x)\} \\ \varepsilon_z &= \frac{1}{E}\{\sigma_z - \mu(\sigma_x + \sigma_y)\} = 0 \end{aligned}\right\} \quad \cdots\cdots (3.55)$$

$\varepsilon_z = 0$에서도 $\sigma_z = 0$으로 되지 않으므로 3축응력상태에 있음을 알 수 있다. 즉

$$\left.\begin{aligned} \sigma_x &= \frac{E}{(1+\mu)(1-2\mu)}\{(1-\mu)\varepsilon_x + \mu\varepsilon_y\} \\ \sigma_y &= \frac{E}{(1+\mu)(1-2\mu)}\{(1-\mu)\varepsilon_y + \mu\varepsilon_x\} \\ \sigma_z &= \mu(\sigma_x + \sigma_y) = \frac{E\mu}{(1+\mu)(1-2\mu)}(\varepsilon_x + \varepsilon_y) \end{aligned}\right\} \quad \cdots\cdots (3.56)$$

예제문제

01 평면응력상태에 있는 재료요소에서 주변형률(principal strain)이 $\varepsilon_x = 4 \times 10^{-5}$ 및 $\varepsilon_y = 1.7 \times 10^{-4}$이었다. 만약 푸아송의 비가 $\mu = 0.3$이라면 z방향의 변형률 ε_z는 얼마이겠는가? (단, 세로탄성계수 $E = 2.1 \times 10^6$kg/cm²이다.)

해설 평면응력(2축응력) 상태에서 σ_x, σ_y를 모두 인장응력이라면 식 (3.68에서)

$$\varepsilon_x = \frac{1}{E}(\sigma_x - \mu\sigma_y) \quad \cdots\cdots ①$$

$$\varepsilon_y = \frac{1}{E}(\sigma_y - \mu\sigma_x) \quad \cdots\cdots ②$$

$$\varepsilon_z = -\frac{\mu}{E}(\sigma_x + \sigma_y) \quad \cdots\cdots ③$$

식 ①, ②로부터

$$\sigma_x = \frac{E}{1-\mu^2}(\varepsilon_x + \mu\varepsilon_y) = \frac{2.1\times10^6}{1-0.3^2}\{(4\times10^{-5}) + 0.3(1.7\times10^{-4})\} = 210\text{kg/cm}^2$$

$$\sigma_y = \frac{E}{1-\mu^2}(\varepsilon_x + \mu\varepsilon_x) = \frac{2.1\times10^6}{1-0.3^2}\{(1.7\times10^{-4}) + 0.3(4\times10^{-5})\} = 420\text{kg/cm}^2$$

따라서 z방향의 변형률 ε_z는

$$\varepsilon_z = -\frac{1}{E}\mu(\sigma_x + \sigma_y) = -\frac{1}{2.1\times10^6}\times0.3(210+420) = -(9\times10^{-5})$$

02 그림에서와 같이 2개의 주응력 $\sigma_1 = \sigma$ 및 $\sigma_2 = -\sigma$가 작용하는 평면요소는 동시에 단순전단의 상태에 있는 것을 이용하여 세로탄성계수 E, 가로탄성계수 G 및 푸아송 비 μ 사이의 관계를 유도하라.

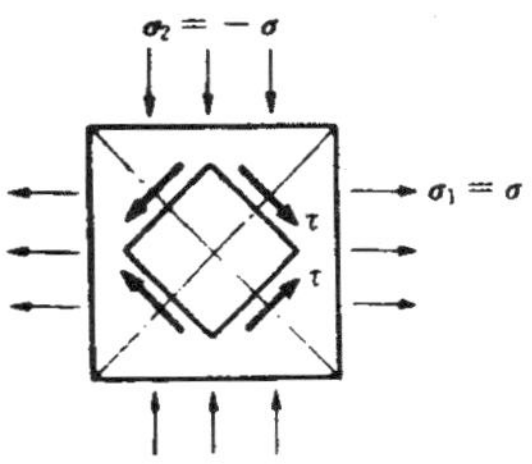

해설 모어(Mohr's)의 응력원(a)에 의하면

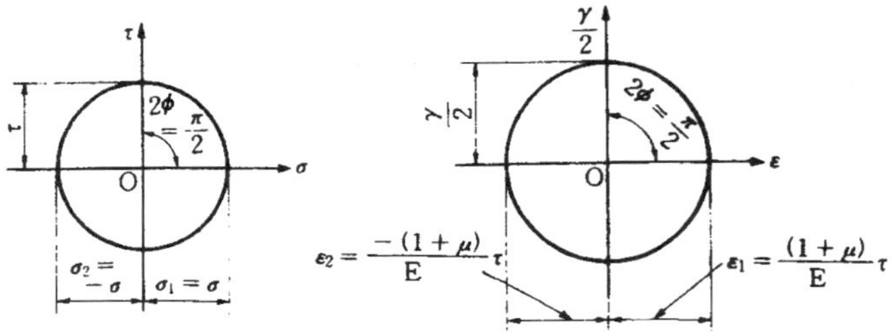

(a) 모어의 응력원 (b) 모어의 변형원

주응력방향과 45°를 이룬 면에는 최대전단응력 $\tau = \frac{1}{2}(\sigma_1 - \sigma_2) = \sigma$가 작용한다.

그러므로 주변형률은 식(3.68)에서

$$\varepsilon_1 = \frac{1}{E}(\sigma_1 - \mu\sigma_2) = \frac{1+\mu}{E}\tau, \quad \varepsilon_2 = \frac{1}{E}(\sigma_2 - \mu\sigma_1) = -\frac{1+\mu}{E}\tau$$

로 쓸 수 있다. 한편 모어(Mohr's)의 변형률원(strain circle)에서 최대전단변형률은

$$\frac{\gamma}{2} = \varepsilon_1 = \frac{(1+\mu)}{E}\tau \quad \cdots\cdots ①$$

임을 알 수 있다[그림 (b) 참조].

또한 이들 최대전단응력과 최대전단변형률 사이에는 훅(Hook's)의 법칙

$$\gamma = \frac{\tau}{G} \quad \cdots\cdots ②$$

가 성립하므로, 식 ①, ②를 비교하면 다음 식으로 된다.

$$\therefore G = \frac{E}{2 \times (1+\mu)}$$

Chapter 04

평면도형의 기하학적 성질

Geometrical Proreties of Plane Figure

Section 01 단면1차모멘트와 도심

1 도형의 도심

(1) 도심과 중심

① **중심**(center of gravity) : 어떤 판을 중앙부 한점에서 지지할 수 있는 무게의 중심점

② **도심**(center of figure) : 역학에서 사용하는 중심으로서 보통 판의 두께를 고려하지 않는다.

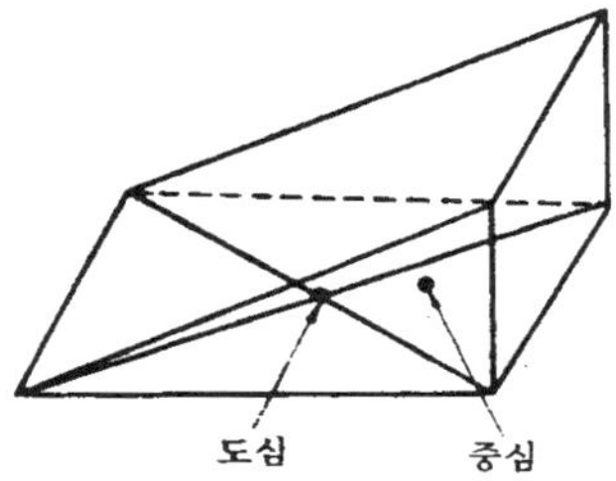

그림 4-1 도심과 중심

(2) 도형의 도심

그림 4-2와 같이 삼각형 ABC에서 X축에 대한 도심거리를 x_0, Y축에 대한 도심까지의 거리를 y_0라 하면

$$x_0 = \frac{\left(\frac{1}{2}b\cdot h\cdot\frac{1}{2}\right)\times\frac{b}{2}\times\frac{2}{3}+\left(\frac{1}{2}b\cdot h\cdot\frac{1}{2}\right)\left(\frac{b}{2}+\frac{b}{2}\times\frac{1}{3}\right)}{\frac{1}{2}\times b\times h} = \frac{b}{2}$$

$$y_0 = \frac{\frac{1}{2}b\cdot h\cdot\frac{h}{3}}{\frac{1}{2}b\cdot h} = \frac{h}{3}$$

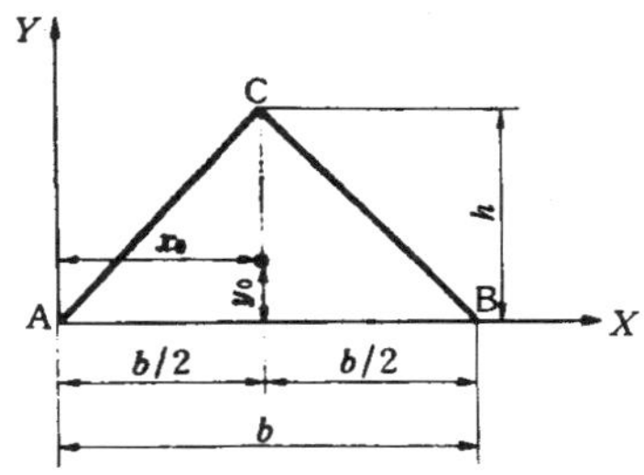

그림 4-2 도형의 도심

이고, X축과 Y축의 도심은 다음식과 같다.

$$x_0 = \frac{\Sigma Ax}{\Sigma A} \quad \cdots\cdots (4.1)$$

$$y_0 = \frac{\Sigma Ay}{\Sigma A} \quad \cdots\cdots (4.2)$$

2 단면1차모멘트

직각좌표축에 있어서 그림 4-3과 같은 임의의 면적이 A인 평면 도형 상에 미소면적을 dA, 그의 좌표를 x, y라 하고 면적 A의 X, Y축에 대한 단면1차모멘트(first moment of area) 또는 기하모멘트(geometrical moment of area)를 G_x, G_y라고 하면 다음과 같이 나타낼 수 있다.

(1) 단면1차모멘트

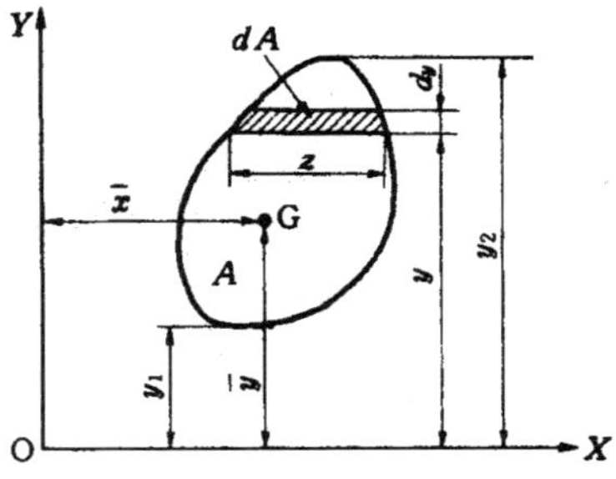

그림 4-3 단면의 도심

$$A = \int_A dA, \quad ydA = z \cdot y \cdot dy$$

① X축에 대한 1차 모멘트 : G_x

$$G_x = \int_A ydA = \int_{y_1}^{y_2} zydy = A\bar{y} \quad \cdots\cdots\cdots (4.3)$$

② Y축에 대한 1차 모멘트 : G_y

$$G_y = \int_A xdA = \int_{x_1}^{x_2} xzdx = A\bar{x} \quad \cdots\cdots\cdots (4.4)$$

즉, 단면1차모멘트(G) = 면적(A) × 도심에서 축까지의 거리($\bar{x}$ 또는 $\bar{y}$)

(2) 도심(centroid)

단면1차모멘트를 이용하여 평면도형의 도심의 좌표인 $\bar{x}$, $\bar{y}$는 다음과 같은 관계식으로부터 구할 수 있다.

① X축에 대한 도심 : $\bar{x}$

$$\bar{x} = \frac{G_y}{A} = \frac{\int_A xdA}{A} = \frac{\int xdA}{\int_A dA} = \frac{\Sigma Ax}{A} \quad \cdots\cdots\cdots (4.5)$$

② Y축에 대한 도심 : $\bar{y}$

$$\bar{y} = \frac{G_x}{A} = \frac{\int_A ydA}{A} = \frac{\int ydA}{\int_A dA} = \frac{\Sigma Ay}{A} \quad \cdots\cdots\cdots (4.6)$$

만일, X, Y축의 한축 또는 양축이 도심 G를 통과한다면 각각의 단면1차모멘트는 윗식에서 $G_x = 0$, $G_y = 0$이 됨을 알 수 있다.

어떤 평면도형에서 $G_x = 0$, 또는 $G_y = 0$이 된다면 X축 또는 Y축은 반드시 도심을 지난다. 평면도형이 대칭축을 가지면 그것은 반드시 도심을 지나고 그 축에 대한 단면1차모멘트는 0이 된다. 이때 단면1차모멘트의 차원은 L^3이므로 m³, cm³, mm³ 등으로 나타낼 수 있다.

(3) 도형의 도심

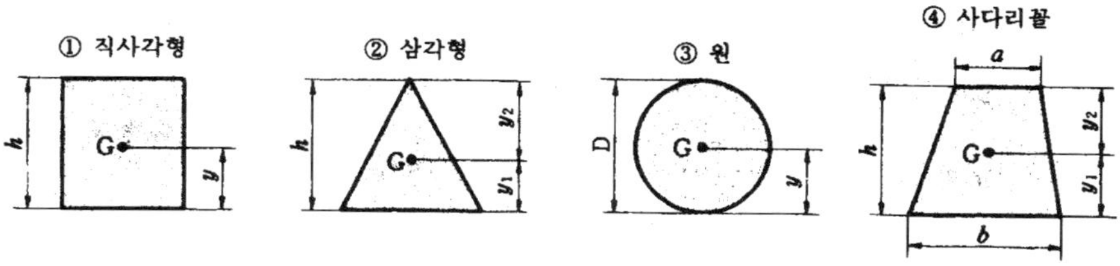

$y = \frac{h}{2}$

$y_1 = \frac{h}{3}$, $y_2 = \frac{2h}{3}$

$y = \frac{D}{2}$

$y_1 = \frac{h}{3} \times \frac{2a+b}{a+b}$, $y_2 = \frac{h}{3} \times \frac{a+2b}{a+b}$

① **정리** Ⅰ : 단면의 도심을 통과하는 축에 대한 단면1차모멘트는 0이다.

$$G_x = \int_A y dA = \int_A (Y + \bar{y}) dA$$
$$= \int_A Y dA + \int_A \bar{y} dA = G_X + A\bar{y}$$
$$\therefore G_x = A\bar{y}$$
$$G_X = 0 \text{ (도심축을 지나는 단면1차모멘트)} \quad \cdots\cdots (4.7)$$

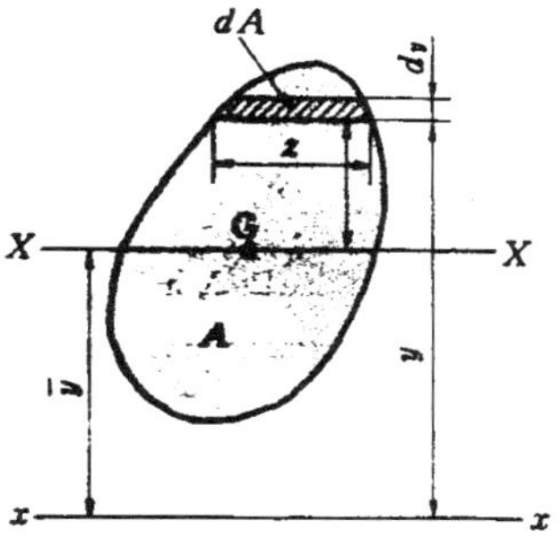

그림 4-4

② **정리** Ⅱ : 동일단면에 여러도형이 있을 경우 도형 전체도심 $\bar{x}$, $\bar{y}$값은 다음과 같다.

$$\left.\begin{aligned} \bar{x} &= \frac{A_1x_1 + A_2x_2 + A_3x_3}{A_1 + A_2 + A_3} = \frac{G_y}{A} \\ \bar{y} &= \frac{A_1y_1 + A_2y_2 + A_3y_3}{A_1 + A_2 + A_3} = \frac{G_x}{A} \end{aligned}\right\} \quad \cdots\cdots (4.8)$$

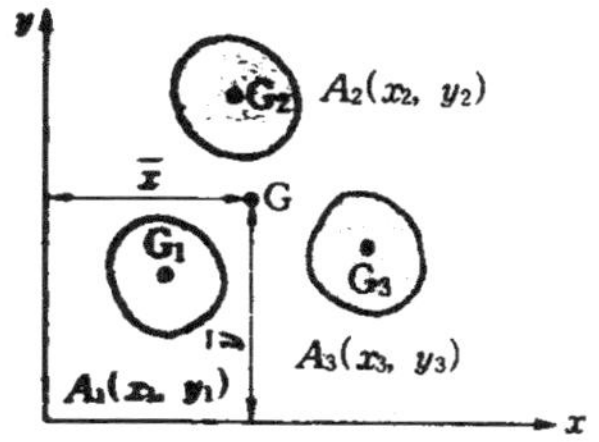

그림 4-5

③ **정리** Ⅲ : 동일평면에 있지 않는 여러도형에 대한 단면1차모멘트 G_X, G_Y는 다음과 같다.

$$\left.\begin{aligned} G_X &= A_1y_1 + A_2y_2 - A_3y_3 \\ G_Y &= A_1x_1 + A_2x_2 - A_3x_3 \end{aligned}\right\} \quad \cdots\cdots (4.9)$$

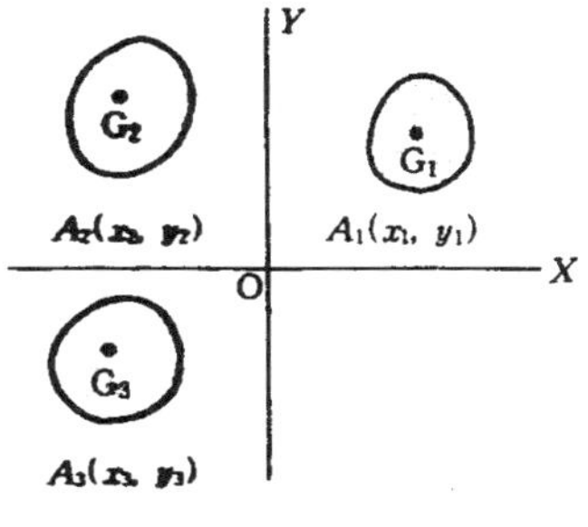

그림 4-6

예제문제

01 그림과 같은 장방형단면의 X축에 관한 단면1차모멘트 G_x를 구하라.

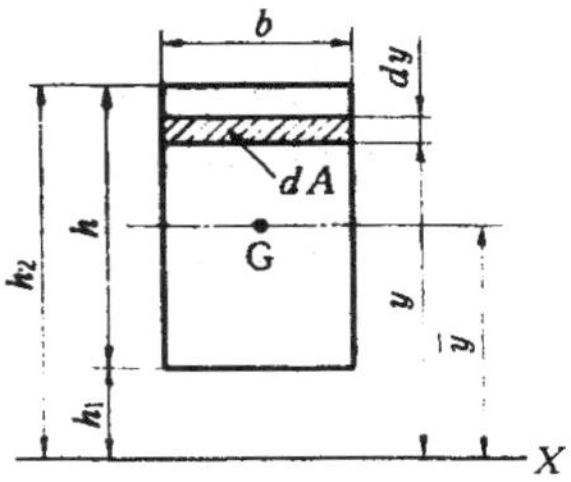

해설 미소면적

$dA = bdy$

$$G_x = \int_A ydA = \int_{h_1}^{h_2} ybdy = b\int_{h_1}^{h_2} ydy$$

$$= b\left[\frac{y^2}{2}\right]_{h_1}^{h_2} = b\left(\frac{h_2^2}{2} - \frac{h_1^2}{2}\right)$$

$$= b\frac{(h_2+h_1)(h_2-h_1)}{2} = \frac{bh}{2}(h_2+h_1) = A\frac{h_2+h_1}{2} = A\bar{y}$$

02 그림과 같은 3각형의 X축에서 도심까지의 거리 $\bar{y}$를 구하라.

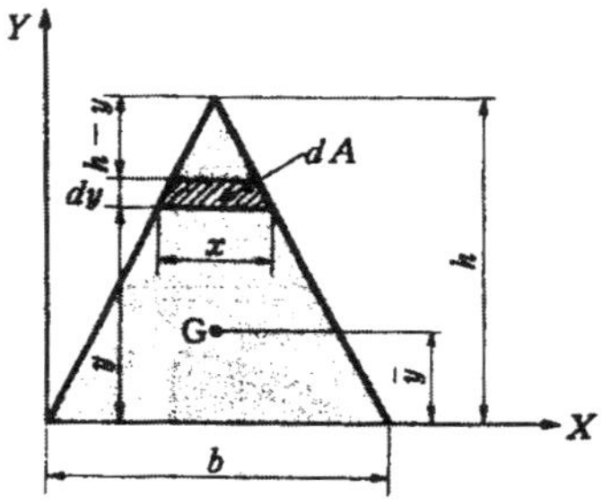

해설 $h : b = (h-y) : x \qquad \therefore x = \frac{b}{h}(h-y)$

$$dA = xdy = \frac{b}{h}(h-y)dy$$

$$G_x = \int_A ydA = \int_0^h y\frac{b}{h}(h-y)dy$$

$$= \frac{b}{h}\int_0^h y(h-y)dy = \frac{b}{h}\left[\frac{hy^2}{2} - \frac{y^3}{3}\right]_0^h$$

$$= \frac{b}{h}\left(\frac{h^3}{2} - \frac{h^3}{3}\right) = \frac{bh^2}{6} \qquad \therefore \bar{y} = \frac{G_x}{A} = \frac{bh^2/6}{bh/2} = \frac{h}{3}$$

03 그림과 같은 단면의 도심 y_1, y_2값을 구하라.

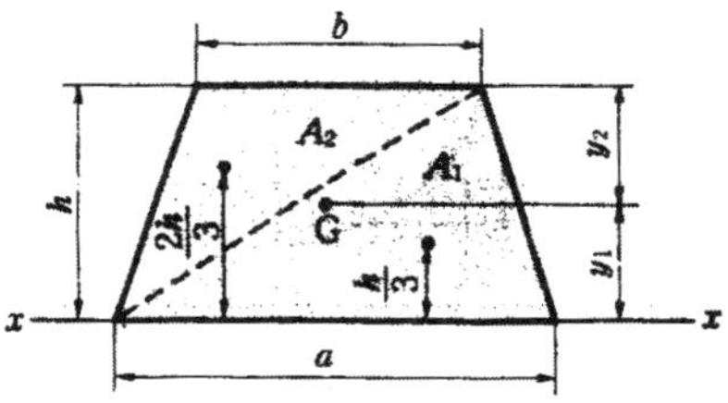

해설 $A_1 = \frac{ah}{2}, \qquad A_2 = \frac{bh}{2}$

$$y_1 = \frac{G_x}{A} = \frac{A_1 \times \frac{h}{3} + A_2 \times \frac{2h}{3}}{A_1 + A_2}$$

$$= \frac{\frac{ah}{2}\times\frac{h}{3} + \frac{bh}{2}\times\frac{2h}{3}}{\frac{ah}{2} + \frac{bh}{2}}$$

$$\therefore y_1 = \frac{h}{3}\times\frac{a+2b}{a+b}, \qquad \therefore y_2 = \frac{h}{3}\times\frac{2a+b}{a+b}$$

04 그림과 같이 L형 단면의 x축과 y축에 관한 단면1차모멘트를 구하라.

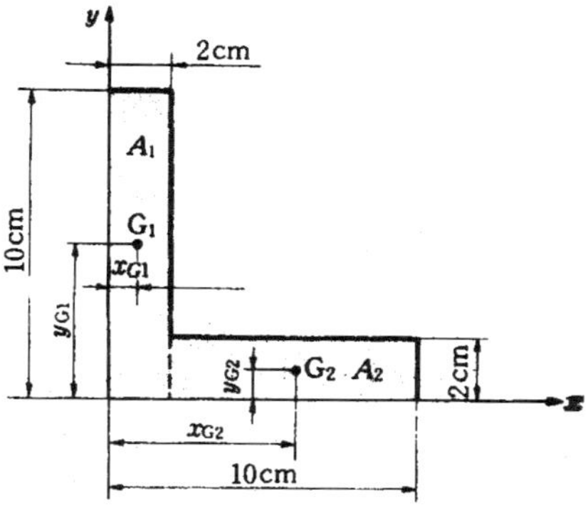

해설 그림과 같이 A_1, A_2의 면적으로 나누면

$A_1 = 2\times10 = 20\text{cm}^2$, $A_2 = 2\times8 = 16\text{cm}^2$

$y_{G1} = \dfrac{10}{2} = 5\text{cm}$, $y_{G2} = \dfrac{2}{2} = 1\text{cm}$

$x_{G1} = 1\text{cm}$, $x_{G2} = 6\text{cm}$

$G_x = A_1 y_{G1} + A_2 y_{G2} = 20\times5 + 16\times1 = 116\text{cm}^3$

$G_y = A_1 x_{G1} + A_2 x_{G2} = 20\times1 + 16\times6 = 116\text{cm}^3$

05 그림과 같은 L형 단면의 도심의 위치 $\bar{x}$, $\bar{y}$를 구하라.

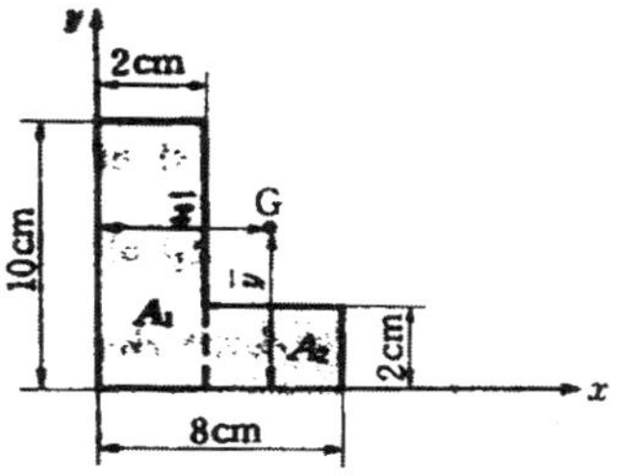

해설 L형 단면을 A_1, A_2의 면적으로 분리시켜 생각한다.

$G_x = A_1 y_1 + A_2 y_2$

$= (2\times10)\times5 + (6\times2)\times1 = 112\text{cm}^3$

$G_y = A_1 x_1 + A_2 x_2$

$= (2\times10)\times1 + (6\times2)\times(2+3) = 80\text{cm}^3$

$A = A_1 + A_2 = 20 + 12 = 32\text{cm}^2$

$\therefore \bar{x} = \dfrac{G_y}{A} = \dfrac{80}{32} = 2.5\text{cm}$ $\therefore \bar{y} = \dfrac{G_x}{A} = \dfrac{112}{32} = 3.5\text{cm}$

06 그림과 같은 반지름 r, 중심각 α인 부채꼴의 y축에 대한 도심의 위치 x_0를 구하라.

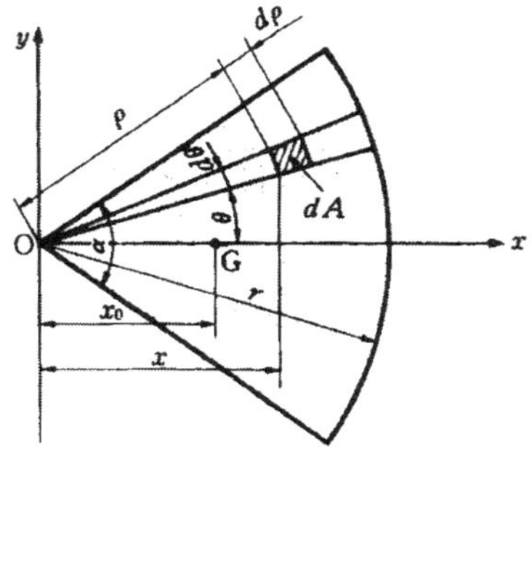

해설 $x = \rho\cos\theta$, $dA = d\rho\cdot\rho d\theta$

$G_y = \int_A x dA = \int_A \rho^2 \cos\theta\, d\theta\, d\rho$

$= 2\int_0^{\frac{\alpha}{2}} \cos\theta\, d\theta \cdot \int_0^r \rho^2 d\rho$

$= 2\int_0^{\frac{\alpha}{2}} \left[\dfrac{\rho^3}{3}\right]_0^r \cos\theta\, d\theta = \dfrac{2}{3} r^3 [\sin\theta]_0^{\frac{\alpha}{2}}$

$= \dfrac{2}{3} r^3 \sin\dfrac{\alpha}{2}$

$A = \int dA = \int d\rho\cdot\rho\cdot d\theta = 2\int_0^{\frac{\alpha}{2}} \left[\int_0^r \rho\, d\rho\right] d\theta = 2\int_0^{\frac{\alpha}{2}} \left[\dfrac{\rho^2}{2}\right]_0^r d\theta = 2\times\dfrac{r^2}{2}[\theta]_0^{\frac{\alpha}{2}} = \dfrac{r^2\alpha}{2}$

$\therefore x_0 = \dfrac{G_y}{A} = \dfrac{2}{3} r^3 \sin\dfrac{\alpha}{2} / \dfrac{r^2\alpha}{2} = \dfrac{4}{3}\dfrac{r}{a}\sin\dfrac{a}{2}$

07 다음 그림과 같은 반지름 r인 $\frac{1}{4}$원호의 도심의 y좌표인 y_c를 구할 수 있는 식은? (단, 반지름 r인 구의 표면적은 $4\pi r^2$이다.)

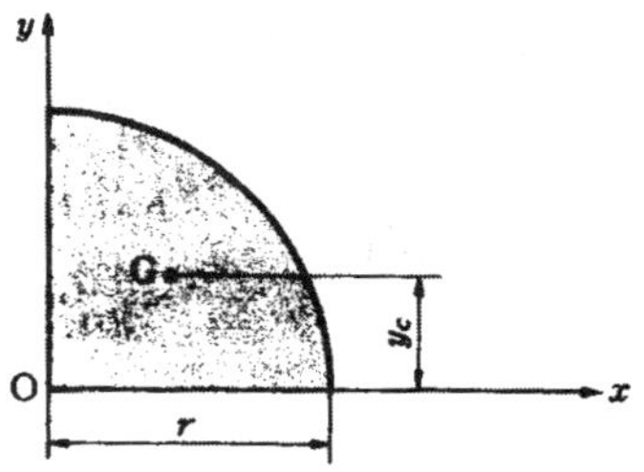

해설 $\frac{4}{3}\pi r^3 \times \frac{1}{2} = \pi r^2 \times \frac{1}{4} \times y_c \times 2\pi$

$\therefore y_c = \frac{4r}{3\pi}$

Section 02 단면2차모멘트와 단면계수

1 단면2차모멘트

단면적이 A인 평면도형에서 임의의 미소면적 dA는 X, Y축까지의 거리를 x, y라고 할 때, 각각 거리의 자승에 미소면적 dA를 곱한 것을 X, Y축에 관한 dA의 2차모멘트라 하고, 그 도형의 전단면적 A에 대한 적분한 값을 X, Y축에 관한 단면2차모멘트(second moment of area) 또는 관성모멘트(moment of inertia)라고 한다.

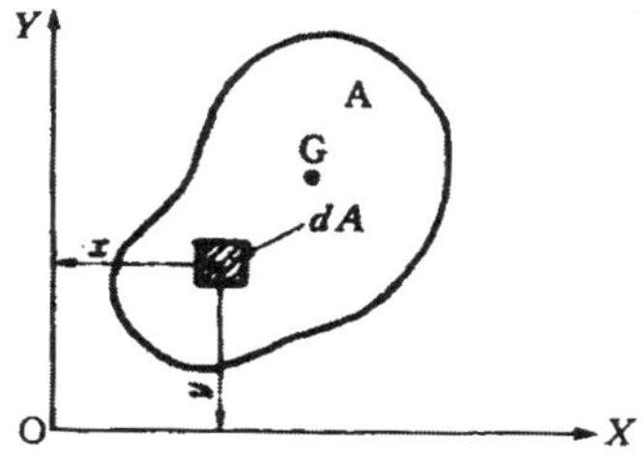

그림 4-7 평면도형의 단면2차모멘트

단면2차모멘트 = 면적 × 거리의 제곱

(1) **X축에 대한 단면2차모멘트 : I_x**

$$I_x = \int_A y^2 dA = \int_{y_1}^{y_2} y^2 z dy \text{ (그림 4-3 참조)} \quad \cdots\cdots (4.10)$$

(2) **Y축에 대한 단면2차모멘트 : I_y**

$$I_y = \int_A x^2 dA = \int_{x_1}^{x_2} x^2 z dx \text{ (그림 4-3 참조)} \quad \cdots\cdots (4.11)$$

여기서, I_x, I_y의 단위는 cm^4 또는 m^4이다.

① **정리** Ⅰ : X축에 대한 도형 전체의 단면2차모멘트 I_X

$$I_X = I_{X1} + I_{X2} + I_{X3} \quad \cdots\cdots (4.12)$$

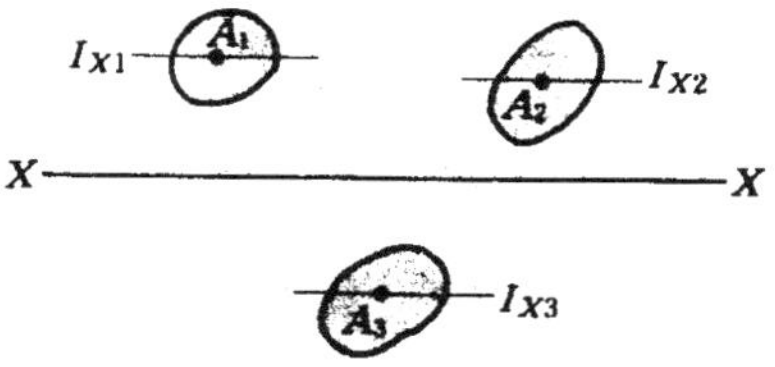

그림 4-8

② **정리 Ⅱ** : 중공단면에 의한 x축에 대한 단권2차모멘트 I_x 는

$$I_x = I_{xA} - I_{xB} \quad \cdots\cdots (4.13)$$

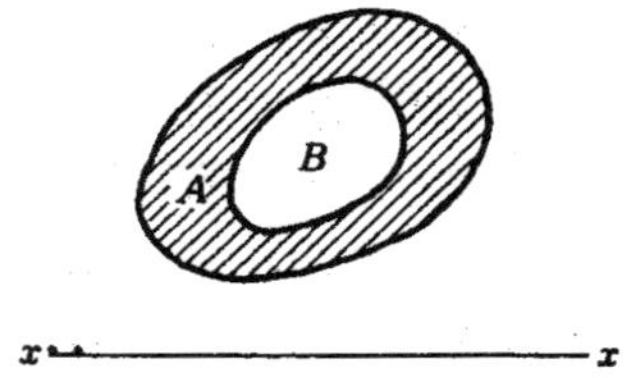

그림 4-9

③ **정리 Ⅲ** : 축의 이동에 대한 단면2차모멘트 I_x는

$$I_x = \int_A y^2 dA = \int_A (Y + y_0)^2 dA$$

$$= \int_A Y^2 dA + 2y_0 \int_A Y dA + \int_A y_0^2 dA$$

$$\therefore \ I_x = I_X + A y_0^2 \quad \cdots\cdots (4.14)$$

여기서, I_X : 도심축에 대한 단면2차모멘트

$\int_A YdA$: 도심축에 대한 단면1차모멘트로서 0이다.

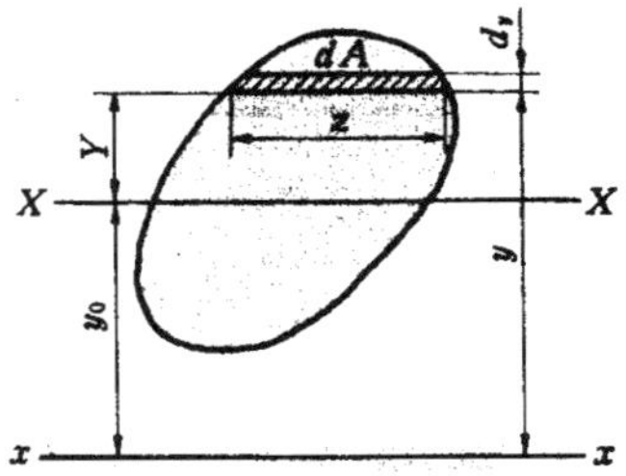

그림 4-10

(3) **단면의 도심축에 대한 단면2차모멘트**

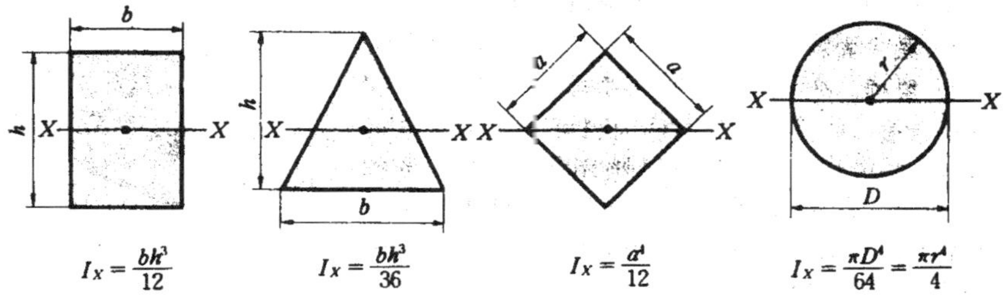

그림 4-11 각종 단면적의 단면2차모멘트

2 단면2차극모멘트

평면도형과 같은 평면내에 한 점 O에서 도형내의 미소면적까지의 거리를 r라고 한다면 그 때 $r^2 dA$를 점O에 대하여 미소면적 dA의 2차극모멘트라 하고, 이것을 평면도형 전체에 대하여 더한 것을 이 평면도형의 점O에 관한 단권2차극모멘트(polar moment of inertia of area) 또는 극관성모멘트라고 한다.

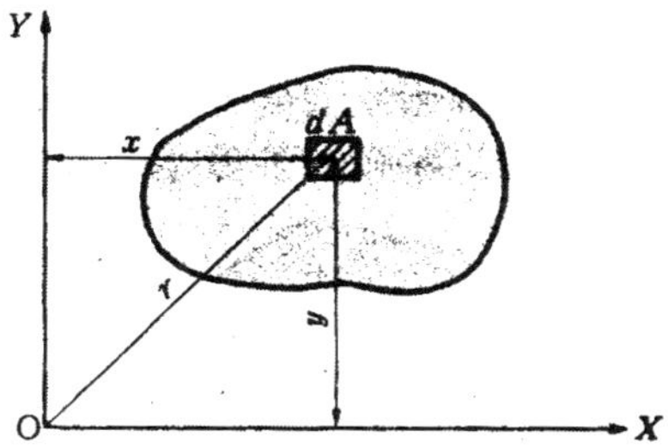

그림 4-12 평면도형의 단면2차극모멘트

⑴ 단면2차극모멘트

$$I_p = \int_A r^2 dA = \int_A (y^2 + x^2) dA = \int_A y^2 dA + \int_A x^2 dA$$

$$\therefore\ I_p = I_x + I_y \quad \cdots\cdots (4.15)$$

단면2차 극모멘트의 차원 L^4은 cm^4, m^4이다.

⑵ 2개의 서로수직한 축이 대칭인 단면의 경우 단면2차극모멘트 : I_p(원형과 정사각형일 때)

$$I_x = I_y \qquad \therefore\ I_p = 2I_x = 2I_y \quad \cdots\cdots (4.16)$$

즉, 관성모멘트의 2배가 된다.

⑶ 이동한 축에 대한 단면2차극모멘트 : $I_{p'}$

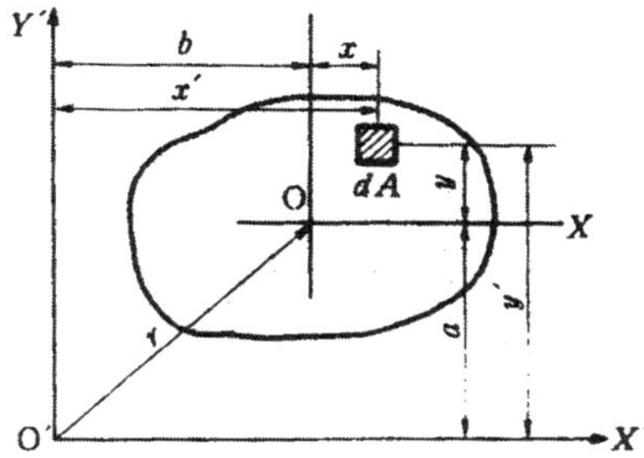

그림 4-13 이동축에 대한 단면2차극모멘트

$$I_{p'} = \int (x')^2 dA + \int (y')^2 dA = \int (x+b)^2 dA + \int (y+a)^2 dA$$

$$= \int x^2 dA + 2b\int x dA + b^2 \int dA + \int y^2 dA + 2a\int y dA + a^2 \int dA$$

여기서, $\int x dA$와 $\int y dA$는 도심을 지나는 단면1차모멘트가 0(영)이므로

$$I_{p'} = I_x + I_y + (a^2 + b^2)A = I_p + r^2 A \quad \cdots\cdots (4.17)$$

이것은 극 O점에서 O′점으로 이동한 단면2차극모멘트이다.

3 단면계수와 회전반지름

(1) 단면계수 : Z

단면의 도심을 지나는 축의 관성모멘트 I_x를 축으로부터 상단 또는 하단까지의 거리 e_1, e_2로 나눈값을 그 축에 대한 단면계수(modulus of section)라 한다.

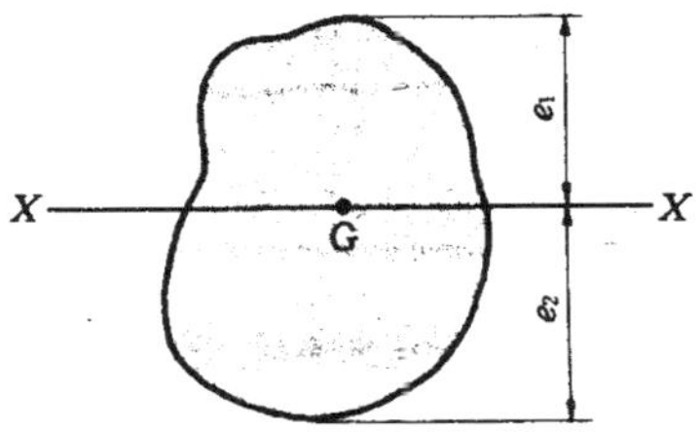

그림 4-14 도형의 단면계수

$$\left.\begin{array}{l} Z_1 = \dfrac{I_X}{e_1}(\mathrm{cm}^3 \text{ 또는 } \mathrm{m}^3) \\ Z_2 = \dfrac{I_X}{e_2}(\mathrm{cm}^3 \text{ 또는 } \mathrm{m}^3) \end{array}\right\} \quad \cdots\cdots (4.18)$$

여기서, e를 y라고도 할 수 있다.

(2) 회전반지름 : k

평면도형의 전면적이 주어진 축에서 어떠한 거리에 집중하였다고 생각했을 경우의 단면2차모멘트가 처음 도형의 같은 축에 대한 단면2차므멘트와 동일하게 되기 위한 거리를 단면2차반지름(radius of gyration of area) 또는 회전반지름(radius of gyration), 관성반지름(radius of inertia)이라 한다.

① X축에 대한 회전반지름 : k_x

$$k_x{}^2 = \frac{I_x}{A}\,\mathrm{cm} \qquad \therefore k_x = \sqrt{\frac{I_x}{A}}\,\mathrm{cm} \quad \cdots\cdots (4.19)$$

② Y축에 대한 회전반지름 : k_y

$$k_y{}^2 = \frac{I_y}{A}\,\mathrm{cm} \qquad \therefore k_y = \sqrt{\frac{I_y}{A}}\,\mathrm{cm} \quad \cdots\cdots (4.20)$$

예제문제

01 그림과 같은 직사각형 단면$(b \times h)$의 단면2차모멘트 I_X를 구하라.

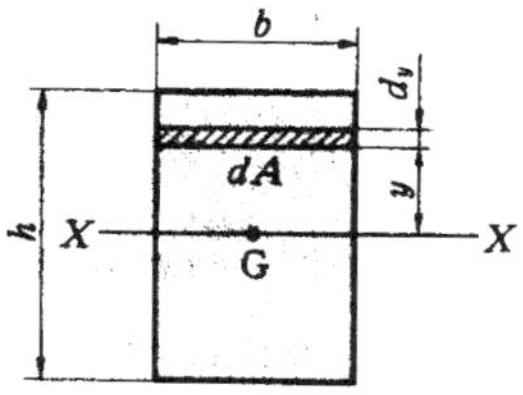

해설 장방형의 X축에 대한 단면2차모멘트 I_X는

$$I_X = \int_A y^2 dA = \int_{-\frac{h}{2}}^{+\frac{h}{2}} y^2 b dy$$

$$= b\int_{-\frac{h}{2}}^{+\frac{h}{2}} y^2 dy = b\left[\frac{y^3}{3}\right]_{-\frac{h}{2}}^{+\frac{h}{2}}$$

$$= b \times \frac{1}{3}\left\{\left(\frac{h}{2}\right)^3 - \left(-\frac{h}{2}\right)^3\right\} = b \times \frac{1}{3}\left(\frac{h^3}{8} + \frac{h^3}{8}\right) \qquad \therefore I_X = \frac{bh^3}{12}$$

02 그림과 같은 삼각형의 도심축에 대한 단면2차모멘트를 구하라.

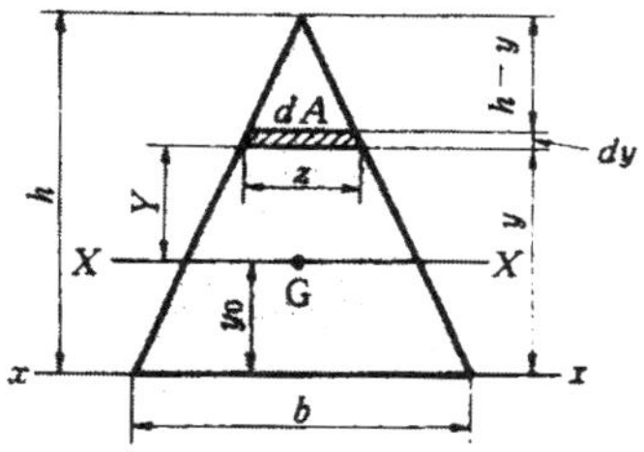

해설 $h : b = (h-y) : Z, \qquad Z = \frac{b}{h}(h-y)$

• x축에 대한 단면2차모멘트 : I_x

$$I_x = \int_A y^2 d_A = \int_0^h y^2\left\{\frac{b}{h}(h-y)dy\right\}$$

$$= \frac{b}{h}\int_0^h (hy^2 - y^3)dy$$

$$= \frac{b}{h}\left[\frac{hy^3}{3} - \frac{y^4}{4}\right]_0^h = \frac{b}{h}\left(\frac{h^4}{3} - \frac{h^4}{4}\right) = \frac{bh^3}{12}$$

• X축에 대한 단면2차모멘트 : I_X

$$I_x = I_X + Ay_0$$

$$\therefore I_X = I_x - A{y_0}^2 = \frac{bh^3}{12} - \frac{bh}{2} \times \left(\frac{h}{3}\right)^2 = \frac{bh^3}{12} - \frac{bh^3}{18} = \frac{bh^3}{36}$$

03 원의 도심을 통한 x축에 있어서 단면2차모멘트를 구하라.

해설 $b = 2r\cos\theta, \qquad y = r\sin\theta, \qquad r = \frac{d}{2}$

$$\frac{dy}{d\theta} = r\cos\theta, \qquad dy = r\cos\theta\, d\theta$$

$$I_x = \int_A y^2 dA = 2\int_0^{d/2} y^2 b dy$$

$$= 2\int_0^{\pi/2} (r\sin\theta)^2 (2r\cos\theta \cdot r\cos\theta\, d\theta)$$

$$= r^4 \int_0^{\pi/4} 4\sin^2\theta\cos^2\theta\, d\theta = r^4 \int_0^{\pi/2} (2\sin\theta\cos\theta)^2 d\theta*$$

$$= r^4 \int_0^{\pi/2} \sin^2 2\theta \, d\theta = r^4 \int_0^{\pi/2} \frac{1}{2}(1-\cos 4\theta) d\theta^{**}$$

$$= \frac{r^4}{2}\left[\theta - \frac{\sin 4\theta}{4}\right]_0^{\pi/2} = \frac{r^4}{2} \times \frac{\pi}{2} = \frac{\pi r^4}{4}$$

* : $\sin(A \pm B) = \sin A \cos B \pm \cos A \sin B (A = B = \theta$일 때)
** : $\cos 2A = \cos^2 A - \sin^2 A = 1 - 2\sin^2 A (A = 2\theta$일 때)

이것을 지름 d로 표시한다면 $r = d/2$이므로

$$\therefore I_x = \frac{\pi r^4}{4} = \frac{\pi\left(\frac{d}{2}\right)^4}{4} = \frac{\pi d^4}{64}$$

04 그림과 같은 반지름 r인 반원의 단면2차모멘트 I_x를 구하라.

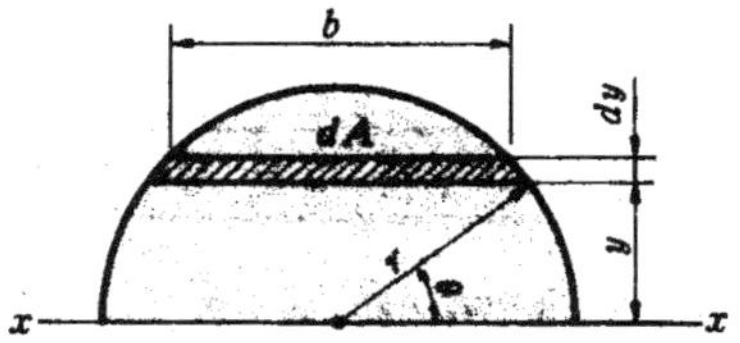

해설 $b = 2r\cos\theta$, $y = r\sin\theta$

$dy = r\cos\theta \, d\theta$, $dA = bdy = 2r\cos\theta \cdot r\cos\theta \, d\theta$

$$I_x = \int_A y^2 dA$$

$$= \int_0^{\frac{\pi}{2}} y^2 dA = \int_0^{\frac{\pi}{2}} (r\sin\theta)^2 (2r\cos\theta \cdot r\cos\theta \, d\theta)$$

$$= r^4 \int_0^{\frac{\pi}{2}} 2\sin^2\theta \cos^2\theta \, d\theta = \frac{r^4}{2} \int_0^{\frac{\pi}{2}} 4\sin^2\theta \cos^2\theta \, d\theta$$

$$= \frac{r^4}{2} \int_0^{\frac{\pi}{2}} (2\sin\theta\cos\theta)^2 d\theta = \frac{r^4}{2} \int_0^{\frac{\pi}{2}} \sin^2 2\theta \, d\theta = \frac{r^4}{2} \int_0^{\frac{\pi}{2}} \frac{1}{2}(1-\cos 4\theta) d\theta$$

$$= \frac{r^4}{4}\left[\theta - \frac{\sin 4\theta}{4}\right]_0^{\frac{\pi}{2}} = \frac{r^4}{4} \times \frac{\pi}{2} = \frac{\pi r^4}{8}$$

만약 $\frac{1}{4}$원인 경우 $I_x = \frac{\pi r^4}{16}$

05 그림과 같은 원형단면의 중심에 관한 단면2차극모멘트 I_p를 구하라.

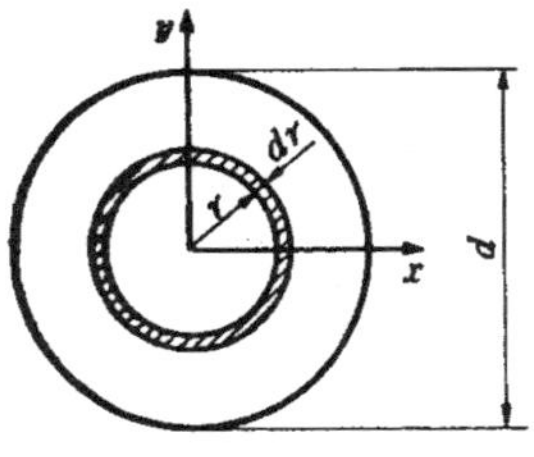

해설 $dA = 2\pi r dr$

$$I_p = \int_A r^2 dA = \int_0^{d/2} 2\pi r^3 dr = 2\pi \int_0^{d/2} r^3 dr$$

$$= 2\pi\left[\frac{r^4}{4}\right]_0^{d/2} = \frac{\pi d^4}{32}$$

별해 $I_p = I_x + I_y$에서

$$I_x = I_y = \frac{\pi d^4}{64} \qquad \therefore I_p = 2 \times \frac{\pi d^4}{64} = \frac{\pi d^4}{32}$$

06 그림과 같은 T형 단면에서 도심 X축에 대한 단면계수 Z와 회전반지름 k를 구하라.

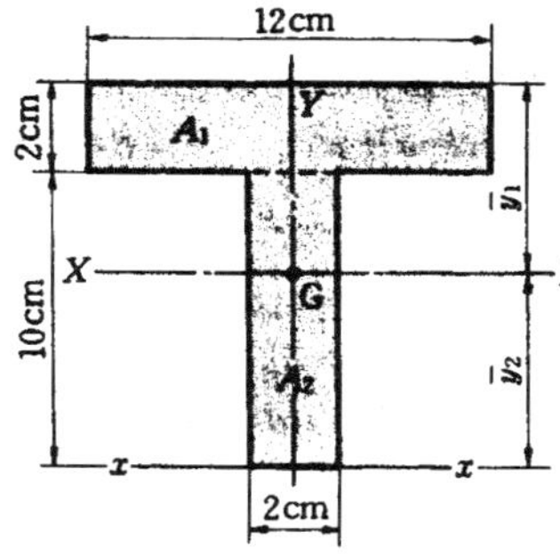

해설 •도심의 거리

$$\bar{y}_2 = \frac{A_1 y_1 + A_2 y_2}{A_1 + A_2} = \frac{12\times2\times11 + 10\times2\times5}{12\times2 + 10\times2} = 8.27$$

$$\bar{y}_1 = 12 - \bar{y}_2 = 3.7\text{cm}$$

•단면2차모멘트

$$I_X = I_{X1} + I_{X2}$$
$$= \frac{12\times2^3}{12} + 12\times2\times(2.7)^2 + \frac{2\times10^3}{12} + 2\times10\times(3.3)^2$$
$$= 567.43\text{cm}^4$$

$$I_Y = \frac{2\times12^3}{12} + \frac{10\times2^3}{12} = 294.67\text{cm}^4$$

•단면계수

$$Z_2 = \frac{I_x}{\bar{y}_2} = \frac{567.43}{8.3} = 68.36\text{cm}^3,\qquad Z_1 = \frac{I_x}{\bar{y}_1} = \frac{567.43}{3.7} = 153.36\text{cm}^3$$

•회전반지름

$$k_X = \sqrt{\frac{I_X}{A}} = \sqrt{\frac{567.43}{44}} = 3.6\text{cm}$$

•x축의 단면2차모멘트

$$I_x = \frac{BH^3}{3} - 2\times\frac{bh^2}{3} = \frac{12\times12^3}{3} - 2\times\frac{5\times10^3}{3} = 3578.7\text{cm}^4$$

07 그림과 같은 I형 단면에서 X축에 대한 단면계수와 회전반지름을 구하라.

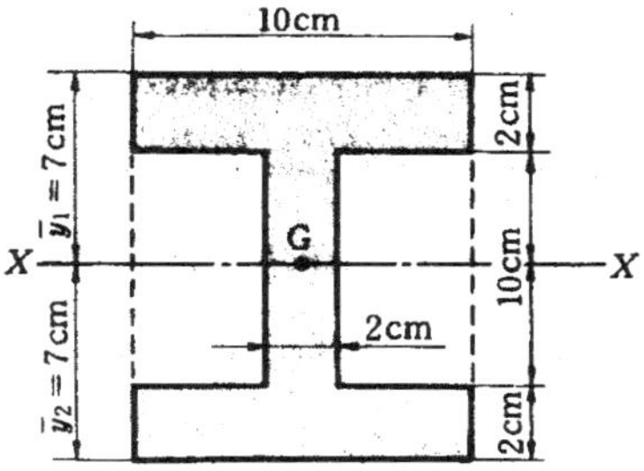

해설 •도심축에 대한 단면2차모멘트

$$I_X = I_{X1} - 2I_{X2} = \frac{BH^3}{12} - 2\times\frac{bh^3}{12}$$
$$= \frac{10\times14^3}{12} - 2\times\frac{4\times10^3}{12} = 1{,}620\text{cm}^4$$

•단면계수

$$Z_2 = \frac{I_X}{\bar{y}_2} = \frac{1{,}620}{7} = 231.43\text{cm}^3$$

•회전반지름

$$k_X = \sqrt{\frac{I_X}{A}} = \sqrt{\frac{1{,}620}{60}} = 5.2\text{cm}$$

Section 03 관성상승모멘트와 주축

1 관성상승모멘트와 주축

(1) 관성상승모멘트(Product of inertia moment)

평면도형 내의 미소면적 dA에 X, Y축으로부터 dA까지의 거리 x 및 y의 상승적을 곱하고, 전체도형에 대해 적분한 것을 그 도형의 관성상승모멘트 I_{xy}라 한다(그림 4-15 참조). 즉

$$I_{xy} = \int_A xydA \quad \cdots\cdots (4.21)$$

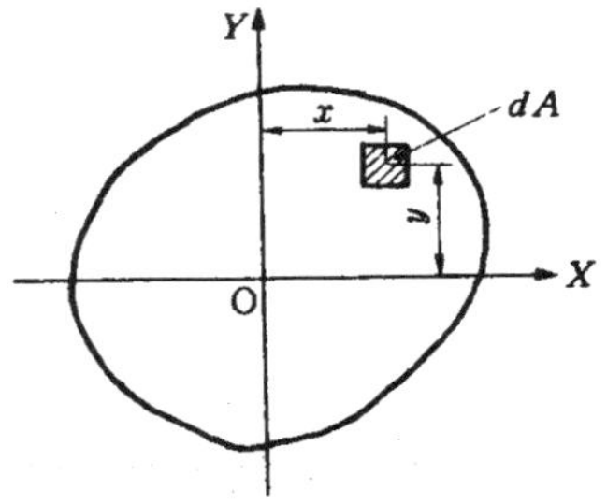

그림 4-15 평면도형의 관성상승모멘트

(2) 대칭도형의 관성상승모멘트

만일 도형의 두축 중 어느 한축이라도 대칭축이 있으면 그 축에 대한 관성상승모멘트(product of inertia moment) $I_{xy} = 0$이 된다. 그림 4-16에서 임의 미소면적 dA에 대하여 대칭위치의 미소면적 dA가 반드시 존재하여 각 요소의 관성상승모멘트 I_{xy}는 상쇄되기 때문이다. 즉

$$\begin{aligned} I_{xy} &= \int_A xydA \\ &= \int_0^{+x} (+x)ydA + \int_{-x}^{0} (-x)ydA \\ &= + \int_0^{+x} xydA - \int_{-x}^{0} xydA = 0 \quad \cdots\cdots (4.22) \end{aligned}$$

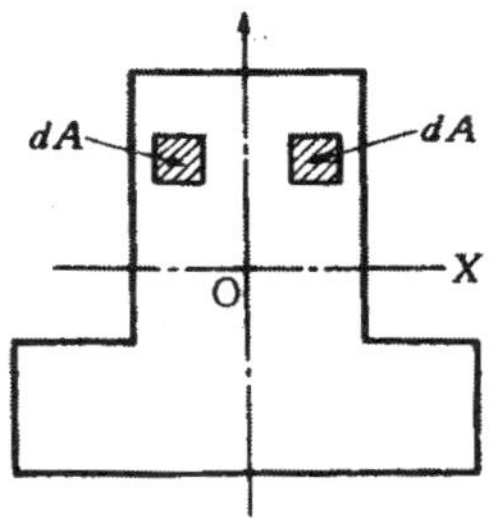

그림 4-16 대칭도형의 관성상승모멘트

(3) 단면의 주축

도형의 도심을 지나고 $I_{xy} = 0$이 되는 직교축을 그 단면의 주축(principal axis)이라고 한다. 그러므로 도형의 대칭축에 대한 관성상승모멘트는 반드시 0이 되고 그 축은 주축이 된다. 또한 도심을 지나고 대칭축에 직각인 축도 주축이 된다.

(4) **도심주축**

X축 및 Y축을 O점에 대하여 시계회전방향으로 90° 회전시키면 두축은 Y', X'축으로 변환한다(그림 4-17 참조). 따라서 미소면적 dA의 신구좌표는 다음 관계가 있다.

$$y' = x, \quad x' = -y$$

① **변환축에 대한 관성상승모멘트** : $I_{x'y'}$

$$I_{x'y'} = \int_A x'y'dA = -\int_A xydA = -I_{xy} \quad \cdots(4.23)$$

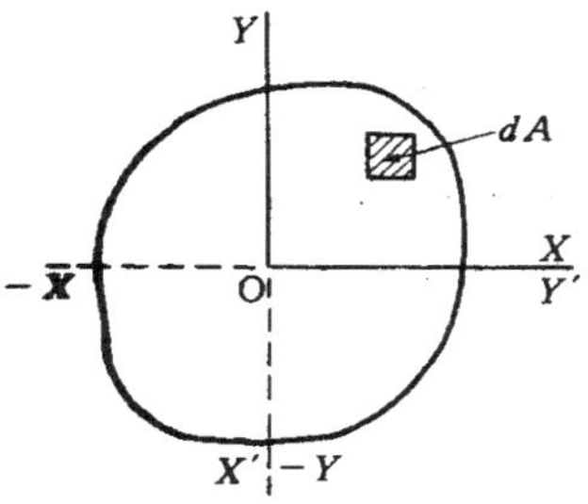

그림 4-17 관성상승모멘트의 좌표변환

② **도심주축** : 관성상승모멘트는 연속함수인 이상 그 값이며 반드시 0이 되는 방향이 존재한다(식4.23 참조). 이 방향의 축이 주축이며 도심은 좌표의 원점으로 잡는다면 이 주축을 도심주축(centroid primlipal axis)이라고 한다.

2 평행축정리

그림 4-18과 같은 임의도형의 도심을 지나는 두축 X 및 Y에 대한 관성상승모멘트의 값을 알면, 그 축들에 각각 평행한 두축 X' 및 Y'에 대한 관성상승모멘트는 평행축정리를 사용하여 다음과 같은 식을 얻을 수 있다.

$$x' = x + a \qquad y' = y + b$$

$$I_{x'y'} = \int_A x'y'dA = \int_A (x+a)(y+b)dA$$

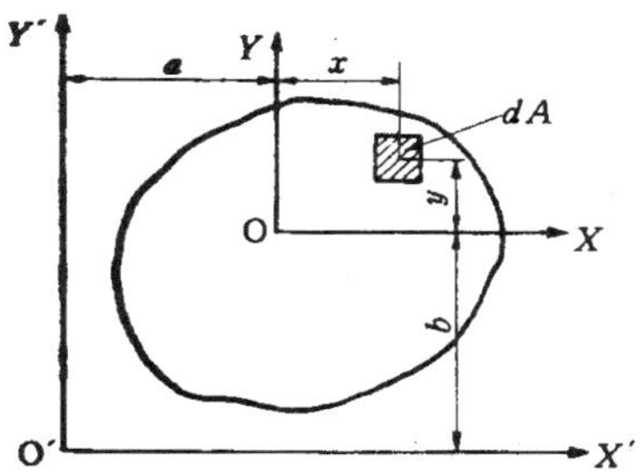

그림 4-18 관성상승모멘트의 평행축정리

$$= \int_0^A xybA + \int_0^A abdA + \int_0^A yadA + \int_0^A bxdA$$

$$= \int_0^A xydA + \int_0^A abdA + a\int_0^A ydA + b\int_0^A dA$$

도심을 지나는 단면1차모멘트는 0이므로 $\int_0^A ydA = 0$, $\int_0^A xdA = 0$을 윗 식에 대입하면 다음과 같다.

$$I_{x'y'} = I_{xy} + Aab \quad \cdots\cdots(4.24)$$

여기서, I_{xy}는 도심축에 관한 관성상승모멘트이다.

3 단면의 주축 결정

어떤 평면도형의 도심을 지나는 x, y축에 대한 관성상승모멘트(또는 단면2차모멘트) 및 관성상승모멘트는 다음과 같다.

$$\left.\begin{aligned} I_x &= \int_A y^2 dA \\ I_y &= \int_A x^2 dA \end{aligned}\right\} \quad \cdots\cdots\cdots\cdots (a)$$

$$I_{xy} = \int_A xy dA \quad \cdots\cdots\cdots\cdots (b)$$

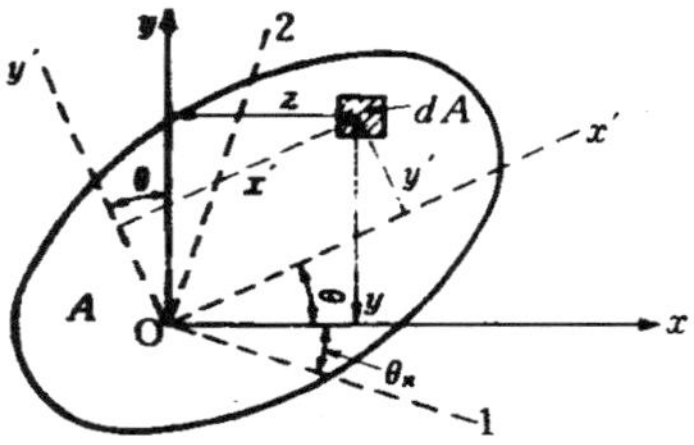

그림 4-19 단면의 주축 변환

그림 4-19와 같이 x, y축에서 점O를 중심으로 하고 반시계방향으로 θ만큼 좌표변환된 새로운 축 $x'y'$에 관한 관성모멘트 및 관성상승모멘트를 계산해 보면 다음과 같다.

(1) 변환된 두축에 대한 관성모멘트 : I

그림 4-19에서 x, y축으로부터 θ만큼 회전한 I_x', I_y'값을 이용하면 된다. 즉 θ만큼 회전했을 경우의 수직거리 $x'y'$에 관한 좌표는 다음과 같이 나타낼 수 있다. 단면 A내의 미소면적 dA의 좌표(y, x)와 (y', z') 사이의 관계는

$$\left.\begin{aligned} y' &= y\cos\theta - x\sin\theta \\ x' &= x\cos\theta + y\sin\theta \end{aligned}\right\} \quad \cdots\cdots\cdots\cdots (c)$$

① x'축에 대한 관성모멘트 : I_x'

$$\begin{aligned} I_x' &= \int_A y'^2 dA = (y\cos\theta - x\sin\theta)^2 dA \\ &= \int_0^A y^2\cos^2\theta\, dA + \int_0^A x^2\sin^2 dA - 2\int_0^A xy\sin\theta\cos dA \\ &= I_x\cos^2\theta + I_y\sin^2\theta - 2I_{xy}\sin 2\theta \\ &= \frac{1}{2}(I_x + I_y) + \frac{1}{2}(I_x - I_y)\cos 2\theta - I_{xy}\sin 2\theta \quad \cdots\cdots\cdots\cdots (4.25) \end{aligned}$$

윗 식들은 삼각함수의 가법정리에 의해서

$$\cos^2\theta = \frac{1}{2}(1+\cos 2\theta), \quad \sin^2\theta = \frac{1}{2}(1-\cos 2\theta), \quad 2\sin^2\theta\cos\theta = \sin 2\theta$$

를 이용했다.

② **y'축에 대한 관성모멘트** : I_y'

$$I_y' = \int_A x'^2 dA = \int_A (x\cos\theta + y\sin\theta)^2 dA$$

$$= \int_0^A x'^2 \cos^2 dA + \int_0^A y^2 \sin^2\theta\, dA + \int_0^A 2xy\cos\theta\sin\theta\, dA$$

$$= I_y\cos^2\theta + I_x\sin^2\theta + 2I_{xy}\sin\theta\cos\theta$$

$$= \frac{1}{2}(I_x + I_y) - \frac{1}{2}(I_x - I_y)\cos 2\theta + I_{xy}\sin 2\theta \quad \cdots\cdots (4.26)$$

(2) 두축에 관한 관성상승모멘트 : $I_{x'y'}$

$$I_{x'y'} = \int^A x'y'dA = \int_A (y\cos\theta - x\sin\theta)(x\cos\theta + y\sin\theta)dA$$

$$= \int_0^A y^2\sin\theta\cos\theta\, dA - \int_0^A x^2\sin\theta\cos\theta\, dA + \int_0^A xy(\cos^2\theta - \sin^2\theta)dA$$

$$= \cos 2\theta\int_0^A xydA + \frac{\sin 2\theta}{2}\int_0^A (y^2 - x^2)dA = \frac{1}{2}(I_x - I_y)\sin 2\theta + I_{xy}\cos 2\theta$$

$$\cdots\cdots (4.27)$$

즉 I_x, I_y, I_{xy}의 값을 알면 $I_{x'}$, $I_{y'}$, $I_{x'y'}$를 구할 수 있다.

$$I_{x'} + I_{y'} = I_x + I_y = I_P = \text{const} \quad \cdots\cdots (4.28)$$

$$I_{x'} - I_{y'} = (I_x - I_y)\cos 2\theta - 2I_{xy}\sin 2\theta \quad \cdots\cdots (4.29)$$

윗 식에서 θ만큼 회전환 x', y'축의 관성모멘트의 합은 직교축 x, y의 관성모멘트의 합과 일치하며, 점O에 대한 극관성모멘트(I_P)와 같다는 것을 알 수 있다.

(3) 주축의 방향

주축에 대한 관성상승모멘트(I_{xy})는 0이므로 주축의 방향을 구하여 보면 다음과 같다. $I_{y'}$, $I_{x'}$의 최대 · 최소값을 찾아보면(이때의 θ값을 θ_n이라 하면)

$$\frac{1}{2}(I_{xy} - I_y)\sin 2\theta + I_{xy}\cos 2\theta = 0$$

$\dfrac{dI_{y'}}{d\theta} = 0$일 때

$$(I_x - I_y)\sin 2\theta + 2I_{xy}\cos 2\theta = 0$$

$$(I_x - I_y)\sin 2\theta = -2I_{xy}\cos 2\theta$$

$$\therefore \tan 2\theta_n = \frac{2I_{xy}}{(I_x - I_y)} = -\frac{2I_{xy}}{(I_x - I_y)} \quad \cdots\cdots (4.30)$$

즉, 윗식은 관성상승모멘트가 0이 되는 $x'y'$축의 방향을 결정하는 식이다. 한편, $2\theta_n$의 값은 2π 사이에 2개 있으며 π를 사이에 두고 있다. 따라서 θ_n를 $\frac{\pi}{2}$간격으로 2개의 값이 서

로 직교하고 $I_{x'}$, $I_{y'}$를 최대, 최소로 한다. θ는 그림에서 반시계방향으로(제1상한) 잡았음에 유의하면 −값일 때는 시계방향으로 생각해야 한다.

(4) 주축에 대한 주단면 2차모멘트

평면도형의 주축에 대한 단면2차모멘트(관성모멘트)를 주단면2차모멘트 또는 주관성모멘트(principal moment of inertia)라고 하고, $I_{x'}(I_1)$ 값이 최대일 때 $I_{y'}(I_2)$는 최소값이며 이것의 축(1.2축)을 관성주축(principal axis of inertia)이라고 한다. 또한 I_x', I_y'를 주단면2차모멘트라고도 한다. 한편 식(4.30)에서

$$\sec^2 2\theta = 1 + \tan^2 2\theta = \frac{(I_y - I_x)^2 + 4I_{xy}^2}{(I_y - I_x)^2}$$

따라서

$$\cos 2\theta = \frac{I_y - I_x}{\sqrt{(I_y - I_x)^2 + 4I_{xy}^2}}, \quad \sin 2\theta = \frac{2I_{xy}}{\sqrt{(I_y - I_x)^2 + 4I_{xy}^2}}$$

윗 식을 식(4.25), (4.26)에 대입하면

$$I_{\max} = \frac{1}{2}(I_y + I_y) + \frac{1}{2}\sqrt{(I_y - I_y)^2 + 4I^2_{xy}} \quad \cdots\cdots (4.31)$$

$$I_{\min} = \frac{1}{2}(I_y + I_y) - \frac{1}{2}\sqrt{(I_y - I_y)^2 + 4I^2_{xy}} \quad \cdots\cdots (4.32)$$

또는 θ_n의 값을 식(4.25), (4.26)에 대입하면

$$\left.\begin{matrix} I_{\max}(I_1) \\ I_{\min}(I_2) \end{matrix}\right\} = \frac{1}{2}(I_x + I_y) \pm \sqrt{\left(\frac{I_x - I_y}{2}\right)^2 + I^2_{xy}} \quad \cdots\cdots (4.33)$$

식(4.31)~(4.33)은 주축에 대한 주단면2차모멘트로 최대값과 최소값을 뜻한다.

$$\therefore I_{\max} + I_{\min} = I_y + I_y = \text{일정}$$

$$I_{\max} \times I_{\min} = I_x I_y - I^2_{xy} = \text{일정}$$

그러므로 점O를 통하는 임의의 직교축에 관한 단면2차모멘트의 합과 곱은 일정하다.

$I_{x'y'} = 0$일 때

$$\therefore \tan 2\theta_n = \frac{2I_{xy}}{I_x - I_y}$$

다시 정리하면 임의의 직교축 x, y축을 θ만큼 방향을 전환시킨 x', y' 축의 상승모멘트가 0이 될 때 $(I_{x'y'} = 0)$이 x', y' 축에 관한 I_x', I_y'는 최대, 최소가 되어 즉(I_1, I_2) 주관성모멘트가 되며, 이러한 x', y' 축을 주축이라고 한다(1축과 2축).

① 점O가 도심일 때는 이 x', y'를 도심주축(centroidal principal axis)이라 한다.

② 대칭축의 상승모멘트는 0이므로 이 대칭축과 직교하는 축들은 모두 이 단면의 주축이 된다.

③ 별도 언급이 없으면 주축은 도심주축을 뜻한다.

④ 보(beam)의 중심축(x축)과 단면의 주축을 포함하는 평면은 굽힘의 주면(principal plane of bending)이 된다.

(5) 모어 원(Mohr's circle)을 이용한 주단면 2차모멘트

모어원에서 σ와 τ 등과 같이 I와 I_{xy}로 대응됨을 알 수 있다(그림 4-20 참조). 따라서 모어의 관성원으로 I_1, I_2를 구할 수 있고 I_{xy}의 최대값 및 최소값 방향도 모어원과 같은 방법으로 유도할 수 있다.

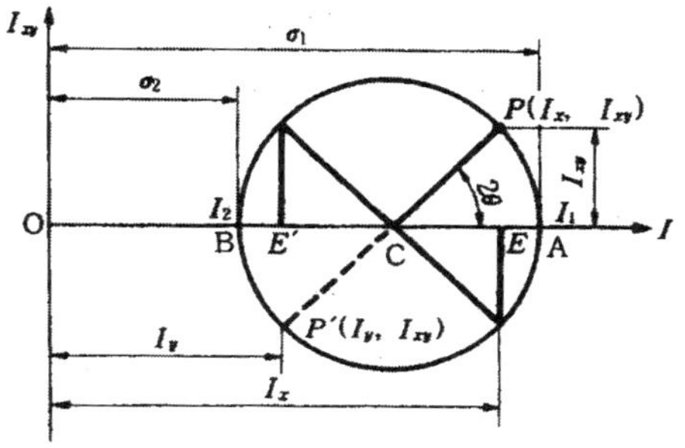

그림 4-20 모어의 관성원

① **주단면 2차모멘트**

$$\sigma_1 = \overline{OC} + \overline{CA}, \qquad \sigma_2 = \overline{OC} - \overline{CB} = \overline{OC} - \overline{CA}$$

$$\overline{EE'} = I_x - I_y, \qquad \overline{CE} = \frac{\overline{EE'}}{2} = \frac{I_x - I_y}{2}$$

$$\overline{CA} = \overline{CP} = \sqrt{\overline{CE}^2 + \overline{EP}^2} = \sqrt{\left(\frac{I_x - I_y}{2}\right)^2 + I_{xy}^2}$$

$$\overline{OC} = \overline{OE'} + \overline{E'C} = I_y + \frac{I_x - I_y}{2} = \frac{I_x + I_y}{2}$$

$I_{\max} = \sigma_1$, $\quad I_{\min} = \sigma_2$이므로

$$\left.\begin{matrix} I_{\max}(\sigma_1) \\ I_{\min}(\sigma_2) \end{matrix}\right\} = \frac{1}{2}(I_x + I_y) \pm \frac{1}{2}\sqrt{(I_x - I_y)^2 + 4I_{xy}^2} \qquad \cdots\cdots (4.34)$$

이 때 방향은 주축과 45°이고 $I_{\max}$과 $I_{\min}$는 시계방향이다. 윗식은 (4.31), (4.32)와 같다.

② **주단면 2차모멘트가 생기는 주축 위치**

$$\tan 2\theta = \frac{\overline{EP}}{\overline{CE}} = \frac{I_{xy}}{\dfrac{I_x - I_y}{2}} \qquad \therefore \tan 2\theta = \frac{2I_{xy}}{I_x - I_y} \qquad \cdots\cdots (4.35)$$

이 식은 (4.30)과 같다.

예제문제

01 그림과 같은 직사각형단면에 대해서 X, Y축에 대한 관성상승모멘트 I_{XY}를 구하라.

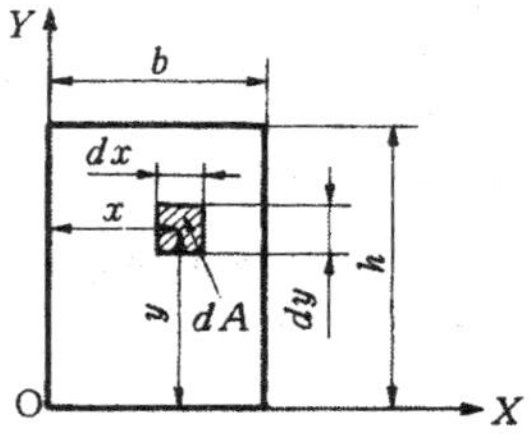

해설 $I_{XY}=\int_A xy\,dA=\int_0^b\int_0^h xy\,dx\,dy$

$$=\int_0^b x\,dx\cdot\int_0^h y\,dy$$

$$=\left[\frac{x^2}{2}\right]_0^b\times\left[\frac{y^2}{2}\right]_0^h$$

$$=\frac{1}{4}b^2h^2$$

그런데 이 문제는 xy의 대칭축에 관한 $I_{xy}=0$(도심축 xy에 관한 것)이므로, 상승모멘트에 관한 평행축 정리를 적용하면

$$I_{XY}=I_{xy}+\overline{xy}A$$

$$=0+\frac{h}{2}\cdot\frac{b}{2}\cdot bh=\frac{1}{4}b^2h^2$$

02 높이 h, 폭이 b인 직삼각형 단면의 도심축에 관한 관성상승모멘트 I_{xy}를 구하라.

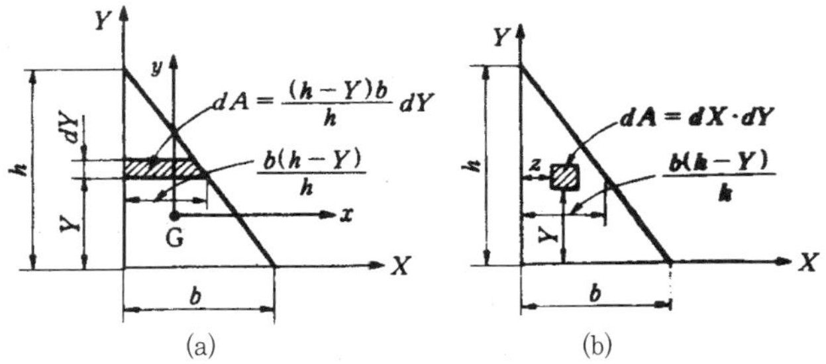

해설 기초정리의 식 $I_{XY}=I_{xy}+\overline{XY}\cdot A$에서

$$I_{xy}=I_{XY}-\overline{XY}\cdot A \quad (\text{단, } \overline{Y}=\frac{h}{3},\quad \overline{X}=\frac{b}{3}\text{이다.})$$

먼저 I_{XY}를 구하려면 그림 (a)의 미소면적에 대하여

$$dI_{XY}=0+[Y]\left[\frac{b(h-Y)}{2h}\right]dA=[Y]\left[\frac{b(h-Y)}{2h}\right]\left[\frac{b(h-Y)dY}{h}\right]=\frac{b^2}{2h^2}(h-Y)^2\,YdY$$

$$I_{XY}=\frac{b^2}{2h}\int_0^h(h-Y)^2dY=\frac{1}{24}b^2h^2$$

또는

$$I_{XY} = \int_A XY\,dA = \int_0^h \int_0^{\frac{(h-Y)}{h}b} XY\,dX\,dY = \int_0^h Y\left\{\frac{X^2}{2}\right\}_0^{b\frac{(h-Y)}{h}} dY$$

$$= \frac{b^2}{2h^2}\int_0^h (h^2Y^2 - 2hY^2 + Y^3)\,dY = \frac{1}{24}b^2h^2$$

이때 도심축의 상승모멘트 I_{xy}는

$$I_{xy} = I_{XY} - \overline{XY}\cdot A = \frac{b^2h^2}{24} - \left(\frac{b}{2}\right)\left(\frac{h}{3}\right)\left(\frac{bh}{2}\right) = -\frac{b^2h^2}{72}$$

03 4분원에서 직교하는(반지름 r) 두 반지름에 관한 관성상승모멘트 I_{XY}를 구하라.

해설 I_{XY}는 극좌표, 직각좌표 및 평행축정리를 이용해서 각각 구할 수 있다.

(1) 극좌표를 이용하여 I_{XY}를 구하는 방법[그림 (1) 참조]

$$X = \rho\cos\theta, \qquad Y = \rho\sin\theta$$

$$\therefore I_{XY} = \int XY\,dA = \int_0^{\frac{\pi}{2}}\int_0^r (\rho\cos\theta)(\rho\sin\theta)\rho\,d\rho\,d\theta$$

$$= \int_0^{\frac{\pi}{2}}\left[\frac{\rho^4}{4}\right]_0^r \frac{1}{2}\sin 2\theta\,d\theta = \frac{r^4}{8}\left[-\frac{1}{2}\cos 2\theta\right]_0^{\frac{\pi}{2}} = \frac{r^4}{8}$$

(2) 직각좌표를 이용하여 I_{XY}를 구하는 방법[그림 (2) 참조]

$$I_{XY} = \int XY\,dA = \int_0^r \int_0^{\sqrt{r^2-Y^2}} XY\,dY\cdot dX$$

$$= \int_0^r \left[\frac{1}{2}X^2\right]_0^{\sqrt{r^2-X^2}} Y\,dY$$

$$= \frac{1}{2}\int_0^r (r^2 - Y^2)\,Y\,dY = \frac{r^4}{8}$$

(3) 평행축정리를 이용하여 I_{XY}를 구하는 방법

그림 (3)에서 Y 위치에 미소면적(사각형)을 고려한다면

$$dI_{XY} = 0 + (Y)\left(\frac{\sqrt{r^2-Y^2}}{2}\right)\left(\sqrt{r^2-Y^2}\,dY\right)$$

$$\therefore I_{XY}\int_0^r \frac{1}{2}(r^2 - Y^2)\,Y\,dY = \frac{r^4}{8}$$

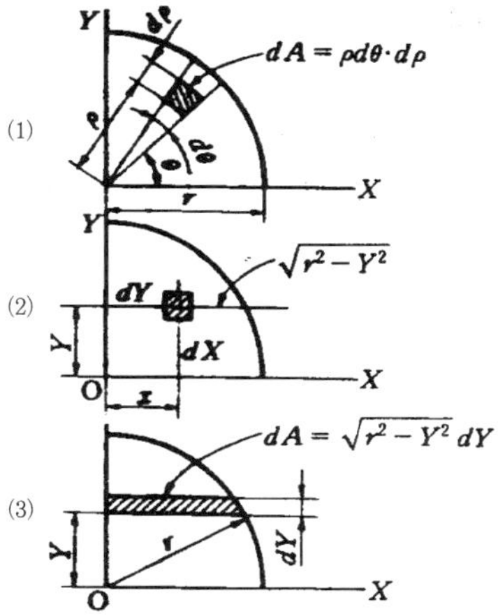

04 그림과 같은 L형 단면에서 점O를 원점으로 하는 주축과 주단면 2차모멘트를 구하고, 또한 도심을 지나는 주축에 대한 주단면 2차모멘트와 최소회전반경을 구하라.

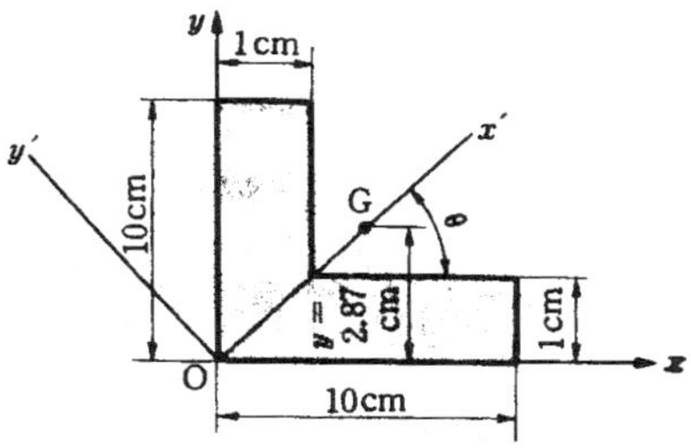

해설 (1) x, y축에 대한 단면2차모멘트와 단면상승모멘트

$$I_x = I_y = \frac{1\times 10^3}{3} + \frac{9\times 1^3}{3} = 336.3\text{cm}^4$$

$$I_{xy} = \frac{1^2\times 10^2}{4} + \frac{1^2\times 10^2}{4} - \frac{1^2\times 1^2}{4} = 49.75\text{cm}^4$$

(2) 주축의 위치를 나타내는 각 θ

$$\tan 2\theta = \frac{2I_{xy}}{I_y - I_x} = \frac{2\times 49.75}{336.3 - 336.3} = \infty$$

$\therefore 2\theta = 90°$ $\therefore \theta = 45°$

(3) 주단면 2차모멘트

$$I_{\max} = \frac{1}{2}(I_x + I_y) + \frac{1}{2}\sqrt{(I_x - I_y)^2 + 4I_{xy}^2}$$

$$= \frac{1}{2}(336.3 + 336.3) + \frac{1}{2}\sqrt{(336.3 - 336.3)^2 + 4\times(49.75)^2} = 386.2\text{cm}^4$$

$$I_{\min} = \frac{1}{2}(I_x + I_y) - \frac{1}{2}\sqrt{(I_x - I_y)^2 + 4I_{xy}^2}$$

$$= \frac{1}{2}(336.3 + 336.3) - \frac{1}{2}\sqrt{(336.3 - 336.3)^2 + 4\times(49.74)^2} = 286.6\text{cm}^4$$

(4) 도심을 지나는 주축에 대한 주단면 2차모멘트 : 도심의 위치는 x'축 상에 있고 그 좌표 y값은

$$\bar{y} = \frac{10\times 1\times 5 + 9\times 1\times 0.5}{10\times 1 + 9\times 1} = 2.87\text{cm} = \bar{x}$$

따라서 원형 O에서 도심 G까지의 거리는

$$\text{OG} = \sqrt{\bar{x}^2 + \bar{y}^2} = \sqrt{2.87^2 + 2.87^2} = \sqrt{16.47} = 4.06\text{cm}$$

$$\therefore I_{y'} = I_{\max} - A\cdot(\text{OG})^2 = 386.2 - 19\times(4.06)^2 = 72.9\text{cm}^4$$

(5) 최소회전반지름 : k

$$k = \sqrt{\frac{I_{y'}}{A}} = \sqrt{\frac{72.9}{19}} = \sqrt{3.84} = 1.96\text{cm}$$

Chapter

05

축의 비틀림

Torsion of Axis

Section 01 원형단면봉의 비틀림 강도

본장에서는 비틀림(torsion or twisting)을 받으면서 원형단면을 갖고 있는 기계의 축 또는 회전축의 응력과 변형률에 관계되는 식을 유도하며, 임의의 단면에 관한 비틀림에 대해서도 고려해 보기로 하자.

1 원형단면축의 비틀림 응력

그림 5-1처럼 원형단면봉의 한 단을 고정시키고, 또 다른 한 단의 봉의 축선에 수직인 면내에 관해 우력(couple) T를 가한다면, 일정한 크기의 서로 다른 우력이 생기므로 봉은 축선 둘레에 비틀려져 봉 내부에 비틀림응력(torsional stress)이 발생하게 된다. 이런 경우 가해졌던 우력을 비틀림 모멘트(torsional moment or twisting moment)라고 한다.

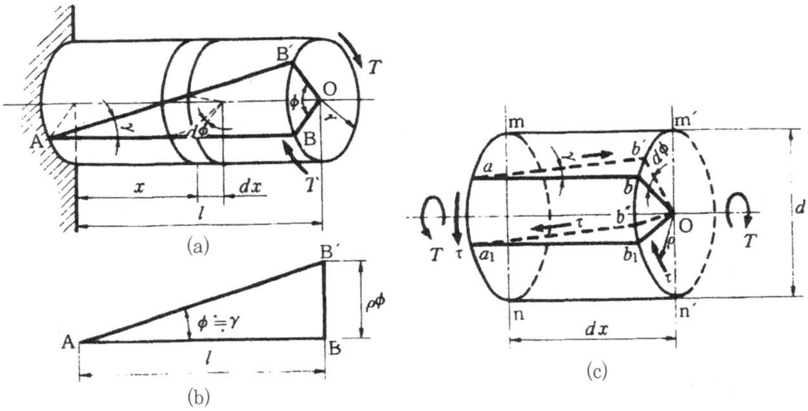

그림 5-1 원형단면축의 비틀림과 전단응력

따라서 가로단면은 비틀림 후에도 원형을 유지하며, 비틀림의 정도가 그다지 크지 않을 경우에는 봉의 지름 및 길이는 변하지 않는다고 가정할 수 있다. 그러므로 봉의 표면에 축선으로 평행하게 그으면 모선 AB는 봉이 비틀림과 함께 AB′로 이동해서 나선(helix)를 형성하지만, 단면의 반지름 OB는 직선 그대로 OB′로 변위시켜 $\angle BOB' = \phi$의 각을 이룬다. 이 ϕ 각을 비틀림각(angle of torsion)이라고 한다. 나선 AB′를 전개하면 직선으로 되기 때문에 $\angle BAB' = \gamma$, 봉의 지름을 d, 반지름을 r, $BB' = \rho\phi$가 되어

[그림 5-1(a)]

$$\tan\gamma \fallingdotseq \gamma = \frac{\mathrm{BB'}}{\mathrm{AB}} = \frac{\rho\phi}{l} \quad \cdots\cdots (5.1)$$

가 된다.

(1) 전단변형률 : γ

그림 5-1(b)에서처럼 미소요소를 다시 생각하면 비틀림을 받는 동안 점 b_1, b는 각각 $b''b'$로 이동하여, 이 요소는 순수전단상태에 있고 그 전단변형률 γ은 다음과 같이 표시된다.

$$\gamma = \frac{bb'}{ab} = \frac{\rho d\phi}{dx} = \rho\theta \quad \cdots\cdots (5.2)$$

여기서, $\dfrac{d\phi}{dx}$: 비틀림각 ϕ의 변화율

$\theta = \dfrac{d\phi}{dx}$: 단위길이당의 비틀림각(angle of twist per unit length)

일반적으로 ϕ와 $d\phi/dx$는 x의 함수이다.

모든 단면이 같은 크기의 비틀림을 받는 경우 변화율 $d\phi/dx$는 봉의 길이방향에 따라 일정하므로 $\theta = \phi/l$가 되며 식(5.2)는 순수비틀림의 식으로서

$$\gamma = \rho\theta = \frac{\rho\phi}{l} \quad \cdots\cdots (5.3)$$

로 표현되면 식(5.1)과 일치하게 된다.

(2) 전단응력

전단변형률 및 전단응력은 축의 중심으로부터 반지름방향의 거리 ρ에 따라 선형적으로 변하며, 그들의 최대값은 바깥표면 위에 존재함을 의미한다. 이 응력분포가 그림 5-2(a)에 나타나 있다. 그림 (b)에서 반지름 ρ의 미소원환에 작용하는 전단력에 ρ를 곱한 것이 비틀림모멘트가 된다.

$$\tau = G\gamma = G\rho\theta \quad \cdots\cdots (5.4)$$

여기서, G : 가로탄성계수

① **비틀림 모멘트**(torsional moment) : T

$$T = \int_0^r (\tau \cdot dA) \cdot \rho = \int_0^r G\rho\theta\, dA \cdot \rho = G\theta \int_0^r \rho^2 dA = G\theta \cdot I_P \quad \cdots\cdots (5.5)$$

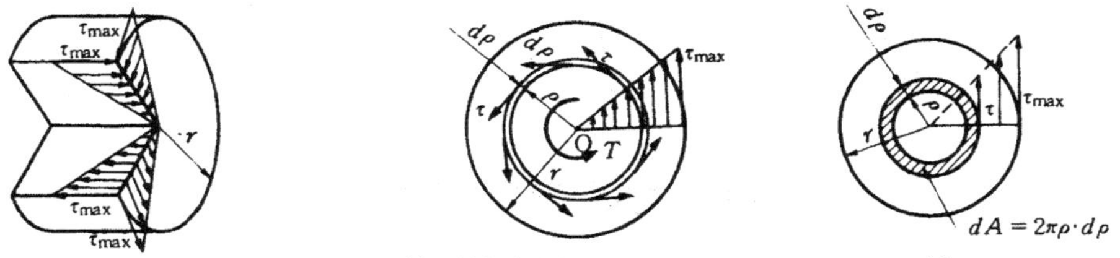

(a) 전단응력의 분포도 (b) 횡(가로)단면의 전단응력의 분포 (c)

그림 5-2 원형단면봉의 비틀림 응력분포

여기서, $\tau \cdot dA$: 미소원환의 전단력

I_P : 원형단면의 극관성모멘트($I_P = \int \rho^2 dA$)

한편 원형단면에 대한 I_P는 축의 지름을 $d = 2r$로 한다면

$$I_P = \frac{\pi d^4}{32} = \frac{\pi r^4}{2} \qquad \therefore\ T = \tau \frac{\pi}{16} d^3 \quad \cdots\cdots (5.6)$$

여기서, $d = \sqrt[3]{\frac{16T}{\pi\tau}}$: 동력축의 지름

② **단위길이당의 비틀림각**(angle of twist) : θ

$$\theta = \frac{\phi}{l} = \frac{T}{GI_p} = \frac{32T}{\pi d^4 G} \quad \cdots\cdots (5.7)$$

$$GI_P = \frac{T}{\theta} \quad \cdots\cdots (5.8)$$

이 GI_P는 1rad를 비트는 토크(torque)값을 표시하므로 비틀림 강성도(torsional stiffness)라고 한다.

③ **전체길이의 비틀림각** : ϕ

$d\phi = \frac{\gamma}{r} dx = \frac{\tau}{G}\frac{dx}{r}$ 에서

$$d\phi = \frac{T}{G}\frac{dx}{I_P}$$

T 및 I_P가 일정할 경우라면

$$\phi = \frac{1}{G}\int_0^l \frac{T}{I_P} dx = \frac{T}{GI_P}\int_0^l dx = \frac{Tl}{GI_P} = \frac{32Tl}{G\pi d^4} \quad \cdots\cdots (5.9)$$

또는

$$\frac{\phi}{l} = \frac{T}{GI_P}, \qquad I_P = \frac{\pi d^4}{32}$$

④ **전단응력 및 비틀림모멘트**

일반적으로

$$\tau = \frac{T}{I_P}\rho \quad \cdots\cdots (5.10)$$

에서

$$\therefore \tau_{max} = \frac{T}{I_P}r = \frac{T16}{Z_P \pi d^3}T \quad \cdots\cdots (5.11)$$

$$\therefore T = \frac{\pi d^3}{16}\tau_{max} = \tau_{max} \cdot Z_P \quad \cdots\cdots (5.12)$$

여기서, $Z_P = \frac{I_P}{r}$: 비틀림의 단면계수(torsional section modulus)

2 중공원형단면봉의 비틀림

중공원형단면봉(hollow circular section bars)은 중실원형단면봉보다 비틀림 하중을 저항하는데 매우 유리하다. 중실단면봉의 최대전단응력은 바깥표면에 작용하지만 그 중심에는 영(zero)이다. 그러므로 중실단면봉의 재료 대부분은 그 허용전단응력을 받고 있다. 중량의 절감이나 재료의 절약을 고려해야 할 경우에는 중공축을 사용하는 것이 유리하다.

중공원형단면봉에 비틀림이 있을 경우 그림 5-3처럼 전단응력은 중심으로부터 거리에 비례한다.

① **중공원형축의 비틀림 모멘트** : T

$$I_P = \frac{\pi}{32}(d_2^4 - d_1^4) \quad \cdots\cdots (5.13)$$

$$\therefore T = \frac{\pi(d_2^4 - d_1^4)\tau}{16 d_2} \quad \cdots\cdots (5.14)$$

여기서, d_1 : 중공원형단면봉의 안지름

d_2 : 중공원형단면봉의 바깥지름

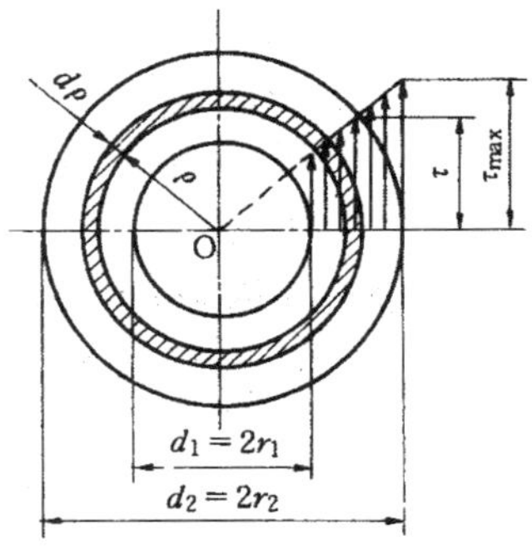

그림 5-3 중공원형단면봉의 비틀림응력

② **중공원형단면봉의 전단응력** : τ

$$\tau = \frac{16 d_2 T}{\pi(d_2^4 - d_1^4)} \quad \cdots\cdots (5.15)$$

③ **중공원형단면봉에 관한 비틀림각**(torsional angle) : ϕ

$$\phi = \frac{Tl}{GI_P} = \frac{32\,Tl}{\pi(d_2^4 - d_1^4)G} \quad \cdots\cdots (5.16)$$

3 동력축의 계산

동력축은 비틀림모멘트, 즉 토크(torque)에 의해서 회전하여 동력(power)을 전달하는 것이다. 원동기로부터 전달하는 토크는 부동이므로 평균토크를 Tkg · cm, 각속도를 ωrad/sec, 회전수 N(rpm), 전달마력을 HP라고 하면 1초간에 전달하는 일(work)는 $T\omega$kg · cm가 된다.

(1) 동력축의 토크 : T

동력(power)을 전달한 축이 비틀림모멘트 T를 받아 각속도 ω로 회전하고 있다면

① **전달동력** : P

$$P = T\omega, \quad \omega = \frac{2\pi N}{60}\text{rad/sec} \qquad \therefore P = T\omega = \frac{2\pi NT}{60} \quad \cdots\cdots (5.17)$$

여기서, N은 전달축의 매분회전수(rpm)이다.

② **동력축의 토크** : T

전달동력 P를 HP(ps)의 단위로 환산하면

$$1(\text{ps}) = 75(\text{kg}\cdot\text{m/sec}) = 7,500(\text{kg}\cdot\text{cm/sec})$$

$$\text{HP} = \text{T}\omega = \frac{2\pi\text{NT}}{60\times 7,500} \fallingdotseq \frac{\text{NT}}{71,620}(\text{ps})$$

$$\therefore T = 71,620\times\frac{\text{HP}}{N}\text{kg}\cdot\text{cm} \quad \cdots\cdots (5.18)$$

즉, 비틀림모멘트(T)는 전달동력에 비례하고 회전수에 반비례함을 알 수 있다.

③ **동력축의 지름** : d

원형단면에 있어서 축의 지름 d는 식(5.6)과 식(5.18)로부터

$$T = \tau\frac{\pi}{16}d^3, \quad T = 71,620\times\frac{\text{HP}}{N}\text{kg}\cdot\text{cm}, \quad \tau\frac{\pi}{16}d^3 = 71,620\times\frac{\text{HP}}{N}$$

$$\therefore d = \sqrt[3]{\frac{71,620\times 16}{\pi\tau}\cdot\frac{\text{HP}}{N}} \fallingdotseq \sqrt[3]{\frac{365,000\text{HP}}{\tau N}}\text{cm} \fallingdotseq 71.5\sqrt[3]{\frac{\text{HP}}{\tau\text{N}}}(\text{cm})$$

한편, 중공원축일 경우에는 바깥지름을 d_2, 안지름을 d_1이라고 한다면

$$\frac{d_2{}^4 - d_1{}^4}{d_2} = \frac{16T}{\pi\tau} = \frac{16\times 71,620}{\pi}\cdot\frac{\text{HP}}{\tau N} \fallingdotseq 365,000\frac{\text{HP}}{\tau N} \quad \cdots\cdots (5.20)$$

이 되고, 중공원축의 계산에서는 d_2, d_1 중의 하나 또는 이들의 비를 주게 되는 것이다. 즉, $d_1/d_2 = x$로 놓으면

$$\therefore d_2 = \sqrt[3]{\frac{365,000}{(1-x^4)}\cdot\frac{\text{HP}}{\tau N}} = \frac{d}{\sqrt[3]{1-x^4}}(\text{cm}) \quad \cdots\cdots (5.20')$$

이 됨을 알 수 있다.

(2) 전달동력을 kW로 환산할 경우 토오크와 동력축의 지름

전달동력 P를 kW의 단위로 환산하면

$$1\text{kW} = 102\text{kg}\cdot\text{m/sec} = 10{,}200\text{kg}\cdot\text{cm/sec}$$

① **전달동력** : P

$$P = T\omega = \frac{2\pi NT}{60 \times 10{,}200} \fallingdotseq \frac{NT}{97{,}400}\text{kW} \quad \cdots\cdots (5.21)$$

② **토크**(torque) : T

$$T = 97{,}400 \times \frac{P}{N}\text{kg}\cdot\text{cm} \quad \cdots\cdots (5.22)$$

③ **동력축의 지름** : d

$$T = \tau\frac{\pi}{16}d^3, \qquad T = 97{,}400 \times \frac{P}{N}\text{kg}\cdot\text{cm}, \qquad \tau\frac{\pi}{16}d^3 = 97{,}400 \times \frac{P}{N}$$

$$\therefore\ d = \sqrt[3]{\frac{16T}{\pi\tau}} = \sqrt[3]{\frac{16 \times 97{,}400}{\pi\tau}\cdot\frac{P}{N}} \fallingdotseq 79.2\sqrt[3]{\frac{P}{\tau N}}\ \text{cm} \quad \cdots\cdots (5.23)$$

(3) 전달동력을 ft · lb로 환산할 경우 토크와 동력축의 지름

전달동력 P를 영국, 미국의 ft · lb 단위로 환산하면

$$1\text{HP (horse power)} = 550(\text{f}\cdot\text{lb/sec}) = 550 \times 60 = 33{,}000(\text{ft}\cdot\text{lb/min})$$

① **토크**(torque) : T

$$2\pi NT = 33{,}000\text{HP} \times 12 \qquad \therefore\ T = \frac{33{,}000 \times 12\text{HP}}{2\pi N} = 63{,}025\frac{\text{HP}}{N} \quad \cdots (5.24)$$

② **동력축의 지름** : d

$$T = \tau\frac{\pi}{16}d^3, \qquad T = 63{,}025\frac{\text{HP}}{N}(\text{in}\cdot\text{lb})\tau\frac{\pi}{16}d^3 = 63{,}025\frac{\text{HP}}{N}$$

$$\therefore\ d = \sqrt[3]{\frac{16T}{\pi\tau}} = \sqrt[3]{\frac{16 \times 63{,}025}{\pi\tau}\cdot\frac{\text{HP}}{N}} \fallingdotseq 8.5\sqrt[3]{\frac{\text{HP}}{\tau N}}\ (\text{in}) \quad \cdots\cdots (5.25)$$

만약 허용사용전단응력 $\tau_w = 9{,}000(\text{lb/in}^2)$이라 하면

$$d = 68.5\sqrt[3]{\frac{\text{HP}}{\tau N}} = 68.5\sqrt[3]{\frac{\text{HP}}{9{,}000N}} \fallingdotseq 3.39\sqrt[3]{\frac{\text{HP}}{N}}\ (\text{in}) \quad \cdots\cdots (5.26)$$

$$\therefore\ \text{HP} = \frac{2\pi NT}{33{,}000 \times 12} = 0.00001587NT \quad \cdots\cdots (5.27)$$

Section 02 축의 비틀림 강성도

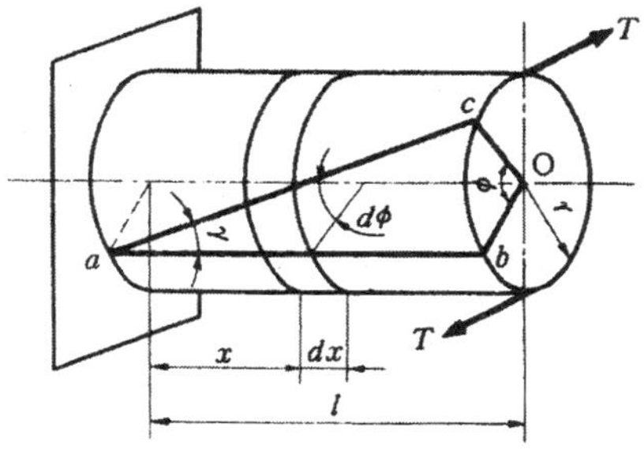

그림 5-4

지금까지 동력축을 설계하는 데 있어서 비틀림응력(torsional stress) τ를 관계시켜 비틀림강도(torsional rigidity)를 살펴보았으며, 본 절에서 설명하고자 한 축의 비틀림강성도(torsional stiffness)는 비틀림응력에 관계없이 비틀림각(twisting angle) ϕ로 설계하는 것이다.

그림 5-4에서 길이 l, 반지름 r인 축이 비틀림모멘트 T를 받을 경우, 축단의 비틀림각 ϕ를 구해보면

$\gamma = r\dfrac{d\phi}{dx}$, $\gamma = \tau / G$이므로

$$d\phi = \frac{\gamma}{r}dx = \frac{\tau}{G} \cdot \frac{dx}{r} = \frac{T}{G} \cdot \frac{dx}{I_P}$$

$$\therefore\ \phi = \frac{1}{G}\int_0^l \frac{T}{I_P}dx = \frac{T}{GI_P}\int_0^l dx = \frac{Tl}{GI_P}(\text{rad}) \quad \cdots\cdots (5.28)$$

비틀림각(twisting angle)을 라디안(radian)에서 도(degree)로 환산하면 다음과 같다. 즉

$$\phi = \frac{180°}{\pi} \times \frac{Tl}{GI_P} = 57.3 \times \frac{Tl}{GI_P}(\text{degree}) \quad \cdots\cdots (5.29)$$

윗식에서 GI_P를 비틀림강성도라 말하며, G의 큰 값을 재료로 사용한다면 지름이 클수록 비틀어지지 않는다. 한편, 축의 단위길이당 비틀림각(비틀림율) ϕ / l를 축의 강성도(stiffness of shaft)라고 하며, 전동축은 강도와 더불어 강성도를 필요로 하고 있다. 일반적인 전동축에서는 축의 길이 1m에 대하여 비틀림각을 1/4(degree) 이내로 한 것이 표준이다.

(1) 중실원축의 비틀림각(ϕ)과 지름(d)

$$I_P = \frac{\pi d^4}{32}$$

$$\phi = \frac{Tl}{GI_P} = \frac{Tl}{G\dfrac{\pi d^4}{32}} = \frac{32\,Tl}{G\pi d^4}(\text{rad}) = \frac{10.2\,Tl}{Gd^4}(\text{rad}) \quad \cdots\cdots (5.30)$$

또는

$$\phi = 57.3\frac{Tl}{GI_P}(\text{degree}) = 57.3\frac{32Tl}{G\pi d^4}(\text{degree}) = 584\frac{Tl}{Gd^4}(\text{degree}) \quad \cdots\cdots\cdots\cdots(5.31)$$

$$\therefore\ d = \sqrt[4]{\frac{32Tl}{G\pi\phi}} \quad \cdots\cdots\cdots\cdots(5.32)$$

$T = 71,620\frac{\text{HP}}{N}(\text{kg}\cdot\text{cm})$를 식(5.32)에 대입시키면

$$d = \sqrt[4]{\frac{32\times 71,620}{G\pi\phi}\cdot\frac{\text{HP}l}{N}} \fallingdotseq 30\sqrt[4]{\frac{\text{HP}l}{G\phi N}}(\text{cm}) \quad \cdots\cdots\cdots\cdots(5.33)$$

한편 전달동력(P)를 kW의 단위로 환산할 경우

$$T = 97,400\times\frac{\text{HP}'(\text{kW})}{N}\text{kg}\cdot\text{cm}$$

이므로, 윗식을 식(5.31)에 대입하면 비틀림각 ϕ는 다음과 같다.

$$\phi = 57.3\frac{Tl}{GI_P} = 57.3\times 97,400\frac{\text{HP}'(\text{kW})}{N}\cdot\frac{l}{GI_P} = 5,580,000\frac{\text{HP}'}{N}\cdot\frac{l}{GI_P}(\text{degree})$$

(2) 중공원축의 비틀림각(ϕ)과 지름(d)

중공원의 바깥지름을 d_2, 안지름을 d_1이라 하고, 지름의 비를 x라고 한다면

$$x = d_1/d_2, \qquad I_P = \frac{\pi}{32}(d_2^{\ 4} - d_1^{\ 4}) = \frac{\pi d_2^{\ 4}}{32}(1 - x^4)$$

$$\therefore\ \phi = \frac{32Tl}{\pi(d_2^{\ 4} - d_1^{\ 4})G}(\text{radian}) \quad \cdots\cdots\cdots\cdots(5.34)$$

또는

$$\phi = 584\frac{Tl}{(d_2^{\ 4} - d_1^{\ 4})G}(\text{degree}) \quad \cdots\cdots\cdots\cdots(5.35)$$

$$\therefore\ d_2 = \sqrt[4]{\frac{32Tl}{G\pi\phi(1 - x^4)}} \quad \cdots\cdots\cdots\cdots(5.36)$$

만약 $T = 71,620\frac{\text{HP}}{N}(\text{kg}\cdot\text{cm})$를 식(5.36)에 대입시킨다면

$$d_2 \fallingdotseq 29.2\sqrt[4]{\frac{HPl}{G\phi N(1 - x^4)}} \quad \cdots\cdots\cdots\cdots(5.37)$$

예제문제

01 지름이 d인 둥근봉에 비틀림모멘트 T가 작용할 때 봉의 최대전단응력 τ_{max}가 다음 식으로 됨을 증명하여라.

$$\tau_{max} = \frac{T}{Z_P} = \frac{16T}{\pi d^3}$$

해설 $\tau = Gr\theta$, $T = GI_P\theta$ 여기에서 $G\theta = T/I_P$이므로 τ는

$$\tau = \frac{T}{I_P}r = \frac{T}{I_P}\left(\frac{d}{2}\right) \quad (\because \text{ 봉이 외연에서 } r = \frac{d}{2} \text{이다.}) \cdots\cdots ①$$

또한 $I_P = \frac{\pi d^4}{32}$이므로

$$\therefore \tau_{max} = \frac{T}{\left(\frac{\pi d^4}{32}\right)}\left(\frac{d}{2}\right) = \frac{16T}{\pi d^3} = \frac{T}{Z_P} \quad (\text{단, } Z_P = \frac{I_P}{(d/2)} = \frac{\pi d^3}{16})$$

02 안지름 d_1, 바깥지름 d_2의 중공원통에 비틀림모멘트 T가 작용할 때 봉의 최대전단응력이 다음식이 됨을 증명하라.

$$\tau_{max} = \frac{T}{Z_P} = \frac{16d_2T}{\pi(d_2^4 - d_1^4)}$$

해설

$$\tau = \frac{T}{I_P}r, \quad r = \frac{d_2}{2}, \quad I_P = \frac{\pi(d_2^4 - d_1^4)}{32} \text{에서}$$

$$\tau_{max} = \frac{T}{\frac{\pi}{32}(d_2^4 - d_1^4)}\left(\frac{d_2}{2}\right) = \frac{16d_2T}{\pi(d_2^4 - d_1^4)} = \frac{T}{Z_P} \quad (\text{단, } Z_P = \frac{I_P}{(d_2/2)} = \frac{\pi(d_2^4 - d_1^4)}{16d^2})$$

03 지름 $d = 80$mm, 길이 $l = 2$m인 둥근봉에 $T = 150$(kg · m)의 토크(torque)가 작용할 때 이 축에 생기는 최대전단응력과 봉 전체의 비틀림각(twisting angle)을 구하라. (단, $G = 0.8 \times 10^4$kg/mm²로 한다.)

해설 (1) 최대전단응력 : $\tau_{max} = \frac{16T}{\pi d^3}$

$$T = 150 \times 10^2(\text{kg} \cdot \text{cm}), \quad d = 8(\text{cm}) \qquad \therefore \tau_{max} = \frac{16 \times 150 \times 10^2}{3.14 \times (8)^3} = 149.3(\text{kg/cm}^2)$$

(2) 비틀림각 : ϕ

$$\phi = \frac{32Tl}{\pi G d^4} \text{에서 } l = 200\text{cm}, \quad G = 0.8 \times 10^6(\text{kg/cm}^2)\text{이므로}$$

$$\therefore \phi = \frac{32 \times 150 \times 10^2 \times 200}{3.14 \times 0.8 \times 10^6 \times (8)^4} = 9.33 \times 10^{-3}\text{rad}$$

04 축의 강도를 기준으로 하여 축의 지름 d를 구하는 식은 다음과 같음을 증명하라.

$$d = \sqrt[3]{\frac{365,000HP}{\tau_a \cdot N}} \fallingdotseq 71.5\sqrt[3]{\frac{HP}{\tau_a \cdot N}}$$

여기서, HP : 전달마력(PS), N : 매분 회전수(rpm), τ_a : 허용전단응력(kg/cm²)

해설 $\tau_{max} = \tau_a$로 한다면 $\tau_{max} = \frac{16T}{\pi d^3}$, $d^3 = \frac{16T}{\pi \tau_a}$

$$d^3 = \frac{16T}{\pi\tau_a} = \frac{16}{\pi\tau_a} \times 71,620\frac{HP}{N} \fallingdotseq \frac{365,000HP}{\tau_a \cdot N}$$

$$\therefore d = \sqrt[3]{\frac{365,000HP}{\tau_a \cdot N}} = 71.5\sqrt[3]{\frac{HP}{\tau_a \cdot N}}$$

05 그림에서와 같이 지름 $d_1 = 2.5$cm, 길이 $l_1 = 90$cm와 지름 $d_2 = 5$cm, 길이 $l_2 = 90$cm의 부분으로 이루어진 단붙임 봉의 한단을 고정시키고 타단에 비틀림모멘트 $T = 100$(kg · cm), $G = 0.8 \times 10^4$kg/mm²로 했을 때, 봉 전체의 비틀림각과 최대전단응력을 구하라.

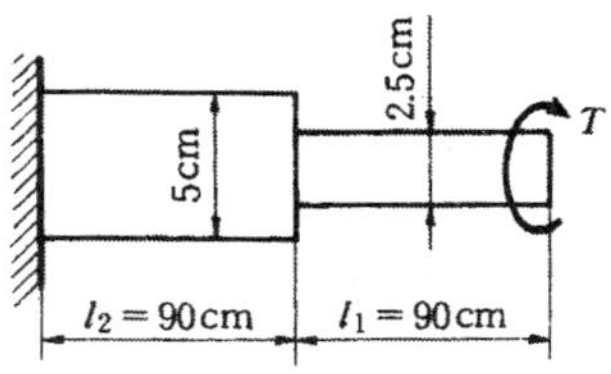

해설 (1) 봉 전체의 비틀림각 : ϕ

$$\phi = \frac{32T}{\pi G}\left(\frac{l_1}{d_1^{\,4}} + \frac{l_2}{d_2^{\,4}}\right) = \frac{32 \times 100}{\pi \times 0.8 \times 10^6}\left(\frac{90}{2.5^4} + \frac{90}{5^4}\right) = 3.12 \times 10^{-3}(\text{rad})$$

(2) 최대전단응력 : τ_{max}

$d_1 < d_2$이면 $\tau_{(max)1} > \tau_{(max)2}$가 되므로

$$\tau_{(max)1} = \frac{16T}{\pi d_1^{\,3}} = \frac{16 \times 100}{3.14 \times 2.5^3} = 32.6\text{kg/cm}^2$$

06 지름 120mm의 동력축이 매분 130회전할 때 길이 8m에 대한 비틀림각이 5°라면 이 동력축은 몇 마력을 전할 수 있겠는가? 또한 이 축에 생긴 최대전단응력을 구하라. (단, 축재료의 전단탄성계수는 $G = 8.5 \times 10^5$kg/cm²로 한다.)

해설 비틀림모멘트 $T = \frac{\pi d^4 G}{32l}\theta$이고 여기서 $d = 12$cm, $l = 800$cm, $G = 8.5 \times 10^5$kg/cm²

$\theta = 5 \times \frac{\pi}{180}$ radian를 윗식에 대입하면

$$T = \frac{\pi \times 12^4 \times 8.5 \times 10^5}{32 \times 800} \times 5 \times \frac{\pi}{180}$$

(1) 축의 전달마력 : PS

$$PS = \frac{2\pi NT}{75 \times 100 \times 60} = \frac{NT}{71,620} = \frac{130 \times \pi \times 12^4 \times 8.5 \times 10^5}{71,620} \times 5 \times \frac{\pi}{180} = 340HP$$

(2) 최대전단응력 : τ_{max}

$$\tau_{max} = \frac{16T}{\pi d^3} = \frac{16}{\pi d^3} \times 71,620 \frac{PS}{N} = \frac{365,000}{12^3} \times \frac{340}{130} = 552.4 \text{kg/cm}^2$$

07 매분 400회전으로 20PS마력을 전달시키는 길이 6m, 바깥지름 75mm, 안지름 55mm의 중공원형 축의 비틀림각 ϕ를 구하라. (단, $G = 8.4 \times 10^5$kg/cm²이다.)

해설 $T = 71,620 \frac{HP}{N} = \frac{71,620 \times 20}{400} = 3,581 \text{kg} \cdot \text{cm}$

$$I_P = \frac{\pi}{32}\left(d_2^4 - d_1^4\right) = \frac{3.14}{32}\left(7.5^4 - 5.5^4\right) = 220.8 \text{cm}^4$$

$$\phi = 57.3 \times \frac{Tl}{GI_P} = 57.3 \times \frac{3,581 \times 600}{8.4 \times 10^5 \times 220.8} = 57.3 \times 0.0116 \fallingdotseq 0.665°$$

08 매분 500rpm으로 회전하고 있는 전동축의 지름이 60mm라고 하면, 강성도를 1m에 대해 $\frac{1°}{5}$로 제한할 경우 이 축은 몇 kW를 전달시킬 수 있겠는가?
(단, $l = 150$cm, $G = 0.83 \times 10^6$kg/cm²이다.)

해설 $\phi = (5.58 \times 10^6) \frac{HP'}{N} \cdot \frac{l}{GI_P}$(degree)에서 $HP = \frac{NGI_P\phi}{(5.58 \times 10^6)}$, $I_P = \frac{\pi d^4}{32}$이므로

$HP' = \frac{\phi NG \times \pi d^4}{5.58 \times 10^6 \times 32 \times l}$에 $N = 500$rpm, $d = 60$mm$=6$cm, $\phi = \frac{1}{5}$(degree), $l = 150$cm,
$G = 0.83 \times 10^6$kg/cm²를 대입하면

$$\therefore HP' = \frac{\frac{1}{5} \times 500 \times 0.83 \times 10^6 \times 6^4 \times \pi}{5.58 \times 10^6 \times 32 \times 150} = \frac{3.38 \times 10''}{26,784} \fallingdotseq 12.6 \text{kW}$$

09 지름이 d인 원형단면축을 바깥지름이 d, 안지름이 $\frac{d}{2}$인 중공축으로 한다면 받을 수 있는 비틀림모멘트는 몇 % 정도 감소하겠는가?

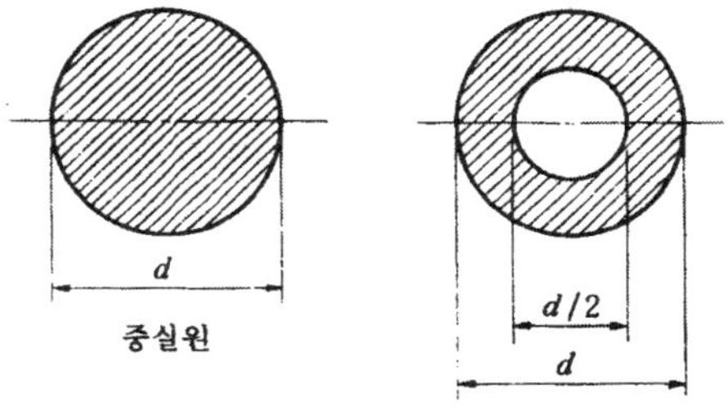

㉮ 2.25% 감소
㉯ 4.25% 감소
㉰ 6.25% 감소
㉱ 8.25% 감소

해설 이 봉의 허용전단응력을 τ_a라고 하면

• 중실원인 경우 : $T_1 = \frac{\pi}{16} d^3 \tau_a$

•중공원인 경우 : $T_2 = \frac{\pi}{16} \times \left(\frac{d_2^4 - d_1^4}{d_2} \right) \tau_a = \frac{\pi}{16} d_1^3 \left\{ 1 - \left(\frac{d_1}{d_2} \right)^4 \right\} \tau_a$

에서 $d_2 = d$, $d_1 = \frac{d}{2}$ 이므로 $T_2 = \frac{\pi}{16} d^3 \tau_a \left\{ 1 - \left(\frac{d_1}{d_2} \right)^4 \right\}$

따라서 비틀림모멘트의 감소율은

$$\frac{T_1 - T_2}{T_1} \times 100\% = \left(\frac{d_1}{d_2} \right)^4 \times 100 = \left(\frac{d/2}{d} \right) \times 100$$

$$= (12)^4 \times 100 = 0.0625 \times 100 = 6.25\% \text{ 감소}$$

10 재질이 동일하며 회전수도 같을 경우 축의 지름을 2배로 하면, 같은 강도로써 전달시킬 수 있는 동력은 몇 배로 증가될 수 있는가?

㉮ HP′ = 2HP ㉯ HP′ = 4HP
㉰ HP′ = 6HP ㉱ HP′ = 8HP

해설 $T = \frac{\pi d^3}{16} \tau = 71,620 \frac{\mathrm{HP}}{N}$ 에서 $\mathrm{HP} = \frac{\pi d^3 \tau N}{71,620 \times 16}$

그런데 축의 지름을 2배로 한다면

$$\mathrm{HP}' = \frac{\pi d^3 \tau N}{71,620 \times 16} = \frac{\pi (2d)^3 \tau N}{71,620 \times 16} = 8 \times \frac{\pi d^3 \tau N}{71,620 \times 16} = 8\mathrm{HP}$$

결국 축의 지름을 2배로 하면 전달시킬 수 있는 동력은 8배로 증가한다.

11 중실원축에 있어서 다른 조건은 동일시하고 지름을 2배로 하면 비틀림각(twisting angle)은 몇 배가 되는가?

㉮ $\frac{\phi_2}{\phi_1} = \frac{1}{4}$ 배 ㉯ $\frac{\phi_2}{\phi_1} = \frac{1}{8}$ 배
㉰ $\frac{\phi_2}{\phi_1} = \frac{1}{12}$ 배 ㉱ $\frac{\phi_2}{\phi_1} = \frac{1}{16}$ 배

해설 $\phi = \frac{Tl}{GI_P} = \frac{32Tl}{G\pi d^4}$ 에서 $\phi_1 = \frac{32Tl}{G\pi d_1^4}$, $\phi_2 = \frac{32Tl}{G\pi d_2^4} = \frac{32Tl}{G\pi (2d_1^4)}$

$\therefore \phi_2 = \frac{32Tl}{G\pi d_1^4} \cdot \frac{1}{16} = \frac{1}{16}\phi$ $\therefore \frac{\phi_2}{\phi_2} = \frac{1}{16}$ 배

12 자동차의 변속장치(transmission)와 후차륜(rear wheel) 차동장치(difference gear) 사이의 전동축으로서 바깥지름 5cm의 중공축을 사용하려고 한다. 엔진의 출력(power)이 100(PS)이고 회전수가 3,500rpm일 경우 이 전동축의 안지름(d_1)을 구하면 몇 cm가 되겠는가? (단, 변속기의 감속비는 3.5이고, 축의 허용응력 τ_a = 840kg/cm²이다.)

㉮ d_1 = 2.5cm ㉯ d_1 = 4.5cm
㉰ d_1 = 6.0cm ㉱ d_1 = 8.2cm

해설 문제에서 변속기의 감속비가 3.5이므로

• 출력축의 회전수 : $N = \frac{3,500}{3.5} = 1,000\text{rpm}$

• 비틀림모멘트 : $T = 71,620\frac{100}{1,000} = 7,162\text{kg}\cdot\text{cm}$

한편 중공원축이므로 $T \equiv \frac{\pi}{16}d_2^{\,3}(1-x^4)\tau_a = 7,162$

여기서, $x = \frac{d_1}{d_2}$: 중공원축의 내외 지름 비

$\therefore (1-x^4) = \frac{7,162\times16}{\pi d_2^{\,3}\tau} = \frac{7,162\times16}{\pi\times5^3\times840} = 0.348$ $\qquad \therefore x = \sqrt[4]{1-0.348} = 0.899$

따라서, $\therefore x = \frac{d_1}{d_2}$ 으로부터 $d_1 = xd_2 = 0.899\times5 \fallingdotseq 4.5\text{cm}$

13 지름이 $D = 30\text{cm}$의 그라인더휠(Grinder wheel)이 원주속도 $v = 25\text{m/sec}$로 회전하고 있다. 이 그라인더 동력이 3.8kW일 때 휠(wheel)의 축의 지름 d를 구하라. (단, 축재료의 허용전단응력은 $\tau_a = 300\text{kg/cm}^2$이다.)

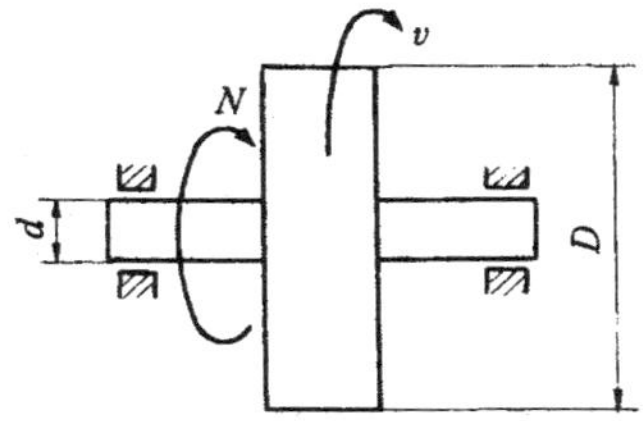

㉮ $d = 1.58\text{cm}$
㉯ $d = 3.21\text{cm}$
㉰ $d = 5.42\text{cm}$
㉱ $d = 7.18\text{cm}$

해설 $v = \frac{\pi DN}{60}$ 에서 $N = \frac{60\times2,500}{\pi\times30} = 1,590\text{rpm}$

$\therefore d = 79.2\sqrt[3]{\frac{\text{HP}'}{\tau N}} = 79.2\sqrt[3]{\frac{3.8}{300\times1,590}} \fallingdotseq 1.58\text{cm}$

14 그림과 같이 $a = 60\text{cm}$, $b = 40\text{cm}$이며 작용하는 비틀림모멘트가 $T = 1,000\text{kg}\cdot\text{mm}$일 때 작용점 m의 비틀림각 ϕ는 몇 rad인가? (단, 전단탄성계수 $G = 8\times10^3\text{kg/mm}^2$, 극단면2차모멘트는 $I_P = 600\text{cm}^4$이다.)

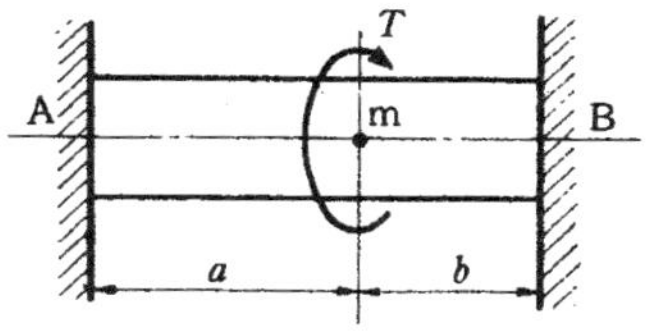

㉮ $\phi = 2\times10^{-5}\text{rad}$ ㉯ $\phi = 3\times10^{-5}\text{rad}$
㉰ $\phi = 4\times10^{-5}\text{rad}$ ㉱ $\phi = 0.5\times10^{-5}\text{rad}$

해설 일반식 $\phi = \frac{Tl}{GI_P}$ 에서 $\phi_A = \phi_B = \frac{T_A\cdot a}{GI_P} = \frac{T_B\cdot b}{GI_P}$ 이고, $T_A = \frac{T}{l}b$ 이므로

$\phi = \frac{b/l\cdot T\cdot a}{GI_P} = \frac{a\cdot b\cdot T}{GI_P l}$, $\quad I_P = 600\text{cm}^4 = 600\times10^4\text{mm}^4$

$\therefore \phi = \frac{a\cdot b\cdot T}{GI_P l} = \frac{600\times400\times1,000}{8\times10^3\times600\times10^4\times1,000} = 0.5\times10^{-5}\text{rad}$

15 그림에서와 같이 상단이 고정되어 있는 길이 110cm의 강봉 하단부에 지름 160mm의 원형판이 달려 있다. 접선방향에 $F=2$kg의 힘을 작용시킬 경우 비틀림각이 3° 정도 비틀어졌을 때, 이 강봉의 가로탄성계수 G를 구하라. (단, 강봉의 지름은 8mm이다.)

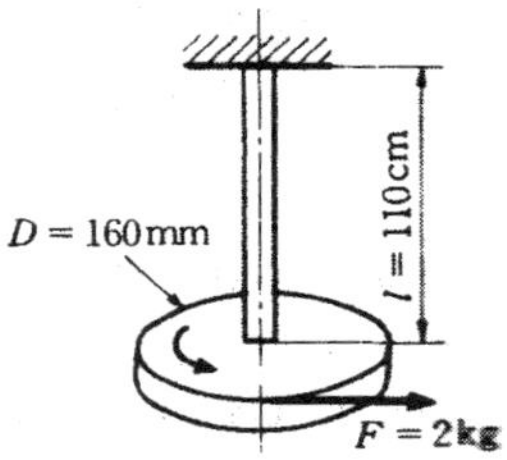

㉮ $G=6.23\times10^5\text{kg/cm}^2$

㉯ $G=8.36\times10^5\text{kg/cm}^2$

㉰ $G=10.28\times10^5\text{kg/cm}^2$

㉱ $G=12.42\times10^5\text{kg/cm}^2$

해설 $T=\frac{D}{2}\times F=\frac{16}{2}\times2=16\text{kg}\cdot\text{cm}$이고 $\phi=\frac{584Tl}{Gd^4}$에서

$$G=\frac{584Tl}{\phi d^4}=\frac{584\times16\times110}{3\times(0.8)^4}\fallingdotseq8.36\times10^5\text{kg/cm}^2$$

16 그림과 같이 양단이 고정된 축의 단붙임부에 비틀림모멘트 T가 작용할 경우, 지름이 D_1인 축과 지름이 D_2인 축에 각각 작용하는 비틀림모멘트의 비 T_1/T_2의 값은 얼마이겠는가? (단, $D_1=8$cm, $D_2=4$cm, $l_1=40$cm, $l_2=10$cm이다.)

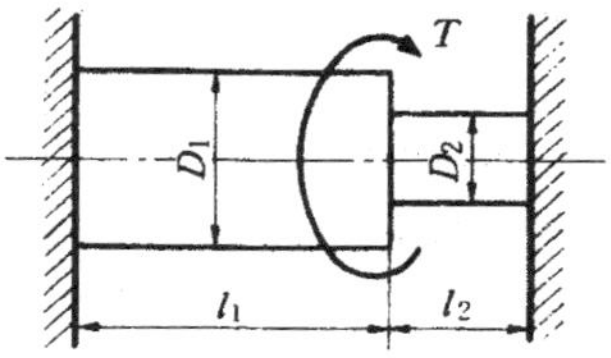

㉮ $\frac{T_1}{T_2}=1$　　㉯ $\frac{T_1}{T_2}=2$　　㉰ $\frac{T_1}{T_2}=3$　　㉱ $\frac{T_1}{T_2}=4$

해설 하중점에서 비틀림각은 같으므로 $\phi=\frac{T_1l_1}{GI_{P1}}=\frac{T_2l_2}{GI_{P2}}$에서

$$\frac{T_1}{T_2}=\frac{I_{P1}}{I_{P2}}\times\frac{l_2}{l_1}=\left(\frac{D_1}{D_2}\right)^4\times\frac{l_2}{l_1}=\left(\frac{8}{4}\right)^4\times\frac{10}{40}=4$$

Section 03 코일스프링(Coil Spring)

봉을 원통형으로 감싸인 것을 코일스프링(coil spring)이라 하고, 이 봉을 소선이라고 한다. 소선에는 원형의 가로단면인 것이 많지만 장방형단면 등도 있다. 그림 5-5에 표시한 것처럼 코일스프링의 축방향에 인장하중을 가했을 경우를 고려한다면, 하중 P가 스프링에 작용함으로써 한 일은 주로 비틀림 탄성에너지로서 스프링 재료의 내부에 저장되는 것이다.

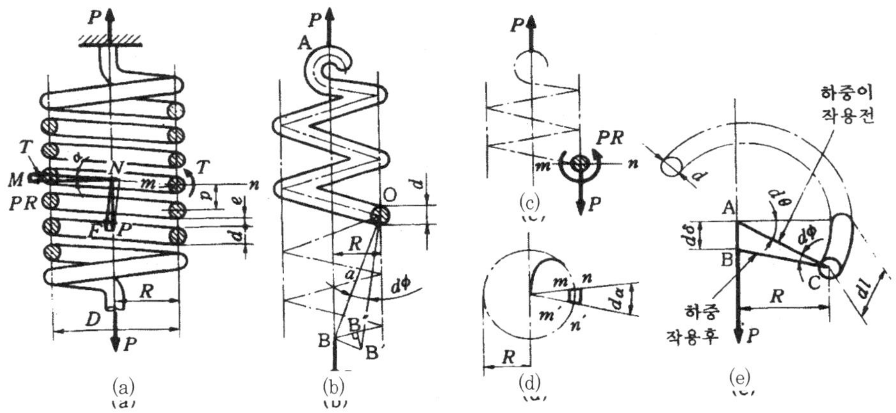

그림 5-5 코일스프링

그림에서 D : 코일의 평균지름, $m=D/d$: 스프링 지수

$R=D/2$: 평균 반지름, d : 소선의 지름, α : 피치각(pitch angle)

축하중 P를 피치각 α에 의해서 스프링이 감겨져 있는 방향의 인장하중 N과 이들에 수직인 전단력 F로 나누면

$$N=P\sin\alpha, \quad F=P\cos\alpha$$

또, 이 두 힘에 의하여 굽힘모멘트 M과 비틀림모멘트 T가 발생한다. 즉

$$M=PR\sin\alpha, \quad T=PR\cos\alpha$$

따라서 코일스프링이 축인장하중 P를 받을 때 스프링 소선에는 4개의 힘 F, N, M 및 T가 작용할 수 있지만, 보통 스프링에서는 피치각 α가 적어서(통상 $\alpha<10°$), 굽힘모멘트 M과 인장하중 N의 영향을 무시될 수 있다. 그러므로 남은 것은 전단력 F와 비틀림모멘트 T가 있지만 스프링지수 $m=D/d$가 4 이상인 경우에는 비틀림모멘트에 비해서 전단력의

영향은 대단히 적게 된다. 결국 코일스프링(coil spring)은 비틀림모멘트

$$T = PR\cos\alpha \cong PR$$

만을 받는 것으로 하여 계산하면 좋다.

1 코일(coil)이 접근하고 있는 원통스프링

(1) 코일스프링 소선에 발생하는 최대전단응력

코일이 접근하고 있으므로 $\alpha = 0$이고, 스프링 소선은 PR인 비틀림모멘트 만큼을 받고 있다고 생각하면 좋다. 그러므로 스프링 형태와 하중상태를 이상화시켜서 해석하면 다음과 같다.

비틀림모멘트(PR)에 의해서 코일스프링 소선에 생기는 최대전단응력 τ_1은 소선이 원형단면이라면

$$\tau_1 = \frac{T}{Zp} = \frac{16PR}{\pi d^3} = \frac{8PD}{\pi d^3} \quad \cdots\cdots (5.31)$$

또한 전단력 $F = P\cos\alpha \cong P$를 무시할 수 없는 경우에는 F에 의해서 일어나는 전단응력 τ_2는

$$\tau_2 = \frac{P}{A} = \frac{P}{\frac{\pi}{4}d^2} = \frac{4P}{\pi d^2} \quad \cdots\cdots (5.32)$$

그래서 그림 5-6처럼 τ_1과 τ_2는 바깥쪽에서는 반대이고, 안쪽에서는 일치하므로, 중심축에서 가장 가까운 안쪽 점 m에 최대전단응력 τ_{max}가 생간다. 즉

$$\tau_{max} = \tau_1 + \tau_2 = \frac{16PR}{\pi d^3} + \frac{4P}{\pi d^2} = \frac{16PR}{\pi d^3}\left(1 + \frac{d}{4R}\right) \quad \cdots\cdots (5.33)$$

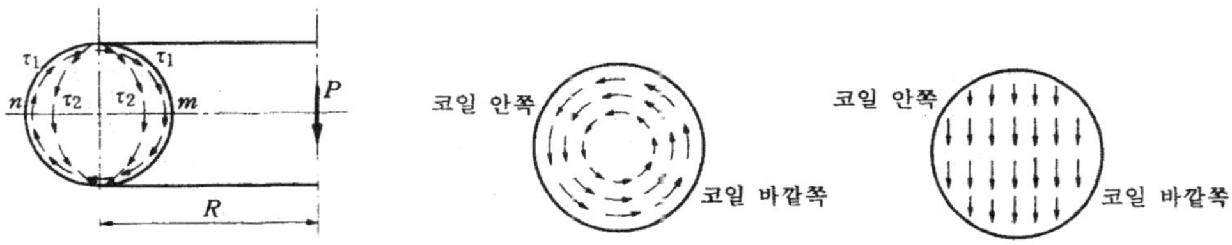

(a) 코일스프링의 전단응력 (b) 비틀림에 의한 전단응력(τ_1) (c) 일정한 전단응력(τ_2)

그림 5-6 코일스프링의 전단응력

여기서, τ_2 대신 $\tau'_{max} = \left(\frac{4}{3}\right)\tau_2$(원형단면)를 사용할 수 있지만 d/R가 적어진다면 윗식의

제2항은 제1항에 비해서 적기 때문에 어느 것을 사용한다 하여도 τ_{max}에는 큰 차이가 없다.
위에서 상술한 계산에 있어서는 코일스프링 소선을 진직봉으로 취급하였지만, 소선이 반지름 R의 원호로 굽혀져 있다는 것을 고려해서 보다 엄밀한 계산을 하고자 한다면 안쪽 점 m의 응력은 더욱이 크게 되어 다음과 같은 식으로 나타내게 된다.

$$\tau_{max} = \frac{16PR}{\pi d^3}\left(\frac{4m-1}{4m-4} + \frac{0.615}{m}\right) \quad \cdots\cdots (5.34)$$

여기서, $m = 2R/d$

코일반지름 R에 비해서 소선 d가 충분히 적을 경우에는 식(5.88)을 사용해도 충분한 정밀도로 응력을 구할 수 있지만 d/R가 그다지 적지 않을 경우에는 식(5.33)과 식(5.34)을 사용해야 한다.

(2) 축방향에 하중을 가했을 때 소선에서 비틀림각(ϕ)과 스프링의 처짐(δ)

스프링의 처점(deflection) 계산에는 코일의 비틀림만을 고려하고 전단력의 영향을 무시하는 것이 보통이다. 그림 5-5(d)에서 단면 mn과 $m'n'$ 사이에 낀 미소부분에 생기는 비틀림각은

$$\phi = \frac{Tl}{GI_P}(\text{rad})$$

의 l대신 Rda를 대치함으로써 다음과 같이 된다.

$$d\phi = \frac{Tdl}{GI_P}\frac{PR \cdot Rda}{GI_P}$$

이 비틀림으로 인해 스프링의 아랫부분은 단면 mn의 도심에 관해서 회전하여 힘 P의 작용점 B는 그림 5-5(b)에서 보는 바와 같이 길이 $ad\phi$의 원호 BB′를 그리게 된다. 이 변위의 수직성분은 다음과 같다.

$$d\delta = \text{B}'\text{B}'' = \text{BB}'\sin d\phi = \text{BB}'R/a = Rd\phi = \frac{PR^3 da}{GI_P} \quad \cdots\cdots (5.35)$$

스프링의 전체처짐은 $mnm'n'$와 같은 요소의 비틀림으로 인한 B′B″들을 이 스프링의 길이 전체에 걸쳐서 모은 것이므로 식(5.35)를 전체각 $2\pi n$에 대해서 적분하면 다음과 같이 된다.

$$\delta = \int_0^{2\pi n} d\delta = \frac{PR^3}{GI_p}da = \frac{PR^3 2\pi n}{GI_p} = \frac{PR^3 \cdot 2\pi n}{G\pi d^4/32}$$

$$= \frac{64nPR^3}{Gd^4} = \frac{8nPD^3}{Gd^4} \quad \cdots\cdots (5.36)$$

여기서, n은 코일의 권수이다.
이 처짐은 그림 5-5(e)에서도 다음과 같이 유도할 수 있다.

$$d\phi = \frac{Tdl}{GI_p} = \frac{32PR}{G\pi d^4}dl$$

$$\therefore \phi = \frac{32PRl}{G\pi d^4} = \frac{32Tl}{G\pi d^4} \quad \cdots\cdots (5.37)$$

여기서, l : 스프링 소선의 전체 길이, n : 코일의 권수이다. 그런데 $l \cong 2\pi Rn$, $T = PR$이므로

$$\phi = \frac{32PR \times 2\pi Rn}{\pi d^4 G} = \frac{64PR^2 n}{d^4 G} \quad \cdots\cdots (5.38)$$

한편

$$d\delta = Rd\phi = \frac{32PR^2}{G\pi d^4}dl \quad \cdots\cdots (5.39)$$

식(5.39)를 소선의 전체길이 $2\pi nR$에 걸쳐 적분하면

$$\delta = \int_0^{2\pi nR} \frac{32PR^2}{G\pi d^4}dl = \frac{64nPR^3}{Gd^4} = \frac{8nPD^3}{Gd^4}$$

으로 되어 식(5.36)과 일치한다. 그러므로 스프링의 처짐에 필요한 하중 P는

$$P = \frac{d^4 G\delta}{64R^3 n} \quad \cdots\cdots (5.40)$$

(3) 스프링 상수(spring constant) : k

$$k = \frac{P}{\delta} = \frac{Gd^4}{64R^3 n} = \frac{Gd^4}{8D^3 n} \quad \cdots\cdots (5.41)$$

두 스프링 상수가 서로 같으면 그 두 스프링은 같은 강도를 갖는다고 말한다. 스프링 상수 k를 변화시키려면 그 소선의 재질, 지름, 스프링의 코일의 반지름, 코일의 권수 등을 바꾸면 된다.

2 원추 코일스프링

(1) 최대전단응력

코일이 근접하여 원추형으로 감겨진 스프링에 축하중이 작용할 경우를 고려해 보자. 그림 5-24와 같이 원추 코일스프링은 반지름 r_1에서 r_2까지 n번 감겨지며 확대된 것으로 하고, 축인장하중 P에 의하여 스프링에 작용하는 최대비틀림모멘트 Pr_2가 된다. 그러므로 최대비틀림전단응력 $\tau_{\max}$은 원통스프링과 같은 방법으로

$$\tau_{max} = \frac{16Pr_2}{\pi d^3} \quad \cdots\cdots (5.42)$$

(2) 원추 코일스프링의 처짐량

그림 5-7에서 임의의 중심각 ϕ에 대한 반지름을 r라 하면, $\phi = 0$에서 $r = r_1$, $\phi = 2\pi n$에서 $r = r_2$이므로 ϕ와 r 사이를 다음 관계식으로 나타낼 수 있다. 즉

$$r = r_1 + (r_2 - r_1)\frac{\phi}{2\pi n} \quad \cdots\cdots (a)$$

스프링 소선의 단위 길이의 비틀림각을 θ_0로 하고, 소선의 길이 $rd\phi$가 비틀림을 받을 때 비틀림각은 $\theta_0 rd\phi$가 된다.

이 비틀림 각에 의해서 일어나는 코일의 신장량, 즉 처짐(deflection)은

$$d\delta = \theta_0 r^2 d\phi$$

이다. 그러므로 코일의 반지름 r_1에서 r_2까지의 전체처짐 δ는 다음과 같다.

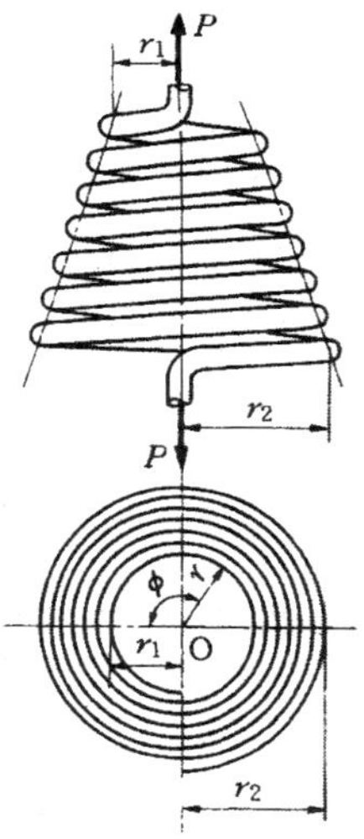

그림 5-7 원추 코일스프링

$$\delta = \int_0^{2\pi n} \theta_0 r^2 d\phi \quad \cdots\cdots (b)$$

ϕ를 r의 함수로 바꾸어야 하므로

$$r = r_1 + (r_2 - r_1)\frac{\phi}{2\pi n}$$

에서 ϕ에 관하여 미분하면

$$\frac{dr}{d\phi} = \frac{(r_2 - r_1)}{2\pi n} \qquad \therefore\ d\phi = \frac{2\pi n dr}{(r_2 - r_1)} \quad \cdots\cdots (c)$$

식(c)를 식(b)에 대입시키면 다음과 같다.

$$\delta = \int_{r_1}^{r_2} \theta_0 r^2 \frac{2\pi n dr}{(r_2 - r_1)} = \frac{2\pi n}{r_2 - r_1}\int_{r_1}^{r_2} \theta_0 r^2 dr \quad \cdots\cdots (5.43)$$

그런데 코일스프링 소선이 둥근봉이면서 지름이 d인 경우

$$\theta_0 = \frac{Pr}{GI_P} = \frac{32Pr}{G\pi d^4}$$

이므로 식(5.43)에 대입하면

$$\delta = \frac{2\pi n}{r_2 - r_1}\int_{r_1}^{r_2} \frac{32Pr}{G\pi d^4} r^2 dr$$

$$= \frac{2n}{r_1 - r_2}\cdot\frac{32P}{Gd^4}\int_{r_1}^{r_2} r^3 dr = \frac{64n}{r_2 - r_1}\cdot\frac{P}{Gd^4}\int_{r_1}^{r_2} r^3 dr$$

$$= \frac{16nP}{Gd^4}(r_1 + r_2)(r_1{}^2 + r_2{}^2) \quad \cdots\cdots (5.44)$$

이 된다. 윗식에서 $r_1 = r_2 = R = D/2$로 하면 원통 코일스프링의 처짐이 구해진다. 즉

$$\delta = \frac{64nPR^3}{Gd^4} = \frac{8nD^3P}{Gd^4}$$

그림 5-8에서 $r_1 = 0$이고, $r_2 = R = \dfrac{D}{2}$인 삼각형 원추 코일스프링이면 식(5.44)로부터 다음 식을 얻을 수 있다.

$$\delta = \frac{16nPR^3}{Gd^4} = \frac{2nPR^3}{Gd^4} \quad \cdots\cdots (5.45)$$

윗식은 삼각형의 원추 코일스프링의 처짐량을 얻을 수 있다. 이것은 코일의 평균반지름 R의 원통 코일스프링과 비교해 보면 처짐량이 1/4이 됨을 알 수 있다.

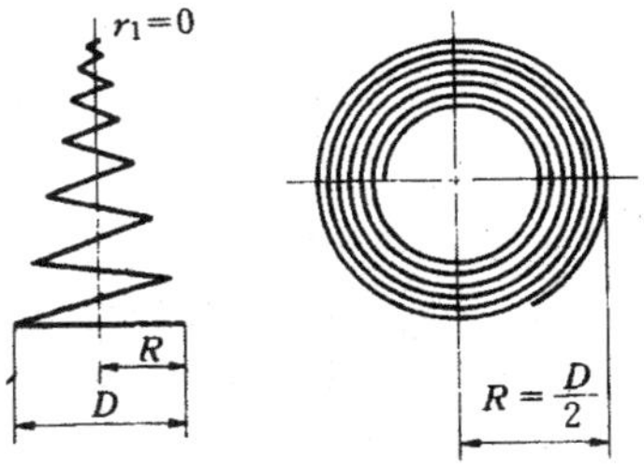

그림 5-8 삼각원추 코일스프링

예제문제

01 스프링의 평균지름 10cm, 소선의 지름 2cm, 코일의 완전권수가 10인 밀권 원통형 코일스프링에 축하중 2,600kg을 가했을 때, 스프링에 생기는 처짐(deflection)과 소선에 생기는 최대전단응력 및 저장된 전체 탄성변형에너지를 구하라. (단, 재료의 강성률을 $G = 8.3 \times 10^5$kg/cm²로 한다.)

해설 (1) 축방향의 처짐 : δ

소선의 지름을 d, 코일의 지름을 D, 완전권수를 n으로 하고, 축방향 P를 받았을 때의 처짐은

$$\delta = \frac{8nD^3P}{d^4G}$$

이므로, 주어진 수치 $D = 10\text{cm}$, $\alpha = 2\text{cm}$, $n = 10$, $P = 2{,}600\text{kg}$, $G = 8.3 \times 10^5 \text{kg/cm}^2$를 대입하면

$$\delta = \frac{8 \times 10 \times 10^3 \times 2{,}600}{2^4 \times 8.3 \times 10^5} = \frac{8 \times 2.6 \times 10^7}{1.6 \times 8.3 \times 10^6} = 15.66\text{cm}$$

(2) 최대전단응력 : τ_{max}

코일의 평균반지름을 R로 하고 최대전단응력은 소선의 외피에 생기므로

$$\tau_{max} = \frac{16RP}{\pi d^3}\left(1 + \frac{d}{4R}\right) = \frac{16 \times 5 \times 2{,}600}{\pi \times 2^3} \times \left(1 + \frac{2}{4 \times 5}\right)$$

$$= \frac{1.6 \times 5 \times 2.6 \times 2.2 \times 10^5}{\pi \times 8 \times 2 \times 10} = 9{,}103\text{kg/cm}^2$$

(3) 전체 탄성변형에너지 : U

저장된 전체 탄성변형에너지는

$$\overline{U} = \frac{\tau_{\max}^2}{4G} V = \frac{4nD^3P^2}{d^4 G} = \frac{4 \times 10 \times 10^3 \times (2,600)^2}{2^4 \times 8.3 \times 10^5} = \frac{4 \times 6.76 \times 10^{10}}{1.6 \times 8.3 \times 10^6}$$

$$= 20,360\text{kg} \cdot \text{cm} = 203.6\text{kg} \cdot \text{m}$$

02 평균지름이 6cm인 밀권 원통형 코일스프링에 80kg의 축인장하중을 가했을 때, 5cm의 신장이 발생하도록 하는데는 소선의 지름과 코일의 권수를 얼마로 하면 좋겠는가? (단, 재료의 사용전단응력을 $\tau_w = 3,500$kg/cm², 전단탄성계수 $G = 8.3 \times 10^5$kg/cm²로 한다.)

해설 (1) 소선의 지름 : d

코일스프링의 평균반지름을 R, 축하중을 P, 소선의 지름을 d, 코일스프링에 생긴 외피전단응력을 τ_1이라면

$$\tau_1 = \frac{16PR}{\pi d^3} \qquad \therefore d^3 = \frac{16PR}{\pi \tau_1}$$

외부전단응력을 사용응력으로 취한다면

$$d^3 = \frac{16PR}{\pi \tau_w} = \frac{16 \times 3 \times 80}{\pi \times 3,500} = \frac{1.6 \times 3 \times 8 \times 10^2}{\pi \times 3.5 \times 10^3} = 0.349\text{cm}^3$$

$$\therefore d = \sqrt[3]{0.349} = 0.704\text{cm}$$

(2) 코일의 권수 : n

처짐을 δ, 코일의 권수를 n, 전단탄성계수를 G라고 한다면

$$\delta = \frac{\pi n D^2 \tau_s}{dG}$$

$$\therefore n = \frac{\delta dG}{\pi D^2 \tau_w} = \frac{5 \times 0.704 \times 8.3 \times 10^3}{\pi \times 6^2 \times 3,500} = \frac{5 \times 7.04 \times 8.3 \times 10^4}{\pi \times 3.6 \times 3.5 \times 10^4} = 7.39 \fallingdotseq 8$$

03 축하중 272kg을 받고 있는 밀권 원통형 코일스프링이 있다. 코일의 평균지름이 소선지름의 8배일 때 소선지름과 코일의 평균지름을 구하라. 또한 이 스프링에 272kg의 축하중이 작용할 경우 처짐(신장)은 얼마이겠는가? (단, 스프링 탄성계수를 $G = 8.3 \times 10^5$kg/cm², 유효권수 $n = 10$으로 하며, 소선의 최대전단응력을 $\tau_{\max} = 3,500$kg/cm²로 한다.)

해설 스프링 소선의 외피에 생기는 최대전단응력은 토크(torque)를 T, 극단면계수를 $Z_p = \frac{\pi}{16} d^3$으로 한다면

$$\tau_{\max} = \frac{T}{Z_p} = \frac{PR}{\frac{\pi d^2}{16}} = \frac{16PR}{\pi d^3}$$

여기서, R : 코일스프링의 평균반지름, d : 소선의 지름, P : 축하중

문제에서 $D = 8d \qquad \therefore R = 4d$

$$\therefore \tau_{\max} \frac{64dP}{\pi d^3} = \frac{64P}{\pi d^2} \qquad \therefore d^2 = \frac{64P}{\pi \tau_{\max}}$$

주어진 수치인 $\tau_{\max} = 3,500$kg/cm², $P = 272$kg을 대입시키면

$$d^2 = \frac{64 \times 272}{\pi \times 3,500} = \frac{6.4 \times 2.72 \times 10^3}{\pi \times 3.5 \times 10^3} = 1.583 \qquad \therefore d = 1.26\text{cm}$$

또한 평균지름 D는

$$D=8d=1.26\times 8=10.1\text{cm}$$

따라서 처짐(deflection) δ는

$$\delta=\frac{8nD^3P}{d^4G}=\frac{8n(8d)^3P}{d^4G}=\frac{8^4nP}{Gd}$$

주어진 수치 $n=10$, $G=8.3\times 10^5\text{kg/cm}^2$를 대입한다면

$$\therefore\ \delta=\frac{8^4\times 10\times 272}{8.3\times 10^5\times 1.26}=\frac{4.096\times 2.72\times 10^6}{8.3\times 1.26\times 10^5}=10.7\text{cm}$$

04 그림에 표시된 것처럼 상단과 하단의 평균반지름을 각각 R_1, R_2 코일의 권수가 n인 원추형 밀권 코일스프링의 처짐 δ를 구하라.

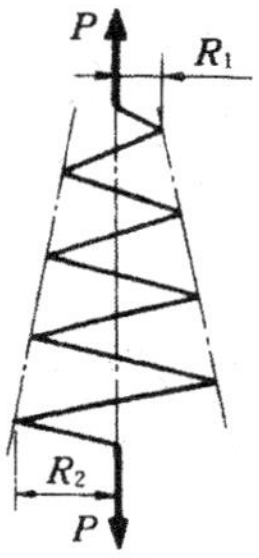

(a)

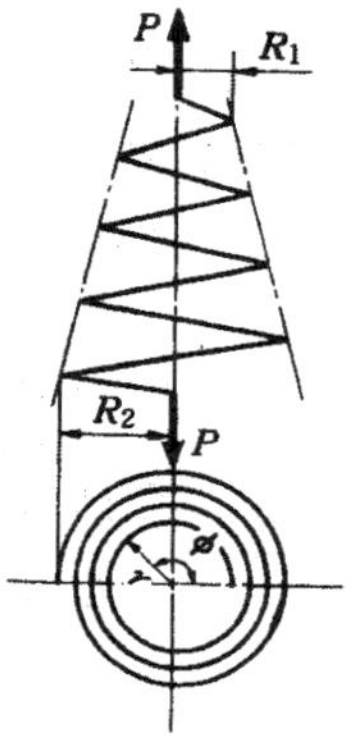

(b)

해설 그림 (a)에 있어서 코일의 임의단면에 대한 평균반지름 R는 감기는 각 ϕ에 비례하여 직선적으로 증가한다. 즉

$\phi=0$일 때 $R=R_1$

$\phi=2\pi n$일 때 $R=R_2$

가 되도록 R을 정한다면

$$R=\frac{R_2-R_1}{2\pi n}\phi+R_1 \quad \cdots\cdots ①$$

평균반지름이 R인 임의단면에 작용하는 굽힘모멘트 M, 비틀림모멘트 T는

$$M=PR\sin\alpha,\quad T=PR\cos\alpha$$

단, α는 피치각이지만, 여기에서는 밀권 스프링을 취급하고 있으므로 소선에는 비틀림모멘트

$$T=PR$$

만이 작용하고 있다고 생각하면 좋다. 그러므로 스프링에 저장된 탄성에너지 U는

$$U=\int\frac{T^2}{2GI_P}\int\frac{(PR)^2}{2GI_P} \quad \cdots\cdots ②$$

여기서, dl은 소선의 미소길이이고, $dl=Rd\phi$이다. 그러므로 식②는

$$U=\int^{2\pi n}\frac{P^2R^2}{2GI_P}\frac{P^2}{2GI_P}\int^{2\pi n}R^3d\phi \quad \cdots\cdots ③$$

식①에서

$$dR=\frac{R_2-R_1}{2\pi n}d\phi \qquad \therefore\ \phi=\frac{2\pi n}{R_2-R_1}dR$$

이므로, 식③은

$$U=\frac{P^2}{2GI_P}\int_{R_1}^{R_2}R^3\cdot\frac{2\pi n}{R_2-R_1}dR=\frac{P^2}{2GI_P}\cdot\frac{2\pi n}{R_2-R_1}\cdot\frac{R_2^{\ 4}-R_1^{\ 4}}{4}$$

$$=\frac{n\pi P^2}{4GI_P}(R_2+R_1)(R_2^{\ 2}+R_1^{\ 2}) \quad \cdots\cdots ④$$

따라서 Castigliano의 정리로부터 처짐 δ는

$$\delta=\frac{\partial U}{\partial P}=\frac{n\pi P}{2GI_P}(R_1+R_2)(R_1^{\ 2}+R_2^{\ 2}) \quad \cdots\cdots ⑤$$

여기서 코일의 전체길이를 l이라 한다면

$$l=\int dl=\int_0^{2\pi n} Rd\phi=\int_{R_1}^{R_2} R\cdot\frac{2\pi n}{R_2-R_1}dR=\frac{2\pi n}{R_2-R_1}\frac{R_2^{\ 2}-R_1^{\ 2}}{2}=n\pi(R_1+R_2)\ \cdots⑥$$

이들을 식⑤에 대입시키면

$$\therefore \delta=\frac{Pl}{2GI_P}R_1^{\ 2}+R_2^{\ 2}$$

05 밀권 코일스프링에서 가하는 힘을 P(kg), 코일반지름을 R(cm), 소선의 지름 d(cm), 가로탄성계수 G(kg/cm²)라고 한다면 코일스프링에 한 번 감길 때마다 소선의 비틀림각 ϕ를 나타내는 식은 다음 중 어느 것인가?

㉮ $\phi=\dfrac{32PR}{Gd^2}$(rad)　　㉯ $\phi=\dfrac{32PR^2}{Gd^2}$(rad)

㉰ $\phi=\dfrac{64PR}{Gd^2}$(rad)　　㉱ $\phi=\dfrac{64PR^2}{Gd^4}$(rad)

해설 그림 (b)처럼 미소길이 $R\cdot d\theta$의 미소소편의 비틀림각을 $d\phi$라고 한다면

$$d\phi=\frac{T}{GI_P}dz,\quad \text{이 경우 } dz=Rd\theta,\quad T=PR\text{이므로}$$

$$d\phi=\frac{PR^2}{GI_P}d\theta$$

$$\phi=\int_0^{2\pi}\frac{PR^2}{GI_P}d\theta=\frac{PR^2}{GI_P}\int_0^{2\pi}d\theta=\frac{PR^2}{GI_P}[\theta]_0^{2\pi}=\frac{PR^2}{GI_P}(2\pi)$$

$$\therefore \phi=\frac{2\pi R^2P}{GI_P}=\frac{2\pi R^2P}{G\left(\frac{\pi d^4}{32}\right)}=\frac{64PR^2}{Gd^4}$$

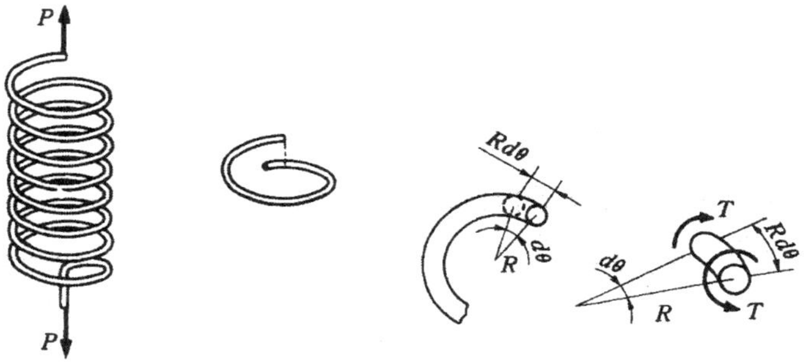

(a)　　(b)

06 밀권 코일스프링의 권수를 n, 코일의 지름을 D(cm), 소선의 지름 d(cm)라고 할 경우 코일스프링 전체의 처짐 δ(cm)를 나타내는 식은 다음 중 어느 것인가? (단, 코일에 작용하는 힘 P(kg), 가로탄성계수를 G(kg/cm²)라고 한다.)

㉮ $\delta=\dfrac{8nPD^3}{Gd^4}$(cm)　　㉯ $\delta=\dfrac{8nPD^2}{Gd^3}$(cm)

㉰ $\delta = \frac{8nPD^2}{Gd}$(cm) ㉱ $\delta = \frac{8nPD}{Gd}$(cm)

해설 코일의 미소소편 $R \cdot d\theta$가 미소 비틀림각 $d\phi$만큼 비틀려졌을 때 코일 중심에서는 $d\delta$만큼 처짐이 생긴다(그림 참조). 즉

$$d\delta = Rd\phi = R\frac{PR^2}{GI_P}d\theta$$

비틀림 전체의 처짐은 윗식을 적분하면 된다.

$$\delta = \int_0^{2\pi n}\frac{PR^3}{GI_P}d\theta = \frac{PR^3}{GI_P}\int_0^{2\pi n}d\theta = \frac{PR^3 2\pi n}{GI_P} = \frac{P\frac{D^3}{8}2\pi n}{G\left(\frac{\pi d^4}{32}\right)}$$

$$\therefore \delta = \frac{8nPD^3}{Gd^4}$$

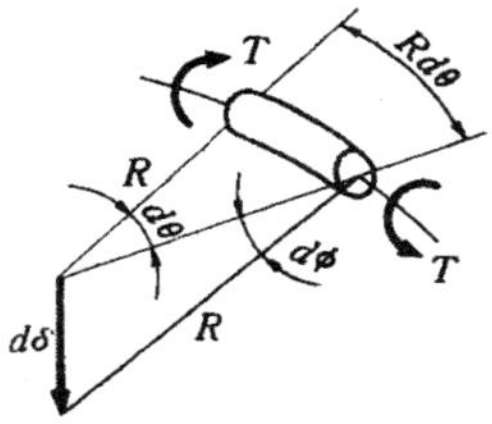

07 밀권 코일스프링의 소선단면에 생기는 최대전단응력은 다음 식 중 어느 것인가? (단, P는 코일에 가하는 힘(kg), D는 코일의 지름(cm), d는 소선의 지름이다.)

㉮ $\tau_{max} = \frac{4PD}{\pi d}\left(1+\frac{d}{2D}\right)$ ㉯ $\tau_{max} = \frac{6PD}{\pi d^2}\left(1+\frac{d}{2D}\right)$

㉰ $\tau_{max} = \frac{8PD}{\pi d^3}\left(1+\frac{d}{2D}\right)$ ㉱ $\tau_{max} = \frac{10PD}{\pi d^4}\left(1+\frac{d}{2D}\right)$

해설 그림에서와 같이 미소소편의 균형은 비틀림모멘트 $T = PR$(kg · cm)와 전단력 P(kg)이 동시에 작용하고 있다. 이때 T에 의한 전단력 τ_0는

$$\tau_0 = \frac{16T}{\pi d^3} = \frac{16PR}{\pi d^3} = \frac{16\left(P\frac{D}{2}\right)}{\pi d^3} = \frac{8PD}{\pi d^3}$$

전단력 P에 의한 평균전단응력은

$$\tau = \frac{P}{A} = \frac{4P}{\pi d^2}$$

간단히 하기 위하여 최대전단응력 τ_{max}은 이들의 합을 취하면 된다.

$$\tau_{max} = \tau_0 + \tau = \frac{8PD}{\pi d^3} + \frac{4P}{\pi d^3} = \frac{8PD}{\pi d^3}\left(1+\frac{d}{2D}\right)$$

여기서, d가 D에 비교해 적을 경우, 즉 $1 \gg d/2D$라면 윗식의 ( ) 내의 제2항을 생략해서

$$\tau_{max} \fallingdotseq \frac{8PD}{\pi d^3}$$

로 계산해도 좋다.

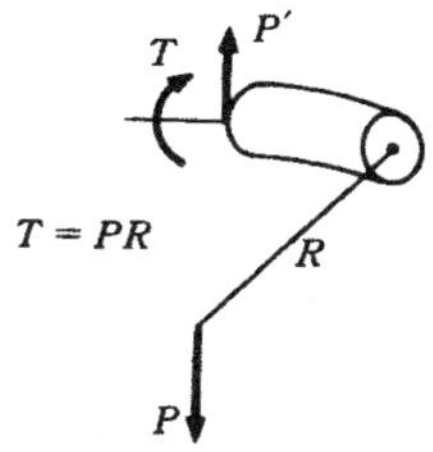

08 소선의 지름 $d = 3$mm이고, 코일의 평균지름 $D = 7.5$cm인 원통형 밀권 코일스프링을 만들어서 축하중 1kg에 대한 3cm의 처짐을 생기도록 하기 위하여 얼마의 길이인 소선이 필요하겠는가? (단, 소선의 전단탄성계수는 $G = 8.8 \times 10^5$kg/cm²로 한다.)

㉮ $l = 102.3$cm ㉯ $l = 125.7$cm

㉰ $l = 130.2$cm ㉱ $l = 149.4$cm

해설 감기는 수 n은

$$n = \frac{Gd^4\delta}{64PR^3} = \frac{8.8\times10^5\times0.3^4\times3}{64\times1\times3.75^3} = 6.34$$

따라서 소선이 전체길이 l은

$$l = 2\pi Rn = 2\pi\times3.75\times6.34 = 149.4\text{cm}$$

09 증기압이 15kg/cm²로 되었을 때 지름 8cm의 안전밸브가 열려져 있다. 이 밸브 위에는 코일의 평균지름이 16cm인 원통형 밀권 코일스프링을 3cm만큼 압축처짐을 주어서 설치하도록 한다면, 스프링의 소선지름 및 감긴수를 얼마로 하면 좋겠는가? (단, 소선의 허용전단응력을 $\tau_a = 1,500$kg/cm² 전단탄성계수를 $G = 8\times10^5$kg/cm²로 한다.)

㉮ $d = 2.74\text{cm},\ n = 5.5$
㉯ $d = 4.74\text{cm},\ n = 7.5$
㉰ $d = 6.74\text{cm},\ n = 9.5$
㉱ $d = 8.74\text{cm},\ n = 11.5$

해설 스프링에 작용하는 축하중 $P = \frac{\pi}{4}\times8^2\times15 = 754.0\text{kg}$

소선에 생기는 최대전단응력

$$\tau_{\max} = \frac{16PR}{\pi d^3}$$

에서 최대전단응력 $\tau_{\max}$을 허용전단응력 τ_a로 취한다면

$$d^3 = \frac{16PR}{\pi\tau_a} = \frac{16\times754.0\times8}{\pi\times1,500} = 20.48$$

따라서 소선지름 d는 $d = \sqrt[3]{20.48} = 2.74\text{cm}$

또한, 감긴수 n은 $n = \frac{Gd\delta}{4\pi R^2\tau_a} = \frac{8\times10^5\times2.74\times3}{4\pi\times8^2\times1,500} = 5.5$

Chapter

06

보의 전단과 굽힘모멘트

Shear and Bending Moment of Beam

Section 01 보의 종류 · 지점 및 작용하중의 종류와 반력

1 보(beam)의 정의

어떤 구조물의 부재가 적당한 방법으로 지지되고, 그 축선에 수직인 방향으로 작용하는 힘에 저항하기 위하여 설계될 때 그 부재를 보(beam)라고 한다.

2 지점의 종류

보를 지지하는 방법에 따라 분류하면 다음과 같다.

(1) **가동힌지 지점**(hinged movable support)

보(beam)의 회전과 수평이동이 가능하지만, 수직이동이 불가능한 지점이며, 한편 자유지점(free support)이라고도 한다. 이때 반력은 수직반력 하나뿐이다[그림 6-1(a) 참조].

(2) **부동힌지 지점**(hinged immovable support)

힌지(hinged)로 인하여 보의 회전은 가능하지만, 수평 및 수직이동이 불가능한 지점이며, 반력은 수직반력과 수평반력이 있다[그림 6-1(b) 참조].

(3) **고정지점**(fixed support)

보의 회전과 수평이동이 모두 불가능한 지점이며, 반력은 수직반력, 수평반력, 모멘트(moment)가 있다[그림 6-1(c) 참조].

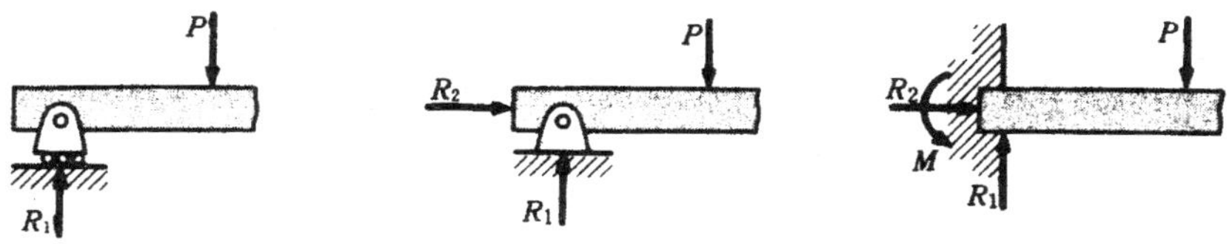

(a) 가동힌지 지점 (b) 부동힌지 지점 (c) 고정지점

그림 6-1 지점의 종류

3 보(beam)의 종류

보를 크게 분류하면 정정보(statically determinate beam)와 부정정보(statically indeterminate beam)가 있다.

① **정정보**(statically determinate beam) : 정정보는 평형상태에 있어서 모든 합력과 임의 점에 대한 모멘트(moment)의 합이 0이 되어야 한다는 정역학의 평형조건으로써 충분히 해결할 수 있는 보(beam)이다.

② **부정정보**(statically indeterminate beam) : 이 보는 평형조건만으로 해결하지 못하는 보를 말한다. 본장에서는 정정보에 대해서만 다루어 보기로 한다.

- 보
  - 정정보
    - 단순지지보(Simple supported beam)
    - 외팔보(Cantilever beam)
    - 돌출보(Overhanging beam)
  - 부정정보
    - 고정지지보(One end fixed and other end supported beam)
    - 양단고정보(Both ends fixed beam)
    - 연속보(Contimuous beam)

(1) 정정보(Statically determinate beam)

① **단순지지보**(Simple supported beam) **또는 단순보**(simple beam) : 단순히 양단을 지지한 것으로서 일단이 부동힌지지점 위에 지지되어 있고, 타단은 가동힌지지점 위에 지지되어 있는 보(beam)이며, 반력의 수는 3개이다[그림 6-2(a) 참조].

② **외팔보**(Cantilever beam) : 일단이 고정되어 있고 타단이 자유로 되어 있는 보이며, 반력의 수는 3개이다[그림 6-2(b) 참조].

③ **돌출보**(Overhanging beam) : 보의 일부가 지점을 지나서 한쪽 또는 양쪽으로 돌출하여 있는 것이다. 이때 반력의 수는 3개이다[그림 6-2(c) 참조].

(2) 부정정보(Statically indeterminate beam)

① **고정지지보**(One end fixed and other end supported beam) : 일단은 고정되고 타단이 가동힌지지점 위에 지지된 보이며, 반력의 수는 4개이다[그림 6-2(d) 참조].

② **양단고정보**(Both ends fixed beam) : 양단이 고정되어 있는 보이며, 미지의 반력은 6개이다[그림 6-2(e) 참조].

③ **연속보**(Contimuous beam) : 2개의 부동힌지지점과 1개 이상의 가동힌지지점이 연속으

로 지지되어 있는 경우의 보(beam)를 말하며, 미지의 반력수는 지점의 수 보다 하나가 많다[그림 6-2(f) 참조].

보의 지점간의 거리를 스팬(span)이라고 한다.

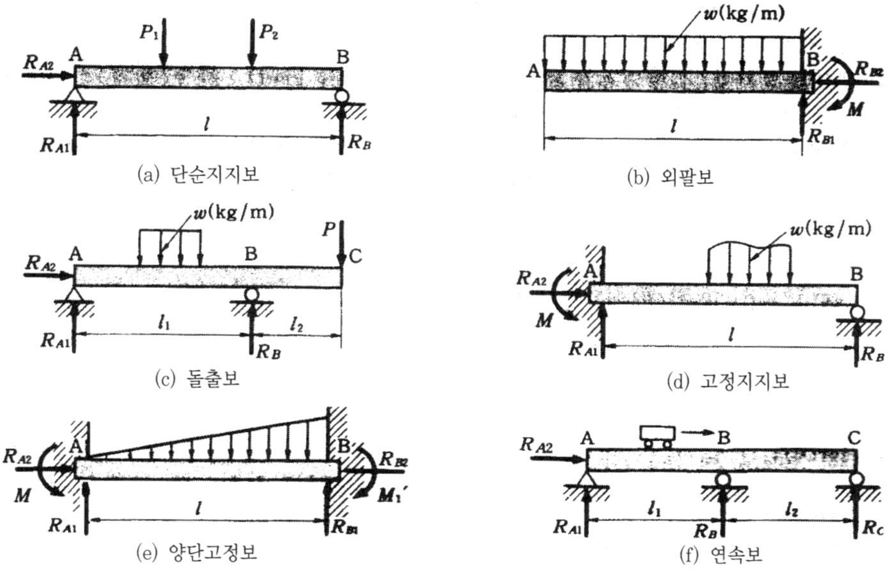

그림 6-2 보의 종류

4 보(beam)에 작용하는 하중의 종류

(1) **집중하중**(concentrated load)

보의 어느 한 점에 집중적으로 작용하는 힘을 말하며, 힘의 세기는 kg 또는 lb로 표시된다[그림 6-3(a) 참조].

(2) **균일분포하중**(uniformly distributed load)

보의 단위길이에 작용하는 하중의 분포상태가 균일한 하중이며 등분포하중이라고도 한다. 힘의 세기는 일정한 하중형태이며 크기는 kg/m 또는 lb/ft로 표시된다[그림 6-3(b) 참조].

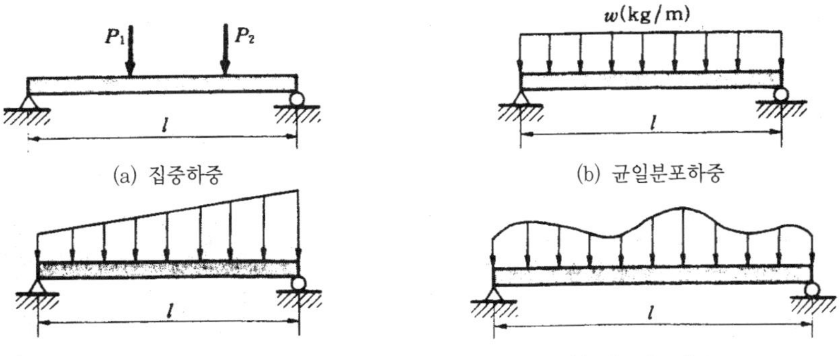

(a) 집중하중 (b) 균일분포하중

(c) 점변분포하중 (d) 부등분포하중

그림 6-3 하중의 종류

(3) **점변분포하중**(uniformly varying load)

보(beam)의 단위길이에 대한 하중의 변화율이 동일한 하중상태이며, 힘의 세기는 kg/m 또는 lb/ft로 표시된다[그림 6-3(c) 참조].

(4) **부등분포하중**(varying uniformly load)

하중의 변화율이 일정하지 않을 때이며, 힘의 세기는 kg/m 또는 lb/ft로 표시된다[그림 6-3(d) 참조].

5 반력(reaction)

(1) 보의 평형조건

① 외력의 대수합은 영이다.

② 힘의 모멘트(moment) 대수합도 영이다.

힘의 평형방정식, 즉 수평력 $\Sigma X_i = 0$, 수직력 $\Sigma Y_i = 0$, 우력 $\Sigma M = 0$으로, 각지점에서 발생하는 지점반력을 구할 수 있다.

(2) 힘의 방향에 따른 부호규약

① **전단력**(shearing force)

㉠ **전단력의 크기** : 보의 축에 직각방향으로 작용하여 부재단면을 절단하려는 힘으로서, 임의단면에 대한 전단력의 크기는 그점의 좌측(왼쪽) 또는 우측(오른쪽) 보의 축방향에 수직으로 작용하는 외력의 대수합이다[그림 6-4 참조].

㉡ **부 호**

- **좌측** ┌ 상향(↑) : (+)
  └ 하향(↓) : (−)
- **우측** ┌ 상향(↑) : (−)
  └ 하향(↓) : (+)

㉢ **단위** : [kg], [lb], [ton]

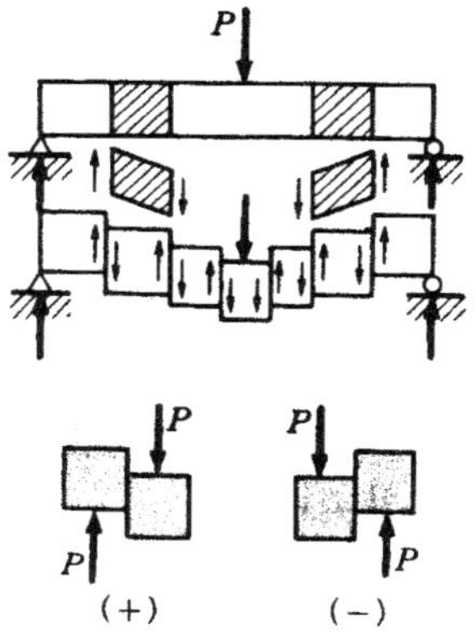

그림 6-4 전단력의 크기의 부호

② **굽힘모멘트**(bending moment)

㉠ **굽힘모멘트의 크기** : 부재를 굽히게 하는 힘으로서 보(beam)의 임의단면에 대한 굽힘모멘트의 크기는 2점의 좌측 또는 우측에 작용하는 외력의 2점에 대한 모멘트의 대수합이다[그림 6-5 참조].

㉡ **부 호**

- (+) : 부재가 하향하는 것
- (−) : 부재가 상향하는 것

㉢ **단위** : [kg · m], [lb · ft], [ton · m]

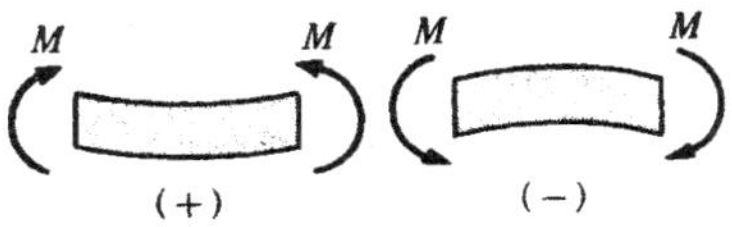

그림 6-5 굽힘모멘트 크기의 부호

③ **축방향력**

㉠ **축방향력의 크기** : 부재의 축방향에서 작용하는 수평력이다. 임의의 단면 축방향력은 그 단면의 한쪽에 있는 모든 외력의 대수합과 같다[그림 6-6 참조].

㉡ **부 호**

- **인장을 받는 부재** : (+)
- **압축을 받는 부재** : (−)

㉢ **단위** : [kg], [lb], [ton]

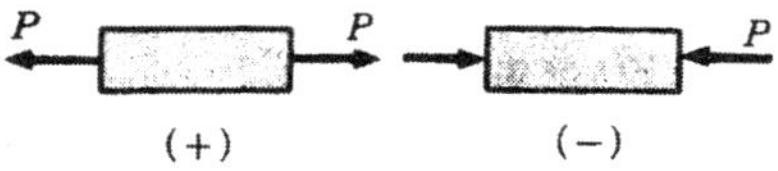

그림 6-6 축방향력 크기의 부호

(3) 반력을 구하는 방법

지점의 반력을 구할 때는 힘의 평형조건($\Sigma H=0$, $\Sigma V=0$, $\Sigma M=0$)를 사용하며, 부재에 작용하는 좌우의 모든 하중을 고려한다. 즉, 반력도 하중이므로 계산에 고려해야 한다.

① **수직반력** V_A, V_B : 미지수인 수직반력을 포함하여 모든 수직하중을 합해서 $\Sigma V=0$으로 놓고 구한다.

② **수평반력** H_A, H_B : 미지수인 수평반력을 포함하여 모든 수평하중을 합해서 $\Sigma H=0$으

로 놓고 구한다.

③ **모멘트 반력** M_A : 미지수인 모멘트반력을 포함하여 발생되는 모든 모멘트(힘×거리)를 합해서 $\Sigma M=0$으로 놓고 구한다(이 때 모멘트 작용의 중심점을 정해야 한다).

※ 단순보와 같은 경우에는 수직반력이 2개 모두 미지수이므로 $\Sigma M=0$에 의한 1개를 먼저 구하는 것이 보통이다.

1) 집중하중을 받는 단순보

그림 6-7(a)에서

평형조건 ① : $\Sigma H_i=0$ 또는 $\Sigma X_i=0$(수평방향에 하중이 없는 이상 수평반력은 0이다.)

$\Sigma V_i=0$ 또는 $\Sigma Y_i=0$

$$-R_A+P-R_B=0 \qquad \therefore R_A+R_B=P \quad \cdots\cdots ①$$

평형조건 ② : $\Sigma M_i=0$을 적용하여 점 A에 대한 모멘트는

$$-R_B \cdot l+P\times l_1=0 \qquad \therefore R_B=\frac{Pl_1}{l}(\mathrm{kg}) \quad \cdots\cdots ②$$

식 ②를 식 ①에 대입하면

$$R_A=\frac{Pl_2}{l}(\mathrm{kg})$$

또는 $\Sigma M_B=0$으로부터

$$R_A l-Pl_2=0 \qquad \therefore R_A=\frac{Pl_2}{l}(\mathrm{kg})$$

그림 6-7(b)에서 집중하중이 다수작용할 경우

평형조건 ① : $\Sigma H_i=0$ 또는 $\Sigma X_i=0$, $\Sigma V_i=0$ 또는 $\Sigma Y_i=0$

$$-R_A-R_B+P_1+P_2+P_3=0 \text{ 또는 } P_1+P_2+P_3=R_A+R_B$$

평형조건 ② : $\Sigma M_i=0$을 적용하여 점 A에 더한 모멘트는

$$-R_B l+P_3 l_3+P_2 l_2+P_1 l_1=0$$

$$\therefore R_B=\frac{P_1 l_1+P_2 l_2+P_3 l_3}{l}(\mathrm{kg}) \quad \cdots\cdots (6.1)$$

R_A는 $\Sigma Y_i=0$에서

$$R_A+R_B=P_1+P_2+P_3$$

$$\therefore R_A=(P_1+P_2+P_3)-R_B(\mathrm{kg}) \quad \cdots\cdots (6.2)$$

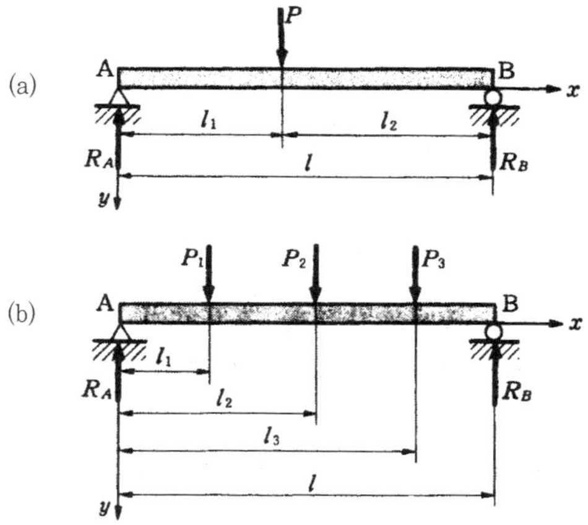

그림 6-7 집중하중을 받는 단순보

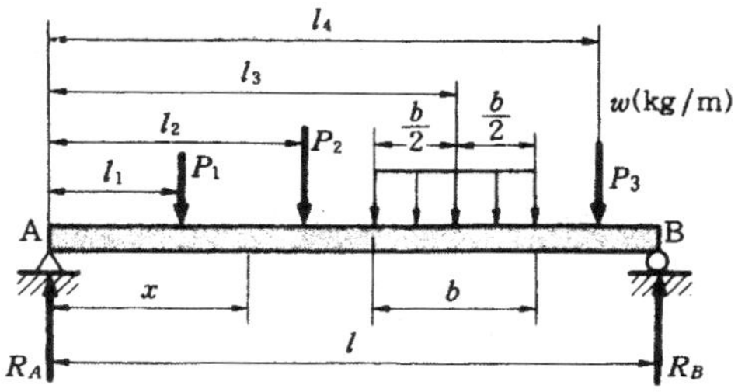

그림 6-8 균일분포하중을 받는 단순보

2) 균일분포하중을 받는 단순보(Simple beam)

그림 6-8처럼 단순보에서 어떤 하중이 작용하여도 항상 임의의 x단면으로부터 왼쪽에 대한 모멘트의 대수합은 오른쪽에 대한 모멘트의 대수합과 동일함을 갖고 있다. 그러므로 지점 A 및 지점 B에 평형조건을 적용함으로써 $\Sigma M_A = 0$, $\Sigma M_B = 0$가 성립할 수 있다. 즉, 단위 길이당 분포하중 w(kg/m)는 도심점에 집중하중이 작용하는 것으로 생각하여 $\Sigma M_A = 0$을 적용하면

$$-R_B l + P_3 l_4 + (w \times b \times l_3) + P_2 l_2 + P_1 l_1 = 0$$

$$\therefore\ R_B = \frac{P_1 l_1 + P_2 l_2 + P_3 l_4 + (w \times b \times l_3)}{l}(\text{kg}) \quad \cdots\cdots (6.3)$$

R_B가 구해지면 R_A는 $\Sigma Y_i = 0$을 적용함으로써

$$\therefore\ R_A = (P_1 + P_2 + P_3 + wb) - R_B(\text{kg}) \quad \cdots\cdots (6.4)$$

예제문제

01 다음과 같은 단순보(simple beam)에서 지점반력 R_A 및 R_B를 구하라.

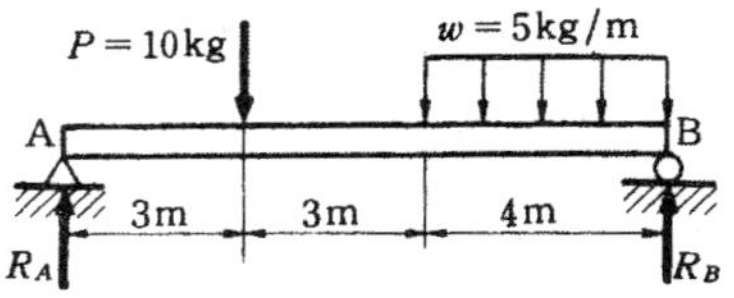

해설 점 A의 반력 R_A는 $\Sigma M_B = 0$(점 B의 모멘트의 중심을 잡았을 때 부재의 전구간에 발생되는 모멘트의 합은 0이다)의 조건에서

$R_A \times 10 - 10 \times 7 - 5 \times 4 \times 2 = 0$ $\therefore R_A = 11\text{kg}$

점 B의 반력 R_B는 $\Sigma M_A = 0$에서

$-R_B \times 10 + 10 \times 3 + 5 \times 4 \times 8 = 0$ $\therefore R_B = 19\text{kg}$

또는 수직력 $\Sigma V = 0$에서

$R_A + R_B - 10 - 5 \times 4 = 0$ $\therefore R_B = 19\text{kg}$

02 다음 그림과 같은 단순보에서 3개의 집중하중이 작용할 경우 점의 반력 R_A, R_B를 구하라.

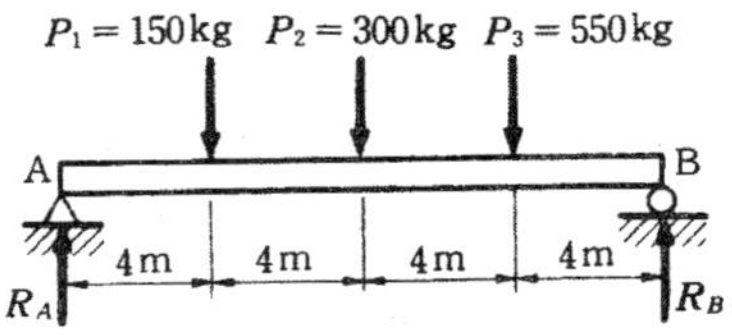

해설 $\Sigma M_B = 0$에서

$R_A \times 16 - 150 \times 12 - 300 \times 8 - 550 \times 4 = 0$

$R_A \times 16 = 150 \times 12 + 300 \times 8 + 550 \times 4$

$$\therefore R_A = \frac{1,800 + 2,400 + 2,200}{16} = 400\text{kg}$$

$\Sigma M_A = 0$에서

$-R_B \times 16 + 150 \times 4 + 300 \times 8 + 550 \times 12 = 0$

$$\therefore R_B = \frac{600 + 2,400 + 6,600}{16} = 600\text{kg}$$

또는 수직력 $\Sigma V = 0$에서

$R_A + R_B = 150 + 300 + 550$ $\therefore R_B = 600\text{kg}$

03 다음 그림과 같은 단순보에서 지점반력 R_A, R_B를 구하라.

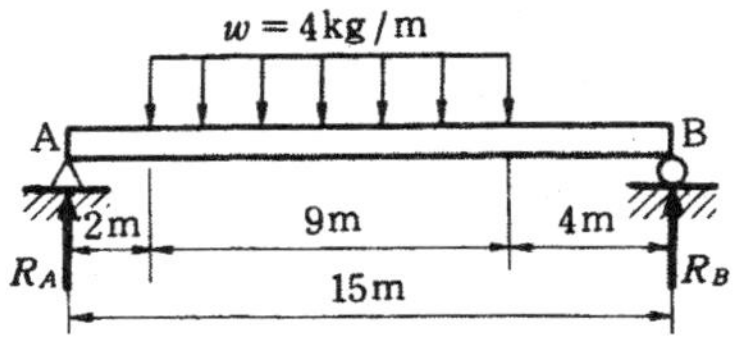

해설 $\Sigma M_B = 0$에서

$R_A \times 15 - 4 \times 9 \times 8.5 = 0$

$$\therefore R_A = \frac{4 \times 9 \times 8.5}{15} = 20.4\text{kg}$$

$\Sigma M_A = 0$에서

$-R_B \times 15 + 4 \times 9 \times 6.5 = 0$ $\therefore R_B = 15.6\text{kg}$

또는 수직력 $\Sigma V = 0$에 의하여

$R_A + R_B - 4 \times 9 = 0$ $\therefore R_B = 4 \times 9 - R_A = 36 - 20.4 = 15.6\text{kg}$

04 다음 그림과 같은 단순보에 삼각형 분포하중이 작용할 경우 지점반력 R_A, R_B를 구하라.

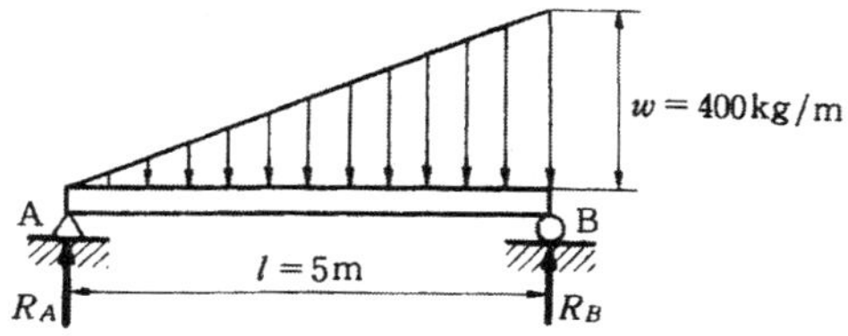

해설 단순보에 삼각형 분포하중이 작용할 경우 이 도형의 도심은 점 A로부터 $\frac{2}{3}l$이므로

$\Sigma M_B = 0$에서

$$R_A \times l - \frac{1}{2}wl \times \frac{l}{3} = 0 \qquad \therefore R_A = \frac{wl^2/6}{l} = \frac{wl}{6} = \frac{400\times 5}{6} \fallingdotseq 333.3\text{kg}$$

$\Sigma M_A = 0$에서

$$-R_B l + \frac{1}{2}wl \times \frac{2}{3}l = 0 \qquad \therefore R_B = \frac{wl^2/3}{l} = \frac{wl}{3} = \frac{400\times 5}{3} \fallingdotseq 666.7\text{kg}$$

또는 수직력 $\Sigma V = 0$에 의하여

$$R_A + R_B = \frac{1}{2}wl \qquad \therefore R_B = \frac{1}{2}wl - R_A \frac{1}{2}\times 400 \times 5 - 333.3 = 666.7\text{kg}$$

05 다음 그림과 같은 단순보에 대한 지점반력 R_A 및 R_B를 구하라.

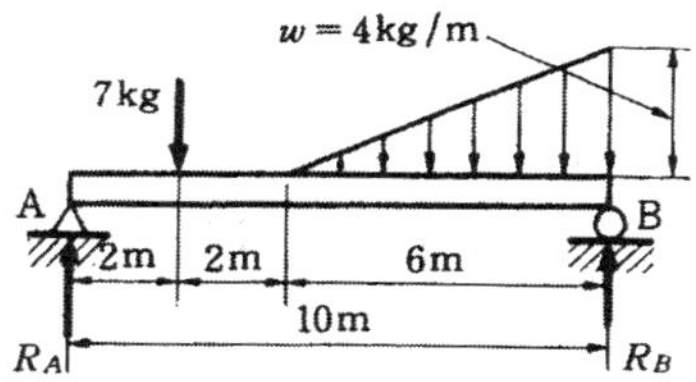

해설 $\Sigma M_B = 0$에서

$$R_A \times 10 - 7\times 8 - \frac{1}{2}\times 4 \times 6 \times 2 = 0$$

$$\therefore R_A = \frac{7\times 8 + \frac{1}{2}\times 4\times 6\times 2}{10} = 8\text{kg}$$

$\Sigma M_A = 0$에서

$$-R_B \times 10 + 7\times 2 + \frac{1}{2}\times 4\times 6\times 8 = 0 \qquad \therefore R_B = \frac{7\times 2 + \frac{1}{2}\times 4\times 6\times 8}{10} = 11\text{kg}$$

또는 수직력 $\Sigma V = 0$에 의하여

$$R_A + R_B = 7 + \frac{1}{2}\times 4\times 6 \qquad \therefore R_B = 7 + \frac{1}{2}\times 4\times 6 - R_A = 11\text{kg}$$

06 다음 그림과 같이 외팔보(cantilever beam)의 자유단에 집중하중 $P = 300$kg이 작용할 경우 최대 굽힘모멘트 및 반력 R_B를 구하라.

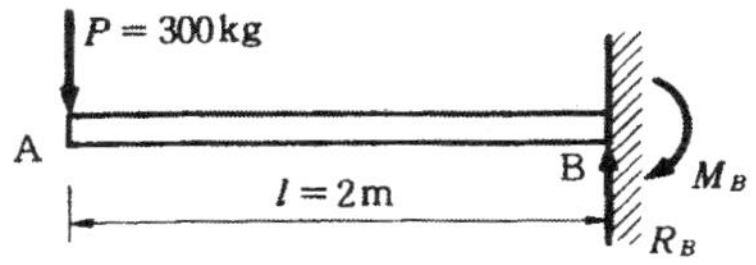

해설 먼저 수직력 $\Sigma V = 0$를 적용하면

$$-300 + R_B = 0 \qquad \therefore R_B = 300\text{kg}$$

또한, 최대굽힘모멘트는 고정단에서 발생하므로

$$M_{max} = -Pl = -300\times 2 = -600\text{kg}\cdot\text{m}$$

07 다음 그림과 같은 분포하중이 작용하는 단순보(simple beam)에서 지점반력 R_A, R_B를 구하라.

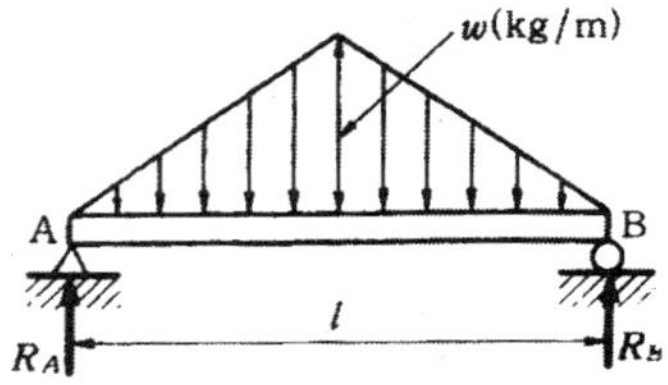

해설 분포하중이 대칭(symmetrical)이므로 $R_A = R_B$이다.
그러므로 수직력 $\Sigma V = 0$를 적용한다면

$$R_A + R_B - \frac{1}{2}wl = 0$$

$$2R_A = \frac{wl}{2} \qquad \therefore R_A = \frac{wl}{4} \text{ or } R_A = \frac{wl}{4} = R_B$$

08 다음 그림과 같은 돌출보(overhanging beam)에서의 각지점의 반력을 구하라.

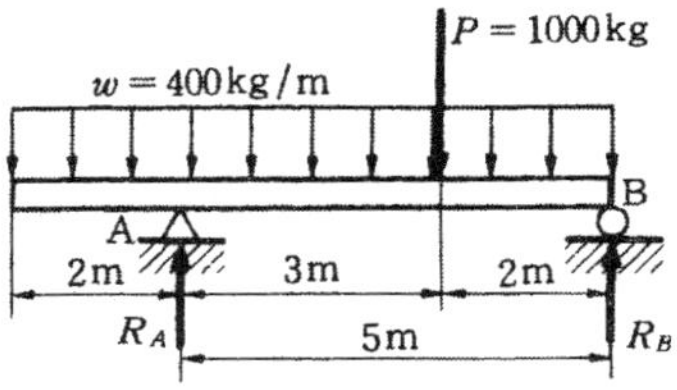

해설 먼저 점 B를 기준으로 한다면 $\Sigma M_B = 0$이므로

$$R_A l - w \times l \times 3.5 - P \times 2 = 0$$

$$\therefore R_A = \frac{w \times l \times 3.5 + P \times 2}{l}$$

$$= \frac{400 \times 7 \times 3.5 + 1,000 \times 2}{5} = \frac{9,800 + 2,000}{5} = 2,360\text{kg}$$

또한, $\Sigma M_A = 0$를 적용한다면

$$-R_B \times l + w \times 5 \times 2.5 - w \times 2 \times 1 + P \times 3 = 0$$

$$\therefore R_B = \frac{w \times 5 \times 2.5 - w \times 2 \times 1 + P \times 3}{5} = \frac{400 \times 5 \times 2.5 - 400 \times 2 \times 1 + 1,000 \times 3}{5}$$

$$= \frac{5,000 - 800 + 3,000}{5} = 1,440\text{kg}$$

Section 02 전단력과 굽힘모멘트

1 전단력과 굽힘모멘트의 평형조건

보(beam)에 하중 P가 작용하고 반력 R_A, R_B로 지지되어 평형을 유지하고 있을 때, 다음과 같은 평형조건이 성립되어야 한다. 즉,

① 외력의 대수합은 0이다.

② 임의의 단면에 있어서 모멘트(moment)의 대수합은 0이다.

그림 6-9(a)인 단면 mn에서 그림 (b), (c) en 부분으로 절단시켜 좌측부분을 자유물체도로 분리하면, 우측부분이 평형을 유지하도록 작용해야만 할 것이다.

단순보(simple beam)에 하중 P와 반력 R에 대응되는 mn 위의 전단력(shearing force) V와 굽힘모멘트(bending moment) M은 평형조건으로부터 다음과 같이 된다.

그림 6-9(a)에서

$$\Sigma V = 0 \text{ 또는 } \Sigma Y_i = 0 : R_A - P_1 - P_2 - P_3 + R_B = 0 \quad \cdots\cdots (a)$$

$$\Sigma M_i = 0 : R_A \cdot x_z - P_1 x_1 - P_2 x_2 + P_3 x_3 - R_B x_b = 0 \quad \cdots\cdots (b)$$

그림 6-9(b)에서 V_1과 M_1은

$$-R_A + P_1 + P_2 + V_1 = 0 \qquad \therefore\ V_1 = R_A - P_1 - P_2 \quad \cdots\cdots (c)$$

$$R_A x_a - P_1 x_1 - P_2 x_2 - M_1 = 0 \qquad \therefore\ M_1 = R_A x_a - P_1 x_1 - P_2 x_2 \quad \cdots\cdots (d)$$

그림 6-9(c)에서 V_2와 M_2는

$$-V_2 + P_3 - R_B = 0 \qquad \therefore\ V_2 = P_3 - R_B \quad \cdots\cdots (e)$$

$$M_2 + P_3 x_3 - R_B x_b = 0 \qquad \therefore\ M_2 = -P_3 x_3 + R_B x_b \quad \cdots\cdots (f)$$

식 (a)와 (b)를 다시 정리하면

$$R_A - P_1 - P_2 = P_3 - R_B$$

$$R_A x_a - P_1 x_1 - P_2 x_2 = -P_3 x_3 + R_B x_b$$

식 (c) 및 (e)에서

$$V_1 = -V_2 = V \quad \cdots\cdots (g)$$

식 (d), (f)에서

$$M_1 = -M_2 = M \quad \cdots\cdots (h)$$

수직력 V를 전단력(shearing force)이라 하고 우력 M을 굽힘모멘트(bending moment)라 한다. 단면 mn의 좌우에 작용하는 대수합은 크기가 같고 방향이 반대이다.

보(beam)의 임의의 단면 mn에 있어서 전단력 V와 굽힘모멘트 M은 다음과 같은 결론을 얻을 수 있다. 전단력 V는 임의의 단면 좌측에 있는 모든 힘의 대수합 또는 우측에 있는 모든 힘의 대수합(−)과 같다. 굽힘모멘트(bending moment)는 임의단면의 우측에 있는 모든 힘의 대수에 관한 모멘트(moment)의 합과 같고, 또는 우측에 있는 모든 힘의 대수에 관한 모멘트의 대수합의 (−)와 같다.

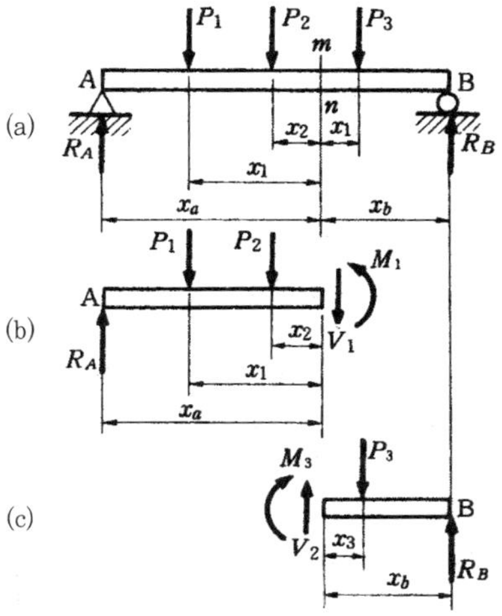

그림 6-9 단순보에서 전단력과 굽힘모멘트

2 부호의 규정

보(beam)에서 전단력 및 모멘트(moment), 축방향력을 구하려는 단면의 좌측 또는 우측을 고려할 경우이다.

(1) 전단력

좌우 구분없이 고려한 단면(mn)을 중심으로 할 때, 시계방향(⌒)으로 작용할 전단력이면 (+)부호이고, 반시계 방향(⌒)으로 작용할 전단력이면 (−)부호이다.

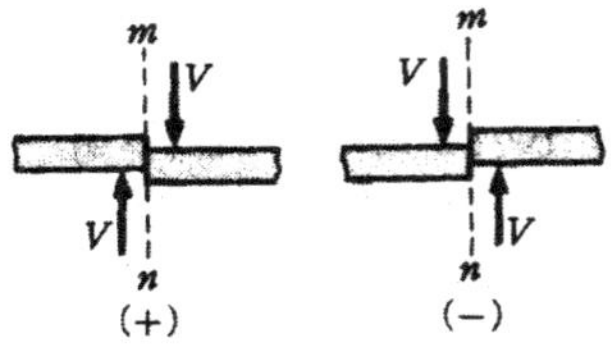

그림 6-10 전단력의 작용과 부호의 약속

(2) 굽힘모멘트(bending moment)

보(beam)에서 좌우 구분없이 고려하는 단면($m-n$)을 중심으로 아랫방향으로 굽어지게 하는 모멘트(moment)이면 (+)부호이고, 윗방향으로 굽어지게 하는 모멘트(moment)이면 (−)부호이다.

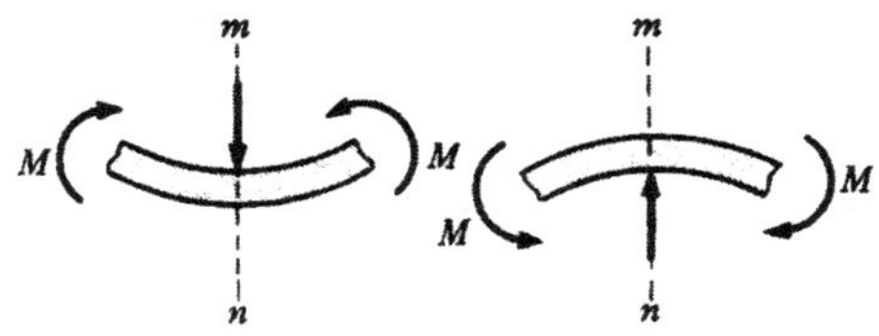

(a) 하향 힘 (b) 상향 힘

그림 6-11 휨모멘트의 작용과 부호의 약속

(3) **축방향력**(axial force)

보(beam)에서 좌우 구분없이 고려하는 단면 (mn)을 중심으로 인장력이면 (+)부호이고, 압축력이면 (−)부호이다.

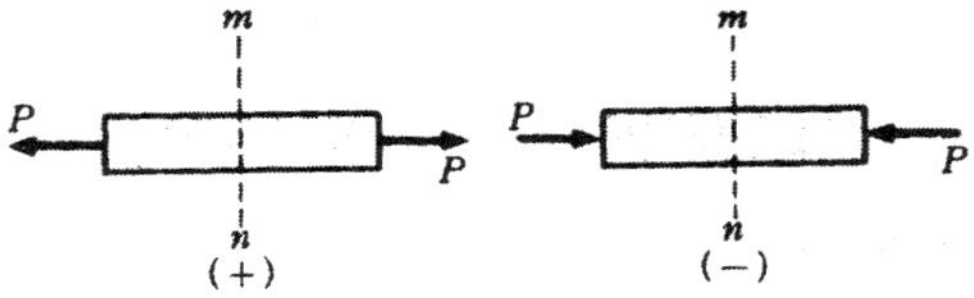

(a) 인장 (b) 압축

그림 6-12 축방향력의 작용과 부호의 약속

- **축방향력의 크기** : 부재의 축방향에 작용하는 힘으로서 보의 임의의 단면에 축방향력의 크기는 그 단면의 좌측 또는 우측에 작용하는 축방향의 힘의 대수합이다.

3 보(beam)에 작용하는 전단력, 굽힘모멘트 및 하중 사이의 관계

그림 6-13(a)에서 두 단면 사이의 미소거리 dx만큼의 요소에 단면 mn, $m'n'$에 전단력과 굽힘모멘트가 작용하고 있다. 단면 mn에서는 (+)의 전단력 V와 굽힘모멘트(M)가 작용하고 있으며, dx 거리에 떨어져 있는 단면 $m'n'$에서는 (+)의 전단력 $V+dV$와 굽힘모멘트 $M+dM$가 작용하고 있다.

이 때 dV와 dM은 전단력과 굽힘모멘트의 변화량을 나타낸 것이며, dx구간에 작용하는 다른 외력은 없다. 이 경우 이 요소에는 평형상태이어야 하므로 점 O에 대한 모멘트(moment)의 합과 외력의 합은 0이 된다.

점 O에 대한 모멘트(moment) : $\Sigma M_i = 0$에 의해서

$$M-(M+dM)+Vdx=0 \qquad \therefore \frac{dM}{dx}=V \quad \cdots\cdots (6.5)$$

여기서, M : 굽힘모멘트(bending moment), V : 전단력(shearing force), dx : 미소거리

식(6.5)는 임의단면의 굽힘모멘트는 x에 대한 변화율의 비가 전단력과 같음을 알 수 있다.

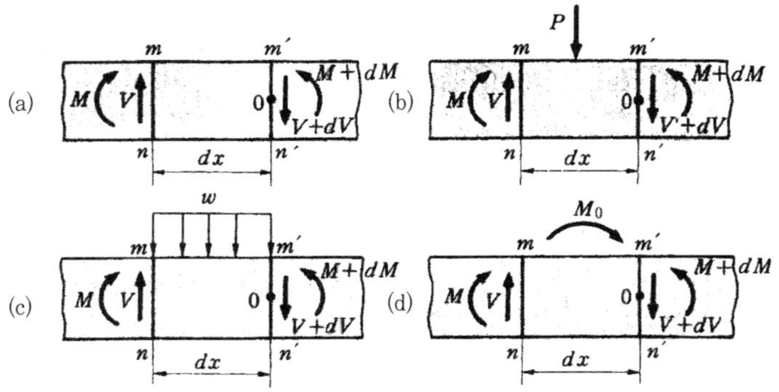

그림 6-13 보(beam)에서 하중, 전단력, 굽힘모멘트의 관계

외력의 합 : $\Sigma Y_i = 0$에 의해서

$$V - (V + dV) = 0 \qquad \therefore dV = 0 \quad \cdots\cdots (6.6)$$

식(6.6)에 의하면 이때 전단력의 변화가 없음을 알 수 있다.

또한

$$\left.\begin{aligned} &\frac{dM}{dx} = V : \text{전단력} \\ &M = \int V dx + C_1 : \text{굽힘모멘트} \end{aligned}\right\} \quad \cdots\cdots (6.7)$$

그림 6-13(b)에서 단면 mn, $m'n'$인 미소거리 dx 사이에 집중하중 P가 작용할 때, 좌측표면에는 V 및 M이 작용하고, 우측표면에는 $V+dV$ 및 $M+dM$이 작용한다.

점 O에 대한 모멘트 : $\Sigma M_i = 0$에 의하여

$$M - (M + dM) + Vdx - P\frac{dx}{2} = 0$$

$$\left.\begin{aligned} &\frac{dM}{dx} = V - \frac{P}{2} \\ &M = \int \left(V - \frac{P}{2}\right) dx + C_3 \end{aligned}\right\} \quad \cdots\cdots (6.8)$$

수직분력의 합 : $\Sigma Y_i = 0$에 의해서

$$-V + P + (V + dV) = 0$$

$$\therefore dV = -P \quad \cdots\cdots (6.9)$$

여기서, P는 집중하중이다.

전단력은 미소거리 dx 사이에서 갑자기 감소한다. 그리고 전단력의 급격한 감소지점은 P가 작용하는 수직방향에서 발생되므로 그 지점에서 $V=0$인 점이며, 이 점을 전후하여 전단력은 (+)에서 (−)로 전환된다. 이 점에서 굽힘모멘트는 최대의 값이 된다.

그림 6-13(c)에서 단면 mn, $m'n'$인 미소거리 dx에 분포하중 w가 작용할 경우 좌측표면

에 (+)의 전단력 V와 굽힘모멘트 M이 작용하고, 우측표면에는 V 및 M의 증분 dV 및 dM의 차이로 좌측표면에 대응되는 $V+dV$ 및 $M+dM$이 작용한다. 한편 점 O에 대한 힘의 평형조건에 따라서

힘의 모멘트 : $\Sigma M_i = 0$에 의해서

$$M-(M+dM)+Vdx-wdx\left(\frac{dx}{2}\right)=0$$

윗 식에서 미소량의 상승을 무시한다면

$$dM = Vdx$$

$$\left.\begin{aligned} &\frac{dM}{dx} = V : \text{전단력} \\ &M = \int Vdx + C_1 : \text{굽힘모멘트} \end{aligned}\right\} \quad \cdots\cdots (6.10)$$

식(6.8)은 식(6.7)과 일치함을 보여주고 있다.

수직방향의 힘의 대수화 : $\Sigma Y_i = 0$에 의해서

$$-V+(V+dV)+wdx=0$$

$$\left.\begin{aligned} &\frac{dV}{dx} = -w(\text{분포하중의 세기}) \\ &V = \int -wdx + C_2 : \text{전단력} \end{aligned}\right\} \quad \cdots\cdots (6.11)$$

즉, 두 단면 사이에 분포하중 w가 작용한다면 전단력 V는 거리 x에 따라서 변화하며, 전단력 V의 x에 대한 변화율은 분포하중의 세기에 (−)를 붙인 것과 같다. 이때 분포하중 w가 $w=0$이면 $dV=0$이 되므로 전단력은 변화하지 않고 일정하며, 이때는 그림 6-13(a)와 같다는 것을 알 수 있다. 식(6.7)과 (6.9)에 의하면

$$\left.\begin{aligned} &\frac{d^2M}{dx^2} = \frac{dV}{dx} = -w : \text{분포하중의 세기} \\ &M = -\int\int wdxdx + C_2x + C_1 : \text{굽힘모멘트} \end{aligned}\right\} \quad \cdots\cdots (6.12)$$

그림 6-13(d)에서 회전모멘트 M_0가 단면 mn, $m'n'$ 사이인 dx 거리에 작용할 경우, 좌측표면에 V 및 M가 작용하고 우측표면에서는 $V+dV$ 및 $M+dM$이 작용한다. 이 때 이 보(beam)에는 평형방정식의 값이 0이 되므로

수직분력의 합 : $\Sigma Y_i = 0$에 의해서

$$V-(V+dV)=0$$

$$\therefore dV = 0(\text{전단력의 변화가 없다.}) \quad \cdots\cdots (6.13)$$

점 O에 대한 모멘트의 합 : $\Sigma M_i = 0$에 의해서

$$M-(M+dM)+M_0+Vdx=0$$

$$\therefore dM = M_0 + Vdx \quad \cdots\cdots (6.14)$$

그림으로부터 좌측단면에서 우측단면으로 이동할 때 dx는 미소값이므로, 갑자기 증가하는 굽힘모멘트는 M_0만큼 변화가 있음을 알 수 있다.

Section 03 전단력선도와 굽힘모멘트선도

보(beam)의 단면에 작용하는 전단력과 굽힘모멘트(bending moment)는 단면의 위치를 나타내는 거리 x에 따라서 변화한다. 어떤 단면에서 응력들의 크기는 그 단면에서 전단력과 굽힘모멘트의 값에 의해 결정되므로, 보(beam)를 설계할 때는 전단력과 굽힘모멘트의 값을 알아야 한다. 또한 이들의 값이 거리 x에 따라 어떻게 변화하는가를 그래프(선도)로 그려 보아야 한다. 이 선도를 그리기 위하여 단면의 위치를 나타내는 거리 x를 가로좌표로 설정하고, 이에 대응하는 전단력과 굽힘모멘트값을 세로좌표로 취해서 그린 것을 각각 전단력선도(shearing force diagram, S.F.D) 및 굽힘모멘트선도(bending moment diagram, B.M.D)라고 한다.

이들의 선도는 보(beam)의 종류와 하중의 상태에 따라 달라지며, 다음의 각각인 경우에 대한 선도(diagram)을 고려해 보자.

1 단순보(Simple beam)의 선도

(1) 임의의 지점에 집중하중이 작용할 경우

① **지점반력**

㉠ **수직력**($\Sigma V = 0$ 또는 $\Sigma Y_i = 0$) : $R_A + R_B = P$

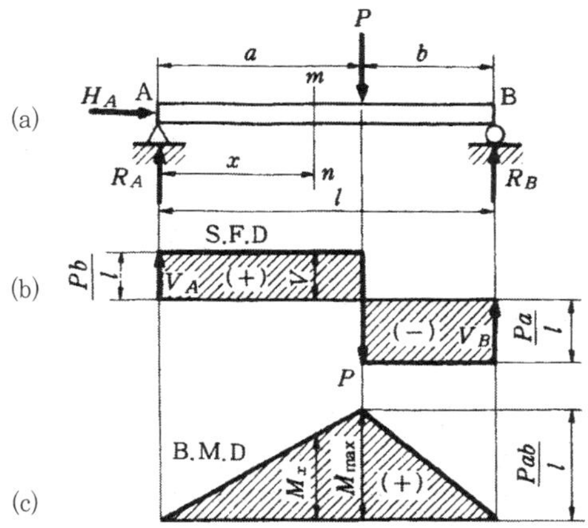

그림 6-14 임의의 지점에 집중하중이 작용하는 단순보

㉡ **수평력**$(\Sigma H = 0)$: $H_A = 0$

㉢ **모멘트**$(\Sigma M_B = 0)$: $R_A l - Pb = 0$, $\quad \therefore R_A = \dfrac{Pb}{l}$

$\Sigma M_A = 0$에서 $-R_B l + Pa = 0$, $\quad \therefore R_B = \dfrac{Pa}{l}$

따라서

$$\left.\begin{aligned} R_A &= \frac{Pb}{l} \\ R_B &= \frac{Pa}{l} \end{aligned}\right\} \cdots\cdots (6.15)$$

② **전단력선도**(shearing force diagram)

$0 \leqq x < a$ 구간에서

$$V_x = R_A = \frac{Pb}{l} \qquad \therefore V_A = V_C = \frac{Pb}{l}$$

$a \leqq x \leqq l$ 구간에서

$$V_x = R_A - P = -R_B = -\frac{Pb}{l} \qquad \therefore V_B = V_C = -\frac{Pa}{l}$$

따라서

$$\left.\begin{aligned} V_A &= V_C = \frac{Pb}{l} \\ V_B &= V_C = -\frac{Pa}{l} \end{aligned}\right\} \cdots\cdots (6.16)$$

③ **굽힘모멘트선도**(bending moment diagram)

$0 \leqq x \leqq a$ 구간에서

$$M_x = R_A \cdot x = \frac{Pb}{l} x \cdots\cdots (6.17)$$

$a \leqq x \leqq l$ 구간에서

$$M_x = R_A \cdot x - P(x-a) = R_B(l-x) = \frac{Pa}{l}(l-x) \cdots\cdots (6.18)$$

$$\therefore M_A = M_{x=0} = \frac{Pb}{l} \times 0 = 0$$

$$\therefore M_B = M_{x=l} = \frac{Pb}{l}(l-x) = \frac{Pb}{l} \times 0 = 0$$

식(6.17) 및 식(6.18)에서 좌단으로부터 $x = a$일 때 최대굽힘모멘트가 발생하므로 그 값은 다음과 같다.

$$M_{\max} = M_C = M_{x=a} = \frac{Pb}{l} \times a = \frac{Pab}{l} \cdots\cdots (6.19)$$

만약 하중이 보(beam)의 중앙에 작용한다면 $a = b = \dfrac{l}{2}$이므로, $x = \dfrac{l}{2}$인 곳에서 최대굽힘모멘트가 발생된다. 즉

$$M_{\max} = M_{x=\frac{l}{2}} = \frac{Pl}{4} \quad \cdots\cdots (6.20)$$

(2) 2개 이상의 집중하중이 작용할 경우

① **지점반력**

㉠ **수직력**($\Sigma V = 0$ 또는 $\Sigma Y_i = 0$)

$$R_A - P_1 - P_2 - P_3 + R_B = 0 \qquad \therefore R_A + R_B = P_1 + P_2 + P_3$$

㉡ **수평력**($\Sigma H = 0$) : $H_A = 0$

㉢ **모멘트**($\Sigma M_B = 0$)

$$R_A l - P_1 b_1 - P_2 b_2 - P_3 b_3 = 0 \qquad \therefore R_A = \frac{P_1 b_1 + P_2 b_2 + P_3 b_3}{l}$$

$\Sigma M_A = 0$에 의해서

$$-R_B l + P_1 a_1 + P_2 a_2 + P_3 a_3 = 0 \qquad \therefore R_B = \frac{P_1 a_1 + P_2 a_2 + P_3 a_3}{l}$$

② **전단력선도**(shearing force diagram)

㉠ **AC구간**($0 \leqq x \leqq a_1$)**에서** : $V_{AC} = R_A$

㉡ **CD구간**($a_1 \leqq x \leqq a_2$)**에서** : $V_{CD} = R_A - P_1$

㉢ **DE구간**($a_2 \leqq x \leqq a_3$)**에서** : $V_{DE} = R_A - P_1 - P_2$

㉣ **EB구간**($a_3 \leqq x \leqq l$)**에서** : $V_{EB} = R_A - P_1 - P_2 - P_3 = -R_B$

③ **굽힘모멘트선도**(bending moment diagram)

㉠ AC구간($0 \leqq x \leqq a_1$)에서

$$M_{AC} = M_1 = R_A \cdot x = \frac{P_1 b_1 + P_2 b_2 + P_3 b_3}{l} x$$

$$M_{x=0} = R_A \cdot x = R_A \times 0 = 0$$

$M_{x=al} = R_A \cdot a_1$(a_1까지 직선증가를 의미한다.)

㉡ CD구간($a_1 \leqq x \leqq a_2$)에서

$$M_{CD} = M_2 = R_A \cdot x - P_1 (x - a_1)$$

x가 다시 a_1이면

$$M_{x=al} = R_A \cdot a_1$$

이며, 전단력이 0인 위치가 점 D이므로 a_2까지는 직선증가이다.

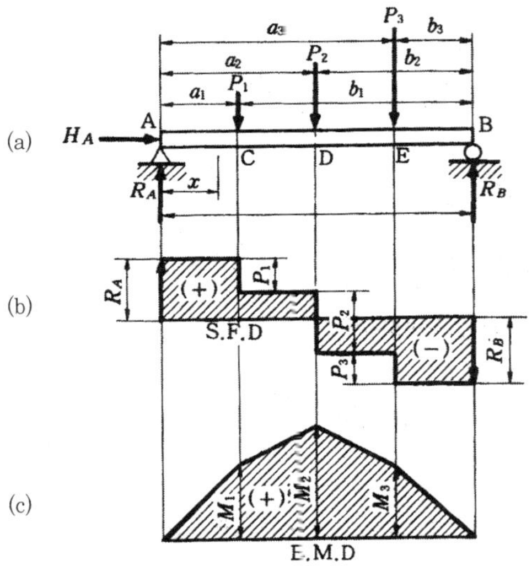

그림 6-15 2개 이상의 집중하중이 작용하는 단순보

$$\therefore M_{x=a2} = M_2 = M_{\max} = R_A \cdot c_2 - P_1(a_2 - a_1)$$

㉢ DE구간($a_2 \leqq x \leqq a_3$)에서 $M_{\max}$의 위치가 지났으므로 x가 증가할수록 점점 감소할 것이다.

$$M_{DE} = M_3 = R_A x - P_1(x - a_1) - P_2(x - a_2)$$

$$M_{x=a3} = R_A a_3 - P_1(a_3 - a_1) - P_2(a_3 - a_2)$$

㉣ EB구간($a_3 \leqq x \leqq l$)에서

$$M_{EB} = R_A x - P_1(x - a_1) - P_2(x - a_2) - P_3(x - a_3) = R_B(l - x)$$

$$M_{x=l} = R_B(l - l) = 0$$

즉, 굽힘모멘트(bending moment)의 선도(diagram)는 그림 6-15(c)와 같이 다각형 모양으로 그려진다. 이 때 최대굽힘모멘트는 전단력이 (+)부호에서 (−)부호로 바뀌는 단면에서 일어나므로 이 점이 위험단면(dangerous section)이 된다.

(3) 균일분포하중이 작용할 경우

① **지점반력**

㉠ **수직력**($\Sigma V = 0$ 또는 $\Sigma Y_i = 0$) : $R_A + R_B = wl$

㉡ **수평력**($\Sigma H = 0$) : $H_A = 0$

㉢ **모멘트**($\Sigma M_B = 0$) : $R_A \cdot l - wl \cdot \dfrac{l}{2} = 0$ $\qquad \therefore R_A = \dfrac{wl}{2}$

㉣ $\Sigma M_A = 0$에서 $-R_B \cdot l + wl\dfrac{l}{2} = 0$ $\qquad \therefore R_B = \dfrac{wl}{2}$

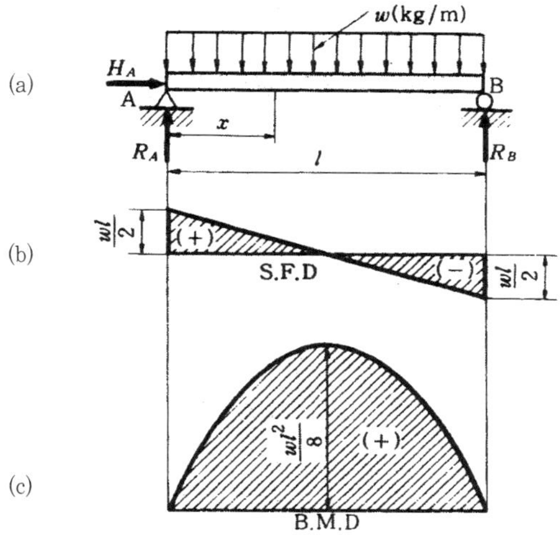

그림 6-16 균일분포하중이 작용하는 단순보

② **전단력선도**(shearing force diagram)

임의의 x단면에서의 전단력

$$V_x = R_A - wx = \frac{wl}{2} - w \cdot x = w\left(\frac{l}{2} - x\right) \qquad \therefore\ V_A = V_{x=0} = R_A = \frac{wl}{2}$$

$$\therefore\ V_B \equiv V_{x=l} = -\frac{wl}{2} = -R_B \qquad \therefore\ V_{x=\frac{l}{2}} = w\left(\frac{l}{2} - \frac{l}{2}\right) = 0$$

즉, $x = \frac{l}{2}$인 곳에서 전단력이 0이다.

③ **굽힘모멘트선도**(bending moment diagram)

$$M_x = R_A \cdot x - w \cdot x \cdot \frac{x}{2} = \frac{wl}{2} \cdot x - \frac{wx^2}{2} = \frac{wx}{2}(l - x)$$(2차 포물선 방정식이 된다.)

$$\therefore\ M_A = M_B = M_{x=l} = M_{x=0} = 0$$(즉, 양지점에서 굽힘모멘트는 0이다.)

$$\therefore\ M_{\max} = M_{x=\frac{l}{2}} = \frac{w}{2} \times \frac{l}{2}\left(l - \frac{l}{2}\right) = \frac{wl^2}{8}$$

④ **축방향력**(axial force diagram)

$$A_{A\sim B} - A_x = 0$$

(4) 점변 분포하중이 작용하는 단순보

① **지점반력** : 점변분포하중의 합력은 $wl/2$와 같고 B로부터 왼쪽으로 $l/3$ 거리 만큼 떨어진 도심점 G에 작용한다. 그러므로 보(beam) 전체를 자유물체로 보고 평형조건을 사용하여 반력을 구하면 다음과 같다.

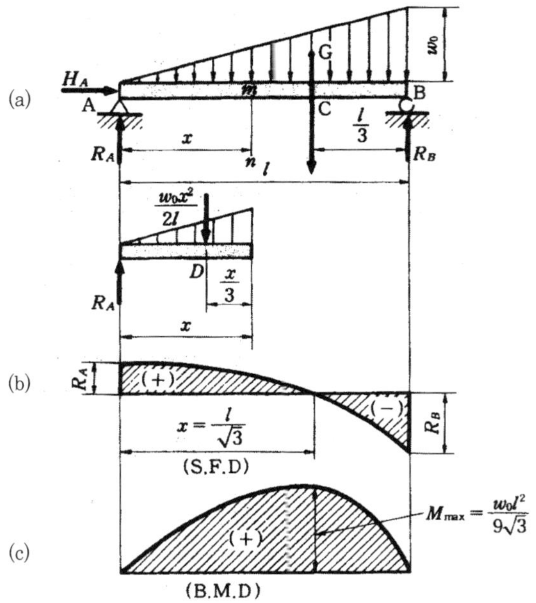

그림 6-17 삼각형 분포하중을 받는 단순보

㉠ **수직력**($\Sigma V=0$ 또는 $\Sigma Y_i=0$) : $R_A-\dfrac{wl}{2}+R_B=0$ 또는 $R_A+R_B=\dfrac{wl}{2}$

㉡ **수평력**($\Sigma H=0$) : $H_A=0$

㉢ **모멘트**($\Sigma M=0$)

- $\Sigma M_B=0$에서 $\quad R_A\times l-\dfrac{wl}{2}\times\dfrac{l}{3}=0 \qquad \therefore\ R_A=\dfrac{wl}{6}$
- $\Sigma M_A=0$에서 $\quad -R_B\cdot l+\dfrac{wl}{2}\times\dfrac{2l}{3}=0 \qquad \therefore\ R_B=\dfrac{wl}{3}$

② 전단력선도

$$l:w=x:w_x \qquad \therefore\ w_x=\frac{w}{l}\cdot x \qquad P_x=w_x\times x\times\frac{1}{2}=\frac{w}{l}\cdot x\times x\times\frac{1}{2}=\frac{w}{2l}x^2$$

$$V_x=R_A-P_x=\frac{wl}{6}-\frac{w}{2l}x^2 \text{(즉 2차 포물선 방정식이다.)}$$

$$\therefore\ V_A=V_{x=0}=R_A=\frac{wl}{6} \qquad \therefore\ V_B=V_{x=l}=-\frac{wl}{3}=-R_B$$

한편, 전단력이 0이 되는 지점의 위치는 다음과 같다.

$$V_x=\frac{wl}{6}-\frac{w}{2l}x^2=0 \qquad \therefore\ x=\frac{l}{\sqrt{3}}$$

③ **굽힘모멘트의 선도**

$$M_x = R_A \cdot x - P_x \cdot \frac{x}{3} = \frac{wl}{6}x - \frac{w}{2l}x^2 \cdot \frac{x}{3} = \frac{wl}{6}x - \frac{w}{6l}x^3$$

$$\therefore\ M_A = M_{x=0} = 0 \qquad M_B = M_{x-l} = 0$$

$$\therefore\ M_{\max} = M_{x=l/\sqrt{3}} = \frac{wl}{6} \times \frac{l}{\sqrt{3}} - \frac{w}{6l}\left(\frac{l}{\sqrt{3}}\right)^3 = \frac{wl^2}{9\sqrt{3}}$$

④ **축방향력**

$$A_{A\sim B} = A_x = 0$$

(5) 반분등분포하중이 작용할 경우

① **지점반력**

㉠ **수직력**$(\Sigma V = 0)$: $R_A + R_B = \dfrac{wl}{2}$

㉡ **모멘트**$(\Sigma M_A = 0)$: $R_A \times l - \dfrac{wl}{2} \times \dfrac{3l}{4} = 0 \qquad \therefore\ R_A = \dfrac{3wl}{8}$

$\Sigma M_B = 0$에서

$$-R_B \cdot l + \frac{wl}{2} \times \frac{1}{4} = 0 \qquad \therefore\ R_B = \frac{wl}{8}$$

② **전단력선도**

$$V_x = R_A - wx = \frac{3}{8}wl - wx \qquad \therefore\ V_A = V_{x=0} = R_A = \frac{3}{8}wl$$

$$\therefore\ V_B = V_{x=\frac{l}{2}} = -R_B = \frac{3}{8}wl - w \cdot \frac{l}{2} = -\frac{wl}{8}$$

전단력이 0이 되는 지점은 다음과 같다.

$$V_x = \frac{3}{8}wl - wx = 0 \qquad \therefore\ x = \frac{3l}{8}\text{(굽힘모멘트의 최대지점이다.)}$$

③ **굽힘모멘트선도**

$$M_x = R_A \cdot x - wx \cdot \frac{x}{2} = \frac{3}{8}wlx - \frac{wx^3}{2}$$

$$M_C = M_{x=\frac{l}{2}} = \frac{3}{8}wl \times \frac{l}{2} - \frac{w}{2} \times \left(\frac{l}{2}\right)^2 = \frac{wl^2}{16} = R_B \times \frac{l}{2}$$

A−C구간은 곡선변화, C−B구간은 직선변화

$$\therefore\ M_{\max} = M_{x=\frac{3}{8}l} = \frac{3wl}{8} \times \frac{3l}{8} - \frac{w}{2}\left(\frac{3l}{8}\right)^2 = \frac{9wl^2}{128}$$

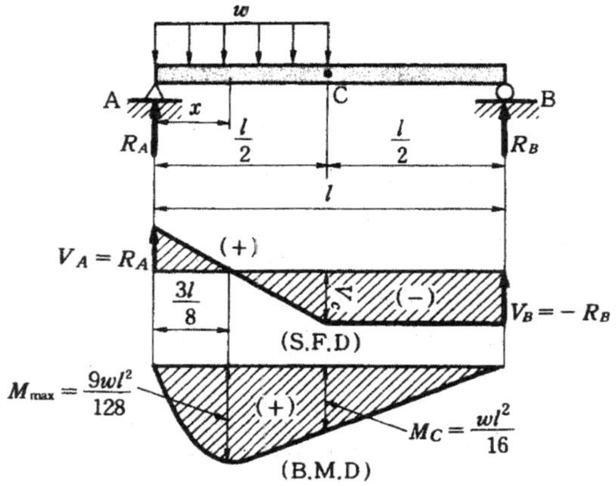

그림 6-21 반분등분포 하중을 받는 단순보

(6) 반분점변 분포하중이 작용할 경우

① 지점반력

㉠ **수직력**$(\Sigma V=0)$: $R_A + R_B = \dfrac{wl}{4}$

㉡ **모멘트**$(\Sigma M_B = 0)$: $R_A \cdot l - \dfrac{wl}{4} \times \left(\dfrac{l}{2} + \dfrac{1}{3} \times \dfrac{l}{2}\right) = 0 \qquad \therefore R_A = \dfrac{wl}{6}$

$\Sigma M_A = 0$에서

$$-R_B \cdot l + \frac{wl}{4} \times \left(\frac{2}{3} \times \frac{l}{2}\right) = 0 \qquad \therefore R_B = \frac{wl}{12}$$

② 전단력선도

$$\frac{l}{2} : w = w : w_x \qquad \therefore w_x = \frac{2w \cdot x}{l}$$

$$P_x = x \cdot w_x \cdot \frac{1}{2} = \frac{x}{2} \times \frac{2wx}{l} = \frac{w \cdot x^2}{l} \qquad \therefore V_x = R_A - P_x = \frac{wl}{6} - \frac{w}{l}x^2$$

$$\therefore V_A = V_{x=0} = R_A = \frac{wl}{6}$$

$$\therefore V_B = V_{x=\frac{l}{2}} = -R_B = \frac{wl}{6} - \frac{w}{l}\left(\frac{l}{2}\right)^2 = -\frac{wl}{12}$$

전단력이 되는 지점은 다음과 같다.

$$V_x = \frac{wl}{6} - \frac{w}{l}x^2 = 0 \qquad \therefore x = \frac{l}{\sqrt{6}}$$

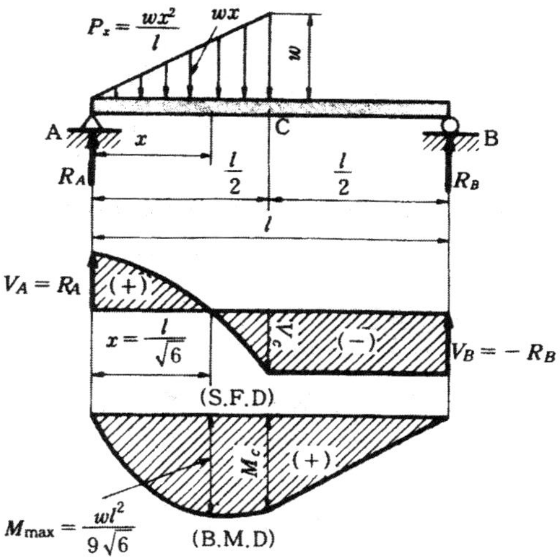

그림 6-22 반분점변 분포하중을 받는 단순보

③ **굽힘모멘트선도**

$$M_x = R_A \cdot x - P_x \cdot \frac{x}{3} = \frac{wl}{6}x - \frac{w}{3l}x^3$$

$$\therefore M_C = M_{x=\frac{l}{2}} = \frac{wl}{6} \times \frac{l}{2} - \frac{w}{3l}\left(\frac{l}{2}\right)^3 = \frac{wl^2}{24} = R_B \times \frac{l}{2}$$

$$\therefore M_{\max} = M_{x=\frac{l}{\sqrt{6}}} = \frac{wl}{6} \times \frac{l}{\sqrt{6}} - \frac{w}{3l}\left(\frac{l}{\sqrt{6}}\right)^3 = \frac{wl^2}{9\sqrt{6}}$$

(B−C구간은 직선변화이다.)

(7) 이등변삼각형의 등변분포하중이 작용할 경우

① **지점반력**

㉠ **수직력**$(\Sigma V = 0)$: $R_A + R_B = \frac{wl}{2}$

㉡ **모멘트**$(\Sigma M_B = 0)$: $R_A \cdot l - \frac{wl}{2} \times \frac{l}{2} = 0$ $\quad \therefore R_A = \frac{wl}{4}$

$\Sigma M_A = 0$에서

$$-R_B \cdot l + \frac{wl}{4} \times \frac{l}{2} = 0 \qquad \therefore R_B = \frac{wl}{4}$$

② **전단력선도**(shearing force diagram)

$$\frac{l}{2} : w = x : w_x \qquad \therefore w_x = \frac{2w \cdot x}{l}$$

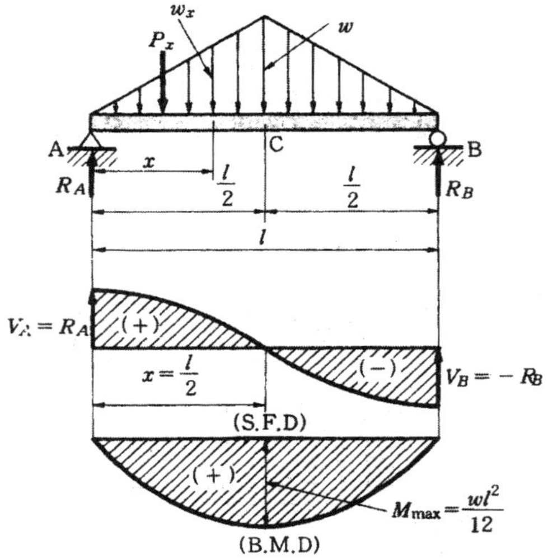

그림 6-23 이등변삼각형의 등변분포하중을 받는 단순보

$$P_x = \frac{x \cdot w_x}{2} = \frac{x}{2} \times \frac{2w \cdot x}{l} = \frac{w}{l}x^2$$

$0 \leqq x \leqq \frac{l}{2}$구간에서

$$V_x = R_A - P_x = \frac{wl}{4} - \frac{w}{l}x^2 \qquad \therefore\ V_A = V_{x=0} = R_A = \frac{wl}{4}$$

$\frac{l}{2} \leqq x \leqq l$구간에서

$$V_x = -R_B + P_x = -\frac{wl}{4} + \frac{w}{l}x^2 \qquad \therefore\ V_B = V_{x=0} = -R_B = -\frac{wl}{4}$$

전단력이 0인 지점은

$$V_x = \frac{wl}{4} - \frac{w}{l}x^2 = 0 \qquad \therefore\ x = \frac{l}{2}$$

③ **굽힘모멘트선도**(bending moment diagram)

$$M_x = R_A \cdot x - P_x \cdot \frac{x}{3} = \frac{wl}{4}x - \frac{w}{3l}x^3$$

$$\therefore\ M_{\max} = M_{x=\frac{l}{2}} = \frac{wl}{4} \times \frac{l}{2} - \frac{w}{3l}\left(\frac{l}{2}\right)^3 = \frac{wl^2}{12}$$

(8) 포물선 등변분포하중이 작용할 경우

① **지점반력** : $w_x dz$를 미소집중하중이라고 하면, 미소지점반력 dR_A값은 다음과 같다.

$\Sigma M_B = 0$에 의해서

$$R_A = \int_0^l dR_A = \int_0^l \frac{w_x}{l}(l-z)dz = \int_0^l \frac{1}{l} \times \frac{w}{2} z(l-z)(l-z)dz$$

$$= \frac{w}{2l}\int_0^l (l^2 z - 2lz^2 + z^3) = \frac{w}{2l}\left[\frac{l^2 z^2}{2} - \frac{2lz^2}{3} + \frac{z^4}{4}\right]_0^l$$

$$= \frac{w}{2l}\left(\frac{l^4}{2} - \frac{2l^4}{3} + \frac{l^4}{4}\right) = \frac{wl^3}{24}$$

대칭구조이므로

$$\therefore\ R_A = R_B = \frac{wl^3}{24}$$

② **전단력선도**(shearing force diagram)

$$V_x = R_A - (A \sim x \text{ 사이의 분포하중})$$

$$V_x = \frac{wl^3}{24} - \int_0^x w_x \cdot dz = \frac{wl^3}{24} - \int_0^x \frac{w}{2} z(l-z)dz$$

$$= \frac{wl^3}{24} - \frac{w}{2}\left[\frac{lz^2}{2} - \frac{z^3}{3}\right]_0^x = \frac{wl^3}{24} - \frac{w}{2}\left(\frac{l}{2}x^2 - \frac{1}{3}x^3\right)$$

$$= \frac{wl^3}{24} = \frac{wl}{4}x^2 + \frac{w}{6}x^3 = \frac{w}{24}(2x-l)(2x^2 - 2lx - l^2)$$

$$\therefore\ V_A = V_{x=0} = R_A = \frac{wl^3}{24}$$

$$\therefore\ V_B = V_{x=l} = \frac{wl^3}{24} - \frac{wl^3}{4} + \frac{wl^3}{6} = -\frac{wl^3}{24} = -R_B$$

전단력이 0인 지점은

$$V_x = 0, \quad 2x - l = 0 \qquad \therefore\ x = \frac{l}{2}$$

③ **굽힘모멘트선도**(bending moment diagram)

$$M_x = R_A \cdot x - (A \sim x \text{ 사이의 분포하중}) \times (x-z) = R_A \cdot x - \int_0^x w_x dz(x-z)$$

$$= \frac{wl^3}{24}x - \int_0^x \frac{w}{2} z(l-z)(x-z)dz = \frac{wl^3}{24}x - \frac{w}{2}\int_0^x (lxz - z^2 x + z^2 - lz^2)dz$$

$$= \frac{wl^3}{24}x - \frac{2}{2}x\left[\frac{lz^2}{2} - \frac{z^2}{3}\right]_0^x + \frac{w}{2}\left[\frac{lz^2}{3} - \frac{z^4}{4}\right]_0^x$$

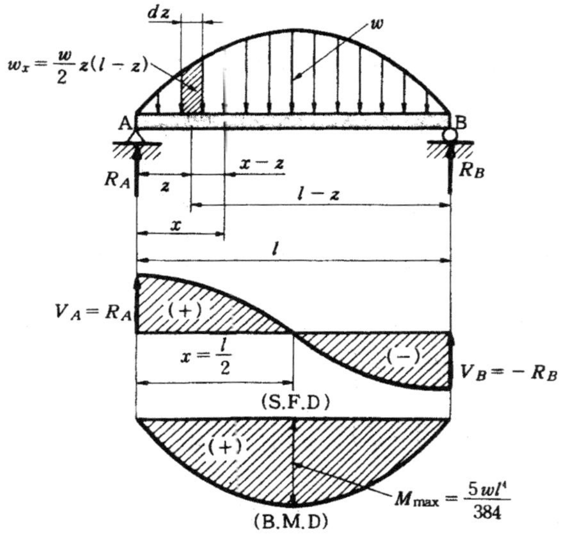

그림 6-24 포물선 등변분포하중을 받는 단순보

$$= \frac{wl^3}{24}x - \frac{wl}{12}x^3 + \frac{w}{24}x^4 = \frac{wl^4}{24}\left[\frac{x}{l} - 2\left(\frac{x}{l}\right)^3 + \left(\frac{x}{l}\right)^4\right]$$

$$M_A = M_B = M_{x=0} = M_{x=l} = 0$$

최대굽힘모멘트 : $x = \frac{l}{2}$ 지점 → $\frac{x}{l} = \frac{1}{2}$

$$\therefore M_{max} = \frac{wl^4}{24}\left[\frac{1}{2} - 2\left(\frac{1}{2}\right)^3 + \left(\frac{1}{2}\right)^4\right] = \frac{5wl^4}{384}$$

2 외팔보(Cantilever beam)의 선도

(1) 외팔보의 성질

① **반 력**

㉠ 외팔보는 고정단에 수직, 수평, 모멘트 반력이 생긴다.

㉡ 모멘트 하중만이 작용할 때는 모멘트 반력만 생긴다.

② **전단력**

㉠ 외팔보의 전단력은 하중이 하향 또는 상향으로만 작용할 경우 고정단에서 최대이다.

㉡ 전단력의 계산은 고정단의 위치에 관계없이 좌측에서 우측으로 계산해 나간다.

㉢ 외팔보에 모멘트 하중만 작용할 경우에는 전단력의 선도는 기선과 같다.

㉣ 전단력의 부호는 고정단이 좌측이면 (+), 우측이면 (−)이다. 단, 하중방향이 상향일

경우는 이와 반대이다.

③ **굽힘모멘트**

㉠ 굽힘모멘트 계산은 고정단의 위치에 관계없이 자유단에서 시작한다.

㉡ 굽힘모멘트 부호는 하향일 때 고정단의 위치에 관계없이 (−)이다. 단, 상향일 때는 이와 반대이다.

㉢ 자유단에서 임의단면까지 전단력의 면적은 그 단면의 굽힘모멘트 크기와 같다.

㉣ 외팔보에서 하중이 하향 또는 상향일 때는 고정단에서 최대이다.

(2) 자유단에 집중하중이 작용할 경우

① **지점반력**

㉠ **수직력**($\Sigma V = 0$ 또는 $\Sigma Y_i = 0$) : $-P + R_B = 0$　　$\therefore R_B = P$

㉡ **모멘트**($\Sigma M_B = 0$) : $-Pl + M_B = 0$　　$\therefore M_B = Pl$

② **전단력선도**(shearing force diagram)

$$V_x = -P = \text{constant}$$

적, 전단력선도는 전단력(V)이 일정한 값이므로 직사각형으로 그려진다. 또한 V_x의 크기는 x의 값에 무관하며 수평적이다.

③ **굽힘모멘트선도**(bending moment diagram)

임의의 x단면에 작용하는 굽힘모멘트 : $M_x = -P \cdot x$

x의 증가에 따라 M_x는 직선적인 변화를 가지며, $x = 0$이라면

$$M_{x=0} = -P \times 0 = 0$$

x가 더욱 증가하면($x = l$)

$$M_{x=l} = M_{\max} = -Pl$$

여기서, 최대굽힘모멘트는 자유단으로부터 $x = l$인 곳, 즉 고정단에서 발생된다.

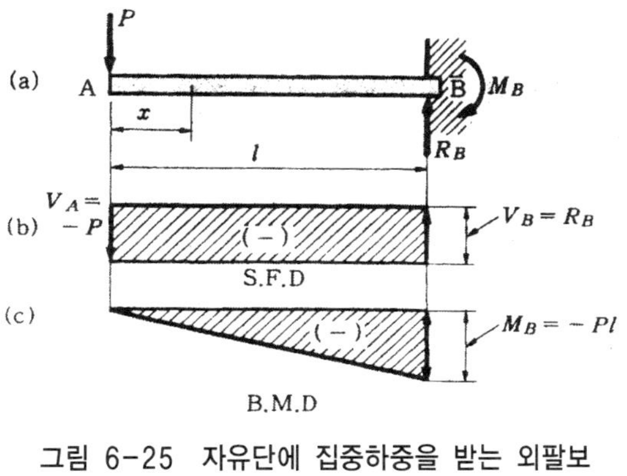

그림 6-25 자유단에 집중하중을 받는 외팔보

(3) 다수의 집중하중이 작용할 경우

① **지점반력**

㉠ **수직력**($\Sigma V = 0$ 또는 $\Sigma Y_i = 0$) : $-P_1 - P_2 - P_3 + R_B = 0$

$$\therefore R_B = P_1 + P_2 + P_3$$

㉡ **모멘트**($\Sigma M_B = 0$) : $-P_1 l - P_2(l - a_1) - P_3(l - a_2) + M_B = 0$

$$\therefore M_B = P_1 l + P_2(l - a_1) + P_3(l - a_2)$$

② **전단력선도**(shearing force diagram)

㉠ $0 < x < a_1$ **구간에서** : $V_1 = -P_1$

㉡ $a_1 < x < a_2$ **구간에서** : $V_2 = -P_1 - P_2$

㉢ $a_2 < x < l$ **구간에서** : $V_3 = -P_1 - P_2 - P_3$

즉, 전단력선도는 하중점에서 단을 갖는 조사각형으로 된다.

③ **굽힘모멘트선도**(bending moment diagram)

㉠ $0 < x < a_1$ **구간에서** : $M_1 = -P_1 x$

㉡ $a_1 < x < a_2$ **구간에서** : $M_2 = -P_1 x - P_2(x - a_1)$

㉢ $a_2 < x < l$ **구간에서** : $M_3 = -P_1 x - P_2(x - a_1) - P_3(x - a_2)$

윗식들에 의해서

$x = 0$일 때, $M_1 = M_{x=0} = -Px = 0$

$x = a_1$일 때, $M_2 = M_{x=a1} = -P_1 a_1$

$x = a_2$일 때, $M_3 = M_{x=a2} = -P_1 a_2 - P_2(a_2 - a_1)$

$x = l$일 때, $M_3 = M_{x=l} = -P_1 l - P_2(l - a_1) - P_3(l - a_2)$

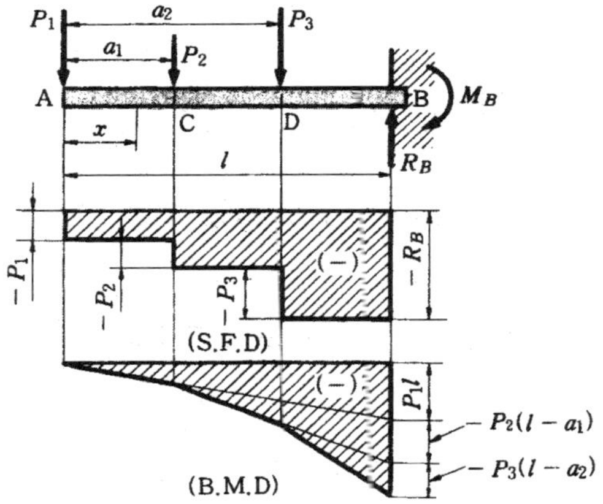

그림 6-27 여러 개의 집중하중이 작용하는 외팔보

따라서 굽힘모멘트 방정식은 모두 1차 방정식이므로 x에 비례하여 직선으로 증가하고, 삼각형이 되어 역시 하중작용점에서 변화하는 것으로서 중첩하여 그리면 된다. 여기서 최대 굽힘모멘트는 자유단으로부터 $x=l$일 때, 즉 고정단에 발생됨을 알 수 있다.

(4) 등분포하중이 작용할 경우

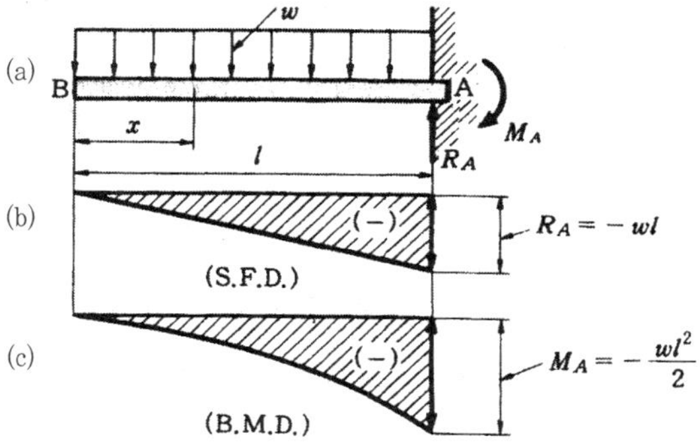

그림 6-29 균일분포하중이 작용하는 외팔보

① **지점반력**

㉠ **수직력**$(\Sigma V=0)$: $R_A = wl$

㉡ **모멘트**$(\Sigma M_A=0)$: $M_A = -\dfrac{wl^2}{2}$

② **전단력선도**(shearing force diagram)

$$V_x = -wx \qquad \therefore\ V_A = -wl = -R_A$$

따라서 최대전단력은 자유단으로부터 $x=l$인 곳, 즉 고정단에서 발생되므로

$$V_{max} = -wl$$

③ **굽힘모멘트선도**(bending moment diagram)

$$M_x = -wx\cdot\frac{x}{2} = -\frac{wx^2}{2}, \qquad M_A = M_{x=l} = -\frac{wl^2}{2}$$

굽힘모멘트 선도는 2차방정식이므로 x^2에 비례하는 곡선으로 표현된다.

$x=0$일 때, $M_{x=0}=0$

$x=l$일 때, $M_{x=l} = -\dfrac{wl^2}{2}$

따라서 최대굽힘모멘트는 자유단으로부터 $x=l$인 곳, 즉 고정단에서 발생되므로

$$M_{max} = -\frac{wl^2}{2}$$

이다. 이 선도는 포물선으로 그려진다.

(5) 점변분포하중이 작용할 경우

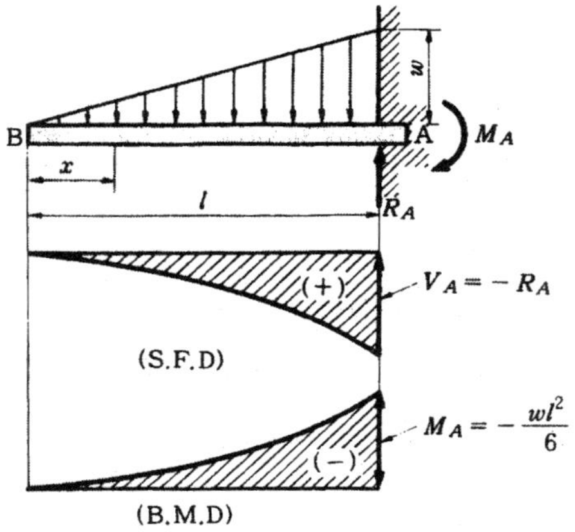

그림 6-31 점변분포하중이 받는 외팔보

① **지점반력**

㉠ **수직력**$(\Sigma V = 0)$: $R_A - w \times l \times \frac{1}{2} = 0 \qquad \therefore R_A = \frac{wl}{2}$

㉡ **모멘트**$(\Sigma M_A = 0)$: $-M_A - w \times l \times \frac{1}{2} \times \frac{l}{3} = 0 \qquad \therefore M_A = -\frac{wl^2}{6}$

② **전단력선도**(shearing force diagram)

$$l : w = x : w_x \qquad \therefore w_x = \frac{w \cdot x}{l}$$

$$V_x = -w_x \cdot x \cdot \frac{1}{2} = -\frac{wx^2}{2l}$$

$$V_B = V_{x=0} = 0, \qquad V_A = V_{x=l} = -\frac{wl^2}{2l} = -\frac{wl}{2}$$

③ **굽힘모멘트선도**(bending moment diagram)

$$M_x = -w_x \cdot x \cdot \frac{1}{2} \cdot \frac{x}{3} = -\frac{wx^3}{6l} \qquad \therefore M_B = M_{x=0} = 0$$

$$M_{x=\frac{l}{2}} = -\frac{w}{6l}\left(\frac{l}{2}\right)^3 = -\frac{wl^2}{48} \qquad \therefore M_A = M_{x=l} = -\frac{wl^2}{6}$$

(6) 반분 등분포하중이 작용할 경우

① **지점반력**

㉠ **수직력**$(\Sigma V = 0)$: $R_A - w \times \frac{1}{2} = 0 \qquad \therefore R_A = \frac{wl}{2}$

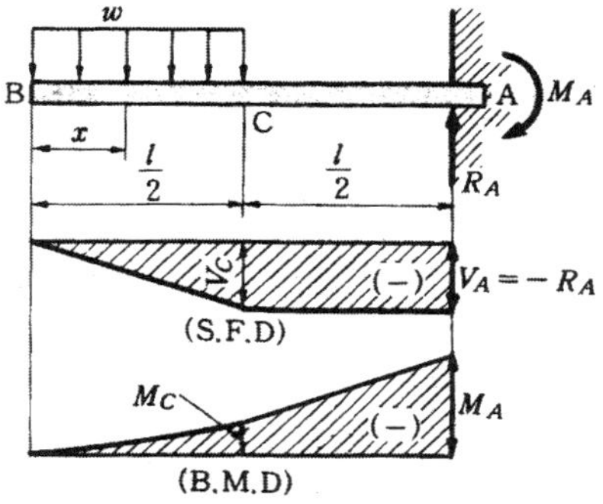

그림 6-32 반분 등분포하중을 받는 외팔보

㉡ **모멘트**$(\Sigma M_A = 0)$: $-M_A - w \times \frac{1}{2}\left(\frac{l}{2} + \frac{l}{4}\right) = 0$ $\quad\therefore M_A = -\frac{3wl^2}{8}$

② **전단력선도**(shearing force diagram)

$$V_x = -w_x \qquad \therefore V_C = V_A = -\frac{wl}{2} = -R_A$$

③ **굽힘모멘트선도**(bending moment diagram)

$0 \leqq x \leqq \frac{l}{2}$ 구간에서

$$M_x = -\frac{wx^3}{2} \qquad \therefore M_C = M_{x=\frac{l}{2}} = -\frac{wl^2}{8}$$

$\frac{l}{2} < x < l$ 구간에서

$$M_x = -\frac{wl}{2}\left(x - \frac{l}{4}\right) \qquad \therefore M_A = -\frac{wl}{2}\left(l - \frac{l}{4}\right) = -\frac{3wl^2}{8}$$

(7) 중앙에 집중하중이 작용할 경우

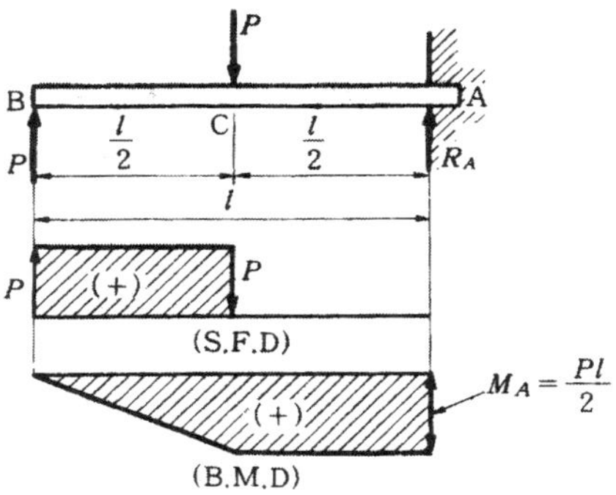

그림 6-33 중앙에 집중하중을 받는 외팔보

① **지점반력**

㉠ **수직력**($\Sigma V=0$) : $R_A+P-P=0$ $\quad\therefore R_A=0$

㉡ **모멘트**($\Sigma M_A=0$) : $-M_A+Pl-P\times\dfrac{l}{2}=0$ $\quad\therefore M_A=-\dfrac{Pl}{2}$

② **전단력선도**(shearing force diagram)

$$V_{B\sim C}=P,\quad V_{C\sim A}=P-P=0$$

③ **굽힘모멘트선도**(bending moment diagram)

$$M_B=0\quad \therefore M_C=P\times\frac{l}{2}=\frac{Pl}{2},\quad M_A=Pl-\frac{Pl}{2}=\frac{Pl}{2}$$

3 돌출보 또는 내다지보(Overhanging beam)의 선도

(1) 돌출보의 성질

① 한 지점의 돌출부에 하중이 작용할 때는 반대쪽 지점에 (−)반력이 생긴다.

② 돌출부분의 전단력은 하중이 하향일 경우는 외팔보(cantilever beam)와 같은 지점좌측에서는 (−), 지점우측에서는 (+)이다.

③ 내다지보의 중앙부에 작용하는 하중은 단순보와 같이 (+)의 굽힘모멘트(bending moment)가 생기며, 돌출부에 작용하는 하중은 외팔보와 같이 (−) 굽힘모멘트를 일으킨다.

④ 돌출보의 양지점 사이의 해법은 돌출보의 굽힘모멘트를 구하고, 그 굽힘모멘트를 지점에 작용하여 모멘트 하중(moment load)을 받는 단순보 해법과 같다.

(2) 집중하중을 받는 돌출보

① **지점반력**

㉠ **수직력**($\Sigma V=0$ 또는 $\Sigma Y_i=0$) : $R_A+R_B-2P-P_1=0$

$$\therefore R_A+R_B=2P+P_1$$

㉡ **모멘트**($\Sigma M_B=0$) : $R_A l-P_1 b-P(l+c)+PC=0$

$$\therefore R_A=\frac{P_1 b+Pl}{l}\qquad \therefore R_B=\frac{P_1 a+Pl}{l}$$

② **전단력선도**(shearing force diagram)

$$V_{C\sim A}=-P\qquad \therefore V_{A\sim E}=-P+R_A$$

$$V_{E\sim B}=-P+R_A-P_1=P-R_B\qquad V_{B\sim D}=-P+R_A-P_1+R_B=P$$

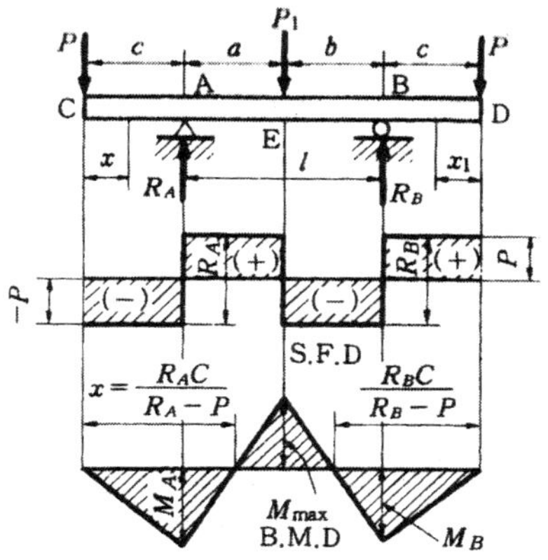

그림 6-34 다수의 집중하중이 작용하는 돌출보

③ **굽힘모멘트선도**(bending moment diagram)

$M_{C\sim A} = -Px$: $x=0$일 때 $\quad \therefore M_C = 0$

$x = c$일 때 $\quad \therefore M_A = -Pc$

$M_{A\sim E} = -Px + R_A(x-c)$: $x = c+a$일 때 $\quad \therefore M_E = \dfrac{P_1ab - Pcl}{l}$

$M_{E\sim B} = -Px_1 + R_B(x_1 - c)$: $x_1 = c$일 때 $\quad \therefore M_B = -Pc$

$M_{B\sim D=} - Px_1$ $\quad \therefore x_1 = D$

최대굽힘모멘트 : $M_{\max} = \dfrac{P_1ab - Pcl}{l}$

굽힘모멘트가 0이 되는 위치 : $M_{A\sim E} = 0, \quad -Px + R_A(x-c) = 0$

$\therefore x = \dfrac{R_A \cdot c}{R_A - P}$(점 C로부터 $M=0$이 되는 위치)

$M_{B\sim E} = 0, \quad -Px_1 + R_B(x_1 - c) = 0$

$\therefore x_1 = \dfrac{R_B \cdot c}{R_B - P}$(점 D로부터 $M=0$이 되는 위치점이다.)

(3) 등분포하중을 받는 돌출보

① **지점반력**

㉠ **수직력**($\Sigma V = 0$) : $R_A + R_B = wl_1 + wl + wl_2$

㉡ **모멘트**($\Sigma M_B = 0$) : $R_A \times l - w(l_1 + 1) \times \dfrac{(l_1 + l)}{2} + wl^2 \times \dfrac{l_2}{2} = 0$

$\therefore R_A = \dfrac{wl}{2} + wl_1 + \dfrac{wl_1^{\,2} - l_2^{\,2}}{2l} \qquad \therefore R_B = \dfrac{wl}{2} + wl_2 + \dfrac{wl_2^{\,2} - l_1^{\,2}}{2l}$

만일, $l_1 = l_2$라고 한다면 $R_A = R_B = w\left(\frac{l}{2} + l_1\right)$

② **전단력선도**(shearing force diagram) : 돌출보(또는 내민보)는 외팔보일 때와 같으므로 점 A 및 점 B의 전단력은

$$V_A = -wl_1, \quad V_B = -wl_2$$

이며, 전단력선도는 그림 6-35(a)와 같다.

중앙부의 임의단면 점 C에서의 전단력을 V_x라고 하면

$$V_x = w\left(\frac{l}{2} - x\right) + \frac{wl_1^2 - l_2^2}{2l}$$

$l_1 = l_2$라고 하면

$$V_x = w\left(\frac{l}{2}\right) - x$$

③ **굽힘모멘트선도**(bending moment diagram) : 돌출보는 외팔보일 때와 같으므로 점 A 및 점 B의 굽힘모멘트

$$M_A = -\frac{wl_1^2}{2}, \quad M_B = -\frac{wl_2^2}{2}$$

이며, 굽힘모멘트선도는 그림 6-35(b)와 같다.

중앙부의 임의단면 점 C에서의 굽힘모멘트를 M_x라고 하면

$$M_x = \frac{wx}{2}(l - x) - \frac{wl_1^2}{2} + \frac{wl_1^2 - wl_2^2}{2l}x$$

$l_1 = l_2 = l'$라고 하면

$$M_x = \frac{w}{2}\{(l - x)x - (l')^2\}, \quad M_{\max} = M_{x=\frac{l}{2}} = \frac{w}{8}(l^2 - 4l'^2)$$

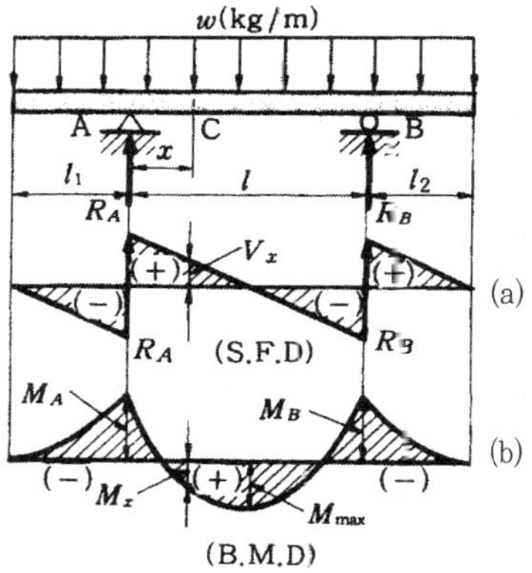

그림 6-35 균일분포하중을 받고 있는 돌출보

(4) 자유단에 집중하중을 받는 돌출보

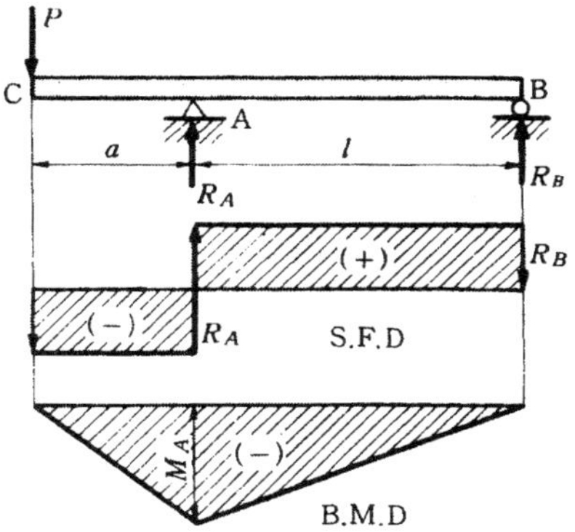

그림 6-36 자유단에 집중하중을 받고 있는 돌출보

① **지점반력**

㉠ **수직력**$(\Sigma V=0)$: $R_A+R_B=P$

㉡ **모멘트**$(\Sigma M_B=0)$: $R_A l-P(a+l)=0$ $\quad\therefore\ R_A=P+\dfrac{Pa}{l}(\uparrow)$

$\Sigma M_A=0$에서

$$-R_B l-Pa=0 \qquad \therefore\ R_B=-\frac{Pa}{l}(\downarrow)$$

㉢ **수평력**$(\Sigma H=0)$: $H_A=0$

② **전단력선도**(shearing force diagram)

㉠ $0<x<a$ 구간에서

$$V_x=-P \qquad \therefore\ V_C=-P$$

㉡ $a<x<l$ 구간에서

$$V_x=-P+R_A=\frac{Pa}{l}=-R_B \qquad \therefore\ V_{A\sim B}=\frac{Pa}{l}=-R_B$$

③ **굽힘모멘트선도**(bending moment diagram)

㉠ $0<x<a$ 구간에서

$$M_x=-Px \qquad \therefore\ M_A=-Pa$$

㉡ $0<x<l$ 구간에서

$$M_x=-Px+R_A(x-a) \qquad \therefore\ M_B=0$$

④ 축방향력선도(axial force diagram)

$$A_{C\sim A}=A_{A\sim B}=0$$

예제문제

01 다음 그림과 같이 집중하중을 받는 단순보(simple beam)의 지점반력, 전단력 및 선도(S.F.D)와 굽힘모멘트 및 선도(B.M.D)를 그려라.

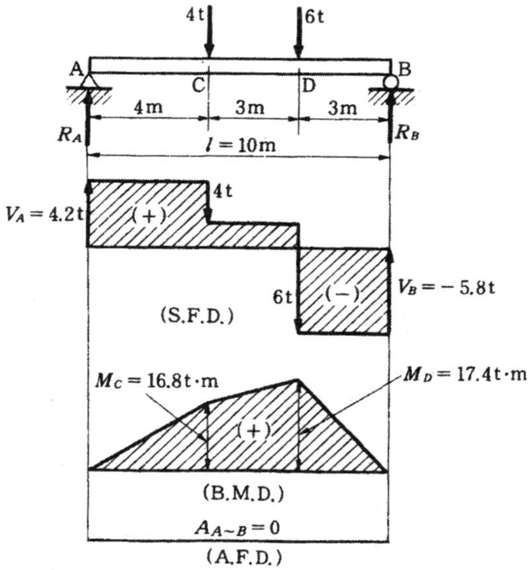

해설 (1) 지점반력

•수직력($\Sigma V=0$) :

$$R_A+R_B=10(\mathrm{t})$$

•모멘트($\Sigma M_B=0$) :

$$R_A\times 10-4\times 6-6\times 3=0$$

$$\therefore R_A=\frac{24+18}{10}=4.2(\mathrm{t})$$

$$\therefore R_B=10-4.2=5.8(\mathrm{t})$$

(2) 전단력 및 선도(S.F.D)

$$V_{A\sim C}=R_A=4.2(\mathrm{t})$$

$$V_{C\sim D}=R_A-4=4.2-4=0.2(\mathrm{t})$$

$$V_{D\sim B}=R_A-4-6=-R_B=-5.8(\mathrm{t})$$

(3) 굽힘모멘트 및 선도(B.M.D)

$$M_A=M_B=0 M_C=R_A\times 4=4.2\times 4=16.8(\mathrm{t\cdot m})$$

$$M_D=R_A\times 4-4\times 3=R_B\times 3=5.8\times 3=17.4(\mathrm{t\cdot m})$$

(4) 축방향력 및 선도(A.F.D) : $A_{A\sim B}=0$

02 다음 그림과 같은 방향이 반대인 집중하중이 단순보(simple beam)에 작용할 때 지점반력, 전단력 및 선도(S.F.D)와 굽힘모멘트 및 선도(B.M.D)를 그려라.

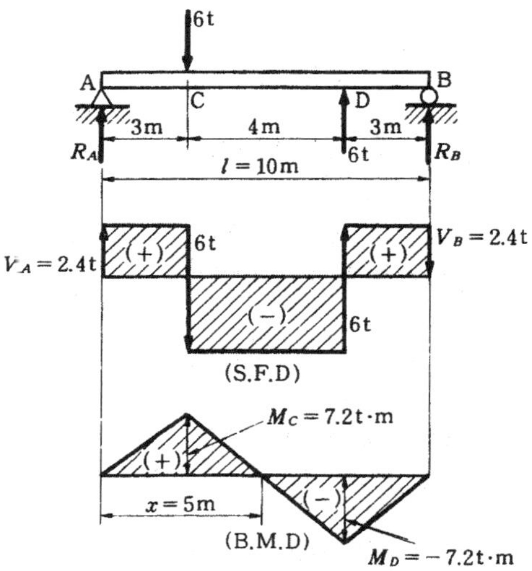

해설 (1) 지점반력

•수직력($\Sigma V=0$) : $R_A+R_B=0$

•모멘트($\Sigma M_B=0$) :

$$R_A\times 10-6\times 7-6\times 3=0$$

$$\therefore R_A=\frac{42-18}{10}=2.4(\mathrm{t})$$

$\Sigma M_A=0$에서

$$R_B\times 10+6\times 3-6\times 7=0$$

$$\therefore R_B=\frac{18-42}{10}=-2.4(\mathrm{t})$$

(2) 전단력 및 선도(S.F.D)

$$V_{A\sim C}=R_A=2.4(\mathrm{t})$$

$$\therefore V_A=2.4(\mathrm{t})$$

$$V_{C\sim D}=R_A-6=2.4-6=-3.6(\mathrm{t})$$

$V_{D\sim B} = R_A - 6 + 6 = -R_B = 2.4(\text{t})$ $\therefore V_B = 2.4(\text{t})$

(3) 굽힘모멘트 및 선도(B.M.D)

$M_C = R_A \times 3 = 2.4 \times 3 = 7.2(\text{t}\cdot\text{m})$

$M_D = R_B \times 3 = -2.4 \times 3 = -7.2(\text{t}\cdot\text{m})$

$M_{x=5} = R_A \times 5 - 6 \times (5-3) = 2.4 \times 5 - 6 \times 2 = 0$

03 다음 그림과 같이 균일분포하중이 단순보(simple beam)에 작용할 때 지점반력, 전단력 및 선도(S.F.D)와 굽힘모멘트 및 선도(B.M.D)를 그려라.

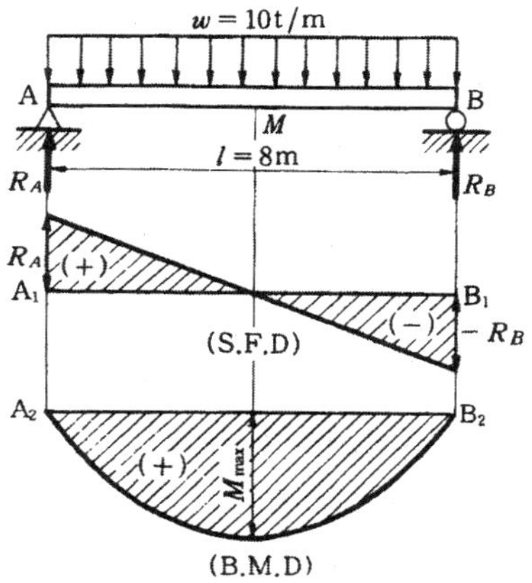

해설 (1) 지점반력

•수직력($\Sigma V = 0$) :

$R_A + R_B = 10 \times 8 = 80(\text{t})$

•모멘트($\Sigma M_B = 0$) :

$R_A \times 8 - 10 \times 8 \times 4 = 0$

$\therefore R_A = \dfrac{320}{8} = 40(\text{t})$

$\Sigma M_A = 0$에서

$-R_B \times 8 + 10 \times 8 \times 4 = 0$

$-8R_B = -320$

$\therefore R_B = 40(\text{t})$

(2) 전단력 및 선도(S.F.D)

$V_A = R_A = \dfrac{Wl}{2} = 40$

$V_M = 0$

$V_B = -R_B = -40(\text{t})$

(3) 굽힘모멘트 및 선도(B.M.D)

$M_A = 0$

$M_M = R_A \times 4 - 10 \times 4 \times 2 = 80(\text{t}\cdot\text{m})$

$M_B = 0$

04 다음 그림과 같이 등분포하중이 단순보(simple beam)에 작용할 때, 지점반력, 전단력 및 선도(S.F.D)와 굽힘모멘트 및 선도(B.M.D)를 그려라.

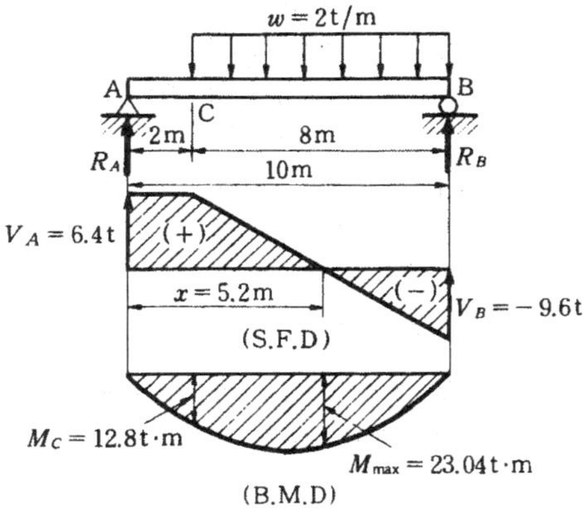

해설 (1) 지점반력

•수직력($\Sigma V = 0$) :

$R_A + R_B = 2 \times 8 = 16(\text{t})$

•모멘트($\Sigma M_B = 0$) :

$R_A \times 10 - 2 \times 8 \times \dfrac{8}{2} = 0$

$\therefore R_A = \dfrac{64}{10} = 6.4(\text{t})$

$\Sigma M_A = 0$에서

$$-R_B\times10+2\times8\left(2+\frac{8}{2}\right)=0$$

$$\therefore R_B=\frac{96}{10}=9.6(\text{t})$$

(2) 전단력 및 선도(S.F.D)

•$0\leq x\leq 2$ 구간 : $V_x=R_A=6.4(\text{t})$ $\quad\therefore V_A=6.4(\text{t})$

•$2\leq x\leq 10$ 구간 : $V_x=R_A-w(x-2)=6.4-2(x-2)=10.4-2x$

$\therefore V_B=V_{x=10}=10.4-2\times10=-9.6(\text{t})=-R_B$

•전단력이 0이 되는 위치점 : $V_x=10.4-2x=0,\quad x=5.2(\text{m})$

(3) 굽힘모멘트 및 선도(B.M.D)

•$0\leq x\leq 2$ 구간 : $M_x=R_A\cdot x=6.4x$ $\quad\therefore M_C=6.4\times2=12.8(\text{t}\cdot\text{m})$

•$2\leq x\leq 10$ 구간 : $M_x=R_A\cdot x-w(x-2)(x-2)/2=-x^2+10.4x-4$

$M_B=M_{x=10}=-10^2+10.4\times10-4=0$

$\therefore M_{\max}=M_{x=5.2}=-(5.2)^2+10.4\times5.2-4=23.04(\text{t}\cdot\text{m})$

05 다음 그림과 같이 단순보(simple beam)에 하중이 작용할 때, 지점반력, 전단력 및 선도(S.F.D)와 굽힘모멘트 및 선도(B.M.D)를 그려라.

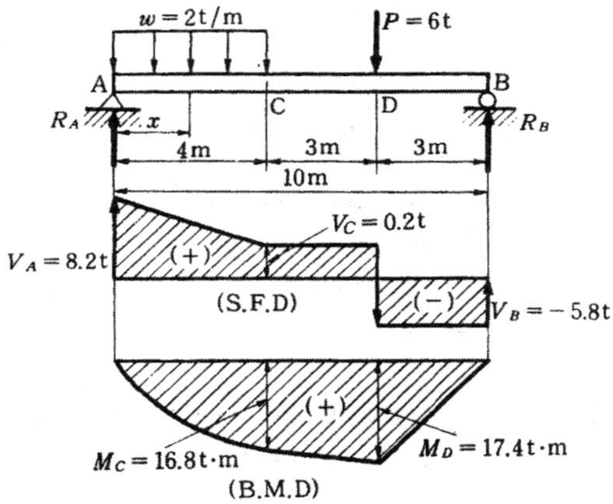

해설 (1) 지점반력

•수직력($\Sigma V=0$) :

$$R_A+R_B=8+6=14(\text{t})$$

•모멘트($\Sigma M_B=0$) :

$$R_A\times10-2\times4\left(\frac{4}{2}+6\right)$$

$$-6\times3=0$$

$$\therefore R_A=\frac{82}{10}=8.2(\text{t})$$

$\Sigma M_A=0$에서

$$-R_B\times10+2\times4\left(\frac{4}{2}\right)+6\times7=0$$

$$\therefore R_B=\frac{58}{10}=5.8(\text{t})$$

(2) 전단력 및 선도(S.F.D)

•$0\leq x\leq 4$ 구간 : $V_x=R_A-wx=8.2-2x$

$\therefore V_A=V_{x=0}=8.2(\text{t})$

$\therefore V_C=V_{x=4}=8.2-2\times4=0.2(\text{t})$

•$4\leq x\leq 7$ 구간 : $V_x=R_A-8=8.2-8=0.2(\text{t})$

•$7\leq x\leq 10$ 구간 : $V_x=R_A-8-6=-R_B=-5.8(\text{t})$

$\therefore V_B=-R_B=-5.8(\text{t})$

(3) 굽힘모멘트 및 선도(B.M.D)

•$0\leq x\leq 4$ 구간 : $M_x=R_A\cdot x-\dfrac{wx^2}{2}=8.2x-x^2$

$\therefore M_C=8.2\times4-4\times4=16.8(\text{t}\cdot\text{m})$

$\therefore M_D=R_B\times4=5.8\times3=17.4(\text{t}\cdot\text{m})$

06 다음 그림과 같이 단순보(simple beam)에 등분포하중 및 모멘트하중(moment load)이 작용할 때 전단력선도(S.F.D)와 굽힘모멘트선도(B.M.D)를 그려라.

해설 (1) 지점반력

•수직력($\Sigma V=0$) :

$R_A+R_B=40(\mathrm{t})$

•모멘트($\Sigma M_B=0$) :

$R_A\times10-4\times10\times5-30+20=0$

$\therefore R_A=\dfrac{201}{10}=21(\mathrm{t})$

$\Sigma M_A=0$에서

$-R_B\times10+4\times10\times5-30+20=0$

$\therefore R_B=\dfrac{190}{10}=19(\mathrm{t})$

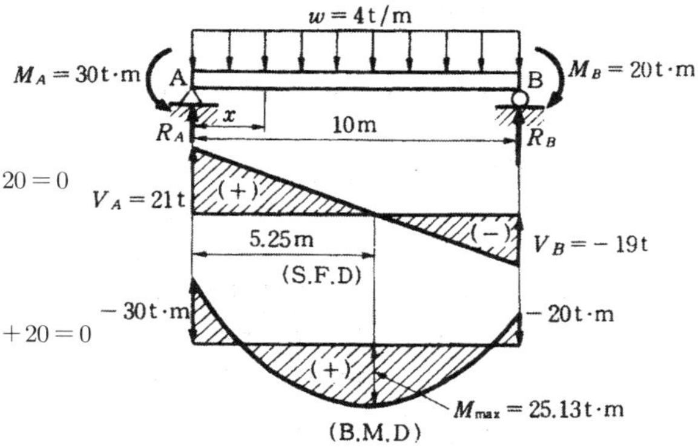

(2) 전단력 및 선도(S.F.D)

$V_x=R_A-w\cdot x=21-4x$

$V_A=V_{x=0}=21(\mathrm{t})$

$V_B=V_{x=0}=21-4\times10=-19t=-R_B$

$V_x=21-4x=0$

$\therefore x=\dfrac{21}{4}=2.25\mathrm{m}$(전단력이 0이 되는 위치점)

(3) 굽힘모멘트 및 선도(B.M.D)

$M_x=R_A\cdot x-\dfrac{wx^2}{2}-M_A=21x-2x^2-30$

$M_A=M_{x=0}=-30(\mathrm{t}\cdot\mathrm{m})$

$M_B=M_{x=0}=21\times10-2\times10\times10-30=-20(\mathrm{t}\cdot\mathrm{m})$

$M_{\max}=M_{x=5.25}=21\times5.25-2\times5.25\times5.25-30=25.13(\mathrm{t}\cdot\mathrm{m})$

07 다음 그림과 같이 등변분포하중을 받는 단순보(simple beam)의 전단력선도(S.F.D)와 굽힘모멘트선도(B.M.D)를 그려라.

해설 (1) 지점반력

•수직력($\Sigma V=0$) :

$R_A+R_B=\dfrac{wl}{2}=9(\mathrm{t})$

•모멘트($\Sigma M_B=0$) :

$R_A\times9-2\times9\times\dfrac{1}{2}\times\dfrac{1}{3}\times9=0$

$\therefore R_A=\dfrac{27}{9}=3(\mathrm{t})$

또는 $R_A=\dfrac{wl}{6}=\dfrac{2\times9}{6}=3(\mathrm{t})$

$\Sigma M_A=0$에서

$-R_B\times9+2\times9\times\dfrac{1}{2}\times\dfrac{2}{3}\times9=0$

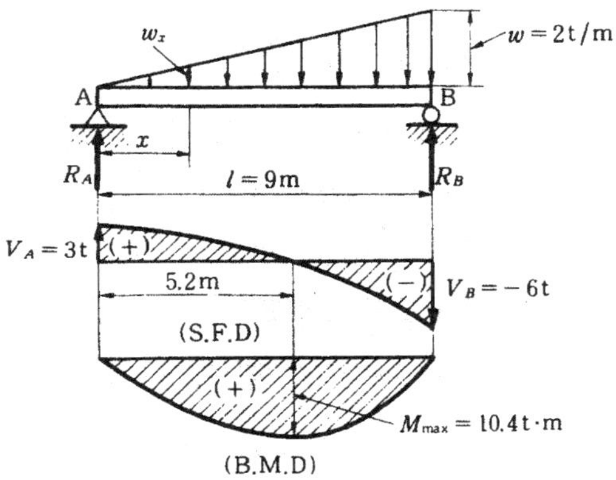

$$\therefore R_B = \frac{54}{9} = 6(\text{t})$$

또는 $R_B = \frac{wl}{3} = \frac{2\times 9}{3} = 6(\text{t})$

(2) 전단력 및 선도(S.F.D)

$9 : 2 = x : w_x \qquad \therefore w_x = \frac{2}{9}x$

$V_x = R_A - \frac{2}{9}x \cdot x \times \frac{1}{2} = 3 - \frac{1}{9}x^2, \qquad 3 - \frac{1}{9}x^2 = 0$

$\therefore x = \sqrt{27} = 5.2(\text{m}) \qquad \therefore V_A = V_{x=0} = 3 \qquad \therefore V_B = V_{x=0} = -6 = -R_B$

(3) 굽힘모멘트 및 선도(B.M.D)

$M_x = R_A \cdot x\left(\frac{2}{9}x \cdot x \cdot \frac{1}{2}\right)\frac{x}{3} = 3x - \frac{1}{27}x^3$

$\therefore M_{\max} = M_{x=5.2} = 3\times 5.2 - \frac{1}{27}\times 5.2\times 5.2\times 5.2 = 10.4(\text{t}\cdot\text{m})$

08 다음 그림과 같이 단순보(simple beam)에 하중이 작용할 때, 전단력 및 선도(S.F.D)와 굽힘모멘트 및 선도(B.M.D)를 그려라.

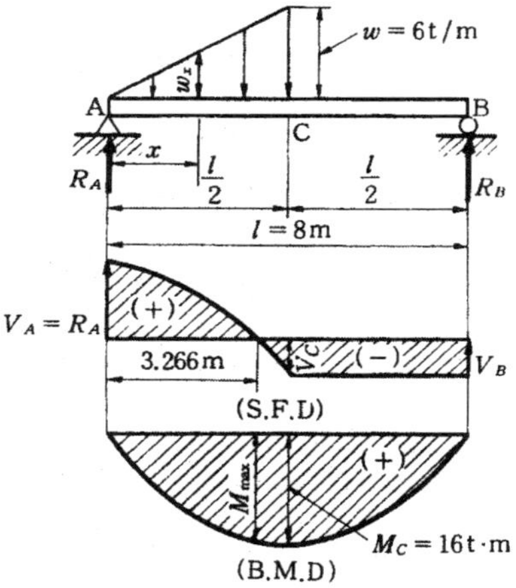

해설 (1) 지점반력

•수직력($\Sigma V = 0$) :

$R_A + R_B - \frac{wl}{4} = 0$

$\therefore R_B = \frac{wl}{2} = \frac{6\times 8}{12} = 4(\text{t})$

•모멘트($\Sigma M_B = 0$) :

$R_A \cdot l - \frac{wl}{4}\times\left(\frac{l}{2} + \frac{1}{3}\times\frac{l}{2}\right) = 0$

$\therefore R_A = \frac{wl}{6} = \frac{6\times 8}{6} = 8(\text{t})$

또는 $\Sigma M_A = 0$에서

$-R_B \times l + \frac{wl}{4}\times\left(\frac{2}{3}\times\frac{l}{2}\right) = 0$

$\therefore R_B = \frac{wl}{12} = 4(\text{t})$

(2) 전단력 및 선도(S.F.D)

$\frac{l}{2} : w = x : w_x \qquad \therefore w_x = \frac{2w\cdot x}{l}$

$P_x = x \cdot w_x \cdot \frac{1}{2} = \frac{x}{2}\times\frac{2w\cdot x}{l} = \frac{w\cdot x^2}{l}$

$V_x = R_A - P_x = \frac{wl}{6} - \frac{w}{l}x^2 \qquad \therefore V_A = V_{x=0} = R_A = \frac{wl}{6} = \frac{6\times 8}{6} = 8(\text{t})$

$\therefore V_B = V_{x=\frac{l}{2}} = -R_B = \frac{wl}{6} - \frac{w}{l}\left(\frac{l}{2}\right)^2 = -\frac{wl}{12} = -4(\text{t})$

전단력이 0이 되는 위치점 : $V_x = \frac{wl}{6} - \frac{w}{l}x^2 = 0 \qquad \therefore x = \frac{1}{\sqrt{6}} \fallingdotseq 3.266\text{m}$

(3) 굽힘모멘트 및 선도(B.M.D)

$$M_x = R_A \cdot x - P_x \cdot \frac{x}{3} = \frac{wl}{6}x - \frac{w}{3l}x^3$$

$$\therefore M_C = M_{x=\frac{l}{2}} = \frac{wl}{6} \times \frac{l}{2} - \frac{w}{3l}\left(\frac{l}{2}\right)^2 = \frac{wl^2}{24} = R_B \times \frac{l}{2} = 4 \times \frac{8}{2} = 16(\text{t} \cdot \text{m})$$

$$\therefore M_{\max} = M_{x=\frac{l}{\sqrt{6}}} = \frac{wl}{6} \times \frac{l}{\sqrt{6}} - \frac{w}{3l}\left(\frac{l}{\sqrt{6}}\right)^3 = \frac{wl^2}{9\sqrt{6}} = 17.418(\text{t} \cdot \text{m})$$

(BC 구간은 직선변화이다.)

09 다음 그림과 같이 단순보(simple beam)에 이등변삼각형의 등변분포하중이 작용할 때, 전단력선도(S.F.D)와 굽힘모멘트선도(B.M.D)를 그려라.

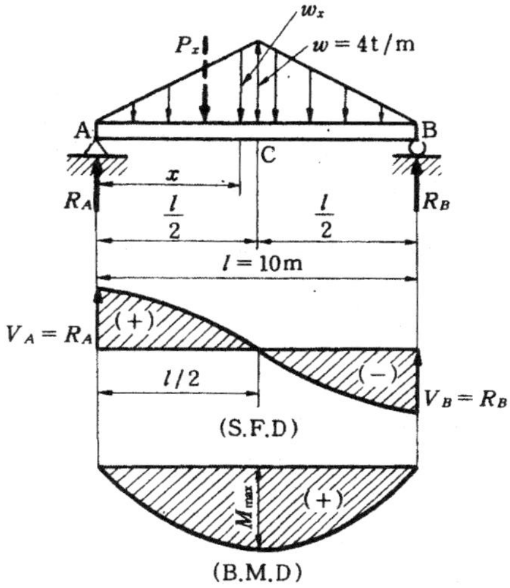

해설 (1) 지점반력

•수직력($\Sigma V = 0$) :

$$R_A + R_B - \frac{wl}{2} = 0$$

$$\therefore R_B = \frac{wl}{4} = 10(\text{t})$$

•모멘트($\Sigma M_B = 0$) :

$$R_A \times l - \frac{wl}{2} \times \frac{l}{2} = 0$$

$$\therefore R_A = \frac{wl}{4} = \frac{4 \times 10}{4} = 10(\text{t})$$

또는 $\Sigma M_A = 0$에서

$$-R_B \times l + \frac{wl}{2} \times \frac{l}{2} = 0$$

$$\therefore R_B = \frac{wl}{4} = 10(\text{t})$$

(2) 전단력 및 선도(S.F.D)

$$\frac{l}{2} : w = x : w_x \qquad \therefore w_x = \frac{2w \cdot x}{l}$$

$$P_x = \frac{w_x \cdot x}{2} = \frac{x}{2} \times \frac{2w \cdot x}{l} = \frac{w}{l}x^2$$

•$0 \leq x \leq \frac{l}{2}$ 구간 : $V_x = R_A - P_x = \frac{wl}{4} - \frac{w}{l}x^2$

$$\therefore V_A = V_{x=0} = R_A = \frac{wl}{4} = \frac{4 \times 10}{4} = 10(\text{t})$$

•$\frac{l}{2} \leq x \leq l$ 구간 : $V_x = -R_B + P_x = -\frac{wl}{4} + \frac{w}{l}x^2$

$$\therefore V_B = V_{x=0} = -R_B = -\frac{wl}{4} = -10(\text{t})$$

•전단력이 0인 지점 : $V_x = -\frac{wl}{4} + \frac{w}{l}x^2 = 0 \qquad \therefore x = \frac{l}{2}$(중앙점)

(3) 굽힘모멘트 및 선도(B.M.D)

$$M_x = R_A \cdot x - P_x \cdot \frac{x}{3} = \frac{wl}{4}x - \frac{w}{3l}x^3$$

$$\therefore M_{\max} = M_{x=\frac{1}{2}} = \frac{wl}{4} \times \frac{l}{2} - \frac{w}{3l}\left(\frac{l}{2}\right)^3 = \frac{wl^2}{12} = \frac{4 \times 10^2}{12} = 33.33(\text{t} \cdot \text{m})$$

10 다음 그림과 같이 외팔보(cantilever beam)에 모멘트하중(moment load)과 집중하중이 작용할 때 전단력선도(S.F.D)와 굽힘모멘트선도(B.M.D)를 그려라.

해설 (1) 지점반력

•수직력($\Sigma V=0$) : $R_A=2(\mathrm{t})$

•모멘트($\Sigma M=0$) :

$-M_A+2-2\times3=0$

$\therefore M_A=-4(\mathrm{t\cdot m})$

(2) 전단력 및 선도(S.F.D)

$V_{B\sim C}=0,\quad V_{C\sim A}=-2\mathrm{t}$

$\therefore V_A=-2(\mathrm{t})$

(3) 굽힘모멘트 및 선도(B.M.D)

$M_B=2\mathrm{t\cdot m}$

$M_C=2\mathrm{t\cdot m}$

$M_A=2-2\times3=-4\mathrm{t\cdot m}$

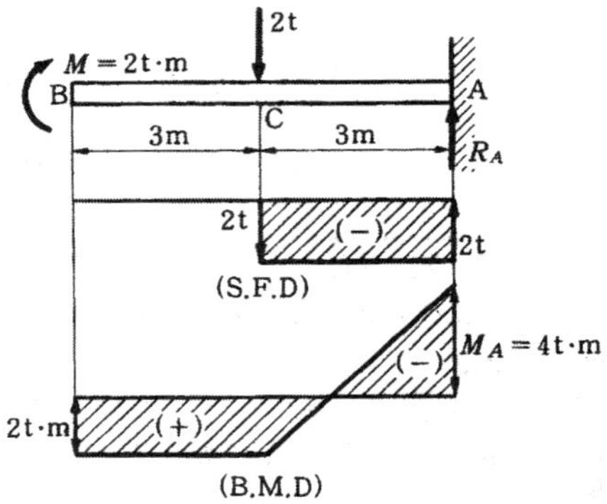

11 다음 그림과 같이 집중하중을 받는 외팔보(cantilever beam)의 전단력선도(S.F.D)와 굽힘모멘트선도(B.M.D)를 그려라.

해설 (1) 지점반력

•수직력($\Sigma V=0$) : $R_A-1-4=0$

$\therefore R_A=5(\mathrm{t})$

(2) 전단력 및 선도(S.F.D)

$V_{B\sim C}=0,\quad V_{C\sim D}=-1(\mathrm{t})$

$V_{D\sim A}=-1-4=-5(\mathrm{t})$

$\therefore V_A=-5(\mathrm{t})$

(3) 굽힘모멘트 및 선도(B.M.D)

$M_B=0$

$M_C=0$

$M_D=-1\times2=-2(\mathrm{t\cdot m})$

$M_A=-1\times5-4\times3=-17(\mathrm{t\cdot m})$

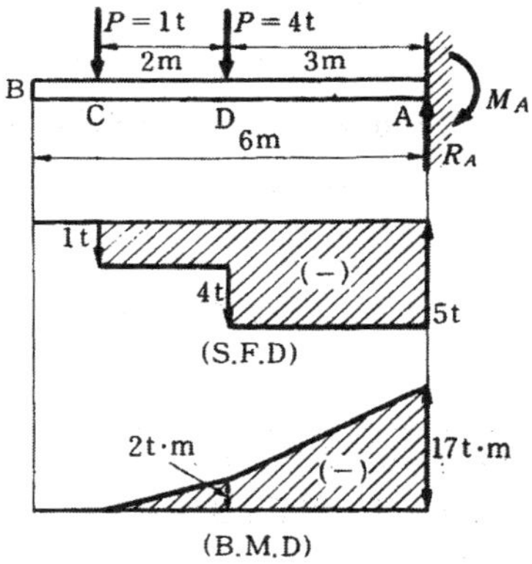

12 다음 그림과 같이 하중을 받는 외팔보(cantilever beam)의 전단력선도를 그려라.

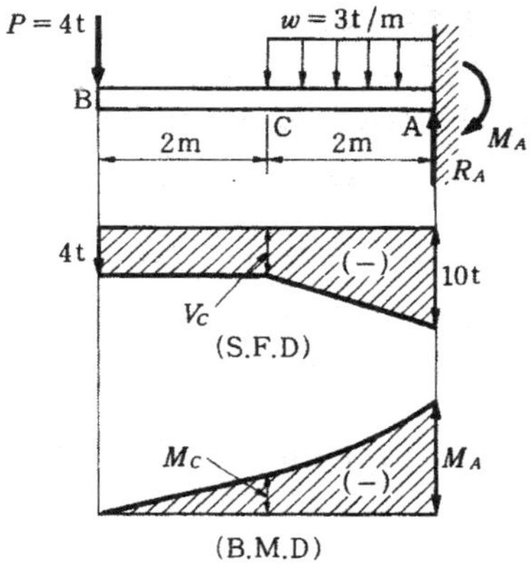

해설 (1) 지점반력

$R_A=4+3\times2=10(\mathrm{t})$

$M_A=-4\times4-3\times2\times1=-22(\mathrm{t\cdot m})$

(2) 전단력 및 선도(S.F.D)

•$0\leq x\leq2$ 구간 : $V_x=-4(\mathrm{t})$

$\therefore V_C=-4(\mathrm{t})$

•$2\leq x\leq4$ 구간 : $V_x=-4-3(x-2)$

$\therefore\ V_A = V_{x=4} = -10(\text{t})$

(3) 굽힘모멘트 및 선도(B.M.D)

• $0 \leq x \leq 2$ 구간 : $M_x = -4x$

$M_C = M_{x=2} = -8(\text{t}\cdot\text{m})$

• $2 \leq x \leq 4$ 구간 : $M_x = -4x - 3(x-2)(x-2)\times\dfrac{1}{2}$

$M_A = M_{x=4} = -4\times4 - 3(4-2)(4-2)\times\dfrac{1}{2} = -22(\text{t}\cdot\text{m})$

13 다음 그림과 같이 외팔보(cantilever beam)에 집중하중과 등분포하중이 작용할 때 전단력선도(S.F.D)와 굽힘모멘트선도(B.M.D)를 그려라.

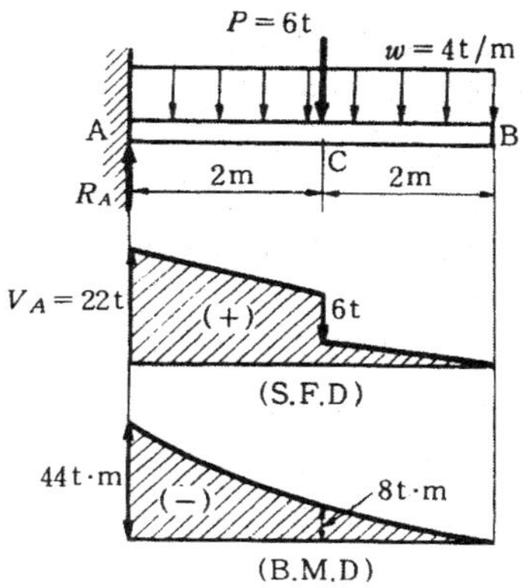

해설 (1) 지점반력

• $\Sigma V = 0$: $R_A = 6 + 4\times4 = 22(\text{t})$

• $\Sigma M_A = 0$: $M_A = -6\times2 - 16\times2 = -44(\text{t}\cdot\text{m})$

(2) 전단력 및 선도(S.F.D) : 점 A를 기준으로 해서

• $0 \leq x \leq 2$ 구간 : $V_x = R_A - wx = 22 - 4x$

$V_A = V_{x=0} = 22(\text{t})$

$V_C = V_{x=2} = 22 - 8 = 14(\text{t})$

• $0 \leq x \leq 4$ 구간 : $V_x = 22 - 6 - 4x$

$V_C = V_{x=2} = 22 - 6 - 8 = 8(\text{t})$

$V_B = V_{x=4} = 0$

(3) 굽힘모멘트 및 선도(B.M.D) : 점 B 기준

• $0 \leq x \leq 2$ 구간 : $M_x = -\dfrac{wx^2}{2}$

$\therefore\ M_C = M_{x=2} = -8(\text{t}\cdot\text{m})$

• $2 \leq x \leq 4$ 구간 : $M_x = -\dfrac{wx^2}{2} - 6(x-2)$

$\therefore\ M_A = M_{x=4} = -44(\text{t}\cdot\text{m})$

14 다음 그림과 같은 돌출보(overhanging beam)의 전단력선도(S.F.D)와 굽힘모멘트선도(B.M.D)를 그려라.

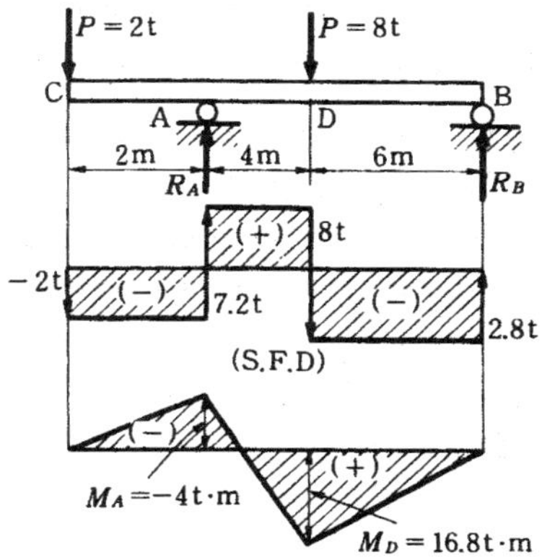

해설 (1) 지점반력

• $\Sigma V = 0$: $R_A + R_B = P_1 + P = 10(\text{t})$

• $\Sigma M_B = 0$: $R_A\times10 - 2\times12 - 8\times6 = 0$

$\therefore\ R_A = \dfrac{24+48}{10} = 7.2(\text{t})$

• $\Sigma M_A = 0$: $-R_B\times10 - 2\times2 + 8\times4 = 0$

$R_B = \dfrac{32-4}{10} = 2.8(\text{t})$

(2) 전단력 및 선도(S.F.D)

$V_{C\sim A} = -2(\text{t})$

$V_{A\sim D} = -P_1 + P_A = -2\times7.2 = 5.2$

$V_{D\sim B} = -P_1 + R_A - P = -R_B = -2.8(\text{t})$

(3) 굽힘모멘트 및 선도(B.M.D) : 점 B 기준

$M_A = -P_1 \times 2 = -2 \times 2 = -4(\text{t}\cdot\text{m})$

$M_D = -P_1 \times 6 + R_A \times 4$

$= R_B \times 6 = 2.8 \times 6 = 16.8(\text{t}\cdot\text{m})$

15 다음 그림과 같은 돌출보(overhanging beam)의 전단력선도(S.F.D)와 굽힘모멘트선도(B.M.D)를 그려라.

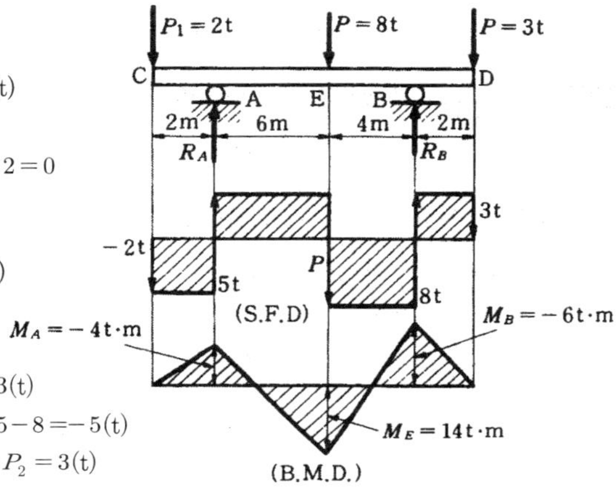

해설 (1) 지점반력

•수직력($\Sigma V = 0$) :

$R_A + R_B = P_1 + P + P_2 = 13(\text{t})$

•모멘트($\Sigma M_B = 0$) :

$R_A \times 10 - 2 \times 12 - 8 \times 4 + 3 \times 2 = 0$

$\therefore R_A = \dfrac{24 + 32 - 6}{10} = 5(\text{t})$

$\therefore R_B = 13 - R_A = 13 - 5 = 8(\text{t})$

(2) 전단력 및 선도(S.F.D)

$V_{C\sim A} = -P_1 = -2(\text{t})$

$V_{A\sim E} = -P_1 + R_A = -2 + 5 = 3(\text{t})$

$V_{E\sim B} = -P_1 + R_A - P = -2 + 5 - 8 = -5(\text{t})$

$V_{B\sim D} = -P_1 + R_A - P + R_B = P_2 = 3(\text{t})$

(3) 굽힘모멘트 및 선도(B.M.D)

$M_A = -P_1 \times 2 = -2 \times 2 = -4(\text{t}\cdot\text{m})$

$M_B = -P_2 \times 2 = -3 \times 2 = -6(\text{t}\cdot\text{m})$

$M_E = -P_1 \times 8 + R_A \times 6 = -2 \times 8 + 5 \times 6 = 14(\text{t}\cdot\text{m})$

Chapter

07

보 속의 응력

Stresses in Beam

Section 01 보 속의 굽힘응력

보(beam)에 외력을 작용시켰을 때 생기는 보 내부의 굽힘응력(bending stress) 및 굽힘(bending)으로 인한 전단응력을 알아야 하며, 또한 보의 굽힘응력을 구하는 e 중요한 단면의 관성모멘트 및 단면계수를 구하는 방법을 얻어보자.

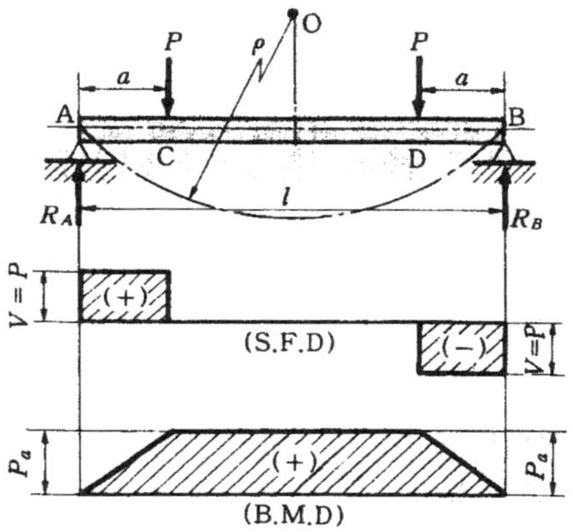

그림 7-1 단순보의 순수굽힘 상태하의 중심부

그림 7-1과 같은 단순 양단지지보의 양지점에서와 같은 거리 a인 위치에 동일하중 P가 각각 작용하였을 때, 전단력선도(S.F.D) 및 굽힘모멘트(B.M.D)를 고찰하면 중앙부분인 CD 사이에는 전단력(shearing force)이 0이고 균일한 굽힘모멘트(bending moment)

$$M = P \cdot a$$

만이 작용하고 있다. 이와같은 상태를 순수굽힘(pure bending)이라 한다.

※ **순수굽힘**(pure bending) : 보(beam)에서 같은 크기의 굽힘모멘트만이 작용하고, 전단력이 없는 경우를 순수굽힘이라 한다.

① **굽힘응력**(bending stress)**의 정의** : 보(beam)에 외력이 작용하면 그 단면은 굽힘모멘트가 생겨 보는 굽혀져서 변형하여 단면의 중립축을 경계로 단면의 상측이 압축되어 압축응력이 생기고, 하측은 늘어나서 인장응력이 생긴다. 이 두가지 응력은 굽힘모멘트(bending moment)에 의해서 일어나는 것으로 이를 굽힘응력(bending stress)이라 한다(그림 7-2 참조).

② **특 성**

㉠ 굽힘응력은 중립축에서는 0이다.

㉡ 상단 및 하단에서는 최대가 된다.
㉢ 중간에서는 직선변화를 한다.
㉣ 굽힘응력은 중립축으로부터 거리에 비례한다.
㉤ 굽힘모멘트만 작용할 때의 중립축은 도심축이다.

③ **순수굽힘에 의하여 유발되는 굽힘응력을 해석하기 위한 가정**

㉠ 부재의 축선에 직각인 단면은 굽힘모멘트를 받아서 굽힘(bending)이 일어난 후에도 축선에 직각인 평면을 가진다(Bernoulli−Euler의 가정).
㉡ 탄성한도 내에서는 응력과 변형률은 비례한다(Hooke's 법칙).
㉢ 재질은 균질(homogeneous)하고, 등방성(isotropic)일 것
㉣ 충격하중(impact load)이 아닐 것
㉤ 보(beam)는 비틀림(torsion), 좌굴(buckling)로 변형되지 않고, 순수굽힘(pure bending)에 의한 변형만을 고려한다.

1 굽힘(bending)에 의한 응력과 변형률

굽힘모멘트에 의해서 보(beam)의 부재단면에 발생하는 굽힘응력(bending stress)을 σ라고 하면 그림 7-2(b)에서

$$\varepsilon_x = \frac{\Delta dx}{dx} \qquad \cdots\cdots (7.1)$$

여기서, ε_x는 변형률(strain)이다.

훅(Hooke's)의 법칙에 의하면

$$E = \frac{\sigma_x}{\varepsilon_x} \qquad \cdots\cdots (7.2)$$

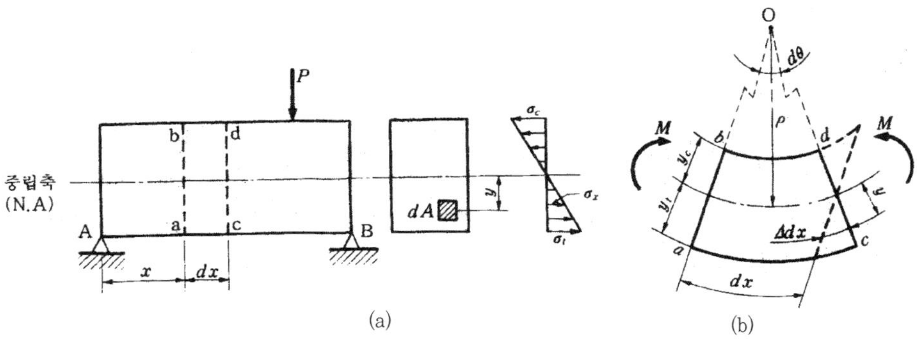

그림 7-2 보의 굽힘응력

여기서, E : 세로탄성계수(modulus of longitudinal elasticity), σ : 응력(stress)
위의 두 식에 의해서

$$\Delta dx = \frac{\sigma_x}{E} dx \quad \cdots\cdots (7.3)$$

보(beam)가 변형 후에 단면의 중립축(neutral axis)은 임의점에서 반지름 ρ로 그린 곡률의 선분이라고 한다면

$$\sigma : dx = y : \Delta dx \qquad \therefore \Delta dx = \frac{y}{\rho} dx \quad \cdots\cdots (7.4)$$

식(7.3)과 식(7.4)에 의해서 응력 σ_x는

$$\sigma_x = \frac{E}{\rho} \cdot y \quad \cdots\cdots (7.5)$$

이다. 따라서 그림에서 중립축에 대한 힘의 요소 $\sigma_x dA$의 모멘트는 $\sigma_x y dA$이다. 이러한 모든 모멘트요소(moment element)를 면적에 대해 적분하면 다음과 같다.
즉, 굽힘모멘트(bending moment) M은

M = 힘×거리 = 응력×단면적×거리

의 정의식에 의해서

$$M = \int \sigma_x y dA = \sigma_x \int_A y dA \quad \cdots\cdots (7.6)$$

식(7.6)에 식(7.5)를 대입시키면

$$M = \frac{E}{\rho} \int_A y^2 dA \quad \cdots\cdots (7.7)$$

그런데 단면2차모멘트 또는 중립축에 관한 2차모멘트 I는

$$I = \int_A y^2 dA \quad \cdots\cdots (7.8)$$

이므로 식(7.8)을 식(7.7)에 대입하면

$$\therefore M = \frac{EI}{\rho} \quad \text{또는} \quad \frac{1}{\rho} = \frac{M}{EI} \quad \cdots\cdots (7.9)$$

이 식은 탄성곡선의 곡률 $\frac{1}{\rho}$이 굽힘모멘트(bending moment) M에 비례하고, 굽힘강성률계수(flexural rigidity coefficient) EI에 반비례함을 알 수 있다.
식(7.5)와 식(7.8)에 의해서 부재단면의 임의점에 대한 굽힘응력(bending stress) σ_x는

$$\sigma_x = \frac{M}{I} y \quad \cdots\cdots (7.10)$$

또는

$$M = \sigma_x \frac{I}{y} \quad \cdots\cdots (7.11)$$

2 굽힘모멘트와 축방향력이 동시에 작용할 경우

그림 7-3(c) : 굽힘모멘트(M)만 작용할 경우의 굽힘응력

그림 7-3(d) : 축방향력(N)만 작용할 경우의 수직응력

그림 7-3(e) : 굽힘모멘트와 축방향력이 동시에 작용할 경우의 합성응력

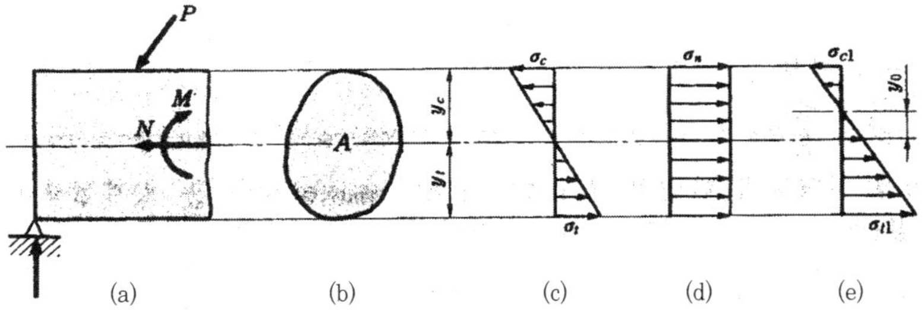

그림 7-3 굽힘모멘트와 축방향력이 동시에 작용할 경우

(1) 굽힘모멘트(bending moment)만 작용할 경우의 굽힘응력

$$\left.\begin{aligned} \sigma_c &= -\frac{M}{I}y_c = -\frac{M}{Z_c} \\ \sigma_t &= \frac{M}{I}y_t = \frac{M}{Z_t} \end{aligned}\right\} \quad \cdots\cdots (7.12)$$

여기서, y_c, y_t : 도심거리, I : 단면2차모멘트, Z : 단면계수 $\left(Z=\dfrac{I}{y}\right)$이다.

윗식에서 y_t, y_c 대신 중립축에서부터 최대인장과 압축을 받는 맨끝의 조직까지의 거리 e_1, e_2를 대입하고, 상부를 압축하려는 M을, 즉 인장단까지의 거리 e_1를 정, e_2를 부로 하면

$$(\sigma_t)_{\max} = \frac{M}{I}\cdot e_1, \quad (\sigma_c)_{\min} = \frac{M}{I}\cdot e_2$$

여기서, 단면계수를 Z로 나타내면

$$Z_1 = \frac{I}{e}, \quad Z_2 = \frac{I}{e_2}$$

$$\left.\begin{aligned} \sigma_{\max} &= \frac{M}{Z_1} \\ \sigma_{\min} &= -\frac{M}{Z_2} \end{aligned}\right\} \quad \cdots\cdots (7.13)$$

만약 단면이 Z축 중립축에 대하여 대칭이라면

$$e_1 = e_2 = e$$

이고, 최대인장응력과 압축응력의 절대값은 동일하다. 따라서

$$\sigma_{max} = \sigma_{min} = \frac{M}{I} \cdot e = \frac{M}{Z}$$

$$\sigma = \pm \frac{M}{Z} \quad \cdots\cdots (7.14)$$

윗식을 보의 굽힘공식(bending formulation of beam), 혹은 저항모멘트식(resistance moment equation)이라 부르고, 보(beam)의 설계에서 가장 중요한 기초식이 된다. 따라서 식(7.14)는 M이 일정하면 σ와 Z는 반비례하고 Z가 크면 σ가 작게 되므로 보는 강한 것이 된다.

(2) 축방향력과 굽힘모멘트가 작용할 경우의 합성응력 또는 편심응력

$$\sigma_1 = \sigma + \sigma_n = \frac{M}{I}y + \frac{N}{A} \quad \cdots\cdots (7.15)$$

$$y_0 = -\frac{NI}{MA} \quad \cdots\cdots (7.16)$$

여기서, N은 중립축에 대한 힘이다.

3 부재단면에 편심된 하중이 작용할 경우의 굽힘응력

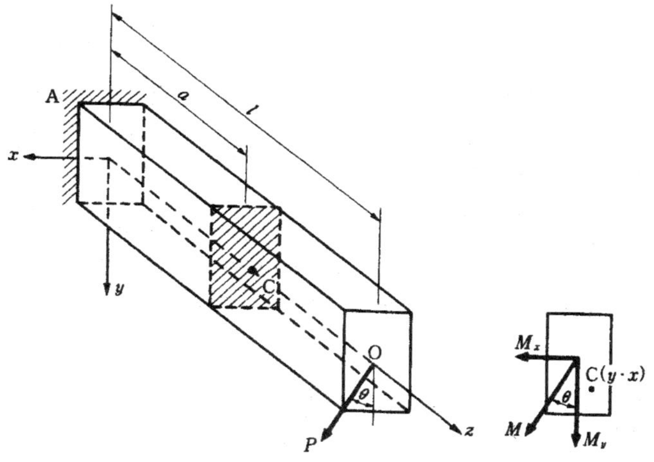

그림 7-4 부재단면에 편심된 하중이 작용할 경우

그림 7-4에서와 같이 단면의 중립축 점 O에 편심된 하중 P가 작용할 때 고정지점으로부터 a만큼 떨어진 단면 $C(y \cdot z)$점에 굽힘응력 σ_c는

$$\left.\begin{aligned} M_x &= M\sin\theta = P\sin\theta(l-a) \\ M_y &= M\cos\theta = P\cos\theta(l-a) \end{aligned}\right\} \quad \cdots\cdots (7.17)$$

$$\sigma_c = \frac{M_x}{I_y}x - \frac{M_y}{I_x}y \quad \cdots\cdots (7.18)$$

위와 같은 경우에서 최대굽힘응력(maximum bending stress)은 최대굽힘모멘트(maximum bending moment)가 발생하는 고정단 점 A의 단면 상하단에서 생기므로, 식(7.17)에 최대굽힘모멘트값을 적용하면 된다. 즉

$$\left.\begin{aligned} M_{Ax} &= P\sin\theta\cdot l \\ M_{Ay} & P\cos\theta\cdot l \end{aligned}\right\} \quad \cdots\cdots (7.19)$$

$$\sigma_{\max} = \frac{M_{Ax}}{I_y}x - \frac{M_{Ay}}{I_x}y \quad \cdots\cdots (7.20)$$

예제문제

01 15(cm) × 30(cm)인 구형단면 보에 1.8(t·m)의 절대 최대굽힘모멘트가 작용할 경우 굽힘응력(bending stress) $\sigma_{\max}$을 구하라.

해설 $M = 1.8(\text{t}\cdot\text{m}) = 180{,}000\text{kg}\cdot\text{cm}$

$$I = \frac{bh^3}{12} = \frac{15\times30^2}{12} \qquad \therefore \sigma_{\max} = \pm\frac{M}{I}y = \frac{\pm180{,}000}{\frac{15\times30^2}{12}}\times\frac{30}{2} = \pm80\text{kg/cm}^2$$

02 $h = 50$cm, $I = 68{,}750\text{cm}^4$인 I형강을 단순보(simple beam)로 사용하여 보의 중앙에 11 ton의 집중하중을 작용시켰을 경우, 이 보의 길이 l은 얼마로 해야 되겠는가? (단, 허용굽힘인장응력 $\sigma = 1{,}000\text{kg/cm}^2$이다.)

해설 단순보의 집중하중이 작용할 때 $M_{\max} = \frac{Pl}{4}$이므로, $\sigma = \frac{M}{I}y = \frac{1}{I}\times\frac{Pl}{4}\times y$에서

$$\therefore l = \frac{\sigma\times I\times4}{P\times y} = \frac{1{,}000\times68{,}750\times4}{11{,}000\times25} = 1{,}000\text{cm} = 10\text{m}$$

03 바깥지름 22cm, 안지름 20cm의 스팬(span) 4m인 수도관에 물이 가득 차 있을 경우, 수도관의 굽힘응력(bending stress)을 구하라. (단, 수도관의 단위중량은 7,250kg/m³이며, 내부로부터의 수압은 고려하지 않는다.)

해설 m당 단위하중을 w라고 한다면

$$w = \left(\frac{\pi\times0.22^2}{4} - \frac{\pi\times0.2^2}{4}\right)\times7{,}250 + \frac{\pi\times0.2^2}{4}\times1{,}000 = 79.2\text{kg/m}$$

$$M_{max} = \frac{wl^2}{8} = \frac{79.2 \times 4 \times 4}{8} = 15,840\text{kg}\cdot\text{m}, \quad I_x = \frac{\pi}{64}(22^4 - 20^4) = 3,643.19$$

$$y = \frac{22}{2} = 11\text{cm} \qquad \therefore \sigma_{max} = \pm\frac{M}{I}y = \pm\frac{15,840}{3,643.19} \times 11 = \pm 47.8\text{kg/cm}^2$$

04 스팬(span) $l = 10$m, 단면 30cm × 50cm 되는 단순보(simple beam)의 중앙에 15ton 되는 집중하중을 받고 있을 때 최대굽힘응력을 구하라. (단, 자중은 0.5t/m로 한다.)

해설 자중과 집중하중에 의한 반력 R_A를 먼저 구하면 다음과 같다.

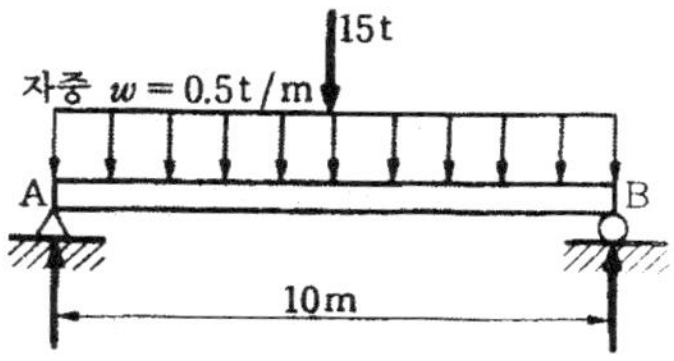

$$R_A = 15 \times \frac{1}{2} + 0.5 \times 10 \times \frac{1}{2} = 10\text{t} = 10,000\text{kg}$$

$$M_{max} = \frac{P \cdot l}{4} + \frac{wl^2}{8} = \frac{15,000}{4} \times 10 + \frac{500}{8} \times 10^2$$

$$= 43,750\text{kg}\cdot\text{m} = 4,375,000\text{kg}\cdot\text{cm}$$

$$I = \frac{bh^3}{12} = \frac{30 \times 50^3}{12} = 312,500\text{cm}^4 \qquad \therefore \sigma = \frac{M}{I}y = \frac{4,375,000}{312,500} \times \frac{50}{2} = 350\text{kg/cm}^2$$

05 다음 그림과 같이 지름 d인 원형단면에서 최대단면계수를 갖는 직사각형 단면을 얻으려고 한다. 이때 폭 b와 지름 d의 비를 구하라.

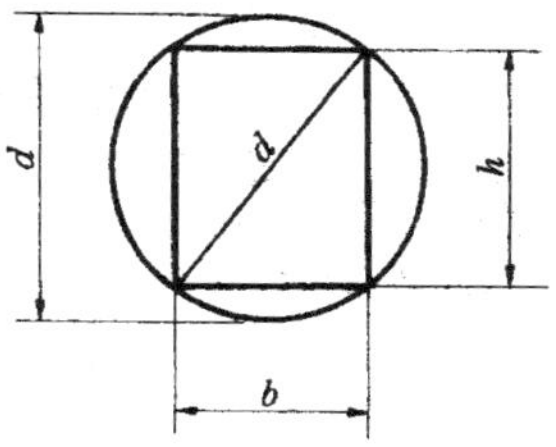

해설 $h^2 = d^2 - b^2, \quad Z = \frac{b \cdot h^2}{6} = \frac{b \cdot d^2 - b^3}{6}$

Z값을 b로 미분하여 0으로 놓으면 치대의 Z값이 구해지므로

$$\frac{dZ}{db} = \frac{1}{6}(d^2 - 3b^2) = 0, \quad d^2 - 3b^2 = 0$$

$$d^2 = 3b^2, \quad d = \sqrt{3}b \qquad \therefore b : d = 1 : \sqrt{3}$$

06 폭 20cm, 높이 30cm의 목재로서 스팬(span) 8m인 단순보(simple beam) 중앙에 집중하중을 얼마로 작용시킬 수 있는가? (단, 허용굽힘응력 $\sigma_a = 80\text{kg/cm}^2$, 단위중량 600 kg/m³으로 한다.)

해설 $w = 600 \times 0.2 \times 0.3 = 36\text{kg/m}, \quad M_{max} = \frac{Pl}{4} + \frac{wl^2}{8} = \frac{8P}{4} + \frac{36 \times 8^2}{8} = (2P + 288)\text{kg}\cdot\text{m}$

$$Z = \frac{bh^2}{6} = \frac{0.2 \times 0.3^2}{6} = 0.003\text{m}^3, \quad \sigma = \frac{M}{Z}, \quad M = Z\sigma\text{에서}$$

$$2P + 288 = 0.003 \times 80 \times 10,000 \qquad \therefore P = 1,056\text{kg}$$

07 폭 $b = 30\text{cm}$, 높이 $h = 20\text{cm}$인 구형연강 외팔보(cantilever beam)에서 자중에 의한 최대굽힘응력을 500kg/cm^2 이하로 하려면 보의 최대 길이는 얼마까지 가능한가? (단, 재료의 단위체적 중량은 0.008kg/cm^3이다.)

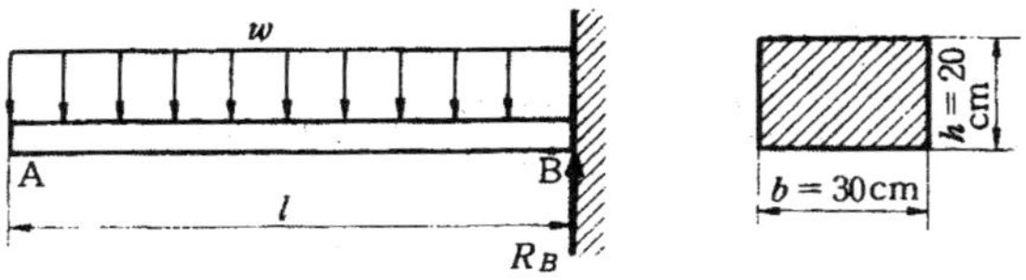

해설

$w = 0.008bh = 0.008 \times 30 \times 20 = 4.8\text{kg/cm}$, $M_{max} = \dfrac{wl^2}{2} = 2.4l^2 \text{kg} \cdot \text{cm}$

$Z = \dfrac{bh^2}{6} = 2{,}000\text{cm}^3$, $\sigma_{max} = \dfrac{M_{max}}{Z} = \dfrac{2.4l^2}{2{,}000}$

$\sigma_{max} \leqq \sigma_a = 500$이므로

$\dfrac{2.4l^2}{2{,}000} \leqq 500$, $l^2 \leqq 4.167 \times 10^5 \text{cm}^2$ $\therefore l_{max} = 645.5\text{cm}$

08 다음 그림과 같이 $5\text{cm} \times 20\text{cm}$ 단면의 목재 4개를 조립했을 때, 각각의 단면2차모멘트와 단면계수를 구하라.

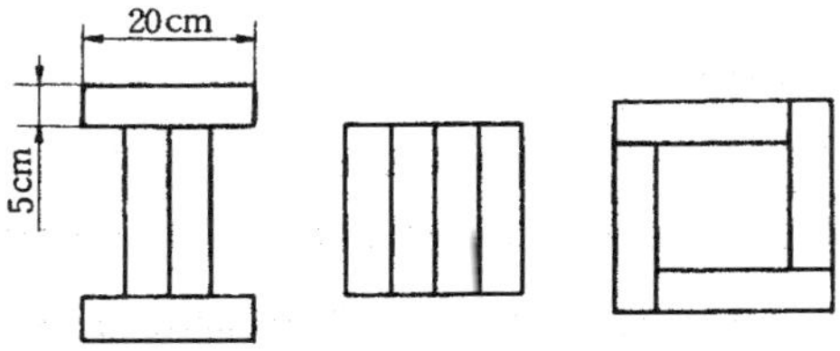

(a) (b) (c)

해설

$I_a = \dfrac{20 \times 30^3}{12} - \dfrac{10 \times 20^3}{12} = 38{,}333\text{cm}^4$, $Z_a = \dfrac{I_a}{15} = 2{,}555\text{cm}^3$

$I_b = \dfrac{20 \times 20^3}{12} = 13{,}333\text{cm}^4$, $Z_b = \dfrac{I_b}{10} = 1{,}333\text{cm}^3$

$I_c = \dfrac{25 \times 25^3}{12} - \dfrac{15 \times 15^3}{12} = 28{,}333\text{cm}^4$, $Z_c = \dfrac{I_c}{12.5} = 2{,}267\text{cm}^3$

09 그림과 같은 플레이트 거더(plate girder)에 $180\text{t} \cdot \text{m}$의 굽힘모멘트가 작용할 경우 안전여부를 검토하라. (단, $\sigma_{ca} = 1{,}300\text{kg/cm}^2$, $\sigma_{ta} = 1{,}400\text{kg/cm}^2$이다.)

해설 (1) 도심의 위치 : $\bar{y}$

$$\bar{y} = \frac{G}{A} = \frac{20 \times 2 \times 1 + 140 \times 2 \times 72 + 40 \times 2 \times 143}{20 \times 2 + 140 \times 2 + 40 \times 2}$$

$$= \frac{31{,}640}{400} = 79.1\text{cm} = y_t$$

(2) 단면2차모멘트(도심축에 대하여) : I_X

$$I_X = \Sigma(I_x + A \cdot \bar{y}^2)$$

$$= \frac{20\times 2^3}{12} + 20\times 2\times(78.1)^2 + \frac{40\times 2^3}{12} + 40\times 2\times(63.9)^2$$

$$+ \frac{2\times 140^3}{12} + 140\times 2\times(7.1)^2$$

$$= 1,042,129.3\text{cm}^4$$

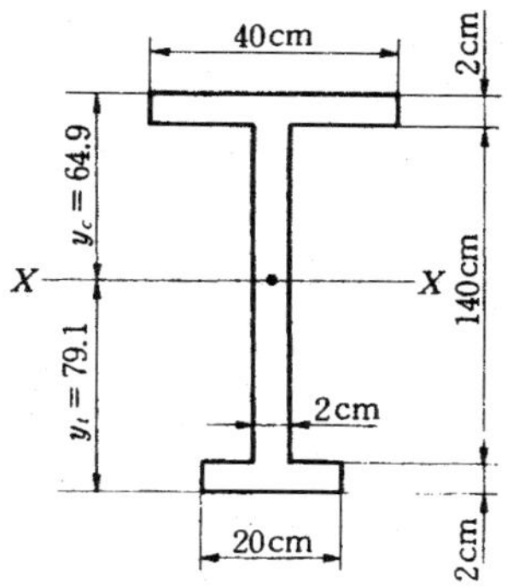

(3) 응 력

$$\sigma_c = \frac{M}{I}y_c = \frac{18\times 10^6}{1,042,129.3}\times 64.9 = 1,121.0\text{kg/cm}^2 < \sigma_{ca}$$

∴ 안전

$$\sigma_t = \frac{M}{I}y_t = \frac{18\times 10^6}{1,042,129.3}\times 79.1 = 1,366.2\text{kg/cm}^2 < \sigma_{ta}$$ ∴ 안전

$$M_{rt} = \sigma_{ta}\times\frac{I}{y_t} = 1,400\times\frac{1,042,129.3}{79.1} = 18,444,766.36\text{kg/cm}^2$$

$$= 184.44\text{t}\cdot\text{m} > M = 180\text{t}\cdot\text{m}$$ ∴ 안전

10 I형강의 단면의 크기가 $400\text{cm}\times 150\text{cm}\times 10\text{cm}$인 스팬(span) 8m의 단순보로서 사용할 때 다음 값들을 구하여라. (단, 단면2차모멘트 $I = 24,000\text{cm}^4$이다.)

(1) I형강의 단면계수

(2) 강의 허용굽힘응력 $\sigma_a = 1,200\text{kg/cm}^2$일 때 이 보의 저항모멘트

(3) I형강의 1m당 무게는 73kg/m일 때 자중에 의한 보의 굽힘모멘트

(4) 이 보가 받을 수 있는 활하중 굽힘모멘트

(5) 이 보가 받을 수 있는 중앙점의 집중하중의 크기

해설 (1) I형강의 단면계수 : Z

$$Z = \frac{I}{y} = \frac{2I}{h} = \frac{2\times 24,000}{40} = 1,200\text{cm}^3$$

(2) 강의 허용굽힘응력 $\sigma_a = 1,200\text{kg/cm}^2$일 때 이 보의 저항모멘트 : M_r

$$\sigma = \frac{M}{Z}\text{에서 } M_r = \sigma_a\cdot Z = 1,200\times 1,200 = 14,400\text{kg}\cdot\text{m}$$

(3) I형강의 1m당 무게는 73kg/m일 때 자중에 의한 보의 굽힘모멘트 : M_d

$$M_d = \frac{wd\times l^2}{8} = \frac{73\times 8\times 8}{8} -= 584\text{kg}\cdot\text{m}$$

(4) 이 보가 받을 수 있는 활하중 굽힘모멘트 : M_l

$$M_l = M_r - M_d = 14,400 - 584 = 13,816\text{kg}\cdot\text{m}$$

(5) 이 보가 받을 수 있는 중앙점의 집중하중의 크기 : P

$$M_l = \frac{Pl}{4}\text{에서 } 13,816 = \frac{P\times 8}{4} \qquad \therefore P = 6,908\text{kg}$$

Section 02 보(beam) 속에서의 전단응력

1 굽힘모멘트와 수평전단응력

(1) 정 의

보(beam)에 하중이 작용하면 단면에 작용하는 전단력(shearing force)에 의한 응력이 생긴다. 이 응력을 전단응력(shearing stress)이라고 하며, 보의 임의단면에 전단응력이 작용하면 수평전단응력과 수직전단응력이 동시에 일어나며 그 크기는 같다고 본다.

(2) 특 성

① 전단응력은 보통 중립축에서 최대이다.
② 상하양단에서는 0이다.
③ 전단응력 선도는 곡선변화를 한다.

(3) 전단응력의 일반식

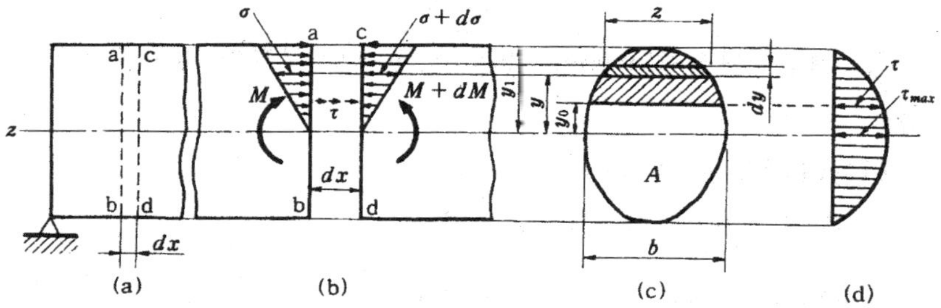

그림 7-5 보 속의 전단응력분포

그림 7-5와 같은 보에서 dx만큼 떨어져 있는 $a-b$, $c-d$단면에 모멘트 M과 $M+dM$이 작용할 경우, 단면의 중립축에서 y_0가 되는 위치의 수평전단응력을 τ라고 하면, τ가 일어나는 면의 넓이는 bdx가 되어 전단력은 τbdx이다 이 같은 좌우단면에 작용하는 굽힘모멘트에 의해서 생기는 굽힘응력의 총합계의 차이가 됨다. 그러므로

$$\tau bdx = \int_{y0}^{y_1}(\sigma + d\sigma)zdy - \int_{y_0}^{y_1}\sigma zdy = \int_{y_0}^{y_1}\frac{M+dM}{I}yzdy - \int_{y_0}^{y_1}\frac{dM}{I}yzdy$$

$$\tau = \int_{y_0}^{y_1} \frac{dM}{dx}\frac{1}{Ib} yzdy = \frac{V}{Ib}\int_{y_0}^{y_1} yzdy$$

$$\therefore \tau = \frac{V}{Ib}G_z \quad \cdots\cdots (7.21)$$

여기서, τ : 중립축에서 y_0만큼 떨어진 전단응력, V : 전단력, b : 단면의 폭

G_z : 중립축에서 y_0만큼 떨어진 중립축에 대한 단면1차모멘트

I : 중립축에 관한 단면2차모멘트

2 여러 가지 단면의 전단응력

(1) 구형단면의 경우

$$\tau = \frac{V}{Ib}G_z = \frac{V}{Ib}\int_{y_0}^{y_1} ybdy = \frac{V}{I}\int_{y_0}^{y_1} ydy$$

$$= \frac{V}{I}\int_{y_0}^{\frac{h}{2}} ydx = \frac{V}{I}\left[\frac{y^2}{2}\right]_{y_0}^{\frac{h}{2}}$$

$$= \frac{V}{2I}\left[\frac{h^2}{4} - {y_o}^2\right]$$

$$= \frac{3}{2}\times\frac{V}{bh^3}(h^2 - 4{y_0}^2) \quad \cdots\cdots (7.22)$$

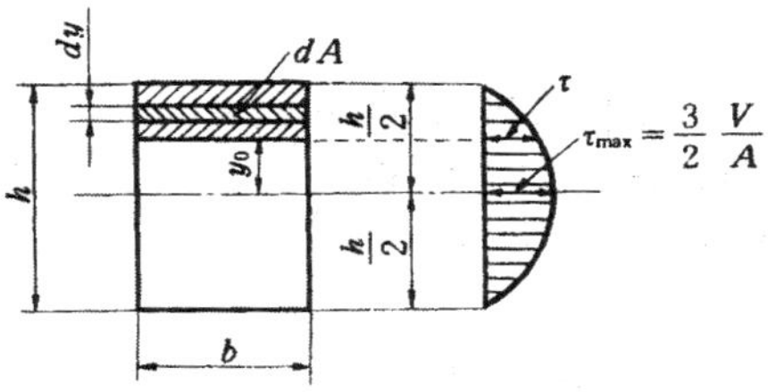

그림 7-6 구형단면보에서의 전단응력 분포

$y_0 = \frac{h}{2}$에서 $\tau = 0$이고,

$y_0 = 0$인 중립축에서

$$\therefore \tau_{max} = \frac{3}{2}\times\frac{V}{bh^3}\times h^2 = \frac{3}{2}\frac{V}{bh} = \frac{3}{2}\frac{V}{A} \quad \cdots\cdots (7.23)$$

여기서, $\frac{V}{A}$: 평균전단응력(average shearing stress)(구형인 경우 평균전단응력의 1.5배가 된다.)

(2) 원형단면의 경우

$\tau = \frac{V}{Ib}G_z$에서 현의 길이 b, 중심각 2α일 때

$G_x = \frac{2}{3}r^3\sin^3\alpha$, $b = 2r\sin\alpha$, $\sin\alpha = \frac{b}{2r}$

이므로

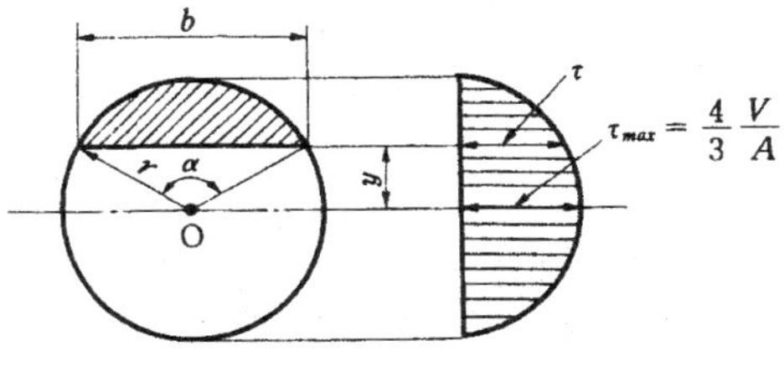

그림 7-7 원형단면보에서의 전단응력 분포

$$G_x = \frac{2}{3}r^3\sin^3\alpha = \frac{2}{3}r^3\left(\frac{b}{2r}\right)^3 = \frac{b^3}{12}$$

여기서

$$b = 2\sqrt{r^2 - y^2}$$

$$\therefore\ \tau = \frac{V}{Ib}\times\frac{b^3}{12} = \frac{V}{12I}b^2$$

$$= \frac{V}{12\frac{\pi r^4}{4}}\times(2\sqrt{r^2-y^2})^2 = \frac{4}{3}\frac{V}{\pi\tau^4}(r^2-y^2) \quad \cdots\cdots(7.24)$$

$y = r$일 때 $r = 0$이고, $y = 0$일 때 $r = \frac{4}{3}\frac{V}{\pi r^2}$이므로

$$\therefore\ \tau_{max} = \frac{4}{3}\frac{V}{\pi r^2} = \frac{4}{3}\frac{V}{A} \quad \cdots\cdots(7.25)$$

(3) 삼각형단면인 경우

$$\tau = \frac{V}{Ib}G_x, \qquad I = \frac{bh^3}{36}, \qquad z = b\cdot\frac{y}{h}$$

$$G_x = \int z\left(\frac{2}{3}h - y\right)dy = \frac{b}{h}\int\left(\frac{2}{3}hy - y^2\right)dy = \frac{b}{h}\left(\frac{h}{3}y^2 - \frac{y^3}{3}\right)$$

$$\therefore\ \tau = \frac{36V}{bh^3b\frac{y}{h}}\frac{b}{h}\left(\frac{hy^2}{3} - \frac{y^3}{3}\right) = \frac{36\cdot V}{bh^3}\left(\frac{hy}{3} - \frac{y^2}{3}\right) = \frac{12V}{bh^3}(hy - y^2) \quad \cdots\cdots(7.26)$$

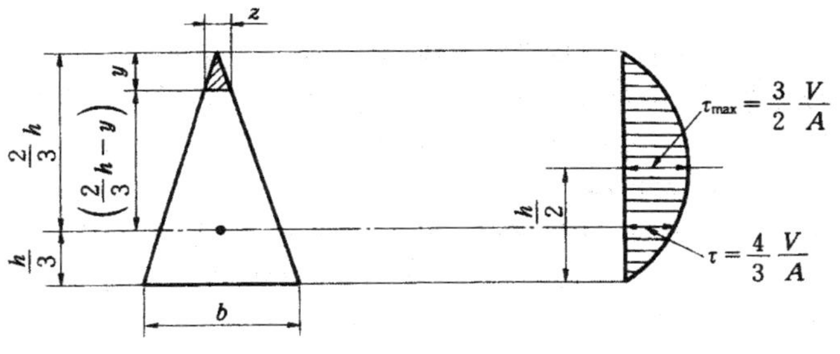

그림 7-8 삼각형단면보에서의 전단응력 분포

τ값이 최대가 되려면 $\frac{d\tau}{dy} = 0$인 위치의 값이다.

$$\frac{d\tau}{dy} = \frac{12V}{bh^3}(h - 2y) = 0, \qquad y = \frac{h}{2}$$ (τ_{max}는 중앙점에서 생긴다.)

$$\tau_{\max} = \frac{12V}{bh^3}\left(\frac{h^2}{2} - \frac{h^2}{4}\right) = \frac{12V}{4bh} = 3\frac{V}{bh} = \frac{3V}{2A} \quad \cdots\cdots(7.27)$$

도심에 대한 전단응력은 $y = \frac{2}{3}h$에서 일어나므로

$$\tau = \frac{12V}{bh^3}\left(\frac{2h^2}{3} - \frac{4h^2}{9}\right) = \frac{24}{9}\frac{V}{bh} = \frac{4}{3}\frac{V}{A} \quad \cdots\cdots(7.28)$$

(4) I형단면인 경우

중립축에서 y_1만큼 떨어진 거리에 전단응력 τ_x는

$$\tau = \frac{V}{Ib}\left[\frac{b}{2}\left(\frac{h^2}{4} - \frac{{h_1}^2}{4}\right) + \frac{t}{2}\left(\frac{{h_1}^2}{4} - {y_1}^2\right)\right] \quad \cdots\cdots(7.29)$$

$$G_x = \frac{b}{2}\left(\frac{h^2}{4} - \frac{{h_1}^2}{4}\right) + \frac{t}{2}\left(\frac{{h_1}^2}{4} - {y_1}^2\right) \quad \cdots\cdots(7.30)$$

여기서, G_x : 단면1차모멘트, t : I형단면의 두께

최대전단응력은 윗식에 $y_1 = 0$을 대입하면

$$\therefore \tau_{\max} = \frac{V}{It}\left[\frac{b}{8}(h^2 - {h_1}^2) + \frac{t}{8}{h_1}^2\right] \quad \cdots\cdots(7.31)$$

최소전단응력(복부와 플랜지 사이)에 $y_1 = \pm\frac{h_1}{2}$을 대입하면

$$\therefore \tau_{\min} = \frac{V}{Ib}\frac{b}{8}(h - {h_1}^2) \quad \cdots\cdots(7.32)$$

$$\therefore \tau_{\max} = \frac{V}{th_1}\text{(복부의 최대전단응력의 근차값)}$$

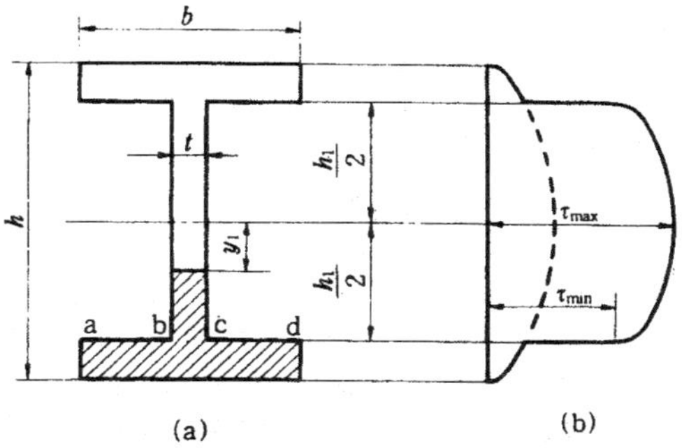

그림 7-9 I형단면보에서 전단응력 분포

3 전단중심

(1) 정 의

그림 7-10에서와 같이 ㄷ형단면보에 외력 P가 작용하면 보(beam)가 굽힘(bending)을 받는 동안 부재단면은 보의 중심축에 대하여 회전하므로 비틀림(torsion)이 생긴다. 따라서 비틀림이 없는 순수굽힘상태만을 유지하려면 하중 P는 전단응력의 합력이 통과하는 위치에 작용해야 한다. 이와같이 합력이 통과하는 위치를 전단중심(shear center)이라고 한다.

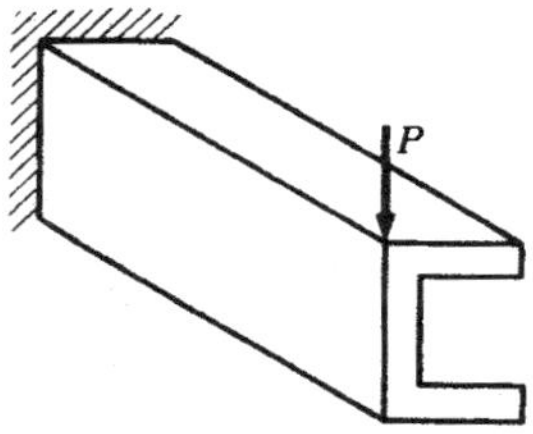

그림 7-10 ㄷ형단면보

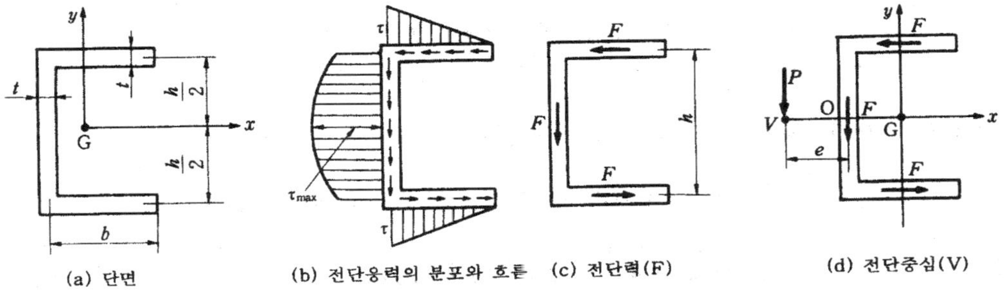

그림 7-11 ㄷ형단면보에서 전단중심의 분포

전단중심거리를 구하기 위하여 그림의 단면을 이용하면

$$\tau t = \frac{V}{I}G = \frac{P}{I}\int x dA, \qquad \tau = \frac{Pbh}{2I}, \qquad F = \frac{1}{2}\tau bt = \frac{1}{2}bt\frac{bhP}{2I} = \frac{b^2htP}{4I}$$

여기서, τt : 전단류(shear flow)

평형조건식에 의해서

$$Pe = Fh$$

$$\left.\begin{aligned} \therefore\ e &= \frac{Fh}{P} = \frac{h}{P}\times\frac{b^2htP}{4I} = \frac{b^2h^2t}{4I} \\ \therefore\ e &= \frac{b^2h^2t}{4I} \end{aligned}\right\} \quad \cdots\cdots (7.33)$$

여기서, τ : 전단응력(kg/cm²)

F : 플랜지(flange) 내에 생기는 힘(kg) 또는 전단흐름($F = \tau \cdot t$)

e : 전단중심 사이의 거리(cm)

하중 P가 전단중심 e 위치에 작용하면 비틀림점(torsion point)이 생기지 않는다.

예제문제

01 다음 그림과 같이 길이 8m인 구형 단순보(simple beam) 중앙에 500kg의 집중하중이 작용할 때, 최대굽힘응력과 최대전단응력을 구하라. (단, 자중은 600kg/m³, 허용응력 $\sigma_a = 160$kg/cm², 허용전단응력 $\tau_a = 5$kg/cm²이다.)

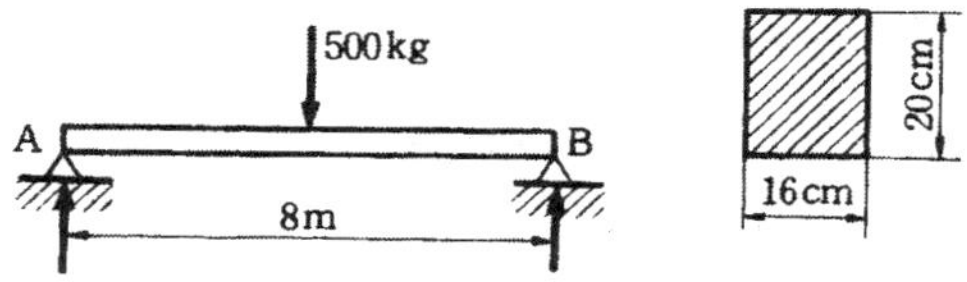

해설 $w = 600 \times 0.16 \times 0.2 = 19.2\text{kg/m}$

$$M_{max} = \frac{Pl}{4} + \frac{wl^2}{8} = \frac{500 \times 8}{4} + \frac{19.2 \times 8^2}{8} = 1,153.6\text{kg} \cdot \text{m} = 115,360\text{kg} \cdot \text{m}$$

$$V_{max} = \frac{P}{2} + \frac{wl}{2} = \frac{500}{2} + \frac{19.2 \times 8}{2} = 326.8\text{kg}$$

$$\sigma = \frac{M}{I}y = \frac{6M}{bh^2} = \frac{6 \times 115,360}{16 \times 20 \times 20} = 108\text{kg/cm}^2 > \sigma_a (\therefore \text{ 불안전})$$

$$\tau_{max} = \frac{3}{2} \times \frac{V}{bh} = 1.5 \times \frac{326.8}{16 \times 20} = 1.53\text{kg/cm}^2 < \tau_a (\therefore \text{ 안전})$$

02 다음 그림과 같이 폭 $b = 20$cm, 높이 $h = 30$cm인 단순보(simple beam)에서 등분포하중이 작용할 때 최대굽힘응력과 최대전단응력을 구하라.

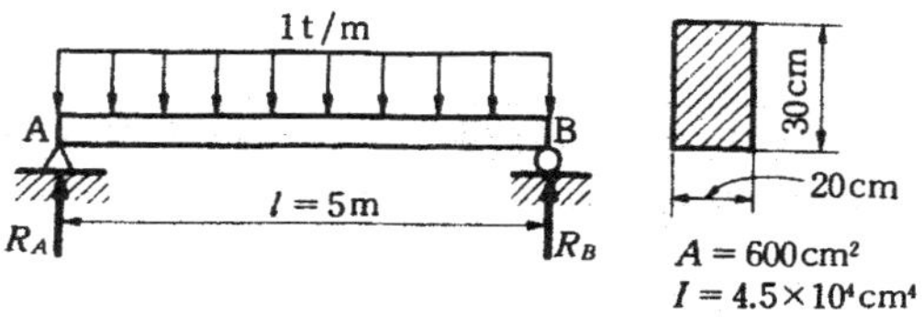

해설 $\Sigma M_B = 0$에서

$R_A \times 5 - w \times 5 \times 2.5 = 0 \qquad \therefore R_A = 2.5\text{t}, \quad R_B = 2.5\text{t}$

$$M_{max} = \frac{wl^2}{8} = \frac{1 \times 5^2}{8} = 3.125\text{t} \cdot \text{m}$$

$$V_{max} = \frac{wl}{2} = \frac{1 \times 5}{2} = 2.5\text{t}$$

$$Z = \frac{bh^2}{6} = \frac{20 \times 30^2}{6} = 3,000\text{cm}^3$$

$$\sigma_{max} = \frac{M_{max}}{Z} = \frac{3.125 \times 10^3 \times 10^2}{3,000} = 104.2\text{kg/cm}^2$$

$$\tau_{max} = \frac{3}{2}\frac{V_{max}}{A} = \frac{3}{2} \times \frac{2.5 \times 10^2}{20 \times 30} = 6.25\text{kg/cm}^2$$

03 다음 그림과 같은 단면이 30cm×40cm인 단순보(simple beam)에 하중이 작용할 때, 이 보의 최대굽힘응력과 최대전단응력을 구하라. (단, 자중은 무시한다.)

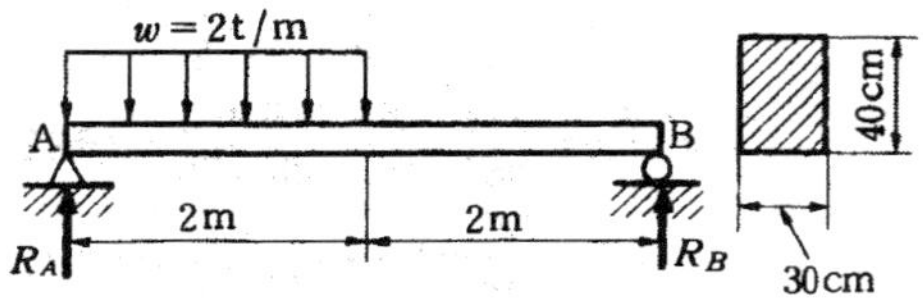

해설 $R_A = \frac{4\times3}{4} = 3\text{t}$, $M_x = 3x - \frac{2x^2}{2}$ 에서 $\frac{dM_x}{dx} = V_x = 3-2x = 0$

$\therefore x = 1.5\text{m}$(따라서 A부터 1.5m 지점에 최대굽힘모멘트 존재)

$M_{max} = 3\times1.5-(1.5)^2 = 2.25\text{t}\cdot\text{m} = 225,000\text{kg}\cdot\text{cm}$, $V_{max} = R_A = 3,000\text{kg}$

$\sigma_{max} = \frac{M}{I}y = \frac{M}{Z} = \frac{6M}{bh^2} = \frac{6\times225,000}{30\times40\times40} = 28.13\text{kg/cm}^2$

$\tau_{max} = \frac{3}{2}\cdot\frac{V}{bh} = 1.5\times\frac{3,000}{30\times40} = 3.75\text{kg/cm}^2$

04 다음 그림과 같이 전단력 $V = 4$ton을 받는 단면의 보(beam)에 대한 중립축의 전단응력을 구하라.

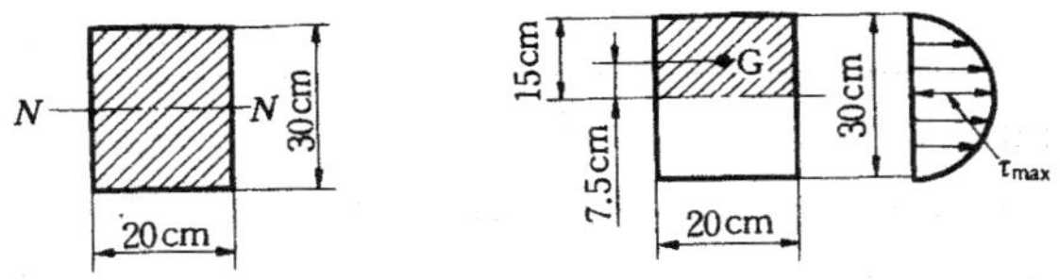

해설 $I = \frac{bh^3}{12} = \frac{20\times30^3}{12} = 45,000\text{cm}^4$, $G = A\bar{y} = 20\times15\times\frac{15}{2} = 2,250\text{cm}^3$

$\tau = \frac{V\cdot G}{Ib} = \frac{4,000\times2,250}{45,000\times20} = 10\text{kg/cm}^2$

05 다음 그림과 같은 보(beam)에서 점 A의 굽힘응력(bending stress)과 전단응력(shear stress)을 구하라.

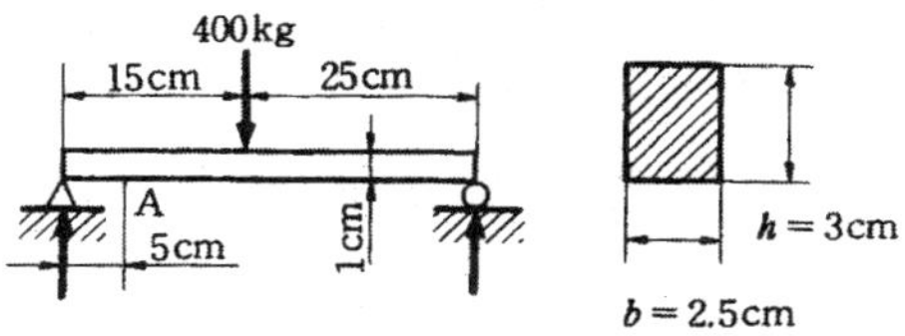

해설 $V = 250\text{kg}$, $M = 1,250\text{kg}\cdot\text{cm}$

$\sigma_x = \frac{M\bar{y}}{I_x} = 1,250\times\frac{12}{2.5\times3^3}\times0.5 = 333.3\text{kg/cm}^2$(압축)

$\tau_x = \frac{V\cdot G}{I_x b}$ 에서 $G = 2.5\times1.5\times\frac{1.5}{2} = 2.81\text{cm}^3$, $b = 2.5\text{cm}$, $I_x = \frac{2.5\times3^3}{12}$

$\therefore \tau_x = \frac{250\times12\times2.81}{2.5\times2.5\times3^3} = 50.007\text{kg/cm}^2$

06 다음 그림과 같이 $l = 2$m의 단순보(simple beam)가 중앙단면에서 집중하중 P를 받고 있다. 이 재료의 인장과 압축에 대한 허용응력 $\sigma_a = 600$kg/cm²이고, 종섬유에 평행한 허용전단응력 $\tau_w = 100$kg/cm²일 때 하중 P의 안전값을 구하라.

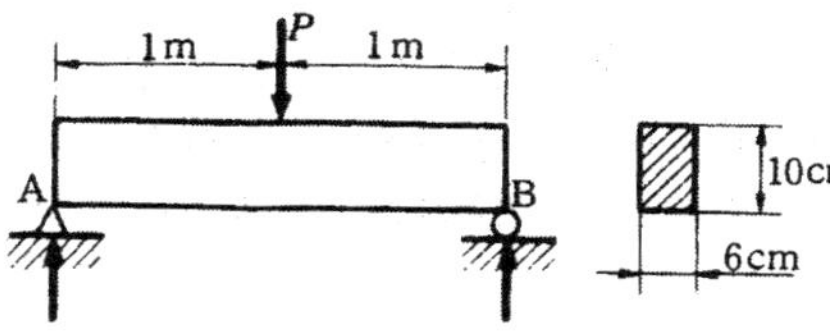

해설 당면의 성질에서

$$A = bh = 10\times 6 = 60\text{cm}^2,\qquad Z = \frac{bh^2}{6} = 100\text{cm}^3$$

최대전단력 V와 최대굽힘모멘트 M은

$$V_{\max} = \frac{P}{2},\qquad M = \frac{Pl}{4} = 0.5P\text{kg}\cdot\text{m} = 50P\text{kg}\cdot\text{cm}$$

구형단면의 최대전단응력은

$$\sigma_{\max} = \frac{M}{Z} = \frac{50P}{100} = 0.5P$$

$$\tau_{\max} = \frac{3}{2}\times\frac{V}{A} = \frac{3\times P}{2\times 60\times 2} = \frac{P}{80},\qquad P = 80\tau = 80\times 100 = 8{,}000\text{kg}$$

또는 $P = \dfrac{\sigma}{0.5} = \dfrac{600}{0.5} = 1{,}200\text{kg}$

$\therefore$ 안전하중은 굽힘응력에 지배되어 $P = 1{,}200$kg을 취한다.

07 다음 그림과 같은 원형단면의 최대전단응력도를 구하라. (단, 전단력 $V = 5$ton이다.)

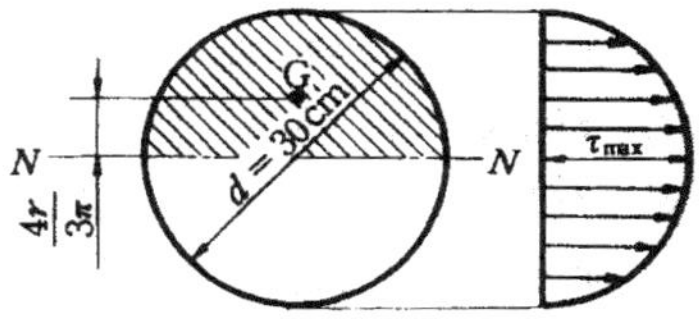

해설 $I = \dfrac{\pi d^4}{64},\qquad G = A\bar{y} = \dfrac{\pi d^2}{8}\times\dfrac{2d}{3\pi} = \dfrac{d^3}{12},\qquad b = d$

$$\therefore \tau_{\max} = \frac{V\cdot G}{Ib} = \frac{V\times\dfrac{d^3}{12}}{d\dfrac{\pi d^4}{64}} = \frac{64V}{12}\times\frac{d^3}{\pi d^5} = \frac{4}{3}\times\frac{5{,}000}{\dfrac{3.14\times 30^2}{4}} = 9.43\text{kg/cm}^2$$

08 다음 그림과 같이 길이 $l = 4$m의 단순보(simple beam)가 균일분포하중 $w = 5$kg/cm로 작용하고 있을 때, 이 보의 T단면에 발생되는 최대전단응력의 세기를 구하라.

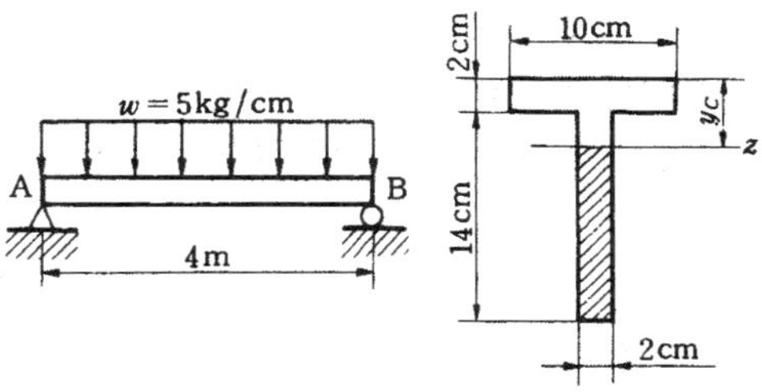

해설 최대전단력은 지점의 바로 안쪽 단면에 걸리므로 지점반력과 같다.

$$V_{\max} = \frac{wl}{2} = \frac{5\times400}{2} = 1{,}000\,\text{kg}$$

단면의 성질에서

$$\bar{y}_c = \frac{8\times2\times1+16\times2\times8}{8\times2+16\times2} = 5.67\text{cm},\qquad I_Z = \frac{8\times2^3}{3} + \frac{2\times16^3}{3} - 48\times5.67^2 = 1{,}209\text{cm}^4$$

$$\therefore G = \int \bar{y}dA = (16-5.67)\times2\times\frac{1}{2}\times10.33 = 106.7\text{cm}^2$$

$$\therefore \tau = \frac{VG}{Ib} = \frac{1{,}000\times106.7}{1{,}209\times2} = 44.13\text{kg/cm}^2$$

09 다음 그림과 같은 웨브(web)와 플랜지(flange)의 크기 200mm×100mm인 단순보(simple beam)가 지지되고, 그 중앙에 집중하중 $P=200$kg이 작용하고 있을 때 웨브와 플랜지단면에 분포되는 전단응력선도를 구하라.

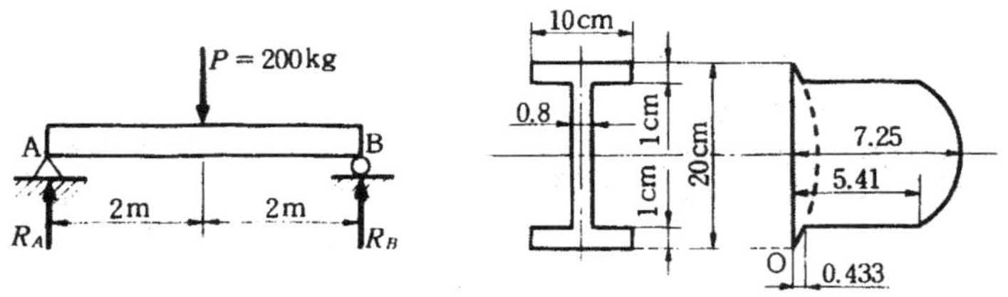

(a) (b) (c)

해설

$$I_x = \frac{10\times20^3}{12} - \frac{9.2\times18^3}{12} = 2{,}195.47\text{cm}^4,\qquad M_{\max} = \frac{Pl}{4},\qquad V_{\max} = R_A = \frac{P}{2} = 100\text{kg}$$

$\tau = \dfrac{VG}{Ib}$ 에서

$$\tau_{\max(\text{web})} = \frac{100\times\{(9\times0.8\times4.5)+(10\times1\times9.5)\}}{2{,}195.47\times0.8} = 7.25\text{kg/cm}^2$$

$$\tau_{\min(\text{web})} = \frac{100\times(10\times1\times9.5)}{2{,}195.47\times0.8} = 5.41\text{kg/cm}^2$$

$$\tau_{\max(\text{flange})} = \frac{100\times(10\times1\times9.5)}{2{,}195.47\times10} = 0.433\text{kg/cm}^2$$

Section 03 보(beam) 속의 주응력

보(beam)의 임의의 단면에는 수직방향으로 굽힘응력(bending stress)과 전단응력(shear stress)이 생기는데, 보의 축과 임의의 경사를 갖는 단면에는 이 두 수직응력의 합성응력을 받게 된다. 이 임의의 단면 가운데 전단응력이 0으로 되는 단면을 주응력면(principle stress surface)이라 하고, 그 면에 작용하는 수직응력을 주응력(principle stress)이라고 한다.

1 주응력의 크기

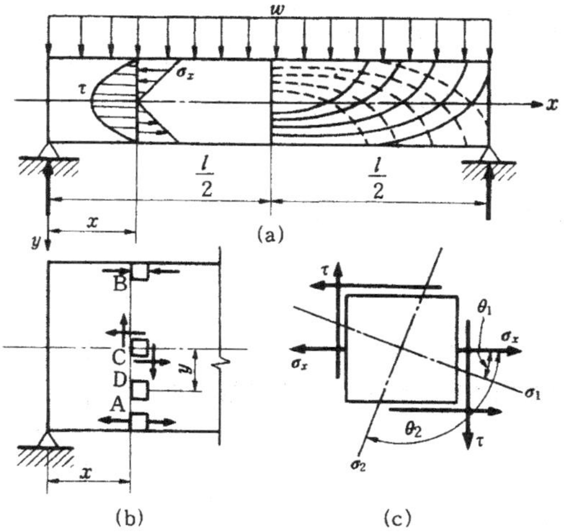

그림 7-12 균일분포하중을 받는 단순보의 주응력선도

직사각형 단면보의 한단면에서 굽힘모멘트 M과 전단력 V가 작용하고 있으므로, 보의 단면에는 굽힘응력 σ_x와 전단응력 τ가 작용하게 된다. 그러므로 보의 안전을 고려하기 위하여는 σ_x와 τ에 의한 조합응력으로 고려하여야 한다. x축 방향으로 σ_x, y축 방향으로 σ_y와 전단응력 τ_{xy}가 작용할 때,

$$\sigma_x = \frac{My}{I_z}, \quad \tau_{xy} = \frac{VG}{bI_x}$$

이고, 이때 최대주응력, 최소주응력은 다음과 같다.

$$\sigma_{1,2} = \frac{\sigma_x + \sigma_y}{2} \pm \sqrt{\left(\frac{\sigma_x - \sigma_y}{2}\right)^2 + \tau_{xy}^2} \quad \cdots\cdots (7.34)$$

또는

$$\left.\begin{aligned} \sigma_{max} = \sigma_1 = \frac{\sigma_x + \sigma_y}{2} + \frac{1}{2}\sqrt{(\sigma_x - \sigma_y)^2 + 4\tau_{xy}^2} \\ \sigma_{min} = \sigma_2 = \frac{\sigma_x + \sigma_y}{2} - \frac{1}{2}\sqrt{(\sigma_x - \sigma_y)^2 + 4\tau_{xy}^2} \end{aligned}\right\} \quad \cdots\cdots (7.35)$$

그런데 굽힘모멘트 M과 전단력 V는 x에 따라 변화하므로, σ_x와 τ도 x와 y에 따라 그 값이 연속적으로 변화한다. 그림 7-12(a)와 같은 보의 임의단면에서 σ_x는 y에 따라 직선적이고 τ는 포물선적으로 변화한다.

그림 7-12(b)의 A, B 요소에서는 $\tau = 0$, σ_{max} 및 σ_{min}이 발생하는데, 이것이 최외충점에서의 주응력이고 주방향은 축방향이 된다. 중립면상의 C요소에서는 $\sigma_x = 0$, τ_{max}이므로 순수전단상태가 되고, 주응력의 방향은 x축에 $\pm 45°$ 방향이 된다. 임의점 D요소는 σ_x와 τ가 모두 발생하고 그림 7-12(c)와 같이 된다. 이와같은 임의점에서 주응력의 크기는 식(7.33)과 식(7.34)로부터 $\sigma_y = 0$을 대입하여

$$\sigma_{1,2} = \frac{1}{2}\sigma_x \pm \sqrt{\left(\frac{\sigma_s}{2}\right)^2 + \tau^2} \quad \cdots\cdots (7.36)$$

또는

$$\left.\begin{aligned} \sigma_{max} = \sigma_1 = \frac{\sigma_x}{2} + \frac{1}{2}\sqrt{\sigma_x^2 + 4\tau_{xy}^2} \\ \sigma_{min} = \sigma_2 = \frac{\sigma_x}{2} - \frac{1}{2}\sqrt{\sigma_x^2 + 4\tau_{xy}^2} \end{aligned}\right\} \quad \cdots\cdots (7.37)$$

2 주응력면

$$\tan 2\theta = \frac{2\tau_{xy}}{\sigma_y - \sigma_x}$$

에서 주응력의 방향은 $\sigma_y = 0$을 대입한다면 윗식은 다음과 같다.

$$\therefore \tan 2\theta = -\frac{2\tau_{xy}}{\sigma_x} \quad \cdots\cdots (7.38)$$

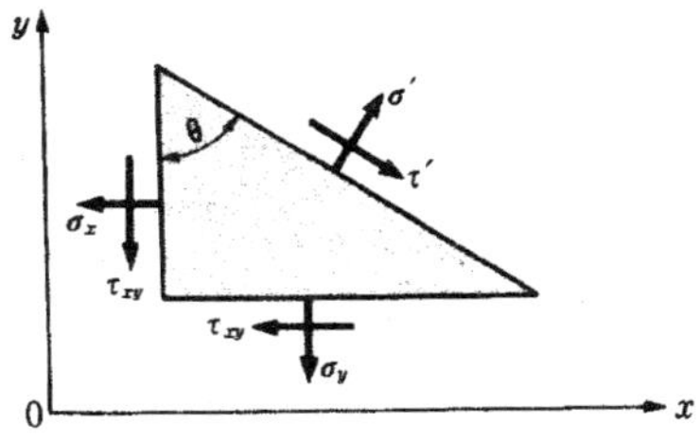

그림 7-13 보 속의 주응력면의 분포

3 주전단응력의 크기

$$\tau_{max} = \frac{\sigma_1 - \sigma_2}{2} = \sqrt{\left(\frac{\sigma_x - \sigma_y}{2}\right)^2 + \tau_{xy}^2} \quad \cdots\cdots (7.39)$$

에서

$$\left.\begin{aligned} \tau_{max} &= \frac{1}{2}\sqrt{(\sigma_x - \sigma_y)^2 + 4\tau_{xy}^2} \\ \tau_{min} &= -\frac{1}{2}\sqrt{(\sigma_x - \sigma_y)^2 + 4\tau_{xy}^2} \end{aligned}\right\} \quad \cdots\cdots (7.40)$$

4 보(beam) 속에서의 최대응력

보의 경우 굽힘응력은 보의 직각단면에 수직으로만 작용하므로, y축 방향으로 작용하는 응력은 고려하지 않기 때문에 윗식의 주응력에서의 $y=0$, $\sigma_x = \sigma$(굽힘응력)라 하고, 전단응력 τ_{xy}는 수평전단응력 $\tau(\tau_{xy} = \tau)$로 놓으면 보의 최대 · 최소 주응력과 주전단응력은 다음과 같다.

(1) 최대, 최소주응력 및 방향

$$\left.\begin{aligned} \sigma_{max} &= \sigma_1 = \frac{\sigma}{2} + \frac{1}{2}\sqrt{\sigma^2 + 4\tau^2} > 0 \\ \sigma_{min} &= \sigma_2 = \frac{\sigma}{2} - \frac{1}{2}\sqrt{\sigma^2 + 4\tau^2} < 0 \\ \tan 2\theta &= -\frac{2\tau}{\sigma} \end{aligned}\right\} \quad \cdots\cdots (7.41)$$

(2) 주전단응력 및 방향

$$\left.\begin{aligned} \tau_{max} &= \tau_1 = \frac{1}{2}\sqrt{\sigma^2 + 4\tau^2} \ (\because \sigma_y = 0) \\ \tau_{min} &= \tau_2 = -\frac{1}{2}\sqrt{\sigma^2 + 4\tau^2} \ (\because \sigma_y = 0) \\ \tan 2\theta &= -\frac{2\tau}{\sigma} \end{aligned}\right\} \quad \cdots\cdots (7.42)$$

① **정리 1** : 중립축에서 주응력의 크기는 최대전단응력과 같고 방향은 중립축과 45° 방향이다. 즉, 식(7.40)에 $\sigma = 0$, $\tau = \tau_{max}$을 대입하면

$$\sigma_1 = \tau_{max}, \qquad \tan 2\theta = \frac{2\tau}{\sigma} = \frac{2\tau_{max}}{0} = \infty$$

$\theta_1 = 45°$일 때 : $\sigma_1 = \tau_{max}$(최대인장응력)

$\theta = -45°$, $\theta = 135°$일 때 : $\sigma_2 = -\tau_{max}$(최대압축응력)

② **정리 2** : 연단에서의 최대응력은 최대굽힘응력과 같고 축과 90° 방향이다. 즉, 식(7.41)에 $\tau = \sigma_{max}$, $\tau = 0$을 대입하면

$$\sigma_1 = \sigma_{max}, \quad \tan 2\theta = \frac{2\tau}{\sigma} = \frac{0}{\sigma_{max}} = 0$$

$\theta_1 = 0°$일 때 : $\sigma_1 = \sigma_{max}$

$\theta_2 = 90°$일 때 : $\sigma_2 = 0$

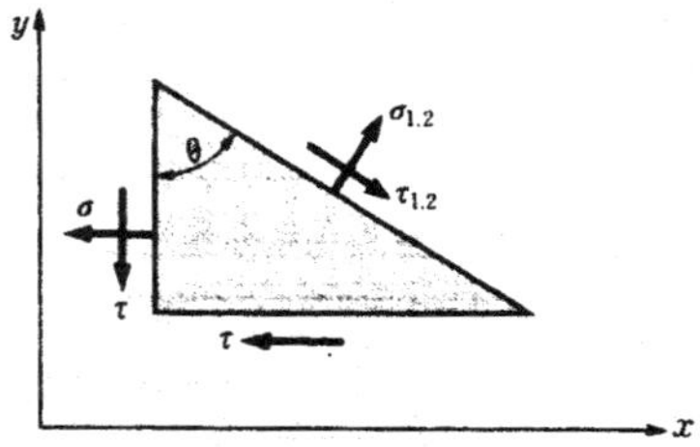

그림 7-14 보 속의 주응력과 주전단응력

③ **정리 3** : 중립축에서 주전단응력은 최대전단응력과 같고 방향은 0이다.

$\theta = 0$일 때 : $\tau_1 = \tau_{max}$

④ **정리 4** : 연단에서 최대주전단응력은 최대굽힘응력의 $\frac{1}{2}$값이며, 방향은 45°이다.

$\theta = 45°$일 때 : $\tau_1 = \frac{\sigma}{2}$(인장측에서 최대전단응력)

$\theta = -45°$ 또는 $\theta = 135°$일 때 : $\tau_2 = \frac{\sigma}{2}$(압축측에서 최대전단응력)

5 보(beam) 속의 응력선

(1) 주응력선

① **실선** : 주인장응력

② **점선** : 주압축응력

두 선은 서로 직교이고 중립축과 45°이며, 상하면과 접하거나 직교한다[그림 7-15(a) 참조].

(2) 주전단응력선

주전단응력선은 상하단에 45°로 중립축과 접하그 있다[그림 7-15(b) 참조].

(3) 보 속의 주응력도

① **굽힘응력** : 스팬(span) 중앙 및 단면 상하단에서 최대이고, 스팬 양단 및 단면중립축에서 최소(0)이다[그림 7-15(c) 참조].

② **전단응력**(shear stress) : 스팬(span) 양단 및 중립축에서 최대이고, 단면의 상하단 및

스팬 중앙에서 최소(0)이다[그림 7-15(c) 참조].

(4) 보 단면의 각 점에 대한 응력

그림 7-16(a)에서 점 A는 압축측이고, 점 B는 인장측이다. 그림 7-16(b)는 굽힘응력과 전단응력을 나타내며, 그림 7-16(c)는 주응력을, 그림 7-16(d)는 주전단응력을 나타낸다.

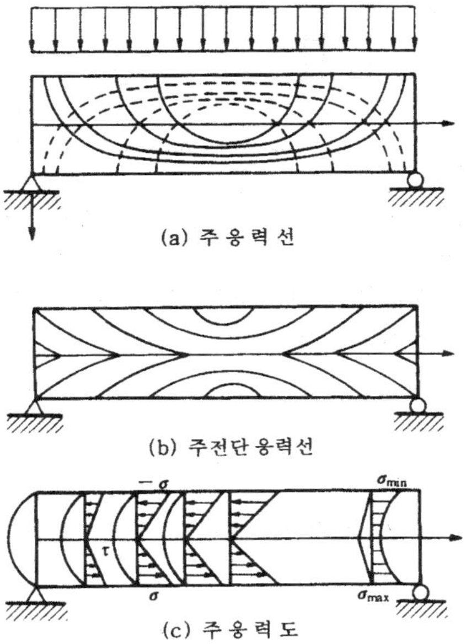

그림 7-15 보 속의 응력선

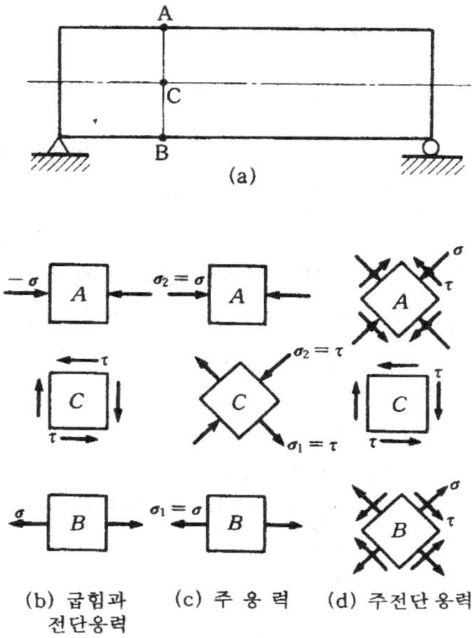

그림 7-16 보 단면의 각 점에 대한 응력

6 주응력 계산이 필요한 경우

① 스팬(span)이 짧은 보(beam)에서 굽힘모멘트가 작고 전단력이 큰 경우
② 캔틸레버(cantilever)의 지점에서 전단력과 굽힘모멘트의 최대값이 동시에 발생한 경우
③ 스팬(span)이 작고 단면이 큰 부재의 섬유방향의 전단응력이 발생한 경우
④ 스팬(span)이 작고 단면이 큰 부재에서 섬유방향의 전단응력이 발생한 경우

Section 04 굽힘과 비틀림이 작용하는 보의 응력

풀리(pulley), 기어(gear), 플라이휠(flywheel) 및 크랭크 축(crank shaft) 등과 같은 회전축에 있어서는 비틀림모멘트(torsion moment)와 굽힘모멘트(bending moment)를 동시에 작용받는다. 이와같은 축에 발생하는 최대응력을 산출하기 위하여는 다음과 같은 세가지 응력을 고려하여야 한다.

① 비틀림모멘트(torsion moment) T로 인한 전단응력

② 굽힘모멘트(bending moment) M에 의한 굽힘응력(bending stress)

③ 전단력(shearing force) V로 인한 전단응력(shear stress)

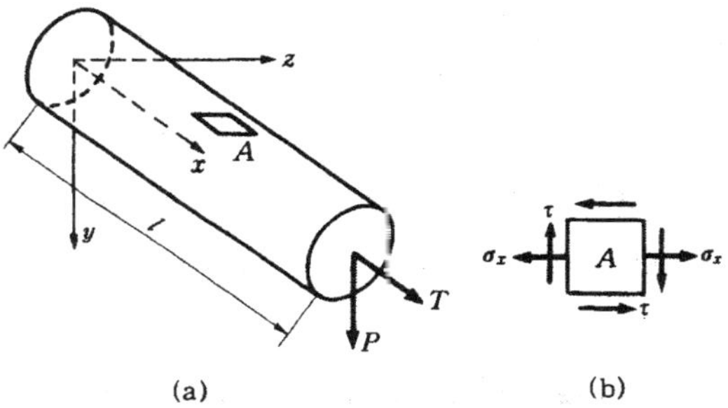

그림 7-17 비틀림모멘트와 수직력을 받는 외팔보

이들 중 전단력에 의한 전단응력이 0인 중립축에서 최대이고, 다른 응력들에 비하여 회전축에 미치는 영향이 극히 작으므로 일반적으로 무시한다. 따라서 ①항과 ②항에서 각 응력들이 최대값으로 나타나는 최대굽힘응력이 발생하는 표피부분에 대하여 최대주응력을 계산하고 설계의 기준으로 하여야 한다.

그림 7-17과 같은 지름 d인 원형단면의 외팔보(cantilever beam)에 비틀림모멘트 T(x축 방향)와 수직력 P(y축 방향)가 작용할 경우, 주응력과 주전단응력은 다음 식과 같이 나타낸다.

보(beam)의 상면에 위치한 요소 A에 작용하는 힘은

$$M = P(l - x)$$

여기서, M : 굽힘모멘트, P : 수직력, T : 비틀림모멘트이다.

요소 A단면에 생기는 굽힘응력과 비틀림응력은

$$\sigma_x = \frac{M}{Z} = \frac{32M}{\pi d^3} \quad \cdots\cdots (a)$$

$$\tau = \frac{T \cdot r}{I_p} = \frac{16T}{\pi d^3} \quad \cdots\cdots (b)$$

이며, 굽힘모멘트로 인한 최대굽힘응력은 최대굽힘모멘트가 발생하는 단면의 중립면으로부터 가장 먼 축표면에 발생하고, 비틀림에 인한 최대전단응력은 축의 표면에 발생한다.

$$(\sigma_x)_{\max} = \frac{M}{Z} = \frac{32M}{\pi d^3} \quad \cdots\cdots (7.43)$$

$$\tau_{\max} = \frac{16T}{\pi d^3} \quad \cdots\cdots (7.44)$$

따라서 주응력과 주전단응력 공식에 의해서

$$\sigma_{1,2} = \frac{\sigma_x}{2} \pm \sqrt{\left(\frac{\sigma_x}{2}\right)^2 + \tau^2} \quad \cdots\cdots (7.45)$$

$$\tau_{\max} = \frac{\sigma_1 - \sigma_2}{2} = \sqrt{\left(\frac{\sigma_x}{2}\right)^2 + \tau^2} \quad \cdots\cdots (7.46)$$

1 최대 및 최소주응력

식 (a), (b) 두 응력에 의한 조합응력인 최대 및 최소주응력은 식(7.35)에 의하여

$$\sigma_{\max} = \sigma_1 = \frac{\sigma_x}{2} + \sqrt{\left(\frac{\sigma_x}{2}\right)^2 + \tau^2} \quad \cdots\cdots (7.47)$$

$$\sigma_{\min} = \sigma_2 = \frac{\sigma_x}{2} - \sqrt{\left(\frac{\sigma_x}{2}\right)^2 + \tau^2} \quad \cdots\cdots (7.48)$$

또는 식(7.42), (7.43)을 식(7.46), (7.47)에 적용하면

$$\sigma_{1,2} = \frac{16}{\pi d^3}(M \pm \sqrt{M^2 + T^2}) \quad \cdots\cdots (7.49)$$

또는

$$\sigma_{\max} = \sigma_1 = \frac{16}{\pi d^3}(M + \sqrt{M^2 + T^2}) = \frac{1}{2Z}(M + \sqrt{M^2 + T^2}) \quad \cdots\cdots (7.50)$$

$$\sigma_{\min} = \sigma_2 = \frac{16}{\pi d^3}(M - \sqrt{M^2 + T^2}) = \frac{1}{2Z}(M - \sqrt{M^2 + T^2}) \quad \cdots\cdots (7.51)$$

(1) **상당굽힘모멘트 : M_{eq}**

$\sigma_{\max}$와 꼭같은 크기의 최대굽힘응력(maximum bending stress)을 발생시킬 수 있는 순수굽힘 모멘트를 상당굽힘모멘트(equivalent bending moment)라 하고 그 크기는 다음과 같다.

$$M_{eq} = \frac{1}{2}(M + \sqrt{M^2 + T^2}) \quad \cdots\cdots (7.52)$$

윗식은 주응력이 어떤값에 달하였을 때 파손이 일어난다는 최대주응력설(maximum principal stress theory)에 의한 것이며, 축의 지름을 구할 때는 $\sigma_{\max}$에 허용응력을 대입하면 된다.

2 최대전단응력

식(7.42), (7.43)의 두 응력에 대한 최대전단응력은 식(7.41)로부터

$$\tau_{\max} = \sqrt{\left(\frac{\sigma_x}{2}\right)^2 + \tau^2} = \frac{1}{2}\sqrt{\sigma_x^{\ 2} + 4\tau^2} = \frac{16}{\pi d^3}\sqrt{M^2 + T^2} = \frac{1}{2Z_p}\sqrt{M^2 + T^2} \quad \cdots\cdots (7.53)$$

(1) **상당비틀림모멘트 : T_{eq}**

$\tau_{\max}$과 꼭같은 크기의 비틀림 최대전단응력을 발생시킬 수 있는 비틀림모멘트를 상당비틀림모멘트(equivalent twisting moment)라 하고, 그 크기는

$$T_{eq} = \sqrt{M^2 + T^2} \quad \cdots\cdots (7.54)$$

이며, 축의 재료가 연성금속이면 윗식을 써서 그 축의 안전지름을 구하는 것이 보통이다.

3 굽힘 및 비틀림을 동시에 받는 축의 설계

(1) **중실축인 경우**

축의 지름을 계산하는 데 있어서 $\sigma_{\max}$ 대신 허용응력 σ_a을, $\tau_{\max}$ 대신 τ_a를 대입하면 식(7.42)에 의해서

$$d = \sqrt[3]{\frac{32M_{eq}}{\pi\sigma_a}} = \sqrt[3]{\frac{16}{\pi\sigma_a}(M + \sqrt{M^2 + T^2})}$$

$$\fallingdotseq \sqrt[3]{\frac{10.1}{\sigma_a}(M + \sqrt{M^2 + T^2})} \fallingdotseq \sqrt[3]{\frac{10.1M_{eq}}{\sigma_a}} \quad \cdots\cdots (7.55)$$

여기서, M_{eq} : 상당굽힘모멘트,　σ_a : 허용응력

또는 식(7.43)에 의하면

$$d = \sqrt[3]{\frac{16\,T_{eq}}{\pi\tau_a}} = \sqrt[3]{\frac{16}{\pi\tau_a}\times(\sqrt{M^2+T^2})}$$

$$\fallingdotseq \sqrt[3]{\frac{5.1}{\tau_a}\times\sqrt{M^2+T^2}} \fallingdotseq \sqrt[3]{\frac{5.1\,T_{eq}}{\tau_a}} \quad \cdots\cdots(7.56)$$

여기서, T_{eq} : 상당비틀림모멘트,　τ_a : 허용전단응력

위의 두 식 (7.55) 및 (7.56)에 의해서 구한 값을 비교하여 큰 것을 축의 지름으로 정하면 된다.

(2) **중공축일 경우**

$$Z = \frac{\pi(d^4 - {d_1}^4)}{32d} = \frac{\pi {d_2}^3}{32}\left[1-\left(\frac{d_1}{d}\right)^4\right] \quad \cdots\cdots(7.57)$$

여기서, d_1은 안지름이고, d는 바깥지름이다.

최대주응력 및 최대전단응력은 $\dfrac{d_1}{d_2} = n$이라 하여 다음과 같이 구할 수 있다.

$$\left.\begin{aligned} \sigma_{\max} &= \frac{16}{\pi d^3(1-n^4)}(M+\sqrt{M^2+T^2}) \\ \tau_{\max} &= \frac{16}{\pi d^3(1-n^4)}\sqrt{M^2+T^2} \end{aligned}\right\} \quad \cdots\cdots(7.58)$$

4 최대주변형률(Maximum principal strain)

$$\varepsilon_1 = \frac{\sigma_1}{E} - \frac{\mu\sigma_2}{E} \quad \cdots\cdots(7.59)$$

여기서, ε : 변형률(strain),　E : 탄성계수(modulus of elasticity),

μ : 푸아송비(Poisson' ratio)

윗식에 식(7.50) 및 식(7.51)을 대입하면

$$\varepsilon_1 = \frac{1}{E}\left\{\frac{1-\mu}{2}\sigma_x + (1+\mu)\sqrt{\left(\frac{\sigma_x}{2}\right)^2+\tau^2}\right\} \quad \cdots\cdots(7.60)$$

이므로, 식(7.43)과 (7.44)를 대입하고 $\mu = 0.3$이라 하면

$$\varepsilon_1 = \frac{32}{E\pi d^3}\left[\frac{1-\mu}{2}\cdot M + \frac{1+\mu}{2}\sqrt{M^2+T^2}\right]$$

$$\therefore \varepsilon_1 = \frac{32}{\pi d^3}(0.35M + 0.65\sqrt{M^2 + T^2}) \quad \cdots\cdots (7.61)$$

$$\therefore \sigma = E\varepsilon_1 = \frac{32M_{eq'}}{\pi d^3} = \frac{M_{eq'}\frac{d}{2}}{I}$$

$$\therefore M_{eq}' = 0.35M + 0.65\sqrt{M^2 + T^2} \quad \cdots\cdots (7.62)$$

식(7.61)은 M과 T를 알고 최대주변형률을 계산하는 식이고, 식(7.62)는 최대주변형률에 의한 상당굽힘모멘트이다.

5 임의단면을 가지는 보(beam)의 굽힘응력

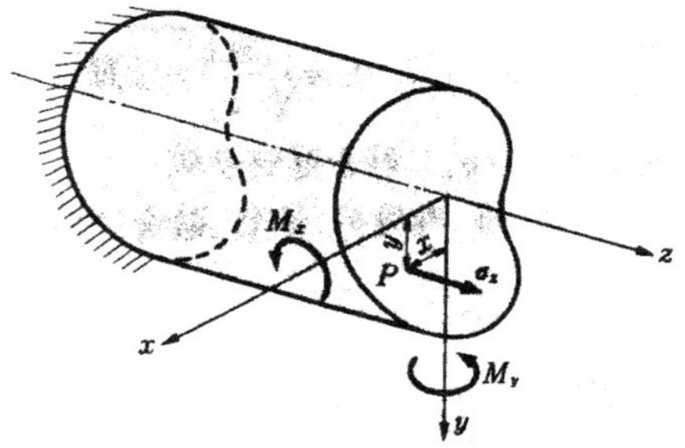

그림 7-18 임의단면을 가진 보의 굽힘응력

그림 7-18에서 도심 O로부터 x, y만큼 떨어진 점에 하중 P를 받으면 x, y축을 중심으로 굽힘모멘트(bending moment)가 생긴다. 이때 점 P의 z방향에 대한 굽힘응력 σ_z는 다음 식으로 표시된다.

z방향에 대한 굽힘응력 : σ_z

$$\sigma_z = \frac{I_x M_y - I_{xy} M_x}{I_x I_y - I_{xy}^2}x + \frac{I_y M_x - I_{xy} M_y}{I_x I_y - Ixy}y \quad \cdots\cdots (7.63)$$

여기서, I_x, I_y : x, y축에 관한 단면2차모멘트, I_{xy} : x, y축에 관한 단면상승모멘트

만약 x, y축이 주축이라면 $I_{xy} = 0$이므로 식(7.63)은 다음과 같다.

$$\therefore \sigma_z = \frac{M_y}{I_y}x + \frac{M_x}{Y_x}y \quad \cdots\cdots (7.64)$$

또한, y축에 대한 대칭단면을 가지고 P가 y축상에 존재한다면

$$\sigma_z = \frac{M_x}{I_x}y = \sigma \quad \cdots\cdots (7.65)$$

예제문제

01 다음 그림과 같은 I형 단면의 단순보(simple beam)가 그 중앙에 집중하중 $P=6\text{ton}$이 작용할 때 플랜지(flange)와 웨브(web)의 결합부에서 발생하는 최대굽힘응력 $(\sigma_n)_{max}$을 구하라. (단, 이 보의 치수는 $l=2\text{m}$, $h=20\text{cm}$, $b=10\text{cm}$, $h_1=18\text{cm}$, $b_1=0.8\text{cm}$이다.)

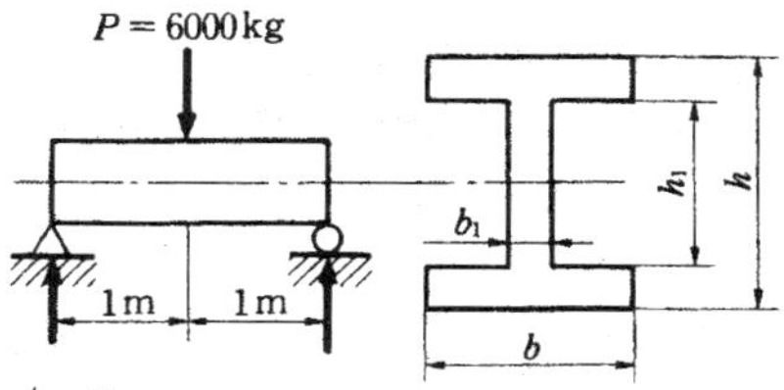

해설

$$M_{max}=\frac{Pl}{4}=\frac{6{,}000\times200}{4}=300{,}000\text{kg}\cdot\text{cm}$$

$$V=\frac{P}{2}=3{,}000\text{kg}$$

$$I_Z=\frac{10\times20^3}{12}-\frac{9.2\times18^3}{12}=2{,}196\text{cm}^4$$

$$(\sigma_x)_{max(web)}=\frac{M_{max}\cdot\bar{y}}{I}=\frac{300{,}000\times9}{2{,}196}=1{,}229.5\text{kg/cm}^2$$

플랜지와 웨브의 결합부에 발생하는 전단응력은

$$\tau_{xy}=\frac{3{,}000}{2{,}196\times0.8}(10\times1\times9.5)=162\text{kg/cm}^2$$

$$\tau_{xy}=\frac{3{,}000}{2\times2{,}196}\left\{\frac{20^2}{4}-\left(\frac{18}{2}\right)^2\right\}=12.98\text{kg/cm}^2$$

$$\sigma_{1,2}=\frac{\sigma_x}{2}\pm\sqrt{\left(\frac{\sigma_x}{2}\right)^2+\tau_{xy}^2}\text{ 에서}$$

$$\therefore(\sigma_n)_{max}=\sigma_{1,2}=\frac{1{,}229.5}{2}\pm\sqrt{\left(\frac{1{,}229.5}{2}\right)^2+(162)^2}=1{,}250.49\text{kg/cm}^2$$

02 다음 그림과 같은 구형단면 $b\times h=4\times8\text{cm}$의 외팔보(cantilever beam)가 그 자유단에서 하중 $P=2\text{ton}$이 작용할 때, 이 보의 하중단으로부터 1m 떨어진 단면에서 그 보의 중립면과 하면의 중앙점에 있는 요소에 작용하는 주압축응력의 크기 및 방향을 구하라.

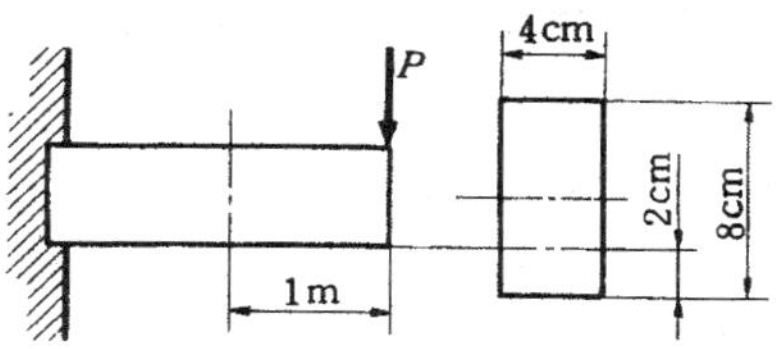

해설

$$I_x=\frac{bh^3}{12}=\frac{4\times8^3}{12}=170.7\text{cm}^4$$

$$M=P\times100=2{,}000\times100=200{,}000\text{kg}\cdot\text{cm}$$

$$V=R=2{,}000\text{kg}$$

$$\sigma_x=\frac{My}{I_x}=\frac{200{,}000\times(-2)}{170.7}=-2{,}343\text{kg/cm}^2$$

$$\tau_{xy}=\frac{2{,}000}{2\times170.7}\left\{\frac{8^2}{4}-(-2)^2\right\}=70.3\text{kg/cm}^2$$

$$\sigma_{1,2}=\frac{-2{,}343}{2}\pm\sqrt{\left(\frac{-2{,}343}{2}\right)^2+70.3^2}=-1{,}171.5\pm1173.6=-2{,}345\text{kg/cm}^2$$

$$\tan2\theta=\frac{-2\times70.3}{-2{,}343}=0.06,\quad 2\theta=3°26'\quad\therefore\theta=1°43'$$

03 다음 그림과 같은 기어(gear)에 발생하는 응력을 구하는 식을 유도하라. 〔단, P : 기어의 피치원상에 전달하는 힘(kg), v : 기어의 선속도(m/sec), n : 회전수, HP : 전달마력〕

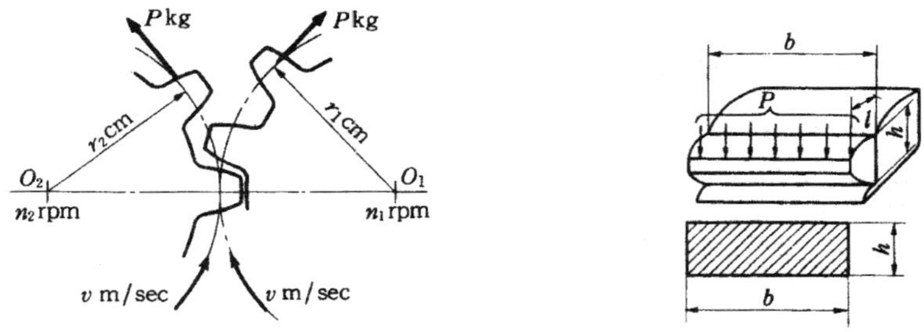

(a) (b)

해설 $v=\dfrac{2\pi rn}{100\times 60}$ m/sec, $\quad$ HP $=\dfrac{Pv}{75}$ $\quad$ $\therefore P=\dfrac{75\text{HP}}{v}=\dfrac{3{,}000\times 75\text{HP}}{\pi rn}$ (kg)

기어(gear)에 전달되는 힘 P는 피치원상에서 일(work)을 하며, 2개의 기어가 서로 물림으로써 응력이 발생하게 된다.

$$M=Pl=\sigma_b\cdot Z \qquad \therefore Z=\frac{bh^2}{6}$$

$$\therefore \sigma_b=\frac{6Pl}{bh^2}=\frac{18{,}000\times 75\text{HP}\times l}{\pi rnbh^2}=1.35\times 10^6\times\frac{\text{HP}l}{\pi rnbh^2}\ \text{kg/cm}^2$$

04 다음 그림과 같은 원형단면의 외팔보(cantilever beam) 축이 비틀림모멘트 T와 가로하중 P를 받고 있을 때, 이 축에 발생하는 최대전단응력을 구하라.

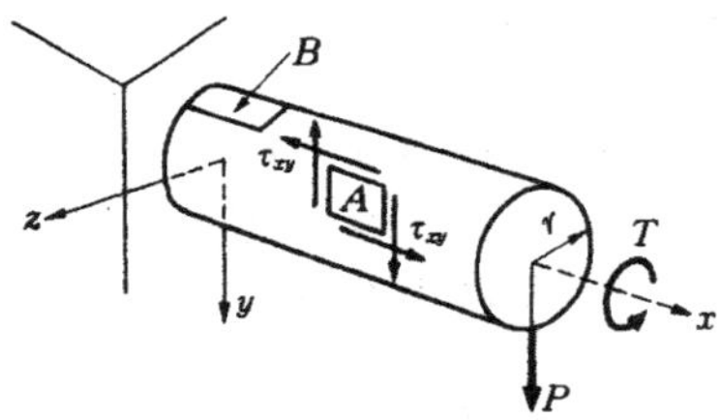

해설 비틀림모멘트 T로 인한 전단응력 : $\tau'_{xy}=\dfrac{16T}{\pi d^3}$

가로하중 P로 인한 전단응력(shear stress)은 다음과 같다.

$$I_x=\frac{\pi d^4}{64}=\frac{\pi(2r)^4}{64}=\frac{\pi r^4}{4}$$

1차모멘트 : $G_x=\dfrac{\pi r^2}{2}\times\dfrac{4r}{3\pi}=\dfrac{2r^2}{3}$

$$\therefore \tau''_{\max}=\frac{VG_x}{Ib}=\frac{4\times P\times 2r^3}{\pi r^4\times 3\times 2r}=\frac{4P}{3\pi r^2}=\frac{4P}{3A}$$

$$\therefore \tau_{\max}=\tau'_{xy}+\tau''_{\max}=\frac{16T}{\pi d^3}+\frac{4P}{3A}$$

05 길이 $l = 60$cm인 단순보(simple beam) 축이 그림과 같은 기어(gear)에 의하여 회전하고 있다. 이 기어의 중량은 30kg이고, 기어 피치원의 지름 $d = 40$cm의 접선방향에 50kg의 힘이 아래쪽으로 작용할 때에 축지름을 구하라. (단, 축의 허용전단응력은 $\tau_a = 600$ kg/cm²이다.)

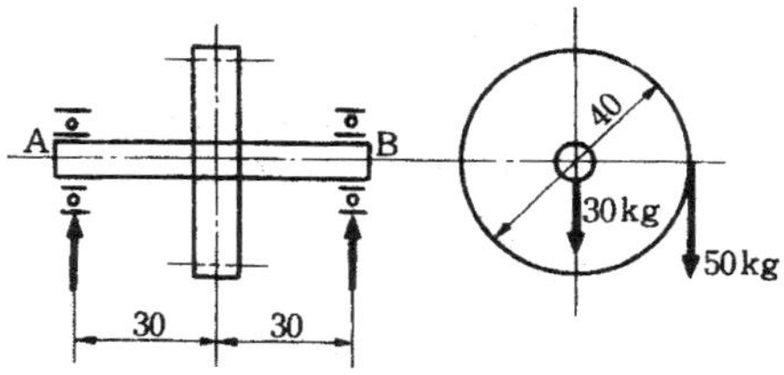

해설 $M = \dfrac{Pl}{4} = \dfrac{(30+50)\times 60}{4} = 1{,}200\text{kg}\cdot\text{cm}$

$T = 50 \times \dfrac{40}{2} = 1{,}000\text{kg}\cdot\text{cm}$

$T_{eq} = \sqrt{M^2 + T^2}$

$= \sqrt{1{,}200^2 + 1{,}000^2} = 1{,}562.05\text{kg}\cdot\text{cm}$

$\tau_a \times \dfrac{\pi d^3}{16} = T_{eq}$

$\therefore d = \sqrt[3]{\dfrac{1{,}562.05\times 16}{\pi \times 600}} = 2.37 \fallingdotseq 2.4\text{cm}$

06 지름이 $d = 15$cm인 원형단면의 차축에 굽힘모멘트 $M_b = 100$kg · m, 비틀림모멘트 $T = 200$kg · m가 동시에 작용할 때, 이 차축 속에 발생하는 최대주응력과 최대전단응력을 구하라.

해설 $\sigma_{max} = \dfrac{\sigma_b}{2} + \dfrac{1}{2}\sqrt{{\sigma_b}^2 + 4\tau^2} = \dfrac{16}{\pi d^3}(M_b + \sqrt{{M_b}^2 + T^2} = \dfrac{16}{\pi \times 15^2}(10{,}000 + \sqrt{10{,}000^2 + 20{,}000^2}$

$= 48.8\text{kg/cm}^2$

$\tau_{max} = \dfrac{1}{2}\sqrt{{\sigma_b}^2 + 4\tau^2} = \dfrac{16}{\pi d^3}\sqrt{{M_b}^2 + T^2} = \dfrac{16}{\pi \times 15^3}\sqrt{10{,}000^2 + 20{,}000^2} = 33.8\text{kg/cm}^2$

07 다음 그림과 같이 지름 $d = 6$cm인 전동축의 한 끝에 지름 $D = 80$cm, 중량 $w = 200$kg의 풀리(pulley)를 고정하였을 때, 이 풀리에 인장력 $T_1 = 800$kg과 $T_2 = 100$kg이 작용되고 있다. 이 축의 단면 mn에 작용하는 주인장응력을 계산하라.

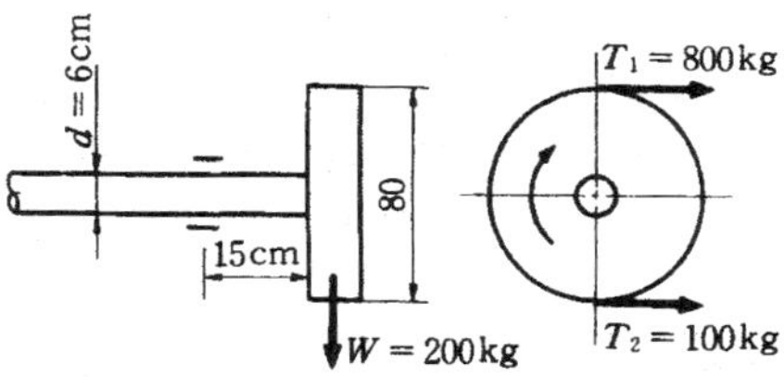

해설 $T = (800 - 100) \times 40 = 28{,}000\text{kg}\cdot\text{cm}$

$M = 15 \times \sqrt{200^2 + 900^2} = 13{,}830\text{kg}\cdot\text{cm}$

$\sigma_1 = \dfrac{16}{\pi d^3}(M + \sqrt{M^2 + T^2})$

$= \dfrac{16}{\pi d^3}(13{,}830 + \sqrt{13{,}830^2 + 28{,}000^2})$

$= 0.0236(13{,}830 + 31{,}229) = 1{,}063\text{kg/cm}^2$

08 다음 그림과 같이 양단 A와 B가 베어링으로 지지되고 C에 지름 $D = 60$cm인 풀리(pulley)가 달린 강제전동축을 설계하려고 한다. 동력은 토크(torque) T에 의해서 A에 공급되고 풀리에 감긴 벨트를 통하여 밖으로 전달된다. 이 경우 이 벨트에 걸리는 인장력이 300kg과 100kg이며, 이 축에 대한 허용응력 $\sigma_a = 800$kg/cm²와 $\tau_a = 400$kg/cm²일 때 이 축의 지름 d를 구하라.

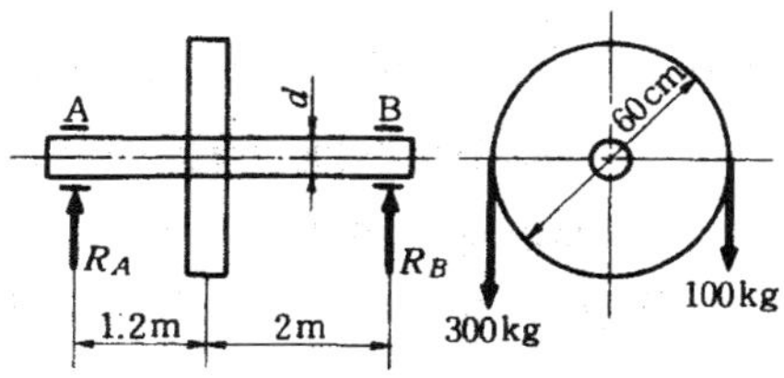

해설 $T = (300-100)\times 30 = 6{,}000\text{kg}\cdot\text{cm}$

$R_A + R_B = 400\text{kg}$

$R_A = 250\text{kg}, \quad R_B = 150\text{kg}$

$M = 250\times 120 = 30{,}000\text{kg}\cdot\text{cm}$

$$d = \sqrt[3]{\frac{16}{\pi\sigma_a}(M + \sqrt{M^2+T^2})}$$

$$= \sqrt[3]{\frac{16}{\pi\times 800}(30{,}000 + \sqrt{30{,}000+6{,}000^2})}$$

$$= \sqrt[3]{0.00636\times 60{,}594} = \sqrt[3]{385.38} \fallingdotseq 7.28\text{cm}$$

또는

$$d = \sqrt[3]{\frac{16}{\pi\tau_a}(\sqrt{M^2+T^2})} = \sqrt[3]{\frac{16}{\pi\times 400}\sqrt{au}\,30{,}000^2+6{,}000^2}$$

$$= \sqrt[3]{0.01273\times 30{,}594} = \sqrt[3]{389.46} \fallingdotseq 7.3\text{cm}$$

실제상 안전을 위하여 큰 쪽의 지름을 택해야 한다.

09 다음 그림과 같이 AB단 베어링 고정위치(fixed winch)의 차축에 반지름 1.5m와 1m의 풀리(pulley)가 설치되어 이 곳에 400kg과 600kg의 하중이 작용되고 있을 때, 이 차축의 지름을 구하라.(허용응력 $\sigma_a = 600$kg/cm², 허용전단응력 $\tau_a = 200$kg/cm²)

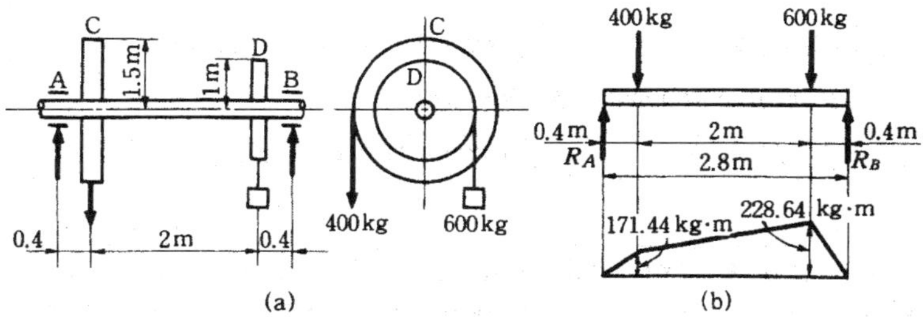

해설 $R_A\times 2.8 - 400\times 2.4 - 600\times 0.4 = 0 \qquad \therefore R_A = \frac{1{,}200}{2.8} = 428.6\text{kg}$

$\therefore R_B = (600+400) - 428.5 = 571.4\text{kg}$

그림 (b)와 같이 BMD를 구하면

$M_C = 428.6\times 0.4 = 171.44\text{kg}\cdot\text{m}, \quad M_D = 428.6\times 2.4 = 400\times 2 = 228.6\text{kg}\cdot\text{m}$

$T = 400\times 1.5 = 600\text{kg}\cdot\text{m}, \quad T_{eq} = \sqrt{M^2+T^2} = \sqrt{228.64^2+600^2} = 64{,}200\text{kg}\cdot\text{cm}$

$$\therefore d = \sqrt[3]{\frac{16T_{eq}}{\pi\tau}} = \sqrt[3]{\frac{16\times 64{,}200}{\pi\times 200}} = \sqrt[3]{1{,}363} \fallingdotseq 11\text{cm}$$

$$M_{eq} = \frac{1}{2}(M + \sqrt{M^2+T^2}) = \frac{1}{2}(228.64 + \sqrt{228.64^2+600^2}) = 43{,}530\text{kg}\cdot\text{cm}$$

$$\therefore d=\sqrt[3]{\frac{32M_{eq}}{\pi\sigma}}=\sqrt[3]{\frac{32\times 43,530}{\pi\times 600}}=\sqrt[3]{739}\fallingdotseq 9\text{cm}$$

설계상 안전을 위하여 큰 쪽의 지름을 택하는 것이 좋다.

10 다음 그림과 같은 크랭크 축(crank shaft)의 크랭크 핀 AB에 지면으로 직각인 하중 $1,000$ kg이 작용할 때, 축 CD의 지름을 상당비틀림모멘트의 식을 사용하여 구하라. (단, 허용전단응력 $\tau_a = 600$kg/cm²이다.)

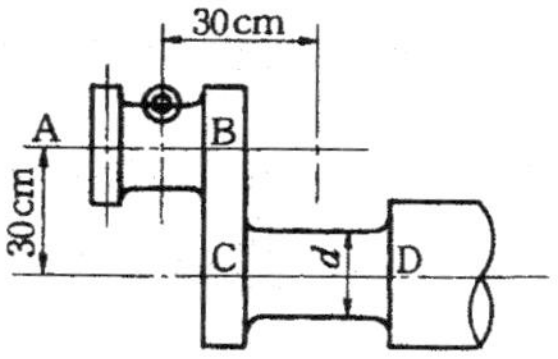

해설 $T=30\times 1,000=30,000\text{kg}\cdot\text{cm}$

$M=30\times 1,000=30,000\text{kg}\cdot\text{cm}$

$T_{eq}=\sqrt{M^2+T^2}=30,000\times\sqrt{2}=42,420\text{kg}\cdot\text{cm}$

$d=\sqrt[3]{\frac{16T_{eq}}{\pi\tau}}=\sqrt[3]{\frac{16\times 42,420}{\pi\times 600}}\fallingdotseq 7.11\text{cm}$

Chapter

08

보의 처짐

Deflection of Beam

Section 01 처짐곡선의 미분방정식

보(beam)의 설계에 있어서 강도만을 고려할 수 없는 경우가 많다. 즉 일반기계의 주축, 공작기계의 주축(main shaft) 및 특수한 구조물의 보(beam)에서 외력이 작용할 때 어느정도 이상의 변형을 일으켜서는 안되는 경우가 있다. 그러므로 보(beam)의 강성도에 대하여 충분히 고려해야 할 것이다.

그림 8-1은 외력을 받는 보가 굽힘(bending)을 일으킨 것을 표시한 것으로서 외력이 보의 대칭면 내에서 작용하고, 굽힘도 이 면에서 일어난다고 가정하자. 이 때 보(beam)의 굽어진 중심축을 처짐곡선(deflection curve) 또는 탄성곡선(elastic curve)이라 하고, 굽히기 전의 중심으로부터 처짐곡선까지의 수직변위를 처짐(deflection)이라 한다.

• **처짐곡선의 곡률**(curvature)

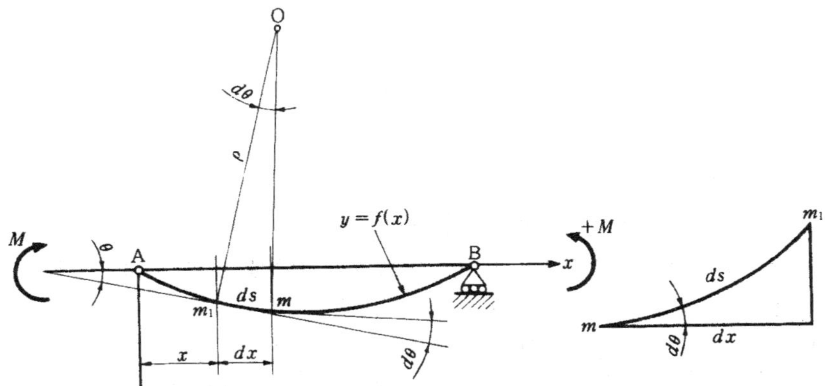

그림 8-1 단순보의 굽힘에 의한 처짐곡선

$$\frac{1}{\rho}=\frac{M}{EI} \quad \cdots\cdots (a)$$

보(beam)의 A지점에서 B로 향하는 거리를 x라고 하고, 탄성곡선 중 임의의 지점 m와 m_1의 거리를 미소길이 ds라 하면 점 m과 점 m_1에서의 수직선이 교차하는 점 O는 ds 부분인 곡선의 중심이 되며, $mO=m_1O=\rho$로서 곡률반경이 된다. $\angle mOm_1=d\theta$이며 점m과 점m_1에 대한 접선의 만나는 각도 $d\theta$이다.

•미소 거리와 곡률반경의 관계

$$ds = \rho \cdot d\theta \;\; 또는 \;\; \frac{1}{\rho} = \left| \frac{d\theta}{ds} \right| \qquad \cdots\cdots (b)$$

여기서, ds : 미소거리, ρ : 곡률반경

그림 8-1에서와 같이 x는 오른쪽을 (+)방향으로 하고, y의 값은 아랫방향으로 처짐이 생기는 것을 고려하여 (+)방향으로 나타낸 것이다. 근사값으로서

$$ds \approx dx, \qquad \tan\theta = \frac{dy}{dx} \;\; 또는 \;\; \theta = \tan^{-1}\frac{dy}{dx}$$

라 하여도 큰 차이가 없다. 따라서 $\tan\theta = \frac{dy}{dx}$를 s에 관해서 미분을 취한다면 다음과 같다.

$$\sec^2\theta \frac{d\theta}{ds} = \frac{d^2y}{dx^2} \cdot \frac{dx}{ds} \qquad \cdots\cdots (c)$$

$$\frac{d\theta}{ds} = \frac{1}{\sec^2\theta} \cdot \frac{d^2y}{dx^2} \cdot \frac{dx}{ds} \qquad \cdots\cdots (d)$$

그림 8-1(b)에서

$$ds \fallingdotseq \sqrt{dx^2 + dy^2} = dx\sqrt{1 + \left(\frac{dy}{dx}\right)^2} \;\; 이므로$$

$$\left.\begin{aligned} \frac{dx}{ds} &= \frac{dx}{\sqrt{dx^2 + dy^2}} = \frac{1}{\sqrt{1 + \left(\frac{dy}{dx}\right)^2}} \\ &\text{또는} \\ \frac{dx}{ds} &= \cos\theta = \frac{1}{\sqrt{1 + \tan^2\theta}} = \frac{1}{\sqrt{1 + \left(\frac{dy}{dx}\right)^2}} \end{aligned}\right\} \qquad \cdots\cdots (e)$$

•삼각함수 공식

$$\sec^2\theta = \frac{1}{\cos^2\theta} = 1 + \tan^2\theta = 1 + \left(\frac{dy}{dx}\right)^2 \qquad \cdots\cdots (f)$$

식(b)에서 식(d), (e), (f)를 대입해서 정리하면 곡률에 대한 다음 식을 얻을 수 있다.

$$\frac{1}{\rho} = \frac{d\theta}{ds} = \frac{1}{\sec^2\theta} \cdot \frac{d^2y}{dx^2} \cdot \frac{dx}{ds} = \frac{1}{\sqrt{1 + \left(\frac{dy}{dx}\right)^2}} \cdot \frac{d^2y}{dx^2} \cdot \frac{1}{\sqrt{1 + \left(\frac{dy}{dx}\right)^2}}$$

$$= \frac{1}{\left\{1 + \left(\frac{dy}{dx}\right)^2\right\}} \cdot \frac{d^2y}{dx^2} \cdot \frac{1}{\left\{1 + \left(\frac{dy}{dx}\right)^2\right\}^{1/2}} = \frac{\frac{d^2y}{dx^2}}{\left\{1 + \left(\frac{dy}{dx}\right)^2\right\}^{3/2}} \qquad \cdots\cdots (g)$$

일반적으로 탄성변형의 범위에서는 처짐y 및 처짐각 θ도 미소하기 때문에 1에 비해서 $\left(\frac{dy}{dx}\right)^2$을 무시해도 지장이 없다. 그러나 보(beam)의 과대한 처짐에 관한 문제인 경우에는 윗식을 사용하여야 한다. 그러나 탄성변형의 범위에서 윗식은 다음과 같이 단순화할 수 있다.

$$\frac{1}{\rho}=\frac{d^2y}{dx^2} \quad \cdots\cdots \text{(h)}$$

식(7.9)와 윗식의 관계를 이용하면 다음과 같다.

$$EI\frac{d^2y}{dx^2}=M \text{ 또는 } \left|\frac{d^2y}{dx^2}\right|=\frac{M}{EI} \quad \cdots\cdots \text{(i)}$$

결국 윗식은 기울기의 절대값을 표시한다. 모멘트(moment)의 부호에 따라 최종부호가 결정되며 그림 8-1 모멘트의 x, y 좌표를 기준할 때 다음 식이 결정된다. 즉

$$EI\frac{d^2y}{dx^2}=\pm M \text{ 또는 } \pm\frac{d^2y}{dx^2}=\frac{M}{EI} \quad \cdots\cdots \text{(j)}$$

오목한 곡선에서 기울기 $\left(\frac{dy}{dx}\right)$가 x의 증가에 따라 감소하므로 $\frac{d^2y}{dx^2}$는 음부호가 된다. 이와 반대로 아래쪽이 오목한 곡선에서는 $+\frac{d^2y}{dx^2}$가 된다. 따라서 부호규약에 대해서 고려해 보면 $\frac{d^2y}{dx^2}$의 부호는 M의 부호와 항상 반대가 됨을 알 수 있으며, 그림 8-2와 같은 결과가 얻어진다.

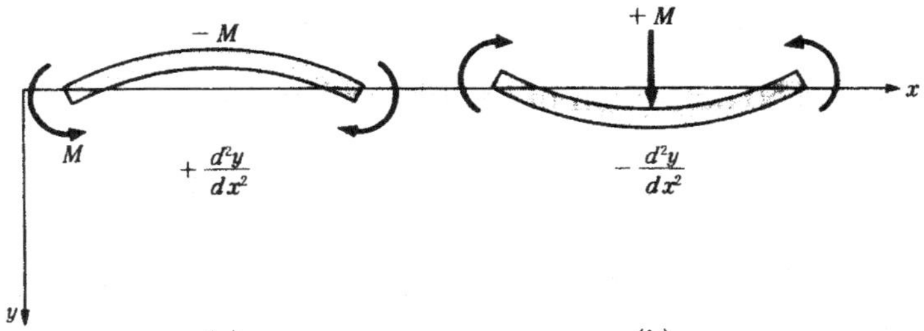

그림 8-2 모멘트 부호규약

그러므로 식 (h)는

$$\frac{1}{\rho}=-\frac{d^2y}{dx^2} \quad \cdots\cdots \text{(k)}$$

$$\therefore \frac{d^2y}{dx^2} = -\frac{M}{EI} \quad \cdots\cdots (8.1)$$

식(8.1)은 대칭면 내에서 굽힘작용을 받는 보의 탄성곡선의 미분방정식이다. 이 식의 해 $y = f(x)$는 그 보의 탄성곡선이고 처짐곡선의 방정식이다. 이 탄성곡선의 방정식은 두가지 제한조건이 있다. 첫째 보 속의 응력이 그 재료의 탄성영역 내에 있어야 한다. 둘째 곡률에 미소하다는 가정하에 근사식 (b)를 도입하였으므로 보의 처짐(deflection)이 작은 경우에만 적용이 된다.

일반적으로 보의 처짐(deflection)은 굽힘모멘트 M과 전단력 V로 인한 것이 겹친 것이다. 그러나 전단력으로 인한 처짐은 굽힘(bending)으로 인한 처짐에 대해 몇 %에 불과하므로 무시하고, 순수굽힘이란 가정에서 식(8.1)을 적분하여 여러 가지 보의 처짐각 및 처짐을 구할 수 있다. 그림 8-3은 처짐각(deflection angle)과 처짐(deflection)의 부호 표시를 한 것이다.

$EI\frac{d^2y}{dx^2} = \pm M$에서 윗식을 한 번 적분하면, 그림 8-1에서 M은 (+)이고, $\left(\frac{d^2y}{dx^2}\right)$는 (−)이므로

그림 8-3 처짐각과 처짐의 부호표시

$$EIy = -\iint M dx = \delta : \text{처짐(deflection)}$$

$$EI\frac{dy}{dx} = -\int M dx = \theta : \text{처짐각(deflection angle)}$$

$$EI\frac{d^2y}{dx^2} = -\iint w dx dx = -M : \text{굽힘고멘트(bending moment)}$$

$$EI\frac{d^3y}{dx^3} = -\frac{dM}{dx} = -V : \text{전단력(shearing force)}$$

$$EI\frac{d^4y}{dx^4} = -\frac{d^2M}{dx^2} = -\frac{dV}{dx} = -w : \text{하중(load) 및 힘의 세기 또는 분포하중}$$

1 외팔보의 처짐(deflection of cantilever beam)

(1) 자유단에서 집중하중을 받을 경우

그림 8-4처럼 길이 l인 외팔보 AB에서 자유단 A에 집중하중 P가 작용하고 있을 때 이 보의 처짐곡선의 방정식을 구하고, 하중단 A의 최대처짐량 δ와 최대기울기 θ_A를 구하면 다음과 같다.

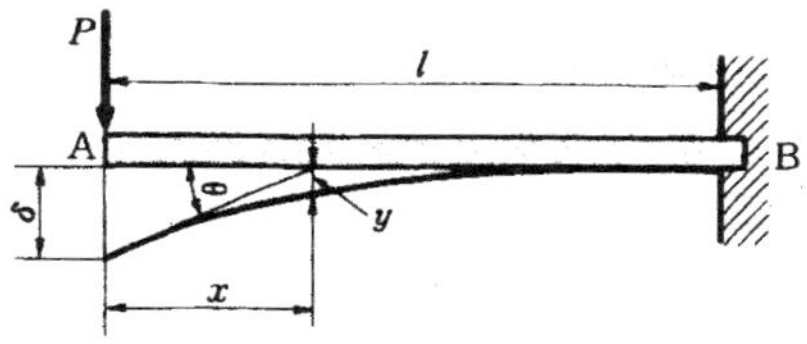

그림 8-4 외팔보의 자유단에서 집중하중이 작용할 경우의 처짐

A단으로부터 임의의 거리 x의 굽힘모멘트 M_x는

$$M_x = -P \cdot x \quad \cdots\cdots ①$$

$$EI\frac{d^2y}{dx^2} = -M = P \cdot x \quad \cdots\cdots ②$$

$$EI\frac{dy}{dx} = P \cdot \frac{x^2}{2} + C_1 \quad \cdots\cdots ③$$

$$EIy = P \cdot \frac{x^3}{6} + C_1x + C_2 \quad \cdots\cdots ④$$

여기서 적분상수 C_1 및 C_2를 결정하기 위하여 경계조건 $x = l$에서 $\frac{dy}{dx} = 0$, $y = 0$이라는 구속조건을 ③와 ④식에 대입하면 다음과 같다.

$$0 = \frac{Pl^2}{2} + C_1 \qquad \therefore C_1 = -\frac{Pl^2}{2}$$

$$0 = \frac{Pl^3}{6} - \frac{Pl^3}{2} + C_2 \qquad \therefore C_2 = \frac{Pl^3}{3}$$

따라서

•**처짐곡선의 방정식** : 식④로부터

$$y = \frac{P}{6EI}(x^3 - 3l^2x + 2l^3) \quad \cdots\cdots (8.2)$$

•**A점의 최대처짐** : 자유단 $x = 0$에서 생기므로 윗식에 대입하면

$$y_{\max(x=0)} = \delta = \frac{Pl^3}{3EI} \quad \cdots\cdots (8.3)$$

•**A점의 최대기울기** : 자유단 $x=0$에서 생기므로 식③에 대입하면

$$\left(\frac{dy}{dx}\right)_{x=0}=\theta_A=-\frac{Pl^2}{2EI} \qquad (8.4)$$

(2) 임의점에서 집중하중을 받을 경우

그림 8-5와 같이 길이 l인 외팔보 AB에서 고정단 B로부터 a의 거리에 있는 점 C에 집중하중 P가 작용할 경우에는 하중점 C를 좌표의 원점으로 잡으면 BC 사이의 임의의 x단면에서의 굽힘모멘트는

$$M=-P\cdot x$$

이고, CA 사이에서는 $M=0$이다. 따라서 CA 사이에서는 처짐이 직선 모양이다.

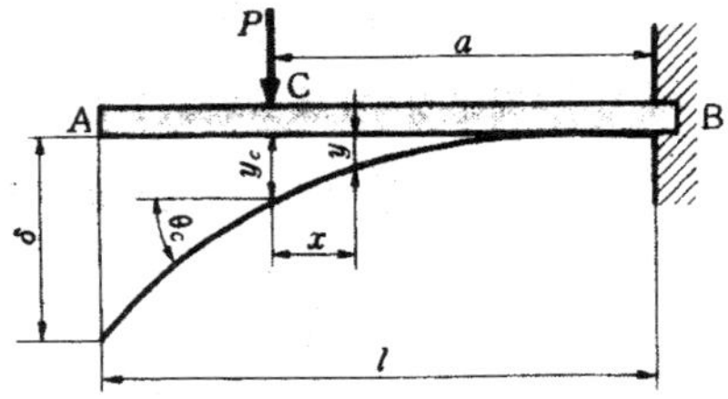

그림 8-5 외팔보의 임의점에 집중하중이 작용할 경우의 처짐

BC 사이에서

•**처짐곡선의 방정식** : l을 a라고 두고 구해야 하므로

$$EI\frac{dy}{dx}=\frac{P}{2}(x^2-a^2) \text{ 또는 } \frac{dy}{dx}=\frac{P}{2EI}(x^2-a^2)$$

$$\therefore\ y=\frac{P}{6EI}(x^2-3a^2x+2a^3) \qquad (8.5)$$

윗식에서 C 점에 대한

•**처짐각**(deflection angle)

$$\theta_C=-\frac{Pa^2}{2EI} \qquad (8.6)$$

•**처짐**(deflection)

$$yc=\frac{Pa^3}{3EI} \qquad (8.7)$$

CA 사이에서는

•**처짐각**(deflection angle)

$$\theta_c=\text{일정} \qquad (8.8)$$

•**처짐**(deflection) : $x<0$을 점 C에서 왼쪽으로 취한다면

$$y=-\frac{Pa^2}{2EI}x+\frac{Pa^3}{3EI} \qquad (8.9)$$

•**최대처짐**(maximum deflection)**자유단 A에서** : 식(8.9)에서 $x=-(l-a)$이므로

$$y_{\max}=\delta=\frac{Pa^2}{2EI}(l-a)+\frac{Pa^3}{3EI}=\frac{Pa^2(3l-a)}{6EI} \qquad (8.10)$$

(3) 균일분포하중을 받을 경우

그림 8-6과 같이 길이 l인 외팔보 AB에서 우단 B가 고정되고, 전길이에 균일분포하중 w가 작용할 때 이 보의 최대처짐을 구하면 다음과 같다.

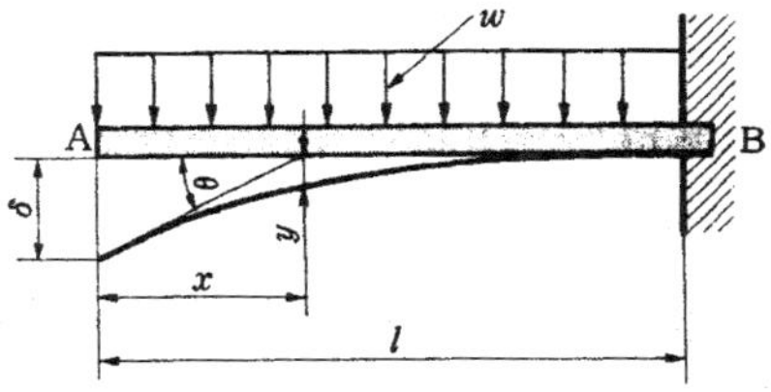

그림 8-6 외팔보에 균일분포하중이 작용했을 경우의 처짐

자유단 A에서 x거리에 있는 단면의 굽힘모멘트

$$M_x = -\frac{wx^2}{2} \quad \cdots\cdots ①$$

$$EI\frac{d^2y}{dx^2} = -M = \frac{wx^2}{2} \quad \cdots\cdots ②$$

$$EI\frac{dy}{dx} = \frac{wx^3}{6} + C_1 \quad \cdots\cdots ③$$

$$EIy = \frac{wx^4}{24} + C_1x + C_2 \quad \cdots\cdots ④$$

여기서 적분상수 C_1과 C_2를 결정하기 위하여 경계조건 $x = l$에서

$\frac{dy}{dx} = 0$, $\quad y = 0$이므로

$$0 = \frac{wl^3}{6} + C_1 \qquad \therefore C_1 = -\frac{wl^3}{6}$$

$$0 = \frac{wl^4}{24} - \frac{wl^3}{6}l + C_2 \qquad \therefore C_2 = \frac{wl^4}{8}$$

- **처짐각**(경사각)**의 일반식**

$$\theta = \frac{dy}{dx} = \frac{1}{EI}\left(\frac{wx^3}{6} - \frac{wl^3}{6}\right) = \frac{w}{6EI}(x^3 - l^3) \quad \cdots\cdots (8.11)$$

- **처짐량의 일반식**

$$y = \frac{1}{EI}\left(\frac{wx^4}{24} - \frac{wl^3x}{6} + \frac{wl^4}{8}\right) = \frac{w}{24EI}(x^4 - 4l^3x + 3l^4) \quad \cdots\cdots (8.12)$$

- **최대처짐각**(maximum deflection angle) : 자유단 $x = 0$에 발생하므로

$$\theta_{\max} = (\theta_A)_{x=0} = -\frac{wl^3}{6EI} \quad \cdots\cdots (8.13)$$

• **최대처짐량**(maximum deflection): $x=0$에서 발생하므로

$$y_{max}=(\delta_A)_{x=0}=\frac{wl^4}{8EI} \quad \cdots\cdots (8.14)$$

(4) 자유단에 우력이 작용할 경우

그림 8-7처럼 길이 l인 외팔보의 자유단에서 우력 M_0가 작용할 경우, 처짐곡선의 방정식과 최대기울기, 최대처짐량을 구하면 다음과 같다.

자유단에서 우력 M_0가 작용할 경우, 보의 축방향에서 굽힘모멘트는 일정하게 된다. 따라서 x단면의 굽힘모멘트를 M라고 한다면

$$M=-M_0, \qquad EI\frac{d^2y}{dx^2}=-M=M_0$$

$$EI\frac{dy}{dx}=M_0x+C_1, \qquad EIy=\frac{M_0x^2}{2}+C_1x+C_2$$

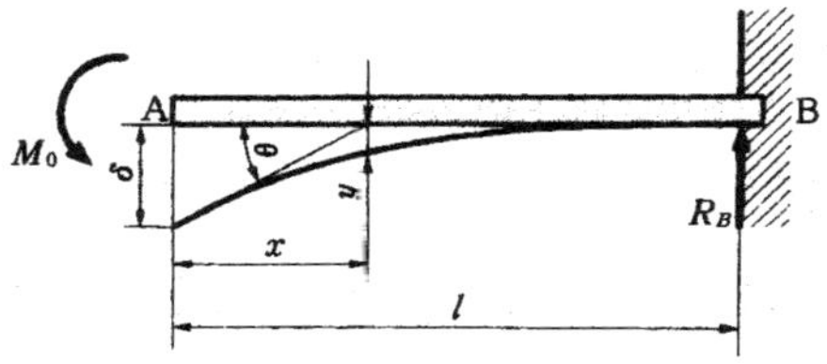

그림 8-7 외팔보의 자유단에 우력이 작용할 경우 처짐

여기서, 적분상수 C_1 및 C_2를 결정하기 위하여 경계조건 $x=l$에서

$\frac{dy}{dx}=0$이므로 $\qquad \therefore C_1=-M_0l$

$y=0$이므로 $\qquad \therefore C_2=\frac{M_0l^2}{2}$

• **처짐량의 일반식**

$$\frac{dy}{dx}=\frac{M_0}{EI}(x-l)$$

$$\therefore y=\frac{M_0}{2EI}(x^2-2lx+l^2)=\frac{M_0}{2EI}(x-l)^2 \quad \cdots\cdots (8.15)$$

• **최대처짐각**(maximum delfection angle) : $x=0$인 자유단에서 일어나므로

$$\left(\frac{dy}{dx}\right)_{max}=\theta_{max}=-\frac{M_0l}{EI} \quad \cdots\cdots (8.16)$$

• **최대처짐**(maximum deflection) : $x=0$인 자유단에서 발생하므로

$$y_{\max} = \delta = \frac{M_0 l^2}{2EI} \quad \cdots\cdots (8.17)$$

(5) 삼각형 분포하중이 작용할 경우

그림 8-8과 같이 길이 l인 외팔보에 삼각형 분포하중이 작용하고 있을 때, 이 보의 처짐곡선의 방정식과 자유단의 처짐량을 구해보면 다음과 같다.

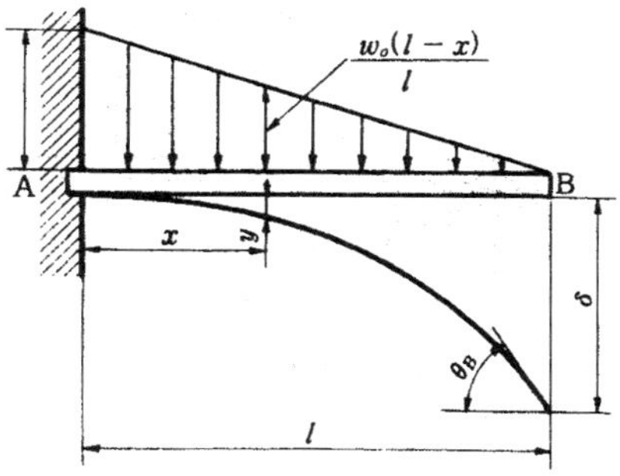

그림 8-8 외팔보에 삼각형 분포하중이 작용할 경우의 처짐

A로부터 x거리 지점의 하중은 $\frac{w_0(l-x)}{l}$가 되므로 이곳의 굽힘모멘트 M_x는

$$M_x = -\frac{w_0(l-x)}{l}\frac{(l-x)}{2}\times\frac{(l-x)}{3} = -\frac{1}{6}\cdot\frac{(l-x)^3 w_0}{l} \quad \cdots\cdots ①$$

$$EI\frac{d^2y}{dx^2} = -M = \frac{(l-x)^3 w_0}{6l} \quad \cdots\cdots ②$$

$$EI\frac{dy}{dx} = -\frac{w_0}{24l}(l-x)^4 + C_1 \quad \cdots\cdots ③$$

$$EIy = \frac{w_0}{120l}(l-x)^5 + C_1 x + C_2 \quad \cdots\cdots ④$$

여기서, 적분상수 C_1, C_2를 결정하기 위하여 $x=0$에서 $\frac{dy}{dx}=0$, $y=0$이므로

$$0 = -\frac{w_0 l^4}{24l} + C_1 \qquad \therefore\ C_1 = \frac{w_0 l^3}{24}$$

$$0 = \frac{w_0 l^5}{120l} + C_2 \qquad \therefore\ C_2 = \frac{-w_0 l^4}{120}$$

•탄성곡선의 처짐곡선의 방정식

$$y = \frac{1}{EI}\left\{\frac{w_0}{120l}(l-x)^5 + \frac{w_0 l^3}{24}x - \frac{w_0 l^4}{120}\right\} \quad \cdots\cdots (8.18)$$

•**탄성곡선의 처짐각**(기울기)**의 일반식**

$$\theta = \frac{dy}{dx} = \frac{1}{EI}\left\{-\frac{w_0}{24l}(l-x)^4 + \frac{w_0 l^3}{24}\right\} \quad \cdots\cdots (8.19)$$

•**최대처짐량** : 자유단 $x = l$에서 일어남으로서

$$y_{\max(x=l)} = \delta = \frac{1}{EI}\left(\frac{w_0 l^4}{24} - \frac{w_0 l^4}{120}\right)$$

$$= \frac{w_0 l^4}{30EI} \quad \cdots\cdots (8.20)$$

2 단순보의 처짐(deflection of simple beam)

(1) 임의의 한 점에 집중하중이 작용할 경우(I)

그림 8-9와 같이 길이 l인 균일단면의 단순브(simple beam) AB에서 $a > b$인 임의의 한 점에 집중하중 P가 작용할 때, 이 보의 탄성곡선에 최대처짐(maximum deflection)의 위치와 처짐량(deflection)을 구하면 다음과 같다.

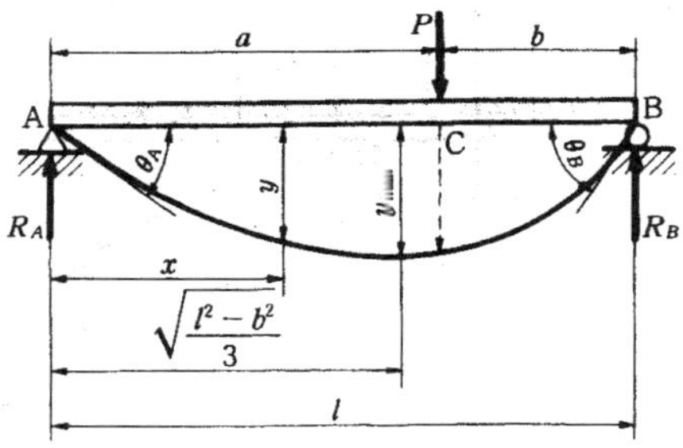

그림 8-9 단순보에 대한 임의의 한 점에 집중하중이 작용할 때의 처짐

구간 $0 < x < a$에서

$$M_x = R_A \cdot x = \frac{Pb}{l} \cdot x \quad \cdots\cdots ①$$

$$EI\frac{d^2y}{dx^2} = -M = -\frac{Pb}{l}x \quad \cdots\cdots ②$$

$$EI\frac{dy}{dx} = -\frac{Pbx^2}{2l} + C_1 \quad \cdots\cdots ③$$

$$EIy = -\frac{Pb}{6l}x^3 + C_1 x + C_2 \quad \cdots\cdots ④$$

구간 $a < x < l$에서

$$M_x = \frac{Pb}{l}x - P(x-a) \quad \cdots\cdots ⑤$$

$$EI\frac{d^2y}{dx^2} = -\frac{Pb}{l}x + P(x-a) \quad \cdots\cdots ⑥$$

$$EI\frac{dy}{dx} = -\frac{Pb}{2l}x^2 + \frac{P(x-a)^2}{2} + D_1 \quad \cdots\cdots ⑦$$

$$EIy = -\frac{Pb}{6l}x^3 + \frac{P(x-a)^3}{6} + D_1x + D_2 \quad \cdots\cdots ⑧$$

여기서, 적분상수 C_1, C_2와 D_1, D_2를 결정하기 위하여 다음과 같은 조건을 들면

1) $x = 0$에서 $y = 0$이므로 ④식에 대입하면 $C_2 = 0$

2) $x = l$에서 $y = 0$이므로 ⑧식에 대입하면

$$0 = -\frac{Pb}{6l}l^3 + \frac{P(l-a)^3}{6} + D_1 l + D_2$$

3) $\frac{dy}{dx}$는 $x = a$에서 $0 < x < a$와 $a < x < l$의 구간에서 같다. 즉, ③식과 ⑦식에 대입하면 $C_1 = D_1$이다.

4) y는 $x = a$에서 $0 < x < a$와 $a < x < l$의 구간에서 같다. 즉, ④식과 ⑧식에 대입하면 $C_2 = D_2 = 0$이다.

따라서 조건 2)를 정리하면 다음 식과 같다.

$$D_1 = C_1 = \left(\frac{Pbl^3}{6l} - \frac{Pb^3}{6}\right)\frac{1}{l} = \frac{Pb}{6l}(l^2 - b^2)$$

그러므로 ④식과 ⑧식을 정리하면 각각 처짐량의 일반식이 된다. 즉

• **$0 < x < a$의 구간에서 처짐량의 일반식**

$$\left.\begin{aligned} EIy &= -\frac{Pb}{6l}x^3 + \frac{Pb}{6l}(l^2 - b^2)x = \frac{Pbx}{6l}(l^2 - b^2 - x^2) \\ \therefore\ y &= \frac{Pbx}{6lEI}(l^2 - b^2 - x^2) \end{aligned}\right\} \quad \cdots\cdots (8.21)$$

• **$a < x < l$의 구간에서 처짐량의 일반식**

$$\left.\begin{aligned} EIy &= -\frac{Pbx^3}{6l} + \frac{P(x-a)^3}{6} + \frac{Pb}{6l}(l^2 - b^2)x \\ &= \frac{Pb}{6l}\left\{\frac{l}{b}(x-a)^3 + (l^2 - b^2)x - x^3\right\} \\ \therefore\ y &= \frac{Pb}{6lEI}\left\{\frac{l}{b}(x-a)^3 + (l^2 - b^2)x - x^3\right\} \end{aligned}\right\} \quad \cdots\cdots (8.22)$$

이 보의 하중상태는 $a > b$이므로 하중의 좌측구간에서 최대처짐이 일어나므로 식(8.21)의

도함수 $\frac{dy}{dx}=0$으로 놓으면 탄성곡선의 접선이 수평으로 되는 점을 얻을 수 있다. 즉

$$EIy=\frac{Pbl^2}{6l}x-\frac{Pb^3}{6l}-\frac{Pb}{6l}x^3, \qquad EI\frac{dy}{dx}=\frac{Pb(l^2-b^2)}{6l}-\frac{Pbx^3}{2l}=0$$

$$\therefore\ x=\sqrt{\frac{l^2-b^2}{3}}$$

따라서 $x=\sqrt{\frac{l^2-b^2}{3}}$ 인 곳에서 최대처짐이 발생하므로 다음과 같은 식을 얻을 수 있다. 즉,

• $x=\sqrt{\frac{l^2-b^2}{3}}$ **인 위치에서 최대처짐**(maximum deflection)

$$y_{\max}=\delta_{\max}=\frac{Pb}{6lEI}\sqrt{\frac{l^2-b^2}{3}}\left[l^2-b^2-\frac{(l^2-b^2)}{3}\right]=\frac{Pb(l^2-b^2)^{3/2}}{9\sqrt{3}\,lEI}\qquad\cdots(8.23)$$

• **하중의 작용점인 C와 중앙점의 처짐량**

식(8.21)로부터

$$(y)_{x=a}=\frac{Pba}{6lEI}(l^2-b^2-a^2)=\frac{Pa^2b^2}{3lEI}\qquad\cdots(8.24)$$

$$(y)_{x=l/2(a>b)}=\frac{Pb}{6lEI}\frac{l}{2}\left\{l^2-b^2-\left(\frac{l}{2}\right)^2\right\}=\frac{Pb(3l^2-4b^2)}{48EI}\qquad\cdots(8.25)$$

• **양지점 A와 B에서 경사각**(처짐각) : ③식과 ⑦식에서

$$\left(\frac{dy}{dx}\right)_{x=0}=\theta_A=\frac{Pb(l^2-b^2)}{6lEI}\qquad\cdots(8.26)$$

$$\left(\frac{dy}{dx}\right)_{x=1}=\theta_B=\frac{1}{EI}\left\{\frac{-Pbl^2}{2l}+\frac{P(l-a)^2}{2}+\frac{Pb}{6l}(l^2-b^2)\right\}$$

$$=-\frac{Pb}{6lEI}(3l^2-3lb-l^2+b^2)=-\frac{Pa(l^2-b^2)}{6lEI}\qquad\cdots(8.27)$$

만약 하중 P가 단순보(simple beam)의 중앙에 작용한다면 최대처짐은 분명히 중앙에 있게 되며, 식(8.23)에서 $b=l/2$을 대입하면 처짐량(deflection)을 구할 수 있다. 즉

$$(y)_{x=l/2(a=b)}=\frac{P\frac{l}{2}\left\{l^2-\left(\frac{l}{2}\right)^2\right\}^{3/2}}{9\sqrt{3}\,lEI}=\frac{Pl^3}{48EI}\qquad\cdots(8.28)$$

(2) 임의의 한 위치에 집중하중이 작용할 경우(II)

그림 8-10과 같이 길이 l인 균일단면의 단순보(simple beam) AB에서 $b=2a$인 곳에 집중하중 P가 작용한다면 최대처짐량과 중앙점의 처짐량의 차이를 구하면 다음과 같다.

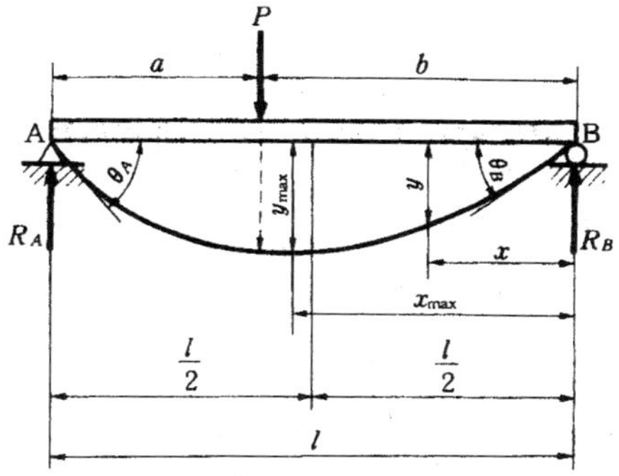

그림 8-10 균일단면의 단순보에 집중하중이 작용할 때의 처짐

이 보의 길이(span)가

$$a+b=l, \quad a+2a=l, \quad a=\frac{l}{3}, \quad b=2a=\frac{2l}{3}$$

이라면, 이 보의 하중상태가 $a<b$이므로 하중의 우측구간에 최대처짐(maximum deflection)이 발생할 것이다. 또한 임의의 x지점에 대한 굽힘모멘트값을 우측단 B에서 시작한다면 앞에서 해석된 동일한 값들을 a와 b의 자리바꿈으로 계산할 수 있다. 즉

$y_{max}=\dfrac{Pb(l^2-b^2)^{3/2}}{9\sqrt{3}\,lEI}$에서 $y_{max}=\dfrac{Pa(l^2-a^2)^{3/2}}{9\sqrt{3}\,lEI}$이므로 $a=\dfrac{l}{3}$ 및 $b=\dfrac{2l}{3}$을 대입하면 다음과 같다.

$$y_{max}=\frac{P\frac{l}{3}\left\{l^2-\left(\frac{l}{3}\right)^2\right\}^{3/2}}{9\sqrt{3}\,lEI}=\frac{P\left(\frac{8l^2}{9}\right)^{3/2}}{27\sqrt{3}\,EI}=\frac{P\frac{8l^2}{9}\cdot\frac{\sqrt{8}}{3}l}{27\sqrt{3}\,EI}$$

$$=\frac{Pl^3\times 16\sqrt{2}}{27\times 27\sqrt{3}\,EI} \qquad \cdots\cdots (8.29)$$

$(y)_{x=1/2(a>b)}=\dfrac{Pb}{48EI}(3l^2-4b^2)$에서

$$(y)_{x=l/2(b>a)}=\frac{Pa}{48EI}(3l^2-4a^2) \qquad \cdots\cdots (8.30)$$

$$(y)_{x=l/2}=\frac{Pl}{3\times 48EI}\left\{3l^2-4\left(\frac{l}{3}\right)^2\right\}=\frac{Pl^3\times 23}{3\times 48EI\times 9} \qquad \cdots\cdots (8.31)$$

$$\Delta\delta=y_{max}-y_{x=l/2}=\frac{Pl^3}{27EI}\left(\frac{16\sqrt{2}}{27\sqrt{3}}-\frac{23}{48}\right)=0.0048\times\frac{Pl^3}{27EI} \qquad \cdots\cdots (8.32)$$

(3) 균일분포하중을 받는 경우

그림 8-11처럼 길이 l인 균일단면의 단순보(simple beam) AB에서 균일분포하중 w가 작용

할 때 이 보의 처짐에 대한 방정식과 최대기울기(처짐각) 및 최대처짐을 구하면 다음과 같다.

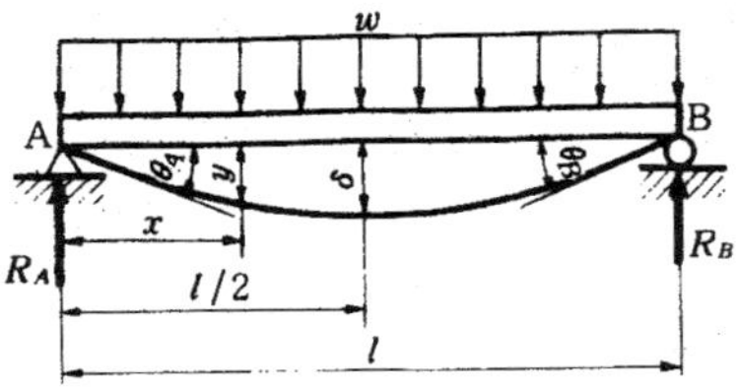

그림 8-11 균일분포하중을 받는 단순보의 처짐

그림 8-11처럼 단위길이당 분포하중을 w라고 하면, 임의의 거리 x단면에 대한 굽힘모멘트 M은 다음과 같다.

$$M = \frac{wl}{2}x - \frac{wx^2}{2}, \qquad EI\frac{d^2y}{dx^2} = -M = -\frac{wl}{2}x + \frac{wx^2}{2}$$

$$EI\frac{dy}{dx} = -\frac{wl}{4}x^2 + \frac{wx^3}{6} + C_1, \qquad EIy = -\frac{wl}{12}x^3 + \frac{w}{24}x^4 + C_1x + C_2$$

여기서, 적분상수 C_1, C_2을 결정하기 위해 $x = \frac{l}{2}$에서 $\frac{dy}{dx} = 0$이므로

$$\therefore\ C_1 = \frac{wl^3}{24}$$

$x = 0$에서 $y = 0$이므로

$$\therefore\ C_2 = 0$$

그러므로

$$\frac{dy}{dx} = \frac{w}{2EI}(4x^3 - 6lx^2 + l^3)$$

•처짐곡선의 일반식

$$y = \frac{wx}{24EI}(x^3 - 2lx^2 + l^3) \qquad \cdots\cdots (8.33)$$

•최대기울기(처짐각) : 보의 양단 끝에서 일어나므로 $x = 0$ 또는 $x = l$로 놓으면 다음과 같이 된다.

$$\left.\begin{aligned} \left(\frac{dy}{dx}\right)_{max} &= \theta_A = \frac{wl^3}{24EI} \\ \left(\frac{dy}{dx}\right)_{max} &= \theta_B = -\frac{wl^3}{24EI} \end{aligned}\right\} \qquad \cdots\cdots (8.34)$$

•최대처짐(maximum deflection) : 보의 중앙인 $x = l/2$에서 일어나므로 그 값은 다음과 같다.

$$y_{max} = \delta = \frac{5wl^4}{384EI} \quad \cdots\cdots(8.35)$$

(4) 우력을 받는 경우

그림 8-12와 같이 길이 l인 단순보(simple beam) AB의 B단에서 반시계방향의 우력 M_0를 받고 있을 때 이 보의 처짐곡선의 방정식을 유도하고 최대처짐량을 구하면 다음과 같다.

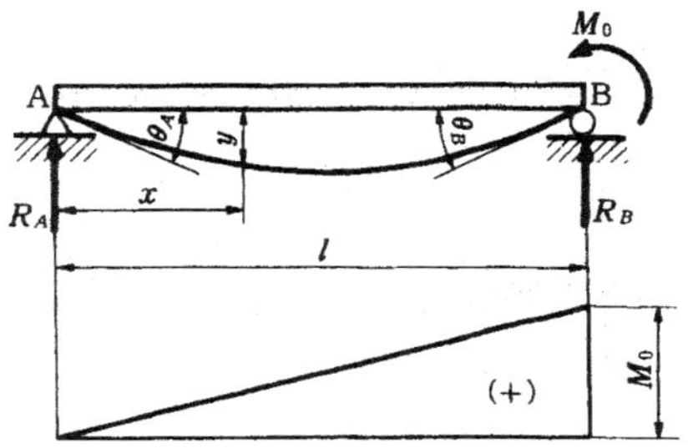

그림 8-12 우력을 받고 있는 단순보의 처짐

먼저 굽힘모멘트의 분포도와 같이 A지점에서 O, B지점에서 M_0까지 직선적으로 변화한다. 한편 임의의 거리 x단면에서 굽힘모멘트를 M이라 하면

$$R_A = R_B = \frac{M_0}{l}, \quad M_x = R_A \cdot x = \frac{M_0 \cdot x}{l}$$

$$EI\frac{d^2y}{dx^2} = -M = -\frac{M_0}{l} \cdot x, \quad EI\frac{dy}{dx} = -\frac{M_0}{2l}x^2 + C_1$$

$$EIy = -\frac{M_0}{6l}x^3 + C_1x + C_2$$

여기서, 적분상수 C_1과 C_2를 구하기 위해서

$x=0$에서 $y=0$이므로

$$\therefore C_2 = 0$$

$x=l$에서 $y=0$이므로

$$0 = -\frac{M_0}{6l}l^3 + C_1 l \qquad \therefore C_1 = \frac{M_0 l}{6}$$

•탄성곡선(처짐곡선)**의 방정식**

$$y = \frac{1}{EI}\left(-\frac{M_0x^3}{6l} + \frac{M_0 lx}{6}\right) \quad \cdots\cdots(8.36)$$

• **양단의 기울기**(처짐각)

$$\left.\begin{aligned}\left(\frac{dy}{dx}\right)_{x=0} &= \theta_A = \frac{M_0 l}{6EI} \\ \left(\frac{dy}{dx}\right)_{x=l} &= \theta_B = -\frac{M_0 l}{3EI}\end{aligned}\right\} \quad \cdots\cdots(8.37)$$

• **최대처짐의 위치** : $\frac{dy}{dx} = 0$에서 구하면 다음과 같다.

$$\frac{dy}{dx} = \frac{1}{EI}\left(-\frac{M_0 x^2}{2l} + \frac{M_0 l}{6}\right) = 0 \qquad \therefore x = \sqrt{\frac{M_0 l}{6} \times \frac{2l}{M_0}} = \frac{l}{\sqrt{3}} \quad \cdots\cdots(8.38)$$

• **최대처짐량**(maximum deflection) : $x = \frac{l}{\sqrt{3}}$인 곳에 일어나므로

$$y_{\max} = y_{x=\frac{l}{\sqrt{3}}} = \frac{1}{EI}\left\{-\frac{M_0}{6l}\left(\frac{l}{\sqrt{3}}\right)^3 + \frac{M_0 l}{6}\frac{l}{\sqrt{3}}\right\} = \frac{M_0 l^2}{9\sqrt{3}EI} \quad \cdots\cdots(8.39)$$

(5) 삼각형 분포하중이 작용했을 경우

그림 8-14와 같이 길이 l인 단순보(simple beam)에 삼각형 분포하중이 작용했을 때, 이 보의 처짐곡선의 방정식과 최대처짐 및 지점에서 기울기를 구하면 다음과 같다.

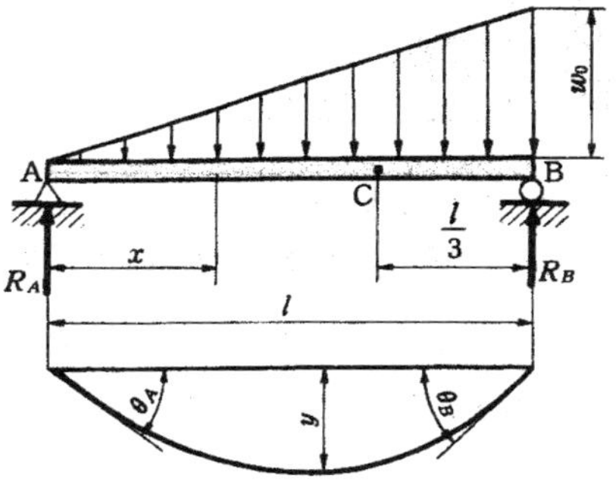

그림 8-14 삼각형 분포하중이 단순보에 작용했을 경우의 처짐

먼저 A, B단의 반력 R_A와 R_B는

$$R_A + R_B = \frac{w_0 \cdot l}{2}, \qquad R_A \cdot l - \frac{w_0 l}{2} \times \frac{l}{3} = 0$$

$$\therefore R_A = \frac{w_0 l}{6} \qquad \therefore R_B = \frac{w_0 l}{3}$$

임의의 거리 x단면의 굽힘모멘트 M_x는

$$M_x = R_A \cdot x - \frac{w_0 x^2}{2l} \times \frac{x}{3} = \frac{w_0 l x}{6} - \frac{w_0 x^3}{6l} \quad \cdots\cdots ①$$

$$EI\frac{d^2y}{dx^2} = -M = \frac{w_0 x^3}{6l} - \frac{w_0 l x}{6} \quad \cdots\cdots ②$$

$$EI\frac{dy}{dx} = \frac{w_0 x^4}{24l} - \frac{w_0 l x^2}{12} + C_1 \quad \cdots\cdots ③$$

$$EIy = \frac{w_0 x^5}{120l} - \frac{w_0 l x^3}{36} + C_1 x + C_2 \quad \cdots\cdots ④$$

여기서, 적분상수 C_1과 C_2를 결정하기 위하여

$x = 0$에서 $y = 0$이므로 ④식에 대입하면

$$\therefore C_2 = 0$$

$x = l$에서 $y = 0$이므로 ④식에 대입하면

$$0 = \frac{w_0 l^5}{120l} - \frac{w_0 l^4}{36} + C_1 l \qquad \therefore C_1 = \frac{7w_0 l^3}{360}$$

•탄성곡선에 대한 처짐곡선의 일반식

$$y = \frac{1}{EI}\left(\frac{w_0 x^5}{120l} - \frac{w_0 l x^3}{36} + \frac{7w_0 l^3 x}{360}\right) = \frac{w_0}{360EI}\left(\frac{3}{l}x^5 - 10lx^3 + 7l^3 x\right) \quad \cdots\cdots (8.47)$$

•기울기의 일반식

$$\frac{dy}{dx} = \frac{1}{EI}\left(\frac{w_0 x^4}{24l} - \frac{w_0 l x^2}{12} + \frac{7w_0 l^3}{360}\right) = \frac{w_0}{24EI}\left(\frac{1}{l}x^4 - 2lx^2 + \frac{7l^3}{15}\right) \quad \cdots\cdots (8.48)$$

따라서 A점의 기울기 θ_A는

$$\theta_A = \left(\frac{dy}{dx}\right)_{x=0} = \frac{7w_0 l^3}{360EI} \fallingdotseq 0.0194\frac{w_0 l^3}{EI} \quad \cdots\cdots (8.49)$$

B점의 기울기 θ_B는

$$\theta_B = \left(\frac{dy}{dx}\right)_{x=l} = \frac{w_0 l^4}{24lEI} - \frac{w_0 l \cdot l^2}{12EI} + \frac{7w_0 l^3}{360EI} = -\frac{w_0 l^3}{45EI} \fallingdotseq -0.0222\frac{w_0 l^3}{EI} \quad \cdot (8.50)$$

•최대처짐량(maximum deflection) : 최대처짐의 위치 x는

$$\frac{dy}{dx} = 0 = \frac{w_0}{24EI}\left(\frac{1}{l}x^4 - 2lx^2 + \frac{7l^3}{15}\right) \qquad \therefore x = 0.519l \quad \cdots\cdots (8.51)$$

$$y_{\max} = y_{x=0.519l} = \delta_{\max} = \frac{1}{EI}\left\{\frac{w_0(0.519l)^5}{120l} - \frac{w_0 l(0.519l)^3}{36} + \frac{7w_0 l^3}{360}(0.519l)\right\}$$

$$= \frac{0.00652w_0 l^4}{EI} \quad \cdots\cdots (8.52)$$

예제문제

01 지름 d인 환봉에서 처짐(deflection)이 최소가 되도록 장방형의 보(beam)를 만들 경우에 단면의 폭 b와 높이 h를 어느 정도로 하면 좋겠는가?

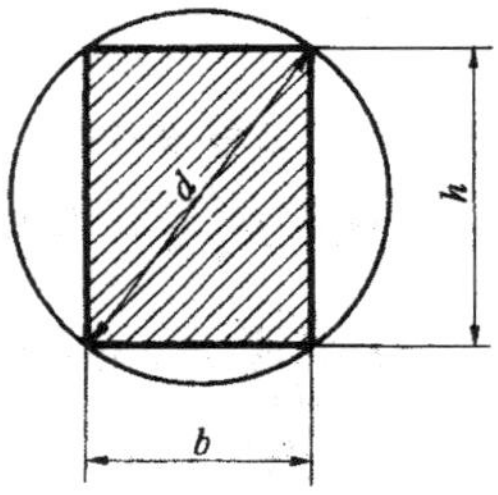

해설 보의 처짐 y는 단면2차모멘트 I에 반비례하므로 처짐을 최소로 하기 위해서는 I를 최대로 하면 좋다. 즉 그림에서

$b=\sqrt{d^2-h^2}$ 이므로 $I=\dfrac{bh^2}{12}=\dfrac{1}{12}h^2\sqrt{d^2-h^2}$

$$\therefore \frac{dI}{dh}=\frac{1}{12}\left[3h^2\sqrt{d^2-h^2}+h^3\frac{-2h}{2\sqrt{d^2-h^2}}\right]=\frac{h^2(3d^2-4h^2)}{12\sqrt{d^2-h^2}}=0$$

$$h^2=\frac{3}{4}d^2 \qquad \therefore h=\frac{\sqrt{3}}{2}d \qquad \therefore b=\sqrt{d^2-\frac{3}{4}d^2}=\frac{d}{2}$$

02 중립축에 있어서 대칭으로 단면을 이룬 단순지지보(simpel supported beam)가 전길이에 걸쳐 등분포하중을 받고 있을 때, 최대처짐(maximum deflection) $y_{\max}$, 최대굽힘응력 σ, 스팬(span) l, 단면의 높이 h 및 세로탄성계수 E로 표시하라.

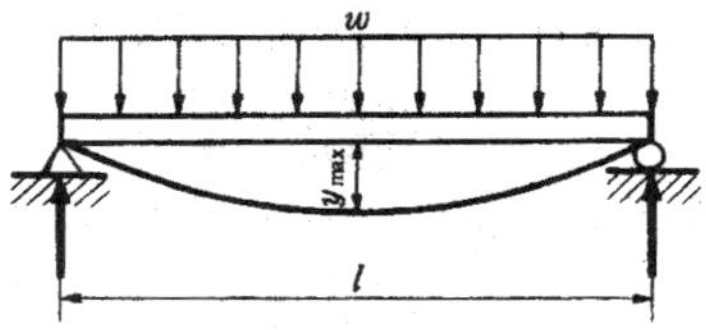

해설 단순지지보에 균일분포하중이 작용할 경우 최대처짐 $y_{\max}$은

$$y_{\max}=\delta=\frac{5wl^4}{384EI} \quad \cdots\cdots ①$$

윗식에서 −를 나타내는 것은 처짐의 방향을 의미한다.

또한, 보(beam)의 중앙에 발생하는 최대굽힘모멘트 $M_{\max}$는

$$M_{\max}=\frac{wl^2}{8}$$

그러므로 최대굽힘응력 σ는

$$\sigma=\sigma_{\max}=\frac{M_{\max}}{I/\frac{a}{2}}=\frac{wl^2}{8}\frac{h}{2I}=\frac{wl^2h}{16I} \qquad \therefore \frac{w}{I}=\frac{16}{l^2h}\sigma \quad \cdots\cdots ②$$

윗식②를 ①식에 대입하면

$$y_{\max}=-\frac{5l^4}{384E}\cdot\frac{16\sigma}{l^2h}=-\frac{5l^2\sigma}{24Eh}$$

03 스팬(span)이 l인 장방형단면의 단순지지보(simple supported beam)가 중앙에 집중하중 P를 받고 있을 때 최대처짐(maximum deflection) $y_{\max}$가 스팬(span)의 $1/300$을 넘지 않도록 하기 위해서 단면의 높이 h와 스팬(span) l과의 비를 어느 정도로 하면 좋겠는가? [단, 보(beam)의 세로탄성계수를 E, 허용굽힘응력을 σ_a로 한다.]

해설 단순보(simple beam)에서 중앙점에 집중하중 P가 작용할 때 하중점에 대한 최대처짐 $y_{\max}$는

$$y_{\max} = -\frac{Pl^3}{48EI} \quad \cdots\cdots\cdots\cdots ①$$

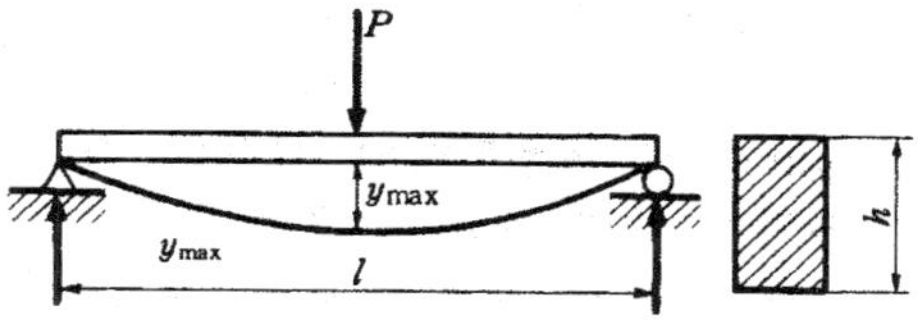

또한, 하중점에 생긴 최대굽힘모멘트

$$M_{\max} = \frac{Pl}{4}$$

이므로

$$\sigma_a = \frac{M_{\max}}{I/\frac{h}{2}} = \frac{Pl}{4} \cdot \frac{h}{2I} = \frac{Plh}{8I} \qquad \therefore P = \frac{8I}{lh}\sigma_a \quad \cdots\cdots\cdots\cdots ②$$

윗식②를 식①에 대입하면 다음과 같다.

$$y_{\max} = \delta = -\frac{l^3}{48EI} \cdot \frac{8I\sigma_a}{hl} = -\frac{l^2}{6Eh}\sigma_a$$

$$\frac{y_{\max}}{l} = -\frac{l\sigma_a}{6Eh}$$

문제에서 $|y_{\max}/l| < 1/300$이므로

$$\frac{l\sigma_a}{6Eh} < \frac{1}{300}, \quad \frac{l}{h} < \frac{E}{50\sigma_a} \qquad \therefore \frac{h}{l} > \frac{50\sigma_a}{E}$$

04 길이가 l이고, 높이가 h인 장방형단면을 가진 외팔보(cantilever beam)의 자유단에서 집중하중이 작용할 때, 자유단의 안전한 처짐(deflection)을 구하라. (단 허용응력을 σ_a로 한다.)

해설 집중하중을 P라 하고, 단면 mn에 작용하는 굽힘모멘트 M_x

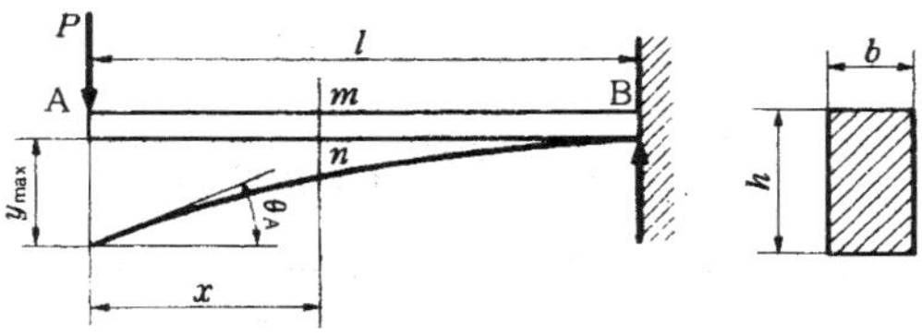

$$M_x = -Px$$

이다. 최대굽힘모멘트는 고정단에서 발생하여

$$M_{\max} = -Pl$$

이 된다. 단면의 폭을 b로 한다면 단면계수와 최대응력은

$$Z = \frac{bh^2}{6}, \quad \sigma_{\max} = \frac{M_{\max}}{Z} = \frac{6Pl}{bh^2}$$

윗식이 허용응력 σ_a와 같아야 한다. 그러므로 작용하는 집중하중 P의 크기와 보(beam)의 중립축에 관한 단면1차모멘트

$$P = \frac{bh^2\sigma_a}{6l}, \quad I_z = \frac{bh^3}{12}$$

이므로 자유단의 안전한 처짐(deflection) y_a는

$$y_a = \frac{Pl^3}{3EI_z} = \frac{bh^2\sigma_a}{Ebh^3} = \frac{2\sigma_a l^2}{3Eh}$$

05 스팬(span)의 길이가 3m인 단순보(simple beam)에 등분포하중 $w = 500$kg/m이 작용할 경우 보(beam)의 단면에 생기는 최대처짐 $y_{\max}$(또는 $\delta_{\max}$)와 양단지점에서 처짐각(deflection angle)을 구하라. (단, 보의 단면 $b \times h = 10\text{cm} \times 20\text{cm}$, 세로탄성계수 $E = 1.0 \times 10^5\text{kg/cm}^2$로 한다.)

해설 단순보에 등분포하중이 작용할 때 반력 R_A, R_B는 다음과 같다.

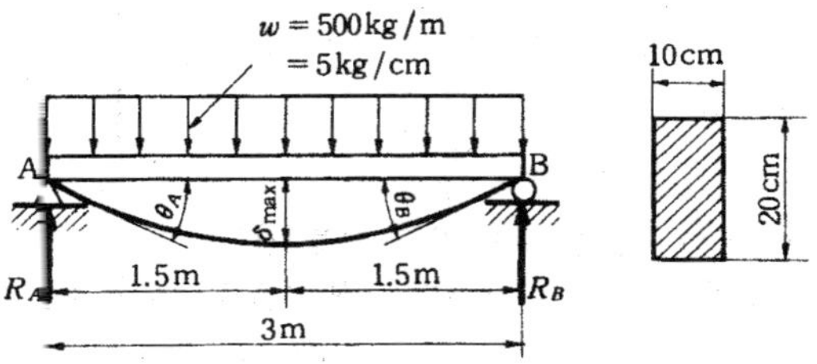

$$R_A = R_B = \frac{1}{2}\times 5\times 300 = \frac{5}{2}\times 300$$

$$= \frac{1,500}{2} = 750\text{kg}$$

단면2차모멘트

$$I = \frac{bh^3}{12} = \frac{10\times 20^3}{12}$$

한편, 보(beam)의 최대처짐(maximum deflection) y_{max}는 $x = \frac{l}{2}$인 중앙점에서 발생하므로

$$y_{max} = \delta_{max} = \frac{5wl^4}{384EI} = \frac{5\times 5\times 300^4}{384\times 1.0\times 10^5\times \frac{10\times 20^3}{12}}$$

$$= \frac{25\times 12\times 300^4}{384\times 10^6\times 20^3} = \frac{25\times 12\times 81\times 10^8}{384\times 8\times 10^9} = \frac{15\times 27}{128\times 4} = 0.79\text{cm}$$

$$\theta_A = -\theta_B = \frac{wl^3}{24EI} = \frac{5\times 300^3}{24\times 10^5\times \frac{10\times 20^3}{12}} = \frac{5\times 300^3}{2\times 10^6\times 20^3} = \frac{27}{3,200}\text{radian} = 29'$$

단, $1\text{radian} = 57°17'45''$, $180° = \pi(3.1416)\text{radian}$이다.

06 그림에서와 같이 단순보(simple beam)에 균일분포하중 w가 작용하며 그 중앙에서 처짐량 $\delta = 0.8$cm이고, 양단에서 기울기(처짐각)가 $\theta = 0.01\text{radian}$으로 되었을 경우 이 보(beam)의 최대굽힘응력 $\sigma_{max} = 1,200$ kg/cm²이 되도록 할 수 있는 단면 강철보의 높이 h를 구하라. (단, 강철보 재료의 세로탄성계수 $E = 2.1\times 10^6$kg/cm²이다.)

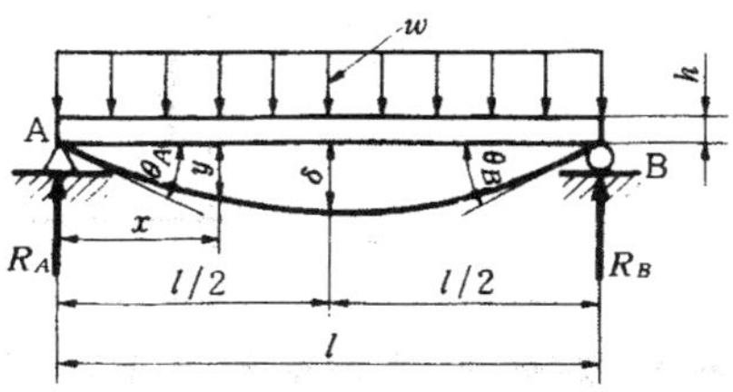

해설 $\delta = \frac{5wl^4}{384EI}$, $\theta = \frac{wl^3}{24EI} = \frac{wl^2}{8I}\times\frac{l}{3E}$, $\frac{wl^2}{8I} = \frac{3E\theta}{l}$

$\frac{\delta}{\theta} = \frac{5wl^4}{384EI}\times\frac{24EI}{wl^3} = \frac{5l}{16}$, $l = \frac{16\times 0.8}{5\times 0.01} = 256\text{cm}$, $M_{max} = \frac{wl^2}{8}$

$$\sigma_{max} = \frac{M}{Z} = \frac{M\times h}{I\times 2} = \frac{wl^2}{8I}\times\frac{h}{2}$$

$$\therefore h = \frac{l}{3E\theta}\times 2\times\sigma_{max} = \frac{256\times 2\times 1,200}{3\times 2.1\times 10^6\times 0.0} = 9.75\text{cm}(\text{단면 강철보의 높이})$$

07 길이가 3m인 강철제 외팔보(cantilever beam)가 있다. 전길이에는 평등하중을 받아서 최대응력 750kg/cm²가 발생하고 있다. 이 보(beam)의 자유단에 대한 처짐(deflection)을 구하라. (단, 보의 높이 $h = 30$cm, 폭 $b = 10$cm인 장방형 단면을 가지며, 재료의 세로탄성계수 $E = 2.1\times 10^6$kg/cm²로 한다.)

해설 평균하중을 w, 보의 길이를 l로 한다면 최대굽힘모멘트는

$$M_{max} = -\frac{wl^2}{2}$$

가 된다. 단면의 폭 및 높이를 각각 b, h라고 한다면 단면계수 Z와 최대응력 σ_{max}은

$$Z = \frac{bh^2}{6}, \quad \sigma_{max} = \frac{M_{max}}{Z} = \frac{3wl^2}{bh^2}$$

따라서 보에 작용하는 평균하중 w는

$$w = \frac{bh^2\sigma_{max}}{3l^2} = \frac{10 \times 30^2 \times 750}{3 \times 300^2} = 25\text{kg/cm}$$

또한 $I_z = \frac{bh^3}{12}$ 이므로 자유단의 처짐(deflection) $y(\delta)$은

$$y = \frac{wl^4}{8EI_z} = \frac{3wl^4}{2Ebh^3} = \frac{3 \times 25 \times 300^4}{2 \times 2.1 \times 10^6 \times 10 \times 30^3} \cong 0.54\text{cm}$$

08 그림에서와 같이 외팔보(cantilever beam)에 균일분포하중이 작용할 때 자유단에서의 처짐량 $\delta = 3$cm이고, 탄성곡선의 기울기 $\theta_A = 0.01$rad일 경우 이 보(beam)의 길이를 구하라. (단, 외팔보 단면재료의 세로탄성계수 $E = 2.1 \times 10^6$kg/cm² 이다.)

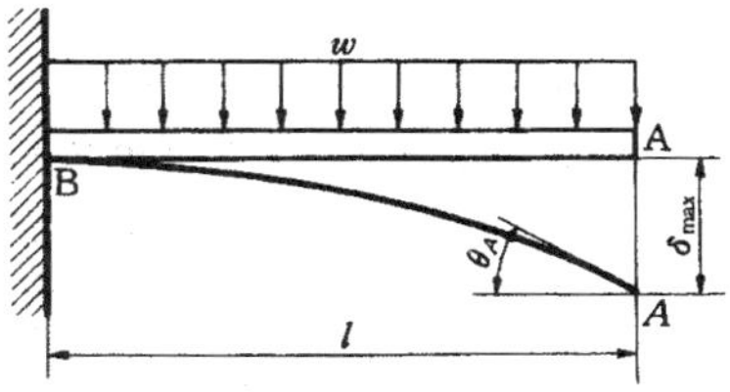

해설 균일분포하중이 작용하는 외팔보에서 최대처짐은 자유단에서 발생하므로 보의 길이 l은 다음과 같다.

$$\delta = \frac{wl^4}{8EI}, \quad \tau_A = \frac{wl^3}{6EI}$$

$$\frac{\delta}{\theta} = \frac{wl^4}{8EI} \times \frac{6EI}{wl^3} = \frac{3l}{4} = \frac{3}{0.01}$$

$$\therefore l = \frac{3}{0.01} \times \frac{4}{3} = 400\text{cm} = 4\text{m}$$

09 그림과 같이 길이 $l = 6$m, $a = 3.6$m, $b = 2.4$m, 200mm×100mm×7mm인 I형강재에 집중하중 $P = 10$ton이 작용할 때 이 보에 발생한 최대처짐량(maximum deflection)을 구하라.

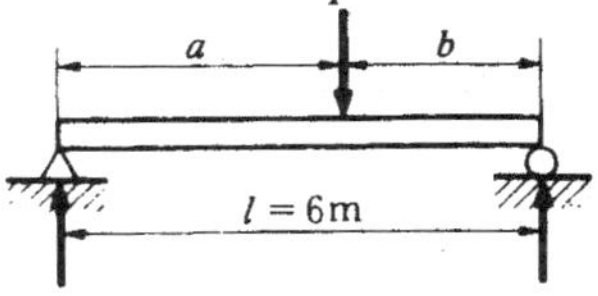

(단, I형강재의 탄성계수 $E = 2.1 \times 10^6$kg/cm²이고, 단면2차모멘트 $I = 2,180\text{cm}^4$, 단면적 $A = 3,306$cm²이다.)

해설

$$y_{\max} = \delta_{\max} = \frac{Pb(l^2 - b^2)^{3/2}}{9\sqrt{3}\,lEI}$$

$$= \frac{10,000 \times 240(600^2 - 240^2)^{3/2}}{9\sqrt{3} \times 600 \times 2.1 \times 10^6 \times 2,180} = 9.32\text{cm}$$

10 스팬(span) $l = 6$m인 양단지지보(simple beam)에 균일분포하중 $w = 200$kg/m가 작용하고 또한 보(beam)의 중앙에서 상향으로 하중 P가 작용할 때 보의 중앙에서 처짐(deflection) $\delta = 0$이 되기 위한 P의 값은 얼마이겠는가?

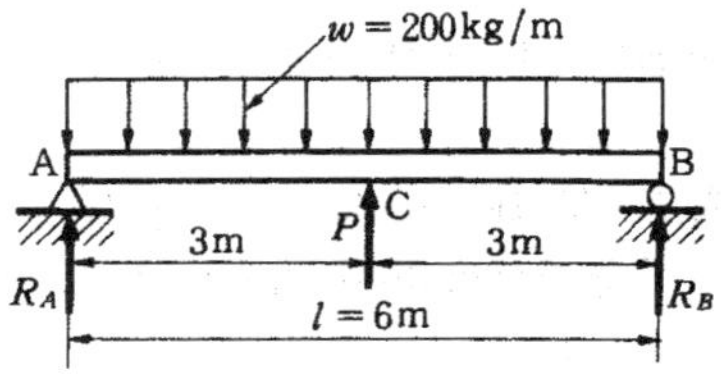

해설 양단지지보에 작용하는 전분포하중을 W라 하고, 하중이 대칭이므로

$$W = w \times l = 200 \times 6 = 1,200\text{kg}, \qquad R_A = R_B = \frac{W}{2}$$

따라서 등분포하중인 경우 $l/2$인 곳에서 처짐 δ_1는 최대가 된다. 즉

$$\delta_1 = \frac{5wl^4}{384EI} = \frac{5Wl^3}{384EI} \text{(하향)}$$

다음에는 집중하중 P가 중앙에 작용할 때의 처짐을 δ_2로 한다면

$$\delta_2 = \frac{-Pl^3}{48EI} \text{(상향)}$$

보(beam)의 중앙에서 처짐이 0이 되기 위해서는

$$\delta_1 + \delta_2 = 0, \qquad \frac{5Wl^3}{384EI} - \frac{Pl^3}{48EI} = 0$$

한편 $EI \neq 0$이므로

$$6,000 - 8P = 0 \qquad \therefore P = \frac{6,000}{8} = 750\text{kg}$$

Section 02

면적모멘트법

1 면적모멘트법의 정의

탄성곡선의 미분방정식을 이용한 보(beam)의 처짐각과 처짐량을 적분하거나, 적분하는 과정을 통해서 구하며, 적분상수들은 경계조건을 대입하여 구함으로써 그 과정은 대단히 복잡하고 어려우므로 기하학적인 개념을 도입하여 간단하게 구할 수 있는 방법이 면적모멘트법(area moment method)이다. 이 면적모멘트법은 보의 처짐(deflection)과 경사각 또는 처짐각(deflection angle)을 구하는데 있어서 매우 편리한 방법으로서 Mohr에 의하여 정리되었다.

2 면적모멘트법의 일반식

그림 8-15에서와 같이 임의의 두 점 A, B를 잇는 선분을 고려하고 굽혀진 탄성곡선 AB에 관한 굽힘모멘트선도(B.M.D)를 그 하단에 그려 넣었다.

이때 미소각 $d\theta$는 작은 원호요소 ds 위에 있는 법선의 중심각이며, M은 그 요소에 작용하는 굽힘모멘트이다.

지금 우단에서 좌단으로 임의거리 x인 위치에 미소길이 dx를 생각하고, dx에 대한 탄성곡선의 미소길이를 ds라고 한다면 다음 식이 성립한다.

$$\frac{1}{\rho}=\frac{d\theta}{dx}=\frac{M}{EI}$$

$$\therefore\ d\theta=\frac{M}{EI}ds \quad \cdots\cdots ①$$

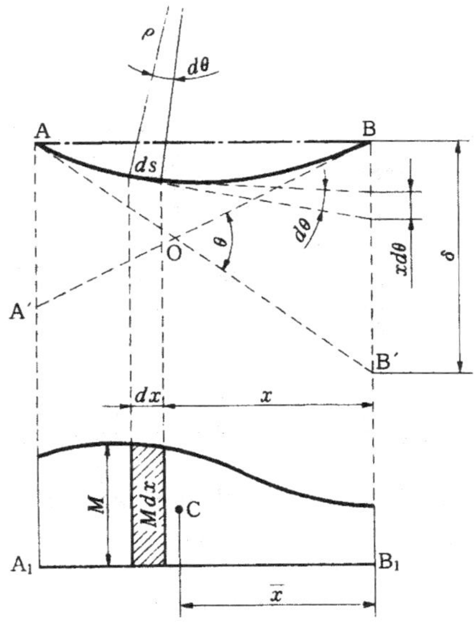

그림 8-15 굽힘모멘트 선도에 의한 처짐

그런데 탄성곡선 또는 처짐곡선의 모양이 매우 완만하거나 평평하다고 가정할 때, 즉 탄성곡선의 기울기(처짐각)가 매우 작은 값일 때에는 $ds \approx dx$라 할 수 있으므로

$$dx = \rho d\theta, \quad \frac{d\theta}{ds} = \frac{1}{\rho} = \frac{M}{EI} \qquad \therefore\ d\theta = \frac{M}{EI}dx \quad \cdots\cdots ②$$

즉, $d\theta$는 음영면적 Mdx를 보(beam)의 강성계수 EI로 나눈 값과 같다. 이것을 A와 B 사이에서 적분하면 A와 B에서 탄성곡선에 그은 두 접선 사이의 각 θ를 표시하는 식이 된다.

$$\theta = \int_A^B \frac{1}{EI}Mdx = \frac{1}{EI}\int_A^B Mdx = \left[\frac{\text{면적}}{EI}\right]_A^B$$

또는 $\cdots\cdots$(8.53)

$$\theta = \frac{1}{EI}A_M$$

즉, 두 접선 사이의 각 θ는 굽힘모멘트선동서 A_1B_1의 전면적을 EI로 나눈값이 된다. 이것을 제1면적모멘트법(The first area-moment method) 또는 Mohr의 정리(Ⅰ) (Theorem of Mohr)라 하고 그 정의는 다음과 같다.

> "탄성곡선상의 두 점에서 그은 두 접선 사이의 각 θ는 그 두 점 사이에 있는 굽힘모멘트선도의 전면적 EI로 나눈값과 같다."

이번에는 x축에 대하여 그림 BB′의 축을 y축이라 할 때 탄성곡선상의 미소길이 ds의 좌우에서 그은 접선이 y축과 교차하는 거리는 $xd\theta$이다. 그러므로 A점에서 접선에 대한 B점의 처짐(deflection) δ는 요소 ds의 굽힘변형이 처짐에 기여하는 양이 $d\delta = xd\theta$이므로

$$\delta = \text{BB}' = \int_A^B xd\theta = \int_A^B \frac{1}{EI}x \cdot Mdx = \frac{1}{EI}\int_A^B x \cdot Mdx = \left[\frac{\text{면적}}{EI}\right]_A^B \bar{x}$$

또는 (8.54)

$$\delta = \frac{1}{EI}\bar{x} \cdot A_y$$

즉, Mdx는 굽힘모멘트선도의 음영부분의 면적이고, $\bar{x}$는 B_1으로부터 그 면적의 도심까지의 거리이므로 식(8.54)는 A와 B 사이에 있는 굽힘모멘트선도의 전면적을 B에 관한 1차모멘트를 EI로 나눈 값을 말하고 있다. 이것을 제2면적모멘트법(The second area-moment method) 또는 Mohr의 정리(Ⅱ)(Theorem of Mohr)라 하고 그 정의는 다음과 같다.

> "탄성곡선 점 A에서의 접선으로부터 이탈한 점 B의 처짐량(deflection)은 A와 B 상에 있는 굽힘모멘트선도의 면적 B에 관한 1차모멘트를 EI로 나눈값과 같다.

그림 8-16과 같은 두 점 A와 B 사이의 탄성곡선의 임의점에서 변곡점이 있을 때, 면적모멘트법에 의하여 기울기각 θ와 처짐량(deflection) δ를 구하면 다음과 같다.

굽힘모멘트선도(B.M.D)가 두 부분으로 나뉘어져서 각각 G_1과 G_2가 있는 (+)의 부분 A_1D_1과 (−)의 부분 D_1B_1으로 된다. 탄성곡선상의 두 점 A와 B에서 그은 두 접선 사이의 각 θ는 Mohr의 정리(Ⅰ)에 의하여

$$\theta = \int_A^D \frac{1}{EI}Mdx - \int_D^B \frac{1}{EI}Mdx$$

$$= \left[\frac{A_M}{EI}\right]_A^D - \left[\frac{A_M}{EI}\right]_D^B \quad \cdots\cdots(8.55)$$

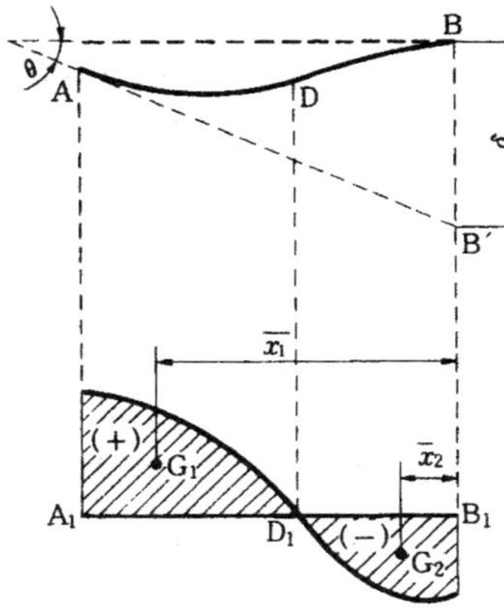

그림 8-16 변곡점이 있는 굽힘모멘트선도

A에서의 접선으로부터 이탈한 B점의 처짐(deflection) δ는 Mohr의 정리(Ⅱ)에 의하여

$$\delta = \int_A^D \frac{1}{EI}Mxdx - \int_D^B \frac{1}{EI}Mxdx$$

$$= \frac{1}{EI}\int_A^D Mxdx - \frac{1}{EI}\int_D^B Mxdx = \left[\frac{A_M}{EI}\right]_A^D \bar{x}_1 - \left[\frac{A_M}{EI}\right]_D^B \bar{x}_2 \quad \cdots\cdots(8.56)$$

윗식 중의 $\bar{x}_1$과 $\bar{x}_2$는 B점으로부터 (+) 및 (−)의 굽힘모멘트값의 도심거리이다. 한편, 면적모멘트법에 의하여 기울기각과 처짐량의 크기를 구하려면, 간단한 굽힘모멘트선도(B.M.D)의 형상에서 그의 면적과 도심까지의 거리를 알 수 있다면 매우 편리하므로, 몇가지 형상을 그림 8-17에 표시하였다.

3 면적모멘트법의 적용예

(1) 외팔보(Cantilever beam)인 경우

① 자유단에서 집중하중을 받는 외팔보

그림 8-18처럼 길이가 l인 외팔보(cantilever beam) AB에서 자유단 B에 집중하중 P가 작용할 때 임의의 x거리에 처짐(deflection)과 기울기각(deflection angle) 및 B단의 처짐과 기울기각을 면적모멘트법에 의하여 구하면 다음과 같다.

면적모멘트법의 Mohr의 정리(Ⅰ)을 이용해서 B단의 기울기각 θ_B를 구해 보면

$$\theta_B = Pl \times l \times \frac{1}{2} \times \frac{1}{EI} = \frac{Pl^2}{2EI} \quad \cdots\cdots(8.57)$$

Mohr의 정리(Ⅱ)를 이용해서 B단의 처짐량 δ_B를 구해 보면

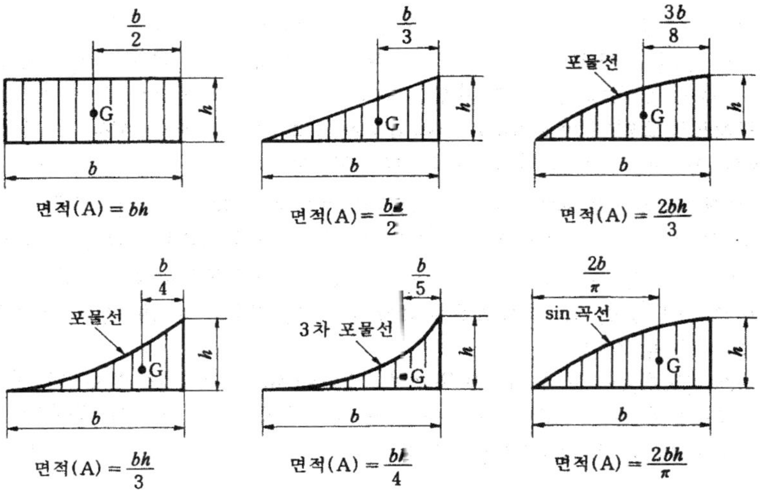

그림 8-17 기본도형의 면적과 도심

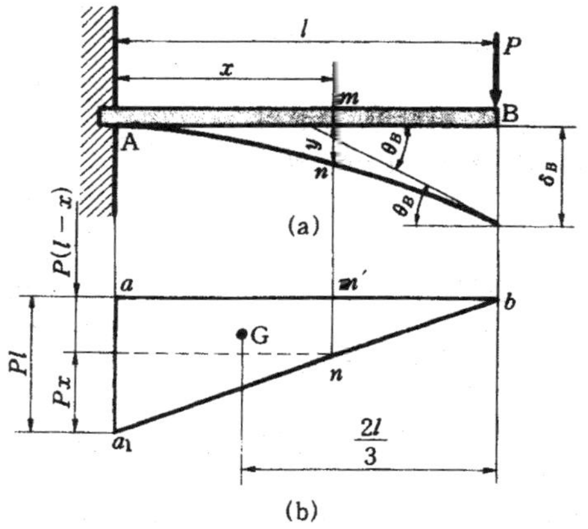

그림 8-18 외팔보의 자유단에 집중하중이 작용할 경우에 대한 처짐

$$\delta_B = Pl \times l \times \frac{1}{2} \times \frac{2l}{3} \times \frac{1}{EI} = \frac{Pl^3}{3EI} \qquad \cdots\cdots (8.58)$$

임의단면 mn에서의 x축으로부터 처짐각 θ는 면적 $m'n'a_1a$를 EI로 나눈 것과 같다. 즉

$$\theta = \frac{dy}{dx} = \frac{Pl^2}{2EI} - \frac{1}{EI}\frac{P(l-x)^2}{2} = \frac{Pl^2}{2EI}\left\{1 - \frac{(l-x^2)}{l^2}\right\} \qquad \cdots\cdots (8.59)$$

임의단면 mn에서의 처짐량 y는 면적 $m'n'a_1a$의 $m'n'$에 관한 모멘트를 EI로 나눈 것과 같다. 즉

$$y=\frac{1}{EI}\left\{P(l-x)\frac{x^2}{2}+\frac{Px^2}{2}\cdot\frac{2x}{3}\right\}=\frac{P}{EI}\left(\frac{lx^2}{2}-\frac{x^3}{6}\right) \quad \cdots\cdots(8.60)$$

② **임의의 단면에 집중하중이 작용한 외팔보**

길이가 l인 외팔보(cantilever beam) AB에 그림 8-19와 같이 임의의 단면에 집중하중 P가 작용할 때 임의점 x거리의 처짐량(deflection) y와 B단에서의 처짐 δ_B, 경사각 θ_B를 구하면 다음과 같다.

㉠ **임의점 x거리의 처짐량**(deflection) y

$$y=\frac{1}{EI}\times\frac{Pc^2}{2}\left(x-\frac{c}{3}\right) \quad \cdots\cdots(8.61)$$

㉡ **B단에서의 처짐**(deflection) δ_B**와 경사각** θ_B

$$\delta_B=\frac{1}{EI}\times\frac{Pc^2}{2}\left(l-\frac{c}{3}\right) \quad \cdots\cdots(8.62)$$

$$\theta_B=\frac{1}{EI}\times\frac{Pc^2}{2} \quad \cdots\cdots(8.63)$$

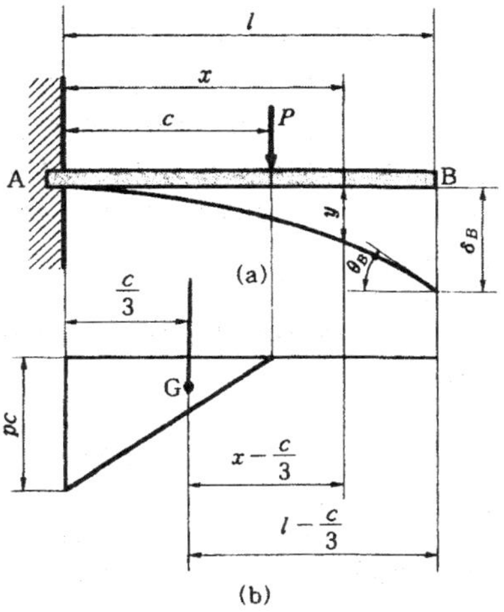

그림 8-19 임의점에 집중하중이 작용한 경우에 대한 외팔보의 처짐

③ **균일분포하중을 받는 외팔보**

그림 8-20처럼 길이가 l인 외팔보(cantilever beam)가 전길이에 w의 균일분포하중이 작용할 때, 이 보의 자유단에서 처짐(deflection)과 임의점에 대한 처짐곡선의 방정식을 면적모멘트법에 의해 구하면 다음과 같다.

고정단으로부터 x_1의 거리에 있는 임의단면에서 굽힘모멘트 M_{x_1}은

$$M_{x_1}=-\frac{w(l-x_1)^2}{2}$$

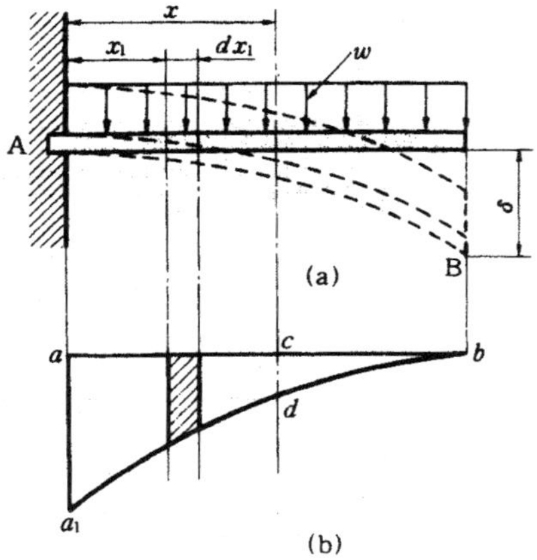

그림 8-20 균일분포하중을 받는 외팔보의 처짐

그림 (b)와 같은 굽힘모멘트선도(B.M.D)의 포물선 a_1db를 얻는다.

고정단으로부터 거리 x에 있는 임의단면의 기울기각 θ_x는

$$\theta_x = \frac{dy}{dx} = \frac{1}{EI}\int_0^x \frac{w(l-x_1)^2}{2}dx_1 = \frac{w}{2EI}\int_0^x (l^2 - 2lx_1 + x_1^{\,2})dx_1$$

$$= \frac{w}{2EI}\left(l^2x - lx^2 + \frac{x^3}{3}\right) \quad \cdots\cdots (8.64)$$

자유단에서의 기울기각 θ_B는 $x = l$일 때 이므로

$$\theta_B = \left(\frac{dy}{dx}\right)_{x=l} = \frac{2}{2EI}\left(l^3 - l^3 + \frac{l^3}{3}\right) = \frac{wl^3}{6EI} \quad \cdots\cdots (8.65)$$

고정단으로부터 거리 x에 있는 임의단면에서의 처짐량(deflection)은 면적 aa_1dc의 수선cd에 관한 모멘트를 EI로 나눈것과 같다. 그러므로 음영으로 표시된 면적요소의 모멘트에 대한 미소처짐량은

$$dy = \frac{1}{EI}\frac{w(l-x_1)^2}{2}dx_1(x - x_1) \quad \cdots\cdots (8.66)$$

이고, 전체모멘트(total moment)에 대한 x거리에 미소처짐 y는 x에 대해서 $x_1 = 0$에서 $x_1 = x$까지 적분한 값이다. 즉

$$y = \frac{w}{2EI}\int_0^x (x - x_1)(l - x_1)^2 dx_1 = \frac{w}{2EI}\left(\frac{l^2x^2}{2} - \frac{lx^3}{3} + \frac{x^4}{12}\right) \quad \cdots\cdots (8.67)$$

자유단의 처짐은 $x = l$에서

$$\delta = (y)_{x=l} = \frac{w}{2EI}\left(\frac{l^4}{2} - \frac{l^4}{3} + \frac{l^4}{12}\right) = \frac{wl^4}{8EI} \quad \cdots\cdots (8.68)$$

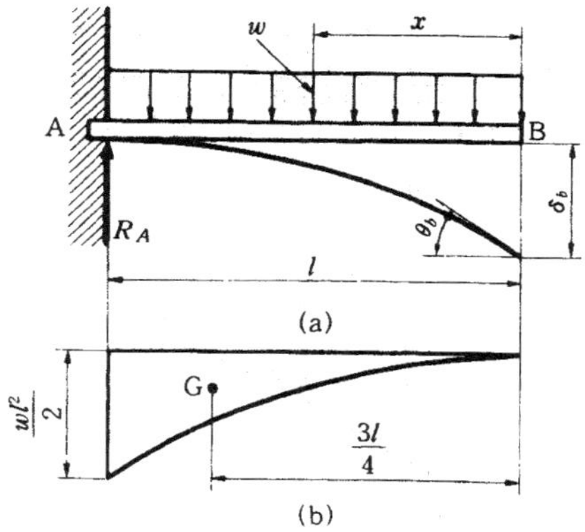

그림 8-21 균일분포하중을 받는 외팔보의 처짐

또한 그림 8-21(a)와 같이 균일분포하중 w의 작용을 받고 있을 때, 임의점의 처짐 y와 자유단에서의 처짐(δ, deflection) δ_b 및 경사각 θ_b를 구하면 다음과 같다.

임의의 거리 x에 대한 전단력 V_x와 굽힘모멘트 M_x는

$$V_x = wx, \quad M_x = -\frac{wx^2}{2}, \quad (M_A)_{x=l} = -\frac{wl^2}{2}$$

에 의하여 굽힘모멘트선도(B.M.D)를 구할 수 있으며, 이 선도는 2차 포물선이므로 굽힘모멘트의 면적 $A = \frac{bh}{3}$와 도심까지의 거리 $\bar{x} = \frac{3l}{4}$을 이용하여

$$A = \frac{wl^2}{2} \times l \times \frac{1}{3} = \frac{wl^3}{6}$$

B단에 대한 기울기각 θ_b와 처짐 δ_B :

$$\theta_b = \frac{1}{EI}|\text{면적}| = \frac{1}{EI} \times \frac{wl^3}{6} = \frac{wl^3}{6EI} \quad \cdots\cdots(8.69)$$

$$\delta_b = \frac{1}{EI} \times |\text{면적}| \times \text{도심까지의 거리} = \frac{1}{EI} \times \frac{wl^3}{6} \times \frac{3l}{4} = \frac{wl^4}{8EI} \quad \cdots\cdots(8.70)$$

④ 임의의 부분에 균일분포하중을 받는 외팔보

그림 8-22처럼 길이가 l인 외팔보(cantilever beam) AB가 보의 일부분 b 위에 w의 균일분포하중이 작용되고 있을 때 이 보의 자유단 A의 처짐량(deflection)과 기울기각을 면적모멘트법에 의하여 구하면 다음과 같다.

모멘트의 일반식은 다음과 같다.

$$M_x = -\frac{wx^2}{2}, \quad (M_B)_{x=b} = -\frac{wb^2}{2}$$

제1면적모멘트법에 의하여 기울기각 θ를 절대값으로 하면

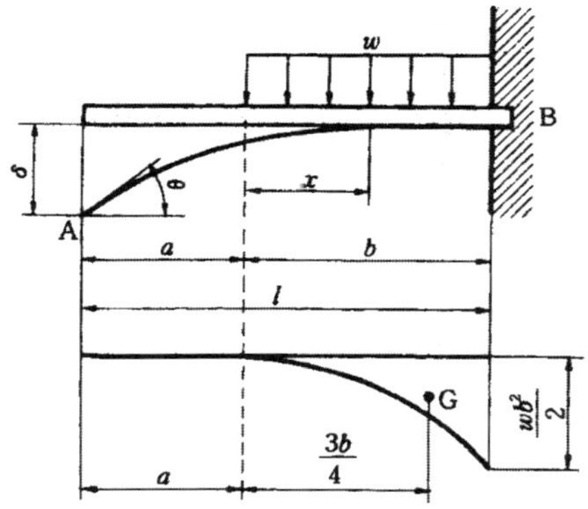

그림 8-22 외팔보의 일부분에 균일분포하중이 작용했을 경우의 처짐

$$A = \frac{bl}{3} = b \times \frac{wb^2}{2} \times \frac{1}{3} = \frac{wb^3}{6}$$

$$\theta_A = \left[\frac{\text{면적}}{EI}\right]_A^B = \frac{wb^3}{6EI} \quad \cdots\cdots (8.71)$$

제2면적모멘트법에 의하여 처짐(deflection) δ는

$$\delta_A = \left[\frac{\text{면적}}{EI}\right]_A^B \bar{x} = \frac{wb^3}{6EI}\left(a + \frac{3b}{4}\right) \quad \cdots\cdots (8.72)$$

⑤ **자유단에 우력을 받는 외팔보**

그림 8-23과 같이 길이가 l인 외팔보(cantilever beam) AB의 B단에서 우력 M이 작용할 때 이 단에서 일어나는 기울기각 θ와 처짐량 δ를 면적모멘트법에 의해 구하면 다음과 같다.

그림 (b)와 같이 굽힘모멘트선도(B.M.D)를 구하여 그 점의 접선각 θ를 면적모멘트의 Mohr의 정리(Ⅰ)을 적용하면

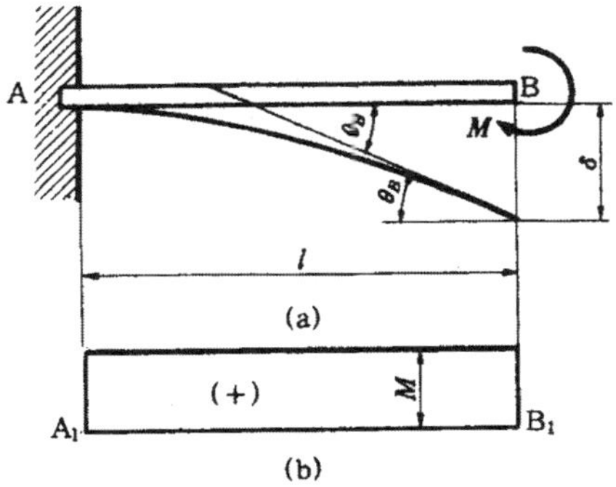

그림 8-23 자유단에 우력이 작용한 외팔보의 처짐

$$\theta_B = \frac{Ml}{EI} \qquad \cdots\cdots (8.73)$$

면적모멘트의 Mohr의 정리(Ⅱ)를 적용하면

$$\delta = \frac{Ml}{EI} \times \frac{l}{2} = \frac{Ml^2}{2EI} \qquad \cdots\cdots (8.74)$$

(2) 단순보(Simple beam)인 경우

① 임의의 거리 $a > b$인 곳에 집중하중을 받는 단순보(Simple beam)

그림 8-24와 같이 길이가 l인 단순보(simple beam) AB에 임의의 거리 $a > b$인 곳에 집중하중 P가 작용할 때, 이 보(beam)의 탄성곡선의 기울기 θ_A, θ_B와 처짐곡선(deflection curve)의 일반식과 중앙지점의 처짐을 면적모멘트법에 의해 구하면 다음과 같다.

먼저, 이 보(beam)의 굽힘모멘트선도(B.M.D)를 구하면

$$R_A = \frac{Pb}{l}, \quad R_B = \frac{Pa}{l}, \quad M_x = R_A \cdot x, \quad M_{x=a} = \frac{Pab}{l}$$

B.M.D의 전체면적 A는 $A = \frac{Pab}{l} \times \frac{l}{2} = \frac{Pab}{2}$

B.M.D에서 도심의 위치 $\bar{x}$는

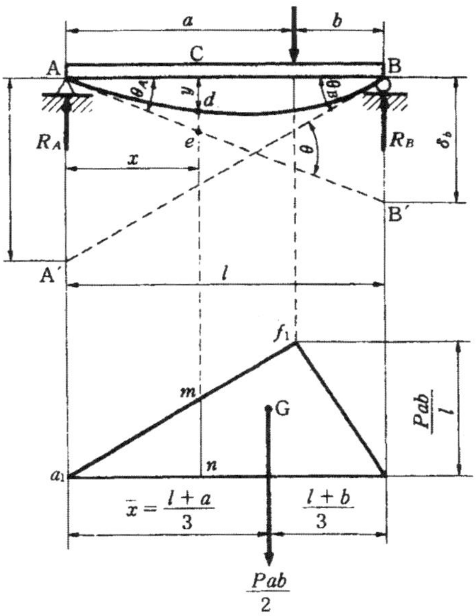

그림 8-24 단순보에 임의의 위치에 집중하중이 작용했을 경우의 처짐

$$\bar{x}=\frac{\frac{Pab}{l}\times\frac{b}{2}\left(a+\frac{b}{3}\right)+\frac{Pab}{l}\cdot\frac{a}{2}\cdot\frac{2a}{3}}{\frac{Pab}{l}\times\frac{l}{2}}=\frac{l+a}{3} \quad\cdots\cdots(8.75)$$

$$\therefore\ l-\bar{x}=l-\frac{l+a}{3}=\frac{l+b}{3}$$

㉠ **탄성곡선의 기울기** : 제1면적모멘트법과 제2면적모멘트법에 의하면

$$\left.\begin{aligned}\theta &= \frac{1}{EI}\times\frac{Pab}{l}\times\frac{l}{2}=\frac{Pab}{2EI}\\ \theta_A &= \frac{\delta_b}{l}=\frac{Pab}{2EI}\times\frac{l+b}{3l}=\frac{Pab(l+b)}{6lEI}\\ -\theta_B &= \frac{\delta_b}{l}=\frac{Pab}{2EI}\times\frac{l+a}{3l}=\frac{Pab(l+a)}{6lEI}\end{aligned}\right\} \quad\cdots\cdots(8.76)$$

또는 $\theta=\theta_A+(-\theta_B)$에서

$$-\theta_B=\theta-\theta_A=\frac{Pab}{2EI}-\frac{Pab(l+b)}{6lEI}=\frac{Pab(l+a)}{6lEI}$$

㉡ **처짐곡선**(deflection curve)**의 일반식** : A단으로부터 임의의 거리 x에 대한 처짐 $y=cd$의 일반식은

$$\bar{y}=\overline{cd}=\overline{ce}-\overline{de}=\theta_A x-\Delta a_1mn\text{의 면적}\times\frac{x}{3}\times\frac{1}{EI}$$

$$y=\frac{Pab(l+b)}{6lEI}\times x-\frac{1}{EI}\times\frac{Pbx}{l}\times x\times\frac{1}{2}\times\frac{x}{3}=\frac{Pbx}{6lEI}(l^2-b^2-x^2) \quad\cdot(8.77)$$

㉢ **중앙지점의 처짐** : $x=\frac{l}{2}$인 곳에서 발생하므로

$$y_{x=\frac{l}{2}}=\frac{Pb}{6lEI}\times\frac{l}{2}\left\{l^2-b^2-\left(\frac{l}{2}\right)^2\right\}=\frac{Pb(3l^2-4b^2)}{48EI} \quad\cdots\cdots(8.78)$$

② **임의점에서 집중하중을 받는 단순보**(Simple beam)

그림 8-25와 같이 길이가 l인 단순보(simple beam) AB에 임의의 점 D에서 집중하중 P가 작용하고 있을 때, A점에서의 접선이 곡선 AB와 이루는 각 θ_A를 구하고, D점에서 처짐량을 면적모멘트법(area-moment method)에 의하여 구하면 다음과 같다.

굽힘모멘트선도(B.M.D)는 그림 (b)와 같이 되며, 전체면적은

$$A=\frac{Pab}{l}\times l\times\frac{1}{2}=\frac{Pab}{2}$$

㉠ B로부터 도심까지의 거리 : $\bar{x}$

$$\bar{x}=\frac{\left(\frac{Pab}{l}\times\frac{b}{2}\times\frac{2b}{3}\right)+\left\{\frac{Pab}{l}\times\frac{a}{2}\left(b+\frac{a}{3}\right)\right\}}{\frac{Pab}{l}\times\frac{l}{2}}=\frac{l+b}{3}$$

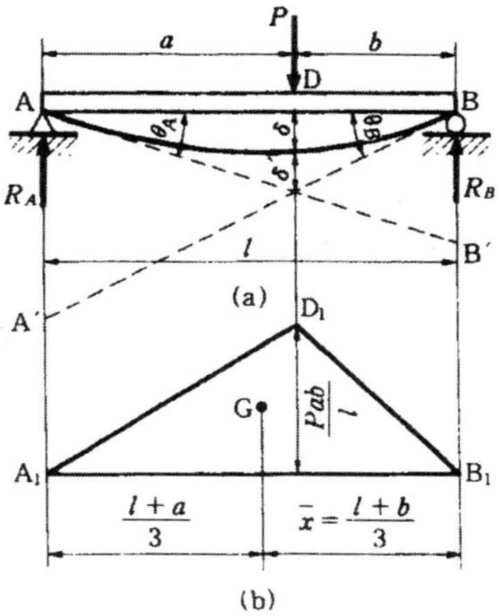

그림 8-25 단순보의 임의점에서 집중하중이 작용했을 경우의 처짐

B점에 관한 그 면적의 1차모멘트를 취하면 A에서의 접선으로부터 벗어난 B점의 처짐(deflection) BB′를 얻는다. 즉

$$\left.\begin{aligned}\mathrm{BB'} &= \frac{Pab}{2EI}\times\frac{l+b}{3}=\theta_A\cdot l \\ \mathrm{AA'} &= \frac{1}{EI}\times\frac{Pab}{2}\times\frac{l+a}{3}=-\theta_B\cdot l \\ \theta_A &= \frac{Pab(l+b)}{6lEI},\quad -\theta_B=\frac{Pab(l+a)}{6lEI}\end{aligned}\right\} \cdots\cdots(8.79)$$

㉡ **곡선 AB로부터 D점의 처짐**(deflection) : δ

$$\delta = a\cdot\theta_A-\delta'$$

δ'는 A에서의 접선으로부터 벗어난 D점의 처짐량이므로, 이 δ'를 얻으려면 굽힘모멘트선도의 A_1D_1 부분에 대하여 제2면적모멘트법을 적용하면 된다.

㉢ **A1D1부분의 면적** : A_a

$$A_a=\frac{Pab}{l}\times a\times\frac{1}{2}=\frac{Pa^2b}{2l}$$

D_1으로부터 좌측도심까지의 거리는 $\frac{a}{3}$이므로

$$\delta'=\frac{Pa^2b}{2lEI}\times\frac{a}{3}=\frac{Pa^3b}{6lEI}\qquad \therefore\ \delta=\frac{Pa^2b(l+b)}{6lEI}-\frac{Pa^3b}{6lEI}=\frac{Pa^2b^2}{3lEI}\quad\cdot(8.80)$$

③ **단순보**(Simple beam)**에서 집중하중이 작용할 때 최대처짐의 위치 결정**

그림 8-26과 같이 길이 l인 단순보(simple beam)의 AB상에 임의의 D점에 집중하중 P가 작용할 때, 이 보의 최대처짐(maximum deflection)이 일어나는 점의 위치를 결정하고, 이 보의 처짐량을 면적모멘트법에 의하여 구하면 다음과 같다.

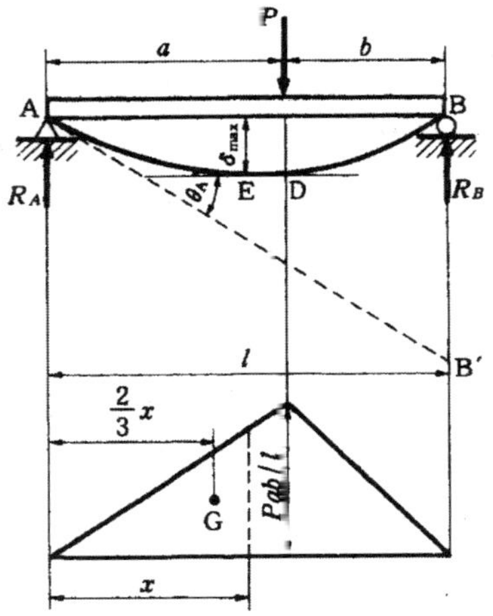

그림 8-26 임의점에서 집중하중이 작용했을 경우 최대처짐의 위치 결정

먼저, 각 지점의 반력을 보면 다음과 같다.

$$R_A = \frac{Pb}{l}, \quad R_B = \frac{Pa}{l}, \quad M_x = R_A \cdot x$$

최대처짐이 일어나는 점을 E라고 한다면 그 점에서의 탄성곡선의 접선은 수평으로 취할 것이며, 그 접선은 곡선 AB에 평행하게 된다. 한편, A로부터 그 점까지의 거리를 x라고 한다면 A와 E에서 그은 두접선의 각은 다음과 같다.

$$\theta_A{}' = \frac{Pbx}{l} \times \frac{x}{2} \times \frac{1}{EI} = \frac{Pbx^2}{2lEI}$$

$$\theta_A = \frac{BB'}{l} = \frac{Pab}{2EI} \times \frac{l+b}{3} \times \frac{1}{l} = \frac{Pab(l+b)}{6l \times EI} \quad \cdots\cdots (8.81)$$

윗식의 기울기 $\theta_A = \theta_A{}'$는 서로 같아야 되므로, 동일하기 위하여 x의 값이 최대처짐이 발생하는 점이다. 즉

$$\frac{Pbx^2}{2lEI} = \frac{Pab(l+b)}{6lEI} \qquad \therefore x = \sqrt{\frac{a(l+b)}{3}} = \sqrt{\frac{l^2-b^2}{3}} \quad \cdots\cdots (8.82)$$

이때 최대처짐 δ_{max}은 점 E에서 접선으로 벗어난 점 A의 처짐량과 같으므로 다음과 같이 계산된다.

$$\delta_x = \frac{Pbx^2}{2lEI} \times \frac{2x}{3} = \frac{Pbx^3}{3lEI}$$

$$\therefore \delta_{max} = \frac{Pb}{3lEI}\left(\sqrt{\frac{l^2-b^2}{3}}\right)^3 = \frac{Pb\sqrt{(l^2-b^2)^3}}{9\sqrt{3}\,lEI} \quad \cdots\cdots (8.83)$$

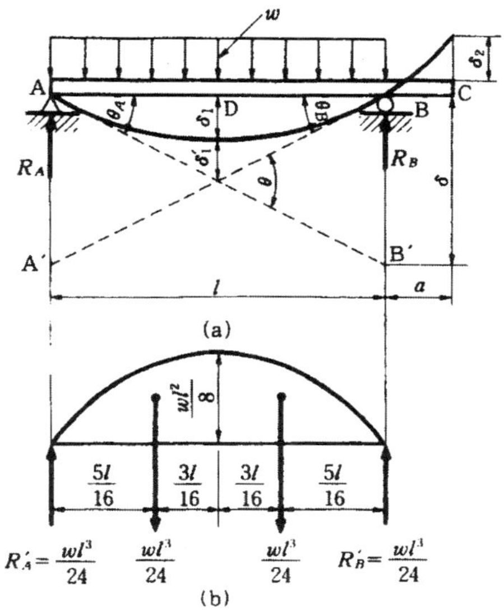

그림 8-27 균일분포하중을 받는 단순보의 처짐

④ **단순보**(Simple beam)**에 균일분포하중이 작용할 경우**

그림 8-27과 같이 길이가 l인 단순보(simple beam)에 w의 균일분포하중이 작용할 때 이 보의 AB의 중앙점에서 처짐 δ_1과 자유단 C의 처짐 δ_2를 면적모멘트법에 의하여 구하면 다음과 같다.

$$R_A = R_B = \frac{wl}{2}, \qquad M_x = R_A \cdot x = \frac{wx}{2} = \frac{wlx}{2} - \frac{wx^2}{2}$$

㉠ **모멘트면적** : A_M

굽힘모멘트선도(b)가 x의 2차방정식이므로 밑변이 l, 높이가 $wl^2/8$인 4각단면의 2/3가 되기 때문에 A_M은 다음과 같다.

$$A_M = \frac{2}{3}bh = l \times \frac{wl^2}{8} \times \frac{2}{3} = \frac{wl^3}{12}$$

㉡ **처짐각**(deflection angle) : θ

A점에서 접선과 점 B의 연직선의 교차점인 B′까지의 처짐 δ는

$$\delta = \frac{A_M}{EI}\bar{x} = \frac{1}{EI} \times \frac{wl^3}{12} \times \frac{l}{2} = \frac{wl^4}{24EI}$$

△ABB′에서 처짐각이 미소각이므로

$$\theta_A \fallingdotseq \tan\theta_A \fallingdotseq \frac{\delta}{l} = \frac{wl^3}{24EI} \qquad \cdots\cdots(8.84)$$

$$\theta_A \times \frac{l}{2} = \frac{wl^3}{24EI} \times \frac{l}{2} = \frac{wl^4}{48EI} = \delta_1 + \delta_1{}'$$

$$\theta = \frac{A_M}{EI} = \frac{1}{EI} \times \frac{wl^3}{12} = \frac{wl^2}{12EI}$$

$$\theta_B = \theta_A - \theta = \frac{wl^3}{24EI} - \frac{wl^3}{12EI} = -\frac{wl^3}{24EI} \quad \cdots\cdots(8.85)$$

㉢ **반력** : R

굽힘모멘트선도(b)를 분포하중으로 하고 A_1B_1이 단순지지보라고 가정한다면 A_1점과 B_1에서의 반력은 다음과 같다.

$$R_A{}' = A_M \cdot \frac{1}{2} = \frac{wl^3}{12} \times \frac{1}{2} = \frac{wl^3}{24}, \qquad R_B{}' = A_M \cdot \frac{1}{2} = \frac{wl^3}{24}$$

양단에서의 처짐각은 공액보(conjugation beam) 양단에서의 반력을 EI로 나눈 것과 같은 값이다. 또한 처짐(deflection)은 보(beam)의 단면에 대응하는 공액보의 굽힘모멘트 M'를 EI로 나눈 값으로 표시한다.

㉣ **처짐**(deflection) : δ

단순보에 균일분포하중이 작용할 경우 최대처짐은 보(beam)의 중앙에서 발생하므로

$$\delta_{max} = \delta_1 = \frac{M_D{}'}{EI} = \frac{1}{EI}\left(R_A{}' \times \frac{l}{2} - \frac{A_M}{2} \times \frac{1}{2} \times \frac{3}{8}l\right)$$

$$= \frac{1}{EI}\left(\frac{wl^3}{2} \times \frac{l}{2} - \frac{\frac{wl^3}{12}}{2} \times \frac{1}{2} \times \frac{3}{8}l\right) = \frac{5wl^4}{384EI} \quad \cdots\cdots(8.86)$$

$$\delta_1{}' = \frac{1}{EI} \times \frac{2}{3} \times \frac{l}{2} \times \frac{wl^2}{8} \times \frac{3l}{16} = \frac{wl^4}{128EI}, \qquad \delta_2 = -\theta_B \times a = \frac{wal^3}{24EI}$$

⑤ **단순보**(Simple beam)**에 삼각형분포하중이 작용할 경우**

그림 8-28과 같이 길이 l인 단순보 AB에 삼각형분포하중이 작용되고 있을 때 A단에서 탄성선의 경사각 θ_A와 최대처짐이 일어나는 점의 위치와 그 점의 처짐량을 면적모멘트법에 의하여 구하면 다음과 같다.

$$R_A = \frac{w_0 l}{6}, \qquad R_B = \frac{w_0 l}{3}, \qquad M_x = \frac{w_0 l}{6}x - \frac{w_0 x^3}{6l}$$

㉠ **굽힘모멘트의 전체면적** : A_M

$$A_M = \int_0^l \left(\frac{w_0 lx}{6} - \frac{w_0 x^3}{6l}\right)dx = \left[\frac{w_0 lx^2}{12} - \frac{wx^4}{24l}\right]_0^l = \frac{w_0 l^3}{24}$$

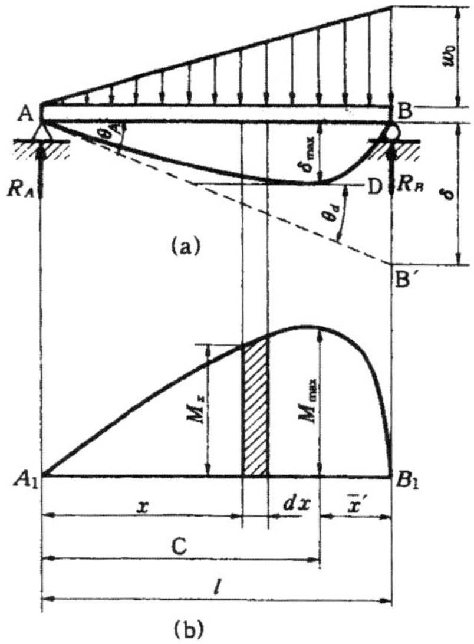

그림 8-28 삼각형 분포하중을 받는 단순보의 처짐

㉡ **처짐각**(deflection angle) : θ

$$\mathrm{BB'} = \delta = \frac{1}{EI}\left(\frac{w_0 l^3}{24} \times \frac{7l}{15}\right) = \frac{7w_0 l^4}{360EI}$$

$$\theta_A = \frac{\mathrm{BB'}}{l} = \frac{7w_0 l^3}{360EI} \quad \cdots\cdots (8.87)$$

점 D에서의 접선과 점 A에서 이루는 각 θ_d는

$$\theta_d = \frac{1}{EI}(\text{점 A에서 점 D까지의 굽힘모멘트의 전체면적})$$

$$= \frac{1}{EI}\int_0^x M_x dx = \frac{1}{EI}\int_0^x \left(\frac{w_0 lx}{6} - \frac{wx^3}{6l}\right)dx$$

$$= \frac{1}{EI}\left[\frac{w_0 l \cdot x^2}{12} - \frac{w_0 x^4}{24l}\right]_0^l = \frac{w_0 lx^2}{12EI} - \frac{w_0 x^4}{24lEI} \quad \cdots\cdots (8.88)$$

㉢ **굽힘모멘트선도**(B.M.D)**의 도심을 구하기 위한 1차모멘트** : G_x

$x^2 = X$로 치환하여 x의 값을 구하면 다음과 같다.

$$\frac{w_0 X^2}{24l} - \frac{w_0 X}{12} + \frac{7w_0 l^3}{360} = 0, \qquad X = l^2 \pm 0.73l^2$$

$$X = 1.73l^2 \text{ 또는 } 0.27l^2, \qquad x = \sqrt{X} = 0.5196l$$

따라서 전체 굽힘모멘트선도의 도심을 구하기 위한 1차모멘트 G_x를 구하면

$$G_x = \int_0^l M_x dx(c-x) = \int_0^l \left(\frac{w_0 lx}{6} - \frac{w_0 x^3}{6l}\right)(c-x)dx$$

$$= \frac{w_0}{6}\int_0^l \left(clx - lx^2 - \frac{cx^3}{l} + \frac{x^4}{l}\right)dx = \frac{w_0}{6}\left[\frac{clx^2}{2} - \frac{lx^3}{3} - \frac{cx^4}{4l} + \frac{x^5}{5l}\right]_0^l$$

$$= \frac{w_0}{6}\left(\frac{cl^3}{2} - \frac{l^4}{3} - \frac{cl^3}{4} + \frac{l^4}{5}\right)$$

도심을 지나는 1차모멘트는 0이 되므로

$$\frac{w_0}{6}\left(\frac{2cl^3}{4} - \frac{cl^3}{4} - \frac{5l^4}{15} + \frac{3l^4}{15}\right) = 0 \qquad \therefore\ c = \frac{8l}{15}$$

$$\therefore\ \bar{x} = l - c = l - \frac{8}{15}l = \frac{7}{15}l$$

최대모멘트가 발생하는 위치는 곧 최대처짐이 일어나는 $x = 0.519l$인 곳이다.

㉣ **최대처짐**(maximum deflection) : δ_{max}

굽힘모멘트선도(B.M.D)에서 0으로부터 $0.519l$까지의 굽힘모멘트의 전체면적 A_{max}은

$$A_{max} = \int_0^{0.519l}\left(\frac{w_0 lx}{6} - \frac{w_0 x^3}{6l}\right)dx = \left[\frac{w_0 lx^2}{12} - \frac{w_0 x^4}{24l}\right]_0^{0.519l} = \frac{0.4635 w_0 l^3}{24}$$

굽힘모멘트선도로부터 0에서 $0.519l$까지 굽힘모멘트면적의 도심 c'는

$$G_x' = \int_0^{0.519l} M_x dx(c'-x) = \frac{w_0}{6}\left[\frac{c'lx^2}{2} - \frac{lx^3}{3} - \frac{c'x^4}{4l} + \frac{x^5}{5l}\right]_0^{0.519l} = 0$$

$c' = 0.34l$이므로

$$\delta_{max} = \frac{1}{EI}A_{max} \times c' = \frac{1}{EI} \times \frac{0.4536 w_0 l^3}{24} \times 0.34l = 0.00652\frac{w_0 l^4}{EI} \quad \cdots(8.89)$$

(3) 공액보인 경우

굽힘모멘트선도를 분포하중으로 가상한 보(beam)를 공액보(conjugate beam)이라 한다.

① **단순보**(Simple beam)**에 집중하중이 작용할 때**

굽힘모멘트선도(B.M.D)의 $\Delta a_1 f_1 b_1$의 면적을 하중으로 생각하여 $a_1 b_1$의 단순보(simple beam)에 분포하중이 작용한 가상보(supposition beam)를 공액보(conjugate beam)라고 한다.

㉠ **반력** : R

그림 (b)에서

$$R_1 = \frac{Pab}{2} \times \frac{l+b}{3} \times \frac{1}{l} = \frac{Pab(l+b)}{6l}$$

$$R_2 = \frac{Pab}{2} \times \frac{l+a}{3} \times \frac{1}{l} = \frac{Pab(l+a)}{6l}$$

㉡ **양단의 처짐각**(deflection angle) : θ

실제보 AB에서 양단의 경사각 θ_A와 θ_B는 가상보의 반력들을 굽힘 강성계수 EI로 나눈 것과 같다. 즉

$$\theta_A = \frac{R_1}{EI} = \frac{Pab(l+b)}{6lEI} \quad \cdots\cdots (8.93)$$

$$-\theta_B = \frac{R_2}{EI} = \frac{Pab(l+a)}{6lEI} \quad \cdots\cdots (8.94)$$

㉢ **처짐량**(deflection) : δ

임의점 d에서 처짐량 $y = cd$는

$$y = \overline{ce} - \overline{de} = \theta_A x = \frac{1}{EI}\left(a_1 mn \times \frac{x}{3}\right) = \frac{1}{EI}\left\{\frac{Pab(l+b)x}{6l} - \frac{Pbx}{l} \cdot x \cdot \frac{1}{2} \cdot \frac{x}{3}\right\}$$

$$= \frac{Pbx}{6lEI}\{a(l+b) - x^2\} = \frac{Pbx}{6lEI}(l^2 - b^2 - x^2)$$

그러므로 집중하중 P가 작용하는 위치에서 최대처짐이 발생하므로 다음과 같이 구할 수 있다. 즉

$$\delta = y|_{x=a} = \frac{Pab}{6lEI}(l^2 - b^2 - a^2) = \frac{Pa^2b^2}{3lEI} \quad \cdots\cdots (8.95)$$

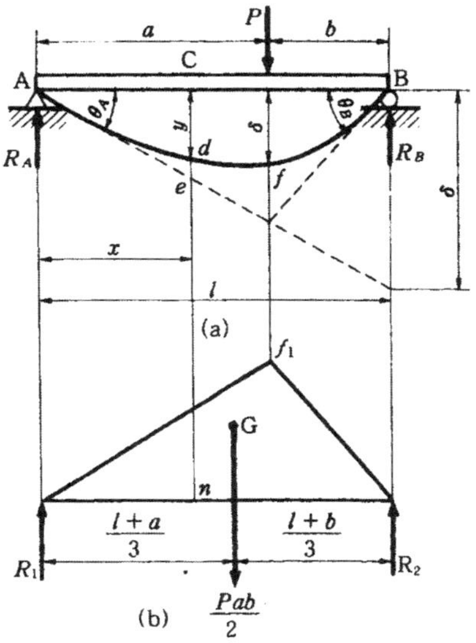

그림 8-30 집중하중을 받는 단순보의 처짐량

② **단순보**(Simple beam)**에 균일분포하중이 작용할 때**

단순보 AB의 반력 : $R_A = R_B = \dfrac{wl}{2}$

굽힘모멘트 : $M_x = R_A \cdot x - \dfrac{wx^2}{2}$, $M_{\max}\Big|_{x=\frac{l}{2}} = \dfrac{wl}{2} \cdot \dfrac{l}{2} - \dfrac{w}{2}\left(\dfrac{l}{2}\right)^2 = \dfrac{wl^2}{8}$

그림 (b)의 공액보 a_1b_1을 생각하면 도형의 형상에서

포물선형의 면적 : $A = \dfrac{2}{3}bh$

포물선형에서 도심까지의 거리 : $\bar{x} = \dfrac{3}{8}b$

전가상 면적의 하중 : $A = \dfrac{2}{3} \times l \times \dfrac{wl^2}{8} = \dfrac{wl^3}{12}$

중심으로부터 $\bar{x}$: $\bar{x} = \dfrac{3}{8} \times \dfrac{l}{2} = \dfrac{3l}{16}$

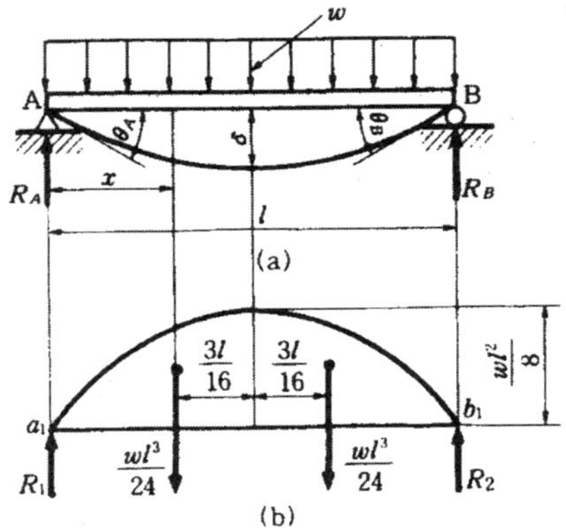

그림 8-31 균일분포하중을 받는 단순보의 처짐량

㉠ **공액보**(conjugate beam)**의 반력**

$$R_1 = R_2 = \frac{wl^2}{12} \times \frac{l}{2} = \frac{wl^3}{24}$$

㉡ **양단의 기울기**

$$\theta_A = -\theta_B = \frac{R_1}{EI} = \frac{wl^3}{24EI} \quad \cdots\cdots(8.96)$$

㉢ **처짐량**(deflection) : δ(중앙점의 처짐량은)

$$\delta = y\Big|_{x=\frac{l}{2}} = \theta_A \cdot \frac{l}{2} - \frac{wl^3}{24EI} \times \frac{3l}{16} = \frac{wl^3}{24EI}\left(\frac{l}{2} - \frac{3l}{16}\right) = \frac{5wl^4}{384EI} \quad \cdots\cdots(8.97)$$

③ **단순보**(Simple beam)**에 여러개의 집중하중이 작용할 때**

그림 8-32와 같이 길이가 l인 단순보(simple beam) AB에 집중하중 P가 작용할 경우 이 보의 양단인 경사각 θ와 하중의 작용점 및 중앙점의 처짐량(deflection) δ를 구하면 다음과 같다.

㉠ **단순보 AB의 반력** : $R_A = R_B = P$

㉡ a_1b_1**의 공액보와 굽힘모멘트선도**(B.M.D) : 그림 (b)와 같다.

㉢ **굽힘모멘트의 면적** : A_M

$$A_M = Px(l-2x) + Px \times x = Plx - 2Px^2 + Px^2 = Px(l-x)$$

㉣ **공액보의 반력** : R

$$R_1 = R_2 = \frac{Px(l-x)}{2}$$

㉤ **양단의 경사각** : θ

$$\theta_A = -\theta_B = \frac{1}{EI} \times \frac{Px(l-x)}{2} \quad \cdots\cdots(8.98)$$

㉥ **처짐량**(deflection) : δ

•하중의 작용점 D의 처짐량 : y_x

$$y_x = \frac{1}{EI}\left\{\frac{Px^2(l-x)}{2} - \frac{Px^2}{2} \times \frac{x}{3}\right\} = \frac{Px^2}{EI}\left(\frac{l}{2} - \frac{x}{2} - \frac{x}{6}\right) = \frac{Px^2}{EI}\left(\frac{l}{2} - \frac{2x}{3}\right)$$

$$= \frac{Px^2}{6EI}(3l - 4x) \quad \cdots\cdots(8.99)$$

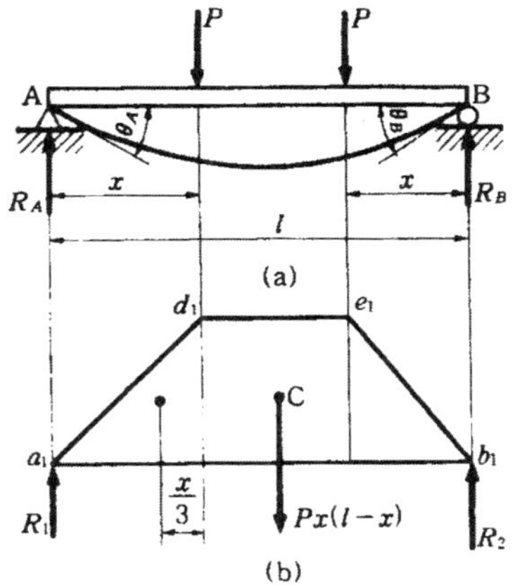

그림 8-32 여러 개의 집중하중을 받는 단순보의 처짐량

•중앙점의 처짐량 : δ

$$\delta = y\Big|_{x=\frac{l}{2}} = \frac{1}{EI}\left\{R_1\frac{l}{2} - \frac{Px^2}{2}\left(\frac{l}{2} - \frac{2x}{3}\right) - Px\left(\frac{l}{2} - x\right)\frac{1}{2}\left(\frac{l}{2} - x\right)\right\}$$

$$= \frac{1}{EI}\left\{\frac{Px(l-x)l}{4} - \frac{Px^2}{12}(3l - 4x) - \frac{Px}{2}\left(\frac{l}{4} - lx + x^2\right)\right\}$$

$$= \frac{Px}{24EI}(6l^2 - 6lx - 6lx + 8x^2 - 3l^2 - 12lx - 12x^2)$$

$$= \frac{Px}{24EI}(3l - 4x^2) \qquad \cdots\cdots(8.100)$$

또는 중앙점의 처짐량을 y라고 한다면

$$y_1 = \frac{Px}{48EI}(3l^2 - 4x^2), \qquad y_2 = \frac{Px}{48EI}(3l^2 - 4x^2)$$

$$\therefore\ y = y_1 + y_2 = 2\frac{Px}{48EI}(3l^2 - 4x^2) = \frac{Px}{24EI}(3l^2 - 4x^2) \qquad \cdots\cdots(8.100')$$

예제문제

01 그림과 같은 단순보(simple beam)에 등분포하중이 작용할 때 처짐과 처짐각을 면적모멘트법에 의해서 구하라.

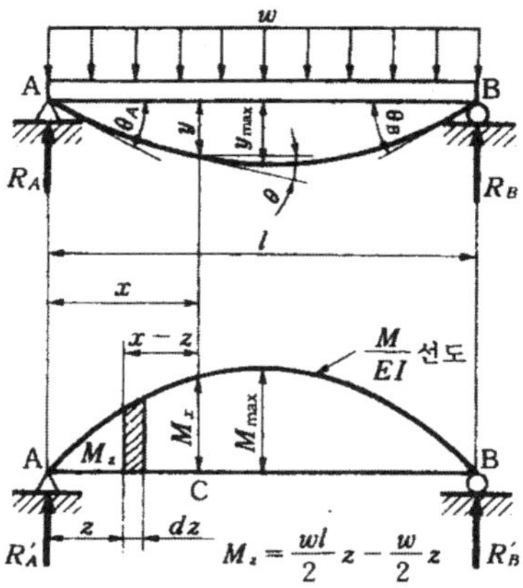

해설 (1) 처짐각 : θ

$$\theta = \frac{1}{EI}(R_A' - A_{AC})$$

$$R_A = \frac{1}{2}\times\frac{2}{3}l\times M_{\max} = \frac{1}{2}(\text{모멘트 면적})$$

$$= \frac{1}{2}\times\frac{2}{3}l\times\frac{wl^2}{8} = \frac{wl^3}{24}$$

$$A_{AC} = \int_0^x M_x dz = \int_0^x\left(\frac{wl}{2}z - \frac{w}{2}z\right)dz$$

$$= \left[\frac{wl}{2}\cdot\frac{z^2}{2} - \frac{w}{2}\cdot\frac{z^3}{3}\right] = \frac{wl}{4}x^2 - \frac{w}{6}x^3$$

$$\therefore\ \theta = \frac{1}{EI}\left(\frac{wl^3}{24} - \frac{wl}{4}x^2 + \frac{w}{6}x^3\right)$$

$$= \frac{wl^3}{24}\left\{1 - 6\left(\frac{x}{l}\right)^2 + 4\left(\frac{x}{l}\right)^3\right\}$$

$$\theta_A = \frac{wl^3}{24EI}(x = 0\text{이면}) \qquad \therefore\ \theta_B = -\frac{wl^3}{24EI}(l = 0\text{이면})$$

(2) 처짐 : y

$$y = \frac{1}{EI}M_x' = \frac{1}{EI}\{R_A'x - A_{AC}x - z\}$$

$$= \frac{1}{EI}\left\{R_A'x - \int_0^x M_z dz(x - z)\right\} = \frac{1}{EI}\left\{\frac{wl^3}{24}x - \int_0^x\frac{1}{2}wz(l - \bar{z})(x - \bar{z})\right\}$$

$$= \frac{1}{EI}\left\{\frac{wl^3}{24}x - \int_0^x\left(\frac{wl}{2}xz - \frac{wl}{2}z^2 - \frac{w}{2}xz^2 + \frac{w}{2}z^3\right)\right\}$$

$$= \frac{1}{EI}\left\{\frac{wl^3}{24}x - \left(\frac{wl}{4}x^3 - -\frac{wl}{6}x^3 - \frac{w}{6}x^4 + \frac{w}{8}x^4\right)\right\} = \frac{1}{EI}\left\{\frac{wl^4}{24}x - \left(\frac{2wl}{24}x^3 - \frac{w}{24}x^4\right)\right\}$$

$$\therefore y = \frac{wl^4}{24EI}\left\{\frac{x}{l} - 2\left(\frac{x}{l}\right)^3 + \left(\frac{x^4}{l}\right)\right\}$$

처짐은 중앙에서 최대가 되므로 $\frac{x}{l} = \frac{1}{2}$을 대입하면 다음 식과 같다.

$$\therefore y_{\max} = \frac{5wl^4}{384EI}$$

02 그림과 같이 단순보(simple beam)에 등분포하중이 작용할 때 처짐각 θ_A와 최대처짐량 $y_{\max}$를 구하라. (단, $EI = 7 \times 10^8$kg · cm이다.)

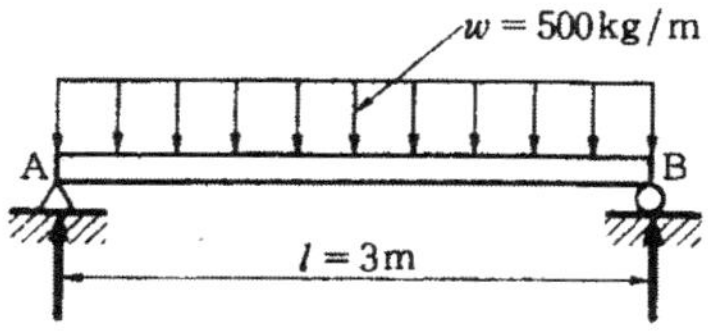

해설 (1) 처짐각 : θ

$$w = 500\text{kg/m} = 5\text{kg/cm}$$

$$\theta_A = \frac{wl^3}{24EI} = \frac{5 \times (300)^3}{24 \times 7 \times 10^8} = \frac{5 \times 27 \times 10^6}{24 \times 7 \times 10^8} = 0.008\text{rad}$$

$$\therefore \theta_A = 0.008 \times \frac{180}{\pi} \times 60' = 27'$$

(2) 최대처짐 : $y_{\max}$

$$y_{\max} = \frac{5wl^4}{384EI} = \frac{5 \times 5 \times (300)^4}{384 \times 7 \times 10^8} = 0.75\text{cm}$$

03 그림과 같은 단순보(simple beam)에 집중하중이 작용할 때 점 A, B의 처짐각과 최대처짐을 면적모멘트법으로 구하라.

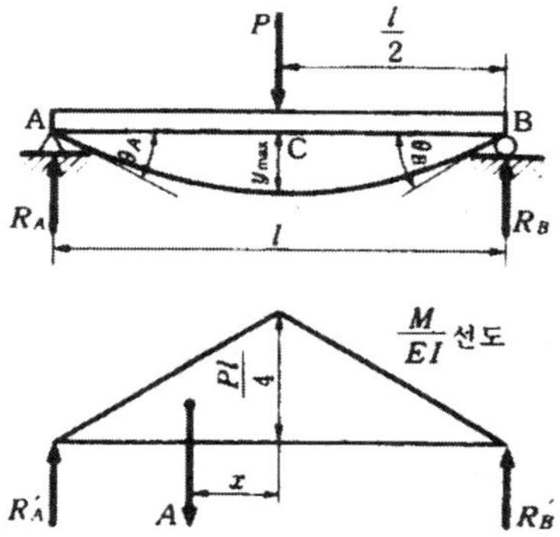

해설 (1) 처짐각 : θ

$$\theta = \frac{A}{EI} = \frac{R_A'}{EI} \text{ 에서}$$

$$R_A' = \frac{1}{2} \times (\text{모멘트선도의 면적})$$

$$= \frac{1}{2} \times \frac{Pl}{4} \times l \times \frac{1}{2} = \frac{Pl^2}{176} = A$$

대칭이므로

$$R_B' = \frac{Pl^2}{16} \qquad \therefore \theta_A = \frac{R_A'}{EI} = \frac{Pl^2}{16EI}$$

$$\therefore \theta_B = \frac{R_B'}{EI} = \frac{Pl^2}{16EI}$$

(2) 최대처짐 : $y_{\max}$

$$y_{\max} = \frac{1}{EI}\left(R_A' \times \frac{l}{2} - A \times \frac{1}{3} \times \frac{1}{2}\right)$$

$$= \frac{1}{EI}R_A'\left(\frac{l}{2} - \frac{l}{6}\right) = \frac{1}{EI}R_A' \times \frac{l}{3} = \frac{1}{EI} \times \frac{Pl}{16} \times \frac{l}{3} \qquad \therefore y_{\max} = \frac{Pl^3}{48EI}$$

04 그림과 같은 단순보(simple beam)에 집중하중이 작용할 때 처짐각과 처짐을 면적모멘트법에 의해서 구하라.

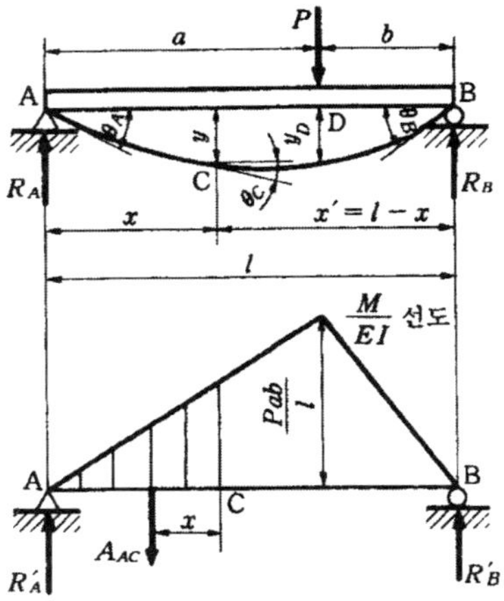

해설 (1) 처짐각(deflection angle) : θ

$0 \leqq x \leqq a$일 때, $\theta = \dfrac{1}{EI}(R_A' - A_{AC})$

$$R_A' = \frac{1}{l}\left\{\frac{Pab}{l} \times a \times \frac{1}{2}\left(b + \frac{a}{3}\right) + \frac{Pab}{l} \times b \times \frac{1}{2} \times \frac{2b}{3}\right\}$$

$$= \frac{1}{l}\left\{\frac{Pab}{6l}(3ab + a^2 + b^2)\right\}$$

$$= \frac{1}{l}\left\{\frac{Pab}{6l}(a+b)(a+2b)\right\} = \frac{Pab}{6l}(a+2b)$$

$$A_{AC} = M_x \cdot x \cdot \frac{1}{2} = \frac{Pab}{l} \times x \times x \times \frac{l}{2} = \frac{Pbx^2}{2l}$$

$$\therefore \theta = \frac{1}{EI}\left\{\frac{Pab}{6l}(a+2b) - \frac{Pb}{2l}x^2\right\}$$

$$= \frac{Pb}{6EIl}(l^2 - b^2 - 3x^2) \quad \cdots\cdots ①$$

$a \leqq x \leqq l$일 때 ①식에 $x \to x'$, $b \to a$를 대입하면

$$\therefore \theta = -\frac{Pa}{6EIl}(l^2 - a^2 - 3x^2)$$

$x = 0$이면 $\theta_A = \dfrac{Pb}{6EIl}(l^2 - b^2)$

$x' = 0$이면 $\theta_B = \dfrac{Pa}{6EIl}(l^2 - a^2)$

(2) 처짐(deflection) : y

$0 \leqq x \leqq a$일 때,

$$y = \frac{1}{EI}(R_A'x - A_{AC}x) = \frac{1}{EI}\left\{\frac{Pab}{6l}(a+2b)x - \frac{Pbx^2}{2l}\,\frac{x}{3}\right\} = \frac{Pb}{6EIl}x(l^2 - b^2 - x^2) \quad ②$$

$a \leqq x \leqq l$일 때 ②식에 $x \to x$, $b \to a$를 대입하면

$$y = \frac{Pa}{6EIl}x'(l^2 - a^2 - x'^2) \quad \cdots\cdots ③$$

$a > b$인 경우 최대처짐은 처짐각이 0인 지점이므로 ②식에서

$$\frac{dy}{dx} = \frac{Pb}{6EIl}(l^2 - b^2 - 3x^2) = 0, \quad l^2 - b^2 = 3x^2 \qquad \therefore x\sqrt{\frac{l^2 - b^2}{3}}$$

x값을 ②식에 대입하면

$$\therefore y_{\max} = \delta_{\max} = \frac{Pb}{27EIl}\sqrt{3(l^2 - b^2)^3}$$

$x = a$를 ②식에 대입하면 $\therefore y_D = \delta_L = \dfrac{Pa^2b^2}{3EIl}$

05 다음 그림과 같은 단순보(simple beam)에 집중하중이 작용할 때 점 A, B의 처짐각과 점 C, D, E의 처짐을 구하라. (단, $E = 2.1 \times 10^6$kg/cm², $I = 1.5 \times 10^5$cm⁴이다.)

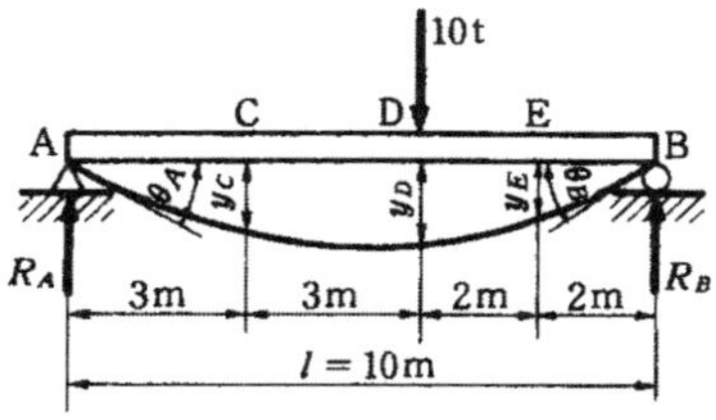

해설 (1) 처짐각 : θ_A, θ_B

$$\theta_A = \frac{Pb}{6EIl}(l^2 - b^2) = \frac{10,000 \times 400\{(1,000)^2 - (400)^2\}}{6 \times 2.1 \times 10^6 \times 1.5 \times 10^5 \times 1,000}$$

$$= \frac{1 \times 4 \times 8.4 \times 10^{11}}{6 \times 2.1 \times 1.5 \times 10^{14}} = 1.8 \times 10^{-3}\text{rad}$$

$$\therefore \theta_A = 1.8 \times 10^{-3} \times \frac{180°}{\pi} \times 60' \fallingdotseq 6'$$

$$\theta_B = -\frac{Pa}{6EIl}(l^2 - b^2) = -\frac{10,000 \times 600 \times \{(1,000)^2 - (600)^2\}}{6 \times 2.1 \times 1.5 \times 10^{14}}$$

$$= \frac{1 \times 6 \times 6.4 \times 10^{11}}{6 \times 2.1 \times 1.5 \times 10^{14}} = 2 \times 10^{-3}\text{rad}$$

(2) 처짐 : y_c, y_D, y_E

$$y_c = \frac{Pb}{6EIl} \cdot x(l^2 - b^2 - x^2)$$

$$= \frac{10,000 \times 400 \times 300\{(1,000)^2 - (400)^2 - (300)^2\}}{6 \times 2.1 \times 10^6 \times 1.5 \times 10^6 \times 10^3} = \frac{4 \times 3 \times 7.5 \times 10^{13}}{6 \times 2.1 \times 1.5 \times 10^{14}} = 0.48\text{cm}$$

$$y_D = \frac{Pa^2b^2}{3ElI} = \frac{10,000 \times (600)^2 \times (400)^2}{3 \times 2.1 \times 1.5 \times 10^{14}} = 0.61\text{cm}$$

$$y_E = \frac{Pa}{6EIl}x'(l^2 - a^2 - x'^2)$$

$$= \frac{10,000 \times 600 \times 200}{6 \times 2.1 \times 10^6 \times 1.5 \times 10^5 \times 10^3}\{(1,000)^2 - (600)^2 - (200)^2\} = 0.38\text{cm}$$

06 그림과 같은 단순보(simple beam)에서 점 C, D의 처짐을 구하라. (단, $I = 7.6 \times 10^4\text{cm}^4$, $E = 2.1 \times 10^6$kg/cm²이다.)

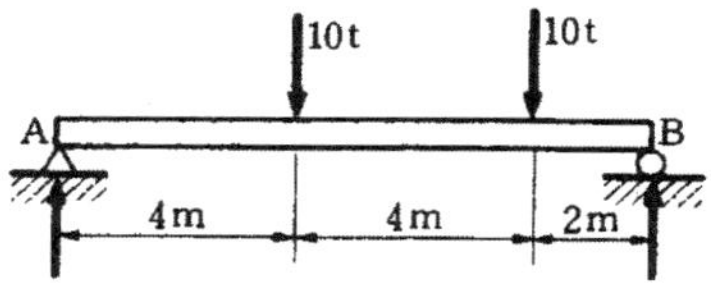

해설

$$y_C = \frac{Pa^2b^2}{3EIl} + \frac{Pb}{6EIl} \cdot x(l^2 - b^2 - x^2) = \frac{1}{EI}\left(\frac{10 \times 4^2 \times 6^2}{3 \times 10} + \frac{10 \times 2 \times 4}{6 \times 10}\right)(10^2 - 2^2 - 4^2)$$

$$= \frac{1}{EI}(192 + 107) = \frac{1}{15,960}(299) = 1.9\text{cm}$$

$$y_D = \frac{Pa}{6EIl}x'(l^2 - a^2 - x'^2) + \frac{Pa^2b^2}{3EIl}$$

$$= \frac{1}{EI}\left\{\frac{10 \times 4 \times 2}{6 \times 10}(10^2 - 4^2 - 2^2) + \frac{10 \times 8^2 \times 2^2}{3 \times 10}\right\} = \frac{1}{15,960}(107 + 85.3) = 1.2\text{cm}$$

07 다음 그림과 같은 캔틸레버보(cantilever beam)의 자유단의 처짐(deflection)과 처짐각(deflection angle)을 구하고 C점의 처짐을 면적모멘트법(area moment method)에 의하여 구하라.

해설 $M_A = Pl$, $\quad M_C = \frac{Pl}{2}$, $\quad A = \frac{1}{2} \times M_A \times l = \frac{Pl^3}{2}$

$$\therefore \theta_B = \frac{A}{EI} = \frac{Pl^2}{2EI}$$

$$\therefore y_B = \frac{1}{EI}\left(A\times\frac{2}{3}l\right) = \frac{1}{EI}\left(\frac{Pl^2}{2}\times\frac{2l}{3}\right) = \frac{Pl^3}{3EI}$$

$$\therefore y_C = \frac{1}{EI}\left(\frac{M_A+M_C}{2}\times\frac{l}{2}\right)\times\frac{5}{9}\times\frac{l}{2}$$

$$= \frac{1}{EI}\left\{\frac{1}{2}\times\left(Pl\times\frac{Pl}{2}\right)\times\frac{l}{2}\times\frac{5}{9}\times\frac{l}{2}\right\}$$

$$= \frac{5Pl^3}{48EI}$$

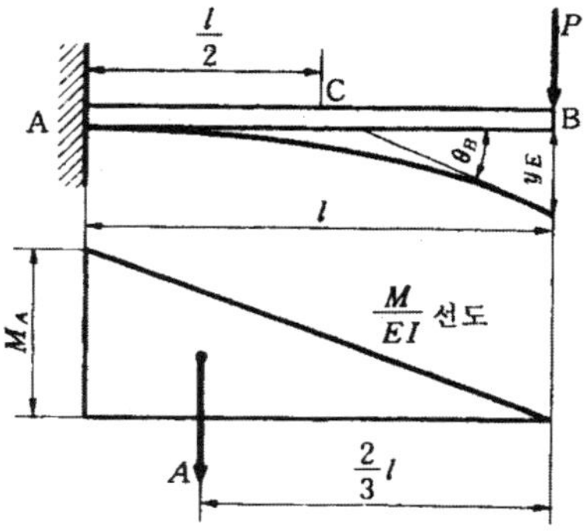

08 그림과 같은 캔틸레버보(cantilever beam)의 B, C점의 처짐각(deflection angle)과 처짐(deflection)을 면적모멘트법(area moment method)에 의하여 구하라.

해설 $M_A = \frac{Pl}{2}$, $A = \frac{1}{2}\times M_A\times\frac{l}{2} = \frac{l}{4}\times\frac{Pl}{2} = \frac{Pl^2}{8}$

$$\therefore \theta_C = \theta_B = \frac{A}{EI} = \frac{Pl^2}{8EI}$$

$$\therefore y_C = \frac{1}{EI}A\times\frac{l}{3} = \frac{1}{EI}\times\frac{Pl^2}{8}\times\frac{1}{3} = \frac{Pl^3}{24EI}$$

$$\therefore y_B = \frac{1}{EI}\left(A\times\frac{5l}{6}\right) = \frac{1}{EI}\times\frac{Pl^2}{8}\times\frac{5l}{6} = \frac{5Pl^3}{48EI}$$

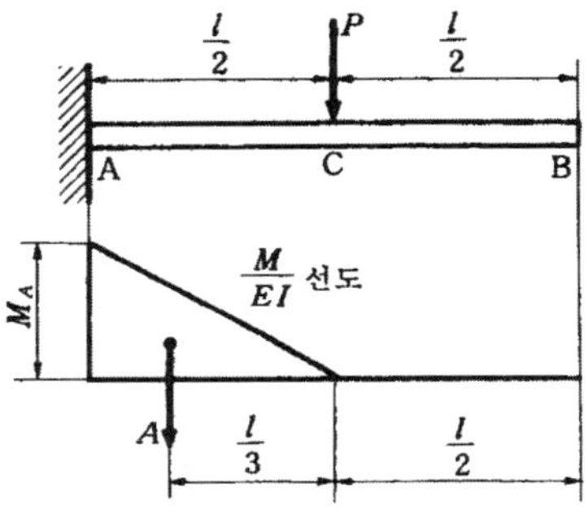

09 다음 그림과 같은 외팔보(cantilever beam)의 모멘트하중(moment load)이 작용할 때 B점의 처짐각(deflection angle)과 처짐(deflection)을 구하라.

해설 $M_A = M$, $A = Ml$

$$\therefore \theta_B = \frac{A}{EI} = \frac{Ml}{EI}$$

$$\therefore y_B = \frac{1}{EI}\left(A\times\frac{l}{2}\right) = \frac{Ml^2}{2EI}$$

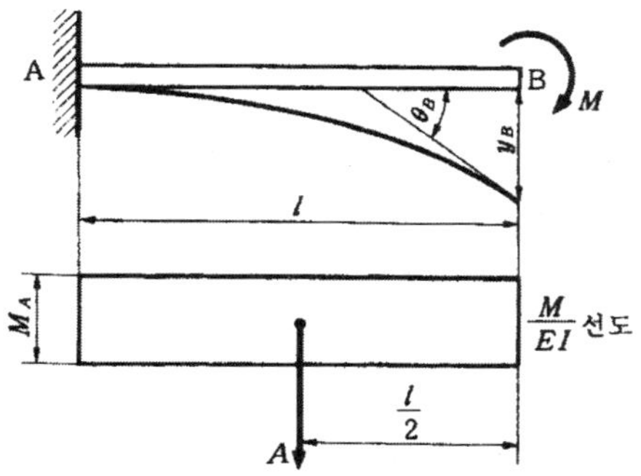

10 그림과 같은 등분포하중을 받는 캔틸레버보(cantilever beam)의 임의점에서 처짐(deflection)과 처짐각을 구하고 최대처짐(maximum deflection)과 최대처짐각(maximum deflection angle)을 구하라.

해설

$$M_A = \frac{wl^2}{2}, \quad A = \frac{1}{3}\times M_A \times l = \frac{1}{3}\times\frac{wl^2}{2}\times l = \frac{wl^3}{6}, \quad M_x = \frac{wx^2}{2}$$

$$A_x = \frac{1}{3}\times M_x \times x = \frac{1}{3}\times\frac{wl^2}{2}\times\frac{wl^3}{6}$$

(1) 처짐각(deflection angle) : θ

$$\theta_x = \frac{A - A_x}{EI} = \frac{1}{EI}\left(\frac{wl^3}{6} - \frac{wx^3}{6}\right)$$

$x = 0$이면 $\therefore \theta_B = \dfrac{wl^3}{6EI}$

$x = l$이면

$\therefore \theta_A = 0$(고정단에서는 처짐각이 0이다.)

(2) 처짐(deflection) : y

$$y_x = \frac{1}{EI}\left(A\times\frac{3l}{4} - A_x\times\frac{3x}{4}\right)$$

$$= \frac{1}{EI}\left(\frac{wl^3}{6}\times\frac{3l}{4} - \frac{wx^3}{6}\times\frac{3x}{4}\right)$$

$$= \frac{1}{EI}\left(\frac{wl^4}{8} - \frac{wx^4}{8}\right)$$

$x = 0$이면 $\therefore y_{\max} = y_B = \dfrac{wl^4}{8EI}$

$x = l$이면 $\therefore y_A = 0$

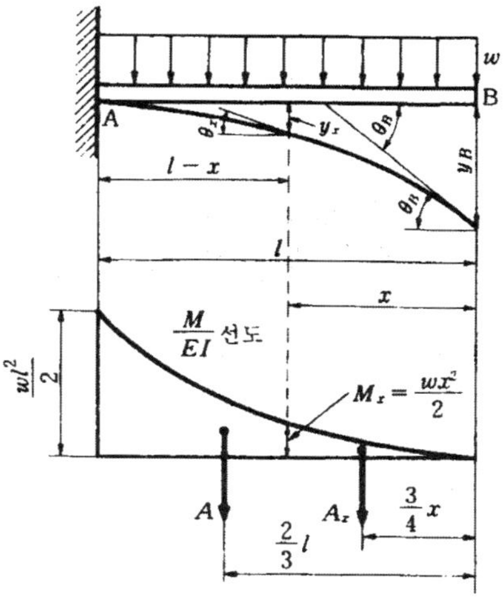

11 그림과 같은 캔틸레버보(cantilever beam)에서 점 C의 처짐각과 처짐, 점 B의 처짐각과 처짐을 면적모멘트법(area moment method)에 의하여 구하라.

해설

$$M_A = \frac{wa^2}{2}$$

$$A = \frac{1}{3}\times M_A \times a = \frac{1}{3}\times\frac{wa^2}{2}\times a = \frac{wa^3}{6}$$

$$\theta_C = \frac{A}{EI} = \frac{wa^3}{6EI}$$

$$y_C = \frac{1}{EI}A\times\frac{3}{4}a = \frac{wa^4}{8EI}$$

$$\theta_B = \frac{A}{EI} = \frac{wa^3}{6EI}$$

$$y_B = \frac{A}{EI}\times\left(l - \frac{a}{4}\right) = \frac{wa^3}{6EI}\left(l - \frac{a}{4}\right) = \frac{wa^3}{24EI}(4l - a)$$

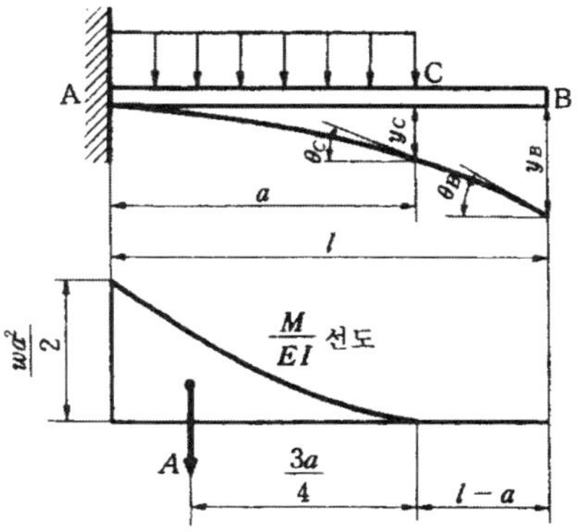

12 그림과 같은 캔틸레버보(cantilever beam)의 처짐각(deflection angle)과 점 B의 처짐(deflection)을 면적모멘트법(area moment method)을 이용하여 구하라.

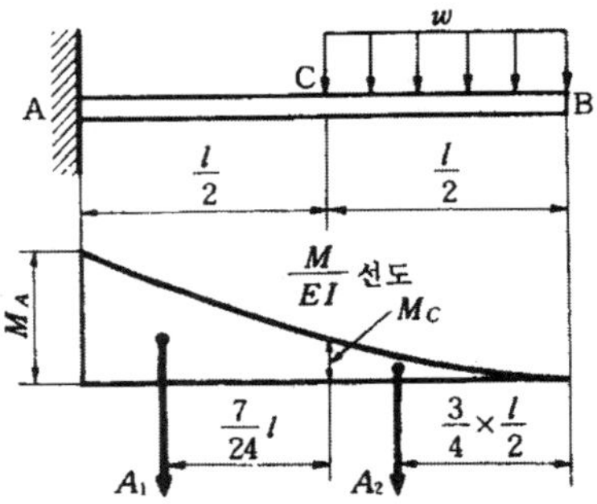

해설

$$M_C = \frac{1}{2}\times w \times \frac{l}{4} = \frac{wl^2}{8}, \quad M_A = \frac{wl}{2}\times\frac{3}{4}l = \frac{3wl^2}{8}$$

$$A_1 = \frac{1}{2}(M_A + M_C)\times\frac{l}{2} = \frac{1}{2}\left(\frac{3wl^2}{8}+\frac{wl^2}{8}\right)\frac{l}{2} = \frac{wl^3}{8}$$

$$A_2 = \frac{1}{3}\times M_C \times \frac{l}{2} = \frac{1}{3}\times\frac{wl^2}{8}\times\frac{l}{2} = \frac{wl^3}{48}$$

$$\theta_B = \frac{1}{EI}(A_1 + A_2) = \frac{1}{EI}\left(\frac{wl^3}{8}+\frac{wl^3}{48}\right) = \frac{7wl^3}{48EI}$$

$$y_B = \frac{1}{EI}\left\{A_1\times\left(\frac{7l}{24}+\frac{l}{2}\right)+A_2\left(\frac{3}{8}l\right)\right\}$$

$$= \frac{1}{EI}\left(\frac{wl^3}{8}\times\frac{19l}{24}+\frac{wl^3}{48}\times\frac{3}{8}l\right)$$

$$= \frac{1}{EI}\left(\frac{19wl^4}{192}+\frac{wl^4}{128}\right) = \frac{41wl^4}{384EI}$$

13 다음 그림은 어떤 단순보(simple beam)의 탄성변형과 굽힘모멘트선도(BMD)를 나타낸 것이다. 이때 면적모멘트법(area moment method)를 이용하여 처짐각 θ 및 처짐 δ를 옳게 표현한 식은 다음 중 어느 것인가? (단, F는 굽힘모멘트선도의 면적 $\overline{x}$는 점 B로부터 모멘트선도의 도심거리, EI는 굽힘강성계수이다.)

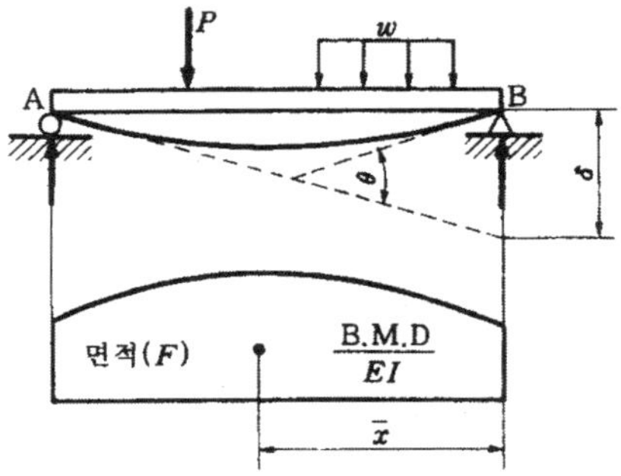

㉮ $\theta = \dfrac{F\cdot\overline{x}}{EI}$, $\delta = \dfrac{F}{EI}$

㉯ $\theta = \dfrac{F}{EI}$, $\delta = \dfrac{F\cdot\overline{x}^2}{EI}$

㉰ $\theta = \dfrac{F\cdot\overline{x}^2}{EI}$, $\delta = \dfrac{F\cdot\overline{x}^2}{EI}$

㉱ $\theta = \dfrac{F}{EI}$, $\delta = \dfrac{F\cdot\overline{x}}{EI}$

해설 (1) 두 점 사이의 접선각(처짐각) : 두 점 사이의 모멘트면적을 $\dfrac{1}{EI}$배 한 것과 같다.

(2) 두 점 사이의 처짐 : 두 점 간의 굽힘모멘트선도(B.M.D)에 대한 단면1차모멘트를 $\dfrac{1}{EI}$배 값과 같다.

Section 03 중첩법

보(beam)에 두 개 이상의 하중이 동시에 작용할 경우 처짐각(deflection angle) 및 처짐량(deflection)은 각각의 하중이 독립적으로 작용할 때 발생하는 처짐각과 처짐량을 합한 결과와 같다. 이러한 해석방법을 중첩법(method of superposition) 또는 겹침법이라고 한다.

1 외팔보(Cantilever beam)인 경우

(1) 여러개의 집중하중을 받는 외팔보

그림 8-33과 같이 길이 l인 외팔보 AB에 집중하중 P_1과 P_2가 작용할 때 중첩법에 의하여 임의점의 처짐(deflection) $y(\delta)$와 자유단 B의 처짐량을 구하면 다음과 같다.
한 개의 보(beam)에 여러 개의 하중이 작용할 때는 각각의 하중에 의한 처짐곡선의 방정식을 구하여 이들을 모두 합하면 된다. 이것이 중첩법의 해라고 한다. 즉

$$y = y_{1(x)} + y_{2(x)} + \cdots\cdots$$

① **P_1에 의한 처짐**(deflection)**과 굽힘모멘트**

$$\left.\begin{aligned} &M_1 = -P_1(a-x), \quad (M_1)_{x=0} = -P_1 \cdot a \\ &\delta_1 = \frac{1}{EI}\cdot\frac{P_1 a\cdot a}{2}\times\left(l-\frac{a}{3}\right) = \frac{P_1 a^2(3l-a)}{6EI} \\ &\text{또는}\ \ \delta_{1(x)} = \frac{P_1 a^2}{2EI}\left(x-\frac{a}{3}\right) = \frac{P_1 a^2(3x-a)}{6EI} \end{aligned}\right\} \quad \cdots\cdots(8.101)$$

② **P_2에 의한 처짐**(deflection)**과 굽힘모멘트**

$$\left.\begin{aligned} &M_2 = -P_2(b-x), \quad (M_2)_{x=0} = -P_2 b \\ &\delta_2 = \frac{1}{EI}\frac{P_2 b\cdot b}{2}\left(l-\frac{b}{3}\right) = \frac{P_2 b^2(3l-b)}{6EI} \\ &\delta_{2(x)} = \frac{1}{EI}\left\{P_2(b-x)\cdot x\frac{x}{2} + P_2 x\frac{x}{2}\cdot\frac{2x}{3}\right\} = \frac{P_2 x}{6EI}(3b-x) \end{aligned}\right\} \quad \cdots\cdots(8.102)$$

③ **기울기각 또는 처짐각**(deflection angle) : θ

$$\theta_1 = \frac{1}{EI}\cdot\frac{P_1 a\cdot a}{2} = \frac{P_1 a^2}{2EI}, \qquad \theta_2 = \frac{1}{EI}\cdot\frac{P_2 b\cdot b}{2} = \frac{P_2 b^2}{2EI}$$

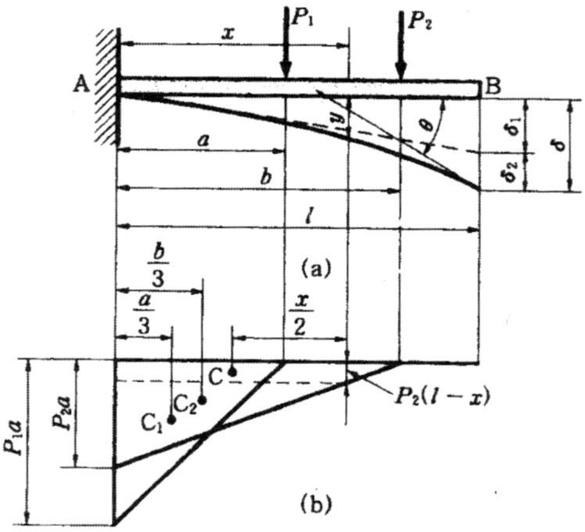

그림 8-33 다수의 집중하중을 받는 외팔보의 처짐량

$$\therefore\ \theta = \theta_1 + \theta_2 = \frac{P_1a^2 + P_2b^2}{2EI}$$

④ **전체처짐량**(total deflection) : δ

$$\delta = \delta_1 + \delta_2 = \frac{P_1a^2(3l-a)}{6EI} + \frac{P_2b^2(3l-b)}{6EI} \quad \cdots\cdots(8.103)$$

$$y = \delta_x = \delta_{1(x)} + \delta_{2(x)} = \frac{P_1a^2(3x-a)}{6EI} + \frac{P_2x^2(3b-x)}{6EI} \quad \cdots\cdots(8.104)$$

만일 $P_1 = P_2 = P,\ a = \frac{l}{3},\ b = \frac{2l}{3}$ 이라면

$$\delta = \frac{2Pl^3}{9EI},\quad \theta = \frac{5Pl^2}{18EI} \quad \cdots\cdots(8.105)$$

(2) 균일분포하중을 받는 외팔보

그림 8-34와 같이 길이가 l인 외팔보(cantilever beam)에 w의 균일분포하중이 작용하고 있을 때, 이 보(beam)의 자유단에서의 처짐량(deflection)은 다음과 같다.

그림 (b)와 같이 분포하중이 미소요소 wdx가 집중하중으로 작용한다고 생각된다면 $d\delta$는 면적모멘트법에 의하여

$$d\delta = \frac{1}{EI}wdx \times x \times \frac{x}{2} \times \left(l - \frac{x}{3}\right) = \frac{wx^2dx}{6EI}(3l-x)$$

이 미소요소는 $x=a$로부터 $x=l$ 사이의 분포하중의 모든 요소들이 각각 그 자유단에 같은 크기의 처짐이 일어나므로 $d\delta$의 값을 적분시키면 자유단의 전체처짐량(total deflection) δ를 얻을 수 있게 된다. 즉

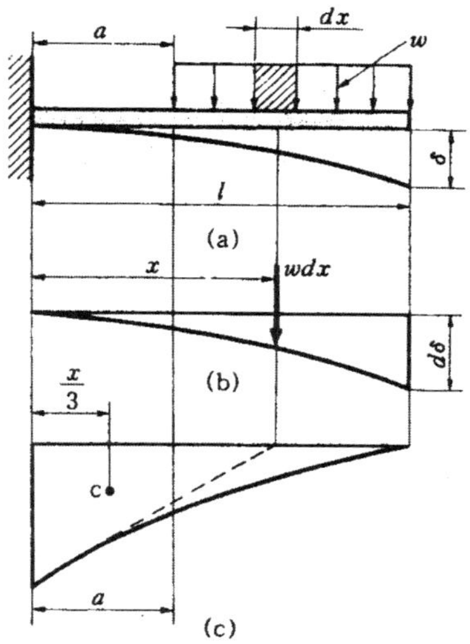

그림 8-34 균일분포하중을 받는 외팔보의 처짐량

$$\delta = \int_a^l \frac{wx^2dx}{6EI}(3l - x) = \frac{w}{24EI}(3l^4 - 4a^3l + a^4) \quad \cdots\cdots (8.106)$$

만약 그 분포하중이 이 보(beam)의 전길이에 작용하고 있다면 $a = 0$이므로

$$\delta = \frac{wl^4}{8EI} \quad \cdots\cdots (8.107)$$

2 단순보(Simple beam)인 경우

(1) 균일분포하중을 받는 단순보

그림 8-36과 같이 길이가 l인 단순보(simple beam)에 균일분포하중 w가 작용할 때 이 보(beam)의 양단의 기울기 θ와 중앙지점에서의 처짐량(deflection) δ를 중첩법에 의해 구하면 다음과 같다.

그림 (b)와 같이 분포하중의 미소요소 wdb가 집중하중으로 작용한다고 한다면 $a_1b_1c_1$의 굽힘모멘트선도(B.M.D)에서

$$d\theta_A \equiv \frac{wdb\,ab}{EIl} \times \frac{l}{2} \times \frac{1}{l} \times \frac{(l+b)}{3} = \frac{wb(l^2 - b^2)db}{6EIl}$$

따라서 전하중으로 인한 기울기각(deflection angle) θ_A는 $b = 0$에서 $b = l$까지의 모든 하중요소 wdb로 인한 기울기의 증가를 합한 것이다. 즉

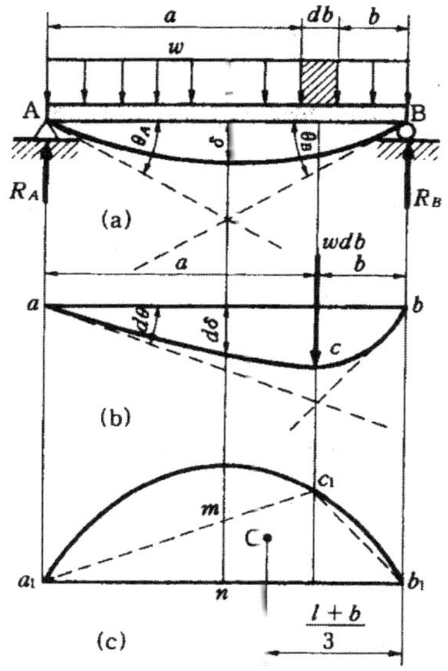

그림 8-36 균일분포하중을 받는 단순보의 처짐량

$$\theta_A = \int_0^l \frac{wb(l^2 - b^2)db}{6lEI} = \frac{w}{6lEI}\left[\frac{l^2b^2}{2} - \frac{b^4}{4}\right]_0^l = \frac{wl^3}{24EI} \quad \cdots\cdots (8.109)$$

미소요소 wdb가 집중하중으로 작용할 때 이로 인하여 중앙부분에 발생하는 처짐 $d\delta$는 다음과 같다.

$$d\delta = (dy)_{x=\frac{l}{2}} = \frac{wdb\,b}{6lEI} \cdot \frac{l}{2}\left\{l^2 - b^2 - \left(\frac{l}{2}\right)^2\right\} = \frac{wdb\,b}{48EI}(3l^2 - 4b^2)$$

중앙점의 오른쪽에 있는 이런 하중요소들이 중앙점에 일으키는 처짐량들을 모두 합하고 이 보의 왼쪽에 있는 하중이 중앙점에 일으키는 처짐량도 오른쪽의 것과 같으므로 다음과 같이 나타낼 수 있다. 즉

$$\delta = (y)_{x=\frac{l}{2}} = 2\int_0^{\frac{l}{2}} \frac{wb}{48EI}(3l^2 - 4b^2) = \frac{w}{24EI}\left[\frac{3l^2b^2}{2} - \frac{4b^2}{4}\right]_0^{\frac{l}{2}}$$

$$= \frac{2}{24}EI\left(\frac{3l^4}{8} - \frac{l^4}{16}\right) = \frac{5wl^4}{384EI} \quad \cdots\cdots (8.110)$$

(2) 양단에 우력이 작용하는 단순보

그림 8-37과 같이 길이가 l인 단순보(simple beam) AB가 양단끝에서 두 우력 M_a와 M_b에 의하여 작용할 때, 양끝의 경사각 θ와 탄성곡선의 처짐곡선의 방정식을 중첩법에 의해 구하여 보면 다음과 같다.

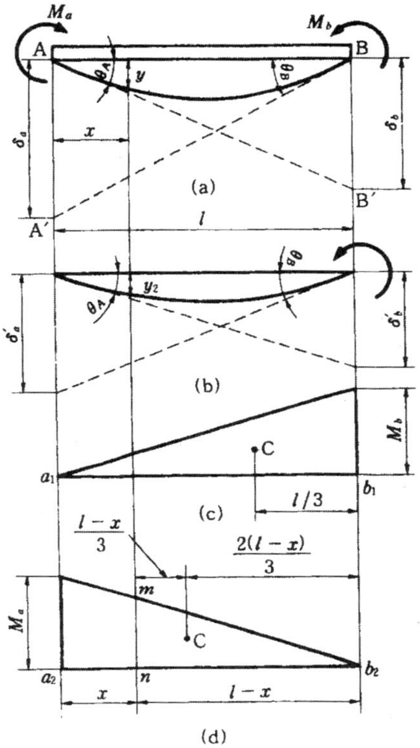

그림 8-37 보의 양단에 우력이 작용할 때의 처짐량

두 우력이 $M_a \gtrless M_b$일 경우 이들을 각각 1개의 우력이 작용할 때의 기울기를 $\theta_A{}'$, $\theta_B{}'$, $\theta_A{}''$와 $\theta_B{}''$라 하고, x거리의 처짐을 y_1과 y_2로 한다면 한쪽 M_b만이 작용할 때 그림 (b)와 (c)에서 θ의 값을 절대값으로 취한다면

$$\theta_A{}'' = \frac{\delta_b{}''}{l} = \frac{1}{EI} \times \frac{M_b l}{1} \times \frac{l}{3} \times \frac{1}{l} = \frac{M_b l}{6EI}$$

$$\theta_B{}'' = \frac{\delta_a{}''}{l} = \frac{1}{EI} \times \frac{M_b l}{2} \times \frac{2l}{3} \times \frac{1}{l} = \frac{M_b l}{3EI}$$

$$y_2 = \theta_A{}'' \cdot x - \Delta a_1 mn\text{의 면적} \times \frac{x}{3} \times \frac{1}{EI}$$

$$= \frac{M_b l}{6EI} x - \frac{1}{EI} \times \frac{M_b x}{l} \frac{x}{2} \times \frac{x}{3} = \frac{M_b l x}{6EI} \left(1 - \frac{x^2}{l^2} \right)$$

M_a만이 작용할 때도 윗식과 같은 방법으로 그림 (d)에서 θ의 값을 절대값으로 취급한다면

$$\theta_A{}' = \frac{M_a l}{3EI}, \quad \theta_B{}' = \frac{M_a l}{6EI}$$

$$y_1=\theta_B'(l-x)-\frac{1}{EI}\Delta b_2 mn\text{의 면적}\times\frac{l-x}{3}$$

$$=\frac{M_a l}{6EI}(l-x)-\frac{(l-x)}{3EI}\frac{M_a(l-x)}{l}\frac{(l-x)}{2}=\frac{M_a(l-x)}{6EI}\left\{1-\frac{(l-x)^2}{l^2}\right\}$$

한편 중첩법에 의한다면 다음과 같다.

$$\theta_A=\theta_A'+\theta_A''=\frac{M_a l}{3EI}+\frac{M_b l}{6EI} \quad \cdots\cdots(8.111)$$

$$\theta_B=\theta_B'+\theta_B''=\frac{M_a l}{6EI}+\frac{M_b l}{3EI} \quad \cdots\cdots(8.112)$$

$$y=y_1+y_2=\frac{M_a l(l-x)}{6EI}\left\{1-\left(\frac{l-x}{l}\right)^2+\frac{M_b l x}{6EI}\left\{1-\left(\frac{x}{l}\right)^2\right\}\right\} \quad \cdots\cdots(8.113)$$

예제문제

01 그림과 같은 외팔보(cantilever beam)에서 2개의 집중하중이 작용할 때 중첩의 원리를 이용하여 자유단 B의 처짐(deflection)을 구하라.

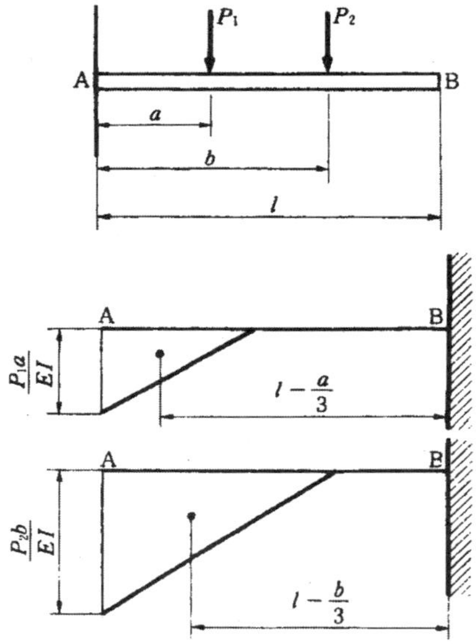

해설 P_1으로 인한 δ_{B1}은 공액보(conjugate beam)을 이용하여 다음과 같이 구할 수 있다. 즉

δ_{B1} =공액보에서

$$M_B=\frac{P_1 a}{2EI}\left(l-\frac{a}{3}\right)\text{이고,}$$

마찬가지로 P_2로 인한 δ_{B2}는

$$\delta_{B2}=\frac{P_2 b^2}{2EI}\left(l-\frac{b}{3}\right)$$

$$\therefore \delta=\delta_{B1}+\delta_{B2}$$

$$=\frac{P_1 a^2}{6EI}(3l-a)+\frac{P_2 b^2}{6EI}(3l-b)$$

02 그림과 같은 캔틸레버보(cantilever beam)에 균일분포하중이 작용할 때 B점의 처짐(deflection)과 기울기(deflection angle)를 구하라.

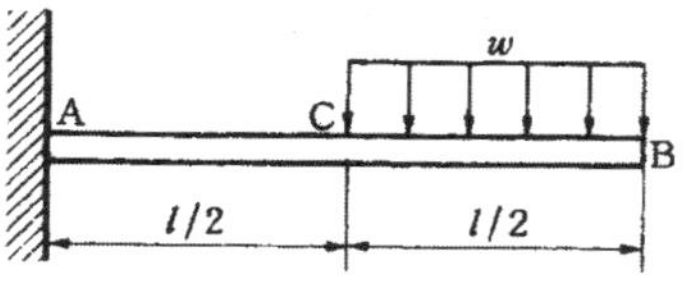

해설 공액보(conjugate beam)에서

θ_B =공액보에서 V_B(전단력)

$$EI\theta_B=\frac{1}{2}\left(\frac{3}{8}wl^2+\frac{1}{8}wl^2\right)\frac{l}{2}+\frac{1}{3}\left(\frac{w}{8}l^2\right)\left(\frac{l}{2}\right)=\frac{7}{48}wl^3$$

$$\therefore \theta_B = \frac{7wl^3}{48EI}\text{(시계방향)}$$

$$EI\delta_B = \left(\frac{wl^2}{8}\right)\left(\frac{l}{2}\right)\left(\frac{l}{2}+\frac{l}{4}\right)+$$
$$\frac{1}{2}\left(\frac{wl^2}{4}\right)\left(\frac{l}{2}\right)\left(\frac{l}{2}+\frac{2}{3}\times\frac{l}{2}\right)+$$
$$\frac{1}{3}\left(\frac{wl^2}{8}\right)\left(\frac{l}{2}\right)\left(\frac{3}{4}\times\frac{l}{2}\right)=\frac{41}{384}wl^4$$

$$\therefore \delta_B = \frac{41wl^4}{384EI}\text{(아래)}$$

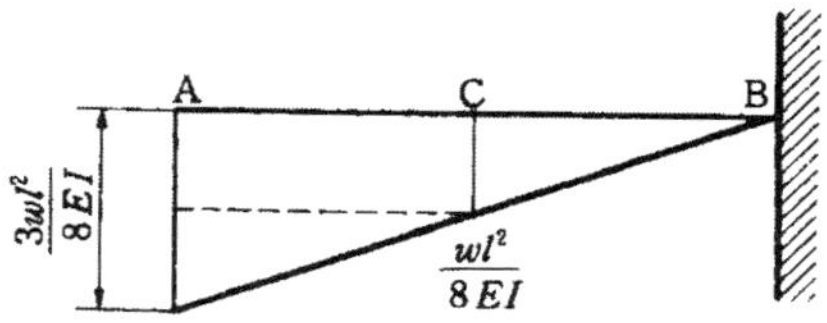

03 그림과 같은 캔틸레버보(cantilever beam)에서 자유단에 집중하중이 작용할 때 C점 및 B점의 수직처짐을 구하라. (단, $E=1.4\times10^5$kg/cm², $I=3.6\times10^5\text{cm}^4$이다.)

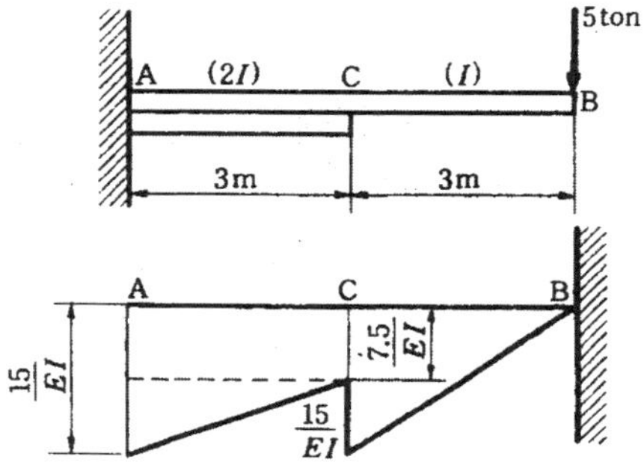

해설 공액보(conjugate beam)에서

δ_C =공액보에서

$$M_C = \frac{7.5}{EI}\times3(1.5)+\frac{1}{2}\times\frac{7.5}{EI}\times3(2)$$
$$=\frac{22.5}{EI}\times(1.5)+\frac{11.25}{EI}\times(2)=\frac{56.25}{EI}$$
$$\therefore \delta_C = \left(\frac{56.25}{1.4\times10^5\times3.6\times10^5}\right)\times10^7$$
$$=0.0112\text{m}=1.12\text{cm(아래로)}$$

δ_B =공액보에서 M_B

$$=\frac{7.5}{EI}\times3\times(3+1.5)+\frac{1}{2}\times\frac{7.5}{EI}\times3\times(3+2)+\frac{1}{2}\times\frac{15}{EI}\times3\times(2)$$
$$=\frac{22.5}{EI}\times4.5+\frac{11.25}{EI}\times5+\frac{22.5}{EI}\times2=\frac{202.5}{EI}$$
$$\therefore \delta_B = \left(\frac{202.5}{1.4\times10^5\times3.6\times10^5}\right)\times10^7=0.0402\text{m}=4.02\text{m(아래)}$$

04 다음 그림과 같은 단순보(simple beam)에서 균일분포하중이 작용할 때 θ_A, θ_B, δ_C를 구하라. (단, EI는 일정하다.)

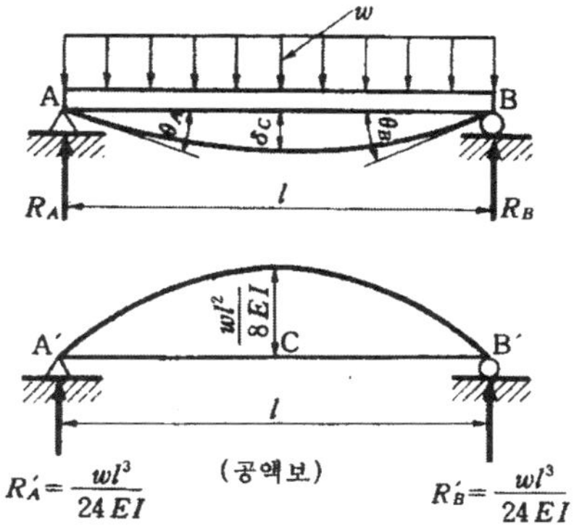

해설 전단력을 V라고 한다면

$$R_A{}'=R_B{}'=\frac{1}{3}(l)\left(\frac{wl^2}{8EI}\right)=\frac{wl^3}{24EI}$$

따라서 공액보(conjugate beam)에 의해서

$$\theta_A = \text{공액보의 } V_A = R_A{}' = \frac{wl^3}{24EI}\text{(시계방향)}$$

$$\theta_B = \text{공액보의 } V_B = R_B{}' = -\frac{wl^3}{24EI}\text{(반시계방향)}$$

δ_C =공액보의 M_C

$$=\frac{wl^3}{24EI}\times\frac{l}{2}-\frac{2}{3}\left(\frac{wl^2}{8EI}\right)\left(\frac{l}{2}\right)\left(\frac{l}{2}-\frac{5}{16}l\right)=\frac{wl^4}{48EI}-\frac{wl^4}{128EI}=\frac{5wl^4}{384EI}\text{(아랫방향)}$$

05 다음 그림과 같이 단면적은 같으나 단면형이 틀리는 3개의 캔틸레버보(cantilever beam)가 있다. 자유단 B점에 하중 P가 작용할 때 B점의 처짐(deflection)이 최소가 되는 단면은 어느 것인가?

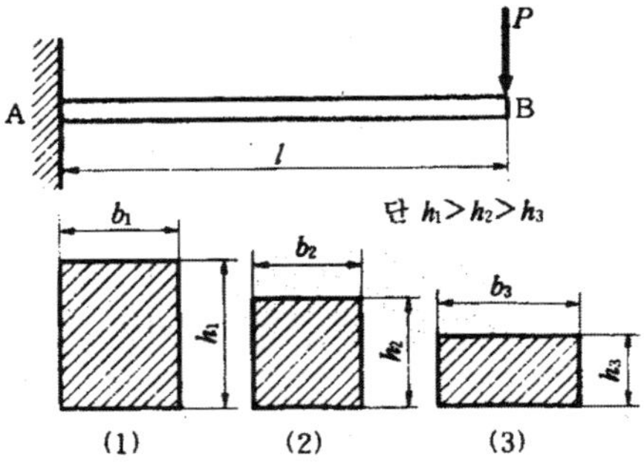

해설 단면2차모멘트 I가 큰 단면일수록 처짐(deflection)이 작은 것이다. 구형단면에서

$I=\dfrac{bh^3}{12}$ 이므로

$$I_{(1)}=\frac{b_1h_1^{\ 3}}{12}=A\times\frac{h_1^{\ 2}}{12}$$

$$I_{(2)}=\frac{b_2^{\ 4}}{12}=A\times\frac{b_2^{\ 2}}{12}$$

$$I_{(3)}=\frac{b_3h_3^{\ 3}}{12}=A\times\frac{h_3^{\ 2}}{12}$$

그런데, 여기서 단면적 $b_1h_1=b_2^{\ 2}=b_3h_3=A$이고,

$h_1>b_2>h_3$이므로 $I_{(1)}$이 가장 크며, (1)의 경우가 가장 작은 처짐이 된다.

06 그림과 같이 같은 재료, 같은 단면적이면서 단면의 형태가 다른 단순보(simple beam)가 있다. 지금 보의 중앙에 집중하중 P가 작용할 때 이 점의 최대, 최소처짐은 어느 단면에서 일어나는가?

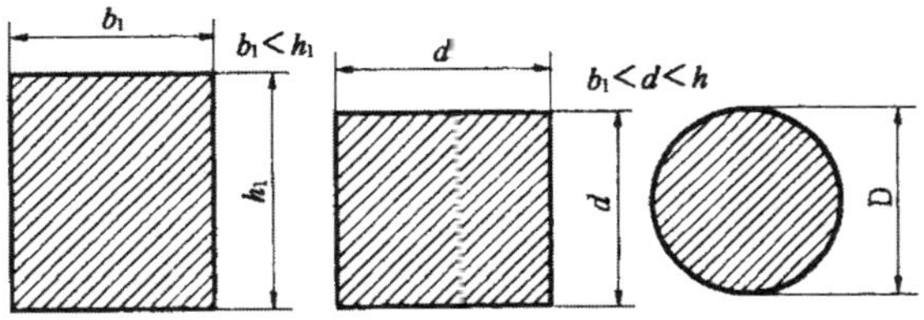

(a) 장 방 형 (b) 정 방 형 (c) 원 형

해설 δ_{max}은 단면2차모멘트 I에 반비례하므로 I가 크게 됨에 따라 처짐은 작다.

종 류	장방형(a)	정방형(b)	원형(c)
I_x	$\dfrac{b_1h_1^{\ 3}}{12}$	$\dfrac{d^4}{12}$	$\dfrac{\pi D^4}{64}$
단면적을 분리한 I_x	$b_1h_1\times\dfrac{h_1^{\ 2}}{12}$	$d^2\times\dfrac{d^2}{12}$	$\dfrac{\pi D^2}{4}\cdot\dfrac{D^2}{16}$

윗 표에서 단면적 $A=b_1h_1=d^2=\dfrac{\pi D^2}{4}$이므로 $\therefore D^2=\dfrac{4}{\pi}d^2$

$$I_{(a)}:I_{(b)}:I_{(c)}=\frac{b_1^{\ 2}}{12}:\frac{d^2}{12}:\frac{D^2}{16}=\frac{h_1^{\ 2}}{12}:\frac{b_1h_1}{12}:\frac{1}{16}\left(\frac{4}{\pi}d^2\right)=h_1:b_1:\frac{3}{\pi}b_1$$

$h_1>b_1>\dfrac{3}{\pi}b_1$에서 $I_{(a)}>I_{(b)}>I_{(c)}$이므로 최대 및 최소 처짐의 크기는 다음과 같다.

$\therefore \delta(c)>\delta(b)>\delta(a)$

07 다음 그림과 같은 보(beam)에서 θ_A, θ_B, δ_C를 구하라. (단, EI는 일정하다.)

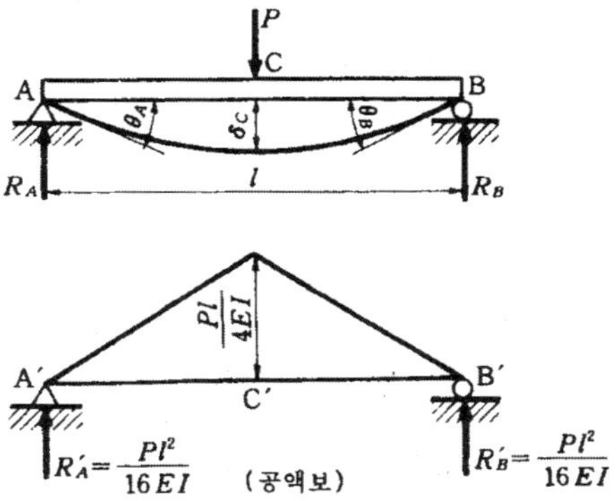

해설 공액보에서

θ_A =공액보에서 V_A(A점의 전단력)

$=+\dfrac{Pl^2}{16EI}$(시계방향)

θ_B =공액보에서 $V_B =-\dfrac{Pl^2}{16EI}$(반시계방향)

δ_C =공액보에서 M_C(아랫방향)

$$=\frac{Pl^2}{16EI}\left(\frac{l}{2}\right)-\frac{Pl^2}{16EI}\left(\frac{2}{3}\times\frac{l}{2}\right)=+\frac{Pl^3}{48EI}$$

Section 04 전단변형에 의한 처짐 및 굽힘에 의한 탄성변형 에너지

1 전단변형에 의한 처짐(deflection)

어떤 보(beam)에 외력이 작용하면 그 보는 굽힘모멘트(bending moment)와 전단력(shearing force)에 의하여 변형한다. 즉 굽힘응력(bending stress)과 전단응력(shear stress)이 동시에 발생한다. 전단력은 이웃단면들을 서로 미끄러뜨림으로써의 보의 처짐(deflection)에 영향을 주며, 전단변형으로 인한 처짐이 그 보의 굽힘변형(bending deformation)으로 인한 처짐위에 겹쳐진다. 이 때 각 단면 위에 발생하는 전단응력들은 그 보의 윗면으로부터 아랫면에 이르는 사이에 균일하게 분포하지 않으므로, 그 보의 단면들은 그림 8-38과 같은 모양으로 뒤틀리게 되고, 그런 전단변형으로 인하여 그 보의 중립축은 그림과 같은 모양으로 굽히게 된다. 이에 따라 그 보의 중립축 위의 작은 정사각형 요소들은 일그러져서 마름모꼴로 되지만, 그 연직변들은 변형 중에서도 연직상태로 지속할 것이다. 그러므로 전단변형으로 인한 처짐곡선에서 기울기는 중립면에서 전단변형률 $\gamma_{\max}$이고, 임의점에서는 γ와 같다. 다만 중립면 $n-n$에서의 단면부분은 변형된 후에도 수직으로 있게 된다. 이 때 임의의 단면에서 기울기와 $\gamma_{\max}$는 같아진다고 가정할 수 있다. 따라서 전단변형으로 인한 처짐량을 y_1이라고 한다면 그 탄성선의 기울기는 다음과 같다.

$$\gamma \fallingdotseq \tan\gamma = \frac{dy_s}{dx} = \frac{\tau_{\max}}{G} = \frac{\alpha}{G} \cdot \frac{V_x}{A} \quad \cdots\cdots (8.114)$$

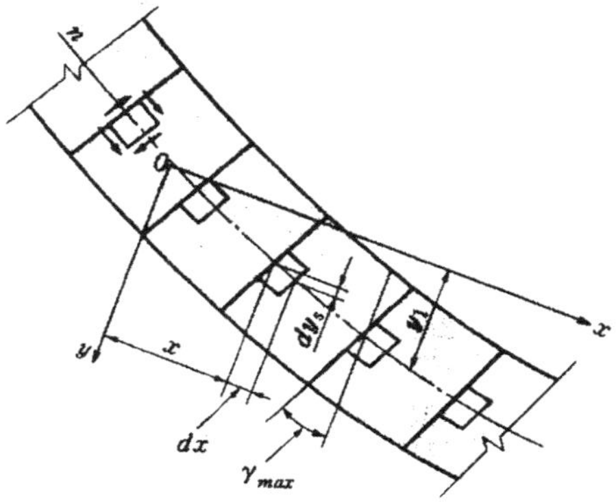

그림 8-38 전단변형에 의한 처짐

여기서, y_s : 전단으로 인한 처짐

G : 전단탄성계수(modulus of shearing elasticity)

V_x/A : 단면에서의 평균전단응력

α : 중립축상의 최대전단응력을 얻기 위해서 평균전단응력에 곱해야 할 수치계수 또는 전단계수(shear coefficient)

단, α는 단면의 형상에 따른 상수이며, $\tau_{\max}$와 평균전단응력 τ_{av}와의 비이다. 여기서 $\alpha = \sqrt{I/A}$, 즉 단면2차반지름으로서 사각형단면인 경우 $\alpha = 3/2$, 원형단면인 경우 $\alpha = 4/3$이다.

(1) 단순보(simple beam)에 균일분포하중이 작용하는 경우

그림 8-39와 같이 길이가 l인 단순보(simple beam)에 균일분포하중 w가 작용할 때, 이 보의 처짐(deflection)을 전단변형에 의한 탄성곡선의 방정식을 이용하여 구하면 다음과 같다.

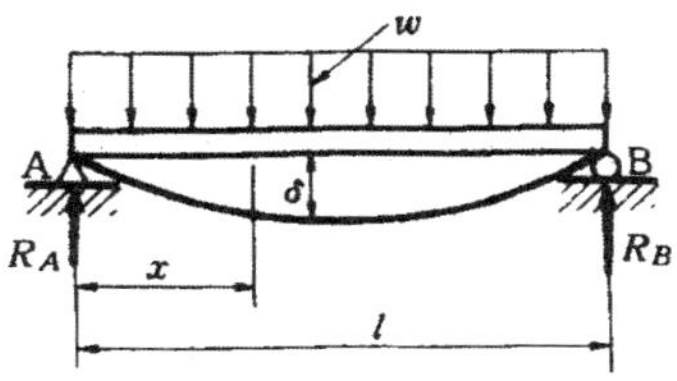

그림 8-39 보에 균일분포하중이 작용할 때의 처짐량

보(beam) 위에 균일분포하중 w가 작용한다면 전단력 V_x는 x의 연속함수로

$$\frac{dV_x}{dx} = -w$$

로 미분할 수 있기 때문에 전단변형(shear strain)만을 고려한 탄성곡선의 미분방정식은 다음과 같다.

$$\frac{d^2y_s}{dx^2} = \frac{\alpha}{AG} \cdot \frac{dV_x}{dx} = -\frac{\alpha w}{AG} \quad \cdots\cdots ①$$

임의거리 x단면에 작용하는 전단력 V_x는

$$V_x = R_A - wx = \frac{wl}{2} - wx \quad \cdots\cdots ②$$

전단변형에 대한 미분방정식

$$\frac{d^2y_s}{dx^2} = -\frac{\alpha w}{AG} \quad \cdots\cdots ③$$

윗식을 적분하면

$$\frac{d^2y_s}{dx} = -\frac{\alpha}{AG}wx + C_1 \quad \cdots\cdots ④$$

$$y_1 = y_s = -\frac{\alpha wx^2}{2AG} + C_1x + C_2 \quad \cdots\cdots ⑤$$

적분상수를 구하기 위한 구속조건은

$x=0$에서 $y_x=0$, $x=l$에서 $y_s=0$

이라는 조건을 사용하면 ⑤식에서

$$y_s(0)=0 : C_2=0$$

$$y_s(l)=0 : 0=-\frac{\alpha w}{2AG}l^2+C_1 l \qquad \therefore C_1=\frac{\alpha wl}{2AG}$$

$$\therefore y_1=y_s=-\frac{alphwx^2}{2AG}+\frac{\alpha wlx}{2AG}\left(1-\frac{x}{l}\right)$$

윗식 중에서 중앙점에서 일어나는 최대처짐(maximum deflection)은

$$\delta_1=(y_1)_{x=\frac{l}{2}}=\frac{\alpha wl}{2AG}\left(\frac{l}{2}\right)\left(1-\frac{l}{2l}\right)=\frac{\alpha wl^2}{8AG} \quad \cdots\cdots(8.115)$$

굽힘(bending)에 의한 처짐과 비교하기 위해서 2차반지름(radious of gyration)을 k라 하고 $k^2=I/A$의 관계를 윗식에 대입하면

$$y_{s\max}=\delta_1=\frac{5wl^4}{384EI}\left\{\frac{48}{5}\alpha\left(\frac{k}{l}\right)^2\frac{E}{G}\right\} \quad \cdots\cdots(8.116)$$

만일, $b\times h$의 사각형 단면일 경우 $\alpha=\frac{3}{2}$, $\frac{E}{G}=2.5$, $k^2=\frac{h^2}{12}$ 등을 식(8.115)에 대입하면

$$y_{s\max}=\delta_1=\frac{5wl^4}{384EI}\left(3\frac{h^2}{l^2}\right) \quad \cdots\cdots(8.117)$$

여기서 $h/l=1/10$인 경우 굽힘응력(bending stress)에 의한 처짐에 비하여 3%가 되며, $h/l=1/6$일 때는 8%로 짧고 높은 보는 전단응력(shear stress)에 의한 처짐량(deflection)이 제법 커진다. 이 때 굽힘모멘트(bending moment)에 의한 처짐(deflection)은

$$\delta=\frac{5wl^4}{384EI}$$

에서 이 보의 실제처짐(actual deflection)은 굽힘모멘트에 의한 처짐과 전단력에 의한 처짐의 합이 된다. 즉

$$\delta=\frac{5wl^4}{384EI}+\frac{5wl^4}{384EI}\left\{\frac{48\alpha}{5}\left(\frac{k}{l}\right)^2\frac{E}{G}\right\}$$

$$=\frac{5wl^4}{384EI}\left(1+\frac{48\alpha}{5}\cdot\frac{k^2}{l^2}\cdot\frac{E}{G}\right) \quad \cdots\cdots(8.118)$$

(2) 단순보(simple beam)의 중앙점에 집중하중이 작용할 경우

그림 8-40처럼 길이가 l인 단순보(simple beam)의 중앙점에 집중하중 P가 작용할 때 이 보의 중앙점에서 처짐량(deflection)은 전단력을 고려하여 구하면 다음과 같다.

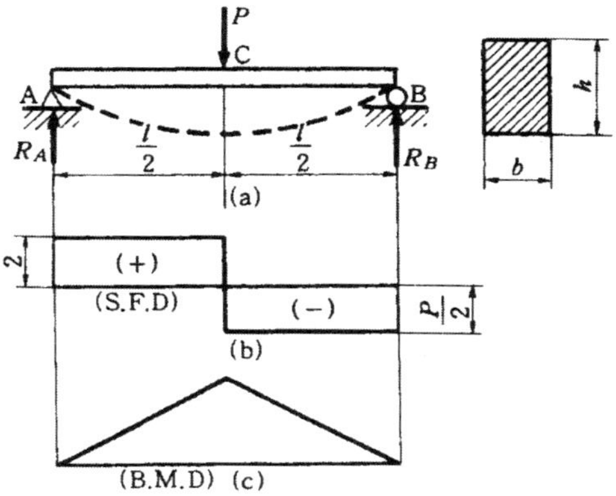

그림 8-40 보의 중앙점에 집중하중이 작용할 때의 처짐량

식(8.114)에서 $V=\pm\frac{P}{2}$이므로

$$\frac{dy_s}{dx}=\frac{\alpha V}{AG}=\frac{\alpha P}{2AG} \quad \cdots\cdots(8.119)$$

즉, 기울기는 일정하다. 이것은 보(beam)의 중앙으로부터 좌우부분에서 전단력 V가 일정하기 때문에 처짐곡선은 직선이 된다.

$$y_s=y_1=\frac{\alpha px}{2}AG+C$$

$$x=0, \quad y_s=y_1=0 \qquad \therefore C=0$$

최대처짐(maximum deflection) : 중앙점 $x=l/2$에서 발생할 것이므로

$$\delta_1=(y_s)_{x=l/2}=(y_1)_{x=l/2}=\frac{l}{2}\cdot\frac{dy_s}{dx}=\frac{\alpha pl}{4AG}$$

여기서, $k^2=I/A$를 대입하여 굽힘모멘트(bending moment)에 의한 처짐식과 비교하면

$$y_{s\max}=\delta_1=\frac{Pl^3}{48EI}\left(12\alpha\times\frac{k^2}{l}{}^2\times\frac{E}{G}\right)$$

구형단면의 강철보라고 하면 $\alpha=\frac{3}{2}$, $\frac{E}{G}=2.5$, $k^2=\frac{bk^3}{12}/bh=\frac{h^2}{12}$ 등을 대입할 때

$$\delta_1=\frac{pl^3}{48EI}\left(12\times1.5\frac{h^2}{12l^2}\times2.5\right)=\frac{pl^3}{48EI}\left(3.75\frac{h^2}{l}{}^2\right) \quad \cdots\cdots(8.120)$$

$$y|_{x=l/2}=\frac{Pl^3}{48EI}$$

은 굽힘모멘트(bending moment)에 의한 중앙점의 처짐이므로 실제처짐은 전단력을 고려한 처짐을 첨가하여야 한다. 즉

$$\delta = \frac{Pl^3}{48EI} + \frac{Pl^3}{48EI}\left(3.75\frac{h^2}{l^2}\right) = \frac{Pl^3}{48EI}\left(1 + 3.75\frac{h^2}{l^2}\right) \quad \cdots\cdots (8.121)$$

만알, $h/l = 1/10$이라 하면 $y_{s\max}(y_1)$은 굽힘에 의한 처짐 $\frac{Pl^3}{48EI}$의 경우에 비해서 3.75% 밖에 안된다(즉 전단력의 효과는 약 4%이다).

2 굽힘에 의한 탄성변형 에너지

그림 8-41에서처럼 보(beam)가 순수굽힘모멘트(pure bending moment)를 받는 경우 굽힘모멘트는 보의 전체길이에 걸쳐 균일하며, 탄성곡선은

$$\frac{1}{\rho} = \frac{\theta}{l} = \frac{M}{EI}$$

의 곡률인 원호가 된다.

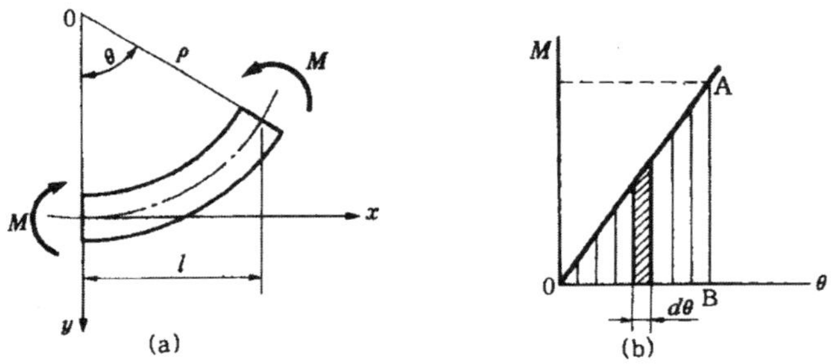

그림 8-41 순수굽힘

원호상에서 중심각 : θ

$$\theta = \frac{Ml}{EI} \quad \cdots\cdots ①$$

각변위 θ는 굽힘모멘트 M에 비례하므로 우력들이 하는 일은 그림 8-41(b)에서 사선부분의 면적 $M\theta/2$로 표시되고, 이는 보 속에 저장된 변형에너지(strain energy) U와 같다. 즉

$$U = \frac{M\theta}{2} \quad \cdots\cdots ②$$

식②에 식①을 대입시키면 다음과 같은 두 식을 얻는다.

$$U = \frac{M^2 l}{2EI} \quad \cdots\cdots (8.122)$$

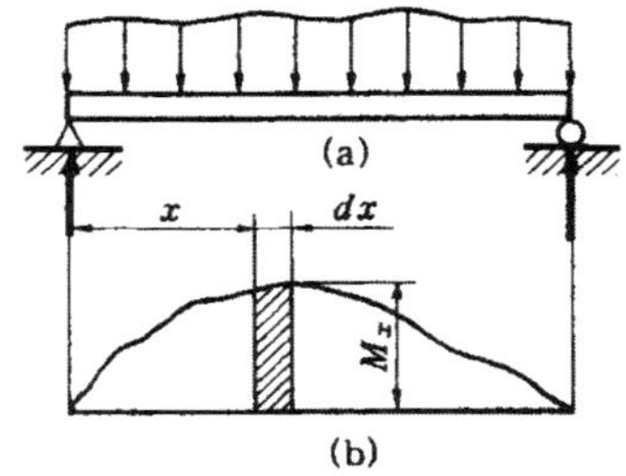

그림 8-42 불균일한 굽힘작용을 받는 보

$$U = \frac{\theta^2 EI}{2l} \quad \cdots\cdots (8.123)$$

경우에 따라서는 위치에너지(potential energy)를 최대법선응력

$$\sigma_{max} = \frac{M_{max}}{Z}$$

의 함수로서 표시하는 것이 유리하다.
만약, 구형단면일 경우에는

$$\sigma_{max} = \frac{6M}{bh^2}, \qquad M = \frac{bh^2}{6}\sigma_{max}$$

이므로 식(8.122)은

$$U = \frac{M^2 l}{2EI} = \frac{1}{3}bhl\frac{{\sigma_{max}}^2}{2E} \quad \cdots\cdots (8.124)$$

이 된다. 윗식은 보(beam)의 전체에너지(total energy)가 보의 모든 섬유의 최대응력 σ_{max}을 받는 경우에 이 보가 저장할 수 있는 에너지의 1/3과 같다는 것을 알 수 있다.

① **불균일한 굽힘작용을 받는 보**(beam)**일 경우** : 그림 8-42와 같이 불균일한 굽힘작용을 받는 보(beam) 속에 저장되는 변형에너지(strain energy)를 계산하면 다음과 같다.
dx 사이의 미소요소에 저장되는 에너지는 식(8.122) 및 식(8.123)에 의하면 다음과 같다.

$$dU = \frac{M^2}{2EI}dx, \qquad dU = \frac{EI}{2}\cdot\frac{(d\theta)^2}{dx}$$

굽힘모멘트 M은 x에 따라 변하므로 $\rho d\theta = dx$의 관계로부터 다음과 같이 정의할 수 있다.

$$d\theta = \frac{dx}{\rho} = \left|\frac{d^2y}{dx^2}\right|dx$$

② **보**(beam)**의 전체변형에너지**(total strain energy) : U

$$U = \int\frac{{\sigma_x}^2}{2E}dV = \int\frac{M^2y^2}{2EI^2}dV = \int\frac{M^2}{2EI^2}\left(\int y^2 dA\right)dx$$

여기서, $\sigma_x = \dfrac{My}{I}$이고, $\int y^2 dA = I$이므로 윗식은 다음과 같다. 즉

$$U = \int_0^l \frac{M^2}{2EI} dx \quad \cdots\cdots (8.125)$$

또한 $EI\dfrac{d^2y}{dx^2} = -M$이므로 윗식은 다음과 같이 표현될 수 있다.

$$U = \int_0^l \frac{EI}{2}\left(\frac{d^2y}{dx^2}\right)^2 dx \quad \cdots\cdots (8.126)$$

(1) 외팔보(Cantilever beam)일 때

한 예로서 그림 8-41(a)와 같이 외팔보를 고려한다면, 자유단으로부터 x만큼 떨어진 임의의 단면에 작용하는 굽힘모멘트 M은 $M = -Px$이므로

$$U = \int_0^l \frac{M^2 dx}{2EI} = \frac{P^2 l^3}{6EI} \quad \cdots\cdots ③$$

만약 구형단면일 경우 고정단에 작용하는 최대굽힘응력(maximum bending stress) $\sigma_{\max}$은 $\sigma_{\max} = \dfrac{\sigma pl}{bh^2}$이므로, 식③은 다음과 같다.

$$U = \frac{1}{9}(bhl)\frac{{\sigma_{\max}}^2}{2E} \quad \cdots\cdots ④$$

윗식은 구형단면의 외팔보(cantilever beam)인 탄성영역에서 저장될 수 있는 에너지는 그 보(beam)가 순수굽힘(pure bending)을 받는 경우의 에너지의 1/3과 같고, 단순인장이 작용할 경우의 1/9임을 알 수 있다.

한편, 식③에서는 보(beam)가 굽히는 동안에 하중 P가 하는 일(work)과 변형에너지(strain energy)는 같아야 하므로

$$\frac{P\delta}{2} = \frac{P^2 l^2}{6EI} \quad \cdots\cdots ⑤$$

$$\therefore \delta = \frac{Pl^3}{3EI} \quad \cdots\cdots ⑥$$

여기서, δ는 자유단의 처짐이다.

식⑥은 식(8.3)과 일치함을 알 수 있다. 또한 전단으로 인한 처짐(deflection)도 변형에너지의 식으로부터 계산할 수 있다.

⑵ **단순보(Simple beam)일 때**

그림 8-43과 같은 균일단면의 단순보(simple beam) AB 중앙에 하중 P가 작용할 때, 중앙에 일어나는 처짐(deflection) δ를 변형에너지(strain energy)로부터 구하면 다음과 같다.

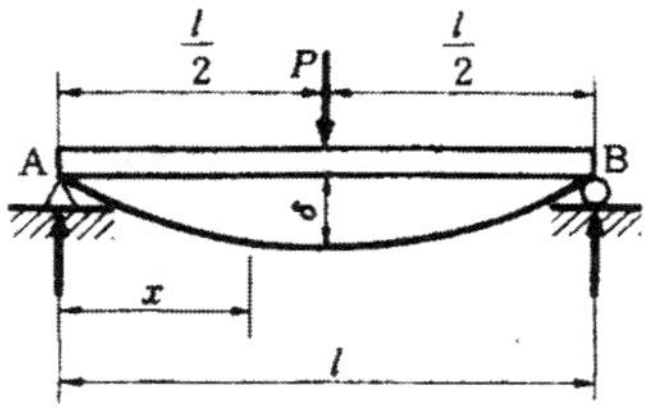

그림 8-43 단순보 중앙에 하중이 작용할 경우의 처짐

임의단면의 굽힘모멘트 : M_x

$$M_x = \frac{Px}{2}$$

여기서, x는 임의의 거리이다.

보(beam) 속에 저장된 굽힘변형에너지(bending strain energy) : U

$$U = 2\int_0^{l/2} \frac{P^2x^2}{8EI}dx = \frac{P^2l^3}{96EI} \quad \cdots\cdots ⑦$$

하중이 이 보(beam)에 처짐(deflection)을 주면서 영으로부터 P까지 천천히 증가하는 동안에 한 일(work)과 위에서 얻은 변형에너지 U를 같이 놓으면 다음과 같다.

$$\frac{P\delta}{2} = \frac{P^2l^3}{96EI} \qquad \therefore \delta = \frac{Pl^3}{48EI} \quad \cdots\cdots ⑧$$

윗식은 식(8.28)과 일치함을 알 수 있다.

⑶ **각보에 대한 탄성에너지**

표 8-1 각 보의 탄성에너지

구 분	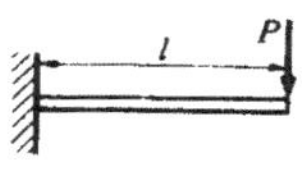	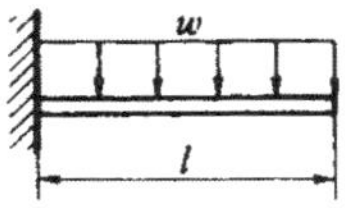	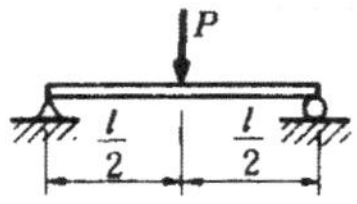	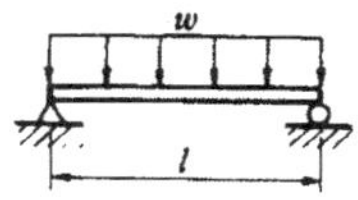
M에 의한 탄성에너지	$U = \frac{P^2l^3}{6EI}$	$U = \frac{w^2l^5}{40EI}$	$U = \frac{P^2l^3}{96EI}$	$U = \frac{w^2l^5}{240EI}$
V에 의한 탄성에너지	$U = \frac{P^2l}{2GA}$	$U = \frac{w^2l^3}{6GA}$	$U = \frac{P^2l}{8GA}$	$U = \frac{w^2l^3}{24GA}$

3 Castigliano의 정리

이탈리아의 Castigliano에 의하여 발표된 정리(theorem)로 에너지(energy)보존법칙에 따라 구조물에서 이루어지는 외부일량을 내부일량으로 계산하는 방법인데, 보(beam)보다는 트러스(truss) 등에 더 유효한 방법이다.

(1) 굽힘모멘트(M), 축방향력(N), 전단력(V)에 의하여 이루어지는 일

일반적으로 구조물 및 부재가 굽힘모멘트, 축방향력, 전단력을 받을 때의 내력의 일 즉, 변형에너지(strain energy) U_i는 다음과 같이 표시된다.

$$U_i = \int \frac{M^2}{2EI}dx + \int \frac{N^2}{2EA}dx + \alpha \int \frac{V}{2GA}dx \quad \cdots\cdots (8.127)$$

여기서, E : 세로탄성계수(modulus of longitudinal elasticity)

G : 전단탄성계수(shear modulus of elasticity)

α : 수치계수 또는 전단계수 $[\alpha = \sqrt{I/A}]$

V : 전단력(shear force)

I : 단면2차모멘트(moment of inertia)

윗식중에서 굽힘모멘트(bending moment)에 의한 항은 최대의 영향을 주는 항이며, 축방향력과 전단력에 대한 항은 비교적 작은값이 되므로, 보(beam)에 하중이 작용하여 부재가 굽힘이 일어날 때 내력의 일(또는 변형에너지)은 보통 굽힘모멘트의 영향만을 생각할 때가 많다. 즉

$$U_i \fallingdotseq U_M = \int \frac{M^2}{2EI}dx \quad \cdots\cdots (8.128)$$

여기서, U_i : 내력의 일 또는 변형에너지, U_M : 굽힘모멘트에 의한 내력의 일

(2) 정리(Theorem) I

기계의 부재 및 구조물에 외력이 작용할 때 그 외력 또는 모멘트(moment)의 작용점이 힘의 방향으로 일으키는 처짐 및 변위 δ 또는 처짐각 θ는 내력의 일(또는 변형에너지)을 그 힘(모멘트)으로 1차 편미분한 값과 같다. 즉

① **처짐**(deflection) : δ

$$\delta = \frac{\partial U_i}{\partial P_n} = \frac{M}{EI}\int \frac{\partial M}{\partial P_n}dx + \frac{N}{EA}\int \frac{\partial M}{\partial P_n}dx + \boxed{\frac{\alpha V}{GA}\int \frac{\partial V}{\partial P_m}dx} \quad \cdots\cdots (8.129)$$

↑ 전단력에 의한 변형에너지는 극히 적으므로 무시해도 된다.

여기서

$$U_i = \int \frac{M^2}{2EI}dx + \int \frac{N^2}{2EA}dx + \boxed{\alpha \int \frac{V^2}{2GA}dx}$$

↑ 무시해도 된다.

② **처짐각**(deflection angle) : θ

$$\theta = \frac{\partial U_i}{\partial M_m} = \frac{M}{EI}\int \frac{\partial M}{\partial M_n}dx + \frac{N}{EA}\int \frac{\partial N}{\partial M_n}dx + \boxed{\frac{\alpha V}{GA}\int \frac{\partial V}{\partial M_n}dx} \quad \cdots\cdots\cdots (8.130)$$

↑ 전단력에 의한 변형에너지는 극히 적으므로 무시해도 된다.

4 기타 하중에 따른 기본공식

	하중상태	처짐각	처 짐
1	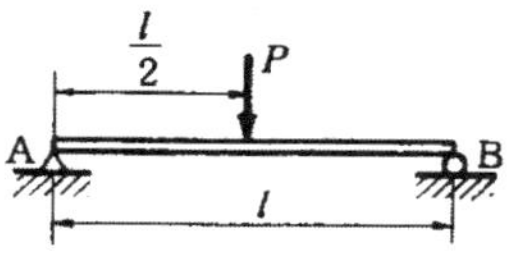	$\theta_A = -\theta_B = \frac{Pl^2}{16EI}$	$(y_{\max} = \delta_{\max})$ $y_{\max} = \frac{Pl^3}{48EI}$
2	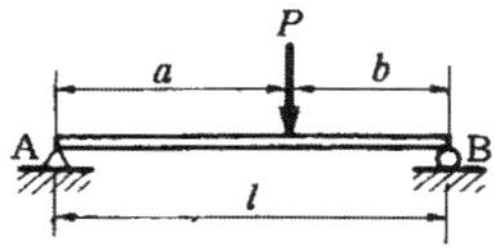	$\theta_A = \frac{Pb}{6EIl}(l^2 - b^2)$ $\theta_B = -\frac{Pa}{6EIl}(l^2 - a^2)$	$y_C = \frac{Pa^2b^2}{3EIl}$
3	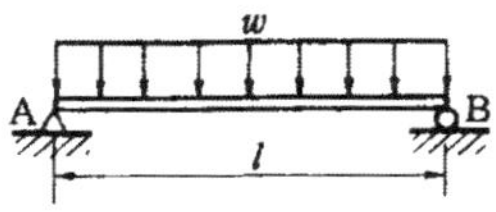	$\theta_A = -\theta_B = \frac{wl^3}{24EI}$	$y_{\max} = \frac{5wl^4}{384EI}$
4	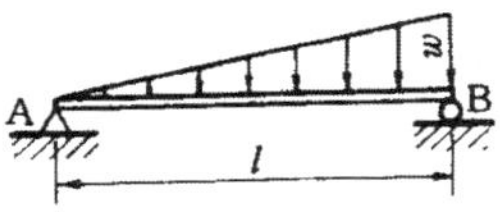	$\theta_A = \frac{7wl^3}{360EI}$ $\theta_B = -\frac{8wl^3}{360EI}$	$y_{\max} = 0.00652 \times \frac{wl^4}{EI}$
5	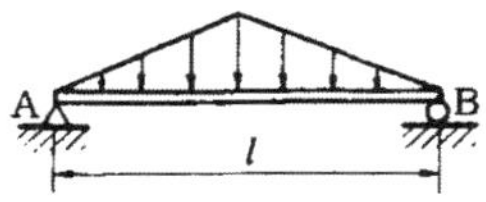	$\theta_A = -\theta_B = \frac{5wl^3}{192EI}$	$y_{\max} = \frac{wl^4}{120EI}$
6	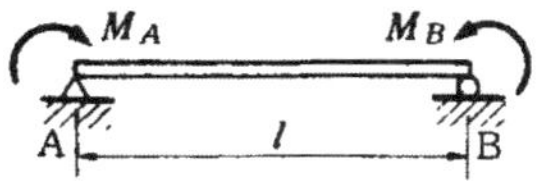	$\theta_A = \frac{l}{6EI}(2M_A + M_B)$ $\theta_B = -\frac{l}{6EI}(M_A + 2M_B)$	$M_A = M_B = M$ $y_{\max} = \frac{Ml^2}{8EI}$
7	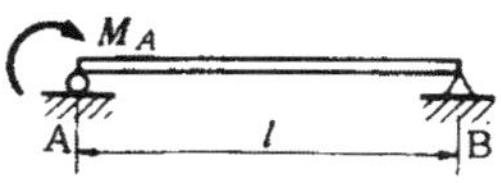	$\theta_A = \frac{M_A l}{3EI}$ $\theta_B = \frac{M_A l}{6EI}$	
8	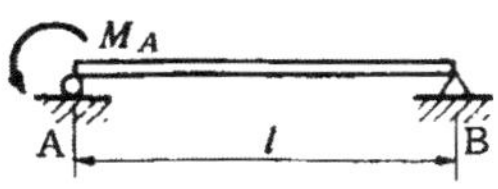	$\theta_A = -\frac{M_A l}{3EI}$ $\theta_B = \frac{M_A l}{6EI}$	

9	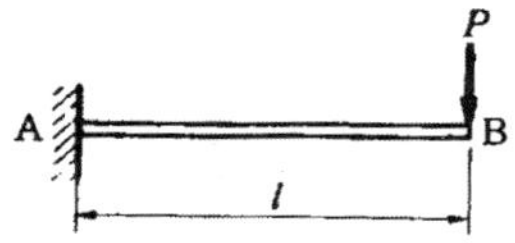	$\theta_B = \dfrac{Pl^2}{2EI}$	$y_B = \dfrac{Pl^3}{3EI}$
10	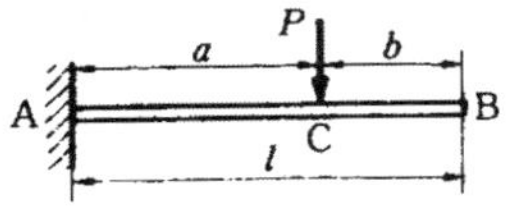	$\theta_C = \theta_B = \dfrac{Pa^2}{2EI}$	$y_B = \dfrac{Pa^2}{6EI}(3l-a)$
11	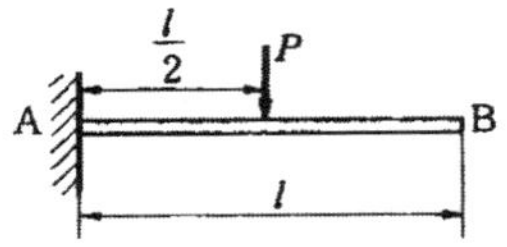	$\theta_C = \theta_B = \dfrac{Pl^2}{8EI}$	$y_B = \dfrac{5Pl^3}{48EI}$
12	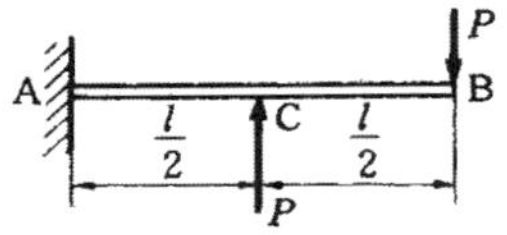	$\theta_B = \dfrac{3Pl^2}{8EI}$	$y_B = \dfrac{11Pl^3}{48EI}$
13	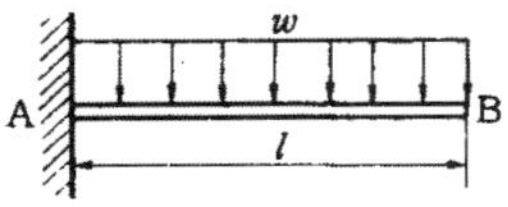	$\theta_B = \dfrac{wl^3}{6EI}$	$y_B = \dfrac{wl^4}{8EI}$
14	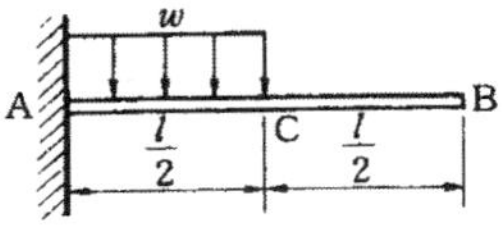	$\theta_C = \theta_B = \dfrac{wl^3}{48EI}$	$y_B = \dfrac{7wl^4}{384EI}$
15	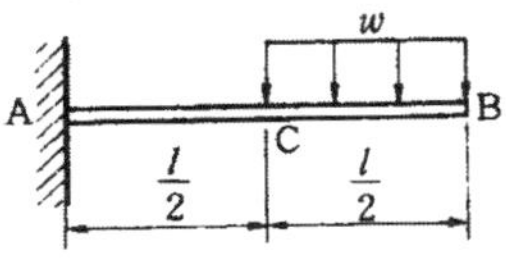	$\theta_B = \dfrac{7wl^3}{48EI}$	$y_B = \dfrac{41wl^4}{384EI}$
16	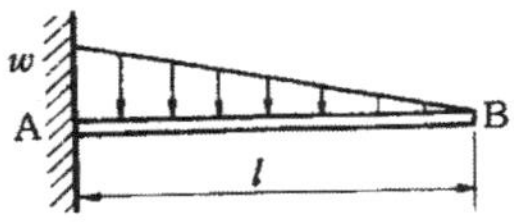	$\theta_B = \dfrac{wl^3}{24EI}$	$y_B = \dfrac{wl^4}{EI}$
17	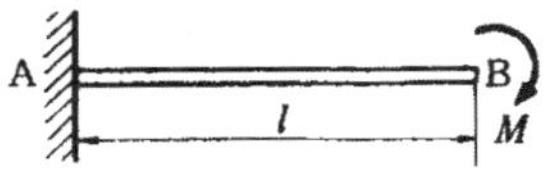	$\theta_B = \dfrac{Ml}{EI}$	$y_B = \dfrac{Ml^3}{2EI}$
18	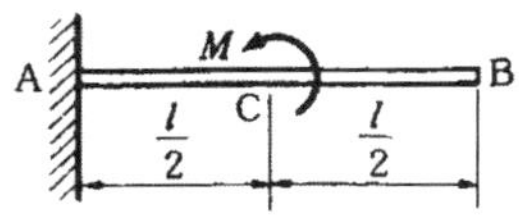	$\theta_B = \dfrac{Ml}{2EI}$	$y_B = \dfrac{3Ml^3}{8EI}$
19	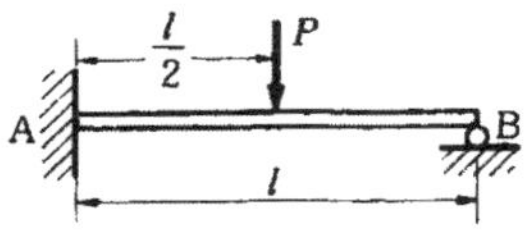	$\theta_B = -\dfrac{Pl^2}{32EI}$	$y_B = \dfrac{7Pl^3}{768EI}$

20	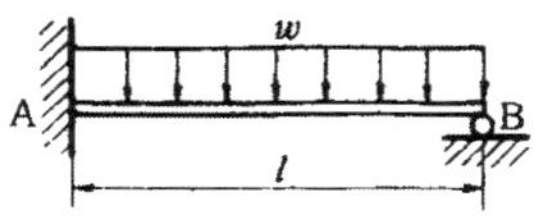	$\theta_B = -\dfrac{wl^3}{8EI}$	$y_B = \dfrac{wl^4}{185EI}$
21	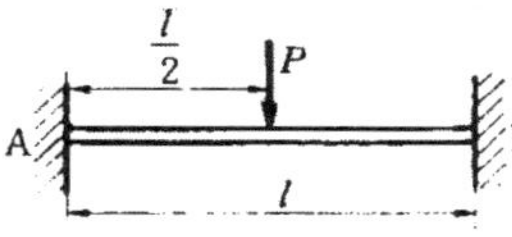		$y_{\max} = \dfrac{Pl^3}{192EI}$
22	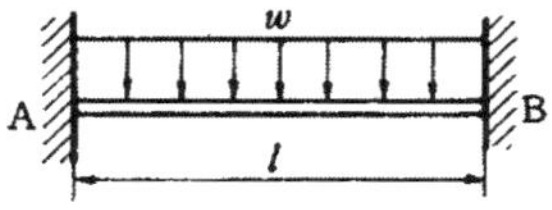		$y_{\max} = \dfrac{wl^4}{384EI}$

예제문제

01 길이가 l인 단순보(simple beam)에 균일분포하중 w가 작용할 때, 이 보의 단면이 구형이라면 이 보의 중앙점의 처짐을 전단력으로 고려하여 구하라.

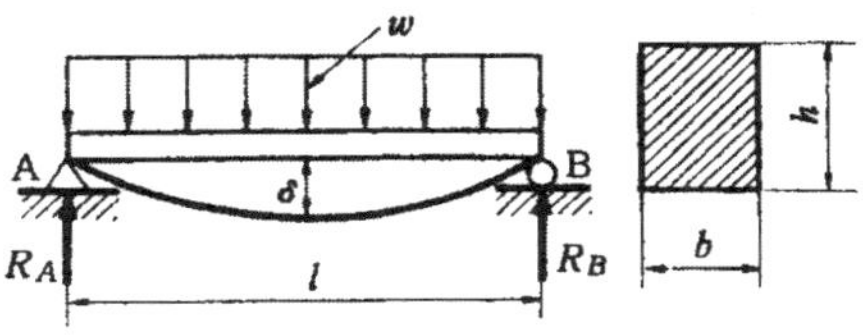

해설 •구형단면의 면적 : $A = bh$

•구형단면의 2차모멘트 : $I_x = \dfrac{bh^3}{12}$

$\tau_{\max} = \dfrac{3}{2} \cdot \dfrac{V}{A}$에서

$$\alpha = \frac{3}{2}, \quad k^2 = \frac{I}{A} = \frac{bh^3}{12} \times \frac{1}{bh} = \frac{h^2}{12}$$

$\dfrac{E}{G} = 2(1+\mu) = 2.6$으로 보면 강철의 $\mu = 0.3 \sim 0.4$이다. 따라서 식(8.116)에 대입하면 전단력 V에 의한 처짐 δ_1은

$$\delta_1 = \frac{5wl^4}{384EI}\left(\frac{48 \times 1.5}{5} \times \frac{h^2}{12l^2} \times 2.6\right) = \frac{5wl^4}{384EI}\left(3.12\frac{h^2}{l^2}\right)$$

이 보에서 구형단면의 높이와 길이의 비를 $h/l = 1/10$이라 하면 전단변형으로 인한 최대처짐량의 3%에 불과하므로 높이와 길이의 비가 증가하면 할수록 전단변형으로 인한 처짐이 커진다. 실제의 이 보의 처짐 δ는

δ = 굽힘모멘트에 의한 처짐 + 전단변형에 의한 처짐

$$= \frac{5wl^4}{384EI} + \frac{5wl^4}{384EI}\left(3.12 \times \frac{h^2}{l^2}\right) = \frac{5wl^4}{384EI}\left(1 + 3.12 \times \frac{h^2}{l^2}\right)$$

02 그림에서와 같이 길이가 l인 단순보(simple beam)에 균일분포하중 w가 작용할 때, 이 보의 단면이 I형강이라면 이 보의 중앙점에서 처짐을 전단력을 고려하여 구하라. (단, I형강의 크기는 $1,300 \times 150 \times 8 \times 1,000$mm 강재이고 $A = 61.58$cm², $I_z = 9,500\text{cm}^4$, $k_z = 12.4$cm, $t = 0.8$cm, $h_1 = 27.4$cm, $h = 40$cm, $b = 15$cm, $z_z = 633$cm³이다.)

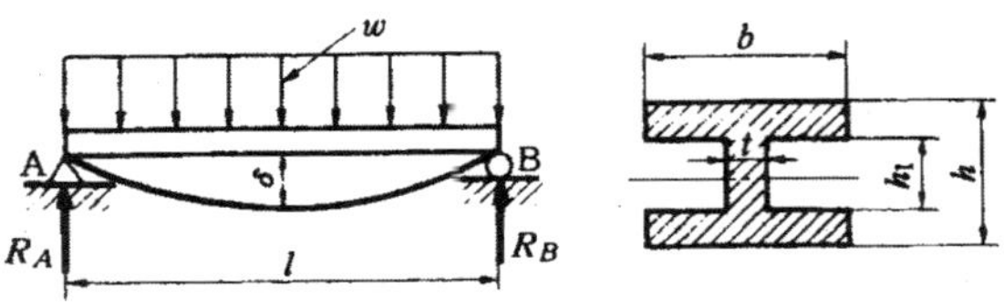

해설 I형단면의 최대전단응력 τ_{max}은

$$\tau_{max} = \frac{VQ}{It} = \frac{\alpha V}{A} = \frac{V}{It}\left\{\frac{b}{2}\left(\frac{h^2}{4} - \frac{h_1^{\,2}}{4}\right) + \frac{t h_1^{\,2}}{8}\right\}$$

이므로 α의 값은 다음과 같이 된다. 따라서

$$\alpha = \frac{61.58}{9,500 \times 0.8}\left\{\frac{15 \times 30^2}{8} - \frac{27.4^2}{8}(15 - 0.8)\right\} = 0.008$$

$\dfrac{E}{G} = 2.5$를 식(8.117)에 대입하면

$$\delta_1 = \frac{5wl^4}{384EI}\left[\frac{48}{5} \times 0.008\left\{\frac{9,500}{61.58 \times (100)^2}\right\} \times 2.5\right] = \frac{5wl^4}{384EI} \times 0.00296$$

$$\delta = \frac{5wl^4}{384EI}(1 + 0.00296) = \frac{5wl^4}{384EI} \times 1.00296$$

이 때 전단력에 의한 최대처짐량이 굽힘모멘트에 의한 처짐량의 약 0.3%에 달함을 알 수 있기에 무시할 수 있다.

03 그림과 같은 자유단에 집중하중 P를 받는 직사각형 단면의 외팔보(cantilever beam)에서 보(beam)의 길이와 높이의 비에 $h/l = 1/10$일 때, 전단력에 의한 처짐 δ_s는 굽힘(bending)에 의한 처짐 δ_{max}에 몇 %가 되겠는가? (단, $E/G = 2.5$이다.)

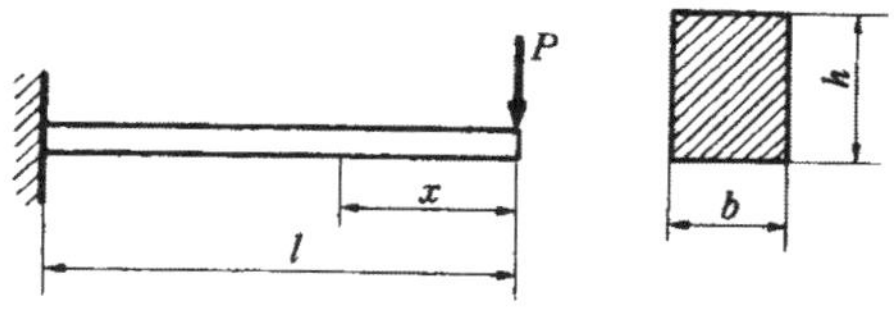

해설 $\dfrac{d^2y}{dx^2} = -\dfrac{1}{EI}\left(M + \dfrac{\alpha EI}{AG}w\right)$에서

$$\frac{d\delta}{dx} = \frac{\alpha V_x}{AG} = \frac{\alpha P}{AG}$$

$$\therefore \delta_s = \frac{\alpha P}{AG}x + C \quad \cdots\cdots ①$$

윗식에서 적분상수 C를 구하기 위한 경계조건은 $x = l$일 때 전단변형 $\delta_s = 0$이므로

$$C = -\frac{\alpha P}{AG}l$$

을 ①식에 대입하면 다음과 같다.

$$\delta_s = \frac{\alpha P}{AG}(x - l) \quad \cdots\cdots ②$$

$x = l$일 때 자유단에서 최대전단변형 δ_s는 다음과 같다.

$$\delta_s|_{x=0} = \frac{\alpha P}{AG}l \quad \cdots\cdots ③$$

굽힘에 의한 자유단의 처짐은 식(8.3)에서 $\delta_{max} = \dfrac{Pl^3}{3EI}$이므로 $\alpha = \dfrac{3}{2}$, $I = \dfrac{bh^3}{12}$을 ③에 대입하여 풀면

$$\frac{\delta_s}{\delta_{max}} = \frac{\alpha Pl}{AG} \times \frac{3EI}{Pl^3} = \frac{3 \times 2.5}{8}\left(\frac{h}{l}\right)^2 \quad \cdots\cdots ④$$

을 얻는다. 여기서 $\frac{h}{l}=\frac{1}{10}$이므로 $\frac{\delta}{\delta_{max}}=0.00975\times100\%$는 1% 이하가 된다.

04 그림과 같은 등분포하중 w를 받는 직사각형단면의 단순보(simple beam)에서 전단력에 의한 처짐을 포함한 전체의 처짐(deflection)은 얼마인가? 또한, $E/G=2.6$, $\alpha=3/2$, $h/l=1/10$일 때 전단력에 의한 처짐 δ_s는 전체처짐(total deflection)의 몇 %인가?

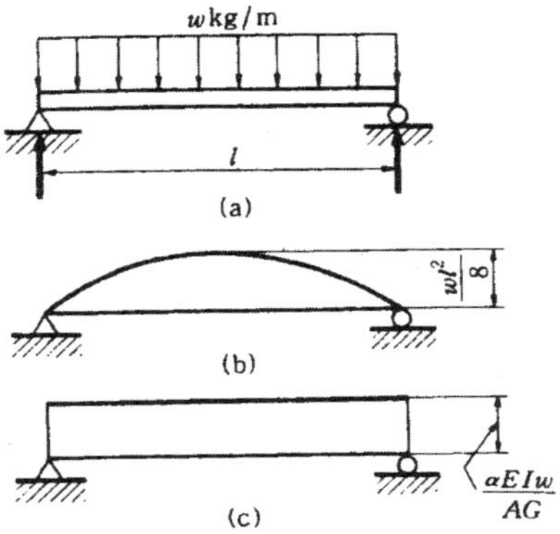

해설 단순보(simple beam)에서 x거리에 대한 굽힘모멘트(bending moment) M_x는

$$M_x=\frac{wl}{2}x-\frac{wx^2}{2}$$

이므로 $\frac{d^2y}{dx^2}=-\frac{1}{EI}\left(M+\frac{\alpha EI}{AG}w\right)$의 M에 해당하는 공액보는 그림(b)이고, $\frac{\alpha EIw}{AG}$에 해당하는 공액보는 그림(c)와 같다. 그림(c)에서 전단력에 의한 중앙점에서 처짐은 모멘트면적법에 의하여

$$\delta=\frac{1}{EI}\left[\left(\frac{\alpha EIw}{AG}\times\frac{l}{2}\right)\times\frac{l}{2}-\left(\frac{\alpha EIw}{AG}\times\frac{l}{2}\right)\times\frac{l}{4}\right]$$

$$=\frac{\alpha wl^2}{8AG}$$

이며, 굽힘에 의한 처짐 $\delta_{max}=\frac{5wl^4}{384EI}$과 합하면 전체의 처짐 δ는 다음과 같다.

$$\delta=\delta_{max}+\delta_s=\frac{5wl^4}{384EI}+\frac{\alpha wl^2}{8AG}=\frac{5wl^4}{384EI}\left(1+3.12\frac{h^2}{l^2}\right)$$

그러므로 $h/l=1/10$일 때 전체처짐에 대한 전단력의 처짐 δ_s는 3% 정도이며, h/l가 적을수록 처짐의 효과는 증가하는 것을 알 수가 있다.

05 그림과 같이 자유단에 집중하중 P가 작용하는 길이 l의 외팔보(cantilever beam)에 저장되는 탄성에너지 U를 구하라. 〔단, 보(beam)의 굽힘강도는 EI이다.〕

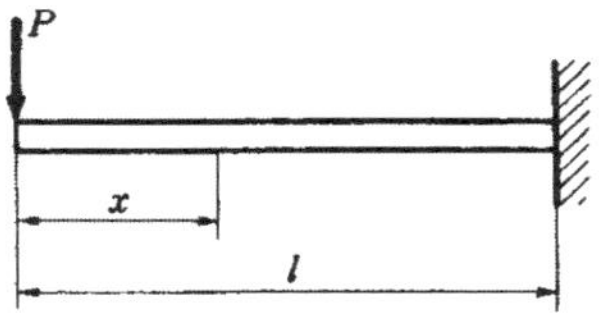

해설 보(beam)의 x지점의 모멘트 M_x는

$$M_x=-Px$$

보의 변형에너지를 U라고 하면

$U=\int_0^l dU=\int_0^l\frac{M_x^2}{2EI}dx$에서

$$U=\int_0^l\frac{M_x^2}{2EI}dx=\frac{1}{2EI}\int_0^l P^2x^2dx=\frac{P^2l^3}{6EI}$$

06 그림과 같은 캔틸레버보(cantilever beam)의 자유단에서 처짐(deflection)을 Castigliano의 정리에 의하여 구하여라. (단, 부재의 EI는 일정하다.)

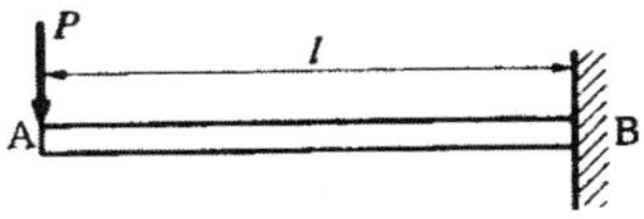

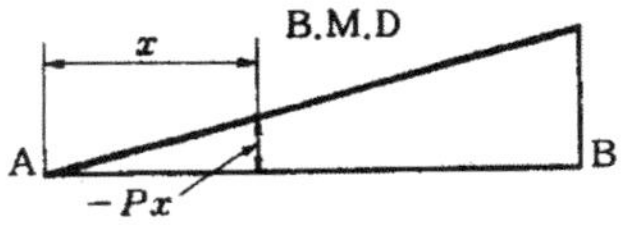

해설 먼저, 내부일 또는 변형에너지를 구한 다음 처짐을 식(8.129)에 의해서 구하면 된다. 굽힘모멘트의 일반식 M와 내부일 U_i는 다음과 같다.

$$M = -Px$$

$$U_i = \int_0^l \frac{M^2}{2EI}dx = \frac{1}{2EI}\int_0^l (-Px)^2 dx$$

$$= \frac{1}{2EI}\left[\frac{P^2x^3}{3}\right]_0^l = \frac{P^2l^3}{6EI}$$

따라서 보의 점 A에 대한 처짐 δ는 식(8.129)에 의하면

$$\delta = \frac{\partial U_i}{\partial P_n} = \frac{\partial}{\partial P}\left(\frac{P^2l^3}{6EI}\right) = \frac{2Pl^3}{6EI} = \frac{Pl^3}{3EI}$$

또는

$$\delta = \frac{\partial U_i}{\partial P_n} = \frac{M}{EI}\int_0^l \frac{\partial M}{\partial P}dx = \frac{1}{EI}\int_0^l (-Px)\frac{\partial(-Px)}{\partial P}dx$$

$$= \frac{1}{EI}\int_0^l (-Px)(-x)dx = \frac{1}{EI}\int_0^l Px^2 dx = \frac{P}{EI}\left[\frac{x^3}{3}\right]_0^l = \frac{Pl^3}{3EI}(\downarrow)$$

07 그림과 같은 캔틸레버보(cantilever beam)의 점 A에서 처짐각 θ과 처짐 δ를 Castigliano정리를 적용하여 구하라. (단, 부재의 EI는 일정하다.)

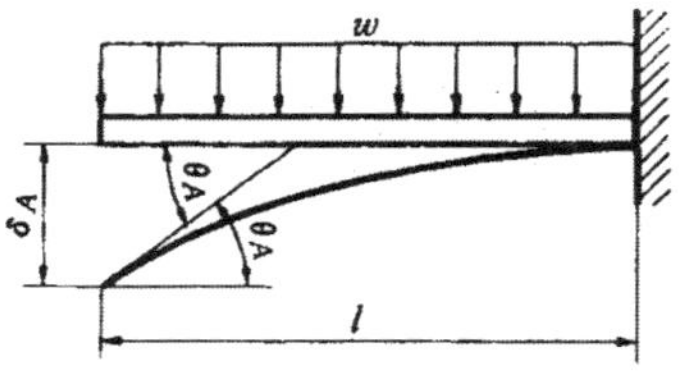

해설 (1) 처짐각(deflection angle) : θ_A

$$M = -M_A - \frac{wx^2}{2}, \quad \frac{\partial M}{\partial M_A} = -1 \text{이므로 식(8.130)에서}$$

$$\theta_A = \frac{M}{EI}\int \frac{\partial M}{\partial M_A}dx = \frac{1}{EI}\int\left(-M_A - \frac{wx^2}{2}\right)(-1)dx$$

실제로 가상모멘트 $M_A = 0$이므로

$$\theta_A = \frac{w}{2EI}\left[\frac{x^3}{3}\right]_0^l = \frac{wl^3}{6EI}$$

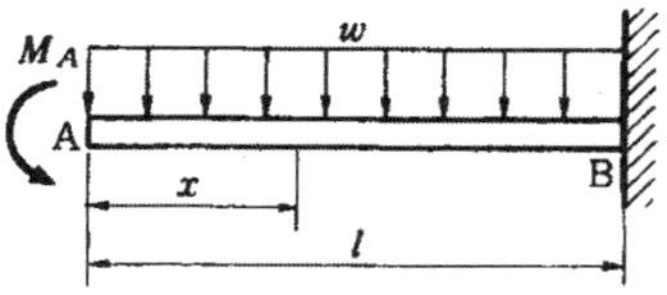

(a) 처짐각

(2) 처짐(deflection) : δ_A

$$M = -P_A x - \frac{wx^2}{2}, \quad \frac{\partial M}{\partial P_A} = -x \text{이므로 식(8.129)에서}$$

$$\delta_A = \frac{M}{EI}\int \frac{\partial M}{\partial P_A}dx = \frac{1}{EI}\int\left(-P_A x - \frac{wx^2}{2}\right)(-x)dx$$

실제로 가상하중 $P_A = 0$이므로

$$\delta_A = \frac{w}{2EI}\left[\frac{x^4}{4}\right]_0^l = \frac{wl^4}{8EI}$$

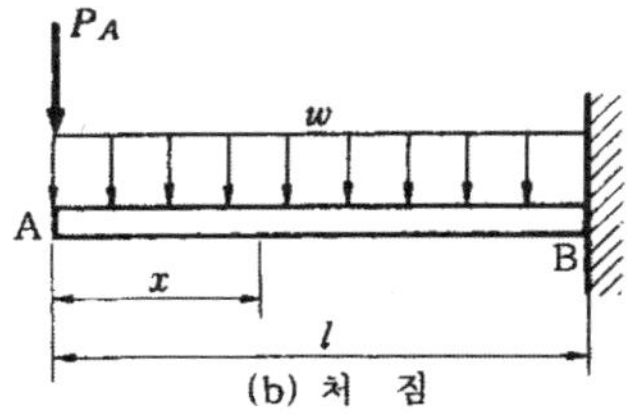

(b) 처 짐

08 그림과 같이 길이 $2l = 1$m인 캔틸레버보(cantilever beam) ABC에서 자유단 A에 집중하중 $P = 3$ton이 작용할 때 자유단 A의 처짐(deflection)을 구하라. (단, 보의 AB, BC부분은 각각 지름 $d_1 = 12$cm, $d_2 = 20$cm로 이루어진 원형단면을 가지며, 또한 보의 재료는 세로탄성계수 $E = 2.1 \times 10^6$kg/cm²이다.)

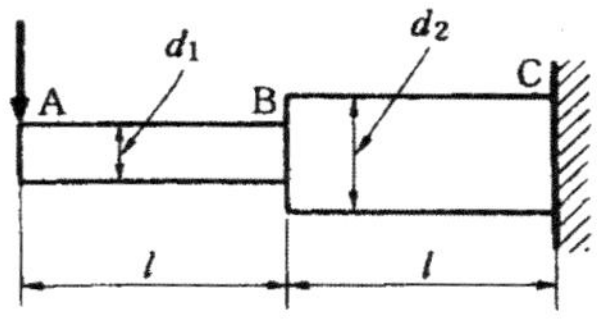

해설 그림에서 AB, BC 부분의 단면2차모멘트를 각각 I_1, I_2로 하고 굽힘모멘트는 $M=-Px$이므로

$$U = \frac{1}{2E}\int \frac{M^2}{I}dx = \frac{1}{2E}\left[\frac{1}{I_1}\int_0^l P^2x^2dx + \frac{1}{I_2}\int_l^{2l} P^2x^2dx\right]$$

$$= \frac{P^2}{2E}\left(\frac{1}{I_1}\frac{l^3}{3} + \frac{1}{I_2}\frac{7l^3}{3}\right) = \frac{P^2l^3}{6E}\left(\frac{1}{I_1} + \frac{7}{I_2}\right)$$

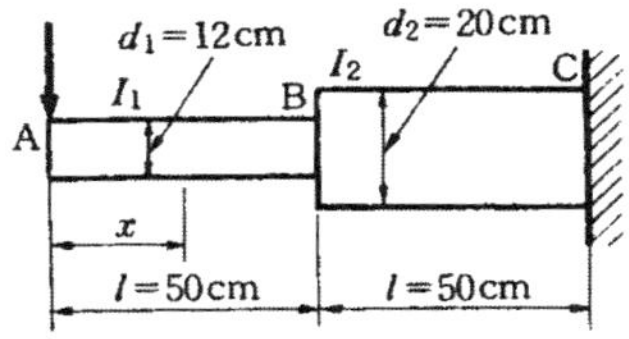

그러므로 자유단 A의 처짐 δ_A는

$$\delta_A = \frac{\partial U}{\partial P} = \frac{Pl^3}{3E}\left(\frac{1}{I_1} + \frac{7}{I_2}\right) = \frac{Pl^3}{3E}\frac{1}{I_1}\left(1 + \frac{7}{I_2/I_1}\right)$$

여기서, $d_1 = 12$cm, $d_2 = 20$cm, $l = 50$cm, $P = 3{,}000$ kg, $E = 2.1 \times 10^6$kg/cm²이므로

$$I_1 = \frac{\pi d_1^4}{64} = \frac{\pi \times 12^4}{64} = 1{,}018\text{cm}^4, \quad I_2 = \frac{\pi d_2^4}{64} = \frac{\pi \times 20^4}{64} = 7{,}854\text{cm}^4$$

$$\frac{I_2}{I_1} = \left(\frac{d_2}{d_1}\right)^4 = \left(\frac{20}{12}\right)^4 = 7.716$$

$$\therefore \delta_A = \frac{3000 \times 50^3}{3 \times 2.1 \times 10^6} \cdot \frac{1}{1{,}018}\left(1 + \frac{7}{7.716}\right) = 0.112\text{cm} = 1.12\text{mm}$$

Chapter

09

부정정보

Statically indeterminate Beams

Section 01 부정정보의 개요

1 부정정보의 정의

정역학적인 힘의 평형조건식, 즉 수평반력 $\Sigma M=0(\Sigma Xi=0)$ 수직반력, $\Sigma V=0$ $(\Sigma Yi=0)$ 및 고정모멘트 $\Sigma M=0(\Sigma Mi=0)$의 3 조건식만으로 해석할 수 있는 보(beam)를 정정보(Statically determinate Beam)라고 부른다. 그러나 보에서 지점반력이 3개 이상이라면 3개의 평형조건식만으로는 지점반력을 구할 수가 없다. 이러한 보(beam)를 부정정보(Statically indeterminate Beam)라고 한다. 따라서 반력의 수와 3개의 평형조건식과 차이를 부정정보의 차수(order)라고 한다. 즉, 미지의 지점반력이 4개이면 4－3=1이므로 1차의 부정정보이고 미지의 지점반력이 5개이면 5－3=2, 즉 2차의 부정정보라고 한다. 그러므로 부정정보를 풀이하자면 평형의 3조건 이외에 부정정의 차수만큼의 다른조건을 더 필요로 한다. 즉, 부정정보에 부정정 차수와 같은 수의 지점반력이나 단면력을 적당히 선정한 후 제거시켜서 정정보로 만든다. 이것을 부정정보의 정정기본계라 하고, 이와 같이 선정한 반력이나 단면력을 부정정력이라 한다.

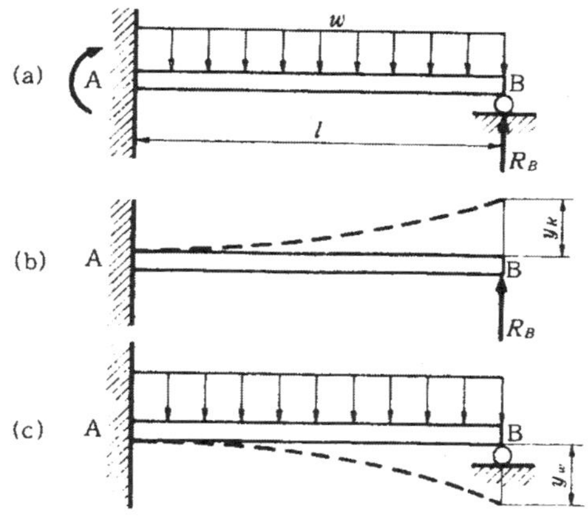

그림 9-1 부정정보의 처짐상태

예를 들면 그림 9－1(a)에서와 같은 1차부정정보에서 R_B를 부정정력으로 생각하면, 그림 9－1(b)와 같이 R_B만 작용시킴으로써 y_R의 처침이 생길 것이다. 따라서 R_B를 제거시킨 정정보, 즉 그림 9－1(c)와 같이 등분포하중만이 작용하는 정정기본계에서의 처짐 y_w가 생기게 된다. 즉, 그림 9-1(a)는 그림 9-1(b)와 그림 9-1(c)를 합성한 것이 된다. 또한 B점의 처침은 0이므로 R_B에 의한 처짐 y_R와 등븐포하중에 의한 처짐 y_w의 합은 0이 되어야 한다. 그러므로

$$\left.\begin{aligned} y_R + y_w = 0 \\ \sigma_R + \sigma_w = 0 \end{aligned}\right\} \qquad \cdots\cdots (9.1)$$

2 부정정보 지점의 종류

(1) 가동힌지 지점(Movable hinged support)

힌지(hinge)와 롤러(roller)의 마찰을 무시하면 지접에 일어나는 반력은 힌지의 중심을 지나고, 롤러가 놓여 있는 평면 mn에 수직하게 된다. 따라서 반력의 작용점과 방향을 알게 되고, 다만 반력의 크기만이 미지수로 남게 된다[그림 9-2(a) 참조].

(2) 부동힌지 지점(immovable hinged support)

반력은 힌지의 중심을 지나고 평면에서 임의의 방향을 가질 수 있다. 그러므로 여기서는 2개의 미지수, 즉 반력의 방향과 크기이다[그림 9-2(b) 참조].

(3) 고정지점(built-in support)

이 경우에는 반력의 크기와 방향, 그리고 작용점도 미지수이다. 이 때 고정단면에 분포되는 반작용력들은 그 단면의 도심에 작용하는 힘 R와 우력 M으로 대치할 수 있다. 그러므로 여기서는 3개의 미지수, 즉 반력 R의 성분과 으력 M의 크기이다[그림 9-2(c) 참조].

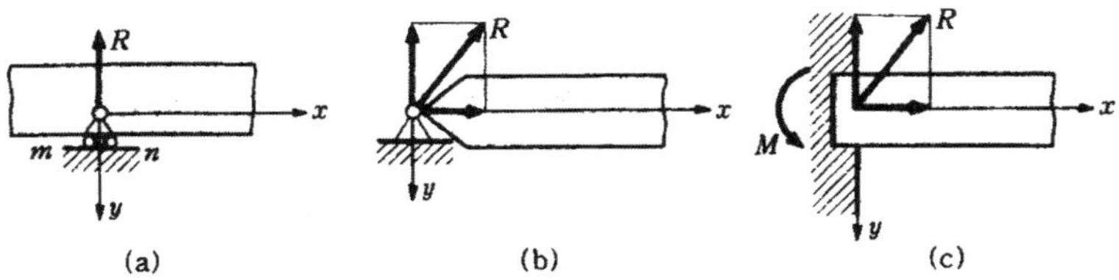

그림 9-2 부정정보 지점의 종류

3 부정정보에서 미지의 과잉반력 및 과잉우력을 구하는 방법

① 임의단면에 있어서 굽힘모멘트(M)를 탄성곡선의 미분방정식에 대입하여 처짐(deflection) 및 처짐각(deflection angle)에 대한 식을 유도하고, 이들에 경계조건을 대입하여 반력 및 우력을 결정한다.

② 하중의 외력계에 의하여 몇 가지 정정보로 분해하고, 각각에 대한 처짐 또는 처짐각을 구하여 경계조건에 만족하도록 중첩시켜서 반력 및 우력을 결정한다. 이 방법을 중첩법(method of superposition)이라고 한다.

③ 면적모멘트법(area-moment method)을 응용하여 반력 및 우력을 구한다.

이상의 방법 중에서 중첩법과 면적모멘트법이 편리하므로 많이 이용된다. 지점의 여러 가지 형식에 따라 가동힌지 지점에서는 힌지(hinged)의 중심을 지나서 수직방향의 반력 R가 작용한다. 부동힌지 지점에서는 힌지의 중심을 지나서 수직방향의 반력 R와 수평방향의 반력 H가 작용한다. 고정지점에서는 고정단면의 도심에 집중한다고 가정하여 수직반력(R), 수평반력(H) 및 고정모멘트(fixing moment) 등의 세가지 미지의 작용력들이 발생한다.

4 부정정보의 해석법

양단고정보에 있어서는 그림 9-3처럼 각 고정단에 반작용 요소가 3개씩 있으므로 전부 6개의 반작용 요소를 가진다. 그러므로 이것은 3개의 부정정 요소인 과잉구속을 가진다. 그러나 일반적으로 수평반력은 수직반력에 비하여 극히 작기 때문에 무시할 수 있으므로, 결국 부정정량은 2개가 된다. 각 반력을 R_A, R_B, 각 고정모멘트를 M_A, M_B로 하고 위에서 기술한 바와 같이 (1) 탄성곡선의 미분방정식에 의한 해법, (2) 중첩법에 의한 해법, (3) 면적모멘트에 의한 해법과 같이 세가지 방법으로 각각 풀어 보자.

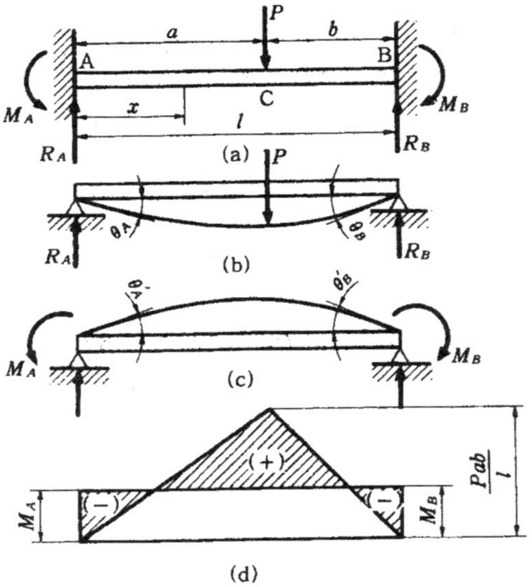

그림 9-3 양단 고정보

(1) 탄성곡선의 미분방정식에 의한 해법

그림 9-3(a)에 있어서 좌단으로부터 거리 x인 단면의 굽힘모멘트 M은 다음과 같다.

$$0 \leqq x \leqq a \ : \ M = M_A + R_A \cdot x \quad \cdots\cdots ①$$

$$a \leqq x \leqq l \ : \ M = M_A + R_A \cdot x - P(x-a) \quad \cdots\cdots ②$$

위 식들을 탄성곡선의 미분방정식에 대입하여 적분하면

$$0 \leqq x \leqq a \ : \ EI\frac{dy}{dx} = -M_A x - R_A\frac{x^2}{2} \quad \cdots\cdots ③$$

$$a \leqq x \leqq l \ : \ EI\frac{dy}{dx} = -M_A x - R_A\frac{x^2}{2} + \frac{P}{2}(x-a)^2 + C_1 \quad \cdots\cdots ④$$

이다. 이것을 다시 적분하면

$$0 \leqq x \leqq a \ : \ EIy = -M_A\frac{x^2}{2} - R_A\frac{x^3}{6} + Cx + C_2 \quad \cdots\cdots ⑤$$

$$a \leqq x \leqq l \ : \ EIy = -M_A\frac{x^2}{2} - R_A\frac{x^3}{6} + \frac{P}{6}(x-a)^3 + C_1 x + C_3 \quad \cdots\cdots ⑥$$

가 된다. $x=0$이면 $\frac{dy}{dx}=0$, $y=0$이라는 경계조건을 ③식 및 ⑤식에 대입하면 적분상수 C는

$$C = C_2 = 0$$

가 되고, $x=a$인 하중의 작용점에서는 양쪽의 처짐(deflection)과 처짐각(deflection angle)

이 같다는 조건을 ④식 및 ⑥식에 대입하면 $C_1 = C_3 = 0$을 얻는다. 또한 $x = l$인 B단에서는

$$\frac{dy}{dx} = 0, \ y = 0$$

이므로, 이것들을 ④식 및 ⑥식에 대입함으로써

$$2M_A l + R_A l^2 - Pb^2 = 0$$

$$3M_A l + R_A l^3 - Pb^3 = 0$$

과 같은 연립방정식을 얻는다. 이것을 풀면 다음과 같이 된다.

$$M_A = \frac{Pab^2}{l^2}, \quad R_A = \frac{Pb^2}{l^3}(3a+b) \qquad \cdots\cdots (9.2)$$

이번에는 원점을 B단에 잡고 x를 B단에서 왼쪽으로 잡아서 위 식들과 같은 방법으로 하든지, 또는 정역학의 평형방정식에서 다음과 같이 나머지 반력과 고정모멘트를 구할 수 있다. 즉,

$$M_B = \frac{Pa^2b}{l^2}, \quad R_B = \frac{Pa^2}{l^3}(a+3b) \qquad \cdots\cdots (9.3)$$

한편, 식 (9.2)와 식(9.3)을 ③, ④, ⑤식에 대입하면 처짐($y = \sigma$) 및 처짐각(θ)의 방정식을 구할 수 있다. 하중의 작용점 C에서의 모멘트는 식(9.2), (9.3)을 ①식에 대입하고 $x = a$라고 한다면 다음과 같이 구해진다.

$$M_c = \frac{Pab^2}{l^2} + \frac{Pb^2(2a+b)}{l^3}a = \frac{2Pa^2b^2}{l^3} \qquad \cdots\cdots (9.4)$$

식(9.2), 식(9.3) 및 식(9.4)에서 M_A, M_B 및 M_C를 비교해 볼 때 하중의 작용점에서의 굽힘모멘트 M_C가 최대임을 알 수 있고 , 그림 9-3에서도 확인할 수 있다. 만약, 이동하중인 경우는 b가 변화한다고 생각하여

$$\frac{dM_B}{db} = 0 \text{에서 } b = \frac{l}{3} \qquad \therefore |M_B|_{\max} = \frac{4Pl}{27}$$

$$\frac{dM_C}{db} = 0 \text{에서 } b = \frac{l}{2} \qquad \therefore |M_C|_{\max} = \frac{Pl}{8}$$

과 같이 M_B의 최대값은 $b = \frac{l}{3}$에서 $\frac{4Pl}{27}$, M_C의 최대값은 $b = \frac{l}{2}$에서 $\frac{Pl}{8}$이 된다. 그러므로 이동하중인 경우 최대모멘트는 고정단에서 발생함을 알 수 있다.

(2) 중첩법에 의한 해법

보(beam)의 양단에서 고정모멘트를 과잉구속으로 보고, 기본계(primary system)로서 단순지지보 AB를 생각하여 그림 9-3(b) 및 9-3(c)와 같이 분리하여 정정보 2개를 만든다.

고정단에서는 사실상 처짐각은 0이므로 그림 9-3(b) 및 (c)의 각각에 대한 처짐각(deflection angle)을 구하고, 중첩(superposition)시키면 다음 조건이 성립된다.

$$\theta_A + \theta'_A = 0, \quad \theta_B + \theta'_B = 0 \quad \cdots\cdots ⑦$$

그림 9-3(b)의 집중하중 P의 작용에 의하여 양단에 발생하는 처짐각 θ_A 및 θ_B는 다음과 같다.

$$\theta_A = \frac{Pb(l^2 - b^2)}{6lEI}, \quad \theta_B = \frac{Pab(l+a)}{6lEI} \quad \cdots\cdots ⑧$$

그림 9-3(c)의 우력 M_A와 M_B에 의하여 양단에 발생하는 처짐각 θ'_A 및 θ'_B는

$$\theta'_A = \frac{M_A l}{3EI} + \frac{M_B l}{6EI}, \quad \theta' B = \frac{3EI}{M_B l} + \frac{M_A l}{6EI} \quad \cdots\cdots ⑨$$

⑧, ⑨식을 ⑦식에 대입하면 다음과 같은 연립방정식을 얻을 수 있다. 이것을 풀면

$$\begin{cases} \dfrac{Pb(l^2 - b^2)}{6lEI} + \dfrac{M_A l}{3EI} + \dfrac{M_B l}{6EI} = 0 \\ \dfrac{Pab(2l - b)}{6lEI} + \dfrac{M_B l}{3EI} + \dfrac{M_A l}{6EI} = 0 \end{cases}$$

$$\therefore M_A = -\frac{Pab^2}{l^2}, \quad M_B = -\frac{Pa^2 b}{l^2} \quad \cdots\cdots ⑩$$

와 같이 되고, 위 식은 식 (9.2) 및 식 (9.3)에 일치하고 있다.

(3) 면적모멘트법에 의한 해법

면적모멘트법의 기초식은 다음과 같다. 즉

$$\theta = \frac{1}{EI}\int_A^B M dx = \frac{1}{EI} \mid A_M |_A^B \quad \cdots\cdots ⑪$$

$$y = \sigma = \frac{1}{EI}\int_A^B x M dx = \frac{1}{EI}\bar{x} \mid A_M |_A^B \quad \cdots\cdots ⑫$$

그림 9-3(d)는 (b) 및 (c)에 대한 굽힘모멘트(bending moment) 선도를 중첩한 것이다. 양단고정 보의 A, B점에서는 처짐각과 처짐이 0이므로 두 점의 접선이 이루는 각도 역시 0이다. 따라서 ⑪, ⑫ 식에서 $x=0$로부터 $x=l$까지의 굽힘모멘트 선도의 면적의 대수합 및 면적모멘트의 합은 0이 되어야 한다.

$$\theta = \frac{1}{EI} \mid A_M |_a^l = 0 \qquad \therefore |A_M|_a^l = 0 \quad \cdots\cdots ⑬$$

$$y = \sigma = \frac{1}{EI}\bar{x} \mid A_M |_a^l = 0 \qquad \therefore x \mid A_M |_a^l = 0 \quad \cdots\cdots ⑭$$

식 ⑬, ⑭에 그림 9-3(d)의 면적을 대입하면 다음과 같은 연립방정식을 얻는다.

식 ⑬에서

$$\frac{Pab}{l}\frac{1}{2}+(M_A+M_B)\frac{l}{2}=0 \quad \cdots\cdots ⑮$$

식 ⑭에서

$$\frac{Pab}{l}\frac{b}{2}\frac{2b}{3}+\frac{Pab}{l^2}\cdot\frac{a}{2}\cdot\left(b+\frac{a}{3}\right)+M_B\frac{1}{2}\cdot\frac{1}{3}+M_B\frac{l}{2}\cdot\frac{2l}{3}=0 \quad \cdots\cdots ⑯$$

위 식들을 풀이하면

$$M_A=-\frac{Pab^2}{l^2}, \qquad M_B=-\frac{Pa^2b}{l^2} \quad \cdots\cdots ⑰$$

를 얻게 되고, 이것들을 식 (9.2) 및 식 (9.3)에 일치한다. ⑰ 식을 이용하여 R_A, R_B 등은 정역학의 평형 방정식에서 간단히 구할 수 있다.

Section 02 1단고정, 타단이동지지보

그림 9-4(a)와 같은 1단고정 타단이동 지지보의 임의단면에 집중하중 P가 작용하였을 때는 A단에 3개, B단에 1개 합하여 4개의 반작용 요소가 있으므로 1개의 과잉구속을 가지는 부정정보이다. A단의 고정모멘트(fixed moment)M_A를 부정정 요소로 보고 그림 9-4(e), (f)와 같이 2개의 정정보로 분해하여 생각한다.

1 집중하중이 작용할 경우

그림 9-4(a)는 반력이 4개이므로 1차부정정보이며 M_A나 R_B를 부정정력으로 취할 수 있는데 여기서는 R_B를 부정정력으로 취하여 풀어보기로 한다(R_B를 하중으로 본다면 이 보는 외팔보가 된다). 즉 그림 9-4(b)는 캔틸레버보(cantilever beam)에 부정정력 R_B만 작용한 것으로 보고 그림 9-4(c)에서 하중 P만 작용한 것으로 본다. 이때 각각의 처짐 σ_1과 σ_2가 생기게 되는데 점 B는 지점이기 때문에 처짐이 0 이므로

$$\sigma_1 + \sigma_2 = 0$$

에서 R_B가 산출된다.

(1) **지점반력** : R

$$\sigma_1 = -\frac{R_B l^3}{3EI} \quad \cdots\cdots ①$$

$$\sigma_2 = -\frac{Pa^2(3l-a)}{6EI} \quad \cdots\cdots ②$$

처짐(deflection)의 합은 0이 되어야 하므로

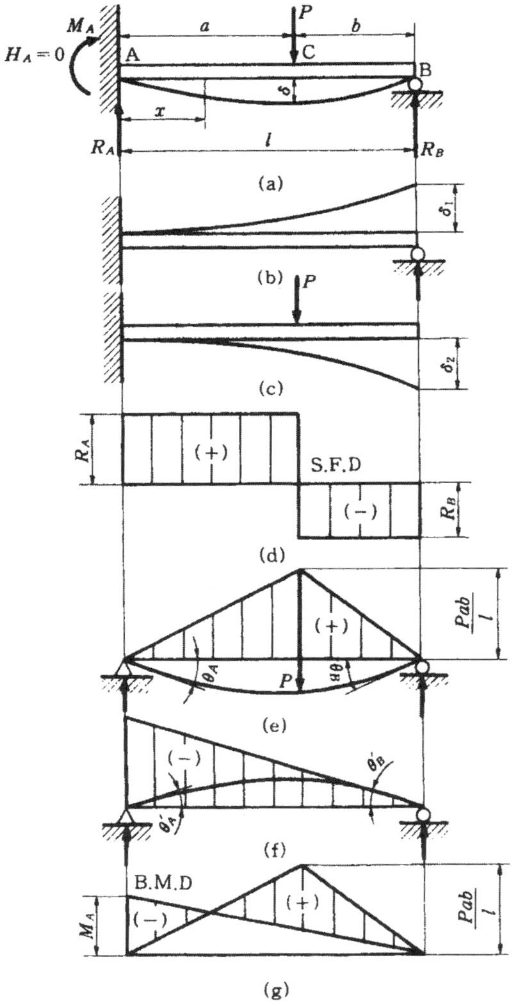

그림 9-4 집중하중을 받는 일단고정 타단이동 지지보

$$\sigma = \sigma_1 + \sigma_2 = -\frac{R_B l^3}{3EI} + \frac{Pa^2(3l-a)}{6EI} = 0$$

$$\therefore R_B = \frac{Pa^2(3l-a)}{2l^3} \quad \cdots\cdots (9.5)$$

로서 부정정력 R_A를 구할 수 있다. 따라서 $\Sigma V = 0$에서

$$R_A + R_B = P$$

$$\therefore R_A = P - R_B = \frac{P(2l^3 - 3la^2 + a^3)}{2l^3}$$

$$= \frac{Pb(3l^2 - b^2)}{2l^3} \quad \cdots\cdots (9.6)$$

$\Sigma H = 0$에서 $H_A = 0$, $\Sigma M_A = 0$으로부터

$$M_A + Pa - R_B l = 0$$

$$\therefore M_A = R_B l - Pa = -\frac{Pab(l+b)}{2l^2} = -\frac{Pb(l^2 - b^2)}{2l^2} \quad \cdots\cdots (9.7)$$

으로서 부정정력 M_A를 구할 수 있다. M_A는 (−)이므로 그림 9−4(a)의 가정방향과 반대가 된다. 따라서 실제의 방향은 반시계 방향이 된다.

(2) 전단력 : V

정정보인 경우와 같이

$$\left.\begin{array}{l} V_{A-C} = R_A = P - R_B \\ V_{C-B} = -R_B \end{array}\right\} \quad \cdots\cdots (9.8)$$

따라서 전단력 선도 (S.F.D)는 그림 9−4(d)와 같은데, 이것은 그림 9−4(b)와 9−4(c)의 S.F.D를 합성한 것과 같다.

(3) 굽힘모멘트(bending moment) : M

고정단인 A점에서는 처짐각이 0이므로, 그림 9−4(e), (f)의 각 처짐각(deflection angle)의 합이 0이 되어야 한다. 즉

$$\theta_A + \theta'_A = 0 \quad \cdots\cdots ③$$

집중하중 P로 인한 그림 9−4(f)에서 A점의 처짐각 θ_A와 우력 M_A에 인한 그림 9−4(f)에서 A점의 처짐각 θ'_A는

$$\theta = \left(\frac{dy}{dx}\right)_{x=0} = \frac{Pb(l^2 - b^2)}{6lEI} \text{ 또는 } \frac{Pab(l+b)}{6lEI} \quad \cdots\cdots ④$$

$$\theta = -\frac{Ml}{3EI} \quad \cdots\cdots ⑤$$

④식과 ⑤식에 의하여

$$\theta_A = \frac{Pb(l^2 - b^2)}{6lEI}, \quad \theta' = -\frac{M_A l}{3EI} \quad \cdots\cdots (9.9)$$

이므로, 식 (9.9)를 ③식에 대입하여 M_A의 값을 구할 수도 있다. 즉

$$\frac{Pb(l^2 - b^2)}{6lEI} - \frac{M_A l}{3EI} = 0$$

$$\therefore M_A = \frac{Pb(l^2 - b^2)}{2l^2} \quad \cdots\cdots ⑥$$

⑦식은 식 (9.7)과 일치함을 알 수 있다.

정역학의 평형방정식으로부터 다음과 같이 반력들을 간단히 구해 보면 다음과 같다.

$$R_A = \frac{Pb(3l^2 - b^2)}{2l^3}, \quad R_B = \frac{P(3b + 2a)b^2}{2l^3} \quad \cdots\cdots ⑦$$

위 식은 식 (9.5)와 식 (9.6)과 잘 일치하고 있다.

① **굽힘모멘트 선도(bending moment diagram : BMD)**

$$M_A = \frac{Pab(l + b)}{2l^2} = \frac{Pb(l^2 - b^2)}{2l^2}$$

$$\left.\begin{aligned} M_x &= R_A \cdot x + M_A \\ M_c &= R_A \cdot a + M_A \\ M + B &= 0 \end{aligned}\right\} \quad \cdots\cdots (9.10)$$

B.M.D는 그림 9-4(g)와 같고 그림 9-4(b)와 9-4(c) 및 그림 9-4(e)와 9-4(f)의 B.M.D를 합성 및 중첩한 것과 같은 결과르 나온 것이다.

② **임의점에서 보의 처짐(deflection)**

집중하중 P 및 굽힘모멘트 M_A에 인한 그 점의 처짐을 각각 구하여 합하면 된다.

$$y_{\substack{x = 1/2 \\ a > b}} = \frac{Pb}{48EI}(3l^2 - 4b^2) \quad \cdots\cdots ⑧$$

$$y = \frac{1}{EI}\left(\frac{Mlx}{6} - \frac{Ml}{2} \cdot \frac{x^2}{l^2} \cdot \frac{x}{3}\right) = \frac{Mlx}{6EI}\left(1 - \frac{x^2}{l^2}\right) \quad \cdots\cdots ⑨$$

따라서 식 ⑧과 식 ⑨에 의하여 다음과 같이 처짐의 방정식을 구할 수 있다.

$$\sigma = \frac{Pb}{48EI}(3l^2 - 4b^2) + \frac{M_A l^2}{16\,EI}$$

$$\therefore \frac{Pb}{96\,EI}(3l^2 - 5b^2) \quad \cdots\cdots (9.11)$$

③ **변곡점과 그 위치**

굽힘모멘트가 0인 점 C에서는 곡률이 0이므로 이것을 변곡점이라 하고 그 위치는

$$x = \frac{2l^3}{3l^2 - a^2}$$

이 된다. 집중하중 P를 이동시킨다고 하면 M_A의 최댓값은

$$\frac{dM_A}{db} = 0, \quad b = \frac{l}{\sqrt{3}}$$

$$\therefore (M_A)_{\max} = \frac{Pl}{3\sqrt{3}} = 0.192Pl \quad \cdots\cdots (9.12)$$

④ **하중의 작용점에 발생하는 굽힘모멘트**

그림 9-4(g)에서

$$M_g = \frac{Pab}{l} - \frac{b}{l}\frac{Pl(l^2-b^2)}{2l^2} = \frac{Pb}{2l^3}a^2(2l+b)$$

⑤ **이동하중에 의한 M_g의 최댓값**

$$\frac{dM_g}{db} = 0, \quad b = \frac{l}{2}(\sqrt{3}-1) = 0.396l$$

$$\therefore (M_g)_{\max} = 0.174Pl \quad \cdots\cdots (9.14)$$

이 된다. 위 식과 식 (9.12)를 비교하면 $(M_A)_{\max}$가 더 크므로, 이동하중의 경우에 최대 굽힘응력은 $b = \frac{1}{\sqrt{3}}$일 때 고정단에서 발생함을 알 수 있다.

2 중앙에 집중하중이 작용하는 경우

그림 9-5와 같이 일단고정 타단지지보의 중앙에 집중하중이 작용하는 경우를 생각해 보자. 그림 9-5(b), (c)은 부정정보를 캔틸레버보(cantilever beam)로 만들어 처짐을 이용해서 미지반력을 구한다.

(1) 지점반력

$\sigma_B = 0$에 의하여

$$\sigma_1 + \sigma_2 = 0$$

그림 9-5(b)에서 P가 작용할 때 처짐 σ_1은

$$\sigma_1 = \frac{5Pl^3}{48EI}$$

$$\sigma_1 + \sigma_2 = \frac{5Pl^3}{48EI} - \frac{R_B l^3}{3EI} = 0$$

$$\therefore R_B = \frac{5P}{16}$$

$\Sigma V = 0$에 의하여

$$R_A + R_B = P$$

$$\therefore R_A = P - R_B = \frac{11P}{16}$$

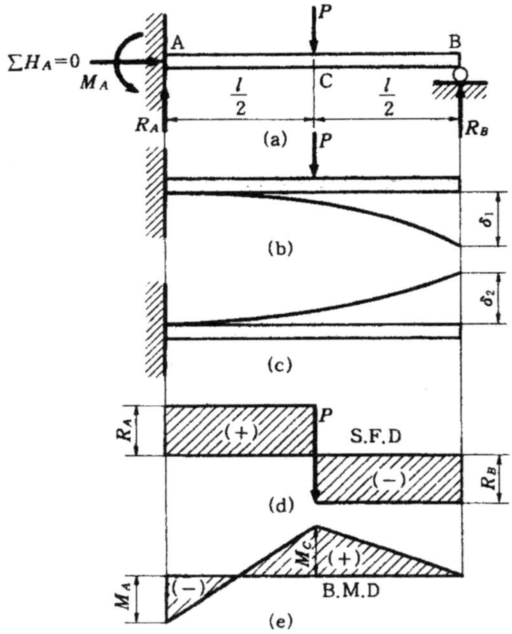

그림 9-5 중앙에 집중하중이 작용하는 고정지지보

(2) **전단력** : V

$$0 \leqq x \leqq \frac{l}{2}: \quad V_x = R_A = \frac{11P}{16}, \quad \therefore V_A = \frac{11}{16}P$$

$$\frac{l}{2} \leqq x \leqq l: \quad V_x = R_A - P = -R_B = -\frac{5}{16}P, \quad \therefore V-B = -\frac{5}{16}P$$

(3) **굽힘모멘트**(bending moment) : M

B점을 기준으로 해서

$$0 \leqq x \leqq \frac{l}{2}: \quad M_x = R_B \cdot x = \frac{5}{16}P_x \quad \therefore M_C = \frac{5}{16}P \times \frac{l}{2} = \frac{5Pl}{32}$$

$$\frac{l}{2} \leqq x \leqq l: \quad M_x = R_B x - P(x - \frac{l}{2}) \quad \therefore M_A = \frac{5}{16}Pl \times \frac{Pl}{2} = -\frac{3}{16}Pl$$

3 등분포하중이 작용할 경우

(1) **지점반력**

그림 9-6에서 R_B를 부정정력으로 취하였을 때 처짐 σ_1(그림 9-6 참조)과 캔틸레버보에서

등분포하중만이 작용하였을 때의 처짐 σ_2(그림 9-6(c) 참조)는

$$\sigma_1 + \sigma_2 = 0$$

이므로 (즉 점 B가 지점이므로 처짐은 0이 된다)

$$\frac{R_B l^2}{3EI} + \frac{wl^4}{8EI} = 0$$

$$\therefore R_B = \frac{3wl}{8} \quad \cdots\cdots (9.15)$$

한편 $\Sigma V = 0$에서

$$R_A = wl - \frac{3}{8}wl = \frac{5}{8}wl \quad \cdots\cdots (9.16)$$

$$M_A = wl \cdot \frac{l}{2} - R_A \cdot l = -\frac{wl^2}{8} \quad \cdots\cdots (9.17)$$

(2) **전단력** : V

$$\left.\begin{aligned} V_x &= R_A - wx = \frac{5}{8}wl - wx = \frac{w}{8}(5l - 8x) \\ V_A &= R_A = \frac{5}{8}wl \\ V_B &= -R_B = -\frac{3}{8}wl \end{aligned}\right\} \quad \cdots\cdots (9.18)$$

따라서, 전단력선도(S.F.D)는 그림 9-6(d)와 같이 된다.

(3) **굽힘모멘트**(bending moment) : M

굽힘모멘트선도(B.M.D)는 그림 9-6(e)와 같다. 최대굽힘모멘트 $M_{\max}$는 $V=0$가 되는 점에서 일어나므로

$$V_x = R_A - wl = 0, \quad \frac{5}{8}wl - wx = 0,$$

$$\therefore x = \frac{5}{8}l$$

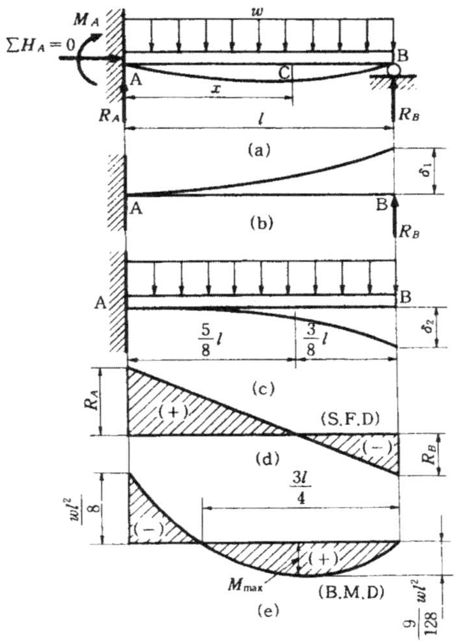

그림 9-6 균일분포 하중을 받는 일단고정 타단이동지지보

$$(M_{\max})x = \frac{5}{8}l = R_A \cdot x - \frac{wx^2}{2} + M_A$$

$$= \frac{5}{8}wl \times \frac{5}{8}l - \frac{w}{2} \times \left(\frac{5}{8}l\right)^2 - \frac{wl^2}{8} = \frac{9}{128}wl^2 \quad \cdots\cdots\cdots(9.20)$$

(4) **보**(beam)**의 중앙점에서 처짐**(deflection) : σ

그림 9-7 (b)와 그림 9-7(c)처럼 균일분포하중을 받는 단순보(simple beam)와 한쪽에 우력 M_A가 작용하는 단순보로 나눈다. 먼저 균일분포하중이 작용하는 단순보의 중앙점에 대한 처짐량 σ는 그림 9-7(b)에서

$$\sigma_3 = (y_3)_{x=\frac{l}{2}} = \frac{5wl^4}{384EI}$$

우력 M_A가 작용하는 단순보의 처짐 σ_4는 그림 9-7(c)에서

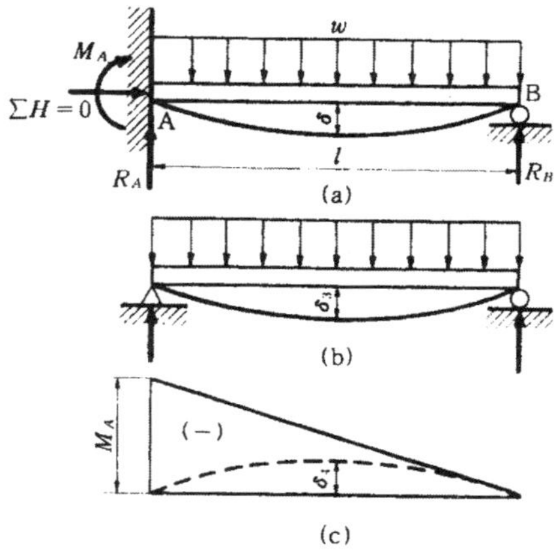

그림 9-7 균일분포하중을 받는 일단고정 타단지지보

$$\sigma_4 = (y_4)_{x=\frac{l}{2}} = \frac{M_A l}{6EI}\left(\frac{l}{2}\right)\left\{1 - \frac{1}{l^2}\left(\frac{l}{2^2}\right)\right\} = \frac{M_A l^2}{16EI}$$

$$\therefore \sigma = \sigma_3 + \sigma_4 = \frac{5wl^4}{384EI} + \frac{M_A l^2}{16EI}$$

$$= \frac{5wl^4}{384EI} - \frac{l^2wl^2}{16EI \times 8} = \frac{wl^4}{192EI} \quad \cdots\cdots\cdots(9.21)$$

예제문제

01 그림과 같은 일단고정 타단지지보에서 풀이를 하고 단면력을 구하고 전단력선도와 굽힘모멘트선도를 그려라. 단, EI는 일정하다.

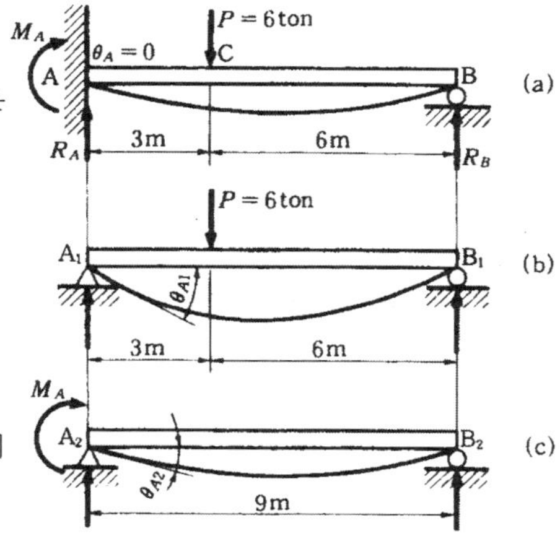

해설 1. 처짐각에 의한 방법

(1) 부정정력의 계산 : M_A

부정정력을 M_A로 하여 그림 (b), (c)와 같은 부정기본계(부정정보)를 생각해 보자.

$$\theta_{A1}=\frac{Pab(l+b)}{6lEI}=\frac{6\times3\times6(9+6)}{6\times9\times EI}=\frac{30}{EI}$$

$$\theta_{A2}=\frac{M_A\cdot l}{3EI}=\frac{M_A\cdot 9}{3EI}=\frac{3M_A}{EI}$$

$\theta_A=\theta_{A1}+\theta_{A2}=0$이므로 $\dfrac{30}{EI}+\dfrac{3M_A}{EI}=0$

$\therefore M_A=-10(\text{ton}\cdot\text{m})$

(가정방향과 반대임을 뜻하며, 따라서 반시계 방향임을 뜻함)

(2) 지점반력 : R

$\Sigma M_B=0$에서

$R_A\times9-10-6\times6=0$, $\quad\therefore R_A=\dfrac{46}{9}=5\dfrac{1}{9}$ton

$\Sigma V=0$에서

$5\dfrac{1}{9}+R_B-6=0$, $\quad\therefore R_B=-\dfrac{8}{9}$ton

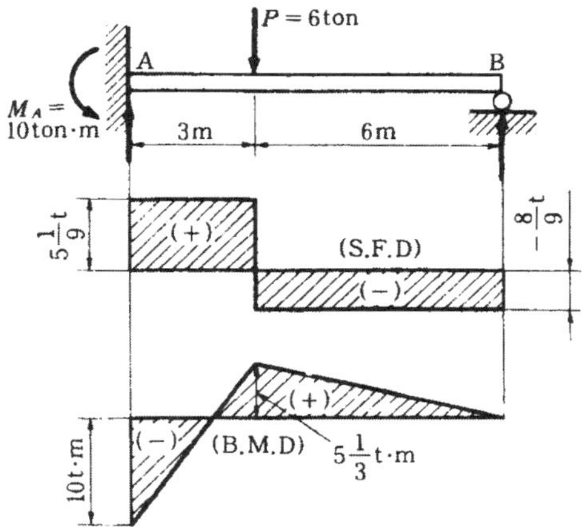

(3) 전단력: V

$V_{AC}=5\dfrac{1}{9}$ton, $\quad V_{CB}=-\dfrac{8}{9}$ton

(4) 굽힘모멘트(bending moment) : M

$M_A=-10(\text{ton}\cdot\text{m})$

$M_C=-10+5\dfrac{1}{9}\times3=5\dfrac{1}{3}$ton

$M_B=0$

2. 처짐(deflection)에 의한 방법

R_B를 부정정력으로 하여 그림 (b), (c)의 정정기본계(정정보)를 생각해 보자.

(1) 부정정력의 계산

$$y_{B1}=\frac{Pa^2(3l-a)}{6EI}=\frac{6\times3^2(3\times9-3)}{6EI}=\frac{216}{EI}$$

$$y_{B2}=-\frac{Pl^3}{3EI}=-\frac{R_B\cdot9^3}{3EI}=\frac{R_B\cdot243}{EI}$$

$y_B=y_{B1}+y_{B2}=0$에 의해

$$y_B=\frac{216}{EI}-\frac{R_B\cdot243}{EI}=0$$

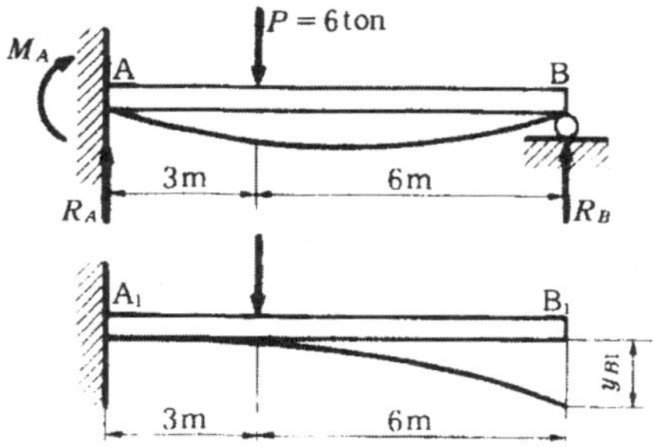

$\therefore R_B = \frac{216}{243} = \frac{8}{9}$

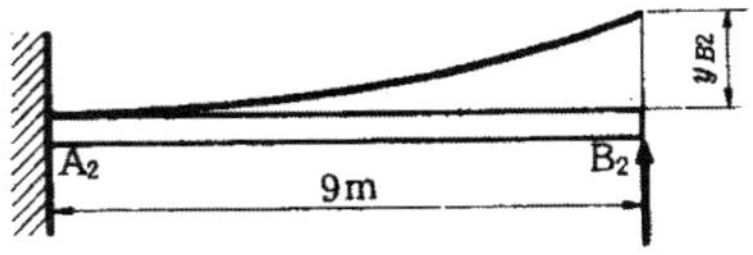

(2) 지점반력 및 굽힘모멘트

$\Sigma V = 0$에서

$R_A + \frac{8}{9} - 6 = 0 R_A = 5\frac{1}{9}\text{ton}$

$\Sigma V = 0$에서

$M_A + 5\frac{1}{9} \times 9 - 6 \times 6 = 0, \quad M_A = -10\text{ton} \cdot \text{m}$

02 그림과 같은 보(beam)에서 단면력을 구하고 전단력선도(S.F.D) 및 굽힘모멘트(B.M.D)를 그려라. 또한, M_{max} 및 변곡점의 위치도 구하라.

해설 일단고정 타단이동 지지보에 집중하중이 작용할 경우 부정정력 M_A를 식 (9.7)에서 구한 후, 이하 단순보를 풀이하는 방법과 같은 반력, 전단력, 굽힘모멘트를 계산하는 것이 간편할 것이다.

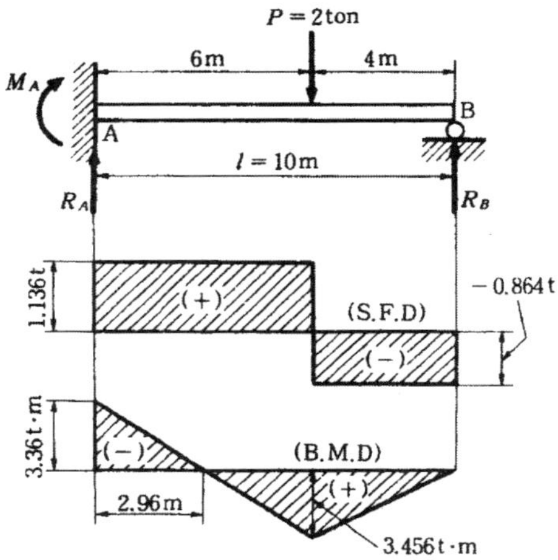

(1) 지점반력 : R

부정정력 M_A를 식 (9.7)에 의해 풀이하면

$M_A = \frac{Pab(l+b)}{2l^2} = -\frac{2 \times 6 \times 4(10+4)}{2 \times 10^2}$

$= -3.36\text{t} \cdot \text{m}$

$\Sigma M_B = 0$에 의하여

$R_A \cdot l - 2 \times 4 + M_A = 0$이므로

$R_A \times 10 - 2 \times 4 - 3.36 = 0,$

$\therefore R_A = 1.136\text{t}$

$R_B = 2 - 1.136 = 0.864\text{t}$

(2) 전단력 : V

$V_{AC} = R_A = 1.136\text{t}$

$V_{CB} = -R_B = -0.864\text{t}$

(3) 굽힘모멘트(bending moment)

$M_C = R_A \cdot x + M_A = 1.136 \times 6 - 3.36$

$= 3.456\text{t} \cdot \text{m} = M_{max}$

(4) 변곡점의 위치

변곡점의 위치는 모멘트가 0이 되는 점이므로 $R_A \cdot x + M_A = 0$에서

$1.136x + (-3.36) = 0, \quad \therefore x = 2.958 \fallingdotseq 2.29\text{m}$

03 그림과 같은 부정정보에서 전단력선도(S.F.D)와 굽힘모멘트선도(B.M.D)를 그려라.

해설 1. 처짐각에 의한 방법

(1) 부정정력 M_B의 계산

$\theta_{B1} = -\frac{wl^3}{24EI} = -\frac{2 \times 6^3}{24EI} = -\frac{18}{EI}$

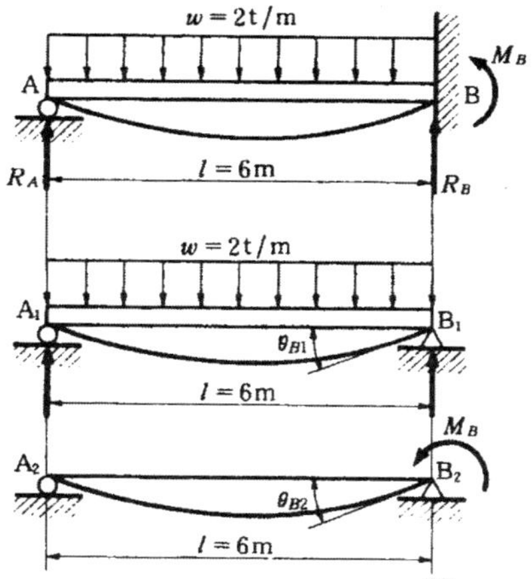

$$\theta_{B2}=-\frac{M_B\cdot l}{3EI}=\frac{M_B\cdot 6}{3EI}=-\frac{2M_{EIB}}{}$$

$\theta_B=\theta_1+\theta_2=0$에 의해

$$\theta_B=-\frac{18}{EI}-\frac{2M_B}{EI}=0$$

$\therefore M_B=-9\text{t}\cdot\text{m}$ (가정 방향과 반대방향임)

(2) 지점반력

$\Sigma M_B=R_A\times6-(2\times6)\times3+9=0$

$R_A=4.5\text{ton}$

$\Sigma V=0$에서

$4.5+R_B-2\times6=0 \quad \therefore R_B=7.5\text{ton}$

(3) 전단력

$V_A=4.5\text{ton},\quad V_B=-7.5\text{ton},$

$V_x=4.5-2x$

(4) 굽힘모멘트

$M_A=0,\quad M_B=-9\text{t}\cdot\text{m}$

$$M_x=4.5x-(2x)\frac{x}{2}=4.5x-x^2$$

최대굽힘모멘트 $M_{\max}$은 $V_X=0$에서

$$4.5-2x=0,\quad x=\frac{4.5}{2}(\text{m})$$

$\therefore M_{\max}=4.5\times2.25-2.25^2=5.0626\text{t}\cdot\text{m}$

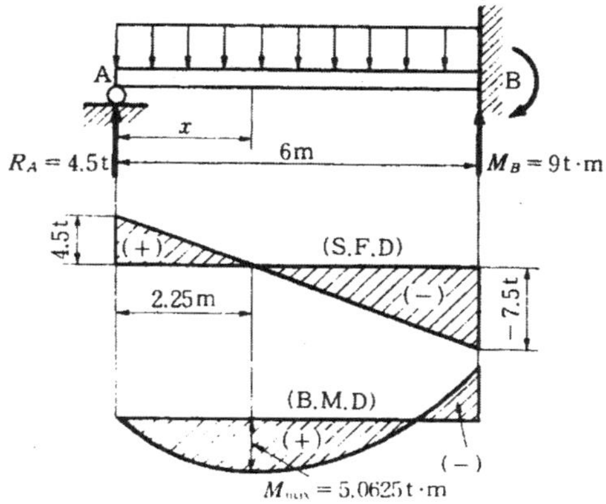

2. 처짐에 의한 방법

R_A를 부정정력으로 하여 그림 (b), (c)와 같은 정정기본계를 생각하자.

(1) 부정정력(R_A) 계산

$$y_{A1}=\frac{wl^4}{8EI}=\frac{2\times6^2}{8EI}=\frac{324}{EI},$$

$$y_{A2}=-\frac{R_A l^3}{3EI}=-\frac{R_A 6^3}{3EI}=\frac{72R_A}{EI}$$

$y_A=y_{A1}+y_{A2}=0$에 의해

$$y_A=\frac{324}{EI}-\frac{72R_A}{EI}=0,\quad \therefore R_A=4.5\text{ton}$$

(2) 지점반력 및 굽힘모멘트

$\Sigma M_B=4.5\times6-(2\times6)\times3-M_A=0$

$\Sigma V=0$에서

$4.5+R_B-2\times6=0,\quad \therefore R_B=7.5\text{ton}$

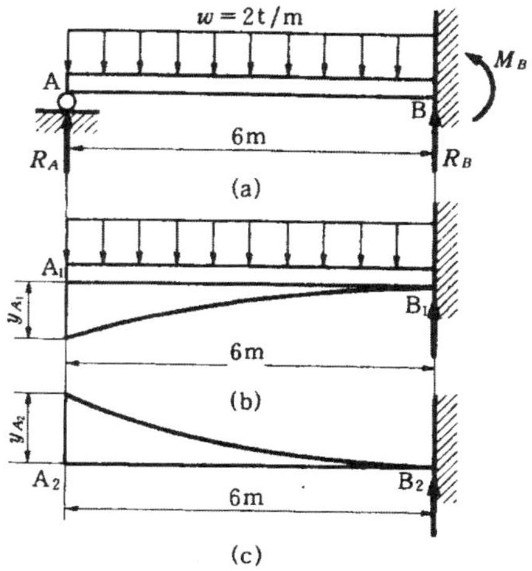

04 그림과 같은 부정정보를 풀이하고 전단력 선도(S.F.D) 및 굽힘모멘트 선도(B.M.D)를 그려라.

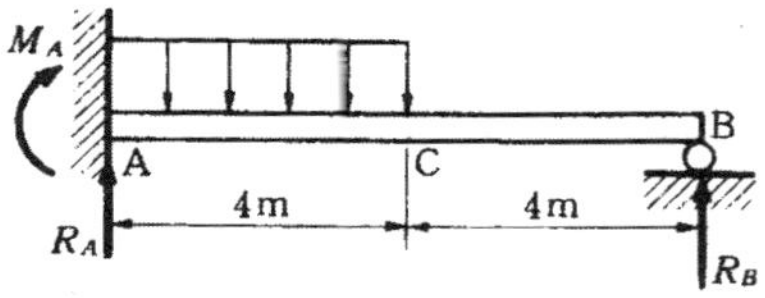

해설 R_B를 부정정력으로 그림 (a), (b)와 같은 정정기본계를 생각하자.

(1) 부정정력의 계산

$$y_{B1}=\frac{7wl^4}{384EI}=\frac{7\times2\times8^4}{384EI}=\frac{448}{3EI},$$

$$y_{B2}=-\frac{R_B\,l^3}{3EI}=-\frac{R_B\cdot8^3}{3EI}=\frac{512\cdot R_B}{3EI}$$

따라서 $y_B=y_{B1}+y_{B2}=0$에 의해서

$$y_B=\frac{448}{3EI}-\frac{512}{3EI}R_B=0$$

$$\therefore R_B=\frac{7}{8}\text{ton}$$

(2) 지점반력 및 굽힘모멘트

$$\Sigma V=R_A+\frac{7}{8}-2\times4=0,$$

$$\therefore R_A=7\frac{1}{8}\text{ton}$$

$$\Sigma M_A=M_A+(2\times4)\times2-\frac{7}{8}\times8=0$$

$M_A=-16+7=-9.0\text{t}\cdot\text{m}]$

(가정방향과 반대방향임)

(3) 전단력

$$V_A=7\frac{1}{8}\text{ton},\quad V_{CB}=-\frac{7}{8}\text{ton}$$

(4) 굽힘모멘트

$$M_A=-9.0\text{t}\cdot\text{m},\quad M_C=\frac{7}{8}\times4=\frac{7}{2}\text{t}\cdot\text{m},$$

$$M_B=0$$

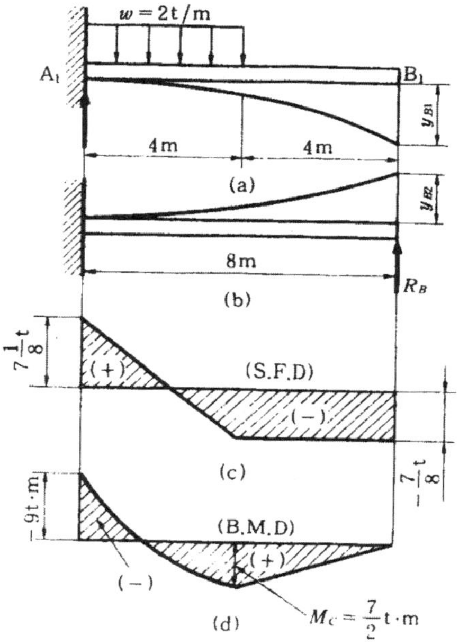

Section 03 양단고정보

1 집중하중이 작용할 경우

양단을 고정지점으로 지탱한 보(beam)를 고정보(fixed beam)라 하며, 3차 부정정이다. 여기서는 M_A, M_B를 부정정력으로 보면 그림 9-8(b)와 부정정력 M_A, M_B를 받는 단순보[그림 (c) 참조]를 중첩한 것으로 볼 수 있다. 고정지점의 처짐각(deflection angle)은 0이므로, 즉

$$\left.\begin{aligned}\theta_A = \theta_A{}' + \theta_A{}'' = 0\\ \theta_B = \theta_B{}' + \theta_B{}'' = 0\end{aligned}\right\} \cdots\cdots ①$$

로서 부정정력 M_A, M_B를 구할 수 있다.

따라서, 그림 9-8(b)에서

$$\theta_A{}' = \frac{Pab(l+b)}{6lEI},\quad \theta_B{}' = \frac{Pab(l+a)}{6lEI}$$

그림 9-8(c)에서

$$\theta_A{}'' = \frac{(2M_A + M_B)l}{6lEI},\quad \theta_B{}'' = \frac{(M_A + 2M_B)l}{6lEI}$$

① 식으로부터 $\theta A' + \theta A'' = 0$, $\theta B' + \theta B'' = 0$이므로 각각

$$\frac{Pab(l+b)}{6lEI} + \frac{(2M_A + M_B)l}{6EI} = 0 \cdots\cdots ②$$

$$-\frac{Pab(l+a)}{6lEI} + \frac{(M_A + 2M_B)l}{6EI} = 0 \cdots\cdots ③$$

②식과 ③식을 연립시켜서 풀면 다음과 같다.

$$\left.\begin{aligned}M_A = -\frac{Pab^2}{l^2}\\ M_A = -\frac{Pab^2}{l^2}\end{aligned}\right\} \cdots\cdots (9.22)$$

식(9.22)와 같이 부정정력이 구해졌으므로 그림 9-8(d)와 같이 집중하중을 받는 단순보로 놓고 단면력을 구한다.

(1) **지점반력**

$\Sigma M_B = 0$에 의해

$R_A \cdot l + M_A - Pb - M_B = 0$

$$\left.\begin{aligned} R_A &= \frac{Pb}{l} - \frac{M_A - M_B}{l} = \frac{Pb^2(l+2a)}{l^3} \\ &\Sigma M_A = 0\text{으로부터} \\ R_B &= \frac{Pa}{l} + \frac{M_A - M_B}{l} = \frac{Pa^2(l+2b)}{l^3} \end{aligned}\right\} \quad \cdots\cdots(9.23)$$

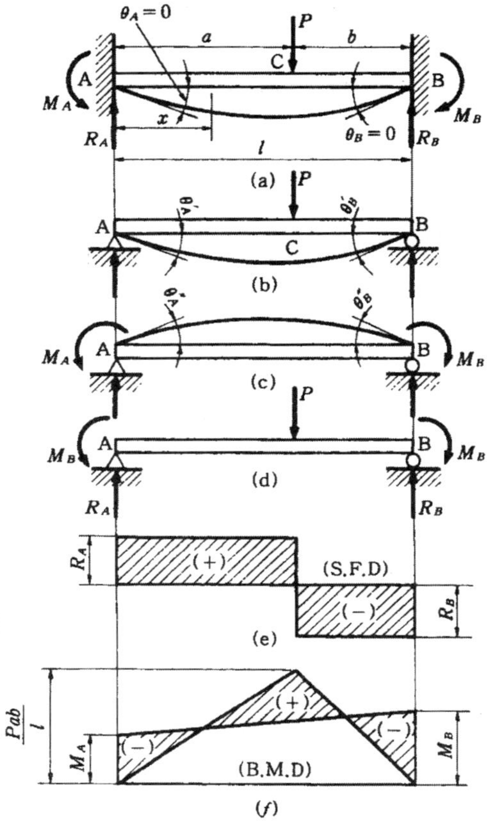

(2) **전단력** : V

전단력은 구간별로 다음 식을 얻을 수 있다.

$$\left.\begin{aligned} V_{AC} &= R_A = \frac{Pb^2(b+3a)}{l^3} \\ V_{CB} &= R_A - P = \frac{Pb^2(b+3a)}{l^3} - P \\ &= -\frac{Pa^2(a+3b)}{l^3} \end{aligned}\right\} \cdots(9.24)$$

따라서 S.F.D는 그림 9-8(e)와 같다.

(3) **굽힘모멘트**(bending moment) : M

$$M_A = -\frac{Pab^2}{l^2}, \quad M_x = R_A \cdot x + M_A$$

$$\left.\begin{aligned} M_{AC} &= M_A + R_A x = -\frac{Pab^2}{l^2}P + \frac{Pxb^{2(b+3a)}}{l^3} \\ M_{CB} &= M_A + R_A x - P(x-a) = -\frac{Pab^2}{l^2} + \frac{Pxb^{2(b+3a)}}{l^3} - Px + Pa \\ &= -\frac{Pxa^2(a+3b)}{l^3} + \frac{Pa^2(a+2b)}{l^2} \end{aligned}\right\} \cdots\cdots(9.25)$$

각 지점 $x=0$, $x=a$, $x=l$인 곳의 굽힘모멘트는 다음과 같다.

$$\left.\begin{aligned} M_A &= M_{AC})_{x=0} = -\frac{Pab^2}{l^2} \\ M_C &= M_{AC})_{x=a} = \frac{2Pa^2B^2}{l^3} \\ M_B &= M_{CB})_{x=l} = -\frac{Pa^2b}{l^2} \end{aligned}\right\} \cdots\cdots(9.26)$$

(4) 처짐각(θ)과 처짐량(σ)

처짐각$\left(\dfrac{dy}{dx}\right)$과 처짐량($y$)을 구하기 위하여 탄성곡선 미분방정식으로 표시하면 식(9.22)로부터

$$\left.\begin{aligned} EI\frac{d^2y}{dx^2}\bigg)_{AC} &= -M_{AC} = -M_A - R_A x \\ EI\frac{d^2y}{dx^2}\bigg)_{CB} &= -M_{CB} = -M_A - R_A x + P(x-a) \end{aligned}\right\} \cdots\cdots ④$$

이 되며, ④ 식을 적분하면 다음과 같다.

$$EI\frac{dy}{dx}\bigg)_{AC} = -M_A x - \frac{R_A}{2}x^2 + C_o \cdots\cdots ⑤$$

$$EI\frac{dy}{dx}\bigg)_{CB} = -M_A x - \frac{R_A}{2}x^2 + \frac{P}{2}(x-a)^2 + C_1 \cdots\cdots ⑥$$

다시 식 ⑤, ⑥를 적분시키면

$$EIy)_{AC} = -M_A\frac{x^2}{2} - R_A\frac{x^2}{6} + C_o x + C_2 \cdots\cdots ⑦$$

$$EIy)_{CB} = -M_A\frac{x^2}{2} - R_A\frac{x^3}{6} + \frac{P}{6}(x-a)^3 + C_1 x + C_3 \cdots\cdots ⑧$$

이 된다. 식 ⑤, ⑦에 $x=0$일 때 $\dfrac{du}{dx}=0$, $y=0$인 경계조건을 대입하면 $C_0 = C_2 = 0$이 되고 ⑥식과 ⑧식에서 $x=a$일 때 처짐각과 처짐량이 같다는 경계조건을 대입하면 $C_1 = C_3 = 0$이 된다. 그러므로 식(9.22)와 식(9.23)을 대입하면 다음과 같다.

$$\left.\begin{aligned} EI\frac{dy}{dx})_{AC} &= -M_A x - \frac{R_A}{2}x^2 \\ EI\frac{dy}{dx})_{CB} &= -M_A x - \frac{R_A}{2}x^2 + \frac{P}{2}(x-a)^2 \end{aligned}\right\} \cdots\cdots (9.27)$$

$$\left.\begin{aligned} EIy)_{AC} &= -M_A\frac{x^2}{2} - R_A\frac{x^3}{6} \\ EIy)_{CB} &= -M_A\frac{x^2}{2} - R_A\frac{x^3}{6} + \frac{P}{2}(x-a)^3 \end{aligned}\right\} \cdots\cdots (9.28)$$

(5) 변곡점의 위치 : x

AC구간 : $R_A \cdot x + M_A = 0$, $\quad x = -\dfrac{M_A}{R_A} = \dfrac{al}{l+2a}$

BC구간 : $R_B \cdot x + M_B = 0$, $\quad x = -\dfrac{M_B}{R_B} = \dfrac{bl}{l+2b}$

2 중앙에 집중하중이 작용할 경우

(1) 양단의 굽힘모멘트 : M

양단의 굽힘모멘트 M_A, M_B는 식(9.25)에 $a=b=\dfrac{l}{2}$을 대입하면

$$\left.\begin{aligned} M_{AC})_{a=b=l/2} &= -\frac{Pab^2}{l^2}+\frac{Pxb^2(b+3a)}{l^3} = -\frac{Pl}{8}+\frac{P}{2}x \\ M_{CB})_{a=b=l/2} &= -\frac{Pxa^2(a+3b)}{l^3}+\frac{Pa^2(a+2b)}{l^2} = -\frac{P}{2}x+\frac{3}{8}Pl \end{aligned}\right\} \quad \cdots\cdots\cdots\cdots(9.29)$$

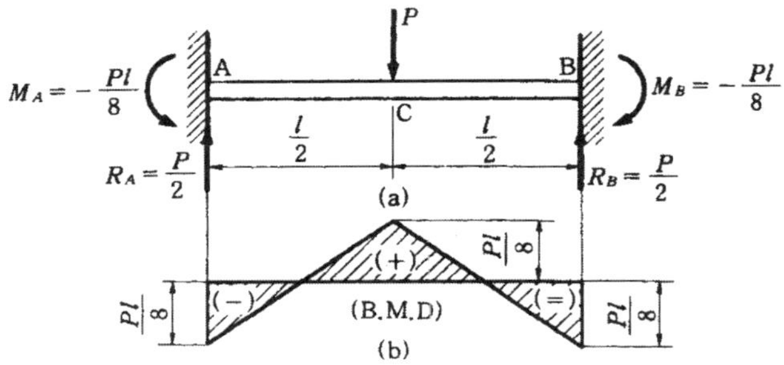

그림 9-9 중앙에 집중하중을 받는 양단고정보

이 되고 각 지점에 $x=0$, $x=\dfrac{l}{2}$, $x=l$ 을 대입하면 다음과 같다.

$$\left.\begin{aligned} M_A &= M_{AC})_{x=0,\ a=b=l/2} = -\frac{Pl}{8} \\ M_C &= M_{AC})_{x=l/2,\ a=b=l/2} = -\frac{Pl}{8} \\ M_B &= M_{CB})_{x=l,\ a=b=l/2} = -\frac{Pl}{8} \end{aligned}\right\} \quad \cdots\cdots\cdots\cdots(9.30)$$

(2) 반력 : R

반력 R_A 및 R_B는 식(9.23)에 $a=b=\dfrac{l}{2}$을 대입하면 다음 식을 얻는다.

$$\left.\begin{aligned} R_A &= R_A)_{a=b=l/2} = \frac{Pb^2(b+3a)}{l^3} = \frac{P}{2} \\ R_B &= R_B)_{a=b=l/2} = \frac{Pa^2(a+3b)}{l^3} = \frac{P}{2} \end{aligned}\right\} \quad \cdots\cdots\cdots\cdots(9.31)$$

(3) **처짐각(θ)과 처짐량(σ)**

처짐각과 처짐량은 식 (9.27), (9.28)에 식 (9.30) 및 (9.31)을 대입하면 얻을 수 있다.

$$\left.\begin{aligned} EI\frac{dy}{dx}\Big)_{AC} &= \frac{Pl}{8}x - \frac{P}{4}x^2 = \frac{Px}{8}(l-2x) \\ EI\frac{dy}{dx}\Big)_{CB} &= \frac{P}{8}(2x^2 - lx + l^{2)} \end{aligned}\right\} \quad\cdots\cdots(9.32)$$

$$\left.\begin{aligned} EIy)_{AC} &= \frac{Pl}{16}x^2 - \frac{P}{12}x^3 = \frac{Px^2}{48}(3l-4x) \\ EIy)_{CB} &= \frac{P}{48}(4x^3 - 9lx^2 + 6l^{2x} - l^3) \end{aligned}\right\} \quad\cdots\cdots(9.33)$$

또한, 최대 처짐량은 $\frac{dy}{dx} = 0$인 지점에서 발생하므로 식(9.32)에서

$$\frac{Px}{8}(l-2x) = 0,\ \ x = 0,\ \ x = \frac{l}{2}$$

이며 $x = l/2$이 위 식에 적합한 값이므로 식(9.33)에 대입하면 구할 수 있다.

$$y)_{AC} = \frac{Px^2}{48EI}(3l-4x)$$

$$\sigma_{\max} = y_{x=l/2} = \frac{Px^3}{192EI} \quad\cdots\cdots(9.34)$$

양단고정보의 중앙에 집중하중이 작용할 때의 반력과 굽힘모멘트선도(B.M.D)는 그림 9-9(b)와 같다.

3 등분포하중이 작용할 경우

양단고정보에 균일분포하중 w가 작용하는 그림 9-10(a)와 같은 경우에 고정단에서는 처짐각과 처짐량이 0이 된다. 그러나 분포하중 w에 의하여 양단에서는 M_A, M_B의 모멘트가 발생한다. 그림 9-10(a)와 같은 보를 그림(b), (c), (d)와 같은 보로 중첩한 것으로 해석하여 보자. 이 때 균일분포 하중에 의한 양단의 처짐각 θ_A', θ_B'와 우력모멘트 M_A, M_B에 의하여 발생한 양단의 처짐각 θ''_A, θ''_B는 각 단의 중첩에 의한 합이 되어야 한다. 여기서 좌우 대칭이므로 $M_A = M_B$이다.

$$\theta_A' + \theta_A'' = 0,\quad \theta_B' + \theta_B'' = 0$$

그림(b)와 같이 균일분포하중에 의한 처짐각은 좌우가 대칭이므로

$$\theta_A' = \frac{wl^3}{24EI},\quad \theta_B' = \frac{wl^3}{24EI}$$

이 된다. 양단에 모멘트 M_A와 M_B에 의한 처짐각은

$$\theta_A{}'' = \frac{M_A l}{2EI},\quad \theta_B{}'' = \frac{M_B l}{2EI}$$

고정지점 A의 처짐각은 0이므로

$$\theta_A = \theta_A{}' + \theta_A{}'' = 0$$

$$\frac{wl^3}{24EI} + \frac{M_A \cdot 1l}{2EI} = 0$$

$$\therefore M_A = \frac{wl^3}{24EI} \times \frac{2EI}{l} = -\frac{wl^2}{12} \quad \cdots\cdots (9.35)$$

$$\theta_B = \theta_B{}' + \theta_B{}'' = 0$$

$$-\frac{wl^3}{24EI} + \frac{M_B \cdot 1l}{2EI} = 0$$

$$\therefore M_B = \frac{wl^3}{24EI} \times \frac{2EI}{l} = \frac{wl^2}{12} \quad \cdots\cdots (9.36)$$

즉, 그림 9-10(d)와 같이 놓고 단면력을 구한다.

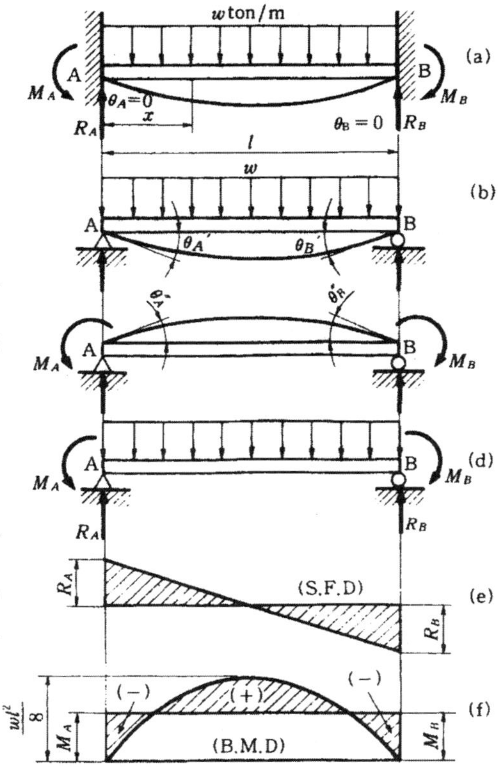

그림 9-10 균일분포 하중을 받는 양단고정보

(1) 지점반력

A, B점의 회전모멘트의 합은 0이 되며, 좌우대칭이므로

$$R_A l - M_B - wl\frac{l}{2} + M_B = 0$$

$$\therefore R_A = R_B = \frac{wl}{2} \quad \cdots\cdots (9.37)$$

(2) 전단력 : V

$$\left.\begin{aligned} V_A &= R_A = \frac{wl}{2} \\ V_B &= -R_B = -\frac{wl}{2} \\ V_x &= R_A - wx = \frac{w}{2}(l-2x) \end{aligned}\right\} \quad \cdots\cdots (9.38)$$

전단력이 0이 되는 지점은

$$\frac{wl}{2} - wx = 0, \quad \therefore x = \frac{l}{2}$$

이 된다. 즉 중앙지점에서 전단력은 0이 된다. 따라서 전단력선도(S.F.D)는 그림 9－10(e)와 같다.

(3) 굽힘모멘트(bending moment) : M

굽힘모멘트는 임의의 지점에서 다음과 같다.

$$M_x = M_A + R_A x - \frac{wx^2}{2} = -\frac{wl^2}{12} + \frac{wl}{2}x - \frac{w}{2}x^2 = -\frac{w}{12}(6x^2 - 6lx + l^2) \quad (9.39)$$

$$M_A = M_{x=0} = -\frac{wl^2}{12}, \quad M_B = M_{x=l} = -\frac{wl^2}{12}$$

따라서 굽힘모멘트선도(B.F.D)는 그림 9－10(f)와 같다.

굽힘모멘트가 0인 지점은 식(9.39)로부터 다음과 같이 구할 수 있다.

$$-\frac{w}{12}(6x^2 - 6lx + l^2) = 0, \quad \therefore x = \frac{3-\sqrt{3}}{6} \fallingdotseq 0.2112l, \quad \therefore x = \frac{3+\sqrt{3}}{6}l \fallingdotseq 0.7887l$$

그러므로 $x = \frac{3 \pm \sqrt{3}}{6}$ 인 두 지점에서 굽힘모멘트가 0이다.

중앙점의 굽힘모멘트는 전단력이 0인 지점인 $x = \frac{l}{2}$ 에서 다음과 같다.

$$M_c = M_{x=\frac{l}{2}} = \frac{wl^2}{24}$$

최대굽힘모멘트 M_{max}은 스팬(span)의 중앙에서 생기므로

$$M - \max = \frac{wl}{2} \times \frac{l}{2} - \frac{wl^2}{12} - \frac{w}{2} \times \left(\frac{l^2}{2}\right) = \frac{wl^2}{24} \quad \cdots\cdots (9.40)$$

(4) 변곡점의 위치 : x

변곡점의 위치는 식(9.39)로부터 $M_x = R_A x + M_A - \frac{wl^2}{2}$ 이므로, 이것을 풀면 다음과 같다.

$$x \fallingdotseq 0.211l, \quad x \fallingdotseq 0.789l \quad \cdots\cdots (9.41)$$

(5) 처짐각 및 처짐량

처짐(deflection)을 구하기 위하여 탄성곡선 미분방정식으로 표시하면 다음과 같다.

$$EI\frac{d^2y}{dx^2} = -M_x = \frac{w}{12}(6x^2 - 6lx + l^{2)}$$

$$EI\frac{dy}{dx}=\frac{w}{12}(2x^3-3lx^2+l^2x)+C_1$$

위 식에서 $x=0$일 때 $\frac{dy}{dx}=0$이므로 적분상수 $C_1=0$가 된다.

$$\therefore EI\frac{dy}{dx}=\frac{w}{12}(2x^3-3l^2x+l^2x) \quad \cdots\cdots(9.42)$$

위 식을 다시 적분하면 다음과 같다.

$$EIy=\frac{w}{24}(x^4-2lx^3+l^2x^{2)}+C_2$$

위 식에서 $x=0$일 때 $y=0$이므로 경계조건을 대입하면 $C_2=0$가 된다.

$$\therefore EIy=\frac{w}{24}(x^4-2lx^3+l^2x^2)=\frac{wx^2}{24}(x-l)^2 \quad \cdots\cdots(9.43)$$

최대처짐은 $\frac{dy}{dx}=0$인 지점에서 발생하므로 식(9.42)로부터 그 지점을 구한다.

$$\frac{wx}{12}(2x^2-3lx+l^2)=0$$

$$x(2x-l)(x-l)=0, \quad \therefore x=0 \quad \therefore x=\frac{l}{2} \quad \therefore x=l$$

상기식에 적합한 것은 $x=\frac{l}{2}$이므로 식(9.43)으로부터 최대처짐량을 구할 수 있다.

$$\sigma_{max}=\sigma_C=y_{x=l/2}=\frac{wx^2}{24EI}(x-l)^2=\frac{wl^4}{384EI} \quad \cdots\cdots(9.44)$$

예제문제

01 그림과 같은 양단고정보에서 전단력선도(S.F.D) 및 굽힘모멘트선도(B.M.D)를 그려라. 단 EI는 일정하다.

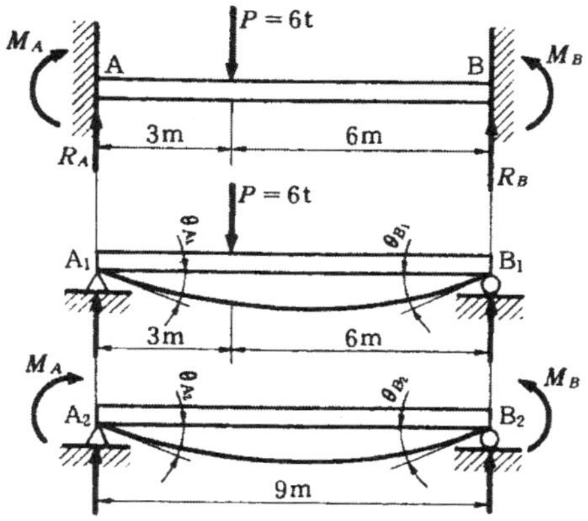

해설 (1) 부정정력의 계산 : M_A, M_B

$$\theta_{A1}=\frac{Pab(l+b)}{6lEI}=\frac{6\times3\times6(9+6)}{6\times9\times EI}=\frac{30}{EI}$$

$$\theta_{B1}=\frac{Pab(l+a)}{6lEI}=\frac{6\times3\times6(9+3)}{6\times9\times EI}=\frac{24}{EI}$$

$$\theta_{A2}=\frac{(2M_A+M_B)l}{6EI}=\frac{2M_A+M_B\times9}{6EI}$$

$$=\frac{2M_A+M_B)\times1.5}{EI}$$

$$\theta_{B2}=-\frac{(M_A+2M_B)\times l}{6EI}=-\frac{(M_A+2M_B)\times9}{6EI}$$

$$=-\frac{(M_A+2M_B)\times1.5}{EI}$$

$\theta_A=0$, $\theta_B=0$이므로

$$\theta_A=\theta_{A1}+\theta_{A2}=\frac{30}{EI}+\frac{1.5(2M_A+M_B)}{EI}=0$$

$3M_A+1.5M_B=-30$ ……………… ①

$$\theta_B=\theta_{B1}+\theta_{B2}=\frac{24}{EI}+\frac{1.5(M_A+2M_B)}{EI}=0$$

$1.5M_A+3M_B=-24$ ……………… ②

①, ② 식에서

$M_A=-8\text{t}\cdot\text{m}$(가정방향과 반대임)

$M_B=-4\text{t}\cdot\text{m}$(가정방향과 반대임)

(2) 지점반력

$\Sigma M_B=R_A\times9-8-6\times6+4=0$

$\therefore R_A=\frac{90}{4}=4\frac{4}{9}$ ton

$\Sigma V=0$에서

$4\frac{4}{9}+R_B-6=,$

$\therefore R_B=1\frac{5}{9}$ ton

(3) 전단력

$V_{AC}=4\frac{4}{9}$, $V_{CB}=-1\frac{5}{9}$ ton

(4) 굽힘모멘트

$M_A=-8\text{t}\cdot\text{m}$, $M_B=-4\text{t}\cdot\text{m}$

$M_C=-8+4\frac{4}{9}\times3=5\frac{1}{3}\text{t}\cdot\text{m}$

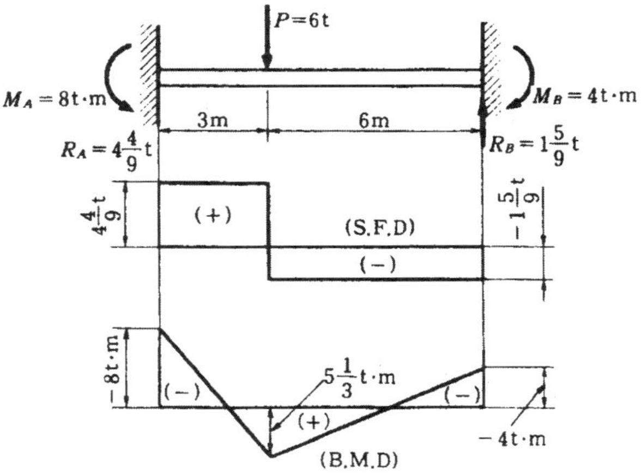

02 그림과 같은 양단고정보에 균일분포하중이 작용할 경우, 이 보의 전단력선도(S.F.D)와 굽힘모멘트선도(B.M.D)를 그려라.

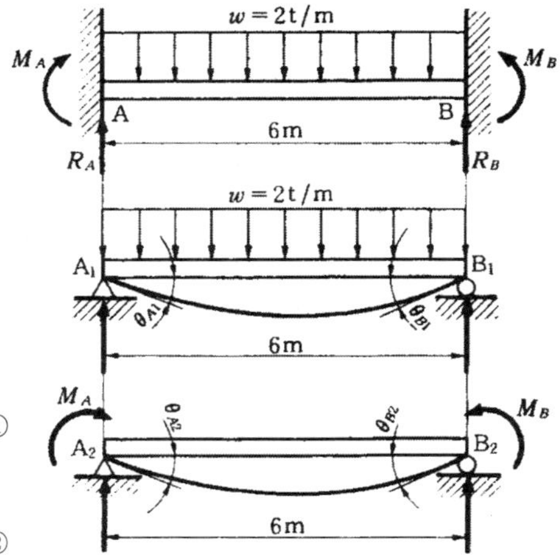

해설

$$\theta_{A1}=\frac{wl^3}{24EI}=\frac{2\times 6^3}{24EI}=\frac{18}{EI}$$

$$\theta_{B1}=-\theta_{A1}=\frac{18}{EI}$$

$$\theta_{A2}=\frac{(2M_A+M_B)l}{6EI}=\frac{2M_A+2M_B}{EI}$$

$$\theta_{B2}=\frac{(M_A+2M_B)l}{6EI}=-\frac{M_A+2M_B}{EI}$$

$\theta_A=0$, $\theta_B=0$이므로

$$\theta_A=\theta_A+\theta_{A2}=\frac{18}{EI}+\frac{2M_A+M_B}{EI}=0$$

따라서

$2M_A+M_B=-18$ ……………………………………①

$$\theta_B=\theta_{B1}+\theta_{B2}=\frac{18}{EI}-\frac{M_A+2M_B}{EI}=0$$

$\therefore M_A+2M_B=-18$ ……………………………………②

①식과 ②식을 연립으로 풀이하면

$M_A=-6\text{t}\cdot\text{m}$(가정방향과 반대임)

$M_B=-6\text{t}\cdot\text{m}$(가정방향과 반대임)

(1) 지점반력

$\Sigma M_B=R_A\times 6-6-(2\times 6)\times 3+6=0$

$\therefore R_A=\frac{36}{6}=6\text{ton}$

$\Sigma V=6+R_B-2\times 6=0$

$\therefore R_B=6\text{ton}$

(2) 전단력

$V_A=6\text{ton}$,　$V_B=-6\text{ton}$

(3) 굽힘모멘트

$M_A=-6\text{t}\cdot\text{m}$

$M_B=-6\text{t}\cdot\text{m}$

$M_x=-6+6x-2x\frac{x}{2}=-6+6x-x^2$

$\frac{dM_x}{dx}=6-2x=0$, $x=3$

$M_{\max}=-6+6\times 3-3^2=3\text{t}\cdot\text{m}$

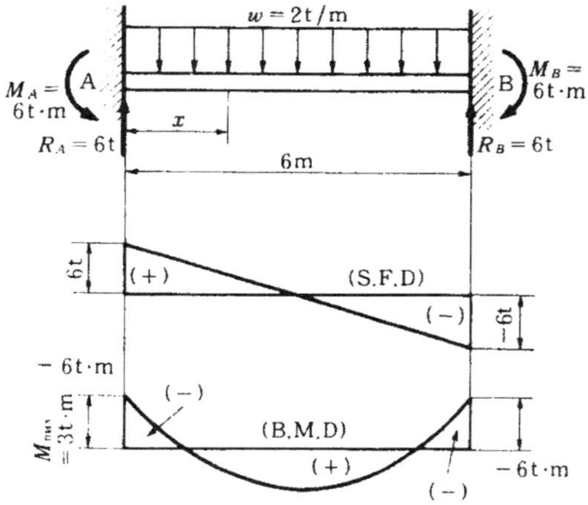

03 그림과 같은 양단고정보에서 집중하중이 작용할 경우 R_B, M_A, V_{BC}, V_{CA}, M_C를 구하라.

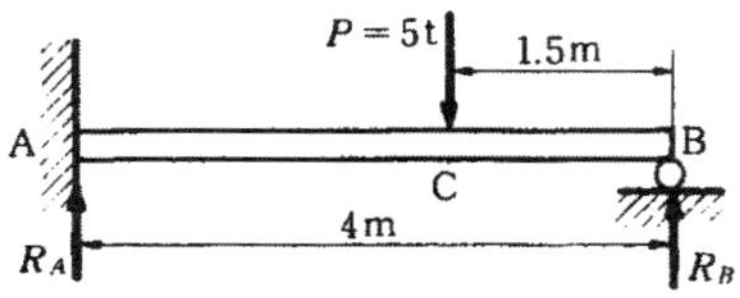

해설

$$M_A=-\frac{Pab(l+b)}{2l^2}=-\frac{5\times 1.5\times 2.5\times(4+1.5)}{2\times 4^2}$$

$=-3.223\text{t}\cdot\text{m}$

$\Sigma M_A = 0$에서

$-R_B \times 4 + 5 \times 2.5 - 3.223 = 0$

$\therefore R_B = 2.319\text{ton}$

$V_{BC} = -R_B = -2.319\text{ton}$

04 그림과 같은 양단고정보에서 전단력 및 굽힘모멘트(bending moment)의 방정식을 구하여라.

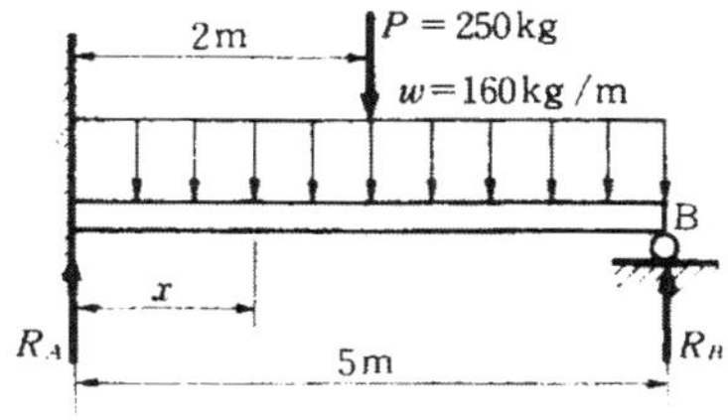

해설 (a) 집중하중에 의하면

$$M_A = -\frac{Pab(l+b)}{2l^2} = -\frac{250 \times 2 \times 3(5+3)}{2 \times 5^2} = -240\text{kg}\cdot\text{m}$$

(b) 등분포하중에 의하면

$$M_A = -\frac{wl^2}{8} = -\frac{160 \times 5^2}{8} = -500\text{kg}\cdot\text{m}$$

$\therefore M_A = -240 + (-500) = -740\text{kg}\cdot\text{m}$

$\Sigma M_A = 0$에서

$-R_B \times 5 + 160 \times 5 \times 2.5 + 250 \times 2 - 740 = 0$

$\therefore R_B = 352\text{kg}$

$R_A = 250 + 160 \times 5 - 352 = 698\text{kg}$

$0 \leqq x \leqq 2\text{m}$ 구간일 때

$V_x = R_A - wx = 698 - 160x$

$$M_x = R_A \cdot x - \frac{wx^2}{2} + M_A = 698x - \frac{160x^2}{2} - 740 = -80x^2 + 698x - 740$$

$2m \leqq x \leqq 5m$ 구간일 때

$V_x = R_A - P - wx = 698 - 250 - 160x = 448 - 160x$

$$M_x = R_A x - \frac{wx^2}{2} - P(x-2) + M_A = 698x - \frac{160x^2}{2} - 250(x-2) - 740$$

$$= -80x^2 + 448x - 240$$

05 그림에서 보는 바와 같이 연속보(continuous beam)에서 단면력도(전단력선 및 굽힘모멘선도)를 그려라. 단 EI는 일정하다.

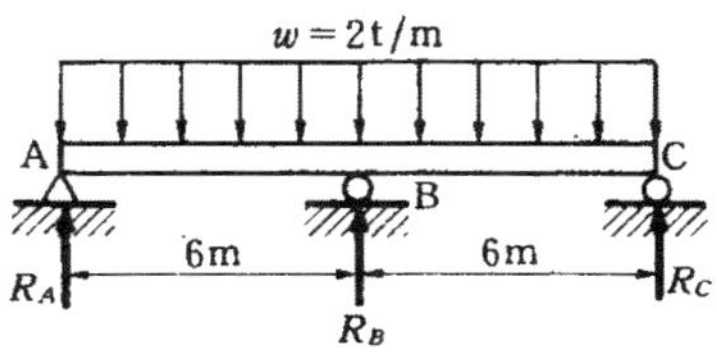

해설 1. 처짐(deflection)에 의한 방법 : 정정기본계를 단순보 AC로 하고 부정정력을 R_B로 한다. 이 때 w가 작용할 경우 그림 (b)와 R_B가 작용할 경우 그림 (c)의 처짐을 구한다.

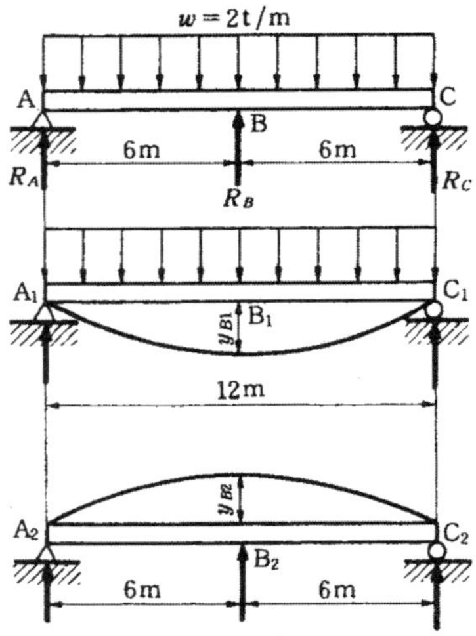

(1) 부정정력의 계산

$$y_{B1} = \frac{5wl^4}{384EI} = \frac{5\times2\times12^4}{384EI} = \frac{540}{EI}$$

$$y_{B2} = -\frac{R_B\cdot l^3}{48EI} = -\frac{R_B\times12^3}{48EI} = -\frac{36\times R_B}{EI}$$

$y_B = y_{B1} + y_{B2} = 0$로부터

(2) 지점반력

$$R_A = \frac{(2\times12)\times6 - 15\times6}{12} = 4.5\text{ton}$$

$$R_C = \frac{(2\times12)\times6 - 15\times6}{12} = 4.5\text{ton}$$

(3) 전단력

$V_A = 4.5\text{ton}$

$V_B(\text{좌}) = 4.5 - 2\times6 = -7.5\text{ton}$

$V_B(\text{우}) = 4.5 - 2\times6 + 15 = -7.5\text{ton}$

(4) 굽힘모멘트

$M_A = 0, \quad M_C = 0$

$M_B = 4.5\times6 - (2\times6)\times3 = -9\text{t}\cdot\text{m}$

최대굽힘모멘트 M_{max}은

$$M_x = 4.5x - (2\cdot x)\frac{x}{2} = 4.5x - x^2$$

$$\frac{dM-x}{dx} = 4.5 - 2x = 0 \quad \therefore x = 2.25\text{m}$$

$$\therefore M_{max} = 4.5\times2.25 - 2.25^2 = 5.0625(\text{t}\cdot\text{m})$$

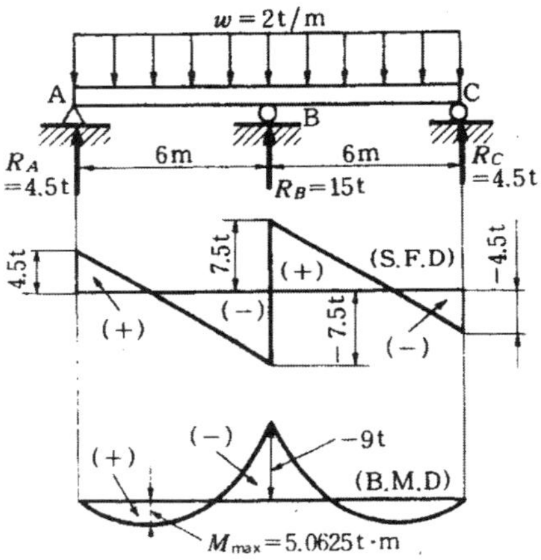

2. 처짐각에 의한 방법

그림과 같이 지점의 굽힘모멘트 M_B를 부정정력으로 하여 2개의 정정보로 된 정정기본계를 생각하고 $\theta_{B1} = \theta_{B2}$로 놓는다.

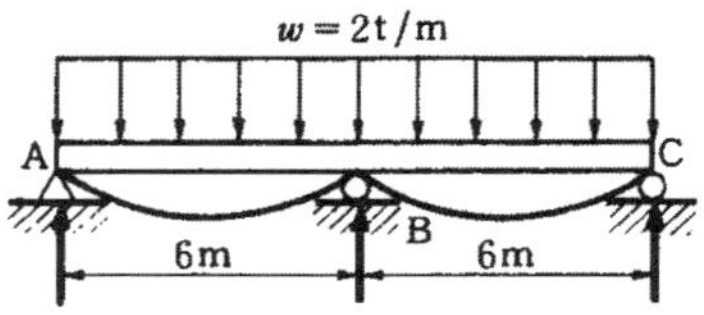

$$\theta_{B1} = -\frac{wl^3}{24EI} - \frac{M_B\cdot l}{3EI}$$

$$= -\frac{2\times6^3}{24EI} - \frac{M_B\cdot6}{3EI} = -\frac{8}{EI} - \frac{2M_B}{EI}$$

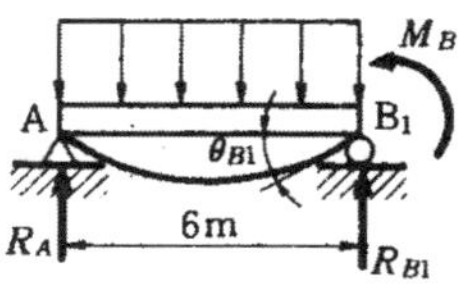

$$\theta_{B2} = -\frac{wl^3}{24EI} - \frac{M_Bl}{3EI}$$

$$= -\frac{2\times6^3}{24EI} - \frac{M_B\cdot6}{3EI} = -\frac{8}{EI} - \frac{2M_B}{EI}$$

$\theta_{B1} = \theta_{B2}$로부터

$$-\frac{18}{EI} - \frac{2M_B}{EI} = \frac{18}{EI} + \frac{2M_B}{EI}$$

$\therefore M_B = -9\text{t}\cdot\text{m}$

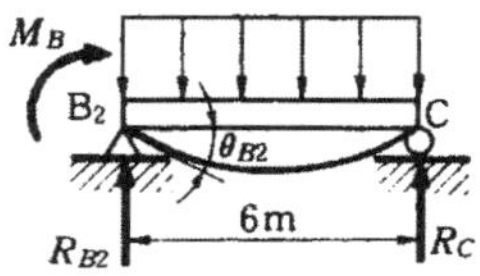

(1) 지점반력

$$R_A = \frac{(2\times6)\times3-9}{6} = 4.5\text{ton}$$

$$R_{B1} = \frac{(2\times6)\times3+9}{6} = 7.5\text{ton}$$

$$R_{B2} = \frac{(2\times6)\times3+9}{6} = 7.5\text{ton}$$

$$R_C = \frac{(2\times6)\times3-9}{6} = 4.5\text{ton}$$

$\therefore R_A = 4.5\text{ton}$

$R_B = R_{B1} + R_{B2} = 7.5 + 7.5 = 15\text{ton}$

$R_C = 4.5\text{ton}$

Section 04 연속보, 3연모멘트 및 카스틸리아노의 정리

한 개의 보(beam)에 3개 이상의 지점으로 지지되며, 1개의 부동힌지(immovable hinge)와 나머지 가동힌지(movable hinge)로 된 경우의 보를 연속보(continuous beam)라고 말한다. 가동힌지(movable hinged support)에서는 수평, 수직인 2개의 반력을 갖는 까닭에 n지점을 가진 연속보는 $n+1$개의 반력이 있게 되며, $n+1-3=(n-2)$차의 부정정보가 된다.

1 여러하중이 작용할 경우

그림 9－11처럼 보(beam)가 연속되어 있으므로 중간지점에서도 굽힘모멘트가 생기며, 그림 9－11(a)와 같이 처짐곡선이 연속적인 파형을 이룬다. 따라서 그림과 같은 3개 스팬(span) 연속보의 해법을 고려해 보면, 그림 9－11(a)를 집중하중만 작용하는 그림 9－11(b)와 등분포하중만을 작용하는 그림 9－11(e)와 같이 크기가 같고 방향이 반대되는 모멘트(moment), 즉 부정정력 $M_{B2}(=-M_{B4})$, $M_{C2}(=-M_{C4})$를 작용시켜도 그림 9－11(a)의 AD보와 동일하게 된다.

또한 연속보에서는 중간지점(그림 9－11의 B점 및 C점)에서는 왼쪽지점 사이에 일어난 처짐각과 바른쪽에서 일어난 처짐가가의 크기는 같다. 왜냐하면 처짐곡선은 연속곡선이며 지점 B, C에서 처짐곡선에 1개의 접선을 그을 수가 있는 까닭이다. 따라서 그림 9－11(b), (c), (d), (e)에서

$$\theta_{B1}+\theta_{B2}=\theta_{B3}+\theta_{B4}(\theta_B)$$

$$\theta_{C1}+\theta_{C2}=\theta_{C3}+\theta_{C4}(\theta_C)$$

가 되며, 이 관계로부터 부정정력 M_B와 M_C를 구할 수 있다. 즉

$$\theta_{B1}=-\frac{P_1 a_1 b_1 (l+a_1)}{6lEI},\quad \theta_{B2}=-\frac{M_{b2}l}{3EI}$$

$$\theta_{B1}+\theta_{B2}=-\frac{P_1 a_1 b_1 (l+a_1)}{6lEI}-\frac{M_{B2}l}{3EI}$$

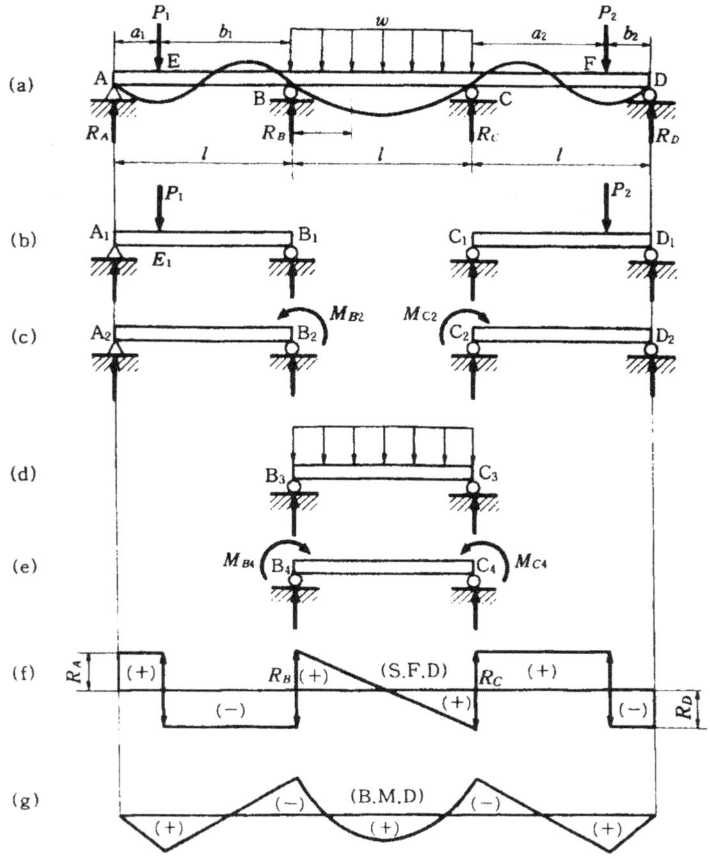

그림 9-11 여러 하중을 받는 연속보

$$\theta_{B3} = -\frac{wl^3}{24EI}, \quad \theta_{B4} = \frac{(2M_{B4} + MC_4)l}{6EI}$$

$$\theta_{B3} + \theta_{B4} = \frac{wl^3}{24EI} + \frac{2M_{B4} + M_{C4})l}{6EI}$$

$$\theta_{B1} + \theta_{B2} = \theta_{B3} + \theta_{B4} \quad \cdots\cdots ①$$

$$\theta_{C1} = -\frac{P_2 a_2 b_2 (l + b_2)}{6lEI}, \quad \theta_{C2} = -\frac{M_{C2} l}{3EI}$$

$$\theta_{C1} + \theta_{C2} = -\frac{P_2 a_2 b_2 (l + a_{12})}{6lEI} - \frac{M_{C2} l}{3EI}$$

$$\theta_{B3} = -\frac{wl^3}{24EI}, \quad \theta_{B4} = \frac{(2M_{B4} + MC_4)l}{6EI}$$

$$\theta_{C3}+\theta_{C4}=\frac{wl^3}{24EI}+\frac{M_{B4}+2M_{C4}\cdot l}{6EI}$$

$$\theta_{C1}+\theta_{C2}=\theta_{C3}+\theta_{C4} \quad \cdots\cdots ②$$

식 ①, ②로부터 부정정력 M을 구하면

$$\left.\begin{array}{l} M_B(=M_{B2}=M_{B4})=-\dfrac{1}{15l^2}\left\{4P_1a_1b_1(l+a_1)+\dfrac{3}{4}wl^4-P_2a_2b_2(l+b^2)\right\} \\ M_C(=M_{C2}=M_{C4})=-\dfrac{1}{15l^2}\left\{-P_1a_1b_1(l+a_1)+\dfrac{3}{4}wl^4+4P_2a_2b_2(l+b^2)\right\}\end{array}\right\} \cdots$$

$$\cdots\cdots(9.45)$$

위 식에서 부정정력 M이 구해졌으므로 보(beam)의 단면력을 구해보기로 하자.

(1) 지점반력 : R

$\Sigma M_B=0$으로부터 $R_A l-P_1b_1-M_{B2}=0$

$$\therefore R_A=\frac{P_1b_1}{l}+\frac{M_{B2}}{l}=\frac{P_{1b_1}+M_{B2}}{l} \quad \cdots\cdots(9.46)$$

$\Sigma M_A=0$으로부터 $-R_B l-P_1a_1-M_{B2}=0$

$$\therefore R_{B1}=\frac{P_1a_1-M_{B2}}{l}$$

$\Sigma M_C=0$에 의하여

$$R_{B2}l-\frac{wl^2}{2}+M_{B4}-M_{C4}=0, \quad R_{B2}=wl$$

$$R_B=\frac{wl}{2}+\frac{MC4-M_{B4}}{l}$$

$$R_B=R_{B1}+R_{B2}=\frac{P_1a_1-M_{B2}}{l}+\frac{wl}{2}+\frac{M_{C4}-M_{B4}}{l}$$

$$=\frac{1}{l}\left(P_1a_1+\frac{wl^2}{2}-M_{B2}-M_{B4}+M_{C4}\right) \quad \cdots\cdots(9.47)$$

같은 방법으로 $\Sigma M_D=0$로부터

$$R_{C1}l-P_2b_2+M_{C2}=0$$

$$\therefore R_{C1}=\frac{P_2b_2-M_{C2}}{l}$$

$\Sigma M_B=0$로부터

$$R_{C2}l+\frac{wl^2}{2}+M_{B4}-M_{C4}=0, \quad R_{C2}=\frac{ul}{2}+\frac{M_{B4}-M_{C4}}{l}$$

$$R_C = R_{C1} + R_{C2} = \frac{P_2 b_2 - M_{C2}}{l} + \frac{wl}{2} + \frac{M_{B4} - M_{C4}}{l}$$

$$= \frac{1}{l}(P_2 b_2 + \frac{wl^2}{2} - M_{C2} - M_{C4} + M_{B4}) \quad \cdots\cdots (9.48)$$

$\Sigma M_C = 0$에 의하여

$$-R_D l + P_2 a_2 + M_{C2} = 0, \quad R_D l = P_2 a_2 + M_{C2}$$

$$\therefore R_D = \frac{P_2 a_2 + M_{C2}}{l}$$

(2) **전단력** : V

$$V_{AE} = R_A, \quad V_{EB} = R_A - P_i$$

$$V_A = R_A - P_1 + R_B, \quad V_C = R_A - P_i + R_B - wl$$

$$V_{CF} = R_A - P_1 + R_B - wl + R_C$$

$$V_{FD} = R_A - P_1 + R_B - wl + R_C - P_2 = -R_D$$

(3) **굽힘 모멘트**(bending moment) : M

$$M_A = 0, \quad M_E = R_A \cdot a_1$$

$$M_B = -\frac{1}{15l^2}\left\{4P_1 a_1 b_1 (l + a_1) + \frac{3}{4}wl^4 - P_2 a_2 b_2 (1 + b^2)\right\}$$

$$M_D = 0, \quad M_F = R_D \cdot b_2$$

$$M_C = -\frac{1}{15l^2}\left\{P_1 a_1 b_1 (l + a_1) + \frac{3}{4}wl^4 + 4P_2 a_2 b_2 (1 + b^2)\right\}$$

스팬(span) BC간의 B점에서 x되는 점의 M_x는

$$M_x = R_B x + M_B - \frac{wx^2}{2} = \frac{wl}{2}x + \frac{M_C - M_B}{l}x + M_B - \frac{wx^2}{2}$$

2 3연모멘트의 정리

3연모멘트의 정리는 1855년 프랑스의 Bertot에 의해 창안된 것으로, 1857년에 Clapeyron, 1862년에 Bresse에 의하여 오늘날 사용되는 형태로 다듬어진 것인데 연속되 부재상의 3점에서 모멘트(moment) 사이에 존재하는 관계식이다. 즉 2스팬(two span) 이상의 연속보를 풀이할 경우에 사용하면 편리한 공식이다. 이것은 연속보 중에서 인접하는 임의의 2스팬 사이의 3지점모멘트 관계를 연립 1차 방정식으로 나타낸 것이다.

(1) 3연모멘트의 기본식

그림 9-12처럼 연속보에 하중이 작용할 경우 지점에 부정정력인 굽힘모멘트가 생기므로 3연모멘트의 정리를 이용해서 연속보의 부정정력인 지점모멘트를 구하면 된다.

지금 그림(b)에서와 같이 처짐곡선은 연속되어 있으므로 지점 B에서의 처짐은 좌, 우가 같다. 즉

$$\theta_{BA} = \theta_{BC}$$

$\theta_B =$[지점 굽힘모멘트에 의한 처짐각]+[하중에 의한 처짐각]

그러므로

$$\theta_{BA} = -\frac{(M_A + 2M_B)}{6EI_1} l_1 + \theta_{BA'}$$

$$\theta_B = -\frac{(2M_B + M_C)}{6EI_2} l_2 + \theta_{BC'}$$

여기서

θ'_{BA} : $B-A$ 구간을 단순보로 했을 때 하중에 의한 지점 B의 처짐각

θ'_{BC} : $B-C$ 구간을 단순보로 했을 때 하중에 의한 지점 B의 처짐각

따라서 $\theta_{BA} = \theta_{BC}$이므로

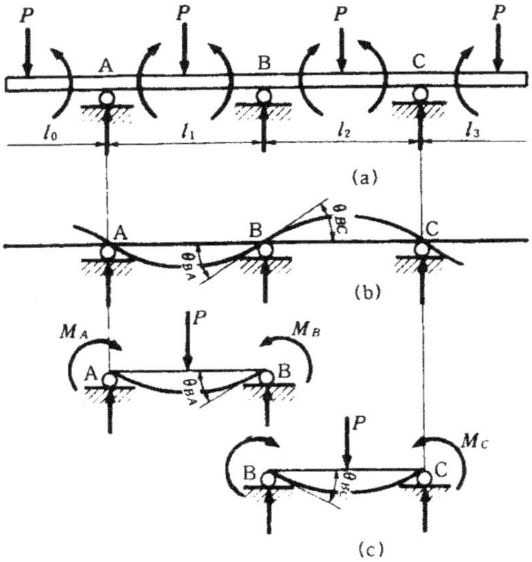

그림 9-12 3연모멘트의 연속보

$$-\frac{M_A+2M_B}{6EI_1}(l_1)+\theta'_{BA}=\frac{(2M_B+M_C)}{6EI_2}l_2+\theta'_{BC}$$

위 식을 정리하면

$$\therefore M_A\cdot\frac{l_1}{I_1}+2M_B\cdot\left(\frac{l_1}{I_1}+\frac{l_2}{I_2}\right)+M_C\cdot\frac{l_2}{I_2}=6E(\theta'_{BA}-\theta'_{BC}) \quad \cdots\cdots(9.49)$$

식 (9.49)를 크라페이온의 3연모멘트의 정리(Clapeyron's three moment equation)라고 하며, 이 정리에 의하여 연속보를 풀이하는 방법을 3연모멘트법(three moment method)이라고 한다.

(2) 연속보(continuous beam)

그림 9-12에서 상술한 바와 같이 지점모멘트를 부정정력으로 취하고 식(9.49)을 이용하여 부정정력의 수만큼 방정식을 세워서 해석하면 지점모멘트를 구할 수 있다.

그림 9-13과 같은 3개의 스팬(span)으로 이루어진 연속보를 3연모멘트정리(three continuous moment theory)로 풀어 보기로 하자. 전체 스팬(total span)의 I, l이 동일하다면 식 (9.49)에 의해 스팬 $A\sim B\sim C$ 구간에서

$$M_A\frac{l}{I}+2M_B\left(\frac{l}{I}+\frac{l}{I}\right)+M_C\frac{l}{I}=6E(\theta_{BA}-\theta_{BC})$$

스팬 $B\sim C\sim D$ 구간에서

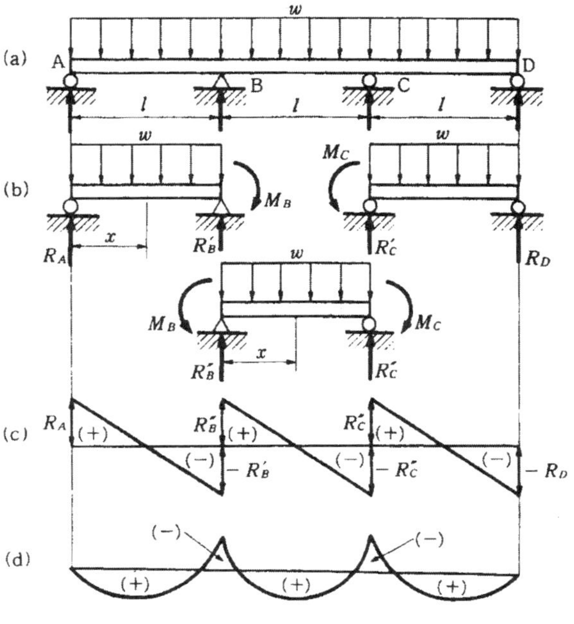

그림 9-13 균일본포하중을 받는 연속보

$$M_B\frac{l}{I}+2M_C\left(\frac{l}{I}+\frac{l}{I}\right)+M_D\frac{l}{I}=6E(\theta_{CB}-\theta_{CD})$$

A, D점은 이동지점이므로 $M_A=M+D=0$이며, I가 전구간에 동일하므로

$$\left.\begin{aligned}4M_Bl+M_Cl=6E(\theta_{BA}-\theta_{BC})\\ M_Bl+4M_Cl=6E(\theta_{CB}-\theta_{CD})\end{aligned}\right\} \cdots\cdots ①$$

$$\left.\begin{aligned}\theta_{BA}=\theta_{CB}=-\frac{wl^3}{24EI}\\ \theta_{BC}=\theta_{CD}=\frac{wl^3}{24EI}\end{aligned}\right\} \cdots\cdots ②$$

보(beam)와 하중이 대칭이므로 $M_B=M_C$가 되며, ①, ②식으로부터

$$M_B=M_C=-\frac{wl^2}{10} \cdots\cdots (9.50)$$

1) 지점반력

부정정력 M_B, M_C가 구해졌으므로 그림 9-13(b)와 같이 정정보로 놓고 반력을 구하면 다음과 같다.

$$\Sigma M_B=0,\quad R_A l-wl\times\frac{l}{2}+\frac{wl^2}{10}=0\quad \therefore R_A=\frac{4wl}{10}(=R_B)$$

$\Sigma V=0$에서

$$R_B=\left(3wl-\frac{4}{10}wl\times 2\right)\times\frac{1}{2}=\frac{11}{10}wl(=R_C)$$

2) 굽힘모멘트(bending moment) : M

AB구간 : $M_x=R_A\cdot x-\dfrac{wx^2}{2}=\dfrac{4}{10}wl\cdot x-\dfrac{wx^2}{2}=\dfrac{wx}{10}(4l-5x)$

BC구간 : $M_x=R''_B\cdot x-\dfrac{wx^2}{2}-\dfrac{wl^2}{10}=\dfrac{wl}{2}\cdot x-\dfrac{wx^2}{2}-\dfrac{wl^2}{10}$

$$=\frac{wl}{2}(l-x)-\frac{wl^2}{10}$$

3) 전단력(shear force) : V

전단력은 $\dfrac{dMx}{dx}=V_x$로부터

AB구간 : $V_x=\dfrac{4}{10}wl-wx$

BC구간 : $V_x=\dfrac{w}{2}l-wx$

이므로 S.F.D와 B.M.D는 그림 9-13(c), (d)와 같이 된다.

3 카스틸리아노(Castigliano)의 정리

(1) Castigliano의 정리

물체 및 구조물에 대하여 아무 일도 하지 않는 외력으로 물체내의 모든 내부일(total internal work)을 한번 편미분한 값은 0이 된다. 그리고 물체에 작용하는 외력들은 물체의 평형지속에 필요한 최소량의 일만을 한다.

한편 Castigliano의 제2정리는 제1정리의 특수한 경우로서 **"최소일의 원리"**라고도 하며, 이것은 물체의 변형이나 부정정보의 반력을 구할 때 쓰인다.

(2) Castigliano 제2정리에 대한 수식표시

① 지점의 이동이 없을 때 내부일을 그 반력으로 편미분하면 그 결과는 0이다.

즉 $\delta = \dfrac{\partial W_i}{\partial P_n} = 0$이므로

$$\delta = \frac{\partial W_i}{\partial P_n} = \frac{1}{EI}\int M\frac{\partial W}{\partial P_n}dx$$

$$= \frac{1}{EA}\int N\frac{\partial N}{\partial P_n}dx + \frac{k}{GA}\tau\frac{\partial \tau}{\partial P_n} = 0 \quad \cdots\cdots (9.51)$$

여기서 M : 일반적으로 물체에 작용하는 굽힘모멘트

N : 축방향력

τ : 전단력

δ : 작용점이 힘의 방향으로 일으키는 변위 또는 처짐

k : 강비(stiffness ratio) $\left[k = \dfrac{\text{임의강도}}{\text{표준강도}}\right]$

② 내부일(internal work)을 응력 또는 굽힘모멘트(bending moment)로 편미분해도 0이 된다. 즉

$$\theta = \frac{\partial PW_1}{\partial PM_n} = \frac{1}{EI}\int M\frac{\partial PM}{\partial PMn}dx + \frac{1}{EA}\int N\frac{\partial PN}{\partial PMn}dx + \frac{k}{GA}\int \tau\frac{\partial P\tau}{\partial PM_n}dx = 0$$

$$\cdots\cdots (9.52)$$

여기서 θ는 처짐각이다.

표 9-1 부정정보의 하중상태에 따른 반력과 굽힘모멘트

하중상태	반력과 휨모멘트	하중상태	반력과 휨모멘트
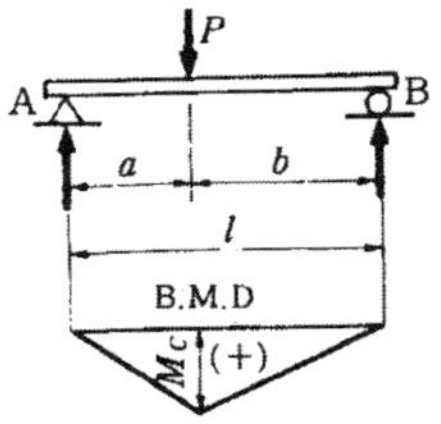	$R_A = \frac{P \cdot b}{l}$, $M_A = M_B = 0$ $R_B = \frac{P \cdot a}{l}$, $M_C = \frac{P \cdot a \cdot b}{l}$	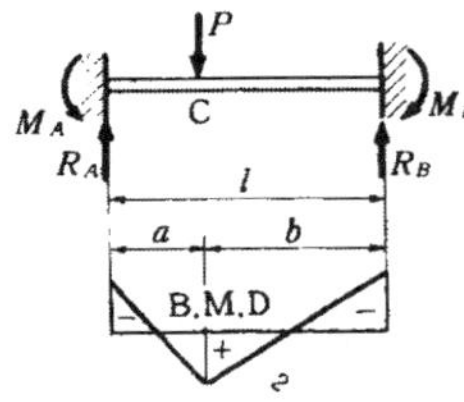	$R_A = \frac{P \cdot b}{l}$, $M_A = -\frac{P \cdot a \cdot b^2}{l^2}$ $R_B = \frac{P \cdot a}{l}$ $M_B = -\frac{P \cdot a^2 \cdot b}{l^2}$ $M_C = \frac{P \cdot a \cdot b}{2l}$
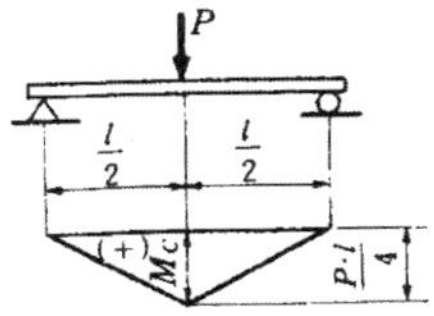	$R_A = R_B = \frac{P}{2}$ $M_C = \frac{P \cdot l}{4}$	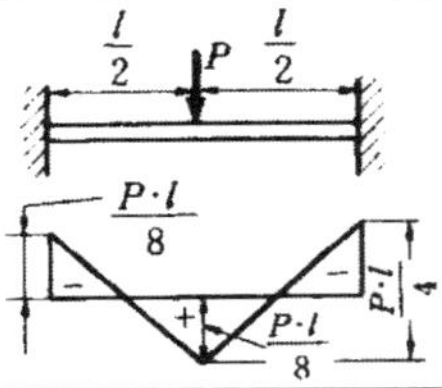	$R_A = \frac{P}{2}$ $M_A = M_B = -\frac{P \cdot l}{8}$ $R_B = \frac{P}{2}$, $M_C = \frac{P \cdot l}{8}$
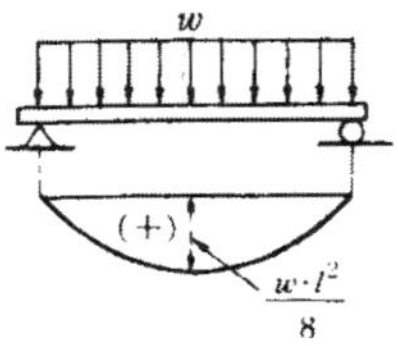	$R_A = \frac{w \cdot l}{2}$, $M_A = M_B = 0$ $R_B = \frac{w \cdot l}{2}$, $M_C = \frac{w \cdot l^2}{8}$	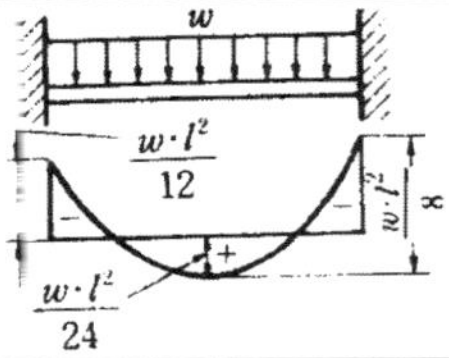	$R_A = \frac{w \cdot l}{2}$ $M_A = M_B = -\frac{w \cdot l^2}{12}$ $R_B = \frac{w \cdot l}{2}$, $M_C = \frac{w \cdot l^2}{24}$
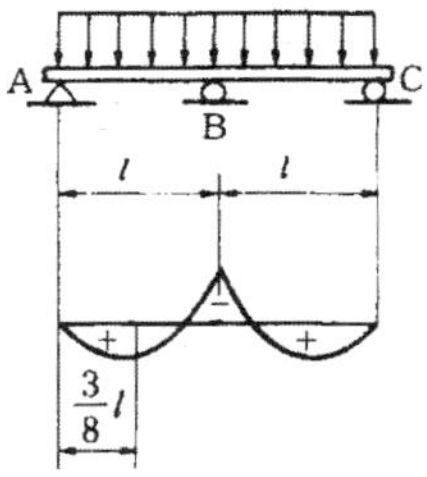	$R_A = R_C = \frac{3}{8} w \cdot l$ $R_B = \frac{10}{8} w \cdot l = \frac{5}{4} w \cdot l$ $M_A = M_C = 0$ $M_B = -\frac{w \cdot l^2}{8}$ $\oplus M_{\max} = \frac{9}{128} w \cdot l^2$	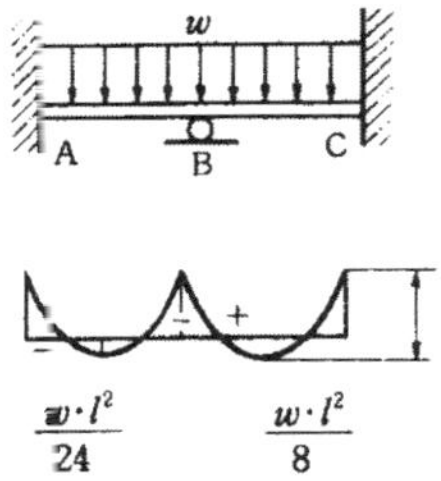	$R_A = R_C = \frac{w \cdot l}{2}$ $R_B = w \cdot l$ $M_A = M_B = M_C = -\frac{w \cdot l^2}{12}$ $\oplus M_{\max} = \frac{w \cdot l^2}{24}$
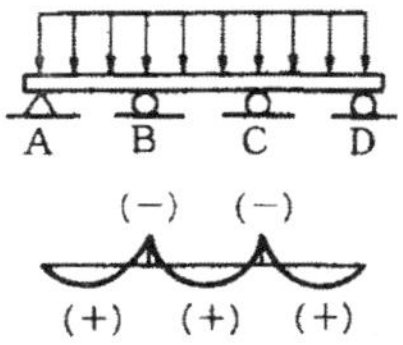	$R_A = R_D = \frac{4}{10} w \cdot l$ $R_B = R_C = \frac{11}{10} w \cdot l$ $M_B = M_C = -\frac{w \cdot l^2}{10}$	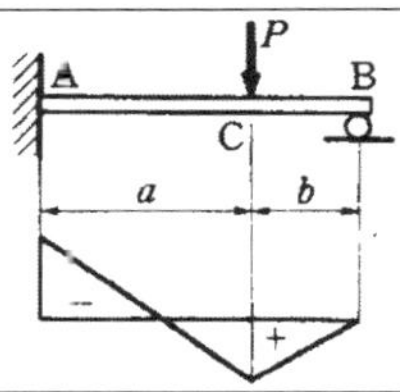	$R_B = \frac{P \cdot a^2 (2l + b)}{2l^3}$ $R_A = P - R_B$ $M_A = \frac{P \cdot a \cdot b(a + 2b)}{2l^2}$
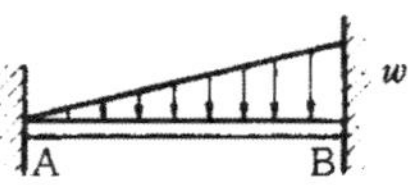	$R_A = \frac{3w \cdot l}{20}$, $M_A = -\frac{w \cdot l^2}{30}$ $R_B = \frac{7}{20} w \cdot l$, $M_B = -\frac{w \cdot l^2}{20}$	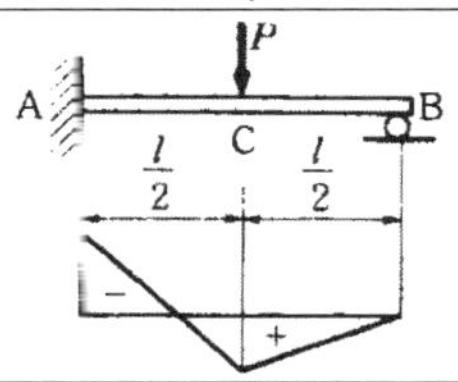	$R_A = \frac{11}{16} P$, $M_A = -\frac{3}{16} P \cdot l$ $R_B = \frac{5}{16} P$, $M_C = \frac{5}{32} P \cdot l$

하중상태	반력과 휨모멘트	하중상태	반력과 휨모멘트
	$R_A = \frac{9}{40}w \cdot l,\ \ M_A = -\frac{7 \cdot l^2}{120}$ $R_B = \frac{11}{40}w \cdot l,\ \ M_B = 0$	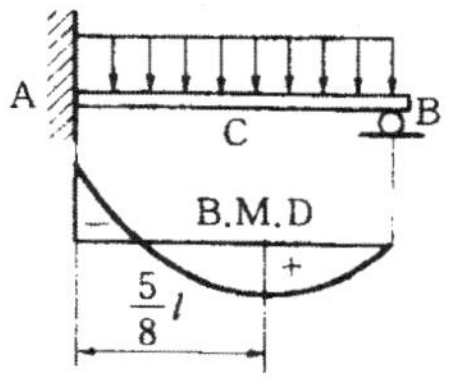	$R_A = \frac{5}{8}w \cdot l,$ $M_A = -\frac{w \cdot l^2}{8}$ $R_B = \frac{3}{8}w \cdot l,$ $M_{\max} = \frac{9w \cdot l^2}{128}$ $M_C = \frac{5w \cdot l^2}{16}$
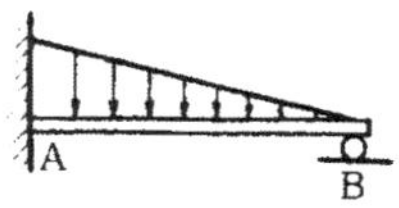	$R_A = \frac{4}{10}w \cdot l,$ $M_A = -\frac{w \cdot l^2}{15}$ $R_B = \frac{1}{10}w \cdot l$		

예제문제

01 그림과 같은 연속보에서 M_B와 반력을 구하여라. 단, EI는 일정하다.

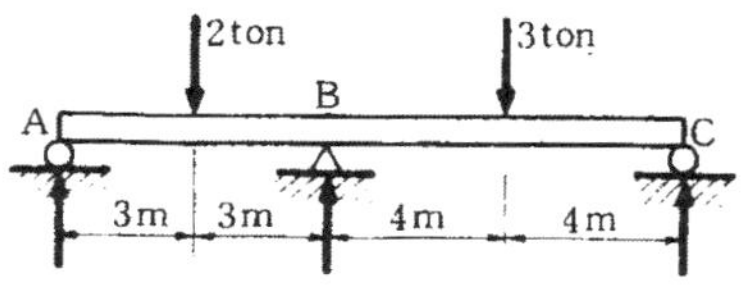

해설 식 (9.49)에 의해

$$\frac{6}{I}M_A + 2\left(\frac{6}{I} + \frac{8}{I}\right)M_B + \frac{8}{I}M_C = 6E(\theta_{BA} - \theta_{BC})$$

$M_A = M_C = 0$이므로

$$2\left(\frac{14}{I}\right)M_B = 6E(\theta_{BA} - \theta_{BC})$$

$$\theta_{BA} = -\frac{Pl^2}{16EI} = -\frac{2\times6^2}{6EI} = -\frac{72}{16EI},\quad \theta_{BC} = \frac{Pl^2}{16EI} = \frac{3\times8^2}{16EI} = \frac{192}{16EI}$$

$$\therefore \frac{28}{I}M_B = 6E\left(-\frac{72}{16EI} - \frac{192}{16EI}\right),\quad \therefore 28M_B = 6\left(-\frac{264}{16}\right),\quad \therefore M_B = -3.54\text{t}\cdot\text{m}$$

이로서 부정정력 M_B가 구해졌으므로

$\Sigma M_B = 0$에서

$$R_A \times 6 - 2\times3 + 3.54 = 0,\quad R_A = 0.41\text{ton}$$

$\Sigma M_B = 0$에서

$$-R_C \times 8 + 3\times4 - 3.54 = 0,\quad \therefore R_C = -1.0575\text{ton}$$

$\Sigma V = 0$에서

$$R_B = 2 + 3 - (0.41 + 1.0575) = 3.5325\text{ton}$$

02 그림과 같은 연속보에서 지점반력 R_A, R_B 및 R_C를 구하라. 단, EI는 일정하다.

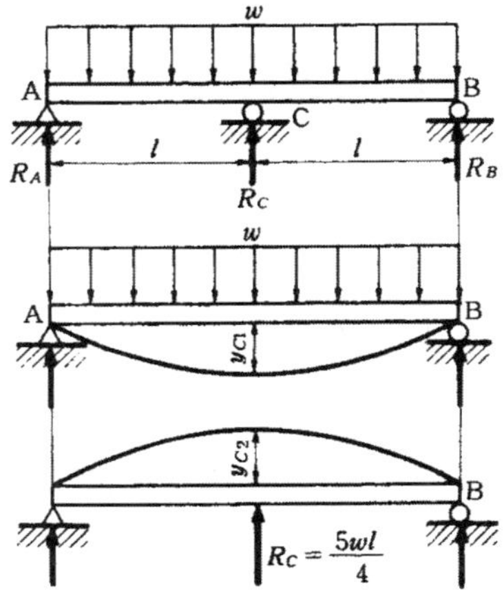

해설 하중 w에 의한 C점의 처짐을 y_{c1}, 또 반력 R_C에 의한 C점의 처짐을 y_{c2}라고 했을 때 C점의 처짐은 0이므로

$$y_{c1}+y_{c2}=0$$

가 된다. 따라서

$$y_{c1}=\frac{5w(2l)^2}{384EI}=\frac{5wl^4}{24EI}$$

$$y_{c2}=-\frac{R_c(2l)^2}{48EI}=-\frac{R_cl^3}{6EI}$$

$y_{c1}+y_{c2}=0$에서

$$\frac{R_cl^3}{6EI}=\frac{5wl^4}{24EI},\quad \therefore R_c=\frac{5wl}{4}$$

$$\therefore R_A=R_B=w\times 2l-\frac{5}{4}wl\times\frac{1}{2}=\frac{3}{8}wl$$

03 그림과 같은 연속보에서 지점모멘트와 반력을 구하라. 단, EI는 일정하다.

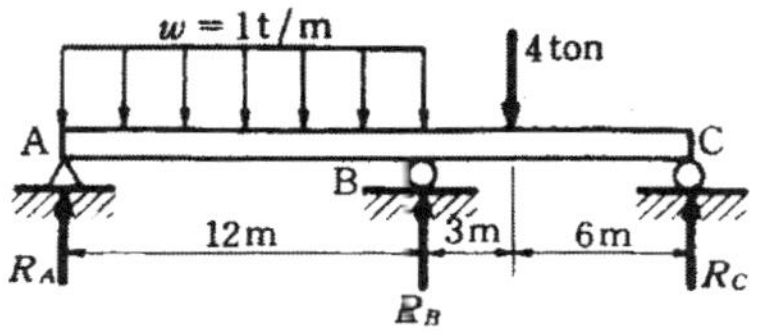

해설 식(9.49)에 의해서

$$\frac{12}{I}M_A+2\left(\frac{12}{I}+\frac{9}{I}\right)M_B+\frac{9}{I}M_C=6E(\theta_{BA}-\theta_{BC})$$

$M_A=M_C=0$이므로

$$2\left(\frac{21}{I}\right)M_A=6E(\theta_{BA}-\theta_{BC})$$

$$\therefore\theta_{BA}=-\frac{wl^3}{24EI}=-\frac{1\times 12^3}{24EI}=-\frac{72}{EI},\quad \theta_{BC}=\frac{Pb}{6lEI}(l^2-b^2)=\frac{4\times 6}{6EI\times 9}(9^2-6^2)=\frac{20}{EI}$$

$$\frac{42}{I}M_B=6E\left(-\frac{72}{EI}-\frac{20}{EI}\right),\quad 42M_B=-552,\quad \therefore M_B=-13.143\text{t}\cdot\text{m}$$

부정정력 M_B가 구해졌으므로

$\Sigma M_B=0$에서

$$R_A\times 12-1\times 12\times 6+13.143=0,\quad R_A=4.9\text{ton}$$

$\Sigma M_B=0$에서

$$-R_C\times 9+4\times 3-13.143=0,\quad \therefore R_C=-0.13\text{ton}$$

$\Sigma V=0$에서

$$R_B=12+4-(4.9-0.13)=11.23\text{ton}\quad \therefore R_B=11.23\text{ton}$$

04 그림 (a)와 같은 연속보에서 $M_{\max}$을 구하고 굽힘 모멘트선도를 그려라. 또한 변곡점의 위치는 B점에서 얼마의 위치에 있는가? 단, EI는 일정하다.

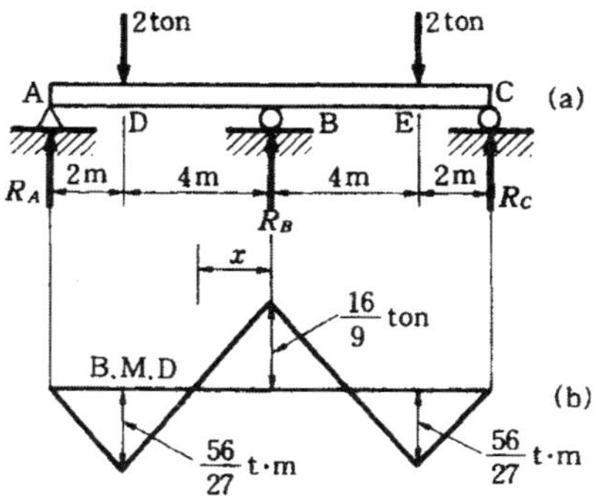

해설 $2\left(\frac{6}{I}+\frac{6}{I}\right)\cdot M_B = 6E(\theta_{BA}-\theta_{BC})$

$$\theta_{BA} = -\frac{Pa}{6lEI}(l^2-a^2) = -\frac{2\times2}{6EI\times6}(6^2-2^2) = -\frac{128}{36EI}$$

$$\theta_{BC} = -\frac{Pa}{6lEI}(l^2-b^2) = \frac{2\times2}{6EI\times6}(6^2-2^2) = \frac{128}{36EI}$$

$$\frac{24}{I}M_B = 6E\left(-\frac{128}{36EI}-\frac{128}{36EI}\right) \quad \therefore M_B = 1.778\text{t}\cdot\text{m}$$

$\Sigma M_B = 0$에서

$R_A\times6-2\times4+1.778=0$, $\therefore R_A = 1.037\text{ton} = R_c$

$\Sigma M_A = 0$에서

$-R_{B'}\times6+2\times2+1.78=0$, $\therefore R_{B'} = 0.963$

$\Sigma M_C = 0$에서

$-R_{B''}\times6-2\times2+1.78=0$, $\therefore R_{B''} = 0.963$ $\quad \therefore R_B = R'_B + R''_B = 1.926\text{ton}$

혹은 $\Sigma V = 0$에서 $R_B = 4-1.037\times2 = 1.926\text{ton}$

$M_D = R_A\times2 = 2.074\text{t}\cdot\text{m} = M_E = M_{\max}$

이로써 B.M.D를 그리면 그림(b)와 같다. 변곡점의 위치 x는 삼각형의 비례에 의하여

$2.074 : 1.778 = (4-x) : x$, $\therefore x \fallingdotseq 1.846\text{m}$

05 그림과 같은 연속보의 M_B, M_C를 구하고 굽힘 모멘트선도(B.M.D)를 그려라. 단 EI는 일정하며 $I_1 : I_2 = 2 : 3$이다.

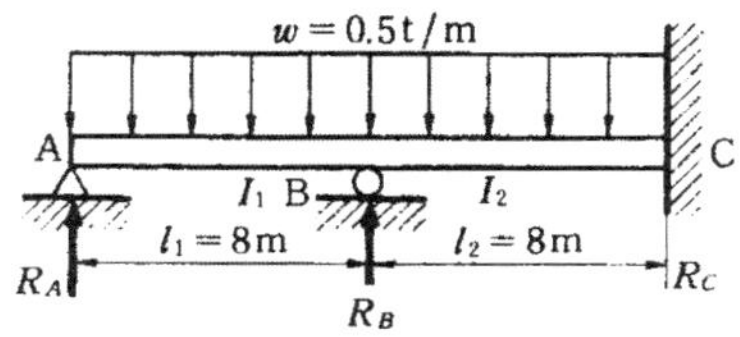

해설 CD구간을 가상스팬으로 하며, $l^3 = 0$, $M_D = 0$이다.

구간 ABC에서

$$2\left(\frac{8}{I^2}+\frac{8}{I^2}\right)M_B + \frac{8}{I^2}M_C = 6E(\theta_{BA}-\theta_{BC})$$

$$\theta_{BA} = -\frac{wl^3}{24EI_1} = -\frac{0.5\times8^3}{24EI} = -\frac{32}{3EI_1}$$

$$\theta_{BC} = \frac{wl^3}{24EI_2} = \frac{32}{3EI_2}$$

$$\therefore\ 2\left(\frac{8}{I_1}+\frac{8}{I_2}\right)M_B + \frac{8}{I_2}M_C = 6E\left(-\frac{32}{3EI_1}-\frac{32}{3EI_2}\right)$$

$$2\left(\frac{8}{2}+\frac{8}{3}\right)M_B + \frac{8}{3}M_C = 6E\left(-\frac{32}{3E\times2}-\frac{32}{3E\times2}\right)$$

$$\frac{40}{3}M_B + \frac{8}{3}M_C = 6E\left(-\frac{160}{18E}\right)$$

또는 $\frac{40}{3}M_B + \frac{8}{3}M_C = -\frac{160}{3}$

$\therefore 5M_B + M_C = -20$ ....①

구간 BCD에서

$$\frac{8}{I_2}M_B + 2\left(\frac{8}{I_2} + \frac{O}{I_2}\right)M_C = 6E(\theta_{CB} - \theta_{CD}),$$

$$\frac{8}{3}M_B + 2\left(\frac{8}{3}\right)M_C = 6E\left(-\frac{0.5\times 8^3}{24EI_2}\right)$$

$$\frac{8}{3}M_B + \frac{16}{3}M_C = 6E\left(-\frac{32}{9E}\right)$$

$\therefore M_B + 2M_C = -8$ ....②

①, ②식을 연립으로 풀이하면 다음과 같다.

$M_B = -3.56\text{t}\cdot\text{m}$, $M_C = -2.22\text{t}\cdot\text{m}$

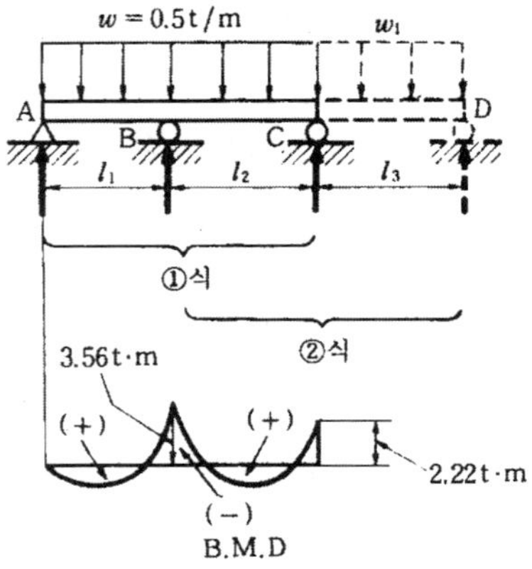

06 그림과 같은 보(beam)에서 1차 부정정보의 반력 R_A를 구하여라. 단 부재의 EI는 일정하다.

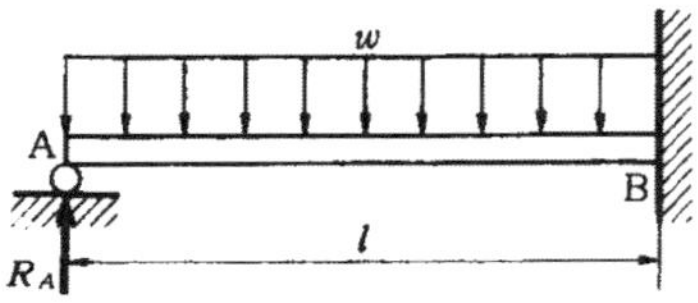

해설 Castigliano의 제2정리에서 전단력에 의한 변형에너지의 영향은 무시해도 지장은 없으며, 축방향력은 0이므로 식 (9.51)에서

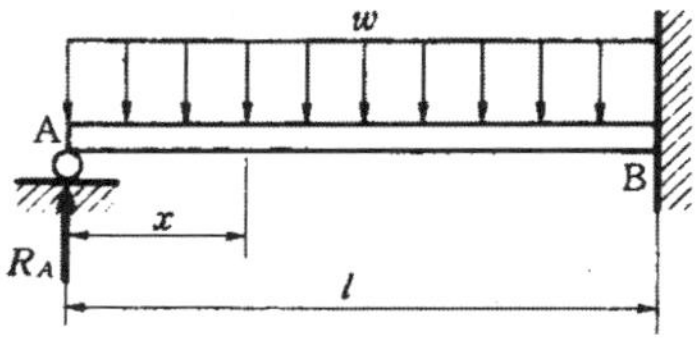

$$\delta = \frac{1}{EI}\int M\frac{\partial M}{\partial P_n}dx = 0$$

(a) 조건 : A점의 처짐은 0이므로 $\delta_A = 0$이다.

(b) A점부터 x만큼 떨어진 단면의 M은

$$M = R_A \cdot x - \frac{w}{2}x^2$$

$P_n = R_A$로 생각하며 R_A에 관해 편미분을 하면

$$\frac{\partial M}{\partial R_A} = x$$

(c) Castigliano의 제2정리로부터

$$\delta_A = \frac{1}{EI}\int_A^B M\frac{\partial M}{\partial R_A}dx$$

$$= \frac{1}{EI}\int_0^l \left(R_A x - \frac{wx^2}{2}\right)x\cdot dx = \frac{1}{EI}\int_0^l\left(R_A x^2 - \frac{wx^2}{2}\right)dx$$

$$= \frac{1}{EI}\left[R_A\cdot\frac{x^2}{3} - \frac{w}{2}\cdot\frac{x^4}{2}\right]_0^l = \frac{1}{EI}\left(\frac{R_A l^3}{3} - \frac{wl^4}{8}\right) = 0$$

따라서

$$\frac{R_A l^3}{3} - \frac{wl^4}{8} = 0, \quad \therefore R_A = \frac{3wl}{8}$$

07 그림과 같은 부정정보에서 반력 R_A를 구하라. 단, 부재의 EI는 일정하다.

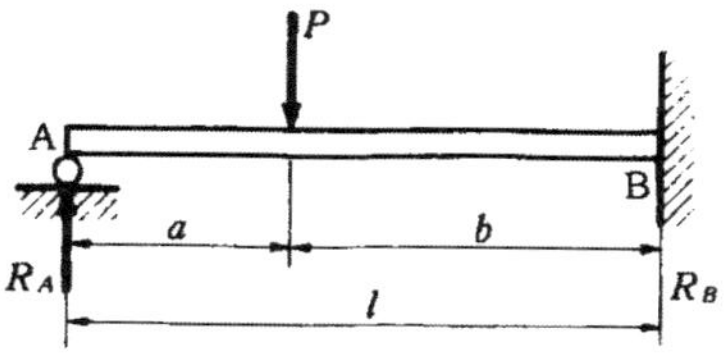

해설 Castigliano의 제2정리 식에서

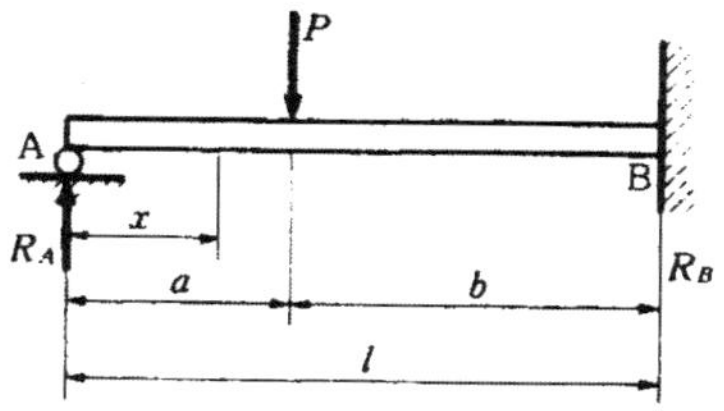

$$\delta = \frac{1}{EI}\int M\frac{\partial M}{\partial P_n} = 0$$

(a) $P_n = R_A$로 하여 $\delta_A = 0$의 조건으로부터 구해지는데 x단면의 M은

AC구간 : $M = R_A \cdot x \quad \therefore \dfrac{\partial M_x}{\partial R_A} = x$

CB구간 : $M + R_A x - P(x-a) \quad \therefore \dfrac{\partial M}{\partial R_A} = x$

(b) Castigliano의 제2정리로부터

$$\delta_A = \frac{1}{EI}\int M\frac{\partial M}{\partial R_A}dx = \frac{1}{EI}\int_0^a R_A x \cdot x dx + \frac{1}{EI}\int_a^l \{R_A x - P(x-a)\}x \cdot dx$$

$$= \frac{1}{EI}\int_0^a R_A x^2\, dx + \frac{1}{EI}\int_a^l (R_A x^2 - Px^2 + Pax)dx$$

$$= \frac{1}{EI}\left[R_A \cdot \frac{x^3}{3}\right]_0^a + \frac{1}{EI}\left[R_A \cdot \frac{x^3}{3} - P\cdot\frac{x^3}{3} + Pa\cdot\frac{x^2}{2}\right]_a^l$$

$$= \frac{1}{EI}\left[\frac{R_A a^3}{3} + \frac{R_A}{3}(l^3 - a^3) - \frac{P}{3}(l^3 - a^3) + \frac{Pa}{2}(l^2 - a^2)\right]$$

$$= \frac{1}{EI}\left\{\frac{R_A \cdot l^3}{3} - P\left(\frac{l^3}{3} - \frac{l^2 a}{2} + \frac{a^3}{6}\right)\right\} = 0$$

$$\therefore R_A = \frac{P}{2l^3}(2l^3 - 3l^2 a + a^3)$$

(c) $a = b = \dfrac{l}{2}$인 경우

$$R_A = \frac{P}{2l^3}\left\{2l^3 - 3l^2 \cdot \frac{l}{2} + \left(\frac{l}{2}\right)^3\right\} = \frac{P}{2}\left(2 - \frac{3}{2} + \frac{1}{8}\right) = \frac{5P}{16}$$

Chapter

10

기둥과 좌굴

Column and Buckling

Section 01

기둥과 좌굴

단면의 크기에 비해서 길이가 긴 봉인 기둥(column)에 축압축력이 작용할 때 기둥은 굽힘(bending)이 발생하기 때문에, 단순압축 하중으로는 다룰 수 없게 된다. 이처럼 기둥의 축압축력에 의하여 굽힘을 발생하거나 처짐이 일어나는 현상을 **좌굴**(buckling)이라 하며, 이 기둥에 대한 좌굴현상을 고찰해 보면은 다음과 같다.

1 기둥(column)의 변형

길이가 직경의 약 4배 이상인 장주(long column)에서 좌굴(buckling)을 일으키는 것은 재료가 처음부터 곧은 직선이 아닌 경우나 기둥중심에 편심하중이 작용하거나, 또는 재질의 불균일 등이 원인이 된다. 그러나 기둥이 반드시 좌굴을 일으키는 것은 축압축하중의 크기 정도에 의한 것이며, 동일한 하중이 작용될 때 휘어지는 곳은 기둥의 강도에 따라 다르나, 동일 재료에서 양끝의 기둥을 지지하는 방법, 즉 단말고정조건에 좌우하게 된다.

양단끝을 지지하는 방법을 크게 나누면 그림 10-1과 같이 분류한다.

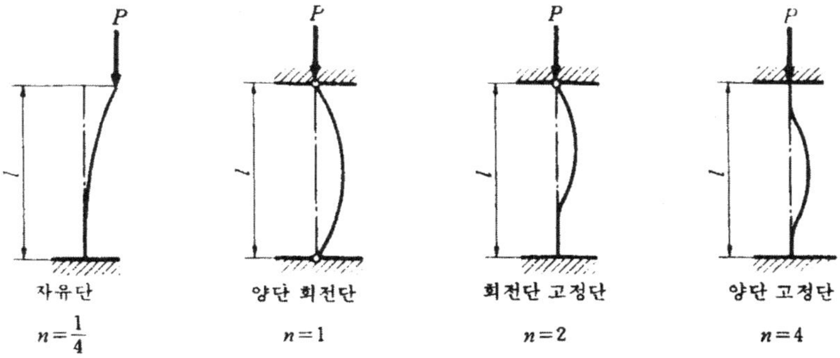

그림 10-1 기둥의 단말고정계수

① 일단고정, 타단자유단일 때 : $n = 1/4$

② 양단회전단일 때 : $n = 1$

③ 일단고정, 타단회전단일 때 : $n = 2$

④ 양단고정단일 때 : $n = 4$

그림 10-1에서 단말고정계수 n은 기둥의 급힘정도와 관계가 있는 중요한 계수로서 n값이 클수록 견고하다.

2 좌굴하중

축하중이 증가함에 따라 기둥단면은 압축응력이 항복점(yield point)에 도달하기 전에 급힘(bending)이 불안정하여 가로방향의 처짐(deflection)이 증가되면서 파괴에 이른다. 이 때 하중의 크기를 좌굴하중(buckling load) 또는 임계하중(critical load)이라고 하며, 좌굴하중을 그 기둥의 단면적으로 나눈 값을 좌굴응력(buckling stress) 또는 임계응력(critical stress)이라고 한다. 극한강도(ultimate strength)의 일종으로 생각할 수 있는 좌굴하중의 값은 다음과 같은 조건으로 결정된다.

(1) 기둥(column)의 단말고정조건

기둥이 자유단 및 고정단 또는 회전단 등 어느 것에 의해서 지지되어 있으며, 그 때의 단말고정계수는 서로 각각 다르다. 따라서 단말고정계수 n의 값이 크면 큰 하중에 견딜 수 없다.

(2) 기둥의 재질과 세로탄성계수

강, 주철, 목재와 같이 신뢰도가 높은 재료는 단정성이 역시 크다.

(3) 기둥의 길이

두께에 대하여 길이의 비율이 기둥의 강도와 관계가 크다.

(4) 최소단면 2차모멘트와 최소단면 2차반지름

단면 2차모멘트(second moment of area)는 그 단면의 축방향에 의해서 값이 다르다. 기둥이 휘어지는 것은 단면 2차모멘트가 가장 작은 값이 되는 지점에서 일어난다. 이 때 최소단면 2차모멘트는 그림 10-2와 같이 $X-X$축을 기준으로 한다면, 가령 원형단면인 경우에는 축의 위치에 관계없이 단면2차모멘트는 일정하다.

① 최소단면 2차반지름 : k

$$k^2 = \frac{I}{A}, \quad \therefore\ k = \sqrt{\frac{I}{A}}$$

여기서 I : 최소단면 2차모멘트, A : 단면적

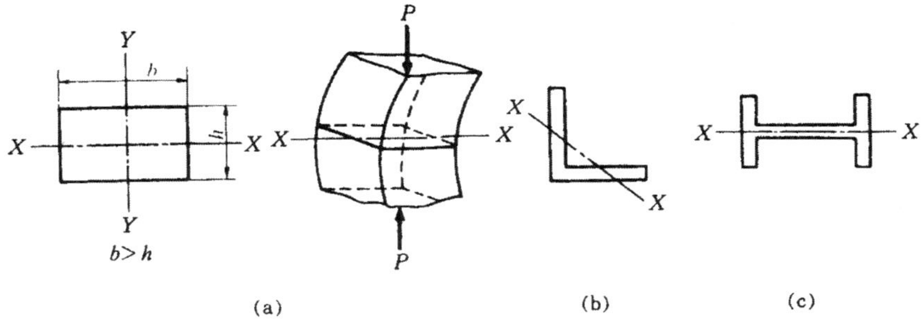

그림 10-2 최소단면 2차모멘트

(5) **세장비**(slenderness ratio) : λ

기둥이 가늘고 굵은 기준으로 길이 l과 단면의 최소회전반지름 k와의 비를 표시하며, 이 값에 의하여 굽힘의 크기 정도를 비교함으로써 대단히 중요한 값이다. 즉

표 10-1 기본도형의 세장비

	구형 단면	삼각형 단면	원형 단면
도형의 종류	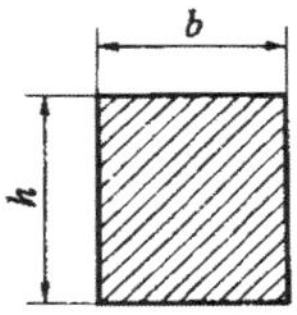	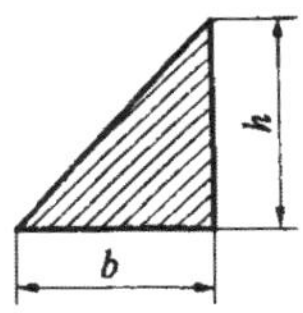	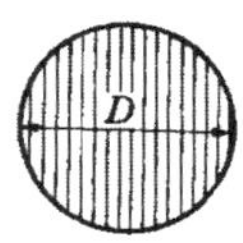
세장비(λ)	$\dfrac{2\sqrt{3}\cdot l}{b}$ (b : 단면 최소폭)	$\dfrac{3\sqrt{2}\cdot l}{b}$ (b : 단면 최소폭)	$\dfrac{4\cdot l}{D}$
비 고	$\dfrac{l}{\sqrt{\dfrac{I}{A}}}=\dfrac{l}{\sqrt{\dfrac{1}{bh}\cdot\dfrac{hb^3}{12}}}$	$\dfrac{l}{\sqrt{\dfrac{2}{bh}\cdot\dfrac{hb^3}{36}}}$	$\dfrac{l}{\sqrt{\dfrac{4}{\pi D^2}\cdot\dfrac{\pi\cdot D^4}{64}}}$

$$\lambda=\frac{l}{k}=\frac{\text{기둥의 유효길이}}{\text{최소회전반지름}} \qquad \cdots\cdots(10.1)$$

여기서, λ : 세장비, k : 최소단면 2차반지름, l : 기둥의 길이

3 단주와 장주

단면에 비해서 길이가 짧은 경우 기둥의 중심축에 따라 하중을 작용시킬 때 압축응력(compression stress)은 단면에 일정하게 분포되지만, 하중(load)을 점차 증가시키면 압축응력이 극한에 도달하여 압축파괴할 것으로 생각되는 기둥을 단주(short column)라고 한다. 기둥의 길이가 단면의 최소회전 반지름 k에 비하여 대단히 클때는 가로방향인 축방향에 단순한 압축력만 작용하여도 그 단면에 압축응력이 고르게 분포하지 않고 일종의 굽힘모멘트(bending moment)가 생겨 압축응력이 허용강도(allowable moment)에 도달하기 전에 휜다. 이러한 현상을 좌굴(buckling)이라 하며, 이 때의 하중을 좌굴하중(buckling load) 또는 위험하중(critical load)이라 하고, 좌굴을 일으키기 쉬운 기둥, 즉 단면에 비해서 길이가 긴 기둥을 장주(long column)라고 한다. 기둥의 길이가 짧음을 구별하는 데는 세장비를 사용한다.

장주와 단주의 한계는 단정할 수 없으나, 일반적으로 목재에서는 $l/k < 10$, 강재에서는 $l/k < 40$일 때 단주라고 볼 수가 있다(단, 여기서 $\lambda = l/k$이고, l은 기둥길이, k는 최소회전 반지름을 나타낸다). 단주와 장주는 역학적 성질이 서로 다르므로 분류하여 생각해야 할 것이다. 기둥(column)에 작용하는 압축력일 부재축에 일치하게 되는 기둥을 중심축 방향하중을 받는 기둥이라 하는데 기둥의 응력(stress) σ_c는

$$\sigma_c = \frac{P}{A} \qquad (10.2)$$

만약 허용압축응력을 σ_{ca}라고 한다면

$$\sigma = \frac{P}{A} \leq \sigma_{ca} \qquad (10.3)$$

위 식 (10.3)이 만족하도록 기둥의 최소단면적 A를 결정하게 된다.

Section 02 편심하중을 받는 단주

부재가 중심축 외에 압축력 P가 작용하는 기둥(column)을 편심하중을 받는 기둥이라고 한다. 그림 10-3과 같이 중심축 O에서 거리 e만큼 떨어져서 작용하는 힘 P를 생각해 보자. 이러한 상태의 기둥단면에는 중심축에 작용하는 하중 P에 의하여 균일한 압축응력 P/A가 생기고, 편심거리 e에 의해 우력모멘트 $M = P \cdot e$가 생기며, 이로 인한 굽힘응력(bending stress) $\sigma = \frac{M}{I}y$가 부재단면에 동시에 작용하게 된다. 따라서 편심거리(eccentric distance) e에 의한 부재단면에는 최대, 최소의 압축 및 인장응력을 받게 된다.

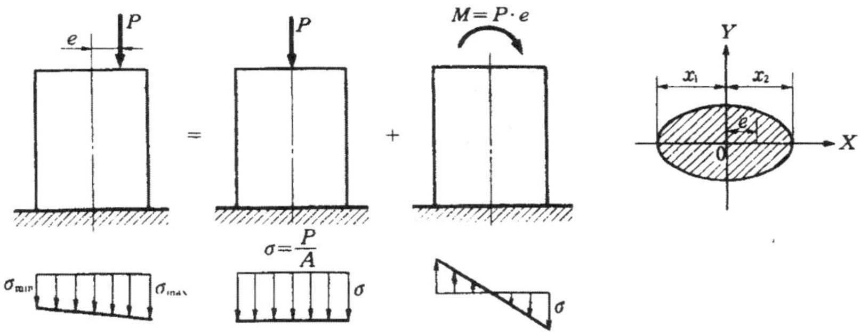

그림 10-3 편심하중을 받는 단주

부호는 압축응력을 (+), 인장응력(−)로 표시하기로 하고 (주로 기둥에서는 압축응력을 많이 받는다), 단면에 생기는 최대응력을 σ_1, 최소응력을 σ_2로 나타내면 다음과 같은 식이 성립한다. 즉

편심응력(eccentric stress) :

$$\left.\begin{aligned} \sigma_{\max} = \sigma_1 = \frac{P}{A} + \frac{M}{I_y}y = \frac{P}{A} + \frac{P \cdot e}{I_y}y = \frac{P}{A} + \frac{M}{Z} \\ \sigma_{\min} = \sigma_1 = \frac{P}{A} + \frac{M}{I_y}y = \frac{P}{A} - \frac{P \cdot e}{I_y}y = \frac{P}{A} + \frac{M}{Z} \end{aligned}\right\} \quad \cdots\cdots (10.4)$$

단면이 직사각형일 경우 :

$$\sigma = \frac{P}{A} \pm \frac{P \cdot e}{Z} = \frac{P}{bh} \pm \frac{P \cdot e}{bh^2/6} = \frac{P}{bh}\left(1 \pm \frac{6 \cdot e}{h}\right) \quad \cdots\cdots (10.5)$$

그림 10−4와 같이 압축력 P의 작용선이 양주축 $x \cdot y$를 벗어나서 임의의 점 A에 작용할 경우, 점 A의 좌표를 (x, y)라고 한다면, 주축에 작용하는 모멘트는 $P \cdot x$ 및 $P \cdot y$이므로 임의점에 대한 응력(stress) σ는 다음과 같다.

$$\sigma = \frac{P}{A} + \frac{P \cdot y}{I_x} \cdot y + \frac{P \cdot x}{I_y} \cdot x \quad \cdots\cdots (10.6)$$

압축력 P가 임의점에 작용할 경우의 응력도를 표시한다면 그림 10−5와 같다. 이 때 편심응력 $\sigma = \sigma_1 + \sigma_2 + \sigma_3$로서

$\sigma = \sigma_1 + \sigma_2 + \sigma_3$로서

$$\sigma = \frac{P}{A} + \frac{P \cdot e_y}{I_x} \cdot y + \frac{P \cdot e_x}{I_y} \cdot x \quad \cdots\cdots (10.7)$$

여기서 e_x, e_y는 Y축, X축으로 부터의 편심거리이고, x, y는 도심의 거리를 나타낸다.

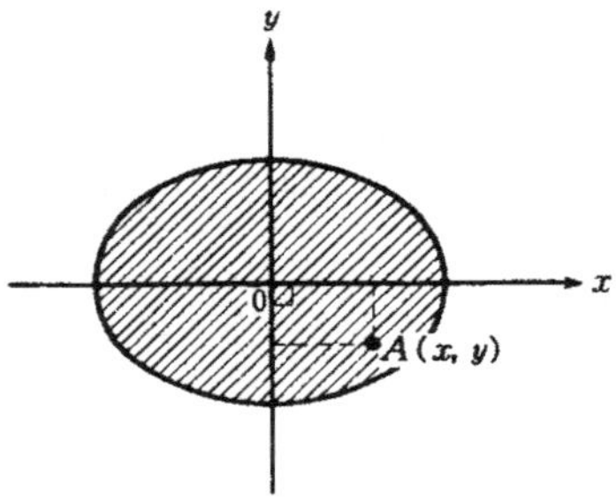

그림 10−4

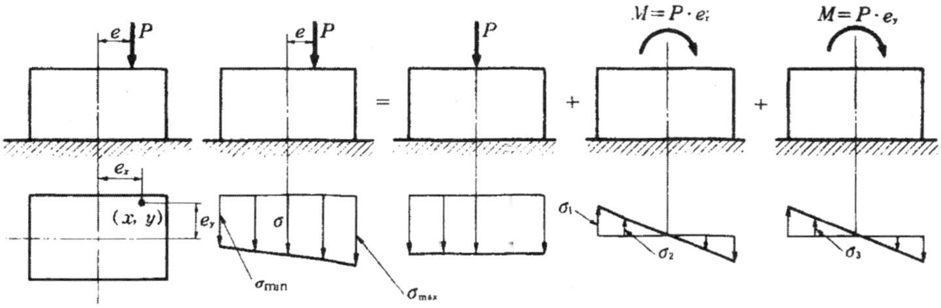

그림 10−5 임의점에 압축력이 작용할 때의 응력도

1 단주의 응력도

(1) 중심에서 축하중을 받는 단주

그림 10-6처럼 압축력이 단면의 도심에 작용하는 경우의 압축응력도 σ_c는

$$\sigma_c = \frac{P}{A} \quad \cdots\cdots (10.8)$$

여기서 P : 축방향의 압축력(kg),

A : 기둥의 단면적(cm^2)

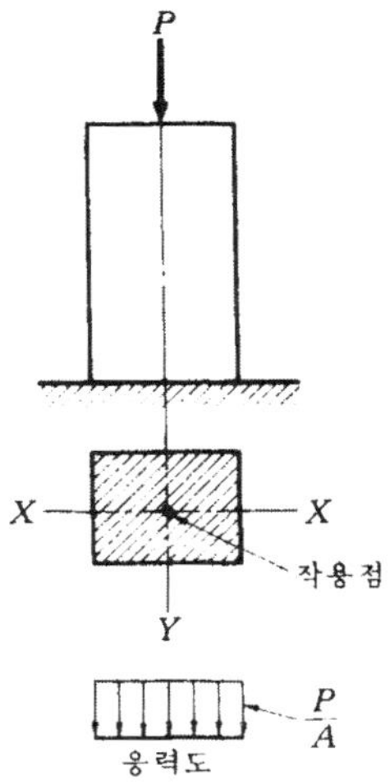

그림 11-6 축하중을 받는 단주

(2) 중심에서 축하중과 굽힘모멘트를 받는 단주

그림 10-7과 같이 압축력(P)가 단면의 도심에 작용하고, 또한 굽힘모멘트 M이 동시에 작용할 때의 응력도는 다음과 같다.

$$\sigma_{max} = \sigma_1 = \frac{P}{A} + \frac{M}{Z_c} \quad \cdots\cdots (10.9)$$

여기서 Z_c : 압축력의 단면계수

인장측의 응력도는 최소응력도인데

$$\sigma_{min} = \frac{P}{A} - \frac{M}{Z_t} \quad \cdots\cdots (10.10)$$

여기서 Z_t : 인장측의 단면계수

한편 도심으로부터 x만큼 떨어진 위치의 응력도는

$$\sigma = \frac{P}{A} \pm \frac{M}{I}x \quad \cdots\cdots (10.11)$$

I : 압축과 인장을 가름하는 축에 대한 단면 2차 모멘트

$x(y)$: 도심으로부터 응력도를 구하고자 하는 위치까지의 거리

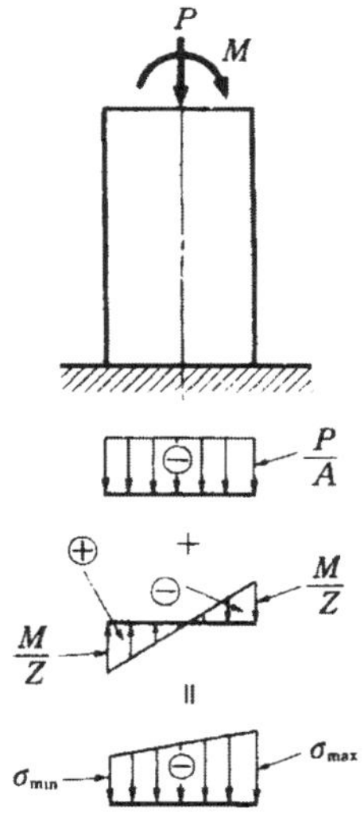

그림 11-7 축하중과 굽힘모멘트를 받는 단주

(3) 주축상에 편심하중을 받는 단주

그림 10-8과 같이 압축력이 도심으로부터 편심거리 e만큼 떨어져서 작용할 때 응력도는 다음과 같다. 즉

압축력의 응력도는 최대응력으로서

$$\sigma_{max} = \frac{P}{A} + \frac{P \cdot e}{Z_c} \quad \cdots\cdots (10.12)$$

인장측의 응력도는 최소응력도로서

$$\sigma_{\min} = \frac{P}{A} - \frac{P \cdot e}{Z_t} \quad \cdots\cdots (10.13)$$

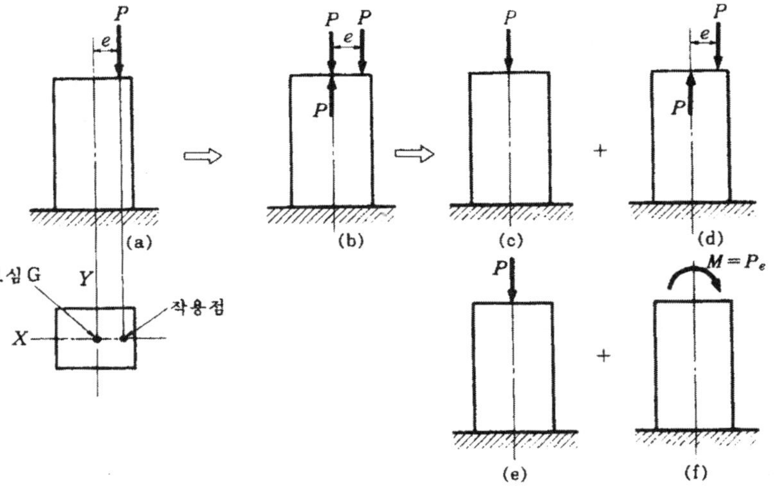

그림 10-8 주축에서 편심하중을 받는 단주

예제문제

01 그림과 같이 직사각형 단면의 단주에 15ton의 하중이 중심으로부터 100cm만큼 편심이 되어 있을 경우 부재에 생기는 최대응력과 최소응력을 구하고, 또한 응력도를 그려라.

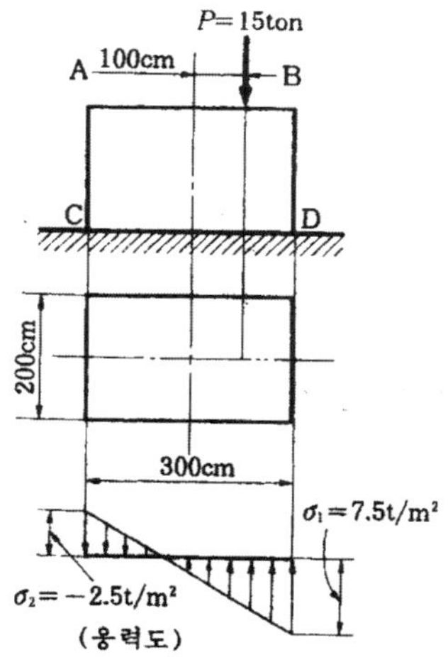

해설 $M = P \cdot e = 15 \times 1 = 15(\text{t} \cdot \text{m})$

$$I_y = \frac{bh^3}{12} = \frac{2 \times 3^3}{12} = \frac{54}{12} = 4.5\text{m}^4$$

(AB의 길이가 높은 이유는 보나 기둥할 것 없이 인장측과 압축측을 연결한 사이인데 여기서 편심모멘트로 인하여 AC측이 인장, BD측이 압축이므로 AB가 높이가 된다.)

한편 최대응력을 $\sigma_{\max}$, 최소응력 $\sigma_{\min}$이라 한다면

$$\sigma_{\max} = \frac{P}{A} + \frac{M}{I_y} \cdot y = \frac{15}{2 \times 3} + \frac{15 \times 1.0}{4.5} \times 1.5$$

$$= 7.5\text{ton/m}^2$$

$$\sigma_{\min} = \frac{P}{A} - \frac{M}{I_y} \cdot y = 2.5 - 5 = -2.5\text{ton/m}^2$$

02 그림과 같은 단주에 하중 $P=10\text{ton}$이 K점에 작용할 경우, 부재 내부에 생기는 최대응력과 최소응력을 구하라.

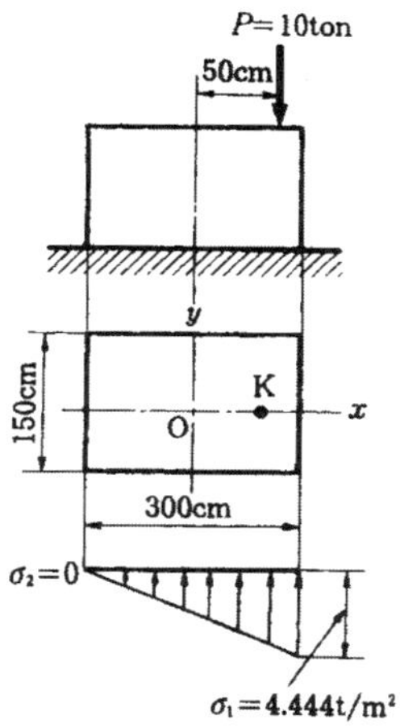

해설 $M=P\cdot e=10\times0.5=5\text{t}\cdot\text{m}$

$A=150\times300=45{,}000\text{cm}^2=4.5\text{m}^2$

$$I_y=\frac{bh^3}{12}=\frac{1.5\times3}{12}=3.375\text{m}^4$$

$$\sigma_1=\frac{P}{A}+\frac{M}{I_y}y=\frac{10}{4.5}+\frac{5}{3.375}\times1.5=4.444\text{t/m}^2$$

$$\sigma_2=\frac{P}{A}-\frac{M}{I_y}y=\frac{10}{4.5}-\frac{5}{3.375}\times1.5=0$$

03 다른 그림과 같은 원형단면의 단주에 집중하중 $P=2\text{ton}$의 힘이 작용할 때, 기둥에 생기는 응력(stress)은 얼마인가?

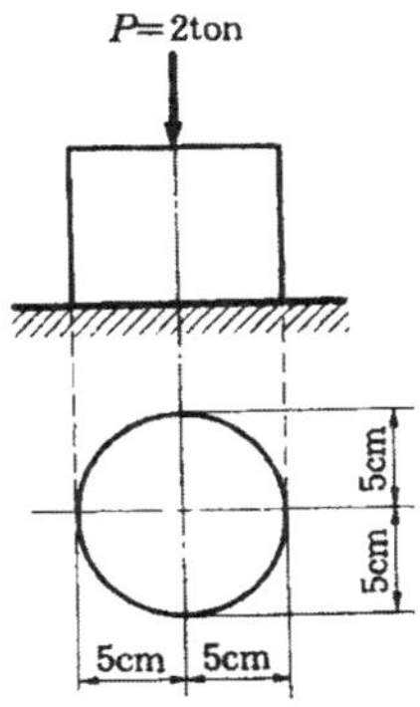

해설 $$\sigma=\frac{P}{A}=\frac{P}{\pi D^2/4}=\frac{4P}{\pi D^2}$$

$$=\frac{4\times2{,}000}{3.14\times10^2}=25.47\text{kg/cm}^2\text{(압축)}$$

04 그림에서 보는 바와 같이 원형단면의 단주에 10ton의 하중이 작용할 때 A점의 응력 σ_A가 0이 되려면 편심거리 e는 어느정도가 되어야 하는가? 또한 이 때 최대압축응력도 σ_B는 얼마인가?

해설 $\sigma=\dfrac{P}{A}\pm\dfrac{M}{I}y$에 의해서 구하면 된다.

1) 편심거리 : e

$$\sigma_A=\frac{P}{A}-\frac{M}{I}y=\frac{P}{\pi D^2/4}-\frac{P\cdot e}{\pi D^4/64}\cdot\frac{D}{2}=\frac{4P}{\pi D^2}-\frac{32P\cdot e}{\pi D^3}$$

여기서 $\sigma_{a=0}$으로 놓으면

$$e=\frac{4P\cdot\pi D^3}{32P\cdot\pi D^2}=\frac{D}{8}=\frac{30}{8}=3.75\text{cm}$$

2) 최대압축응력 : σ_B

$$\sigma_B=\frac{P}{A}+\frac{M}{I}y=\frac{4P}{\pi D^2}+\frac{32P\cdot e}{\pi D^3}=\frac{4P}{\pi D^2}\left(1+\frac{8e}{D}\right)$$

$$=-\frac{4\times10{,}000}{3.14\times30^2}\left(1+\frac{8\times3.75}{30}\right)=14.15\times2=28.30\text{kg/cm}^2$$

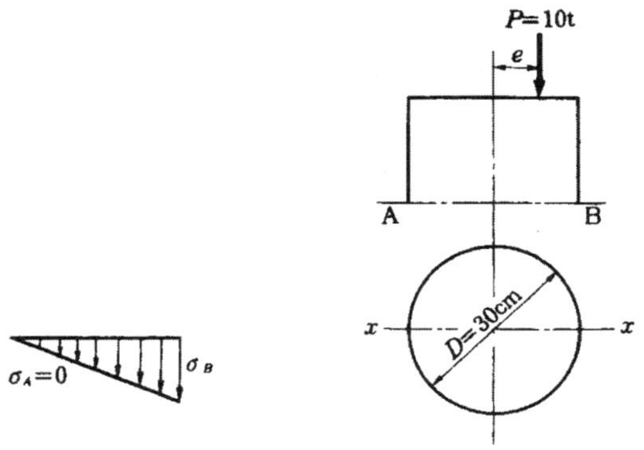
P=10t
e
A
B
x
D=30cm
x
σA=0
σB

Section 03 3단면의 핵

1 정 의

단면에서 최대응력을 나타내는 σ_1의 값은 항상 (+)로 되어 압축응력(compression stress)이 되지만, 최소응력을 나타내는 σ_2는 편심거리 e의 크기에 따라 압축 또는 인장응력을 일으키게 한다. 기둥은 압축응력을 받는 부재이므로 기둥의 단면 어느부분에서도 인장응력이 생기는 것을 피하는 것이 좋다. 특히 인장에 약하고 압축에 강한 콘크리트, 벽돌, 주철 등으로 만든 단주는 그 단면에 인장응력을 생기지 않게 하는 편심거리 e를 구하고, 그 이내에 하중을 작용시키면 인장응력이 생기지 않게 된다. 이것을 구하기 위하여 식 (10.4)에서 $\sigma_2 = 0$로 놓으면

$$\frac{P}{A} - \frac{M}{I}y = \frac{P}{A} - \frac{P \cdot e}{I}y = 0$$

이고, 위 식에서 편심거리 e에 관해서 풀이하면 $e = \frac{I}{Ay}$, $e = r_e$로 놓고 회전반경 $k_y = \sqrt{\frac{I_y}{A}}$를 대입하면

$$e = r_e = \frac{k^2}{y} \qquad \cdots\cdots (10.14)$$

이 된다. 그러므로 편심거리 e의 값이 $\frac{k^2}{y}$보다 작은 범위내에 하중이 작용할 때는 단면에 인장력이 생기지 않는다. 이 때 편심거리 e의 값을 단면의 핵거리(core distances of section)라고 한다. 즉 하중의 작용점이 핵거리 이내에 있으면 인장력이 일어나지 않는다.

(1) 구형단면인 경우

그림 10-9와 같은 직사각형 단면에서 임의점 A(x_1, y_1)에 편심하중 P가 작용할 때 단면의 핵을 구하기 위하여 식 (10.6)을 이용하면

$$\sigma = \frac{P}{A} - \frac{Py_1}{I_x}y - \frac{Px_1}{I_y}x = \frac{P}{A} - \frac{Py_1}{Z_x} - \frac{Px_1}{Z_y}$$

단면의 핵거리를 구하기 위하여 $\sigma = 0$으로 놓으면

$$\frac{P}{A} - \frac{Py_1}{Z_x} - \frac{Px_1}{Z_y} = \frac{Px_1}{bh^2/6} - \frac{Py_1}{b^2h/6}$$

$$= \frac{P}{bh}\left(1 - \frac{6x_1}{h} - \frac{6y_1}{b}\right) = 0$$

위 식이 0이 되기 위한 조건은 괄호 속의 값이 0이어야 하므로

$$1 - \frac{6x_1}{h} - \frac{6y_1}{b} = 0, \quad \frac{6x_1}{h} + \frac{6y_1}{b} = 1 \quad \cdots\cdots\cdots\cdots(10.15)$$

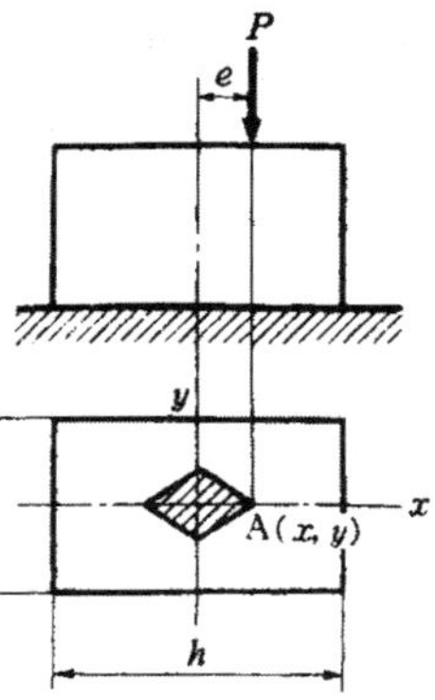

그림 10-9 구형단면의 핵

위 식 (10.15)에서

$$x_1 = 0\text{일 때} \left.\begin{matrix} x_1 = 0 \text{ 일 때 } y_1 = h/6 \\ y_1 = 0 \text{ 일 때 } x_1 = b/6 \end{matrix}\right\} \quad \cdots\cdots\cdots\cdots(10.16)$$

가 되며, 이것은 그림 10-10과 같으며, $h/6$, $b/6$가 되는 점을 핵점(core point)이라고 부른다. 또한 그림 10-10에서 r_{y1}, r_{y2}를 x축에 대한 핵점, r_{y1}, r_{y2}를 y축에 대한 핵점 혹은 심점이라고 하며, 각 핵점들을 직선으로 연결한 평행사변형, 즉 빗금친 부분을 단면의 핵(core) 또는 단면의 심이라고 한다. 즉 핵점이란 단면내에 압축응력만이 일어나는 하중에 대한 편심거리의 한계점을 말하며, 핵점에 의하여 둘러싸인 부분을 핵(core)이라고 한다.

위에서 알 수 있는 바와 같이 직사각형 단면에서는 핵 내에 하중이 작용하게 되면 기둥에서는 인장응력이 생기지 않으면, 대칭축 중에서 $1/6 \times 2 = 1/3$이 되는 부분을 중앙 3분권(middle third)이라고 한다. 즉 단면에서는 중앙3분권안에 하중이 작용한다면 그 기둥에 인장력이 생기지 않는다.

앞에서 논했던 식 (10.15)로부터

$$\frac{6x_1}{h} + \frac{6y_1}{b} \leqq 1$$

이면 하중 P가 핵안에 작용할 때 $(r > e)$이던 단면에는 압축응력이 생기게 되고,

$$\frac{6x_1}{h} + \frac{6y_1}{b} > 1$$

이면 인장응력이 생기게 된다.

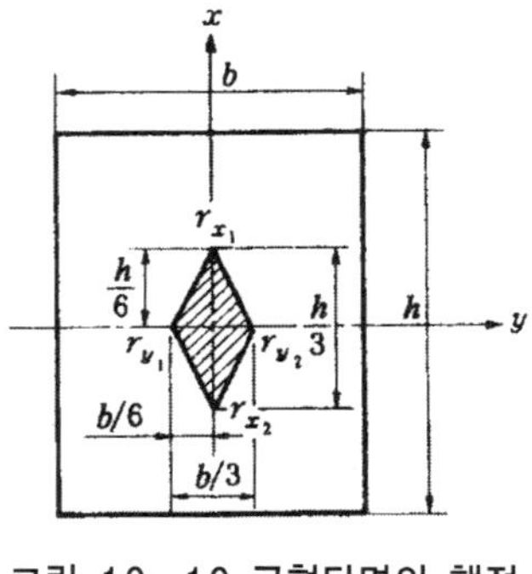

그림 10-10 구형단면의 핵점

(2) 원형단면인 경우

원형단면에서 경계편심거리를 a_1, a_2라고 한다면 식 (10.4)에서 $\sigma_{\min} = \sigma_2 = 0$로 놓았을 때 $I = \dfrac{ea^2}{k^2}$이므로 $a_1 = a_2 = \dfrac{D}{2}$와 회전반경 $k = \sqrt{\dfrac{I}{A}}$ 로부터

$$k^2 = \frac{I}{A} = \frac{\pi D^4/64}{\pi D^2/4} = \frac{D^2}{16} \text{의 값을 대입하면}$$

$$e = \frac{k^2}{a^2} = \frac{D^2/16}{D/2} = \frac{D}{8} = \frac{r}{4}$$

를 얻는다.

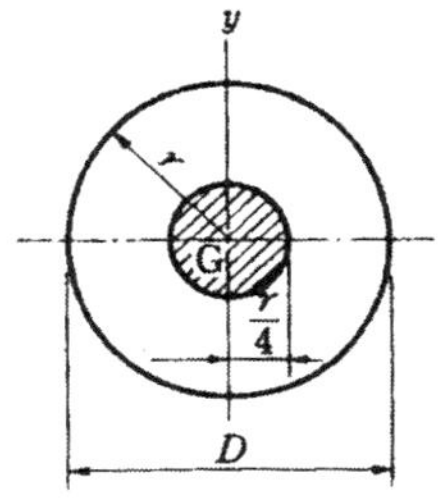

그림 10-11 원형단면의 핵점

2 단면의 핵반경

단면에서 최대응력을 나타내는 $\sigma_{max}(\sigma_1)$의 값은 항상 압축응력이 되지만, 최소응력의 값은 편심거리 e의 크기에 따라 압축 또는 인장응력을 받게 된다. 단주는 압축응력을 받는 부재인데 인장응력이 일어나려고 하는 한계점 e는 다음 식에 의해서 구해진다.

(1) 공 식

$$e = \frac{Z}{A} \quad \cdots\cdots (10.17)$$

여기서 e : 핵반경, Z : 단면계수(cm²), A : 단면적(cm²)이다.

(2) 핵반경의 계산

1) 장방형인 경우

단면계수 : $Z = \frac{bh^2}{6}$, 단면적 : $A = bh$

$\therefore$ 핵반경 : $e = \frac{Z}{A} = \frac{bh^2/6}{bh} = \frac{h}{6}$ $\cdots\cdots$(10.18)

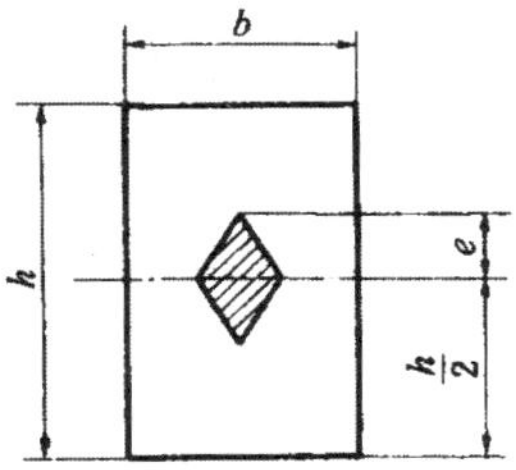

그림 10-12 장방형

2) 원형인 경우

단면계수 : : $Z = \frac{\pi D^2}{32}$, 단면적 : $A = \frac{\pi D^2}{4}$

$\therefore$ 핵반경 : $e = \frac{Z}{A} = \frac{\pi D^3}{32} \times \frac{4}{\pi D^2} = \frac{D}{8}$ $\cdots$(10.19)

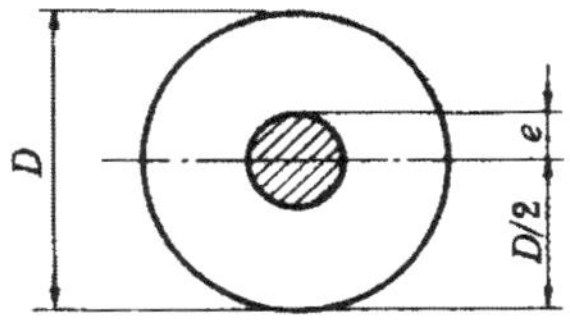

그림 10-13 원형

3) 중공원형인 경우

단면계수 : $Z = \frac{\pi(D^4 - d^4)}{32D}$,

단면적 : $A = \frac{\pi(D^2 - d^2)}{4}$

핵반경 : $e=\dfrac{Z}{A}=\dfrac{\pi(D^4-d^4)}{32D}\times\dfrac{4}{\pi(d^2-d^2)}$

$$=\frac{D^2+d^2}{8D} \quad\cdots\cdots(10.20)$$

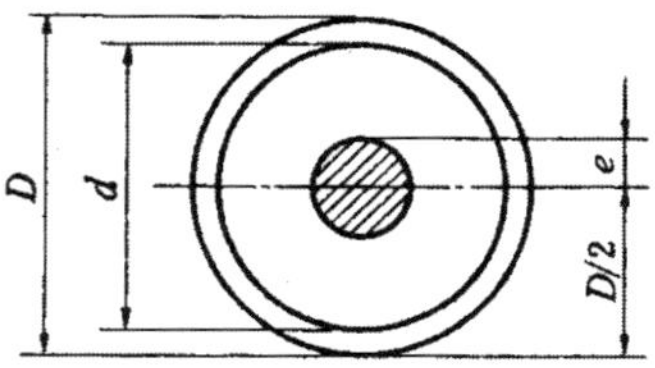

그림 10-14 중공 원형단면

표 10-2 기본도형의 핵 반지름

장방형	이등변 삼각형	원 형	중공원(관)형
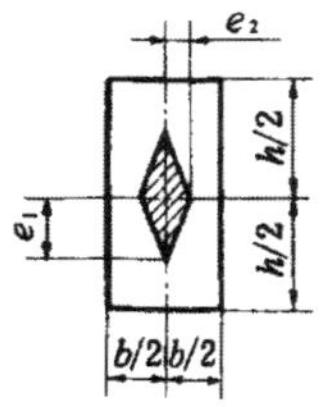	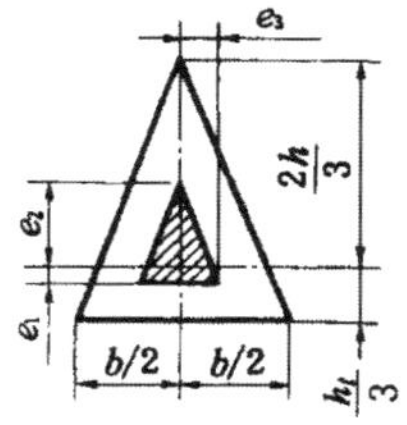	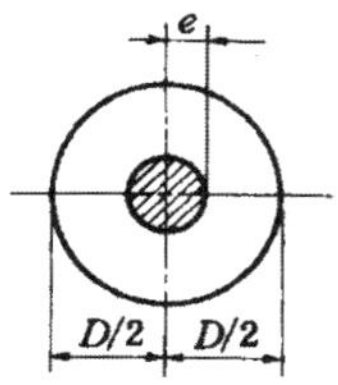	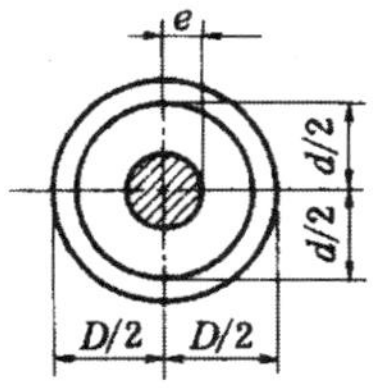
$e_1=\dfrac{h}{6},\ e_2=\dfrac{b}{6}$	$e_1=\dfrac{h}{12},\ e_2=\dfrac{b}{6},$ $e_3=\dfrac{b}{8}$	$e=\dfrac{D}{8}$	$e=\dfrac{D^2+d^2}{8D}$

(3) 편심하중의 작용점과 응력분포도

표 10-3

작용위치	① $e=0$	② $e<\dfrac{D}{8}$	③ $e=\dfrac{D}{8}$	④ $e>\dfrac{D}{8}$
입면도	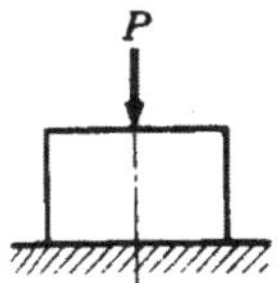	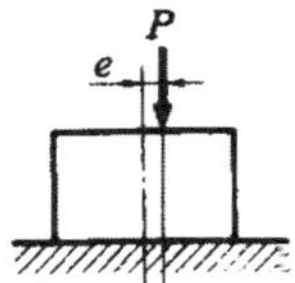	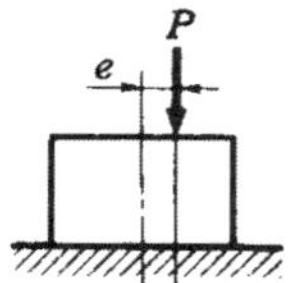	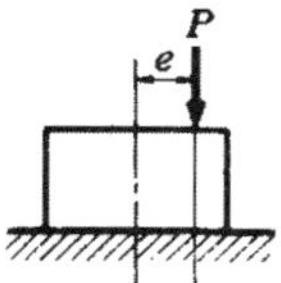
단면도	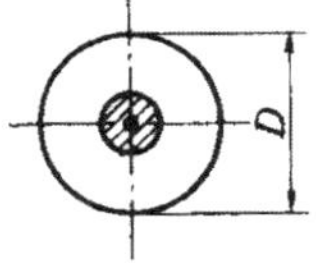	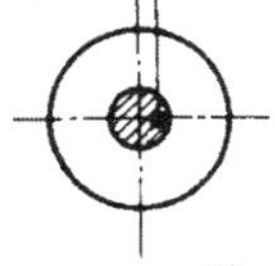	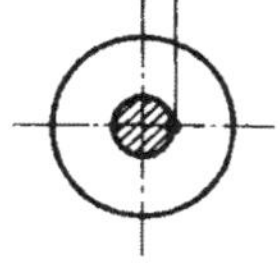	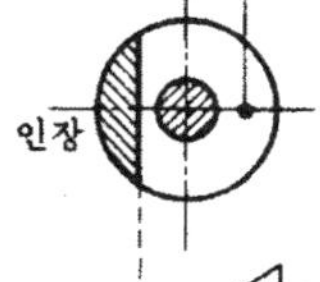
응력분포도	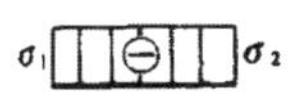	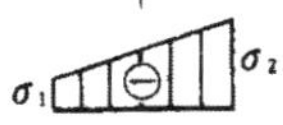		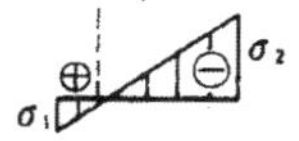
	$\sigma_1=\sigma_2$: 압축	$\sigma_1<\sigma_2$: 압축	$\sigma_1=0,\ \sigma_2$: 압축	σ_1 : 인장, σ_2 : 압축

① $e=0$**인 경우** : 하중이 중심축에 작용하면 압축응력만이 일어나며 응력분포는 장방형이 된다.

② $e < \dfrac{D}{8}$ **인 경우** : 하중이 핵 안에 작용하면 압축응력만이 일어나며 응력분포는 사다리꼴이 된다.

③ $e = \dfrac{D}{8}$ **인 경우** : 하중이 바로 핵점에 작용하면 하중작용점의 반대측의 가장자리 응력은 0으로 되며 응력분포는 삼각형으로 된다.

④ $e > \dfrac{D}{8}$ **인 경우** : 하중이 핵 밖에 작용하면 하중작용점 반대측의 가장자리 응력은 인장응력이 되고 하중작용측은 압축응력이 된다.

예제문제

01 다음 그림과 같이 반경이 R인 원형단면에서 핵을 구하시오.

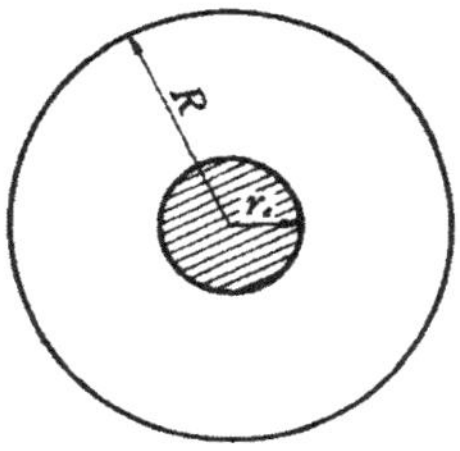

해설 식 (11.7)로부터

$$k = \sqrt{\frac{I}{A}} = \sqrt{\frac{\pi R^4}{4} \times \frac{1}{\pi R^2}} = \frac{R}{2}$$

$y = R$ 이므로

$$r_e = \frac{R^2}{y} = \frac{\left(\frac{R}{2^2}\right)}{R} = \frac{R^2/4}{R} = \frac{R}{4}$$

즉, 핵반경이 $\dfrac{R}{4}$이므로 이것을 반지름으로 하는 원을 그리면 된다.

02 그림에서와 같이 밑변이 b, 높이가 h인 삼각형의 핵을 구하라.

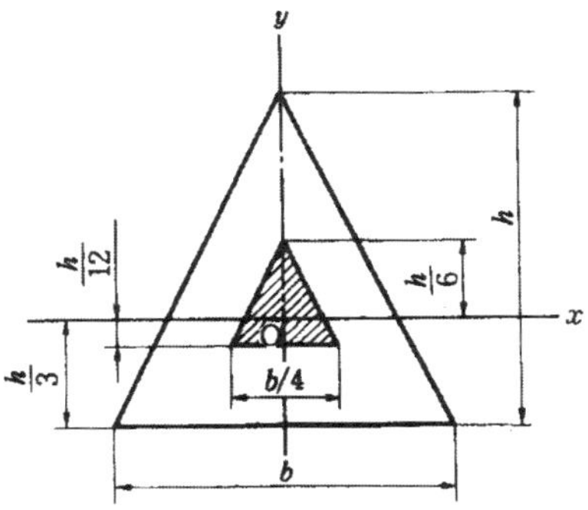

해설 $I_x = \dfrac{bh^3}{36}$, $I_y = \dfrac{b^{3h}}{48}$, $A = \dfrac{1}{2}bh$ 이므로

$$k_x = \sqrt{I_x/A} = \sqrt{\frac{bh^3/36}{bh/2}} = \frac{h}{3\sqrt{2}}$$

$$k_y = \sqrt{I_y/A} = \sqrt{\frac{hb^3/48}{bh/2}} = \frac{b}{2\sqrt{6}}$$

따라서 식 (11.7)로부터

$$r_{x1} = \frac{(h/3\sqrt{2})^2}{h/3} = \frac{3h^2}{18h} = \frac{h}{6}$$

$$r_{x2} = \frac{(h/3\sqrt{2})^2}{2h/3} = \frac{3h^2}{36h} = \frac{h}{12}$$

$$r_y = \frac{(b/2\sqrt{6})^2}{b/6} = \frac{6b^2}{24b} = \frac{b}{4}$$

그림에서 빗금친 부분과 같다.

03 그림과 같은 단주에서 도심으로부터 떨어진 위치에 $P = 6\text{ton}$의 축력이 작용할 때 핵반경과 편심하중은 핵점에 작용시켰을 때의 응력선도를 구하고, 이 때 최소응력도가 0이 되는가를 확인해 보라.

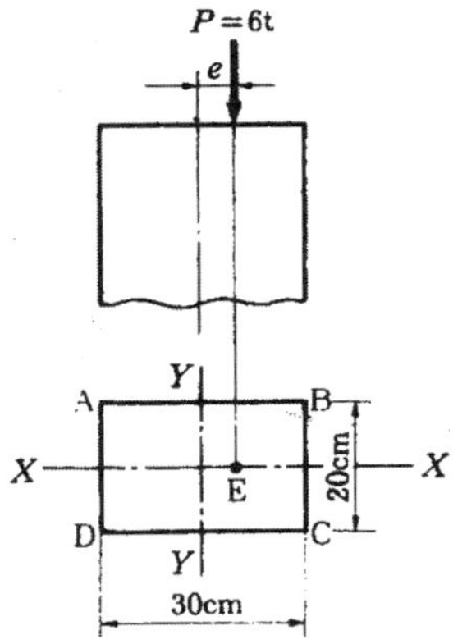

(응력선도)

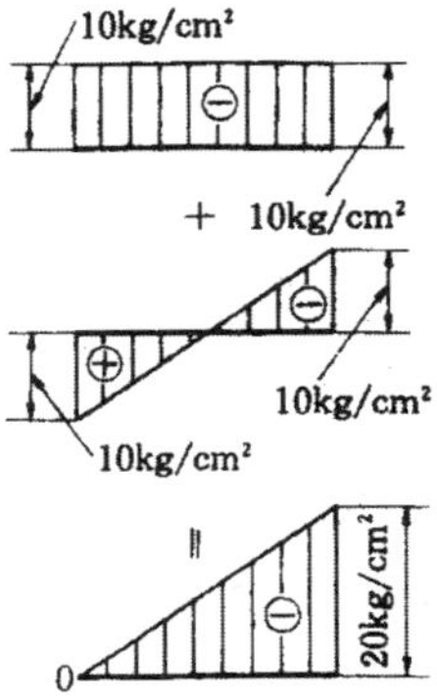

해설

1) 핵반경 : $e = \dfrac{h}{6} = \dfrac{30cm}{6} = 5cm$

2) 편심모멘트 : M

도심으로부터 $e = 5\text{cm}$ 위치에 6ton을 작용시켰을 때

$M = P \cdot e = 6\text{ton} \times 5\text{cm} = 30\text{t} \cdot \text{cm} = 30{,}000\text{kg} \cdot \text{cm}$

3) 단면계수 : Z

압축과 인장을 가름하는 Y축에 대한 Z는 $Z_y = \dfrac{20 \times 30^2}{6} = 3{,}000\text{cm}^3$

4) 최대 및 최소응력도 : 식(11.4)에서

$$\sigma_{max} = \sigma_1 = \frac{P}{A} + \frac{M}{Z} = \frac{6{,}000}{20 \times 30} + \frac{30{,}000}{3{,}000} = 20\text{kg/cm}^2$$

$$\sigma_{min} = \sigma_2 = \frac{P}{A} - \frac{M}{Z} = \frac{6{,}000}{20 \times 30} - \frac{30{,}000}{3{,}000} = 0$$

이 때 핵점에 편심하중을 작용시키면 최소응력도는 0이 됨을 알 수 있다.

Section 04 오일러(Euler)의 장주공식

1 오일러 공식(Euler's formula)

좌굴현상을 일으키는 기둥을 장주(long column)라고 하는데 축방향의 압축력 P를 받는 장주는 P가 좌굴하중 이내에 있을 때는 이 기둥이 받는 응력은 $\sigma = P/A$이지만, 좌굴하중(buckling load) P_B에 이르면 직선을 유지하고 있던 장주는 휘어지기 시작한다. 또한 축이 완전히 직선이고, 재료가 균일하면서 이상적인 장주에 축방향의 압축력이 정확하게 작용할 때의 장주가 안전하기 위한 좌굴하중은 1759년 Euler에 의해 가장 먼저 연구된 것으로서 Euler의 좌굴이론이라고도 하며, 세장비가 100 이상일 때 많이 사용된다. 일반적으로 장주는 양단의 지지상태에 따라 다음과 같은 4종류로 구별할 수 있으며, 기둥의 세기도 양단의 지지상태에 따라 달라진다.

(1) 양단회전의 장주

이 기둥은 양단 모두가 활모양으로 휘어지는데 지점의 위치를 이동할 수 없으며, 일단고정, 타단자유의 장주에 비하면 강한 것으로 그림 10－15와 같이 길이가 l인 장주 AB는 양단 힌지(hinge)로 되어 있다. 또한 그 도심축에 압축하중 P를 받아서 좌굴(buckling)이 일어난다고 생각하자.

이 기둥단에 X, Y축을 취하고 A점으로부터 임의의 거리 x점에서의 처짐을 y라고 한다면, 이 y는 극히 미소한 값이므로 다음과 같은 탄성곡선의 미분 방정식이 성립된다.

$$\frac{d^2y}{dx^2} = -\frac{M}{EI} \quad \cdots\cdots ①$$

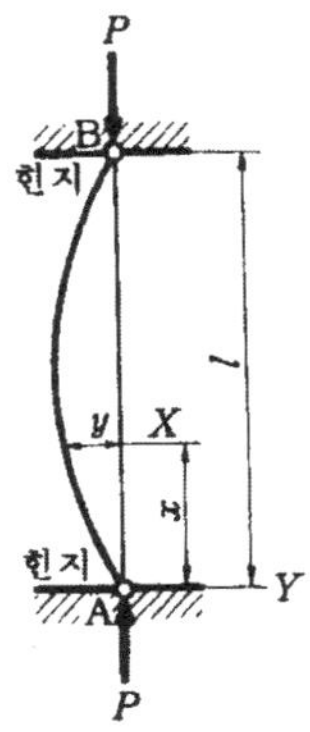

x점에서의 굽힘모멘트 $M = P \cdot y$를 위 식에 대입하면

$$\frac{d^2y}{dx^2} = -\frac{P}{EI}y \quad \cdots\cdots ②$$

여기에서 $\frac{P}{EI} = a^2$로 놓고 식 ②에 대입하면 다음과 같다.

$$\frac{d^2y}{dx^2} = - - a^2y \quad \cdots\cdots ③$$

이 미분방정식의 일반적인 해를 얻어보면

$$y = A\sin ax + B\cos ax \quad \cdots\cdots ④$$

이고, 여기에서 A, B는 경제조건에 의하여 결정되는 적분상수로서

$x = 0$일 때 : $y = 0$, $B = 0$

$x = l$일 때 : $y = 0$, $A\sin al = 0$

위의 조건이 동시에 성립하기 위하여 $A = 0$, $B = 0$ 또는 $\sin al = 0$, $B = 0$, $A = 0$라고 하면, 윗식 ④에서 $y = 0$이므로 처짐이 전혀 없음을 의미한다.

한편 $\sin al = 0$을 만족시키기 위한 조건을 $al = n\pi$(단, $n = 1,2,3\cdots$)가 된다.

1) 좌굴하중 : P_B

$\sin al = n\pi$를 $a^2 = \dfrac{P_B}{EI}$에 대입하여 P_B를 정리하면

$$P_b = \frac{n^2\pi^2 EI}{l^2} \quad \cdots\cdots ⑤$$

무수하게 많은 P_B의 값 중 $n = 1$일 때 최소이므로

$$\therefore\ P_B = \frac{n^2\pi^2 EI}{l^2} = \frac{1^2 \cdot \pi^2 EI}{l^2} \quad \cdots\cdots (11.21)$$

식 (10.21)을 Euler의 장주공식이라고 한다. 여기서 P_B는 좌굴하중(buckling load)을 말하며, 이 이상을 초과하게 되면 장주에서는 좌굴현상을 일으키게 되고, 안전하중 P는 좌굴하중 P_B를 안전율로 나눈값이 된다. 일반적으로 좌굴현상은 $P < P_B$일 때는 휘지 않지만, $P > P_B$이면 휘게 되고, $P = P_B$에서는 경계값을 갖게 된다.

2) 좌굴응력 : σ_B

좌굴하중 P_B을 응력(stress)으로 나타내면

$$\sigma_B = \frac{P_B}{A} = \frac{n^2\pi^2 EI}{Al^2} = \frac{n^2\pi^2 E}{(l/k)^2} = \frac{n^2\pi^2 E}{\lambda^2} \quad \cdots\cdots (10.22)$$

여기서 P_B : 좌굴하중(kg)

π : 원주율($\pi^2 \fallingdotseq 9.8696$)

I : 단면2차모멘트($I = Al^2$)

l : 기둥의 길이(cm)

A : 단면적(cm^2)

σ : 좌굴응력 또는 임계응력(kg/cm^2)

E : 탄성계수(kg/cm^2)

λ : 세장비($\lambda = l_B/k$)[여기서 l_B : 기둥의 좌굴길이(cm)를 나타낸다.]

n^2 : 양단지지 상태에 의한 계수(강도) 또는 기둥의 단말고정계수

(2) 일단자유, 타단고정인 기둥

이것은 전주와 같이 B단이 자유로이 취어지므로 가장 약한 기둥이며, B와 같은 단을 자유단(free end)이라 하고, A점을 고정단(fixed end)이라고 한다.

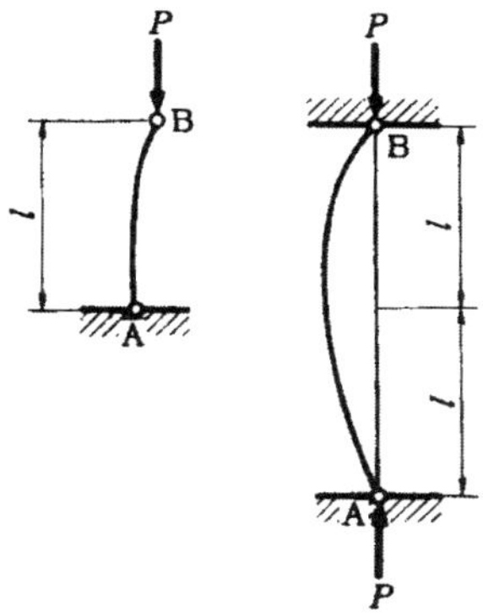

그림 10-16 일단고정, 타단 고정인 기둥

1) 좌굴하중 : P_B

일단자유, 타단고정인 장주는 양단힌지인 경우의 좌굴형에 있어 기둥의 1/2 지점에 고정단으로 대치할 경우와 같다고 볼 수 있으므로, 식(10.21)의 l 대신 $2l$를 대입하면 다음과 같다.

$$P_B = \frac{\pi^2 EI}{(2l)^2} = \frac{\pi^2 EI}{4l^2} \quad \cdots\cdots(10.23)$$

이것은 양단힌지의 기둥세기의 1/4임을 알 수 있다.

2) 좌굴응력 : σ_B

$$\sigma_B = \frac{\pi^2 E}{4\lambda^2} \quad \cdots\cdots(10.24)$$

(3) 양단고정 기둥

그림 10-17과 같이 양단이 고정되어 가장 강한 기둥으로서 양단에 모멘트 M_A, M_B가 생겨서

$$M_x = M_A - P_y$$

이고, 탄성곡선의 미분방정식은

$$\frac{d^2y}{dx^2} = -\frac{m_x}{EI}, \quad M - x = M_A - P_y$$

를 대입하여

$$\frac{d^{2y}}{dx^2} = -\frac{m_a - P_y}{EI}, \quad a^2 = \frac{P}{EI}$$

라고 놓으면

$$y = A\cos\ ax + B\sin\ ax + \frac{M_A}{P}$$

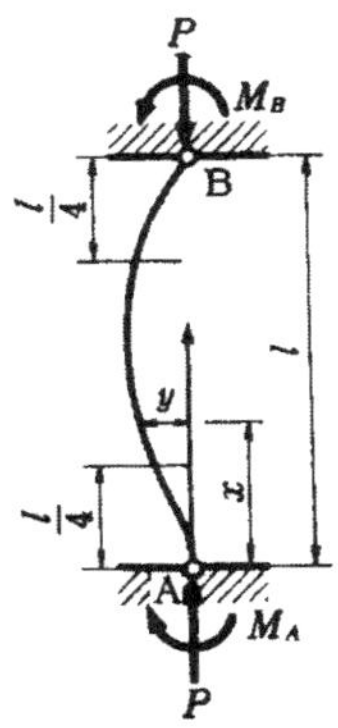

그림 10-17 양단고정기둥

위의 미분방정식의 일반해는

$$y = A\cos ax + B\sin ax + \frac{M_A}{P}$$

적분상수 A, B를 정하기 위하여 경계조건을 고려한다면

$$x=0\text{일 때} \qquad y=0,\quad \frac{dy}{dx}=0,\quad B=0,\quad A=-\frac{M_A}{P}$$

$$x=l\text{일 때} \qquad y=0,\quad \frac{dy}{dx}=0,\quad \cos al=1,\quad \sin al=0$$

으로 되어서 이것을 만족시키는 값은 $al=2\pi n$, $n=1, 2, 3\cdots$이다.
따라서, 좌굴하중과 좌굴응력을 구해보면 다음과 같다.

1) 좌굴하중 : P_B

$al=2\,\pi n$를 $a^2=-\dfrac{P}{EI}$에 대입하면

$$P_B=\frac{4n^2\pi^2 EI}{l^2}$$

위 식을 만족하는 최소값은 $n=1$일 때 이므로

$$\therefore\ P_B=\frac{4\pi^2 EI}{l^2} \qquad \cdots\cdots(10.25)$$

2) 좌굴응력 : σ_B

$$\sigma_B=\frac{4\pi^2 E}{(l/k)^2}=\frac{4\pi^2 E}{\lambda^2} \qquad \cdots\cdots(10.26)$$

(4) 일단회전, 타단고정 기둥

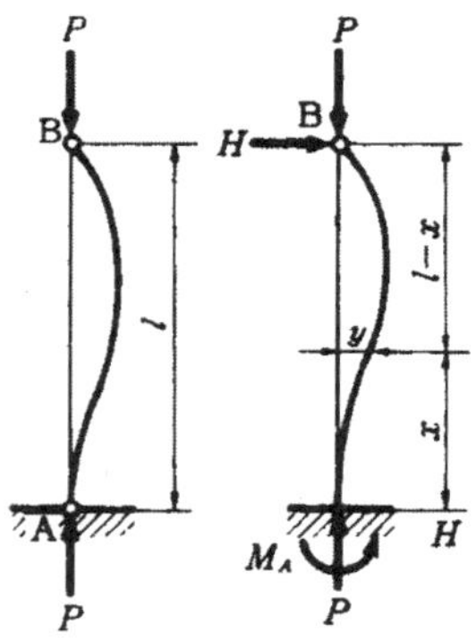

그림 10-18 일단회전, 타단고정기둥

이것은 양단회전인 기둥에 비하면 더 강한 것으로, 그림 10-18과 같이 A단에만 고정 모멘트(fixed moment) M_A가 작용한다. 그러므로 모멘트의 평형조건($\Sigma M=0$)을 만족시키기 위해서는 양단 점 A, B에 크기가 같고 작용방향이 서로 반대인 수평력 H를 각각 작용시킨다.

$$H=\frac{M_A}{l},\quad M_x=P_y-H(l-x)$$

$$\frac{d^2y}{dx^2}=-\frac{M_x}{EI},\quad d^2dx^{2y}=\frac{1}{EI}\{P_y-H(l-x)\} \qquad \cdots\cdots ①$$

①식에서 일반해는 $a^2=\dfrac{P}{EI}$로 놓으면

$$y=A\cos ax+B\sin ax+\frac{H(l-x)}{P} \qquad \cdots\cdots ②$$

이 때 경계조건은

$x = 0$에서 : $y = 0$ 및 $\dfrac{dy}{dx} = 0$

$x = l$에서 : $y = 0$를 대입시키면

$$A + Hl/p = 0, \quad aB - H/P = 0 \quad \cdots\cdots ③$$

$$A\cos al + B\sin al = 0 \quad \cdots\cdots ④$$

③식으로부터 A, B를 구하기 위하여 ④식에 대입시키면

$$\tan al \fallingdotseq al \quad \cdots\cdots ⑤$$

⑤식이 좌굴조건식이며, 이 식을 만족하는 al의 값은 무수히 많으나 최소값만을 취하면 $al = 4.4934$이다. 따라서 좌굴하중과 조굴응력을 나타내보면 다음과 같다.

1) 좌굴하중 : P_B

$$P_B = \frac{20.16EI}{l^2} \fallingdotseq \frac{2\pi^2 EI}{l^2} \fallingdotseq \frac{\pi^2 EI}{(0.7l^2)} \quad \cdots\cdots (10.27)$$

2) 좌굴응력 : σ_B

$$\sigma_B = \frac{2\pi^2 E}{\lambda^2} \quad \cdots\cdots (10.28)$$

3) Euler의 장주공식을 종합한 일반식

$$P_B = n\frac{\pi^2 EI}{l^2}, \quad \sigma_B = n\frac{\pi^2 E}{\lambda^2} \quad \cdots\cdots (10.29)$$

여기서 n은 기둥의 양단지지 상태에 의해서 결정되는 고정계수(fixed factor)이다. 이상의 경우를 표로 나타내면 표 10-4와 같다.

표 10-4 기둥의 단말고정계수 및 좌굴길이

기둥의 조건	양단회전	양단고정	일단고정, 타단회전	일단고정, 타단자유
지지상태	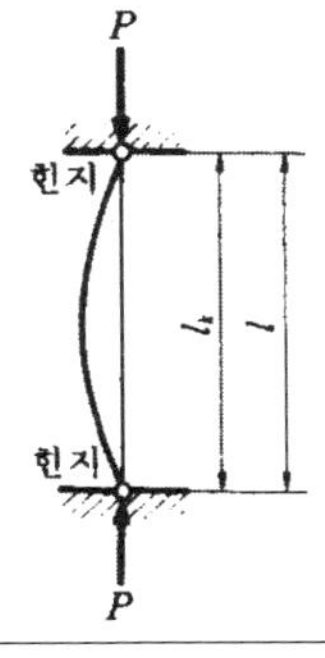	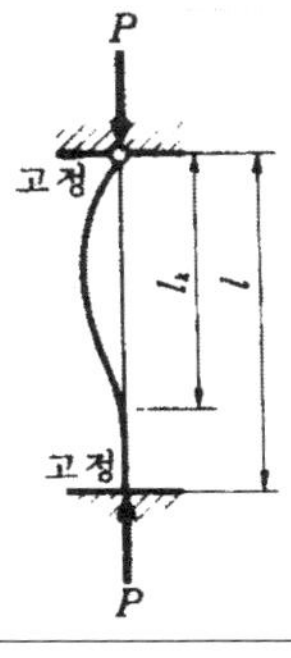	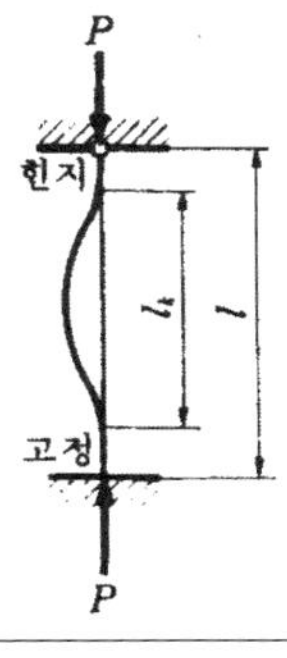	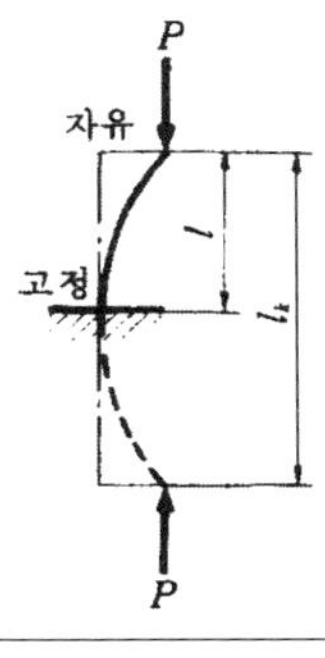

단말고정계수(n)	1	4	2	1/4
좌굴길이(l_k)	l	$0.5l$	$0.7l$	$2l$

2 오일러(Euler)공식의 적용범위

Euler 공식에서 P_B는 좌굴하중을 나타내므로 이 하중을 초과하게 되면 좌굴현상을 나타내게 된다. 그러므로 실제적으로 작용시켜도 좋은 안전하중 P_S는 P_B를 안전율(safety factor) S로 나눈 값이라야 한다. 즉

$$P_S = \frac{\text{좌굴하중}}{\text{안전율}} = \frac{P_B}{S} \qquad (10.30)$$

Euler 공식이 적용될 수 있는 조건은 다음과 같다.

$$P_B \leqq P_S, \ \sigma_B \leqq \sigma_P \qquad (10.31)$$

여기서 σ_P는 P_S에 의한 응력(stress)이다.

$\sigma_B = n\dfrac{\pi^2 E}{\lambda^2}$에서

$$\therefore \ \lambda = \sqrt{\frac{n \cdot E}{\sigma_B}}\pi \qquad (10.32)$$

여기서 λ : 세장비

n : 고정계수

E : 탄성계수(kg/cm²)

σ_B : 좌굴응력(kg/cm²)

Euler 공식이 적용되기 위한 조건은 식 (10.31)르부터 $\sigma_B \leqq \sigma_P$이므로

$$\lambda \geqq \sqrt{\frac{n \cdot E}{\sigma_B}}\pi \qquad (10.33)$$

의 관계가 성립된다.

양단이 회전으로 이루어진 강한 기둥에 식 (10.33)을 적용해 보면(단, $n=1$, $E=2.1\times10^6$ kg/cm², $\sigma_P = 2{,}100$kg/cm²) 다음과 같다.

$$\lambda \geqq 3.1416\sqrt{\frac{2.1\times10^6}{2{,}100}} \fallingdotseq 100$$

그러므로 식 (10.29)를 적용할 수 있는 범위는 $\lambda \geqq 100$, 즉 $\dfrac{l}{k} \geqq 100$인 경우에 한하고, 이

것을 초과할 때는 σ_B가 좌굴이 생기기 전에 비례한도 P_B에 도달하므로 이용하지 못한다. 이와 같이 세장비(slenderness ratio)가 100 이상이면 재료는 Euler 공식대로 되지 않는다. 그러므로 다음의 각종 실험공식을 사용하면 된다. 만약, 장주가 원형단면이라 하면

$$\lambda = \frac{l}{k} = \frac{l}{d/4} = \frac{4l}{d} = 100, \quad \frac{l}{d} = 25$$

이 경우에 Euler의 공식이 적용되는 한계점은 기둥길이가 적어도 지름의 25배가 되어야 한다.

3 장주의 각종 실험공식

Euler의 공식은 세장비가 큰 경우에는 실험값과 잘 맞고 있으나, 비교적 적을 때는 일치하지 않는다. 세장비가 최소한 100 이상인 경우에는 Euler의 공식이 적용되며, 그 이하인 경우에는 사용불가능하다. 그리하여 Euler의 공식이 적용되지 않는 영역에 대해서 오래전부터 다음과 같은 여러학자들에 의해 많은 공식이 제안되어 왔다.

(1) 골든-랭킨의 공식(Gordon-Rankine's formula)

기둥의 압축응력은 고려하지 않고 굽힘응력만 고려하여 장주에 적용한 것이 Euler 공식이다. 그러나 골든-랭킨식은 압축응력과 굽힘응력을 동시에 발생하는 것으로 생각하여 유도한 실험공식이다. 따라서 표 10-5에서 세장비 l/k이 한도 이하인 비교적 짧은 단주에 적용될 수 있는 실험식으로 Euler 공식이 적용될 수 없는 경우로서 l/k이 150 이하인 기둥에 적합한 식이다.

1) 기둥의 좌굴하중 : P_B

$$P_B = \frac{\sigma_B A}{1 + \frac{a}{n}\left(\frac{l}{k}\right)^2} = \frac{\sigma_B A}{1 + \frac{a}{n}\lambda^2} \quad \cdots\cdots (10.34)$$

2) 기둥의 좌굴응력 : σ_B

$$\sigma_B = \frac{P_B}{A} = \frac{\sigma_C}{1 + \frac{a}{n}\lambda^2} \quad \cdots\cdots (10.35)$$

여기서 σ_C : 재료의 압축강도(kg/cm^2)　　n : 단말고정 계수

a : 실험정수　　A : 재료의 단면적(cm^2)

위식을 골든-랭킨식(Gordon-rankine's formula)이라 하며, n의 값은 기둥의 양단조건에 따라 결정되는 정수로 Euler의 식과 동일하다. 재료의 압축강도 σ_C와 실험정수 a의 값은 재료에 따라 다른 정수로 표 10-5와 같다.

재료 / 정수	주철	연강	경강	목재
σ_c(kg/cm^2)	5,600	3,400	4,900	500
a	$\frac{1}{1,600}$	$\frac{1}{7,500}$	$\frac{1}{5,000}$	$\frac{1}{750}$
l/k 범위	$< 80\sqrt{n}$	$< 90\sqrt{n}$	$< 85\sqrt{n}$	$< 60\sqrt{n}$

(2) **존슨식**(Johnson's formula)

양단회전단인 연강제 기둥에 대한 실험결과로서 압축곡선과 Euler 및 Gordon-Rankine's 곡선은 그림 10-9와 같다. 골든-랭킨 곡선은 $50 < \lambda < 150$ 범위에서는 비교적 실험곡선에 접근하며, λ가 50 이하이거나 150 이상인 점에서는 과대한 값이 된다.
존슨(Johnson's)은 그림 10-20과 같이 A점을 정점으로 하고 Euler 곡선에 접하는 포물선을 그어서 그 식을 유도한 것을 포물선식(palabolic formula) 또는 존슨식(Johnson's formula)이라 한다. 세장비 λ의 접점인 λ_0 이하에서는 존슨식을 이상에서는 Euler식을 적용하도록 제창하였다.

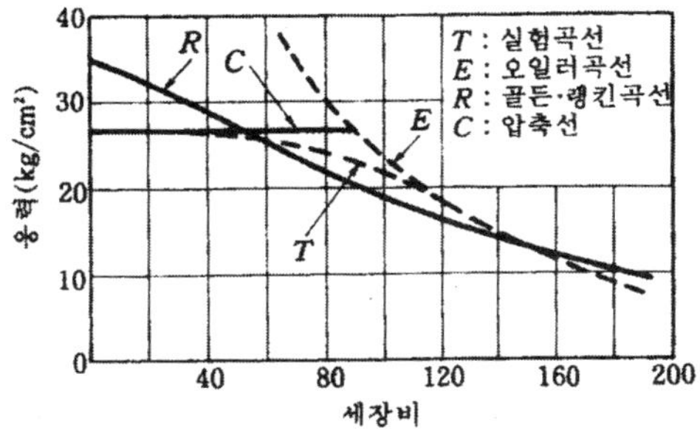

그림 10-19 기둥의 실험곡선

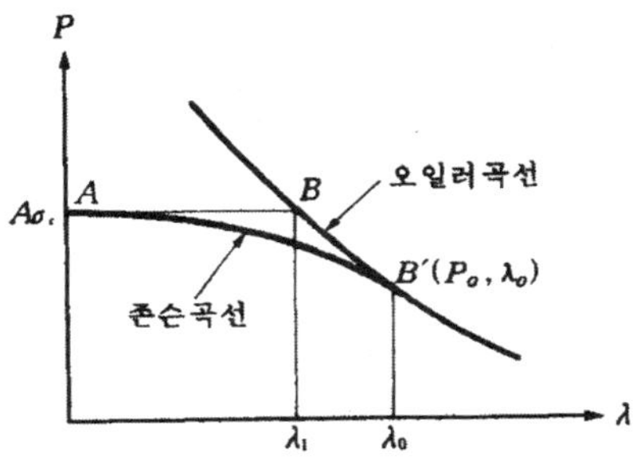

그림 10-20 포물선 공식

1) **좌굴하중** : P_B

실험식으로

$$P_B = A\sigma_c\left(1 - \frac{\sigma_c}{4n\pi^2 E}\lambda^2\right) \quad \cdots\cdots (10.36)$$

접점 B'의 좌표(P_0, λ_0)는

$$P_0 = \frac{A\sigma_c}{2}$$

이며, 이것을 Euler 공식에 대입하여 λ_0을 구하면

$$\lambda_0^2 = \frac{n\pi^2 EA}{P_B} = \frac{2n\pi^2 EA}{A\sigma_c}$$

$$\lambda_0 \sqrt{\frac{2n\pi^2 E}{\sigma_c}} \quad \cdots\cdots (10.37)$$

이고, 위 식은 Euler와 Johnson's 식을 나누어 사용하는 한계를 나타내는 것으로, 실제로 기둥의 치수에 의해 λ을 계산하여 $\lambda < \lambda_0$이면 Johnson's 식으로, $\lambda > \lambda_0$가 되면 Euler 식으로 계산한다.

표 10-6 존슨식의 정수의 값

재 료	σ_c [psi]	양단편		양단편	
		$\frac{\sigma_c^2}{4n\pi^2 E}$ [psi]	$\frac{l}{k}$	$\frac{\sigma_c^2}{4n\pi^2 E}$ [psi]	$\frac{l}{k}$
연 강	4,200	0.62	< 190	0.97	< 150
주 철	6,000	2.25	< 120	6.25	< 70

(3) 테트마이어 공식(Tetmajer's formula)

Euler 공식을 적용할 수 없는 세장비가 적은 경우에 대하여 테트마이어의 실험결과에 따라 그림 10-21과 같이 직선식을 나타낸다.

1) 좌굴응력 : σ_B

$$\sigma_B = \frac{P_B}{A} = \sigma_B \left\{ 1 - \frac{a}{\sqrt{n}}\left(\frac{l}{k}\right) + \beta\left(\frac{l}{k}\right)^2 \right\} \quad \cdots\cdots (10.38)$$

위 식에서 $\alpha \cdot \beta$는 실험정수이며, σ_D는 압축을 받음으로써 생기는 굽힘응력(bending stress)으로 표 10-6 같다.

테드마이어 식은 Euler 공식에 접하지 않으며, 세장비 λ가 적은 영역으로 AB를 직선으로 연결한 것이다.

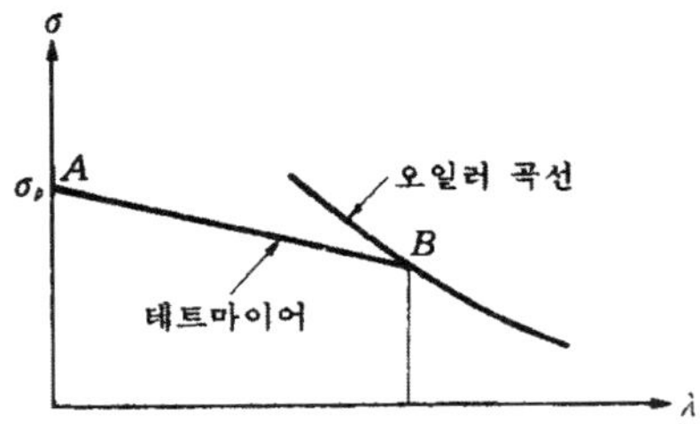

그림 10-21 테트마이어 선

표 10-6 테트마이어식의 정수

정수 \ 재료	주 철	연 장	경 장	목 재
σ_D(kg/cm^2)	7,760	3,100	3,350	293
α	0.01546	0.00368	0.00185	0.00662
β	0.00007	0	0	0
l/k의 범위	5~80	10~105	<89	1.8~100

예제문제

01 지름이 280mm인 원형단면의 기둥에 세장비가 $\lambda=50$일 때와 $\lambda=160$일 때 기둥의 길이를 구하라.

해설

$$\lambda=\frac{l}{k},\ k=\sqrt{I/A}\text{ 에서 } A=\frac{\pi d^4}{4},\ I=\frac{\pi d^4}{64},\ k=\sqrt{\frac{\pi d^4/64}{\pi d^2/4}}=\frac{d}{4}=\frac{28}{4}=7\text{cm}$$

$$\lambda=50=\frac{l}{7},\ l=350\text{cm},\ \lambda=160=\frac{l}{7},\ l=1,120\text{cm}$$

02 지름이 d인 원형단면 목주에서 길이가 4m일 때 세장비가 100이 되도록 하자면 d는 몇 cm로 하면 되겠는가?

해설

$$i=\frac{\pi d^4}{64},\ a=\frac{\pi d^2}{4},\ k=\sqrt{\frac{I}{A}}=\sqrt{\frac{\pi d^4}{64}}\times\frac{4}{\pi d^2}=\sqrt{\frac{d^2}{16}}=\frac{d}{4}$$

$$\therefore\ \frac{l}{k}=\frac{400}{d/4}=100,\quad \therefore\ d=16\text{cm}$$

03 폭 10cm, 높이 15cm인 구형단면에서 길이 3m의 일단고정, 타단자유단의 나무기둥이 있다. 안전율을 $S=10$으로 취하면 자유단에는 몇 kg의 하중을 안전하게 받을 수 있는가?

해설 면적 $A = bh$인 기둥은 단면2차반경이 작은 쪽으로 좌굴한다.

$$\therefore I_{\min} = \frac{b^3h}{12} = \frac{15 \times 10^3}{12} = 1,250\text{cm}^4, \quad k = \sqrt{I/A} = \sqrt{1,250/10 \times 15} = 2.89\text{cm}$$

$$\lambda = \frac{l}{k} = \frac{300}{2.89} = 103.8$$

Euler 공식을 사용하면 다음과 같다.

$$P_B = \frac{\pi^2 \times 1 \times 10^6 \times 1,250}{4 \times 300^2} = 34,300\text{kg}, \quad P_S = \frac{P_B}{S} = \frac{34,300}{10} = 3,430\text{kg}$$

04 길이 5m, 단면 15cm × 20cm의 좌굴하중을 구하라. 단, $E = 1 \times 10^5$kg/cm²인 양단힌지 구조로 한다.

해설

$$k = \sqrt{I/A} = \sqrt{\frac{20 \times 15^3}{12} / 15 \times 20} = 4.33, \quad \lambda = \frac{l}{k} = \frac{500}{4.33} \fallingdotseq 115 > 100$$

즉, Euler 공식을 사용하면 다음과 같다.

$$P_B = \frac{1\pi^2 EI}{l^2} = \frac{1 \times 3.14^2 \times 10^5 \times 5,625}{500^2} \fallingdotseq 22206\text{kg} \fallingdotseq 22.206\text{ton}$$

05 그림과 같은 경계단면의 기둥이 있다. 이 때 안전하중을 구하라. 단, 안전율 $S = 3$, 기둥의 길이 $l = 7$m, $E = 2.1 \times 10^6$kg/cm², 상하단은 힌지(hinge)이고, 두께는 일정한 것으로 한다.

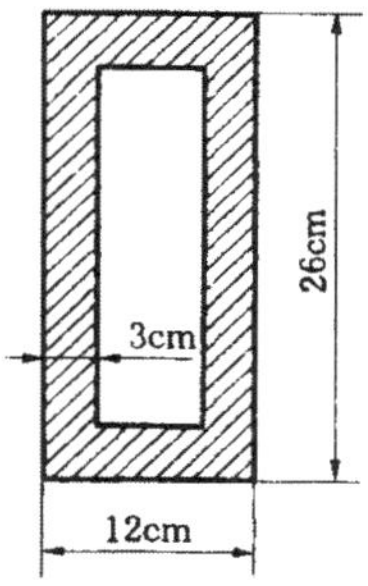

해설

$$I_{\min} = \frac{26 \times 12^3}{12} - \frac{20 \times 6^3}{12} = 3,384\text{cm}^4, \quad k = \sqrt{I/A} = \sqrt{\frac{3,384}{192}} = 4.2\text{cm},$$

$$\lambda = \frac{l}{k} = \frac{700}{4.2} = 166.7 > 100$$

따라서, Euler 공식을 적용하면

$$\sigma_B = n\frac{\pi^2 E}{\lambda^2} = 1 \times \frac{3.14^2 \times 2.1 \times 10^4}{166.7^2} = 745.84\text{kg/cm}^2,$$

$$\sigma_S = \frac{\sigma_B}{S} = \frac{745.84}{3} = 248.6$$

$$\therefore P_S = A \times \sigma_S = 192 \times 248.6 = 47,731.2\text{kg} \fallingdotseq 47\text{ton}$$

(참고 : $P_B = n\dfrac{\pi^2 EI}{l^2}$로 구해도 관계없음)

06 양단힌지의 강재원형으로 길이 8m, 지름 16cm, 탄성계수 $E = 2.1 \times 10^6$kg/cm²로 할 때 허용압축하중 P_a를 구하라. 단, 안전율 $S = 2$로 한다.

해설 세장비를 구하면 다음과 같다.

$$k = \sqrt{I/A} = \frac{d}{4} = \frac{16}{4} = 4\text{cm}$$

$\dfrac{l}{k} = \dfrac{800}{4} = 200 > 100$이므로 Euler 공식을 이용한다.

$$\sigma_B = \frac{\pi^2 E}{(l/k)^2} = \frac{3.14^2 \times 2.1 \times 10^6}{4tmies10^4} = 517.6\text{kg/cm}^2$$

$$\therefore\ P_B = \sigma_B \times A = 517.6 \times \frac{\pi \times 16^2}{4} = 104{,}017\text{kg}$$

안전율을 고려하면

$$P_a = \frac{P_B}{S} = \frac{104{,}017}{2} = 52{,}008\text{kg} = 52.01\text{ton}$$

07 그림과 같은 연강으로 된 양단회전인 장주의 안전하중 P_S를 구하라.
단, 안전율 $S = 5$, $E = 2.1 \times 10^6$kg/cm²로 한다.

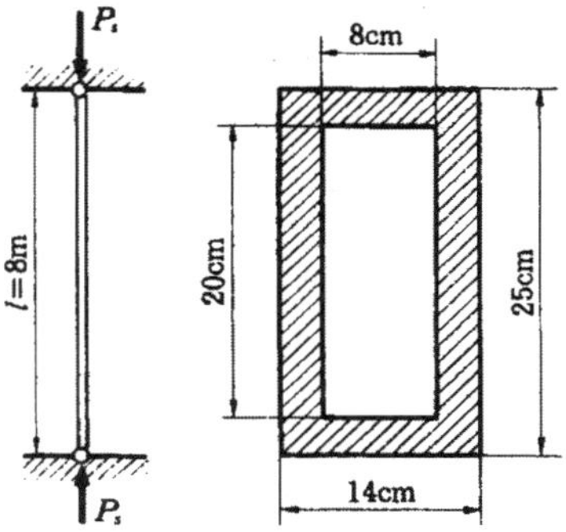

해설

$$I_{\min} = \frac{bh^3}{12} = \frac{25 \times 14^3}{12} - \frac{20 \times 8^3}{}$$

$$= 5{,}716.67 - 853.33 = 4{,}863.34\text{cm}^4$$

$$A = 25 \times 14 - 20 \times 8 = 190\text{cm}^2$$

$$k_{\min} = \sqrt{I/A} = \sqrt{4{,}863.34/190} = \sqrt{25.597} \fallingdotseq 5.06\text{cm}$$

$$\lambda = \frac{l}{k} = \frac{800}{5.06} = 158 > 100$$

$$\sigma_B = \frac{\pi^2 \cdot E}{\lambda^2} = \frac{3.14^2 \times 2.1 \times 10^6}{158^2} = 829.4\text{kg/cm}^2$$

안전하중 P_S는

$$P_S = \frac{\sigma_B \cdot A}{S} = \frac{829.4 \times 190}{5} = 31{,}517.2\text{kg} = 31.5172\text{ton}$$

08 그림에서와 같은 양단힌지 상태의 장주에 2.4ton의 압축력이 작용할 때 정방형 단면을 구하라. 단, 안전율 $S = 3.5$, 탄성계수 $E = 10 \times 10^4$kg/cm²로 한다.

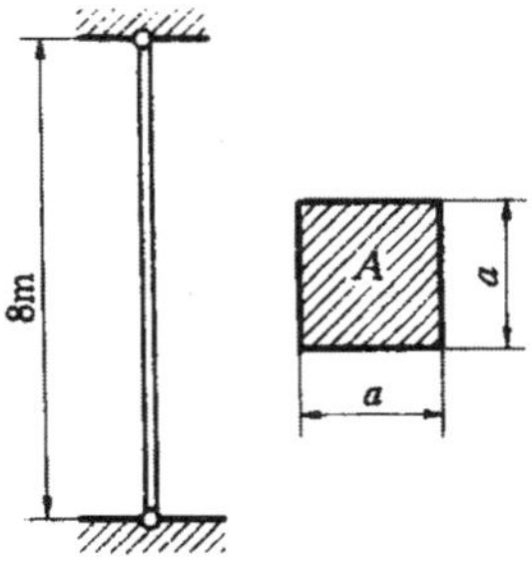

해설 Euler의 장주공식에 의하여 $P_B = \dfrac{\pi^2 EI}{l^2}$ 이고,

여기서 $\dfrac{P_B}{3.5} = 2.4\text{ton}$

$$\therefore\ P_B = 2.4 \times 3.5 = 8.4t = 8{,}400\text{kg}$$

$l = 800\text{cm}$, $i = \dfrac{a^2}{12}$ 이므로

$$8{,}400 = \frac{(3.14)^2 \times 10 \times 10 \times \dfrac{a^4}{12}}{(800)^2},\quad a^4 = \frac{8{,}400 \times 12 \times (800)^2}{(3.14)^2 \times 10 \times 10^4} = 65{,}431,\quad \therefore a = 16\text{cm}$$

09 양단이 회전단이고 길이 $l=2$m인 목재각주로써 안전하중을 1.5ton으로 하려면 각주의 한 변의 길이를 몇 cm로 하면 좋은가? 단, Euler의 공식을 사용하고 안전율 $s=10$, 탄성계수 $E=1\times10^5$kg/cm²라고 한다.

해설 좌굴하중 $P_B=P_C\times10=15\text{ton}$

$P_B=\dfrac{n\pi^2EI}{l^2}$에서 $I=\dfrac{P_Bl^2}{n\pi^2E}$

여기서 $P_B=15\text{ton}=1{,}500\text{kg}$, $l=200\text{cm}$, $n=1$, $E=1\times10^5\text{kg/cm}^2$를 대입하면

$I=\dfrac{P_Bl^2}{n\pi^2E}=\dfrac{15{,}000\times200^2}{\pi^2\times10^5}=608\text{cm}^4$이고 정사각형의 $I=\dfrac{h^4}{12}$이므로 $\dfrac{h^4}{12}=608$

$\therefore\ h=4\sqrt{608\times12}=9.25\text{cm}$

10 그림과 같이 동일재료, 동일길이, 동일단면인 기둥의 좌굴하중의 비를 구하라.

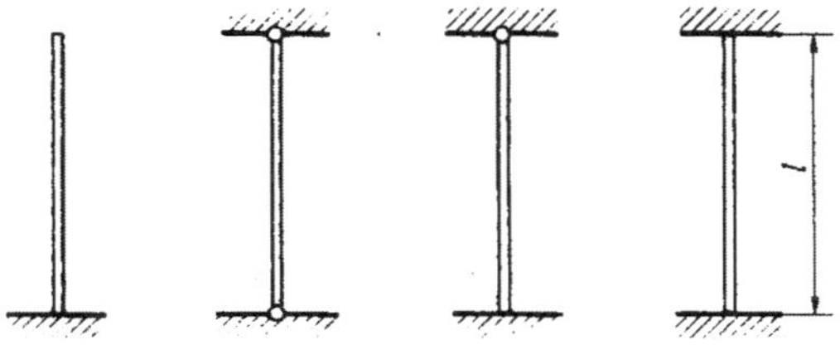

(a) (b) (c) (d)

해설 동일재료, 동일단면이면 탄성계수 E와 단면2차모멘트 I가 모두 같다는 뜻이고, π^2은 상수이므로 좌굴하중 $P_B=\dfrac{\pi^2EI}{l_k^{\,2}}$에서 P_B는 좌굴길이 $l_k^{\,2}$에 반비례함을 알 수 있다.

$P_B=\dfrac{\pi^2EI}{l_k^{\,2}}$에서 π^2EI는 모두 같으므로 $\dfrac{1}{l_k^{\,2}}$에 대하여 비교하면 다음과 같다.

(a) $P_B=\dfrac{1}{(2l)^2}=\dfrac{1}{4}\cdot\dfrac{1}{l^2}$ ……………… $(\times4l^2)=1$

(b) $P_B=\dfrac{1}{(l)^2}=\dfrac{1}{1}\cdot\dfrac{1}{l^2}$ ……………… $(\times4l^2)=4$

(c) $P_B=\dfrac{1}{(0.7l)^2}=\dfrac{1}{0.49l^2}\fallingdotseq\dfrac{1}{0.5}\cdot\dfrac{1}{l^2}$ ……………… $(\times4l^2)=8$

(d) $P_B=\dfrac{1}{(0.5l)^2}=\dfrac{1}{0.25}\cdot\dfrac{1}{l^2}$ ……………… $(\times4l^2)=16$

따라서 좌굴하중의 비는 다음과 같다.

(a) : (b) : (c) : (d) = 1 : 4 : 8 : 16

11 그림과 같은 동일재료, 동일단면의 장주에서 축방향의 압축력에 대하여 각 기둥의 좌굴하중의 길이를 구하라.

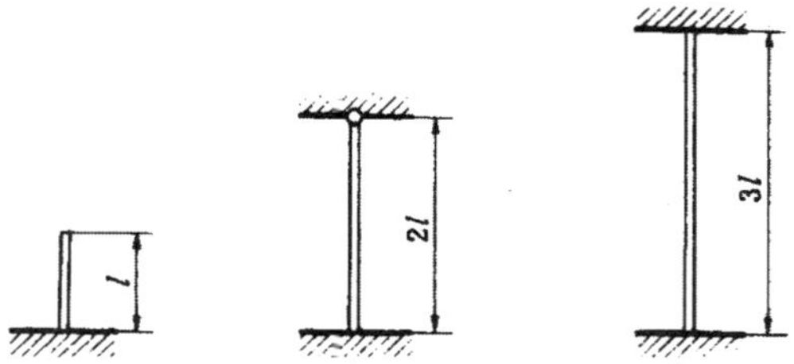

해설 각 기둥의 좌굴길이 l_k의 공식에 실제 기둥 길이를 대입하면

(a) $l_k = 2l = 2(l) = 2.0l$

(b) $l_k = 0.7l = 0.7(2l) = 1.4l$

(c) $l_k = 0.5l = 0.5(3l) = 1.5l$

좌굴하중의 크기는 다음과 같이 구한다

(a) $P_B = \dfrac{\pi^2 EI}{l_k^2} = \dfrac{\pi^2 EI}{(2l)^2} = \dfrac{1}{4} \cdot \dfrac{\pi^2 EI}{l^2}$

(b) $P_B = \dfrac{\pi^2 EI}{l_k^2} = \dfrac{\pi^2 EI}{(1.4l)^2} = \dfrac{1}{1.96} \cdot \dfrac{\tau^2 EI}{l^2}$

(c) $P_B = \dfrac{\pi^2 EI}{l_k^2} = \dfrac{\pi^2 EI}{(1.5l)^2} = \dfrac{1}{2.25} \cdot \dfrac{\tau^2 EI}{l^2}$

부록

Appendix

1 국제단위 제도(SI : Syst é me International unit é s)

(1) SI 기본단위

양	기호 및 단위
길이(length)	m(meter)
질량(mass)	Kg(Kilogramme)
시간(time)	S(Second)
온도(temperature)	K(Kelvin)
전류(electric current)	A(Ampere)
광도(luminous intensity)	C(Canddla)
물질량(amount of substance)	mol

(2) 보조단위

양	기호 및 단위
평면각	rad(Radian)
입체각	sr(steradian)

(3) 재료역학에 필요한 유도단위

양	단위명칭	기 호	기본단위와의 관계
힘(force)	newton	N	$1N=11kg \cdot m/S^2$
일, 에너지(work, energy)	Joule	J	$1J=1kg \cdot m^2/S^2=1Nm$
주파수(frequency)	hertz	Hz	$1Hz=/1S^{-1}$
응력(stress), 압력(pressure)	pascal	$Pa(N/m^2)$	$N/m^2=1kg/m \cdot S^2$

(4) 환산치수

$1l=4.45N$	1Kcal=4.1868J(증기표)=4.18605(KS)
$1kg=9.81(\doteqdot 10)N$	$1kg \cdot m/S=6,806.65W$(동력)
$1cm=10^{-2}m$	$1P.S=75kg \cdot m/S$
$1kg/cm^2=98.1(\doteqdot 100)KN/m^2$	

(5) 10의 멱을 나타내는 기호(103단위의 배수)

양	단위명칭	기 호
10^{12}	tera	T
10^{9}	giga	G

양	단위경칭	기 호
10^6	mega	M
10^3	kilo	K
10^2	hecto	h
10	deca	da
10^{-1}	deci	d
10^{-2}	centi	c
10^{-3}	milli	m
10^{-6}	micro	μ
10^{-9}	nano	n
10^{-12}	pico	p
10^{-15}	femto	f
10^{-18}	atto	a

(6) 표시 예

KPa, MPa, GPa, KN/m^2, GN/m^2

구조용강

$\sigma_y = 280 \times 10^6 N/m^2 = 250 MN/m^2$

$E = 207 \times 10^9 N/m^2 = 207 GN/m^2$

$1cm^3 = (10^{-2}m)^3 = 10^{-6}m^3$

$1\mu S^{-1} = (10^{-6}S)^{-1} = 10^6 S^{-1}$

2 단위환산표

(1) 길이의 환산표

cm	m	in	ft	척	간
1	0.01	0.3937	0.0328	0.033	0.0055
100	1	39.37	3.28	3.3	0.55
2.54	0.0254	1	0.0833	0.0838	0.01397
30.48	0.3043	12	1	1.0058	0.1676
30.303	0.303	11.9303	0.9942	1	0.1667
181.82	1.818	71.583	5.965	6	1

(2) 넓이의 환산표

cm^2	m^2	in^2	ft^2	평방척	평
1	0.0001	0.155	0.001076	0.001089	0.00003025
10000	1	1550.05	10.7642	10.89	0.3025
6.4516	0.000645	1	0.00694	0.007026	0.000195
929	0.0929	144	1	1.0117	0.0281
918.3	0.09183	142.337	0.98846	1	0.02778
33057.8	3.3058	5124.2	35.5844	36	1

(3) 넓이의 환산표

cm^3	l	m^3	ft^3	in^3	Imp. gal	U.S.A. gal
1	0.000999972	0.000001	0.000035	0.061024	0.00021997	0.00026417
1000.028	1	0.001	0.0353	61.026	0.219975	0.26418
1000000	999.972	1	35.315	61024	219.97	264.18
28316.8	28.316	0.028317	1	1728	6.2288	7.4808
16.3870	0.0163866	0.000016387	0.0005787	1	0.0036046	0.004329
4546.09	4.54596	0.00454609	0.160545	277.421	1	1.20096
3785.40	3.78528	0.0037854	0.133680	231	0.83267	1

(4) 중량의 환산표

g	kg	gr	lb	mt	英(t)	米(t)
1	0.001	15.432	0.002205	0.0_51	0.0_69842	0.0_51102
1000	1	15.432	2.205	0.001	0.0009842	0.001102
0.06480	0.0000648	1	0.0001429	0.0_76480	0.0_76378	0.0_77143
453.6	0.4536	7000	1	0.0004536	0.0004464	0.0005
1×10^6	1000	1.543×10^7	2205	1	0.9842	1.102
1.016×10^6	1016	1.568×10^7	2240	1.016	1	1.12
9.072×10^5	907.2	1.4×10^7	2000	0.9072	0.8929	1

(5) 밀도의 환산표

g/cm^2	kg/m^3	lb/in^3	lb/ft^3	lb/Imp.gal	ib/U.S.A.gal
1	1000	0.03613	62.43	10.02	8.345
0.001	1	0.00003613	0.06243	0.01002	0.00834
27.68	27680	1	1728	277.4	231
0.01602	16.02	0.0005787	1	0.1605	0.1337
0.0998	99.8	0.003605	6.229	1	1.201
0.1198	119.8	0.004329	7.481	0.8327	1

(6) 속도의 환산표

cm/s	m/s	km/h	ft/s	ft/min	m/h
1	0.01	0.036	0.03281	1.9686	0.02237
100	1	3.6	3.281	196.86	2.237
27.78	0.2778	1	0.9113	54.678	0.6214
30.48	0.3048	1.097	1	60	0.6818
0.508	0.00508	0.0183	0.01667	1	0.01136
44.7	0.4470	1.609	1.467	88.02	1

(7) 압력의 환산표

bar	kg/cm^2	lb/in^2	atm	Hg		H_2O(Aq)	
				m	in	m	ft
1	1.0197	14.50	0.9869	0.7501	29.53	10.197	33.46
0.9807	1	14.22	0.9678	0.7356	28.96	10.000	32.82
0.06895	0.07031	1	0.06805	0.05171	2.036	0.7031	2.307
1.0133	1.0332	14.70	1	0.760	29.92	10.33	33.90
1.3332	1.3595	19.34	1.3158	1	39.37	13.60	44.60
0.03386	0.03453	0.4912	0.03342	0.02540	1	0.3453	1.133
0.09806	0.10000	1.422	0.09678	0.07355	2.896	1	3.281
0.02989	0.03048	0.4335	0.02950	0.02242	0.8827	0.3048	1

(8) 일, 에너지 및 열량의 환산표

joule	kg-m	ft-lb	kWh	HPh미터법	HPh영국제	kcal	Btu
1	0.10204	0.7381	$0.0_{6}2778$	$0.0_{6}3777$	$0.0_{6}3725$	0.0002389	0.0009479
9.8	1	7.233	$0.0_{5}2722$	$0.0_{5}3701$	$0.0_{5}3651$	0.002341	0.009290
1.355	0.1383	1	$0.0_{6}3764$	$0.0_{6}5117$	$0.0_{6}5047$	0.0003237	0.001284
3.6×106	3.673×10^{5}	2.657×10^{6}	1	1.360	1.341	859.9	3412
2.648×10^{6}	2702×10^{5}	1.954×10^{6}	0.7355	1	0.9863	632.5	2510
2.685×10^{6}	2.74×10^{4}27.2	1.981×10^{6}	0.7458	1.014	1	641.6	2546
4186	107.6	3090	0.001163	0.001581	0.001559	1	3.968
1055		778.62	0.000293	0.0003984	0.0003928	0.252	1

(9) 동력의 환산표

HP미터법	영국제	kW	kg-m/s	ft-lb/s	kcal/s	Btu/s
1	0.9859	0.7355	75	542.5	0.1757	0.6973
1.0143	1	0.746	76.07	550.2	0.1782	0.7072
1.3596	1.3405	1	101.97	737.6	0.2389	0.9480
0.01333	0.01315	0.009807	1	7.233	0.002343	0.009297
0.001843	0.001817	0.001356	0.1383	1	0.0003239	0.001285
5.691	5.611	4.186	426.9	3087	1	3.968
1.434	1.414	1.055	107.6	778.0	0.2520	1

(10) 비열, 발열량 및 전열에 관한 환산표

1kcal/kg℃=1Btu/1b°F	1kcal/mh℃=0.6720Btu/fth°F
1kcal/kg=1.8Btu/lb	1Btu/fth°F=1.488kcal/mh℃
1Btu/lb=0.555kcal/kg	1kcal/m³=0.1124Btu/ft³
1kcal/m²=0.3687Btu/ft²	1Btu/ft³=8.899kcal/m³
1Btu/ft²=2.713kcal/m²	1kcal/mh℃=8.063Btu:in/ft²h°F
1kcal/m²h℃=0.2048Btu/ft²h℃	1Btu.in/ft²h°F=0.124kcal/mh℃
1Btu/ft²h°F=4.882kcal/m²h℃	

(11) 유량의 환산표

m³/h	l/min	l/s	ft³/h	ft³/min	Imp.gal/min	U.S.A.gal/min
1	16.67	0.2778	35.32	0.5887	3.666	4.403
0.060	1	0.01667	2.119	0.03532	0.220	0.2642
3.6	60	1	127.1	2.119	13.20	15.85
0.02832	0.4720	0.007867	1	0.01667	0.1038	0.1247
1.699	28.32	0.4720	60	1	6.232	7.481
0.2725	4.543	0.07571	9.624	0.1604	1	1.201
0.2271	3.785	0.06309	8.022	0.1337	0.827	1

3 삼각함수의 실수표

	sin	tan	sec	cosec	cot	cos	
0°	0.0000	0.0000	1.0000	∞	∞	1.0000	90°
1°	0.0175	0.0175	1.0002	57.2987	57.2900	0.9998	89°
2°	0.0349	0.0349	1.0006	28.6537	28.6363	0.9994	88°

	sin	tan	sec	cosec	cot	cos	
3°	0.0523	0.0524	1.0014	19.1073	19.0811	0.9986	87°
4°	0.0698	0.0699	1.0024	14.3356	14.3007	0.9976	86°
5°	0.0872	0.0875	1.0038	11.4737	11.4301	0.9962	85°
6°	0.1045	0.1051	1.0055	9.5668	9.5144	0.9945	84°
7°	0.1219	0.1228	1.0075	8.2055	8.1443	0.9925	83°
8°	0.1392	0.1405	1.0098	7.1853	7.1154	0.9903	82°
9°	0.1564	0.1584	1.0125	6.3925	6.3138	0.9877	81°
10°	0.1736	0.1763	1.0154	5.7588	5.6713	0.9848	80°
11°	0.1908	0.1944	1.0187	5.2408	5.1446	0.9816	79°
12°	0.2079	0.2126	1.0223	4.8097	4.7046	0.9781	78°
13°	0.2250	0.2309	1.0263	4.4454	4.3315	0.9744	77°
14°	0.2419	0.2493	1.0306	4.1336	4.0108	0.9703	76°
15°	0.2588	0.2679	1.0353	3.8637	3.7321	0.9659	75°
16°	0.2756	0.2867	1.0403	3.6280	3.4874	0.9613	74°
17°	0.2924	0.3057	1.0457	3.4203	3.2709	0.9563	73°
18°	0.3090	0.3249	1.0515	3.2361	3.0777	0.9511	72°
19°	0.3256	0.3443	1.0576	3.0716	2.9042	0.9455	71°
20°	0.3420	0.3640	1.0642	2.9238	2.7475	0.9397	70°
21°	0.3584	0.3839	1.0711	2.7904	2.6051	0.9336	69°
22°	0.3746	0.4040	1.0785	2.6695	2.4751	0.9272	68°
23°	0.3907	0.4245	1.0864	2.5593	2.3559	0.9205	67°
24°	0.4067	0.4452	1.0946	2.4586	2.2460	0.9135	66°
25°	0.4226	0.4663	1.1034	2.3662	2.1445	0.9063	65°
26°	0.4384	0.4877	1.1126	2.2812	2.0503	0.8988	64°
27°	0.4540	0.5095	1.1223	2.2027	1.9626	0.8910	63°
28°	0.4695	0.5317	1.1326	2.1301	1.8807	0.8892	62°
29°	0.4848	0.5543	1.1434	2.0627	1.8040	0.874	61°
30°	0.5000	0.5774	1.1547	2.0000	1.7321	0.8660	60°
31°	0.5150	0.6009	1.1666	1.9416	1.6643	0.8572	59°
32°	0.5299	0.6249	1.1792	1.8871	1.6003	0.8480	58°
33°	0.5446	0.6494	1.1924	1.8361	1.5399	0.8387	57°
34°	0.5595	0.6745	1.2062	1.7883	1.4826	0.8290	56°
35°	0.5736	0.7002	1.2208	1.7434	1.4281	0.8192	55°
36°	0.5878	0.7265	1.2361	1.7013	1.3764	0.8090	54°
37°	0.6018	0.7536	1.2521	1.6616	1.3270	0.7986	53°
38°	0.6157	0.7813	1.2690	1.6243	1.2799	0.7880	52°
	cos	cot	cosec	sec	tan	sin	

	sin	tan	sec	cosec	cot	cos	
39°	0.6293	0.8098	1.2868	1.5890	1.2349	0.7771	51°
40°	0.6428	0.8391	1.3054	1.5557	1.1918	0.7660	50°
41°	0.6561	0.8693	1.3250	1.5243	1.1504	0.7547	49°
42°	0.6691	0.9004	1.3456	1.4945	1.1106	0.7431	48°
43°	0.6820	0.9325	1.3673	1.4663	1.0724	0.7314	47°
44°	0.6947	0.9657	1.3902	1.4396	1.0355	0.7193	46°
45°	0.7071	1.0000	1.4142	1.4142	1.000	0.7071	45°
	cos	cot	cosec	sec	tan	sin	

4 그리스(희랍)문자

A	α	Alpha	N	ν	Nu
B	β	Beta	Ξ	ξ	Xi
Γ	γ	Gamma	O	o	Omicron
Δ	δ	Delta	Π	π	Pi
E	ε	Epsilon	P	ρ	Rho
Z	ζ	Zeta	Σ	σ	Sigma
H	η	Eta	T	τ	Tau
Θ	θ	Theta	Υ	υ	Upsilon
I	ι	lote	Φ	ϕ	Phi
K	k	Kappa	X	χ	Chi
Λ	λ	Lambda	Ψ	ψ	Psi
M	μ	Mu	Ω	ω	Omega

5 중요수치

$\pi = 3.14159\ 26535\ 89793$

$\pi^2 = 9.86960\ 44010$

$\frac{1}{\pi} = 0.31830\ 98861\ 83791$

$\frac{1}{\pi^2} = 0.10132\ 11836$

$\sqrt{\pi} = 1.77245\ 38509$

$\frac{1}{\pi} = 0.56418\ 95835$

$e = 2.71828\ 18284\ 59045$

$\frac{1}{e} = 0.36787\ 94411\ 71442$

$\log_{10} e = 0.4343, \quad \log_e 10 = 2.3026$

$\log_{10} N = 0.4343\ \log_e N$

$\log_e N = 2.3026\ \log_{10} N$

$g = 980.665\,\text{cm/sec}^2$

$1\,\text{rad(radian)} = \frac{180}{\pi} = 57.29577\ 95130^\circ = 57^\circ 17'44.806''$

$1^\circ\,\text{(degree)} = \frac{180}{\pi}\,\text{rad} = 0.001745\ 32925\,\text{rad}$

대기압 $= 1\,\text{atm} = 1.0332\,\text{kg/cm}^2 = 760\,\text{mmHg}$

물의 비중량 $\gamma = 1\,\text{g/cm}^3 = 0.001\,\text{kg/cm}^3 = 1000\,\text{kg/cm}^3$ (4℃ 1atm)

$℉ = \frac{9}{5}℃ + 32, \quad ℃ = \frac{5}{9}(℉ + 32)$

절대온도 $^\circ K = 273.16 - t℃$

6 평면의 면적과 중심의 위치

명 칭	치 수	면 적	중심의 위치
삼각형	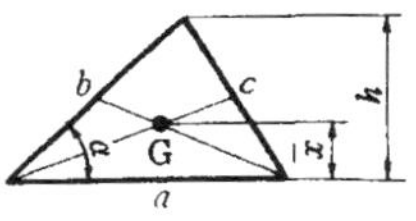	$A = \frac{ah}{2} = \frac{ab\sin\alpha}{2}$ $= \sqrt{S(S-a)(S-b)(S-c)}$ $S = \frac{a+b+c}{2}$	$\bar{x} = \frac{h}{3}$
직삼각형	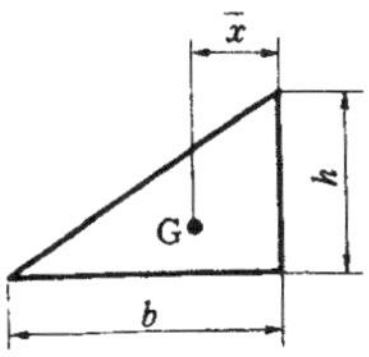	$A = \frac{bh}{2}$	$\bar{x} = \frac{b}{3}$
직사각형	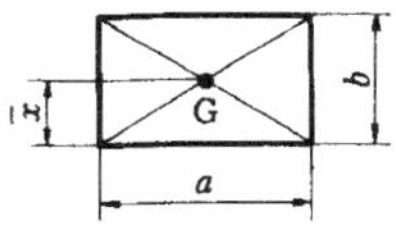	$A = ab$	$\bar{x} = \frac{b}{2}$

명 칭	치 수	면 적	중심의 위치
평행 사변형	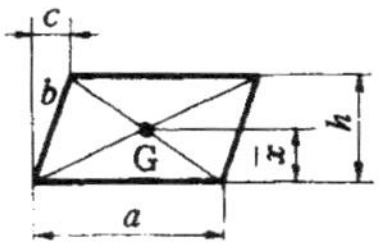	$A=ah$ $h=\sqrt{b^2-c^2}$	$\bar{x}=\frac{h}{2}$
사다리꼴	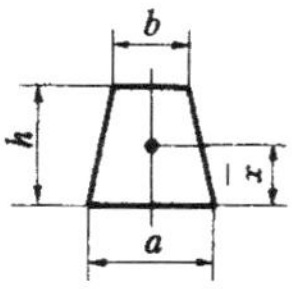	$A=\frac{(a+b)}{2}h$	$\bar{x}=\frac{h}{3}\times\left(\frac{a+2b}{a+b}\right)$
원	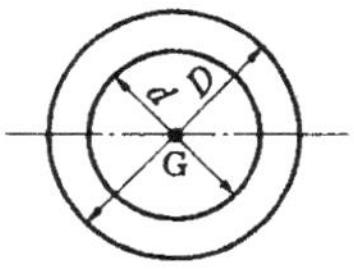	$A_1=\frac{\pi d^2}{4}$ $A_2=\frac{\pi}{4}(D^2-d^2)$	$\overline{x_1}=\frac{d}{2}$ $\overline{x_2}=\frac{D}{2}$
반 원 · 반원호	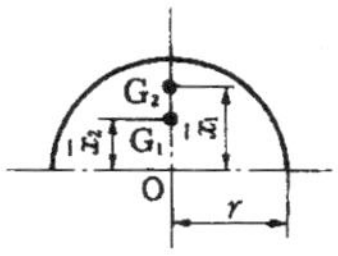	$A=\frac{\pi}{2^3}d^2$ $S=\frac{\pi}{2}d$(호의 길이)	$\overline{x_1}=\frac{4r}{3\pi}$ $\overline{x_2}=\frac{2r}{\pi}$
원 분	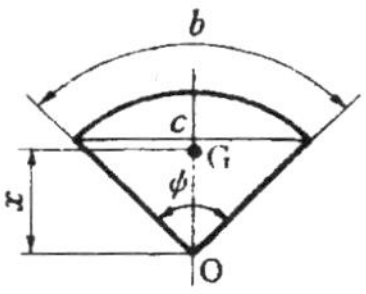	$A=\frac{bh}{2}=\frac{\psi^\circ}{360}\pi r^2$	$\bar{x}=\frac{2}{3}\cdot\frac{c}{b}\cdot r=\frac{r^2c}{3A}$ $b=r\cdot\frac{\pi}{180}\cdot\psi^\circ$
부채꼴	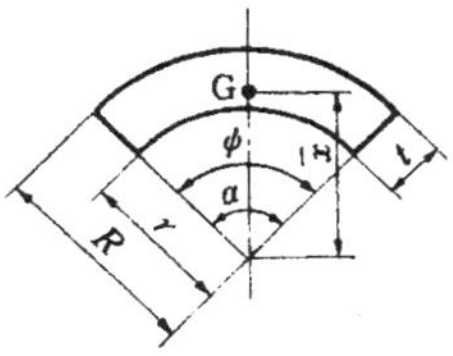	$A=\frac{\psi^\circ\pi}{360}(R^2-r^2)$	$\bar{x}=\frac{2}{3}\times\frac{R^3-r^3}{R^2-r^2}$ $\sin\alpha\frac{180}{\alpha^\circ\psi}$

7 각종 평면도의 성질

각종 단면형의 면적, 관성모멘트, 단면계수, 단면2차반지름은 다음과 같이 표시한다.

A =면적(cm²), Z=단면계수(cm³)

k=단면고차반지름(cm), e, e_1, e_2 =편심거리(cm)

번 호	단면형	A(cm²)	I(cm⁴)	Z(cm³)	k^2
1	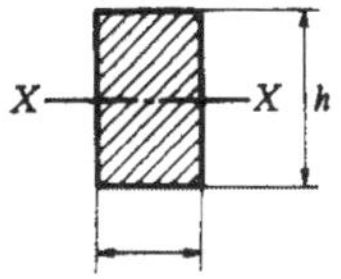	bh	$\frac{1}{12}bh^3$	$\frac{1}{6}bh^2$	$\frac{1}{12}h^2 (k=0.289h)$
2	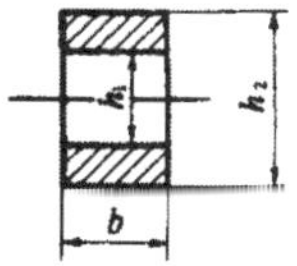	$b(h_2-h_1)$	$\frac{1}{12}b(h_2^3-h_1^3)$	$\frac{1}{6}\frac{b(h_2^3-h_1^3)}{h^2}$	$\frac{1}{12}\frac{b(h_2^3-h_1^3)}{h_2-h_1}$
3	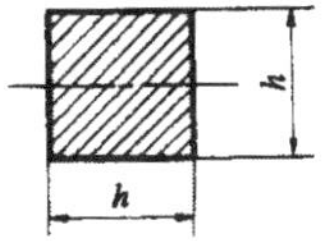	h^2	$\frac{1}{12}h^4$	$\frac{1}{6}h^3$	$\frac{1}{12}h^2$
4	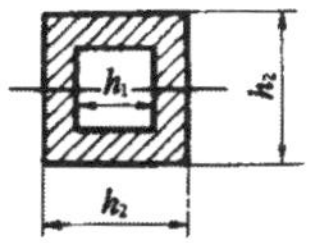	$h_2^2-h_1^2$	$\frac{1}{12}(h_2^4-h_1^4)$	$\frac{1}{6}\frac{b(h_2^4-h_1^4)}{h^2}$	$\frac{1}{12}(h_2^2+h_1^2)$
5	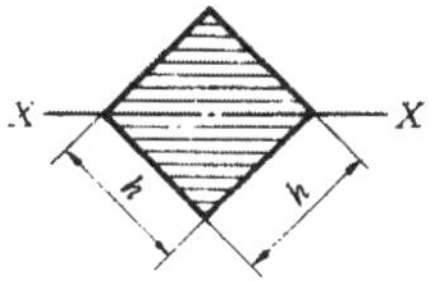	h^2	$\frac{1}{12}h^4$	$\frac{\sqrt{2}}{12}h^3$	$\frac{1}{12}h^2$

번 호	단면형	$A(\text{cm}^2)$	$I(\text{cm}^4)$	$Z(\text{cm}^3)$	k^2
6	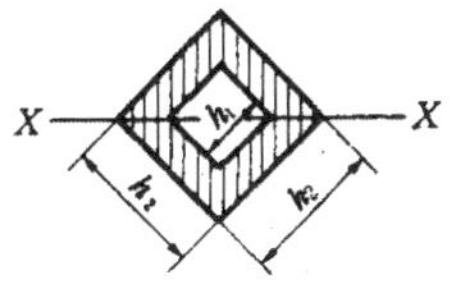	$h_2^{\,2}-h_1^{\,2}$	$\frac{1}{12}(h_2^{\,4}-h_1^{\,2})$	$\frac{\sqrt{2}}{12}\frac{h_2^{\,4}-h_1^{\,4}}{h_2}$	$\frac{1}{12}(h_2^{\,2}+h_1^{\,2})$
7	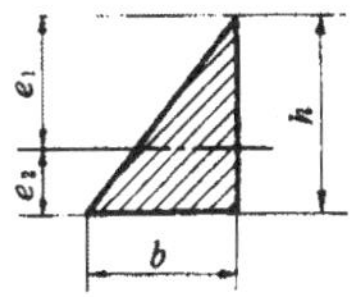	$\frac{1}{2}bh$	$\frac{1}{36}bh^3$	$e_1=\frac{2}{3}h,\ \ e_2=\frac{1}{3}h$ $Z_1=\frac{1}{24}bh^2$ $Z_2=\frac{1}{12}bh^2$	$\frac{1}{18}h^2\,(k=0.236h)$
8	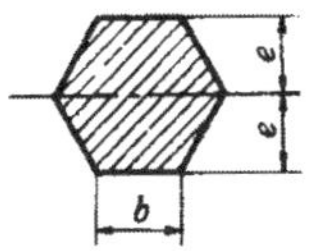	$\frac{3\sqrt{3}}{2}b^2=2.60b^2$	$\frac{5\sqrt{3}}{16}b^4=0.5413b^4$	$e=\frac{\sqrt{3}}{2}b=0.866b$ $Z=\frac{5}{8}b^3=0.625b^3$	$\frac{5}{24}b^2\,(k=0.456b)$
9	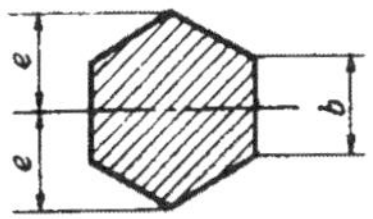	$\frac{3\sqrt{3}}{2}b^2=2.60b^2$	$\frac{5\sqrt{3}}{16}b^4=0.5413b^4$	$e=b$ $\left(\frac{5\sqrt{3}}{16}b^3=0.5413b^2\right)$	$\frac{5}{24}b^2\,(k=0.456b)$
10	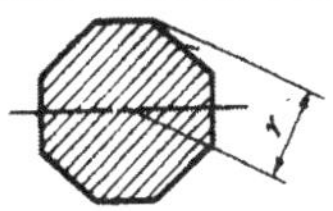	$2.8284r^2$	$\frac{1+2\sqrt{2}}{6}r^4=0.6381r^4$	$0.6906r^3$	$0.2256r^2\,(k=457r)$
11	정다각형 n=변수 a=변의 길이 r_2=외접원의 반지름 r_1=내접원의 반지름 (축은 상기의 팔각형과 같음)	$\frac{1}{2}nar_1$	$\frac{A}{24}(6r_2^{\,2}-a^2)$ $=\frac{A}{48}\times(12r_1^{\,2}+a^2)$	$\frac{1}{r^2\cos\pi/n}=\frac{A\pi r_2}{4}$ (n이 클 경우)	$\frac{1}{24}(6r_2^{\,2}-a^2)$

번 호	단면형	$A(\mathrm{cm}^2)$	$I(\mathrm{cm}^4)$	$Z(\mathrm{cm}^3)$	k^2
12	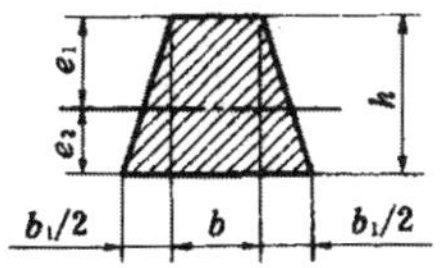	$h\left(b+\frac{1}{2}b_1\right)$	$\frac{6b^2+6bb_1+b_1^2}{32(2b+b_1)}\times h^3$	$e_1=\frac{1}{3}\frac{3b+2b_1}{2b+b_1}h$ $Z_1=\frac{6b^2+6bb_1+b_1^2}{12(3b+2b_1)}h^2$	$\frac{6b^2+6bb_1+b_1^2}{18(2b+b_1)^2}h$
13	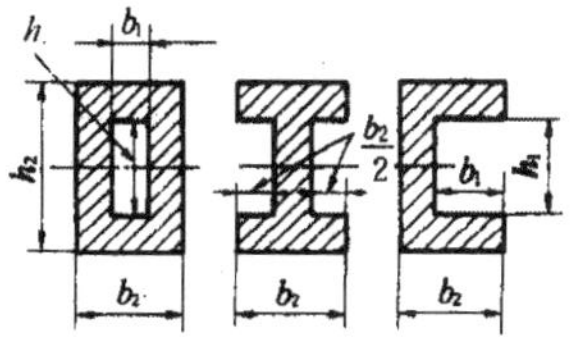	$b_2h_2-b_1h_1$	$\frac{1}{12}(b_2h_2^3-b_1h_1^3)$	$\frac{b_1h_3^3-b_2h_1^3}{6h_2}$	$\frac{1}{12}\frac{b_2h_2^3-b_1h_1^3}{b_2h_2-b_1h_1}$
14	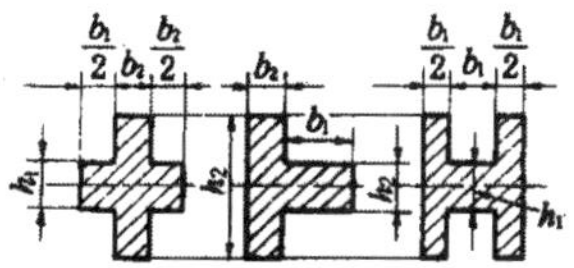	$b_1h_1+b_2h_2$	$\frac{1}{12}(b_1h_1^3-b_2h_2^3)$	$\frac{b_1h_1^3+b_2h_2^3}{6h_2}$	$\frac{1}{12}\frac{b_1h_1^1-b_2h_2^3}{b_1h_1+b_2h_2}$
15	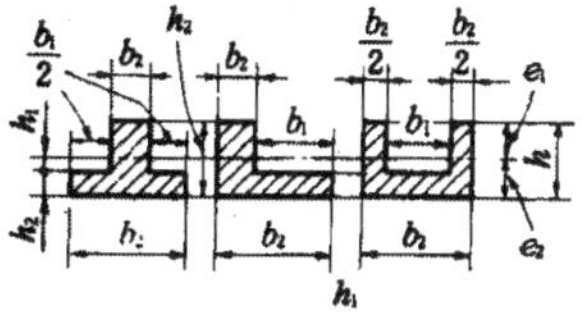	$b_1h_1+b_2h_2$	$\frac{1}{3}(b_3e_2^3-b_1h_3^3+b_2e_1^3)$	$e^2=\frac{b_1h_1^2+b_2h_2^2}{2(b_1h_1+b_2h_2)}$ $e_1=h_2-e_2$	$\frac{b^3e_2^3-b_1h_3^3+b_2e_1^3}{3(b_1h_1+b_2h_2)}$
16	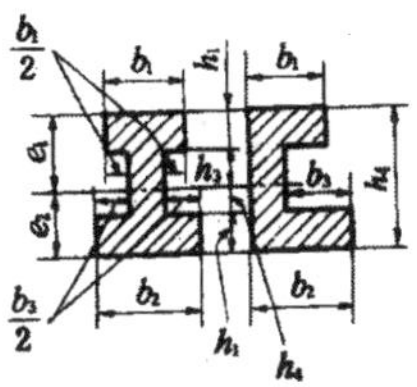	$b_1h_1+b_2h_2+b_3h_3$	$\frac{1}{3}(b_4e_1^3-b_1h_5^3+b_5e_2^3$ $-b_3h_4^3)$	$e_2=\frac{b_2h_2^2+b_3h_3^2+b_1h_1(2h_2-h_1)}{2(b_1h_1+b_2h_2+b_3h_3)}$	

번 호	단면형	$A(\mathrm{cm}^2)$	$I(\mathrm{cm}^4)$	$Z(\mathrm{cm}^3)$	k^2
17	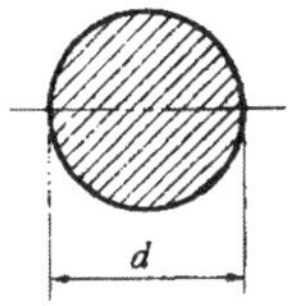	$\frac{\pi}{4}d^2$	$\frac{\pi}{64}d^4$	$\frac{\pi}{32}d^3$	$\frac{1}{16}d^2$
18	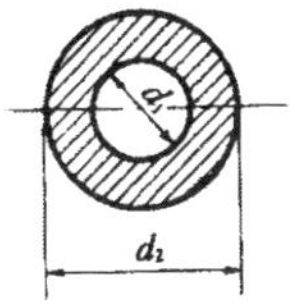	$\frac{\pi}{4}(d_2^2-d_1^2)$	$\frac{\pi}{64}(d_2^4-d_1^4)$	$\frac{\pi}{32}\times\frac{d_2^4-d_1^4}{d_2}$ $\fallingdotseq 0.8d_m^2t$ (t/d_m가 작을 경우)	$\frac{1}{16}(d_2^2+d_1^2)$
19	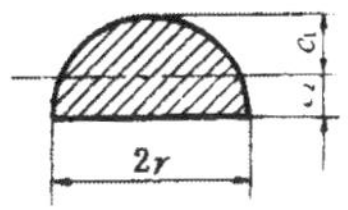	$\frac{\pi}{2}r^2$	$\left(\frac{\pi}{8}-\frac{8}{9\pi}\right)r^4=0.1098r^4$	$e_1=0.5756r$ $e_2=0.4244r$ $Z_1=0.1908r^3$ $Z_2=0.2587r^3$	$\frac{9\pi^2-64}{36\pi^2}=r^2=0.0697r^2$ $(k=0.264r)$
20	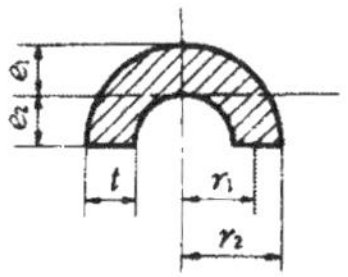	$\frac{\pi}{2}(r_2^2-r_1^2)$	$0.1098(r_2^4-r_1^4)-$ $\frac{0.283r_2^2r_1^2(r_2-r_1)}{r_2+r_1}$ $\fallingdotseq 0.3tr_m^3$ (t/r_m가 작을 경우)	$e_2=\frac{4(r_2^2+r_2r_1+r_1^2)}{3\pi(r_2+r_1)}$ $e_1=r_2-e_2$	$\fallingdotseq 0.096r_m^2$ $(k\fallingdotseq 0.31r_m)$
21	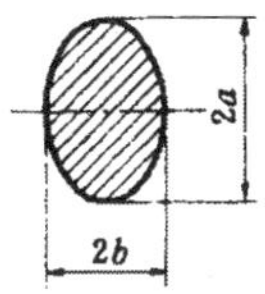	πab	$\frac{\pi}{4}a^3b$	$\frac{\pi}{4}a^2b$	$\frac{1}{4}a^2$

번 호	단면형	$A(\text{cm}^2)$	$I(\text{cm}^4)$	$Z(\text{cm}^3)$	k^2
22	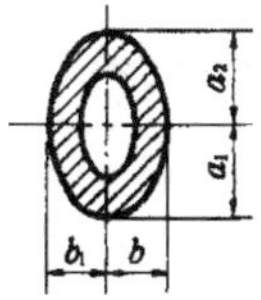	$\pi(a_2b_2-a_1b_1)$	$\frac{\pi}{4}(a_2^3b_2-a_1^3b_1)$ $\fallingdotseq \frac{\pi}{4}a_2^2(a_2+3b_2)t$	$\frac{\pi}{4}\frac{a_2^3b_2-a_1^3b_1}{a^2}$ $\fallingdotseq \frac{\pi}{4}a_2(a_2+3b_2)t$	$\frac{1}{4}\cdot\frac{a_2^3b_2-a_1^3b_1}{a_2b_2-a_1b_1}$ $\fallingdotseq \frac{1}{4}\cdot\frac{a_2^2(a_2+3b_2)}{a_2+b_2}$
23	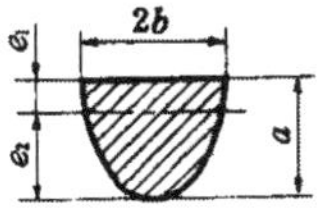	$\frac{\pi}{2}ab$	$0.10975a^3b$	$e_1=0.4244a$ $e_2=0.5756a$ $Z_1=0.2586a^2b$ $Z_2=0.1907a^2b$	
24	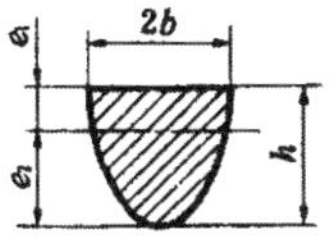	$\frac{4}{3}bh$	$\frac{16}{175}bh^3=0.0914bh^3$	$e_1=\frac{2}{5}h,\ e_2=\frac{3}{5}h$ $Z_1=0.2286bh^2$ $Z_2=0.1524bh^2$	$\frac{12}{175}h^2=0.0686h^2$

8 보의 공식집

번 호	하중, 전단력 선도, 휨모멘트 선도, 휨량 곡선도	반력 R 및 전단력 $F(V)$	휨모멘트 M	휨량 $y(\delta)$	휨각 $\theta=\frac{dy}{dx}$
1	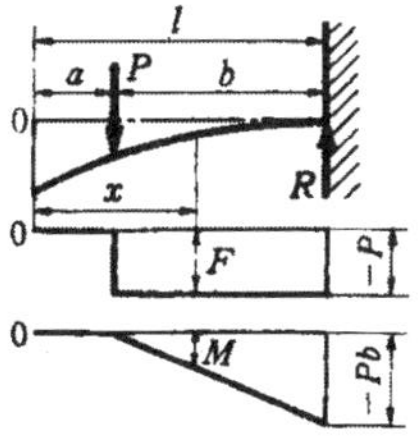	$R=P$ $0\leq x<a$; $F=0$ $a<x<l$; $F=-P$ $F_{max}=-P$	$0\leq x\leq a$; $M=0$ $a\leq x\leq l$; $M=-P(x-a)$ $x=l$ $M_{max}=-Pb$	$a\leq x\leq l$; $y=\frac{Pb^3}{3EI}\left\{1-3\frac{x-a}{2b}+\frac{(x-a)^3}{2b^3}\right\}$ $x=0$; $y_{max}=\frac{Pb^3}{3EI}\left(1+\frac{3a}{2b}\right)$ $y_{x=a}=\frac{Pb^3}{3EI}$	$a\leq x\leq l$; $\theta=-\frac{Pb^2}{2EI}\left\{1-\frac{(x-a)^2}{b^2}\right\}$ $0\leq x\leq a$; $\theta_{max}=-\frac{Pb^2}{2EI}$
2	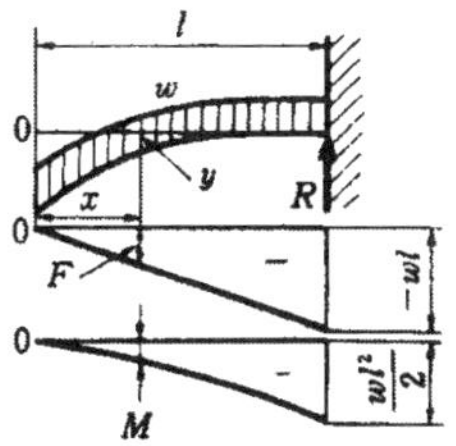	$R=wl$ $F=-wx$ $x=l$; $F_{max}=-wl$	$M=-\frac{wx^2}{2}$ $x=l$; $M_{max}=-\frac{wl^2}{2}$	$y=\frac{w}{24EI}(x^4-4l^3x+3l^4)$ $x=0$; $y_{max}=\frac{wl^4}{8EI}$	$\theta=-\frac{wl^3}{6EI}\left(1-\frac{x^3}{l^3}\right)$ $x=0$; $\theta_{max}=-\frac{wl^3}{6EI}=-\frac{4}{3l}y_{max}$
3	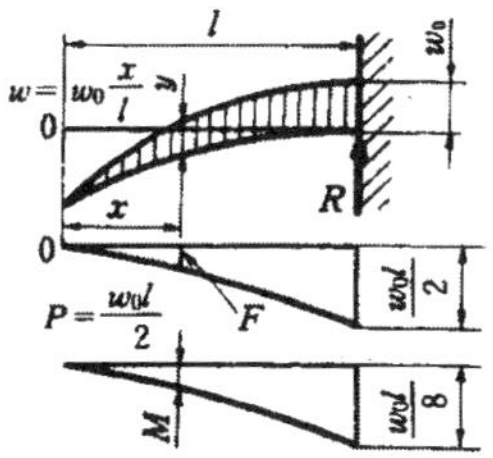	$R=\frac{w_0l}{2}=P$ $F=-\frac{w_0x^2}{2l}=-\frac{Px^2}{l^2}$ $x=l$; $F_{max}=-\frac{w_0l}{2}=-P$	$M=-\frac{w_0x^3}{6l}=\frac{-Px^3}{3l^2}$ $x=l$; $M_{max}=-\frac{w_0l^2}{6}=-\frac{Pl}{3}$	$y=\frac{Pl^3}{15EI}\left(1-\frac{5x}{4l}+\frac{x^5}{45l^5}\right)$ $x=0$; $y_{max}=\frac{Pl^3}{15EI}$	$\theta=-\frac{Pl^2}{12EI}\left(1-\frac{x^4}{l^4}\right)$ $x=0$; $\theta_{max}=-\frac{Pl^2}{12EI}=-\frac{5}{4l}y_{max}$

번 호	하중, 전단력 선도, 휨모멘트 선도, 휨량 곡선도	반력 R 및 전단력 $F(V)$	휨모멘트 M	휨량 $y(\delta)$	휨각 $\theta=\frac{dy}{dx}$
4	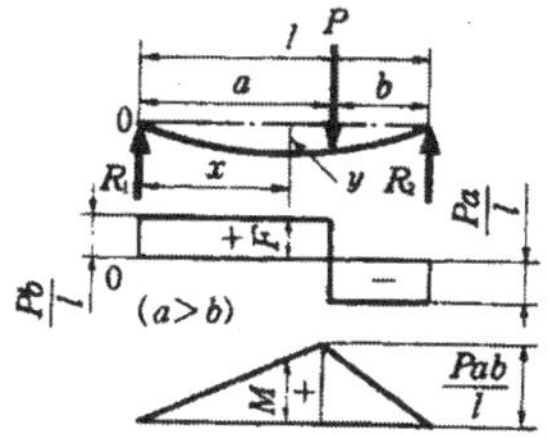	$R_1=\frac{Pb}{l}$ $R_2=\frac{Pa}{l}$ $0<x<l_1$; $F=\frac{Pb}{l}$ $a<x<l$; $F=-\frac{Pa}{l}$	$0\geqq x\geqq a$; $M=\frac{Pbx}{l}$ $a\leqq x\leqq l$; $M=\frac{Pa(l-x)}{l}$ $x=a$; $M_{\max}=\frac{Pab}{l}$	$0\leqq x\leqq a$; $y=\frac{Pbx}{6lEI}(l^2-b^2-x^2)$ $x=\frac{\sqrt{l^2-b^2}}{\sqrt{3}}$ (단, $a>b$) $y_{\max}=\frac{Pb(l^2-b^2)^{\frac{3}{2}}}{9\sqrt{3}\,lEI}$ $y_{x=\frac{1}{2}}\frac{Pb}{48EI}(3l^2-4b^2)$ $y_{x=a}=\frac{Pa^2b^2}{3lEI}$	$\theta\leqq x\leqq a$; $\theta=\frac{Pb}{6lEI}(l^2-b^2-3x^2)$ $\theta_1=\frac{Pb(l^2-b^2)}{6lEI}$ $\theta_2=\frac{-Pa(l^2-a^2)}{6lEI}$ $\theta_{x=a}=\frac{-Pab(a-b)}{3lEI}$
5	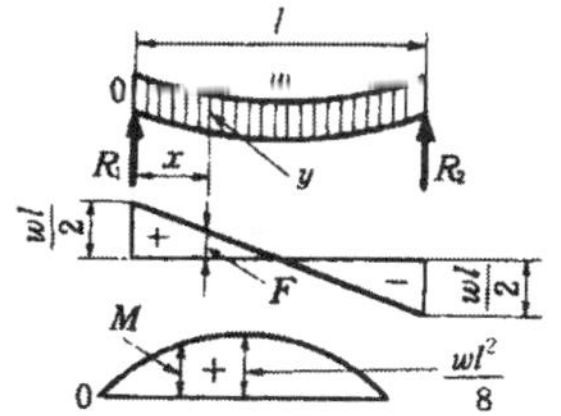	$R_1=R_2=\frac{wl}{2}$ $F=\frac{wl}{2}-wx$ $F_{\max}=\pm\frac{wl}{2}$	$M=\frac{wl}{2}x-\frac{w}{2}x^2$ $x=\frac{l}{2}$; $M_{\max}=\frac{wl^2}{8}$	$y=\frac{wx}{24EI}$ $(l^2-2lx^2+x^3)$ $x=\frac{l}{2}$; $y_{\max}=\frac{5wl^4}{384EI}$	$\theta=\frac{wl^3}{24EI}$ $\left(1-\frac{6x^2}{l^2}+\frac{4x^3}{l^3}\right)$ $\left.\begin{matrix}x=0\\x=l\end{matrix}\right\}$; $\theta_{\max}=\pm\frac{wl^3}{24EI}=\pm\frac{16}{5l}y_{\max}$
6	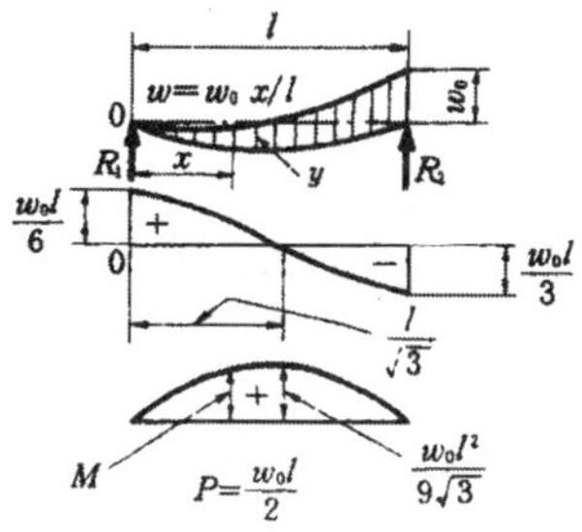	$R_1=\frac{M_2-M_1}{l}$ $R_2=\frac{M_2-M_1}{l}$ $F=\frac{M_2-M_1}{l}$	$M=\frac{M_2}{l}x+\frac{M_2}{l}(l-x)$	$y=\frac{M_1l^2}{6EI}\frac{x}{l}$ $\left\{\left(2+\frac{M_2}{M_1}\right)-\frac{3x}{l}\right.$ $\left.-\left(\frac{M_2}{M_1}-1\right)\frac{x^2}{l^2}\right\}$	$\theta=\frac{M_1l}{6EI}\left\{2+\frac{M_2}{M_1}-\frac{6x}{l}\right.$ $\left.-3\left(\frac{M_2}{M_1}-1\right)\frac{x^2}{l^2}\right\}$ $\theta_1=\frac{(2M_1+M_2)l}{6EI}$ $\theta_2=-\frac{(M_2+2M_2)l}{6EI}$

번 호	하중, 전단력 선도, 휨모멘트 선도, 휨량 곡선도	반력 R 및 전단력 $F(V)$	휨모멘트 M	휨량 $y(\delta)$	휨각 $\theta=\dfrac{dy}{dx}$
7	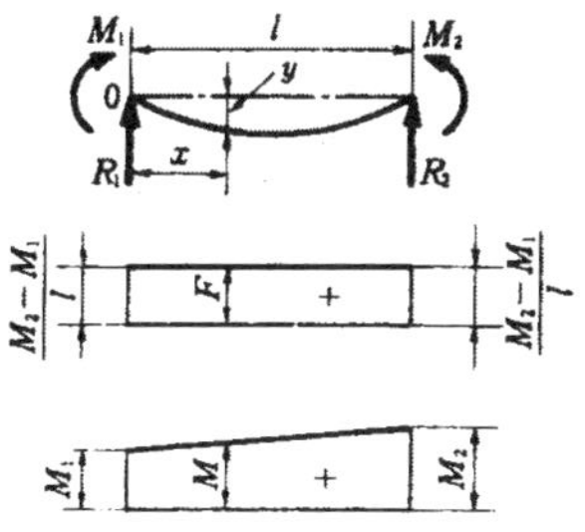	$R_1=\dfrac{w_0 l}{6}=\dfrac{P}{3}$ $R_2=\dfrac{w_0 l}{3}=\dfrac{2p}{3}$ $F=\dfrac{w_0}{6l}(l^2-3x^2)$ $=\dfrac{P}{3}\left(1-\dfrac{3x^2}{l^2}\right)$ $x=l$; $F_{\max}=\dfrac{2}{3}P$	$M=\dfrac{w_0}{6l}(l^2-x^2)x$ $=\dfrac{Px}{3}\left(1-\dfrac{x^2}{l^2}\right)$ $x=\dfrac{1}{\sqrt{3}}$; $M_{\max}=\dfrac{w_0 l^2}{9\sqrt{3}}$ $=0.1283Pl$	$y=\dfrac{Pl^3}{180EI}\dfrac{x}{l}$ $\left(7-10\dfrac{x^2}{l^2}+3\dfrac{x^4}{l^4}\right)$ $x=l\sqrt{1-\sqrt{8/15}}$ $=0.51931l$; $y_{\max}=0.01305\dfrac{Pl^3}{EI}$ $y_{x=\frac{l}{2}}=0.01302\dfrac{Pl^3}{EI}$	$\theta=\dfrac{Pl^2}{180EI}$ $\left(7-30\dfrac{x^2}{l^2}+15\dfrac{x^4}{l^4}\right)$ $\theta_1=0.0389\dfrac{Pl^2}{EI}$ $\theta_2=-0.0445\dfrac{Pl^2}{EI}$
8	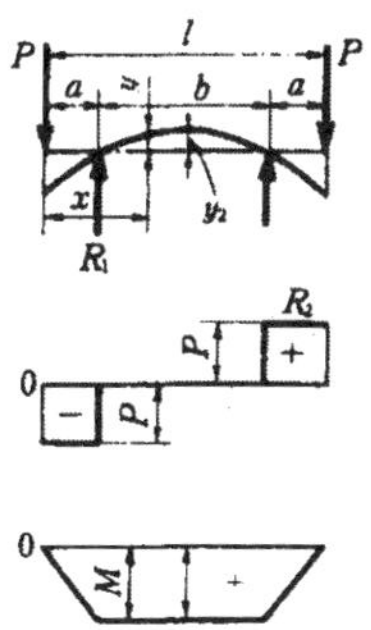	$R_1=R_2=P$ $0<x<a$; $F=-P$ $a<x<(a+b)$ $F=0$ $(a+b)<x<l$; $F=P$	$0\leq x\leq a$; $M=-Px$ $a\leq x\leq(a+b)$; $M=-Pa$ $(a+b)\leq x\leq l$ $M=-P(l-x)$ $x=a\sim(a+b)$; $M_{\max}=-Pa$	$0\leq x\leq a$; $y=\dfrac{Pa^3}{6EI}\left\{2+\dfrac{3b}{a}\right.$ $\left.-\dfrac{3(a+b)}{a^2}x+\dfrac{x^3}{a^3}\right\}$ $a\leq x\leq(a+b)$; $y=\dfrac{Pa^3}{6EI}\left\{2+\dfrac{3b}{a}\right.$ $\left.-\dfrac{3(a+b)}{a^2}x+\dfrac{x^3}{a^3}\right\}$ $-\dfrac{P(x-a)^3}{6EI}$ $y_1=\dfrac{Pa^3}{3EI}\left(1+\dfrac{3}{2}+\dfrac{b}{a}\right)$ $y_2=-\dfrac{Pab^2}{8EI}$	$0\leq x\leq a$; $\theta=-\dfrac{Pa^2}{2EI}\left(1+\dfrac{b}{a}-\dfrac{x^2}{a^2}\right)$ $a\leq x\leq(a+b)$; $\theta=-\dfrac{Pa^2}{2EI}\left(1+\dfrac{b}{a}-\dfrac{x^2}{a^2}\right)$ $-\dfrac{P(x-a)^2}{2EI}$ $\theta_{x=0}=\dfrac{Pa(a+b)}{2EI}$ $\theta_{x=a}=\dfrac{Pab}{2EI}$

번 호	하중, 전단력 선도, 휨모멘트 선도, 휨량 곡선도	반력 R 및 전단력 $F(V)$	휨모멘트 M	휨량 $y(\delta)$	휨각 $\theta=\dfrac{dy}{dx}$
9	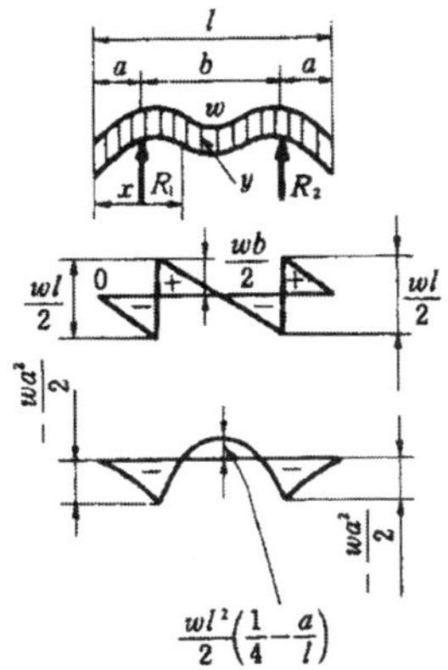	$R_1=R_2=\dfrac{wl}{2}$ $0<x<a$; $F=-wx$ $a<x<(a+b)$; $F=w\left(\dfrac{1}{2}-x\right)$	$0\leqq x\leqq a$; $M=-\dfrac{wx^2}{2}$ $a\leqq x\leqq(a+b)$; $M=-\dfrac{w}{2}\{x(x-l)+la\}$ $M_1=M_{x=\frac{l}{2}}=\dfrac{wa^2}{2}$ $M_2=M_{x=\frac{l}{2}}$ $=\dfrac{wl^2}{2}\left(\dfrac{1}{4}-\dfrac{a}{l}\right)$ $a>\dfrac{2}{\sqrt{2}}-\dfrac{1}{2}l$; M_1이 최대, 반대이면 M_2가 최대	$0\leqq x\leqq a$; $y=\dfrac{wl^4}{24EI}\left\{\dfrac{x^4}{l^4}+\left\{\dfrac{6a^2}{l^3}-\dfrac{6l}{l^2}+\dfrac{1}{l}\right\}x-\left\{\dfrac{a^4}{l^4}+\dfrac{6a^3}{l^3}-\dfrac{6a^2}{l^2}+\dfrac{a}{l}\right)\right\}$ $a\leqq x\leqq(a+b)$; $y=\dfrac{wl^4}{24EI}\left\{\dfrac{x^4}{l^4}-\dfrac{2x^3}{l^3}+\dfrac{6ax^2}{l^3}+\left(1-\dfrac{6a}{l}\right)\dfrac{x}{l}-\dfrac{a^4}{l^4}-\dfrac{4a^3}{l^3}-\dfrac{6a^3}{l^2}+\dfrac{a}{l}\right)\right\}$ $x=0; y_1=\dfrac{wa}{24EI}(3a^2+-b^3)$, $x=\dfrac{l}{2}$ $y_2=\dfrac{wb^2}{384EI}(5b^2-24a^2)$	$0\leqq x\leqq a$; $\theta=\dfrac{wl^3}{EI}\left\{\dfrac{2x^3}{3l^3}+\left(\dfrac{a^2}{l^2}-\dfrac{a}{l}+\dfrac{1}{6}\right)\right.$ $a\leqq x\leqq(a+b)$; $\theta=\dfrac{wl^3}{4EI}\left\{\dfrac{2}{3}\dfrac{x^3}{l^3}-\dfrac{x^2}{l^3}+\dfrac{2ax}{l^2}+\left(\dfrac{1}{6}-\dfrac{a}{l}\right)\right\}$ $\theta_{x=0}=\dfrac{wl^3}{4EI}\left(\dfrac{a^2}{b}-\dfrac{a}{l}+\dfrac{1}{6}\right)$ $\theta_{x=0}=\dfrac{wl^3}{4EI}\left(\dfrac{2}{3}\dfrac{a^3}{l^3}+\dfrac{a^2}{l^2}-\dfrac{a}{l}+\dfrac{1}{6}\right)$
10	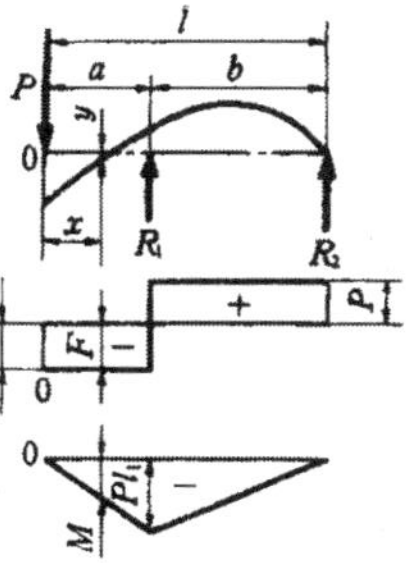	$R_1=\dfrac{Pb^2(3l-b)}{2l^3}$ $R_2=\dfrac{Pa(3l^2-a^2)}{2l^3}$ $0<x<a$; $F=R_1$ $a<x<l$; $F=-R_2$	$0\leqq x\leqq a$; $M=\dfrac{Pb^2(2l+a)}{2l^3}x$ $a\leqq x\leqq l$; $M=\dfrac{Pb^2(2l+a)}{2l^3}x-p(x-a)$ $M_2=-\dfrac{Pa(l^2-a^2)}{2l^3}$	$0\leqq x\leqq a$; $y=\dfrac{Pa^2}{12EI}\left\{\dfrac{3ax}{l}-\dfrac{(2l+a)x^3}{l^3}\right\}$ $a\leqq x\leqq l$; $y=\dfrac{Pb^2}{12EI}\left\{\dfrac{3ax}{l}-\dfrac{(2l+a)x^3}{l^3}\right\}+\dfrac{P(x-a)^3}{6EI}$	$0\leqq x\leqq a$; $\theta=\dfrac{Pb^2}{4EI}\left\{\dfrac{a}{l}-\dfrac{(2l+a)}{l^3}x^2\right\}$ $a\leqq x\leqq l$; $\theta=\dfrac{Pb^2}{4EI}\left\{\dfrac{a}{l}-\dfrac{(2l+a)}{l^3}x^2\right\}+\dfrac{P(x-a)^2}{6EI}$, $x=0$;

번 호	하중, 전단력 선도, 휨모멘트 선도, 휨량 곡선도	반력 R 및 전단력 $F(V)$	휨모멘트 M	휨량 $y(\delta)$	휨각 $\theta=\frac{dy}{dx}$
			$M_1=\frac{Pal^2(2l+a)}{2l^3}$	$y_{x=a}=\frac{Pa^2b^3(3l+a)}{12EIl^3}$	$\theta_{\max}=\frac{Pab^2}{4lEI}$
11	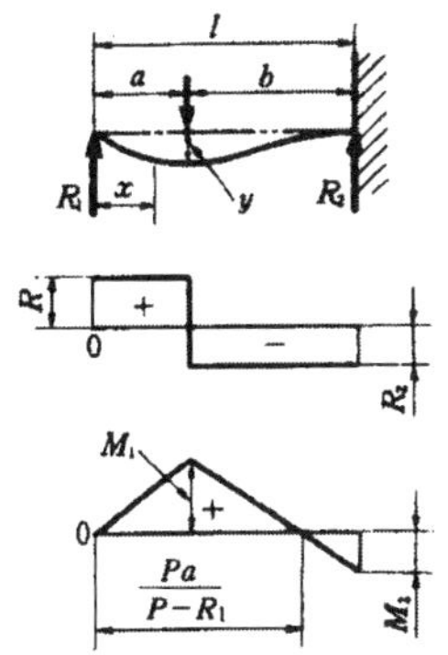	$R_1=\frac{1}{b}P$ $R_2=-\frac{a}{b}P$ $0<x<a$; $F=-P$ $a<x<l$; $F=\frac{a}{b}P$	$0\leq w\leq a$; $M=-Px$ $a\leq x\leq l$; $M=-\frac{Pa(l-x)}{l}$ $x=a$; $M_{\max}=-Pa$	$0\leq x\leq a$; $y=\frac{Pa^3}{3EI}\left\{\frac{l}{a}-\left(\frac{3}{2}+\frac{b}{a}\right)\frac{x}{a}-\frac{x^3}{2a^3}\right\}$ $x=0$; $y_{\max}=\frac{Pa^2l}{3EI}$ $y_{x=l-\frac{b}{2}}=-\frac{Pab^2}{16EI}$	$0\leq x\leq a$; $\theta=-\frac{Pa^2}{2EI}\cdot\left(1+\frac{2}{3}\frac{b}{a}-\frac{x^2}{a^2}\right)$ $x=0$; $\theta_{\max}=-\frac{Pa^2}{2EI}\cdot\left(1+\frac{2}{3}\frac{b}{a}\right)$ $\theta_{x=a}=-\frac{Pab}{3EI}$
12	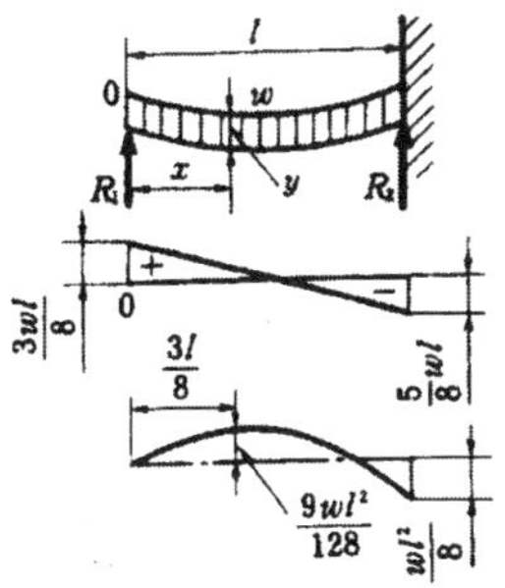	$R_1=\frac{3}{8}wl$ $R_2=\frac{5}{8}wl$ $F=w\left(\frac{3}{8}l-x\right)$ $x=l$; $F_{\max}=-\frac{5}{8}wl$	$M=\frac{wlx}{2}\cdot\left(\frac{3}{4}-\frac{x}{l}\right)$ $x\leq l$; $M_{\max}=-\frac{wl^2}{8}$ $M_{x=\frac{3}{8}l}=\frac{9}{128}wl^2$	$y=\frac{wl^4}{48EI}\left(\frac{x}{l}-\frac{3x^3}{l^4}+\frac{2x^4}{l^4}\right)$ $y_{x=\frac{l}{2}}=\frac{wl^4}{192EI}$ $y_{x=\frac{3}{8}}=\frac{wl^4}{187.2EI}$ $x=\frac{1+\sqrt{33}}{16}l$ $=0.4215l$; $y_{\max}=\frac{wl^4}{184.6EI}$	$\theta=\frac{wl^2}{48EI}\left(1-\frac{9x^2}{l^2}+\frac{8x^3}{l^3}\right)$ $x=0$; $\theta_{\max}=\frac{wl^3}{48EI}$

번 호	하중, 전단력 선도, 휨모멘트 선도, 휨량 곡선도	반력 R 및 전단력 $F(V)$	휨모멘트 M	휨량 $y(\delta)$	휨각 $\theta=\frac{dy}{dx}$
13	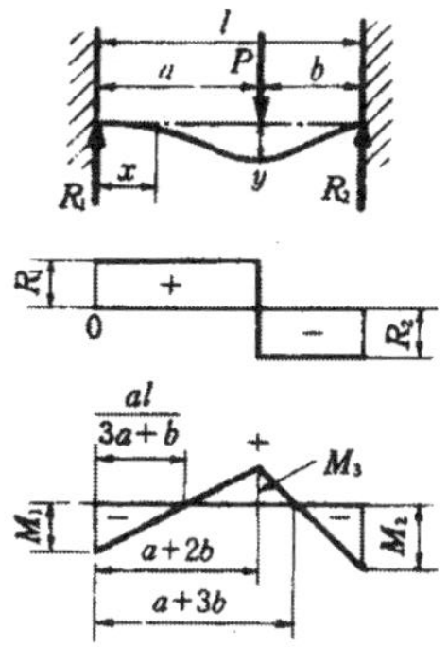	$R_1=\frac{Pb^2(3x+b)}{l^3}$ $R_2=\frac{Pa^2(a+3b)}{P}$ $0<x<a$; $F=\frac{Pb^2(3a+b)}{l^3}$ $a<x<l$; $F=\frac{Pa^2(a+3b)}{l^3}$	$0\leq x\leq a$; $M=\frac{Pb^2}{l^2}\left\{\frac{(3a+b)x}{l}-a\right\}$ $a\leq x\leq l$; $y=\frac{Pb^2}{l^2}\left\{(a+2b)-\frac{(a+3b)}{l}x\right\}$ $x=0$; $M_1=-\frac{Pab^2}{l^2}$ $x=l$; $M_2=-\frac{Pa^2b}{l^2}$ $x=a$; $M_3=-\frac{2Pa^2b^2}{l^3}$	$0\leq x\leq a$; $y=\frac{Pb^2x^2}{6lEI}\left\{\frac{3a}{l}-\frac{(3a+b)}{l^2}x\right\}$ $a\leq x\leq l$; $y=\frac{Pb^2x^2}{6lEI}\left\{\frac{3a}{l}-\frac{(3a+b)}{l^2}x\right\}+\frac{P(x-a)^3}{6EI}$ $x=a$; $y_1=\frac{Pa^3b^3}{3l^3EI}$, $a>b$일 때 $x=\frac{2al}{3a+b}$; $y_{\max}=\frac{2Pa^3b^2}{3EI(3a+b)^2}$ $y_{x=\frac{l}{2}}=\frac{pb^2(3a-b)}{48EI}$	$0\leq x\leq a$; $\theta=\frac{Pb^2x}{2lEI}\left\{\frac{2a}{l}-\frac{(3a+b)}{l^2}x\right\}$ $a\leq x\leq l$; $\theta=\frac{Pb^2x}{2lEI}\left\{\frac{2a}{l}-\frac{(3a+b)}{l^2}x\right\}+\frac{P(x-a)^2}{2EI}$ $\theta_{x=a}=-\frac{Pa^2b^2(a-b)}{2l^3EI}$
14	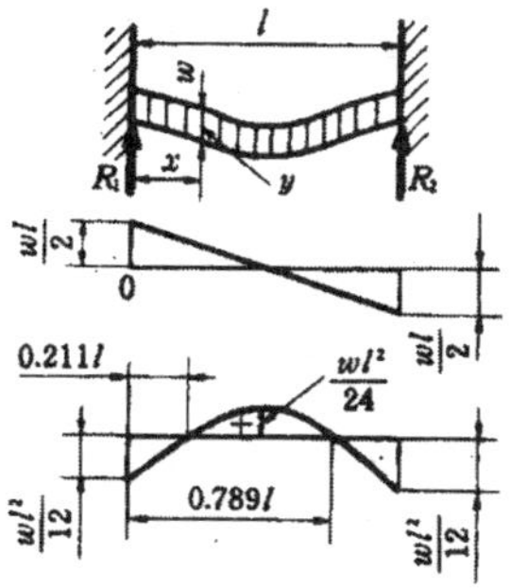	$R_1=R_2=\frac{wl}{2}$ $F=w\left(\frac{1}{2}-x\right)$ $\left.\begin{matrix}x=0\\x=l\end{matrix}\right\}$; $F_{\max}=\pm\frac{wl}{2}$	$M=-\frac{wl^2}{12}\left(1-6\frac{x}{l}+6\frac{x^2}{l^2}\right)$ $\left.\begin{matrix}x=0\\x=1\end{matrix}\right\}$; $M_{\max}=-\frac{wl^2}{12}$ $M_{x=\frac{l}{2}}=\frac{wl^2}{24}$	$y=\frac{wl^2x^2}{24EI}\left(1-\frac{x}{l}\right)^2$ $x=\frac{l}{2}$; $y_{\max}=\frac{wl^4}{384EI}$	$\theta=\frac{wl^2x}{12EI}\left(1-\frac{x}{l}\right)\left(1-\frac{2x}{l}\right)$

9 형강의 규격표

(1) 채널(channel) 형강의 치수표

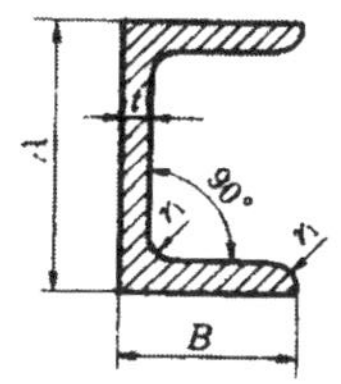

단면2차모멘트 : $I=ak^2$
단면2차반지름 : $k=\sqrt{I/a}$
단면계수 : $Z=I/e$ (a =단면적)

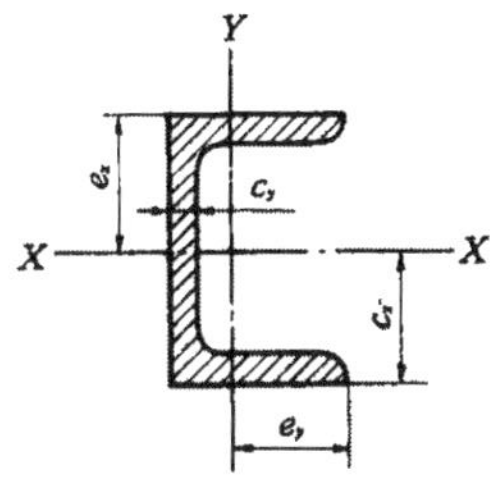

치수(mm)					단면적	중 량	C_y	2차모멘트(cm^4)		2차반지름(cm)		단면계수(cm^3)	
$A+B$	t_1	t_2	r_1	r_2	(a =mm^2)	(kg/m)	(cm)	I_x	I_y	k_x	k_y	Z_x	Z_y
75×40	5	7	8	4	881.8	6.92	1.27	75.9	12.4	2.93	1.19	20.2	4.54
100×50	5	7.5	8	4	1192	9.36	1.55	189	26.9	3.93	1.50	37.8	7.82
150×70	6	8.5	9	4.5	2009	15.8	2.04	721	89.1	5.99	2.11	96.2	18.0
150×75	6.5	10	10	5	2371	18.6	2.31	864	122	6.04	2.27	115	23.6
150×75	8	11.5	13	6.5	2785	21.9	2.31	981	140	5.93	2.24	131	26.9
150×75	10	13.5	17	8.5	3331	26.1	2.32	1130	161	5.82	2.20	150	31.2
150×90	9	14	16	8	3685	28.9	3.01	1330	271	6.00	2.71	177	45.2
180×75	10	13.5	17.5	8.5	3637	28.6	2.16	1740	172	6.93	2.17	194	32.2
180×90	10	15.5	19	9.5	4375	34.3	2.86	2220	315	7.12	2.68	246	51.3
200×80	9	13.5	16	8	3784	29.7	2.31	2310	210	7.81	2.36	231	36.9
200×90	10	15.5	19	9.5	4575	35.9	2.75	2840	327	7.88	2.67	284	52.3
230×80	12	17.5	24.5	12	5299	41.6	2.26	4040	273	8.73	2.27	351	47.6
250×90	11	14.5	17	8.5	5117	40.2	2.39	4690	342	9.57	2.58	375	51.7
280×100	11.5	16	18	9	6137	48.2	2.68	7150	515	10.8	2.90	510	70.4
300×90	12	18	14	7	5679	44.6	2.41	8434	413	11.4	2.52	562	62.7

(2) I형강의 치수표

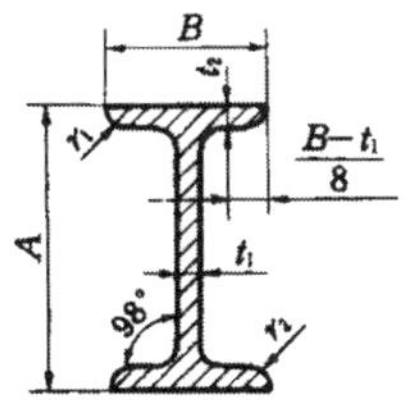

단면2차모멘트 : $I = ak^2$
단면2차반지름 : $k = \sqrt{I/a}$
단면계수 : $Z = I/e$ (a = 단면적)

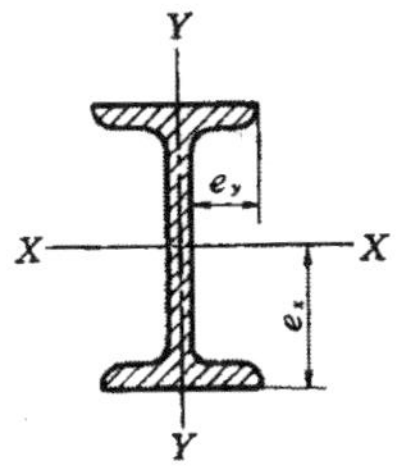

치수(mm)					단면적	중 량	2차모멘트(cm^4)		2차반지름(cm)		단면계수(cm^3)	
$A+B$	t_1	t_2	r_1	r_2	(a = mm^2)	(kg/m)	I_x	I_y	k_x	k_y	Z_x	Z_y
75×75	5	8	7	3.5	1518	11.9	146	48.3	3.10	1.78	38.9	12.9
100×75	5	8	7	3.5	1643	12.9	283	48.3	4.15	1.72	56.5	12.9
150×75	5.5	9.5	9	4.5	2183	17.9	820	59.1	6.13	1.65	109	15.8
180×100	6	10	10	5	3006	23.6	1670	141	7.46	2.17	186	28.2
200×100	7	10	10	5	3306	26.0	2180	142	8.11	2.07	218	28.4
200×150	9	16	15	7.5	6416	50.4	4490	771	8.37	3.47	449	103
230×100	7.5	11.5	11	5.5	3908	30.7	3350	168	9.25	2.07	291	33.5
250×125	7.5	12.5	12	6	4879	38.3	5190	345	10.3	2.66	415	55.2
300×150	8	13	12	6	6158	48.3	9500	600	12.4	3.12	633	80.0
350×150	12	24	25	12.5	11,110	87.2	22500	1230	14.2	3.33	1280	164
400×150	10	18	17	8.5	9173	72.0	24000	887	16.2	3.11	1200	118
450×175	11	20	19	9.5	11,680	91.7	39200	1550	18.3	3.64	1740	177
500×190	15	30	32	16	18,470	145.0	31200	3120	20.2	4.11	3030	328
600×190	13	25	25	12.5	16,940	133.0	98200	2540	24.1	3.87	3270	390
600×190	16	35	38	19	22,450	176.0	130000	3700	24.0	4.06	4330	276

(3) 앵글(angle) 등변형강의 치수표

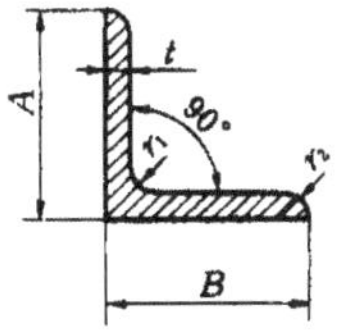

단면2차모멘트 : $I = ak^2$
단면2차반지름 : $k = \sqrt{I/a}$
단면계수 : $Z = I/e$ (a = 단면적)

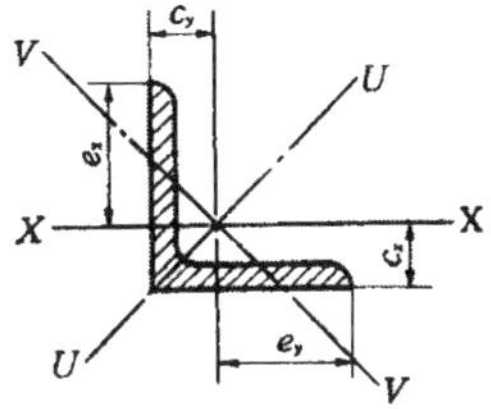

치수(mm)				단면적	중 량	중심의 위치(cm)	2차모멘트(cm⁴)	2차반지름(cm)			단면계수(cm³)
$A+B$	t	r_1	r_2	(a=mm²)	(kg/m)	$C_x = C_y$	$I_x = I_y$	$k_x = k_y$	k_x	k_y	$Z_x = Z_y$
20×20	3	4	2	112.7	0.885	0.60	0.39	0.59	0.74	0.38	0.28
25×25	3	4	2	142.7	1.12	0.72	0.80	0.75	0.94	0.48	0.45
30×30	3	4	2	172.7	1.36	0.85	1.42	0.91	1.14	0.58	0.66
35×35	5	4.5	3	323.5	2.56	1.04	3.53	1.04	1.31	0.67	1.44
40×40	5	4.5	3	375.5	2.95	1.17	5.42	1.20	1.51	0.77	1.91
45×45	6	6.5	4.5	504.4	3.96	1.32	9.00	1.34	1.68	0.86	0.83
50×50	6	6.5	4.5	564.4	4.43	1.44	12.6	1.50	1.88	0.96	3.55
60×60	5	6.5	3	580.2	4.55	1.66	19.6	1.84	2.32	1.18	4.52
65×65	6	8.5	4	752.7	5.91	1.81	29.4	1.98	2.49	1.27	6.27
70×70	6	8.5	4	812.7	6.38	1.94	37.1	2.14	2.69	1.37	7.33
75×75	9	8.5	6	1269	9.96	2.17	64.4	2.25	2.84	1.45	12.1
80×80	9	8.5	6	1359	10.7	2.30	79.2	2.41	3.04	1.55	13.9
90×90	7	10	5	1222	9.59	2.46	93.0	2.76	3.48	1.77	14.2
100×100	10	10	7	1900	14.9	2.83	175	3.03	3.83	1.95	24.4
150×150	15	14	10	4274	33.6	4.24	888	4.56	5.75	2.92	82.6
200×200	20	17	12	7600	59.7	5.67	2820	6.09	7.68	3.90	197

(4) 앵글 부등변형강의 치수표

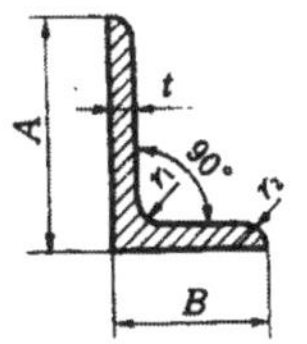

단면2차모멘트 : $I=ak^2$
단면2차반지름 : $k=\sqrt{I/a}$
단면계수 : $Z=I/e$ (a=단면적)

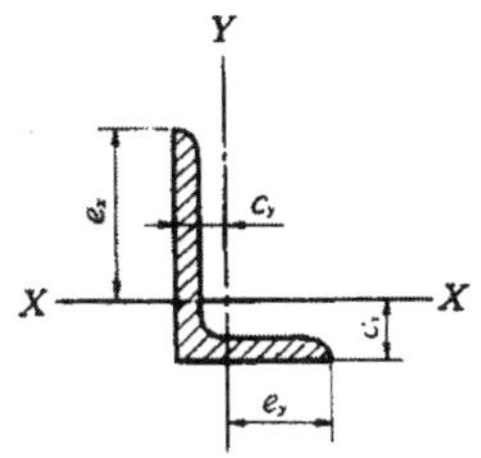

치수(mm)				단면적	중 량	중심의 위치(cm)		2차모멘트(cm^4)		2차반지름(cm)		단면계수(cm^3)	
$A+B$	t	r_1	r_2	(a=mm^2)	(kg/m)	C_x	C_y	I_x	I_y	k_x	k_y	Z_x	Z_y
40×20	3	5	2	174.7	1.37	1.41	0.44	2.81	0.47	1.27	0.52	1.09	0.30
50×35	4	6.5	3	329.2	2.58	1.58	0.85	8.08	3.25	1.57	0.99	2.36	1.23
60×50	5	6.5	3	530.2	4.16	1.79	1.30	18.5	11.7	1.87	1.48	4.40	3.18
65×50	7	6.5	4.5	756.4	5.04	2.07	1.33	30.6	15.6	2.01	1.44	6.90	4.25
70×60	8	8.5	6	976.1	7.66	2.14	1.65	44.4	29.8	2.13	1.75	9.13	6.85
75×50	10	8.5	6	1150	9.03	2.58	1.35	61.4	21.4	2.31	1.36	12.5	5.85
75×65	10	8.5	6	1300	10.2	2.34	1.85	67.3	46.5	2.27	1.89	13.0	9.99
80×60	10	8.5	6	1300	10.2	2.62	1.63	78.7	37.4	2.46	1.70	14.6	8.55
80×70	9	8.5	6	1269	9.96	2.43	1.93	75.8	53.8	2.44	2.06	13.6	10.6
90×60	6	8.5	4	872.7	6.85	2.88	1.40	71.5	25.6	2.86	1.71	11.7	5.57
90×75	9	8.5	6	1404	11.0	2.75	2.01	109	68.1	2.78	2.20	17.4	12.4
90×80	10	10	7	1600	12.6	2.71	2.21	121	89.1	2.74	2.36	19.1	15.4
100×65	9	10	7	1404	11.0	3.31	1.59	138	45.6	3.14	1.80	20.6	9.28
100×75	10	10	7	1650	13.0	3.18	1.94	159	76.1	3.11	2.15	23.3	13.7
125×90	10	10	7	2050	16.1	3.95	2.22	318	138	3.94	2.59	37.2	20.4
150×90	9	12	6	2094	16.4	4.96	2.00	484	133	4.84	2.52	43.2	19.0
150×100	12	12	8.5	2856	22.4	4.88	2.41	624	229	5.08	2.15	63.4	36.2

(5) H형강 혹은 WF 형강의 치수표

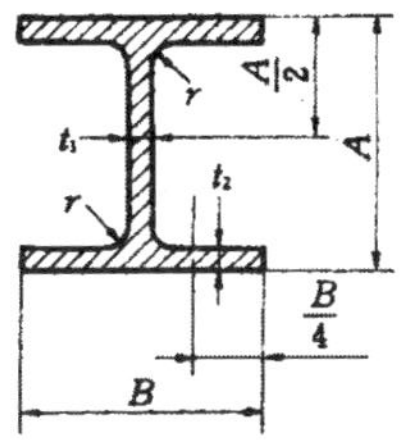

단면2차모멘트 : $I=ak^2$
단면2차반지름 : $k=\sqrt{I/a}$
단면계수 : $Z=I/e$(a=단면적)

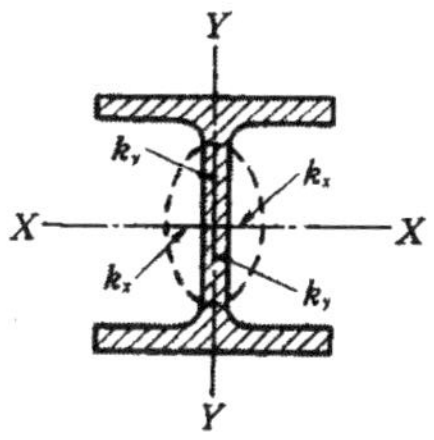

호칭치수	치수(mm)				단면적 (cm²)	중 량 (kg/m)	2차모멘트(cm⁴)		2차반지름(cm)		단면계수(cm³)	
	$A+B$	t_1	t_2	r			I_x	I_y	k_x	k_y	Z_x	Z_y
100×50	100×50	4	6	7	9.940	7.80	163	12.6	4.05	1.13	32.6	5.04
100×100	100×100	6	8	10	21.90	17.2	383	134	4.18	2.47	76.5	26.7
100×100	100×100	5	7	8	18.85	14.8	339	117	4.24	2.49	67.8	23.4
125×60	125×60	4.5	6.5	8	13.39	10.5	343	23.6	5.06	1.33	54.9	7.86
125×125	125×125	5	7	8	23.60	18.5	683	228	5.38	3.11	109	36.5
125×125	125×125	6.5	9	10	30.31	23.8	847	293	5.29	3.11	136	47.0
150×75	150×75	5	7	8	17.85	14.0	666	49.5	6.11	1.66	88.8	13.2
150×100	148×100	6	9	11	26.84	21.1	1020	151	6.17	2.37	138	30.1
150×150	150×150	7	10	11	40.14	31.5	1640	563	6.39	3.75	219	75.1
175×90	175×90	5	8	9	23.04	18.1	1210	97.5	7.26	2.06	139	21.7
175×175	175×175	7.5	11	12	51.21	40.2	2880	984	7.50	4.38	330	112
200×100	200×100	5.5	8	11	27.16	21.3	1840	134	8.24	2.22	184	26.8
200×150	194×150	6	9	13	39.01	30.6	2690	507	8.30	3.61	277	67.6
200×200	200×200	8	12	13	63.53	49.9	4720	1600	8.61	5.02	472	160
250×125	250×125	6	9	12	37.66	29.6	4050	294	10.4	2.79	324	47.0
250×250	250×250	9	14	16	92.18	72.4	10800	3650	10.8	6.29	867	292
300×150	300×150	6.5	9	13	46.78	36.7	7210	508	12.4	3.29	481	67.7

호칭치수	치수(mm)				단면적 (cm²)	중 량 (kg/m)	2차모멘트(cm⁴)		2차반지름(cm)		단면계수(cm³)	
	$A+B$	t_1	t_2	r			I_x	I_y	k_x	k_y	Z_x	Z_y
300×200	294×200	8	12	18	72.38	56.8	11,300	1600	12.5	4.71	771	160
300×300	300×300	10	15	18	119.8	94.0	20,400	6750	13.1	7.41	1360	450
350×175	350×175	7	11	14	63.14	49.6	13,600	984	14.7	3.95	775	112
350×250	340×250	9	14	20	101.5	79.7	21,700	3650	14.6	6.00	1280	292
350×350	350×350	12	19	20	173.9	136	40,300	13600	15.2	8.84	2300	776
400×200	400×200	8	13	16	84.12	66.0	23,700	1740	16.8	4.54	1190	174
400×300	390×360	10	16	22	136.0	107	38,700	7210	16.9	7.28	1980	481
400×400	400×400	13	21	22	218.7	172	66,600	22400	17.5	10.1	3330	1120
450×200	450×200	9	14	19	96.76	76.0	33,500	1870	18.6	4.40	1490	187
450×300	440×300	11	18	24	157.4	124	56,100	8110	18.9	7.18	2550	541
500×200	500×200	10	16	20	114.2	89.7	47,800	2140	20.5	4.33	1910	214
500×300	488×300	11	18	26	163.5	128	71,000	8110	20.8	7.04	2910	541
600×200	600×200	11	17	22	134.4	106	77,600	2280	24.0	4.12	2590	228
600×300	588×300	12	20	28	192.5	151	118,000	9020	24.8	6.85	4020	601
600×300	594×302	14	23	28	222.4	175	137,000	10600	24.9	6.90	4620	701
700×300	700×300	13	24	28	235.5	185	201,000	10800	29.3	6.78	5760	722
700×300	708×302	15	28	28	273.6	215	237,000	12900	29.4	6.86	6700	853
800×300	800×300	14	26	28	267.4	210	292,000	11700	33.0	6.62	7290	782
800×300	808×302	16	30	28	307.6	241	339,000	13800	33.2	6.70	8400	915
900×300	900×300	16	28	28	309.8	243	411,000	12600	36.4	6.39	9140	843
900×300	912×302	18	34	28	364.0	286	498,000	15700	37.0	6.56	10900	1040

10 공업재료의 선팽창계수

재 료	α(20~40℃)×10^{-5}	α(68~104℉)×10^{-6}
아 연	3.97	22.07
납(lead)	2.93(20~100℃)	16.29(68~212℉)
주 석	2.703	15.03
Al, cu, Ni 합금	2.2	12.23
은	1.97(0~100℃)	10.95(32~212℉)
황 동	1.84(100℃)	10.23
포금(gun metal)	1.83	10.17
청 동	1.79	10.00
구 리	1.65	9.17
금	1.42	7.89
니 켈	1.33(0~100℃)	7.39(32~121℉)
알루미늄	2.39	13.23
듀랄루민	2.26	12.57
Y합금	2.2	12.23
순 철	1.17	6.51
연강(C0.12~0.20)	1.12	6.23
경강(C0.4~0.5)	1.07	5.95
주 철	0.92~1.18	5.12~6.56
백 금	0.89	4.95
텅스텐	0.43	2.39
인바(invar)	0.12	0.667
초인바	−0.001	0.00556

11 각종 금속재료의 탄성계수(kg/cm²과 psi)

재료	E (kg/cm²×10)	G (kg/cm²×106)	K (kg/cm²×106)	E (pasi)×106	G (pasi)×106	K (pasi)×106	$1/m=\mu$
철	2.15	0.83	1.75	30.58	11.81	24.89	0.28~0.3
연강(C0.12~0.2%)	2.12	0.84	1.48	30.16	11.95	21.05	
경강(C0.4~0.5%)	2.09	0.84	1.36	29.73	11.95	19.35	
주 강	2.15	0.83	1.75	30.58	11.81	24.89	
주 철	0.75~1.30	0.29~0.40	0.6~1.73	10.67~18.49	4.13~5.69	8.54~24.61	0.2~0.3
니켈강(Ni 2~3%)	2.1	0.84	1.4	29.87	11.95	19.92	0.3
니 켈	2.1	0.73	1.54	29.87	10.38	21.29	0.31
텅스텐	3.7	1.6	3.33	52.63	22.76	47.37	0.17
구 리	1.25	0.47	1.22	17.79	6.69	17.35	0.34
청 동	1.16			16.5			
인청동	1.34	0.43	3.84	19.6	6.12	54.62	0.187
포 금	0.95	0.40	0.51	13.51	5.69	7.25	
황동(7.3)	0.98	0.42	0.49	13.94	5.97	6.97	0.34
알루미늄	0.72	0.27	0.72	10.24	3.84	10.24	0.34
듀랄루민	0.70	0.27	0.57	9.96	3.84	8.11	0.33
주 석	0.55	0.28	0.18	7.82	3.98	2.56	0.45
납	0.17	0.078	0.07	2.42	1.01	1.00	0.45
아 연	1.00	0.30	1.0	14.23	4.27	14.23	0.2~0.3
금	0.81	0.28	2.52	11.52	3.98	35.85	0.42
은	0.81	0.29	1.31	11.52	4.13	18.63	0.48
백 금	1.70	0.62	2.2	24.18	8.82	31.3	0.39

12 각종 금속재료의 기계적 성질(kg/cm²과 psi)

재 료	파괴응력(kg/cm²)			파괴응력(psi)		
	인 장	압 축	전 단	인 장	압 축	전 단
연 철	3300~4000	3300~4000	2600~3300	49,500	49,500	37,000
연 강	3400~4500	3400~4500	2900~4000	48,365~64012.5	48,365~64012.5	412,525~56,900
주 강	3500~7000	3500~7000		67,000	71,125~105,625	
니켈강	5000~7400	5000~7400		71,125~105,625	100,000	
주 철	1200~2400	7000~8500	1399~2600	19,000	45,000	22,500
구 리	1400~3200	3200		20,000~45,000	45,000	
황동(7·3)	1300	780	1400	18,000	11,000	20,000
포 금	2200~2700		2400	34,500		34,000

13 각종 비금재료의 기계적 성질(kg/cm²과 psi)

재 료	파괴응력(kg/cm^2)			세로탄성계수	파괴응력(psi)			세로탄성계수
	인 장	압 축	전 단	$E(kg/cm^2) \times 10^5$	인 장	압 축	전 단	$E(psi) \times 10^5$
미송, 소나무	1000	500	78	0.90	14,225	7112.5	1109.6	12.8
이깔나무	500	280	56	0.70	7112.5	3983	796.6	10.0
전나무	800	420	70	0.80	12,802.5	5974.5	995.75	11.4
밤나무	1000	560	78	0.70	14,225	7966	1109.6	10.0
떡갈나무	1000	700	16	1.2	14,225	9957.5	227.6	17.1
대	3500	650		1.2~3.1	49,787.5	1246.25		17.7~44.1
유리	250	1500		0.75	3556.3	21,337.5		106.69
화강암		600~850		1.4		8535~12091.3		19.9
사 암		200~300		1.0		2845~4267.5		14.2
석회암		300~500		1.2		4267.5~7112.5		17.1
시멘트		100~120		1.4		1422.5~1707		19.9
콘크리트		180~250		0.84		2560.5~3556.3		12.0
벽 돌		60~120		0.84		853.5~1707		11.9
가죽벨트	380				5405.5			